jQuery 炫酷应用实例集锦

罗帅 罗斌 汪明云 编著

清華大學出版社
北京

内容简介

本书以问题描述＋解决方案的模式介绍 jQuery 技术，列举了四百余个实用性极强的 Web 前端开发技术，旨在帮助广大读者快速解决实际开发过程中面临的诸多问题，提高项目开发效率、拓展技术应用领域。本书内容按照 Web 前端常用的界面元素进行划分，如块、单选按钮、复选框、下拉框、文本框、选项卡、表格、菜单、图片、动画特效、超链接、窗口及消息框等；以简单明了的 jQuery 代码创建了现代商务网站中高频出现的特效，如折叠面板、悬浮窗口、侧滑窗口、转盘抽奖、轮播广告、对联广告、地图热点、在线影院订票、瀑布流显示图片、购物车以及插件扩展应用等。同时本书也在数据管理部分中列举了大量的使用 jQuery 操作 JSON、XML 格式的数据和 jQuery 的多种遍历迭代函数，以及正则表达式和 Ajax 的相关技术。

为了突出实用性和简洁性，本书在演示或描述这些实例时，力求针对性地解决问题，并且所有实例均配有插图。本书适于作为 Web 前端开发人员的案头参考书，无论是初学者，还是编程高手，本书都极具参考和收藏价值。

图书在版编目（CIP）数据

jQuery 炫酷应用实例集锦/罗帅，罗斌，汪明云编著. —北京：清华大学出版社，2018(2020.9重印)
ISBN 978-7-302-47719-8

Ⅰ. ①j… Ⅱ. ①罗… ②罗… ③汪… Ⅲ. ①JAVA 语言—程序设计 Ⅳ. ①TP312.8

中国版本图书馆 CIP 数据核字(2017)第 161418 号

责任编辑：黄 芝 薛 阳
封面设计：刘 键
责任校对：时翠兰
责任印制：杨 艳

出版发行：清华大学出版社
网 址：http://www.tup.com.cn，http://www.wqbook.com
地 址：北京清华大学学研大厦 A 座 **邮 编**：100084
社 总 机：010-62770175 **邮 购**：010-83470235
投稿与读者服务：010-62776969，c-service@tup.tsinghua.edu.cn
质量反馈：010-62772015，zhiliang@tup.tsinghua.edu.cn
课件下载：http://www.tup.com.cn，010-83470236
印 装 者：北京九州迅驰传媒文化有限公司
经 销：全国新华书店
开 本：210mm×285mm **印 张**：38.75 **字 数**：1122 千字
版 次：2018 年 5 月第 1 版 **印 次**：2020 年 9 月第 3 次印刷
印 数：2501～2700
定 价：99.00 元

产品编号：073771-01

在过去的十几年中，随着互联网的兴起和火热，程序开发领域发生了翻天覆地的变化，原来以单机、局域网为主的CS架构应用大多数已经转移到以互联网为基础的BS架构应用，JavaScript这种开发语言也由无人注意的小角色逐渐演变成世界上最重要的程序设计语言之一。JavaScript是一种基于对象和事件驱动的客户端脚本语言，常用来给HTML网页添加动态功能，JavaScript也可以用于其他场合，如服务器端编程。JavaScript最厉害的地方就是它拥有各种各样的开源JavaScript库在网页上制造的“只有想不到，没有做不到”的炫酷特效。

jQuery是一个跨浏览器的JavaScript库，它简化了HTML与JavaScript之间的操作。由John Resig在2006年1月的BarCamp NYC上发布第一个版本，从此版本就在持续不断的更新之中。对于Java、PHP、.NET、Ruby on Rails和Python等各种后台框架或编程语言，无论采用哪一种开发BS架构应用，jQuery在前端开发领域都具有突出的特色。jQuery独特的集合对象、隐含迭代、方法连缀、自定义选择符和事件方法、加之库文件超小和执行速度超快，赢得了众多JavaScript开发者的青睐，使它在JavaScript库和框架之林中独树一帜、个性十足。

本书以问题描述＋解决方案的模式，采用jQuery技术列举了四百余个实用性极强的Web前端开发技术，旨在帮助广大读者快速解决实际开发过程中面临的诸多问题，从而提高项目开发效率、拓展技术应用领域。全书内容按照Web前端常用的界面元素进行划分，如块、单选按钮、复选框、下拉框、文本框、选项卡、表格、菜单、图片、动画特效、超链接、窗口及消息框等，以简单明了的jQuery代码创建了现代商务网站中高频出现的特效，如折叠面板、悬浮窗口、侧滑窗口、转盘抽奖、轮播广告、对联广告、地图热点、在线影院订票、瀑布流显示图片、购物车以及插件扩展应用等。同时本书也在数据管理部分中列举了大量的使用jQuery操作JSON、XML格式的数据和jQuery的多种遍历迭代函数，以及正则表达式和Ajax的相关技术。

本书适于作为Web前端开发人员的案头参考书，无论是编程初学者，还是编程高手，本书都极具参考和收藏价值。全书所有内容和思想并非一人之力所能及，而是凝聚了众多热心读者的智慧并经过充分的提炼和总结而成，在此对他们表示崇高的敬意和衷心的感谢！本书编写人员包括罗帅、罗斌、汪明云、曹勇、陈宁、邓承惠、邓小渝、范刚强、何守碧、洪亮、洪沛林、江素芳、蓝洋、雷国忠、雷惠、雷玲、雷平、雷治英、刘恭德、刘兴红、罗聃、唐静、唐兴忠、童缙嘉、汪兰、王彬、王伯芳、王年素、王正建、吴多、吴诗华、杨开平、杨琴、易伶、张志红、郑少文等，终稿由罗斌统筹完成。书中所有实例采用的jQuery库版本是jquery－2.2.3.js，主要在IE浏览器和谷歌浏览器中进行了测试，读者在使用其他版本的jQuery库和浏览器测试本书实例时，请注意兼容性问题。当然，由于作者水平有限和时间仓促，其中仍可能存在一些疏漏和不当之处，敬请读者批评指正。作者的联系邮箱是binluobin@163.com或binluobin@sina.com。

读者可将购书凭证发送至邮箱huangzh@tup.tsinghua.edu.cn索取本书源代码。

罗　帅　罗　斌　汪明云

2018年于重庆渝北

目录

Contents

第1章 基础实例

001 以淡入淡出的效果显示或隐藏元素

本例主要采用 fadeIn()和 fadeOut()方法实现了以淡入淡出的显示效果显示或隐藏元素。在浏览器中显示该页面时，单击“淡出隐藏百度窗口”按钮，则该窗口将逐渐从页面中消失；单击“淡入显示百度窗口”按钮，则该窗口将逐渐从页面中显现出来，如图 001-1 所示。

图 001-1

主要代码如下所示：

```
<!DOCTYPE html><html><head>
 <script type="text/javascript" src="Scripts/jquery-2.2.3.js"></script>
 <script language="javascript">
  $(document).ready(function () {
   //对单击"淡入显示百度窗口"按钮的响应
  $("#myfadein").click(function () {
   $('IFrame').fadeIn('slow');
  });
   //对单击"淡出隐藏百度窗口"按钮的响应
  $("#myfadeout").click(function () {
   $('IFrame').fadeOut('slow');
  }); });
</script>
</head>
```

```
<body>
 <P style="text-align:center;margin-top:15px">
  <input class="input" type="button"
          value="淡入显示百度窗口" id="myfadein" style="width:190px" />
  <input class="input" type="button"
          value="淡出隐藏百度窗口" id="myfadeout" style="width:190px" /></P>
<P style="text-align:center;margin-top:5px">
 <iframe id="IFrame" src="https://www.baidu.com" width="400"
          height="150" style="border:2px solid gray"></iframe></P>
</body></html>
```

上面有底纹的代码是本例的核心代码。在该部分代码中，fadeIn()方法用于以淡入效果显示已隐藏的元素，该方法的语法声明如下：

```
$(selector).fadeIn(speed,callback);
```

其中，参数 speed 是一个可选参数，它可以取 slow、fast 或毫秒值。参数 callback 也是一个可选参数，表示动作完成后所执行的方法名称。

fadeOut()方法用于以淡出效果隐藏当前的可见元素，该方法的语法声明如下：

```
$(selector).fadeOut(speed,callback);
```

其中，参数 speed 是一个可选参数，规定效果的时长，它可以取 slow、fast 或毫秒值。参数 callback 也是一个可选参数，表示动作完成后所执行的方法名称。

本例的源文件名是 HtmlPageC025.html。

002 以卷帘效果展开或收缩被选择的元素

本例主要采用 slideUp()和 slideDown()方法实现了以卷帘方式展开或收缩元素。在浏览器中显示该页面时，单击第一个“收缩内容”按钮，如图 002-1 所示，则将下面的标题文字以卷帘方式从下到上慢慢收缩，如图 002-2 所示，此时第一个“收缩内容”按钮变为“展开内容”按钮；单击“展开内容”按钮，则将从上至下慢慢展开标题文字。第二个“收缩内容”按钮和第三个“展开内容”按钮只能实现按钮标题所示的单一功能，第一个按钮则集成了这两个按钮的功能。主要代码如下所示：

```
<!DOCTYPE html><html><head>
<script type="text/javascript" src="Scripts/jquery-2.2.3.js"></script>
<script language="javascript">
  $(document).ready(function () {
   $("#mytogglebtn").click(function () {     //响应单击按钮"收缩(或展开)内容"
    $("#div1").slideToggle(2000);
    var t = $("#mytogglebtn").text() == "收缩内容" ? "展开内容" : "收缩内容";
    $("#mytogglebtn").text(t);
   });
   $("#myhidebtn").click(function () {       //对单击"收缩内容"按钮的响应
    $("#div1").slideUp();
   });
   $("#myshowbtn").click(function () {       //对单击"展开内容"按钮的响应
    $("#div1").slideDown();
 }); });
</script>
```

```
</head>
<body>
 <button id="mytogglebtn" style="width:130px;">收缩内容</button>
 <button id="myhidebtn" style="width:130px;">收缩内容</button>
 <button id="myshowbtn" style="width:130px;">展开内容</button><br><br>
 <div id="div1">
  1、宜家真的落户郑州北环<br/>
  2、金水区准现房 10 盘大全<br/>
  3、假如有 15 万买郑州这里<br/>
  4、融创万科碧桂园抢绿博<br/>
  5、河南唯一外事用地在这<br/>
  6、郑州 2 种职业月薪超 5 千<br/>
  7、郑刚需置业进入下半场<br/>
  8、郑州买公寓避三大误区<br/>
  9、郑州惠济区六新盘入市<br/>
  10、穷富买房差距竟这么大<br/></div>
</body></html>
```

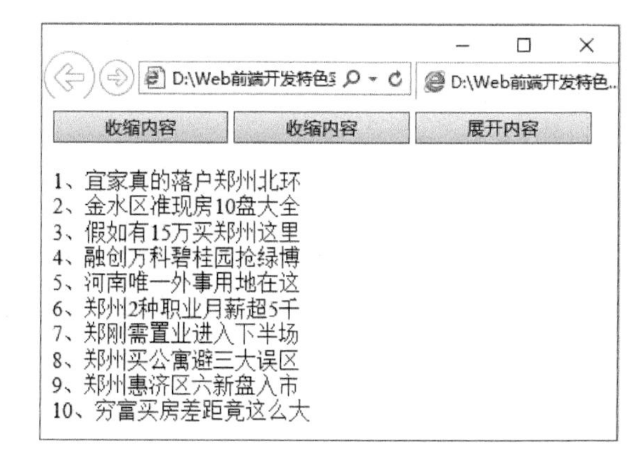

图 002-1

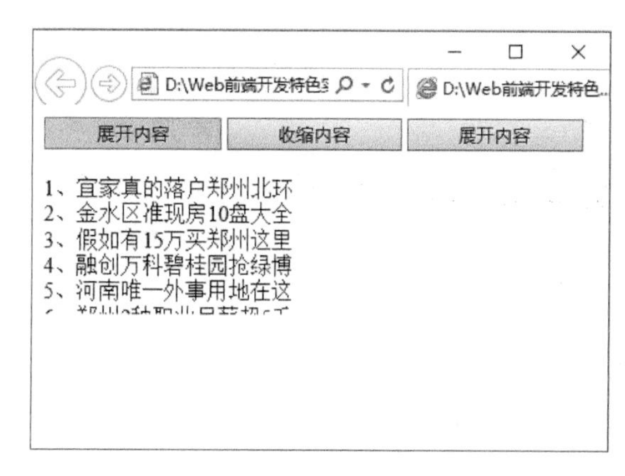

图 002-2

上面有底纹的代码是本例的核心代码。在该部分代码中，如果元素已显示，slideUp()方法则以卷帘式的滑动效果隐藏被选元素。slideUp()方法的语法声明如下：

```
$(selector).slideUp(speed,callback)
```

其中，参数 speed 是一个可选参数，该参数规定元素从可见到隐藏的速度，默认值为 normal，可能的值包括毫秒值(比如 1500)、slow、normal、fast 等，在设置速度的情况下，元素从可见到隐藏的过程中，会逐渐地改变其高度，这样会创造滑动效果。参数 callback 也是一个可选参数，表示 slideUp()方法在执行完之后，将要执行的方法。除非设置了 speed 参数，否则不能设置该参数。

slideDown()方法用于使用卷帘式的滑动效果显示已经隐藏的被选元素。slideDown()方法的语法声明如下：

```
$(selector).slideDown(speed,callback)
```

其中，参数 speed 是一个可选参数，该参数规定元素从隐藏到可见的速度，默认值为 normal，可能的值包括毫秒值(比如 1500)、slow、normal、fast 等，在设置速度的情况下，元素从隐藏到可见的过程中，会逐渐地改变其高度。参数 callback 也是一个可选参数，表示 slideDown()方法执行完成之后要执行的方法；除非设置了 speed 参数，否则不能设置该参数；如果元素已经是完全可见，则该效果不产生任何变化，除非规定了 callback 函数。

slideToggle()方法通过使用高度变化的滑动效果来切换元素的可见状态，如果被选元素是可见的，则隐藏这些元素，如果被选元素是隐藏的，则显示这些元素，关于 slideToggle()方法的更多说明请参考本书的其他部分。

本例的源文件名是 HtmlPageC096.html。

003　根据可见状态确定是否显示或隐藏元素

本例主要采用 toggle()方法实现根据元素的可见状态确定是否显示或隐藏元素。在浏览器中显示该页面时，单击第一个"隐藏图片"按钮，如图 003-1 所示，则将隐藏下面的图片，如图 003-2 所示，此时第一个"隐藏图片"按钮变为"显示图片"按钮；单击"显示图片"按钮，则将重新显示刚才隐藏的图片。第二个"隐藏图片"按钮和第三个"显示图片"按钮则只能实现按钮标题所示的单一功能，第一个按钮则集成了这两个按钮的功能。

图　003-1

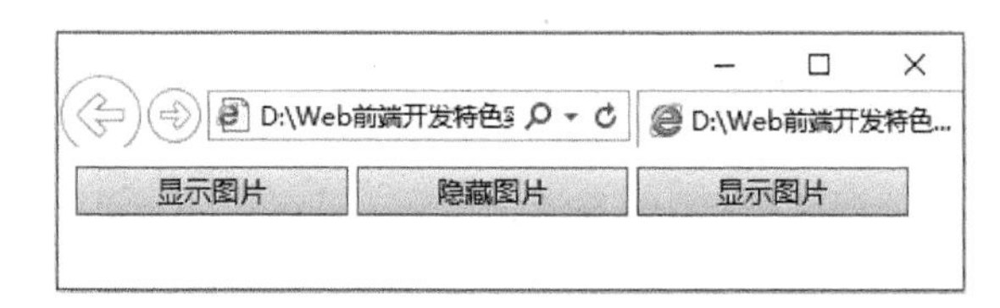

图　003-2

主要代码如下所示：

```
<!DOCTYPE html><html><head>
<script type="text/javascript" src="Scripts/jquery-2.2.3.js"></script>
<script language="javascript">
 $(document).ready(function () {
   //对单击"隐藏(或显示)图片"按钮的响应
  $("#mytogglebtn").click(function () {
   $("#div1").toggle();
   var t = $("#mytogglebtn").text() == "隐藏图片" ? "显示图片" : "隐藏图片";
   $("#mytogglebtn").text(t);
  });
   //对单击"隐藏图片"按钮的响应
  $("#myhidebtn").click(function () {
   $("#div1").hide();
  });
   //对单击"显示图片"按钮的响应
  $("#myshowbtn").click(function () {
   $("#div1").show();
 }); });
</script>
</head>
```

```
<body>
 <button id="mytogglebtn" style="width:130px;">隐藏图片</button>
 <button id="myhidebtn" style="width:130px;">隐藏图片</button>
 <button id="myshowbtn" style="width:130px;">显示图片</button><br><br>
 <div id="div1">
  <img src="MyImages/MyImage54.jpg" width="400" height="150" /></div>
</body></html>
```

上面有底纹的代码是本例的核心代码。在该部分代码中,如果被选的元素已被显示,调用 hide()方法则隐藏该元素,hide()方法的语法声明如下:

```
$(selector).hide(speed,callback)
```

其中,参数 speed 是一个可选参数,该参数规定元素从可见到隐藏的速度,默认值为 0,可能的值包括毫秒值(如 1500)、slow、normal、fast 等,在设置速度的情况下,元素从可见到隐藏的过程中,会逐渐地改变其高度、宽度、外边距、内边距和透明度。参数 callback 也是一个可选参数,它表示 hide()方法在执行完成之后将要执行的方法;除非设置了 speed 参数,否则不能设置该参数。注意:如果元素已经是完全隐藏,则不产生任何变化,除非规定了 callback 函数。

如果被选元素已被隐藏,调用 show()方法则显示这些元素,show()方法的语法声明如下:

```
$(selector).show(speed,callback)
```

其中,参数 speed 是一个可选参数,规定元素从隐藏到完全可见的速度,默认值为 0,可能的值包括毫秒值(如 1500)、slow、normal、fast 等,在设置速度的情况下,元素从隐藏到完全可见的过程中,会逐渐地改变其高度、宽度、外边距、内边距和透明度。参数 callback 也是一个可选参数,表示 show()方法在执行完成之后将要执行的方法;除非设置了 speed 参数,否则不能设置该参数。注意:如果元素已经是完全可见,则不产生任何变化,除非规定了 callback 函数。

toggle()方法用于切换元素的可见状态,如果被选元素是可见的,则隐藏这些元素;如果被选元素是隐藏的,则显示这些元素。toggle()方法的语法声明如下:

```
$(selector).toggle(speed,callback,switch)
```

其中,参数 speed 是一个可选参数,该参数规定元素从可见到隐藏的速度(或者相反),默认值为 0,可能的值包括:毫秒值(比如 1500)、slow、normal、fast 等,在设置速度的情况下,元素从可见到隐藏的过程中,会逐渐地改变其高度、宽度、外边距、内边距和透明度;如果设置此参数,则无法使用 switch 参数。参数 callback 是一个可选参数,表示 toggle()方法在执行完成之后将要执行的方法;除非设置了 speed 参数,否则不能设置该参数。参数 switch 是一个可选参数,类型为布尔值,该参数规定 toggle()方法是否隐藏或显示所有被选元素;True 表示显示所有元素,False 表示隐藏所有元素,如果设置此参数,则无法使用 speed 和 callback 参数。

本例的源文件名是 HtmlPageC095.html。

004 根据状态确定是否滑入或滑出被选元素

本例主要采用 slideToggle()方法实现以一行代码同时实现以展开(滑入)或收缩(滑出)的方式显示或隐藏被选元素。在浏览器中显示该页面时,单击“收缩百度窗口”按钮,则这个元素窗口将逐渐收缩直到消失,“收缩百度窗口”按钮标题被修改为“展开百度窗口”按钮;单击“展开百度窗口”按钮,则这个元素窗口将逐渐展开,直到全部呈现,“展开百度窗口”按钮标题则被重置为“收缩百度窗口”按钮,如图 004-1 所示。

图 004-1

主要代码如下所示：

```
<!DOCTYPE html><html><head>
<script type="text/javascript" src="Scripts/jquery-2.2.3.js"></script>
<script language="javascript">
  $(document).ready(function () {
    //对单击"收缩百度窗口"按钮的响应
   $("#mybutton").click(function () {
    //以展开或收缩的方式显示或隐藏元素
    $("#IFrame").slideToggle();
    if ($("#mybutton").html() == '收缩百度窗口') {
     $("#mybutton").html("展开百度窗口");
    }else {
     $("#mybutton").html("收缩百度窗口");
  }});});
 </script>
</head>
<body>
 <P style="text-align:center;margin-top:15px">
  <input class="input" type="button" value="收缩百度窗口"
                        id="mybutton" style="width:400px" /></P>
  <P style="text-align:center;margin-top:5px">
   <iframe id="IFrame" src="https://www.baidu.com" width="400"
            height="150" style="border:2px solid gray"></iframe></P>
</body></html>
```

上面有底纹的代码是本例的核心代码。在该部分代码中，slideToggle()方法通过使用高度变化的滑动效果来切换元素的可见状态，如果被选元素是可见的，则隐藏这些元素，如果被选元素是隐藏的，则显示这些元素。slideToggle()方法的语法声明如下：

```
$(selector).slideToggle(speed,callback)
```

其中，参数 speed 是一个可选参数，该参数规定元素从隐藏到可见的速度（或者相反），默认值为 normal，可能值包括 slow、normal、fast 和毫秒值，在设置速度的情况下，元素在切换过程中，会逐渐地改变其高度创造滑动效果。参数 callback 也是一个可选参数，它是在 slideToggle()方法函数执行完之后要执行的回调函数；除非设置了 speed 参数，否则不能设置该回调函数。

本例的源文件名是 HtmlPageC028.html。

005　自动确定是否淡入淡出地显示或隐藏元素

本例主要采用 fadeToggle()方法实现根据可见状态自动确定是否以淡入淡出的效果来显示或隐藏元素。在浏览器中显示该页面时，单击"淡出隐藏三个矩形"按钮，则这三个矩形将逐渐从页面中消失，"淡出隐藏三个矩形"按钮被修改为"淡入显示三个矩形"按钮；单击"淡入显示三个矩形"按钮，则这三个矩形将逐渐显示在页面中，"淡入显示三个矩形"按钮被重置为"淡出隐藏三个矩形"按钮，如图 005-1 所示。主要代码如下所示：

```
<!DOCTYPE html><html><head>
 <script type="text/javascript" src="Scripts/jquery-2.2.3.js"></script>
 <script language="javascript">
  $(document).ready(function () {
   //对单击"淡出隐藏三个矩形"按钮的响应
   $("#mybutton").click(function () {
    //淡出隐藏三个矩形或淡入显示三个矩形
    $("#div1").fadeToggle();
    $("#div2").fadeToggle("slow");
    $("#div3").fadeToggle(3000);
    if ($("#mybutton").html() == '淡出隐藏三个矩形') {
     $("#mybutton").html("淡入显示三个矩形");
    }else {
     $("#mybutton").html("淡出隐藏三个矩形");
  } });});
 </script>
</head>
<body>
 <button id="mybutton" style="width:380px;">淡出隐藏三个矩形</button><br><br>
 <div id="div1" style="width:380px;height:60px;background-color:red;"></div><br>
 <div id="div2" style="width:380px;height:60px;background-color:green;"></div><br>
 <div id="div3" style="width:380px;height:60px;background-color:blue;"></div>
</body></html>
```

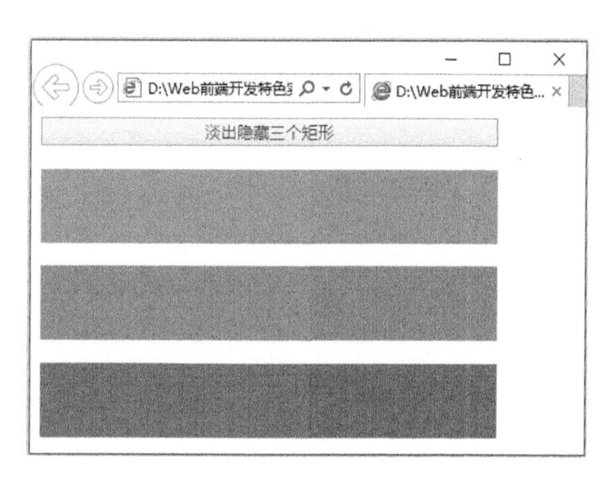

图　005-1

上面有底纹的代码是本例的核心代码。在该部分代码中，fadeToggle()方法用于在 fadeIn()与 fadeOut()这两个方法之间进行切换。如果元素已经淡出，则执行 fadeToggle()方法将向元素添加淡入效果；如果元素已经淡入，则执行 fadeToggle()方法将会向元素添加淡出效果。fadeToggle()方法的语法声明如下：

```
$(selector).fadeToggle(speed,callback);
```

其中，参数 speed 是一个可选参数，用于规定效果的时长，它可以取 slow、fast 或毫秒值。参数 callback 也是一个可选参数，用于设置在动作完成后所执行的方法名称。

本例的源文件名是 HtmlPageC026.html。

006 在指定的时间内完成元素的显示或隐藏

本例主要通过在 show()、hide()和 toggle()方法中设置时间值从而实现在指定的时间内完成元素的显示或隐藏。在浏览器中显示该页面时，单击"延时显示"按钮，则 div 块将在 5 秒内逐渐显示出来；单击"延时隐藏"按钮，则 div 块将在 10 秒内逐渐完成隐藏；单击"自动切换"按钮，则 div 块将在 8 秒内自动完成显示或隐藏的过程，如图 006-1 所示。

图 006-1

主要代码如下所示：

```
<!DOCTYPE html><html><head>
 <script type="text/javascript" src="Scripts/jquery-2.2.3.js"></script>
 <script language="javascript">
  //对单击"延时显示"按钮的响应
  function ShowDelay() {
   $("#test").show(5000);
  }
  //对单击"延时隐藏"按钮的响应
  function HideDelay() {
   $("#test").hide(10000);
  }
  //对单击"自动切换"按钮的响应
  function AutoSwitch() {
   $("#test").toggle(8000);
  }
</script>
<style>#test {display: none; width: 400px;
```

```
                    height: 200px;border: 1px solid blue;
                    background:url("MyImages/MyImage51.jpg")}
 </style>
</head>
 <body>
  <div id="test"></div><br>
  <button onclick="ShowDelay()" style="width:130px">延时显示</button>
  <button onclick="HideDelay()" style="width:130px">延时隐藏</button>
  <button onclick="AutoSwitch()" style="width:130px">自动切换</button>
</body></html>
```

上面有底纹的代码是本例的核心代码。在这部分代码中，show()、hide()和 toggle()方法中的参数表示毫秒数，1 秒等于 1000 毫秒，该参数也支持 slow、normal、fast 等单词。此实例的源文件名是 HtmlPageC188.html。

007 查找并显示在页面中被隐藏的元素

本例主要调用可见性过滤器 $(":hidden")实现选取所有不可见的元素。在浏览器中显示该页面时，单击“隐藏 DIV 块”按钮，则在该 DIV 块中的图片将隐藏；单击“显示 DIV 块”按钮，则将查找在该 DIV 块中被隐藏的图片并显示出来，如图 007-1 所示。

图 007-1

主要代码如下所示：

```
<!DOCTYPE html><html><head>
 <script type="text/javascript" src="Scripts/jquery-2.2.3.js"></script>
 <script language="javascript">
   $(document).ready(function () {
     //对单击"隐藏 DIV 块"按钮的响应
    $("#myBtnHide").click(function () {
     $("div").toggle( function () {
      $(this).attr("style", "display:none;");
     });});
     //对单击"显示 DIV 块"按钮的响应
     $("#myBtnShow").click(function () {
      $(":hidden").show();
   }); });
```

```
  </script>
</head>
<body>
 <input class="input" type="button" value="隐藏 DIV 块"
                        id="myBtnHide" style="width:170px;"/>
 <input class="input" type="button" value="显示 DIV 块"
                        id="myBtnShow" style="width:170px;"/>
 <br><br><div id="first">
 <img src="MyImages/MyImage51.jpg" style="width:350px;height:200px" /></div>
</body></html>
```

上面有底纹的代码是 jQuery 实现此功能的核心代码。在该部分代码中，可见性过滤器 $(":hidden")用于选取所有不可见的元素，包括<input type="hidden"/>、<div style="display:none"></div>和<div style="visibility:hidden"></div>等元素。$("div:visible")用于选取所有可见的<div>元素。

此实例的源文件名是 HtmlPageC176.html。

008 以动画效果改变块内多个元素的不同属性

本例主要实现了使用 animate()方法实现以动画渐进改变的效果同步改变块内多个元素的不同属性。在浏览器中显示该页面时，单击“放大并移动下面的文字块”按钮，则这些文字将逐渐放大并向右移动，如图 008-1 所示。

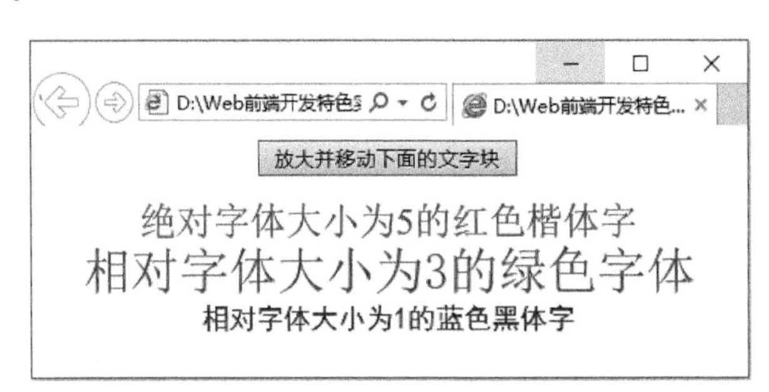

图 008-1

主要代码如下所示：

```
<!DOCTYPE html><html><head>
 <script type="text/javascript" src="Scripts/jquery-2.2.3.js"></script>
 <script language="javascript">
  $(document).ready(function () {
    //对单击"放大并移动下面的文字块"按钮的响应
   $("#mybutton").click(function () {
    //$("#myblock").animate({ width: "100%", fontSize: "10em" }, 1000);
    // $("#myblock").animate({ width: "50%", fontSize: "10em" }, 1000);
    $("#myblock").animate({ width: "150%", fontSize: "10em" }, 1000);
  });});
 </script>
</head>
<body>
 <div style="text-align:center;margin-top:5px">
  <input class="input" type="button"
```

```
        value = "放大并移动下面的文字块" id = "mybutton"/>
<p id = "myblock">
<font face = "楷体_GB2312" color = "red"
        size = "5">绝对字体大小为 5 的红色楷体字</font><br>
 <font face = "宋体" color = "green"
        size = " + 3">相对字体大小为 3 的绿色字体</font><br>
 <font face = "黑体" color = "blue" size = " + 1">相对字体大小为 1 的蓝色黑体字</font><br></p></div>
 </body></html>
```

上面有底纹的代码是本例的核心代码。在该部分代码中，$("#myblock").animate({ width: "150%", fontSize: "10em" }, 1000)用于以动画方式同步改变块内多个元素的不同属性。animate()方法的语法声明如下：

```
$(selector).animate(styles,options)
```

其中，参数 styles 规定产生动画效果的 CSS 样式及值，可能的 CSS 样式值包括 backgroundPosition、borderWidth、borderBottomWidth、borderLeftWidth、lineHeight、borderRightWidth、borderTopWidth、borderSpacing、margin、marginBottom、marginLeft、marginRight、marginTop、outlineWidth、padding、paddingBottom、paddingLeft、paddingRight、paddingTop、height、width、maxHeight、maxWidth、minHeight、minWidth、font、fontSize、bottom、left、right、top、letterSpacing、wordSpacing、textIndent。参数 options 规定动画的额外选项，可能的值包括 speed(设置动画的速度)、easing(规定要使用的 easing 函数)、callback(规定动画完成之后要执行的函数)、step(规定动画的每一步在完成之后要执行的函数)、queue(布尔值，指示是否在效果队列中放置动画。如果为 false，则动画将立即开始)、specialEasing(来自 styles 参数的一个或多个 CSS 属性的映射以及它们的对应 easing 函数)。

本例的源文件名是 HtmlPageC060.html。

009 使用分组选择器操作不同元素的相同属性

本例主要实现了使用分组选择器操作不同元素的相同属性。在浏览器中显示该页面时，单击“设置输入框和选择框的背景颜色”按钮，将使用分组选择器同时选择输入框和选择框，并设置其背景颜色为灰色，如图 009-1 所示。

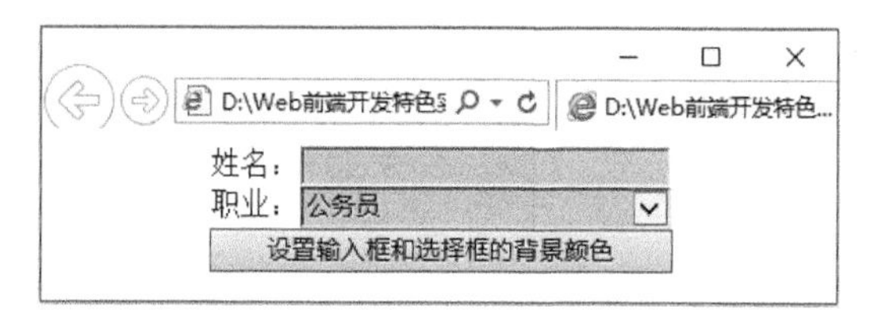

图 009-1

主要代码如下所示：

```
<!DOCTYPE><html><head>
 <script src = "Scripts/jquery - 2.2.3.js" type = "text/javascript"></script>
 <script type = "text/javascript">
  $(document).ready(function () {
    //对单击"设置输入框和选择框的背景颜色"按钮的响应
   $("button").click(function () {     //设置背景颜色为浅灰
    $(".myClass ,input").css("background - color", "lightgray");
  }) })
```

```
  </script>
 </head>
 <body><center>
  姓名:<input type="text" style="width:200px"/><br>
  职业:<select id="myselect" style="width:200px" class="myClass">
      <option value="公务员">公务员</option>
      <option value="程序员">程序员</option>
      <option value="工程师">工程师</option>
      <option value="律师">律师</option>
 </select><br>
 <button style="width:250px">设置输入框和选择框的背景颜色</button>
 </center></body></html>
```

上面有底纹的代码是本例的核心代码。在这部分代码中,分组选择器$(".myClass ,input")能够选择匹配类名为"myClass"的元素和所有的"input"元素,两个选择器之间要用逗号分隔。

本例的源文件名是 HtmlPageC360.html。

010 判断指定的元素是否嵌套在父元素里面

本例主要通过调用 parents()方法判断指定的元素是否嵌套在父元素里面。在浏览器中显示该页面时,将弹出一个消息框显示判断结果,即子元素"渝北区"是否在父元素"重庆市"里面,如图 010-1 所示。

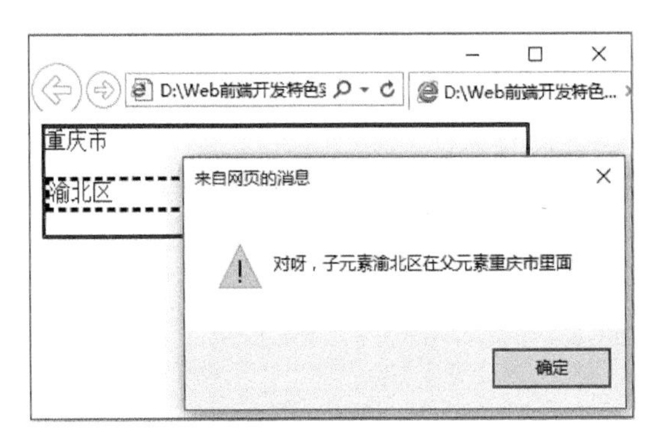

图 010-1

主要代码如下所示:

```
<!DOCTYPE html><html><head>
 <script type="text/javascript" src="Scripts/jquery-2.2.3.js"></script>
 <script type="text/javascript">
  $(document).ready(function () {
   //if ($("p").parents("#parent").length == 1) {
   if ($("p.child").parents("#parent").length == 1) {
     alert("对呀,子元素渝北区在父元素重庆市里面");
   } else {
     alert("对不起呀,子元素渝北区不在父元素重庆市里面");
  } });
 </script>
 </head>
 <body>
  <div id="parent" style="border:groove;width:350px">重庆市
```

```
  <p class = "child" style = "border:dashed;width:250px">渝北区</p></div>
</body></html>
```

上面有底纹的代码是本例的核心代码。在这部分代码中,parents()方法用于获得当前匹配元素集合中每个元素的父元素,使用选择器进行筛选是可选的。通过选择器判断元素是否嵌套一般是获取元素对象的父级元素,然后通过判断父级元素的 length 属性是否等于 1 来确定是否嵌套。如果给定一个表示 DOM 元素集合的 jQuery 对象,. parents()方法允许在 DOM 树中搜索这些元素的祖先元素,并用从最近的父元素向上的顺序排列的匹配元素构造一个新的 jQuery 对象。元素是按照从最近的父元素向外的顺序被返回的。. parents()和. parent()方法类似,不同的是后者沿 DOM 树向上遍历单一层级。该方法接受可选的选择器表达式,与向 $ ()方法中传递的参数类型相同。如果应用这个选择器,则将通过检测元素是否匹配该选择器对元素进行筛选。parents()方法的语法声明如下:

```
.parents(selector)
```

其中,参数 selector 包含用于匹配元素的选择器表达式。

本例的源文件名是 HtmlPageC113. html。

011 获取指定元素在同类元素中的索引位置

本例主要通过调用 index()方法获取指定元素在同类元素中的索引位置。在浏览器中显示该页面时,单击“获取元素在同类中的索引位置”按钮,则将在弹出的消息框中显示指定的两个元素在整个类别中的索引位置,如图 011-1 所示。这种技术主要针对 HTML 中的树、列表、组合框等控件,如果需要对这些控件进行插入、删除或替换等操作,通常需要获取其中某个元素的索引值,再根据获得的索引值进行操作。

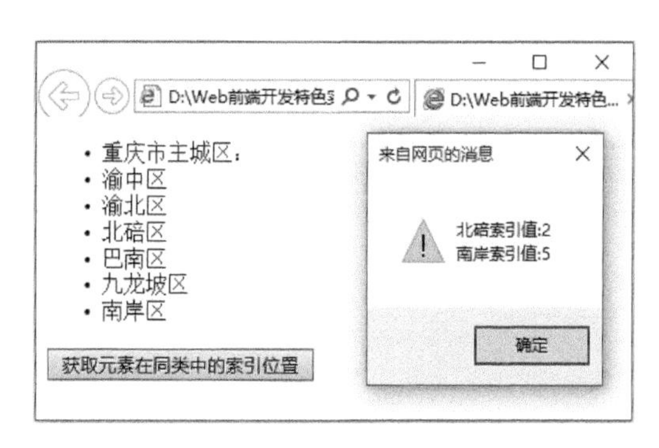

图 011-1

主要代码如下所示:

```
<!DOCTYPE html><html><head>
 <script type = "text/javascript" src = "Scripts/jquery-2.2.3.js"></script>
 <script type = "text/javascript">
  $ (document).ready(function () {
    //对单击"获取元素在同类中的索引位置"按钮的响应
   $ ("button").click(function () {
    var myText = "北碚索引值:" +
            $ (".css-li-index").index( $ ("#id-li-beibei")) + "\n";
    myText += "南岸索引值:" + $ (".css-li-index").index( $ ("#id-li-nanan"));
    alert(myText);
  });});
```

```
  </script>
</head>
<body>
 <ul><li>重庆市主城区：</li>
     <li class="css-li-index">渝中区</li>
     <li class="css-li-index" id=" id-li-yubei">渝北区</li>
     <li class="css-li-index" id=" id-li-beibei">北碚区</li>
     <li class="css-li-index" id=" id-li-banan">巴南区</li>
     <li class="css-li-index" id=" id-li-jiulongpo">九龙坡区</li>
     <li class="css-li-index" id=" id-li-nanan">南岸区</li></ul>
 <button>获取元素在同类中的索引位置</button>
</body></html>
```

上面有底纹的代码是本例的核心代码。在这部分代码中，index()方法用于获取指定元素相对于其他指定元素的 index 位置，这些元素可通过 jQuery 选择器或 DOM 元素来指定。如果未找到元素，index()方法将返回－1。index()方法的语法声明如下：

```
$(selector).index(element)
```

其中，参数 element 是一个可选参数，规定要获得 index 位置的元素，可以是 DOM 元素或 jQuery 选择器。

本例的源文件名是 HtmlPageC112.html。

012 将指定的事件和方法绑定到指定的元素

本例主要通过调用 bind()方法实现将指定的事件和方法绑定到指定的元素(此实例即是显示的图片)。jQuery 框架的优势之一就是可以将事件和函数绑定到 HTML 元素上，这样既简化了传统 JavaScript 代码冗长的编写方式，又美化了 jQuery 代码的书写效果，可谓一举两得。在浏览器中显示该页面时，单击图片，则将在弹出的消息框中显示相关的信息，如图 012-1 所示。

图 012-1

主要代码如下所示：

```
<!DOCTYPE html><html><head>
 <script type="text/javascript" src="Scripts/jquery-2.2.3.js"></script>
 <script language="javascript">
   $(document).ready(function () {
    $(function () {
     //响应单击图片事件
```

```
    $('#myImage').bind('click', { d1: 'C#入门经典(第6版)',
                                  d2: '清华大学出版社' }, myBindFunc);
    });
    function myBindFunc(e) {
     alert("书名: " + e.data.d1 + "\n出版社: " + e.data.d2)
} });
 </script>
</head>
<body>
 <img id="myImage"src="MyImages/MyImage43.jpg"width="170"height="170"/>
</body></html>
```

上面有底纹的代码是本例的核心代码。在该部分代码中，bind()方法用于为被选元素添加一个或多个事件处理程序，并规定事件发生时运行的函数。bind()方法的语法声明如下：

```
$(selector).bind(event,data,function)
```

其中，参数 event 规定添加到元素的一个或多个事件，可以由空格分隔多个事件，但必须是有效的事件。参数 data 规定传递到函数的额外数据。参数 function 规定当事件发生时运行的函数。

本例的源文件名是 HtmlPageC120.html。

013　将多个事件和方法同时绑定到指定元素

本例主要通过调用 bind()方法实现将多个指定的事件和方法同时绑定到指定的元素(显示的图片)。在浏览器中显示该页面时，如果把鼠标放在图片上，则下面的文字呈现红色，如图 013-1 的左边所示；如果鼠标离开图片，则下面的文字呈现蓝色；如果使用鼠标单击图片，则下面的文字根据当前状态自动收缩或展开，如图 013-1 的右边所示。

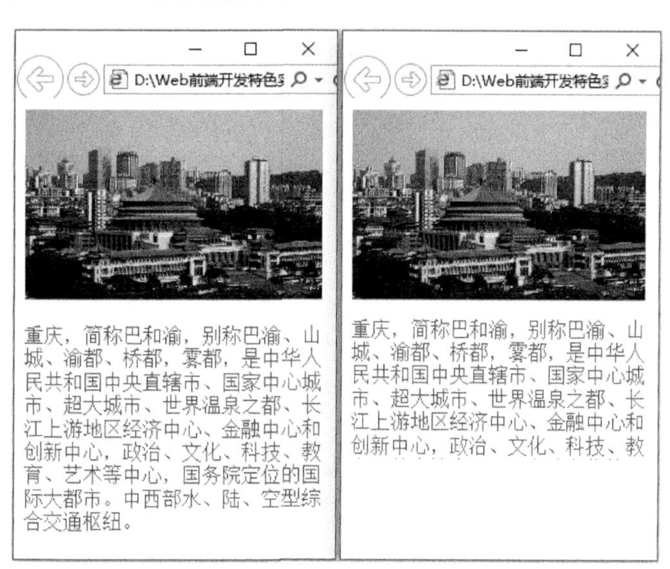

图　013-1

主要代码如下所示：

```
<!DOCTYPE html><html><head>
 <script type="text/javascript" src="Scripts/jquery-2.2.3.js"></script>
```

```
<script language="javascript">
 $(document).ready(function () {
   //为图片绑定 click、mouseover、mouseout 三种事件
  $("#myImage").bind({
   click: function () { $("#myText").slideToggle(); },
     mouseover: function () { $("#myText").css("color", "red"); },
     mouseout: function () { $("#myText").css("color", "blue"); }
 });});
</script>
</head>
<body>
 <img id="myImage" src="MyImages/MyImage61.jpg" width="240" height="150"/>
 <p id="myText" style="width:250px;">
重庆,简称巴和渝,别称巴渝、山城、渝都、桥都,雾都,是中华人民共和国中央直辖市、国家中心城市、超大城市、世界温泉之都、长江上游地区经济中心、金融中心和创新中心,政治、文化、科技、教育、艺术等中心,国务院定位的国际大都市。中西部水、陆、空型综合交通枢纽。</p>
</body></html>
```

上面有底纹的代码是本例的核心代码。在该部分代码中,bind()方法用于为被选元素添加一个或多个事件处理程序,并规定事件发生时运行的函数。bind()方法的基本语法是 $(selector).bind(event,data,function),但它还有一个替代语法,即本例采用的语法,该语法的声明如下:

```
$(selector).bind({event:function, event:function, ...})
```

其中,参数{event:function, event:function, ...}规定事件映射,其中包含一个或多个添加到元素的事件,以及当事件发生时运行的函数。

本例的源文件名是 HtmlPageC121.html。

014 为元素同时绑定多个事件及其响应方法

本例主要使用 on()方法为 li 元素同时绑定 mouseover 和 mouseout 事件从而实现单行选择的效果。在浏览器中显示该页面时,当使用鼠标在列表项 li 元素上滑动时,该列表项背景呈现绿色;当鼠标离开列表项时,该列表项背景呈现白色,如图 014-1 所示,这样就给用户产生了单行选择的效果。

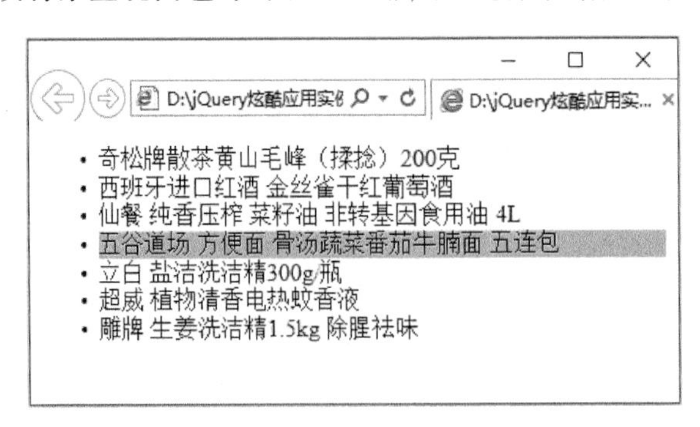

图 014-1

主要代码如下所示:

```
<!DOCTYPE html><html><head>
```

```
<script type="text/javascript" src="Scripts/jquery-2.2.3.js"></script>
<script language="javascript">
 $(document).ready(function () {
  $(function () {
   $("li").on({                    //为元素(列表项)同时绑定多个事件及其对应的方法
    mouseover: function () {       //鼠标悬浮事件的响应方法
     $(this).css("background", "green");
    }, mouseout: function () {     //鼠标离开事件响应方法
     $(this).css("background", "white");
 } }); });});
</script>
</head>
<body>
 <div><ul><li>奇松牌散茶黄山毛峰 (揉捻)200 克</li>
         <li>西班牙进口红酒 金丝雀干红葡萄酒</li>
         <li>仙餐 纯香压榨 菜籽油 非转基因食用油 4L</li>
         <li>五谷道场 方便面 骨汤蔬菜番茄牛腩面 五连包</li>
         <li>立白 盐洁洗洁精 300g/瓶</li>
         <li>超威 植物清香电热蚊香液</li>
         <li>雕牌 生姜洗洁精 1.5kg 除腥祛味</li></ul></div>
</body></html>
```

上面有底纹的代码是本例的核心代码。在这部分代码中,on()方法用于为指定元素的一个或多个事件绑定事件处理函数。从 jQuery 1.7 开始,on()方法提供了绑定事件处理程序所需的所有功能,用于统一取代以前的 bind()、delegate()、live()等事件函数。on()方法支持直接在目标元素上绑定事件,也支持在目标元素的祖辈元素上委托绑定。在事件委托绑定模式下,即使是执行 on()方法之后新添加的元素,只要它符合条件,绑定的事件处理方法也对其有效。该方法在为同一元素、同一事件类型绑定多个事件处理方法,在触发事件时,jQuery 将按照绑定的先后顺序依次执行绑定的事件处理方法。on()方法的语法声明如下:

```
on( events [, selector ] [, data ], handler )
```

其中,参数 events 表示一个或多个用空格分隔的事件类型和可选的命名空间,如 click 等。参数 selector 是可选的,用于指定哪些后代元素可以触发绑定的事件,如果该参数为 null 或被省略,则表示当前元素自身绑定事件(实际触发者也可能是后代元素,只要事件流能到达当前元素即可)。参数 data 是可选的,在任意类型触发事件时,需要通过 event.data 传递给事件处理函数的任意数据。参数 handler 是指定的事件处理函数(方法)。

本例的源文件名是 HtmlPageC074.html。

015 为同类元素添加相同的事件响应方法

本例主要使用 delegate()方法为指定的超链接添加事件响应方法从而实现在新窗口中打开超链接所指向的网页。在浏览器中显示该页面时,单击“凤凰网”超链接,则将在新窗口中打开凤凰网,单击其他几个超链接也将打开独立的浏览器窗口,如图 015-1 所示。主要代码如下所示:

```
<!DOCTYPE html><html><head>
 <script type="text/javascript" src="Scripts/jquery-2.2.3.js"></script>
 <script language="javascript">
```

```
    //为超链接绑定 click 事件响应方法
    jQuery(document).delegate('a', 'click', function () {
     var root = location.href.replace(location.pathname
                 + location.search + location.hash, '');
    if (!this.href) return;
    if (this.href.indexOf(root) != 0) {
        window.open(this.href);
        return false;
     } });
</script>
</head>
<body>
 <p style="text-align:center">
  <a href="http://www.ifeng.com/">凤凰网</a>(在新窗口中打开)<br>
  <a href="http://www.sohu.com/">搜狐网</a>(在新窗口中打开)<br>
  <a href="http://www.sina.com.cn/">新浪网</a>(在新窗口中打开)<br></p>
</body></html>
```

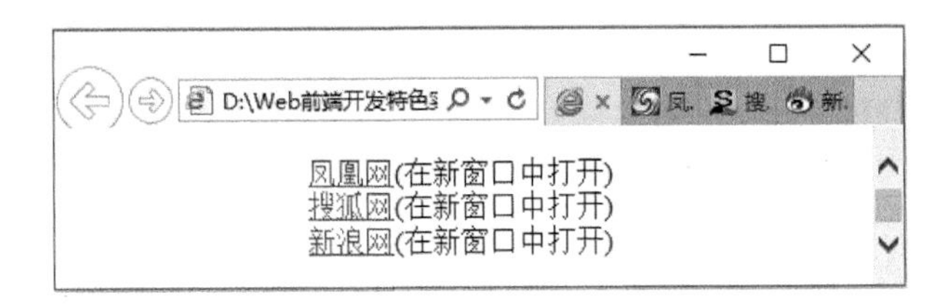

图 015-1

上面有底纹的代码是本例的核心代码。在这部分代码中,delegate()方法用于为指定的元素(属于被选元素的子元素)添加一个或多个事件处理程序,并规定当这些事件发生时运行的函数。使用delegate()方法的事件处理程序适用于当前或未来的元素(比如由脚本创建的新元素)。delegate()方法的语法声明如下:

```
$(selector).delegate(childSelector,event,data,function)
```

其中,参数 childSelector 规定要附加事件处理程序的一个或多个子元素。参数 event 规定附加到元素的一个或多个事件,由空格分隔多个事件值,必须是有效的事件。参数 data 是一个可选参数,规定传递到函数的额外数据。参数 function 规定当事件发生时运行的函数。

本例的源文件名是 HtmlPageC128.html。

016 为匹配元素的事件绑定一次性响应方法

本例主要调用 one()方法实现为匹配元素的一个或多个事件绑定一次性事件响应方法(函数)。在浏览器中显示该页面时,单击“测试仅响应一次的单击按钮事件处理函数”按钮,则将在下面显示响应的提示信息,如图 016-1 所示。以后再单击“测试仅响应一次的单击按钮事件处理函数”按钮,将不响应。

主要代码如下所示:

```
<!DOCTYPE html><html><head>
 <script type="text/javascript" src="Scripts/jquery-2.2.3.js"></script>
 <script language="javascript">
  $(document).ready(function () {
   $(function () {     //对单击"测试仅响应一次的单击按钮事件处理函数"按钮的响应
```

```
    $('#myBtn').one("click", function () {
    $('div').append("<p>单击按钮事件的绑定函数 1 仅此一次,下次将不响应</p>");
    }).one("click", function () {
      $('div').append("<p>单击按钮事件的绑定函数 2 仅此一次,下次将不响应</p>");
    }).one("click", function () {
      $('div').append("<p>单击按钮事件的绑定函数 3 仅此一次,下次将不响应</p>");
});}) });
 </script>
</head>
<body>
 <button id = "myBtn" style = "width:350px;">
    测试仅响应一次的单击按钮事件处理函数</button><br/><br/><div></div>
</body></html>
```

上面有底纹的代码是 jQuery 实现此功能的核心代码。在这部分代码中,one()方法用于为每个匹配元素的一个或多个事件绑定一次性事件响应方法。通过 one()方法绑定的事件处理方法都是一次性的,只有首次触发事件时才会执行该事件的响应方法;在触发之后,jQuery 就会移除当前事件绑定。可以为同一元素、同一事件类型绑定多个一次性的事件响应方法,在触发事件时,jQuery 会按照绑定的先后顺序依次执行绑定的事件响应方法。

此实例的源文件名是 HtmlPageC167.html。

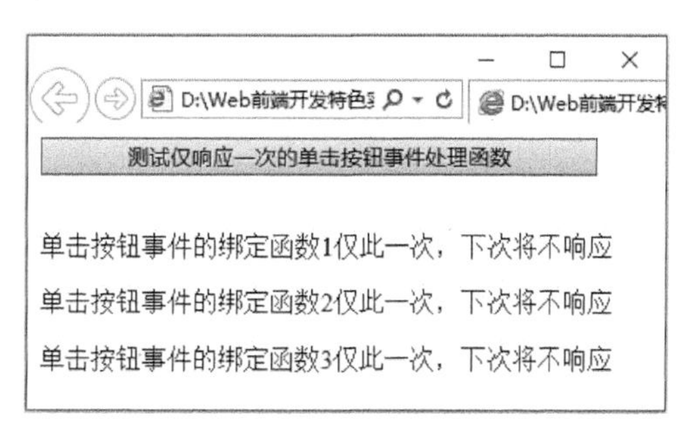

图 016-1

017 为动态生成的元素绑定其事件响应方法

本例主要通过调用 on()方法实现为动态产生的元素的相关事件绑定响应方法。在浏览器中显示该页面时,单击“单击此按钮就会在下面新增一行文字”按钮,则将在下面显示一行文字,如图 017-1 所示。单击动态新增的这行文字,则这行文字将会自动消失。

主要代码如下所示:

```
<!DOCTYPE html><html><head>
 <script type = "text/javascript" src = "Scripts/jquery - 2.2.3.js"></script>
 <script language = "javascript">
  $(document).ready(function () {
    //对单击"单击此按钮就会在下面新增一行文字"按钮的响应
   $("#myBtn").click(function () {
    $("<p>单击这行文字,它就会自动消失</p>").insertAfter("button");
   });
   $(document).on("click", "p", function () {
    $(this).slideToggle();
 });});
```

```
</script>
</head>
<body>
<button id="myBtn" style="width:350px;">单击此按钮就会在下面新增一行文字</button><br/><br/>
</body></html>
```

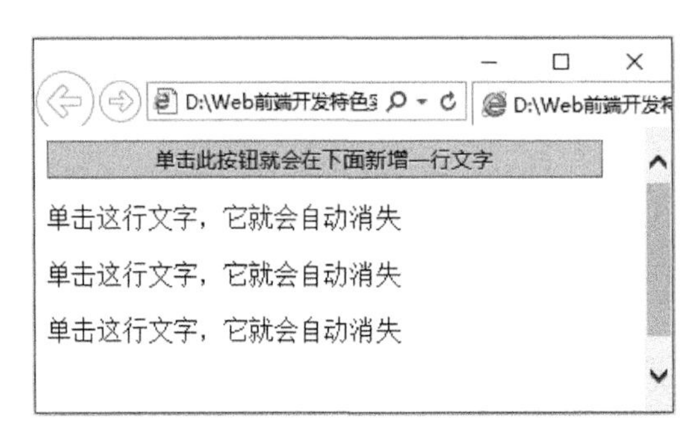

图 017-1

上面有底纹的代码是本例的核心代码。在这部分代码中，on()方法用于在被选元素及子元素上添加一个或多个事件处理程序。on()方法的语法声明如下：

```
$(selector).on(event,childSelector,data,function,map)
```

其中，参数 event 规定被选元素的一个或多个事件或命名空间，由空格分隔多个事件值，必须是有效的事件。参数 childSelector 是可选参数，规定只能添加到指定的子元素上的事件处理程序。参数 data 是可选参数，规定传递到方法的额外数据。参数 function 是可选方法，规定当事件发生时运行的方法。参数 map 规定事件映射({event:function, event:function, …})，包含要添加到元素的一个或多个事件，以及当事件发生时运行的函数。

使用 on()方法添加的事件处理程序适用于当前及未来动态创建的元素(比如由脚本创建的新元素)。如需移除事件处理程序，应使用 off()方法。

本例的源文件名是 HtmlPageC168.html。

018 处理在容器中的指定元素事件是否冒泡

本例主要通过调用 event.stopPropagation()函数实现是否允许或禁止在容器中的指定元素的事件冒泡。事件冒泡就是单击子节点，会向上触发父节点、祖先节点的单击事件。在浏览器中显示该页面时，body 容器中包含“外层 div 元素”，“外层 div 元素”容器包含“内层 span 元素”；单击“允许 span 元素的事件冒泡”按钮，再单击“内层 span 元素”，由于三个元素是嵌套的，因此单击最上层的“内层 span 元素”会导致三个元素都产生被单击了的效果，如图 018-1 的左边所示；单击“禁止 span 元素的事件冒泡”按钮，再单击“内层 span 元素”，此时只显示“内层 span 元素”被单击了，如图 018-1 的右边所示。

主要代码如下所示：

```
<!DOCTYPE html><html><head>
 <script type="text/javascript" src="Scripts/jquery-2.2.3.js"></script>
 <script type="text/javascript">
  $(function () {
   $('#content').bind('click', function () {      //为 content 绑定 click 事件
```

```
    var txt = $('#msg').html() + '<p>外层 div 元素被单击</p>';
    $('#msg').html(txt);
   });
   $('body').bind('click', function () {            //为 body 绑定 click 事件
    var txt = $('#msg').html() + '<p> body 元素被单击</p>';
    $('#msg').html(txt);
  });});
  $(document).ready(function () {
   //对单击"允许 span 元素的事件冒泡"按钮的响应
   $("#myBtnEnable").click(function () {
        $('span').bind('click', function () {      //为 span 元素绑定 click 事件
     var txt = $('#msg').html() + '<p>内层 span 元素被单击</p>';
     $('#msg').html(txt);
   });});
   //对单击"禁止 span 元素的事件冒泡"按钮的响应
   $("#myBtnDisable").click(function () {
     $('span').bind('click', function (event) {
      var txt = $('#msg').html() + '<p>内层 span 元素被单击</p>';
      $('#msg').html(txt);
      event.stopPropagation();                     //停止事件冒泡
  }); }); });
</script>
</head>
<body style="background: #ffd800"> body
 <button id="myBtnEnable" style="width:200px;">
        允许 span 元素的事件冒泡</button><br><br>
 <button id="myBtnDisable" style="width:200px;">
        禁止 span 元素的事件冒泡</button><br><br>
<div id="content" style="background: #00ffff;width:200px">外层 div 元素
 <span style="background: #00ff90">内层 span 元素</span></div>
<div id="msg"></div>
</body></html>
```

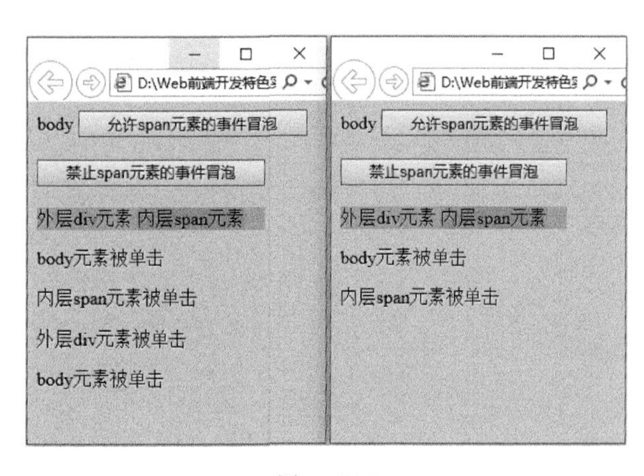

图　018-1

上面有底纹的代码是本例的核心代码。在这部分代码中，stopPropagation()函数用于阻止当前事件在 DOM 树上冒泡。根据 DOM 事件流机制，在元素上触发的大多数事件都会冒泡传递到该元素的所有祖辈元素上，如果这些祖辈元素上也绑定了相应的事件处理方法，就会触发执行这些方法。使用 stopPropagation()函数可以阻止当前事件向祖辈元素的冒泡传递，也就是说该事件不会触发执行

当前元素的任何祖辈元素的任何事件处理方法。该函数只阻止事件向祖辈元素的传播，不会阻止该元素自身绑定的其他事件处理方法的函数。但是，event.stopImmediatePropagation()不仅会阻止事件向祖辈元素的传播，还会阻止该元素绑定的其他(尚未执行的)事件处理方法的执行。

本例的源文件名是 HtmlPageC179.html。

019 为 document 绑定或解绑相关鼠标事件

本例主要使用 bind()和 unbind()方法实现为 document 绑定鼠标事件和解绑鼠标事件。在浏览器中显示该页面时，单击蓝色的 div 块，即可在页面上使用鼠标任意拖动该 div 块，松开鼠标则该 div 块将被放置在新位置，如图 019-1 所示。

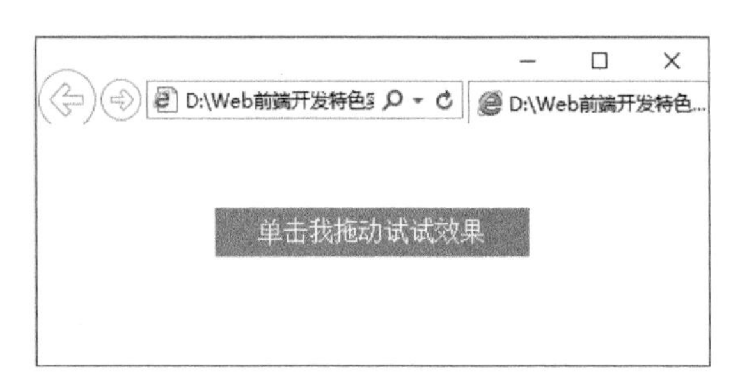

图 019-1

主要代码如下所示：

```
<!DOCTYPE html><html><head>
 <script type="text/javascript" src="Scripts/jquery-2.2.3.js"></script>
 <script type="text/javascript">
  $(document).ready(function () {
   var $div = $("#myMoveDiv");
   //为 div 块绑定鼠标左键按下事件
   $div.bind("mousedown", function (event) {
   //获取需要拖动节点的坐标
   var offset_x = $(this)[0].offsetLeft;        //x 坐标
   var offset_y = $(this)[0].offsetTop;         //y 坐标
   //获取当前鼠标的坐标
   var mouse_x = event.pageX;
   var mouse_y = event.pageY;
   //绑定拖动事件，由于拖动时，可能鼠标会移出元素，所以使用全局 document
   $(document).bind("mousemove", function (ev) {
    //计算鼠标移动了的位置
    var _x = ev.pageX - mouse_x;
    var _y = ev.pageY - mouse_y;
    //设置移动后的元素坐标
    var now_x = (offset_x + _x) + "px";
    var now_y = (offset_y + _y) + "px";
    //改变目标元素的位置
    $div.css({ top: now_y,left: now_x});
   });});
   //当鼠标左键松开，解绑事件
   $(document).bind("mouseup", function () {
    $(this).unbind("mousemove");
  });})
```

```
</script>
<style type="text/css">
 div{position: absolute;top: 50px;left: 50px;width: 200px;height: 30px;
    line-height: 30px;background-color: #00CCCC;text-align: center;
    color: #FFFFFF; cursor: default;}
 </style>
</head>
<body>
 <div id="myMoveDiv">单击我拖动试试效果</div>
</body></html>
```

上面有底纹的代码是本例的核心代码。在这部分代码中，bind()方法用于为被选元素绑定一个或多个事件处理程序，并规定事件发生时运行的方法，关于该方法的语法声明请参考本书的其他部分。unbind()方法用于解绑被选元素的事件响应方法，该方法能够移除所有的或被选的事件响应方法，或者当事件发生时终止指定方法的运行。unbind()方法适用于任何通过 jQuery 绑定的事件响应方法。如果没有规定参数，unbind()方法会删除指定元素的所有事件响应方法。unbind()方法的语法声明如下：

```
$(selector).unbind(event,function)
```

其中，参数 event 是可选参数，规定删除（解绑）元素的一个或多个事件，由空格分隔多个事件值，如果只规定了该参数，则会删除绑定到指定事件的所有函数。参数 function 也是可选参数，规定从元素的指定事件取消绑定的方法名称。

本例的源文件名是 HtmlPageC218.html。

020 创建删除动态生成的元素及自身的按钮

本例主要通过为动态生成的按钮绑定事件响应方法从而实现删除动态生成的元素及删除按钮自身。在浏览器中显示该页面时，单击“增加”按钮，则将在下面另起一行增加一个“浏览”和“删除”按钮，单击动态生成的“删除”按钮，则将删除刚才动态生成的“浏览”和“删除”按钮，如图 020-1 所示。

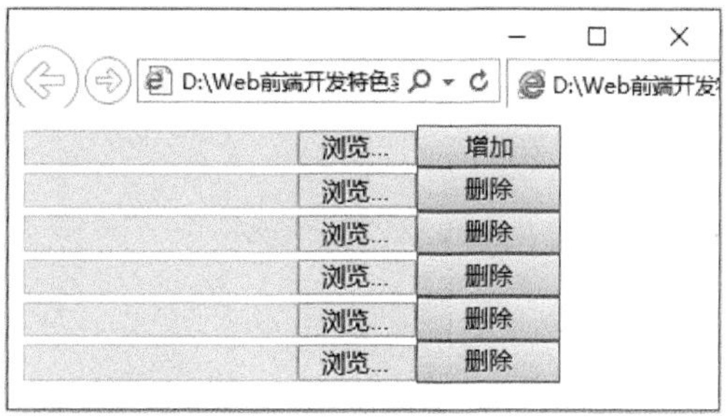

图 020-1

主要代码如下所示：

```
<!DOCTYPE html><html><head>
 <script type="text/javascript" src="Scripts/jquery-2.2.3.js"></script>
 <script type="text/javascript">
  $(document).ready(function () {
   //对单击"增加"按钮的响应
   $(":input[type=button][value=增加]").bind("click", function () {
```

```
        var $br = $("<br />");
        var $file = $("<input type='file' />");
        var $button = $("<input type='button' value='删除' style='width:80px'>");
        $(this).after($button).after($file).after($br);
        $button.bind("click", function () {     //为动态新增按钮"删除"添加 click 事件
          $br.remove();
          $file.remove();
          $button.remove();
        }) }) });
 </script>
</head>
<body>
  <input type="file" name="file1"/>
  <input type="button" value="增加" style='width:80px' />
</body></html>
```

上面有底纹的代码是本例的核心代码。在这部分代码中，after()方法用于在被选元素后插入指定的内容。remove()方法用于移除被选元素，包括所有文本和子节点。bind()方法用于为被选元素添加一个或多个事件处理程序，并规定事件发生时运行的响应方法。关于这些方法的语法声明请参考本书的其他部分。

本例的源文件名是 HtmlPageC232.html。

021　设置元素属性创建只能单击一次的按钮

本例主要通过设置元素的 disabled 属性实现在用户单击按钮后使按钮变成不可用状态。在浏览器中显示该页面时，单击“禁止此按钮”按钮，将弹出一个消息框，此时按钮已经被禁止；再次单击“禁止此按钮”按钮，将无反应，如图 021-1 所示。这种场景主要出现在客户端(浏览器)向服务器提交数据的时候，如果用户不断地连续单击按钮提交数据，会严重影响服务器的资源，所以一般用 Ajax 或者表单提交的时候，都会在首次单击按钮后将按钮变成灰色不可再次单击。

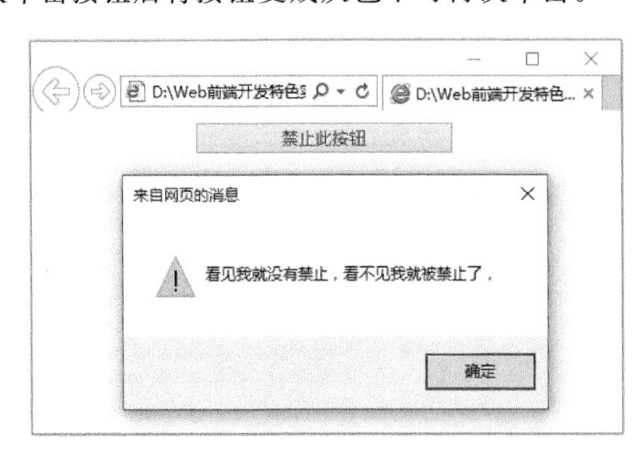

图　021-1

主要代码如下所示：

```
<!DOCTYPE html><html><head>
 <script type="text/javascript" src="Scripts/jquery-2.2.3.js"></script>
 <script language="javascript">
   $(document).ready(function () {
     //对单击"禁止此按钮"按钮的响应
```

```
    $("#mybutton").click(function () {
      $(this).attr("disabled", "true").addClass("mydisabled");
      alert("看见我就没有禁止,看不见我就被禁止了,");
  });});
 </script>
 <style type="text/css">
 .mydisabled { -webkit-filter: grayscale(100%);
     filter: progid:DXImageTransform.Microsoft.BasicImage(grayscale=1);
 }
 </style>
</head>
<body>
  <P style="text-align:center;margin-top:5px">
  <input class="input" type="button"
        value="禁止此按钮" id="mybutton" style="width:200px" /></P>
</body></html>
```

上面有底纹的代码是 jQuery 实现此功能的核心代码。在这部分代码中,$(this). attr("disabled", "true")用于设置按钮为禁止状态,addClass("mydisabled")用于设置按钮在被禁止后的样式。

本例的源文件名是 HtmlPageC038. html。

022 在指定元素的后面补充相同类型的内容

本例主要通过调用 appendTo()方法实现在指定元素的后面补充相同类型的内容。在浏览器中显示该页面时,如图 022-1 的左边所示,“商品名称:”是空白;单击“为下面这张图片添加商品名称”按钮,则将在“商品名称:”后面补充内容,如图 022-1 的右边所示。

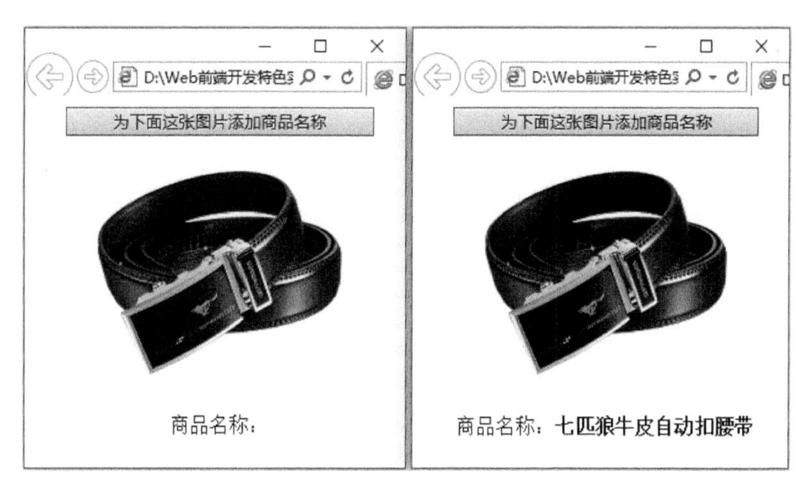

图 022-1

主要代码如下所示:

```
<!DOCTYPE html><html><head>
 <script type="text/javascript" src="Scripts/jquery-2.2.3.js"></script>
 <script type="text/javascript">
  $(document).ready(function () {
    //对单击"为下面这张图片添加商品名称"按钮的响应
```

```
    $ ("button#myBtn").click(function () {
      $ ("<b>七匹狼牛皮自动扣腰带</b>").appendTo("p");
  });});
 </script>
</head>
<body>
 <div style = "width:300px;text - align:center">
 <button id = "myBtn" style = "width:250px;">
                    为下面这张图片添加商品名称</button><br>
 <img src = "MyImages/MyImage60.jpg" width = "200" height = "200" />
 <p>商品名称: </p>
</div></body></html>
```

上面有底纹的代码是本例的核心代码。在这部分代码中，appendTo()方法用于在被选元素的结尾(仍然在内部)插入指定内容。appendTo()方法的语法声明如下：

```
$ (content).appendTo(selector)
```

其中，参数 content 规定要插入的内容(可包含 HTML 标签)。参数 selector 规定把内容追加到哪个元素上。需要说明的是：append()方法和 appendTo()方法执行的任务相同，不同之处在于：内容和选择器的位置，以及 append()能够使用函数来附加内容。

本例的源文件名是 HtmlPageC114. html。

023 在被选元素的开始位置插入指定的内容

本例主要通过调用 prependTo()方法实现在指定元素的前面插入新的 HTML 元素。在浏览器中显示该页面时，将显示如图 023-1 的左边所示的一幅图片；单击“在此按钮的上面插入一幅图片”按钮，则将在此按钮的上面插入一幅图片，如图 023-1 的右边所示。

图 023-1

主要代码如下所示：

```
<!DOCTYPE html><html><head>
 <script type = "text/javascript" src = "Scripts/jquery - 2.2.3.js"></script>
 <script type = "text/javascript">
```

```
$(document).ready(function () {
  //对单击"在此按钮的上面插入一幅图片"按钮的响应
  $("button#myBtn").click(function () {
   $("<img src=\"MyImages/MyImage07.jpg\" width=\"200\"
         height=\"100\" /><br><br>").prependTo("div");
}); });
  </script>
</head>
<body>
  <div style="width:200px;text-align:center">
   <button id="myBtn" style="width:200px;">
                  在此按钮的上面插入一幅图片</button><br><br>
   <img src="MyImages/MyImage06.jpg" width="200" height="100" /></div>
</body></html>
```

上面有底纹的代码是本例的核心代码。在这部分代码中，prependTo()方法用于在被选元素的开头(仍位于内部)插入指定内容。prependTo()方法的语法声明如下：

```
$(content).prependTo(selector)
```

其中，参数 content 规定要插入的内容(可包含 HTML 标签)。参数 selector 规定在何处插入内容。需要说明的是：prepend()和 prependTo()方法作用相同，差异在于语法，即内容和选择器的位置，以及 prepend()能够使用函数来插入内容。

本例的源文件名是 HtmlPageC115.html。

024　在被选元素的前边插入新的 HTML 标记

本例主要使用 insertBefore()方法实现在某 HTML 标记的前边插入新的 HTML 标记。在浏览器中显示该页面时，在未插入新图片之前如图 024-1 的左边所示；单击"在下面这张图片的前边插入新图片"按钮，则将在该图片的前边新插入一张图片，如图 024-1 的右边所示。

图　024-1

主要代码如下所示：

```
<!DOCTYPE html><html><head>
 <script type="text/javascript" src="Scripts/jquery-2.2.3.js"></script>
 <script language="javascript">
  $(document).ready(function () {
   //对单击"在下面这张图片的前边插入新图片"按钮的响应
   $("#mybutton").click(function () {
    $("<div><img
          src=\"MyImages/MyImage55.jpg\" /></div>").insertBefore($("div"));
  }); });
  </script>
</head>
<body>
  <P><input value="在下面这张图片的前边插入新图片"id="mybutton"
          class="input" type="button" style="width:275px;" /></P>
  <div><img src="MyImages/MyImage50.jpg" /></div>
</body></html>
```

上面有底纹的代码是本例的核心代码。在这部分代码中，insertBefore()方法用于在被选元素之前插入 HTML 标记或已有的元素，如果该方法用于已有元素，这些元素会被从当前位置移走，然后被添加到被选元素之前。insertBefore()方法的语法声明如下：

```
$(content).insertBefore(selector)
```

其中，参数 content 规定要插入的内容，可能的值包括选择器表达式和 HTML 标记。参数 selector 规定在何处插入被选元素。

此实例的源文件名是 HtmlPageC089.html。

025　在被选元素的末尾添加新的 HTML 标记

本例主要使用 append()方法实现在一段 HTML 标记的后面添加新的 HTML 标记。在浏览器中显示该页面时，在未新增加图片之前如图 025-1 的左边所示；单击"在下面这张图片的后面新增一张图片"按钮，则将在那张图片的后面添加一张图片，如图 025-1 的右边所示。

主要代码如下所示：

```
<!DOCTYPE html><html><head>
 <script type="text/javascript" src="Scripts/jquery-2.2.3.js"></script>
 <script language="javascript">
  $(document).ready(function () {
   //对单击"在下面这张图片的后面新增一张图片"按钮的响应
   $("#mybutton").click(function () {
    $("div").append("<div><img src=\"MyImages/MyImage54.jpg\" /></div>");
  });});
  </script>
</head>
<body>
  <P><input value="在下面这张图片的后面新增一张图片" class="input"
          type="button" id="mybutton" style="width:275px;" /></P>
```

```
  <div ><img src = "MyImages/MyImage50.jpg" /></div >
</body ></html >
```

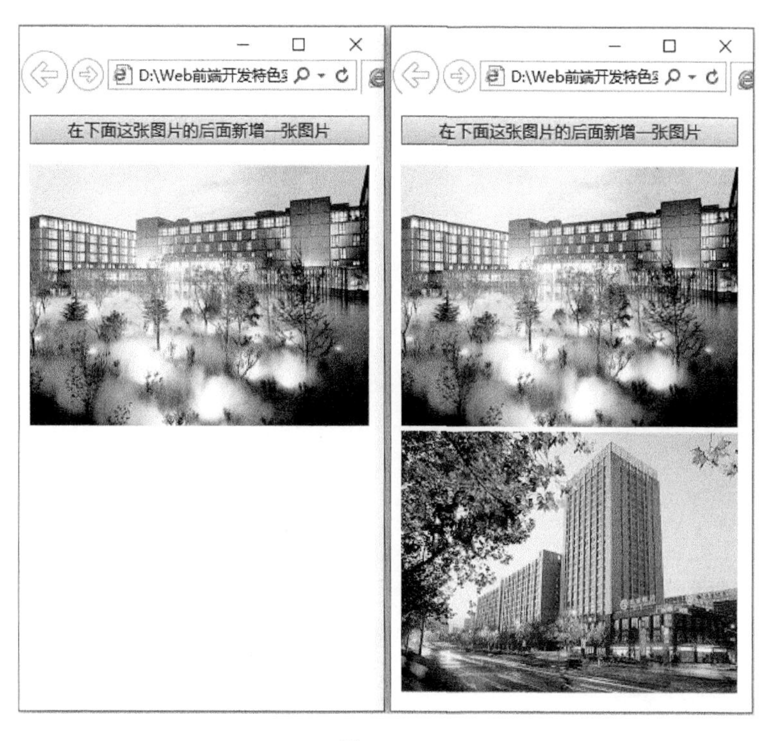

图 025-1

上面有底纹的代码是本例的核心代码。在这部分代码中，append()方法用于在被选元素的结尾（仍然在内部）插入指定内容，append()方法和 appendTo()方法执行的任务相同，不同之处在于内容的位置和选择器。append()方法的语法声明如下：

```
$(selector).append(content)
```

其中，参数 content 规定要插入的内容（可包含 HTML 标签）。

本例的源文件名是 HtmlPageC090.html。

026 清除元素的 HTML 标记同时保留元素内容

本例主要使用正则表达式结合 each()方法实现在已经存在的元素中清除元素的 HTML 标签同时保留元素内容。在浏览器中显示该页面时，表格在未清除表格线之前的效果如图 026-1 所示；单击"清空所有的表格线"按钮，则表格将仅保留文字内容，如图 026-2 所示。

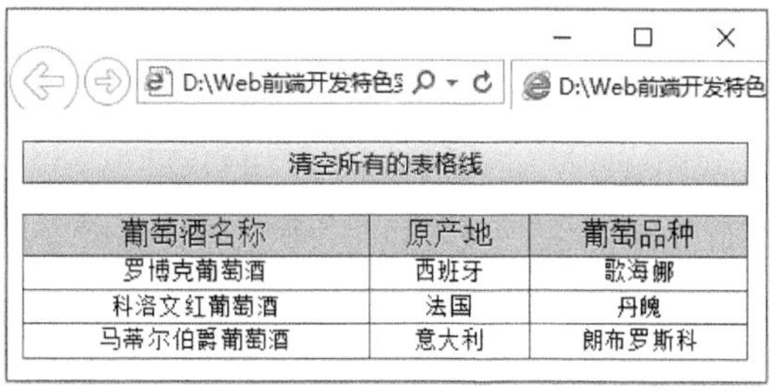

清空所有的表格线

葡萄酒名称	原产地	葡萄品种
罗博克葡萄酒	西班牙	歌海娜
科洛文红葡萄酒	法国	丹魄
马蒂尔伯爵葡萄酒	意大利	朗布罗斯科

图 026-1

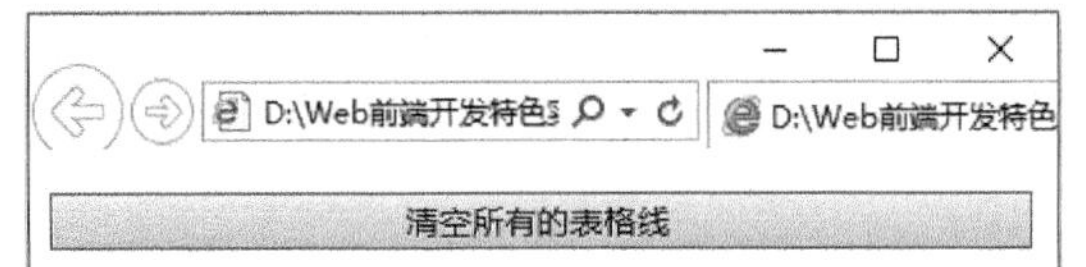

图 026-2

主要代码如下所示：

```
<!DOCTYPE html><html><head>
 <script type="text/javascript" src="Scripts/jquery-2.2.3.js"></script>
 <script language="javascript">
(function ($) {
   $.fn.stripHtmlTag = function () {
    var regexp = /<("[^"]*"|'[^']*'|[^'">])*>/gi;
    this.each(function () {                  //根据正则表达式清除元素标记
     $(this).html($(this).html().replace(regexp, ''));
    });
    return $(this);
   }; })(jQuery);
  $(function () {
    //对单击"清空所有的表格线"按钮的响应
   $("#myBtn").click(function () {
    $("div").stripHtmlTag();
  });});
  </script>
</head>
<body>
   <p><button id="myBtn" style="width:400px">清空所有的表格线</button></p>
   <div style="width:400px">
    <table id="mytable" border="1" align="center"
          style="margin:0 auto; width:400px; border-collapse:collapse;
          text-align:center;font-size:small">
   <tr style="background-color: lightgray; font-size:medium">
    <td>葡萄酒名称</td>
    <td>原产地</td>
    <td>葡萄品种</td></tr>
   <tr>
    <td>罗博克葡萄酒</td>
    <td>西班牙</td>
    <td>歌海娜</td></tr>
   <tr>
    <td>科洛文红葡萄酒</td>
    <td>法国</td>
    <td>丹魄</td></tr>
   <tr>
    <td>马蒂尔伯爵葡萄酒</td>
    <td>意大利</td>
    <td>朗布罗斯科</td></tr></table></div>
</body></html>
```

上面有底纹的代码是本例的核心代码。在该部分代码中，each()方法用于为每个匹配元素规定运行的函数，当使用 each()方法遍历函数时，如果需要提前终止遍历操作，可以通过返回 false 值来终止。replace()方法用于执行正则表达式的替换操作。关于这些方法的语法声明请参考本书的其他部分。

本例的源文件名是 HtmlPageC122.html。

027　判断某个指定 ID 的 HTML 标记是否存在

本例主要通过判断对象的 length 属性是否大于 0 来确定该对象是否已经存在。在 jQuery 里，如果要判断某个指定 ID 的 HTML 标记，比如 ID 为 myimage 的标记是否已经存在，可能有很多人会像下面这样来判断：

```
if($("#myimage")){alert("存在 ID 为 myimage 的标签");}
```

但是，上面的这种方法是错误的！亲自测试一下就会明白，因为$("# myimage")不管对象是否存在都会返回一个 object 对象。正确的方法应该是下面这样：

```
if($("#myimage").length>0){alert("存在 ID 为 myimage 的标签");}
```

在浏览器中显示该页面时，将在弹出的消息框中显示“不存在 ID 为 myimage 的标签”，如图 027-1 所示。如果采用被注释的代码进行测试，将没有任何反应。

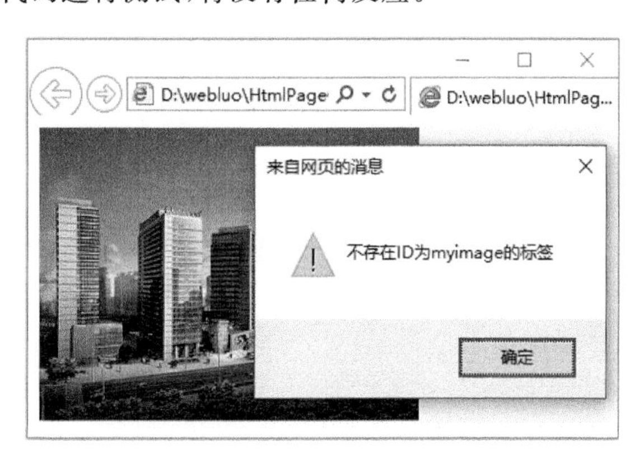

图　027-1

主要代码如下所示：

```
<!DOCTYPE html><html><head>
 <script type="text/javascript" src="Scripts/jquery-2.2.3.js"></script>
 <script language="javascript">
  $(document).ready(function(){
   if(!($("#myimage").length>0)){
    alert("不存在 ID 为 myimage 的标签");
   }
   //下面的代码无法判断
   //if(!($("#myimage"))){
   //   alert("不存在 ID 为 myimage 的标签");
   //}
  });
  </script>
</head>
<body>
```

```
    <DIV id="Con"><img id="myimag" src="MyImages/MyImage58.jpg" /></DIV>
</body></html>
```

上面有底纹的代码是本例的核心代码。在此实例中，length 属性用于获取在 jQuery 对象中元素的数目。

本例的源文件名是 HtmlPageC085.html。

028 获取 outerHTML 整个节点的 HTML 内容

本例主要使用 prop()方法实现获取 outerHTML 整个节点的 HTML 内容和文本，包括节点自身。当在浏览器中显示该页面时，将在弹出的消息框中显示获取的页面 HTML 内容，如图 028-1 所示。主要代码如下所示：

```
<!DOCTYPE html><html><body>
 <div class="myBreif">
  <p>姓名: 罗帅</p>
  <p>专业: 计算机科学</p></div>
  <script type="text/javascript" src="Scripts/jquery-2.2.3.js"></script>
  <script language="javascript">
  alert($(".myBreif").prop("outerHTML"));              //显示节点的 HTML 内容
  //alert($(".myBreif").html());
  //alert($(".myBreif").parent().html());
  </script>
</body></html>
```

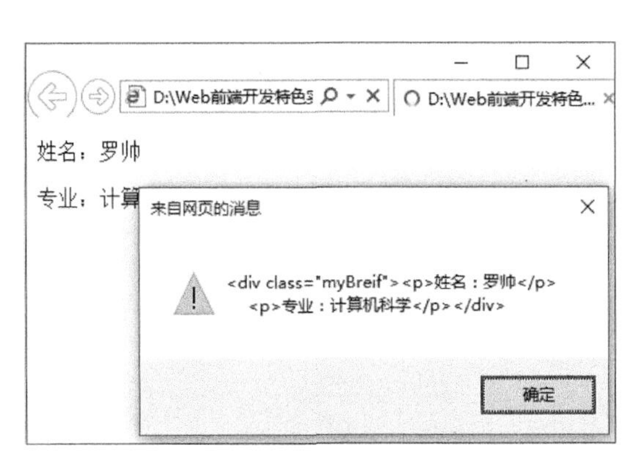

图 028-1

上面有底纹的代码是本例的核心代码。在这部分代码中，outerHTML 可以用来更改或获取元素内所有的 HTML 和文本内容，包含引用该方法元素自身的标签。prop()方法用于设置或获取当前 jQuery 对象所匹配的元素的属性值。在进行节点复制时，通常需要对节点的 HTML 内容进行读取和判断，jQuery.html()只能获取当前节点下的 HTML 代码，并不包含节点本身的代码，因此常常需要通过 jQuery.prop("outerHTML")的方式来解决这一问题。

本例的源文件名是 HtmlPageC129.html。

029 修改无序列表 ul 的首项末项及其指定项

本例主要实现了修改无序列表 ul 的首项、末项和任意指定项的显示内容。在浏览器中显示该页面时，修改前的无序列表 ul 的内容如图 029-1 所示；单击"修改首项"、"修改末项"、"修改第 3 项"按钮，则将实现按钮标题所示的功能，修改后的无序列表 ul 的内容如图 029-2 所示。主要代码如下所示：

```
<!DOCTYPE html><html><head>
 <script type="text/javascript" src="Scripts/jquery-2.2.3.js"></script>
 <script language="javascript">
  $(document).ready(function () {
   $("#begin").click(function () {            //对单击"修改首项"按钮的响应
    // $("#myul li").eq(0).html("1、大连市");
    $("#myul li:first").html("1、大连市");
   });
   $("#end").click(function () {              //对单击"修改末项"按钮的响应
    $("#myul li:last").html("6、苏州市");
   });
   $("#third").click(function () {            //对单击"修改第 3 项"按钮的响应
    $("#myul li").eq(2).html("3、中山市");
  }); });
  </script>
</head>
<body>
  <ul id="myul"><li>1、北京市</li>
                <li>2、天津市</li>
                <li>3、上海市</li>
                <li>4、重庆市</li>
                <li>5、深圳市</li>
                <li>6、广州市</li></ul>
  <input class="input" type="button" value="修改首项" id="begin" />
  <input class="input" type="button" value="修改末项" id="end" />
  <input class="input" type="button" value="修改第 3 项" id="third" />
</body></html>
```

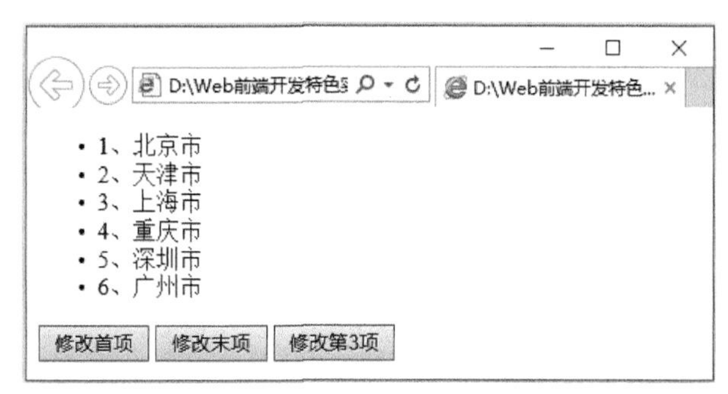

图 029-1

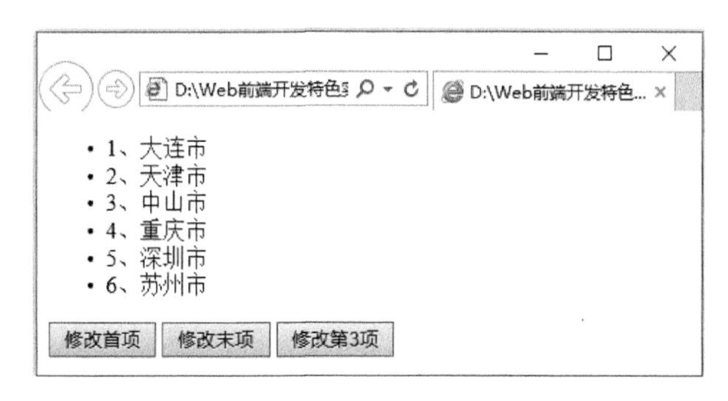

图 029-2

上面有底纹的代码为 jQuery 实现此功能的核心代码。在该部分代码中，“$("#myul li:first")”用于获取无序列表 ul 的首项；“$("#myul li:last")”用于获取无序列表 ul 的末项；“$("#myul li").eq(2)”用于获取无序列表 ul 的第 3 项；“html("3、中山市")”用于设置元素的 HTML 内容。

本例的源文件名是 HtmlPageC023.html。

030 根据指定条件删除无序列表 ul 的节点

本例主要调用了 remove()方法实现根据指定的条件删除无序列表的节点元素。在浏览器中显示该页面时，“超大城市”中的“北京”如图 030-1 的左边所示；单击“在超大城市中删除北京”按钮，则将从“超大城市”中删除“北京”，如图 030-1 的右边所示。单击其他按钮则会实现按钮标题所示的功能。主要代码如下所示：

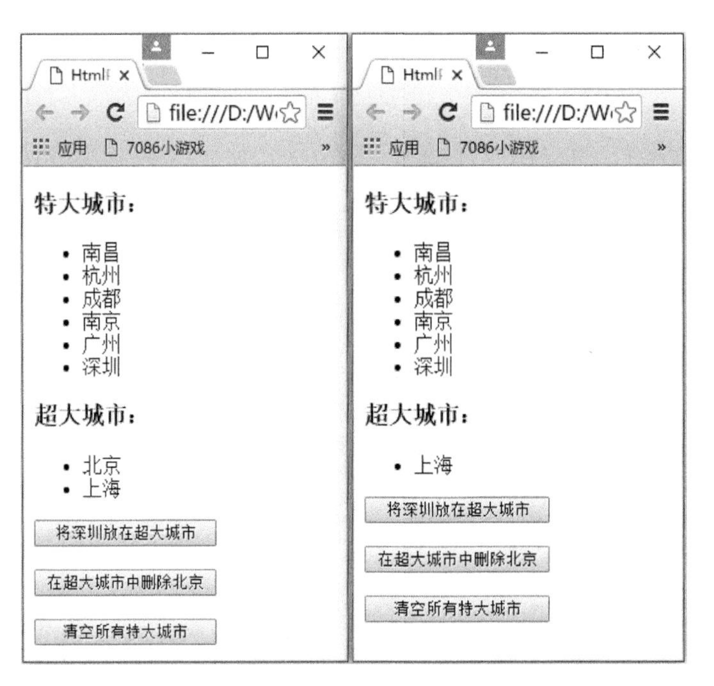

图 030-1

```
<!DOCTYPE html><html><head>
 <script type="text/javascript" src="Scripts/jquery-2.2.3.js"></script>
 <script language="javascript">
  $(document).ready(function () {
    //对单击"将深圳放在超大城市"按钮的响应
   $("#myBtnShenZhen").click(function () {
    var $li =  $("#myBig li:eq(5)").remove();
     $("#myLarge").append($li);
   });
    //对单击"在超大城市中删除北京"按钮的响应
   $("#myBtnBeiJing").click(function () {
     $("#myLarge li").remove("li[title=北京]");
   });
    //对单击"清空所有特大城市"按钮的响应
   $("#myBtnClear").click(function () {
     $("#myBig").empty();
  });});
```

```
  </script>
</head>
<body>
  <h3>特大城市：</h3>
  <ul id="myBig"><li title="南昌">南昌</li>
                 <li title="杭州">杭州</li>
                 <li title="成都">成都</li>
                 <li title="南京">南京</li>
                 <li title="广州">广州</li>
                 <li title="深圳">深圳</li></ul>
   <h3>超大城市：</h3>
   <ul id="myLarge"><li title="北京">北京</li>
                    <li title="上海">上海</li></ul>
  <button id="myBtnShenZhen" style="width:150px">
                    将深圳放在超大城市</button><br><br>
  <button id="myBtnBeiJing" style="width:150px">
                    在超大城市中删除北京</button><br><br>
  <button id="myBtnClear" style="width:150px">
                   清空所有特大城市</button>
</body></html>
```

上面有底纹的代码是本例的核心代码。在该部分代码中，remove()方法用于移除被选元素，包括所有文本和子节点。append()方法用于在被选元素的结尾(仍然在内部)插入指定内容。empty()方法则从被选元素中移除所有内容，包括所有文本和子节点。remove()方法的语法声明如下：

```
jQueryObject.remove( [ selector ] )
```

其中，参数 selector 是可选参数，它是 String 类型指定的选择器字符串，用于筛选符合该选择器的元素。如果没有指定 selector 参数，则移除当前匹配元素中的所有元素。

本例的源文件名是 HtmlPageC119.html。

031　在相同结构的无序列表 ul 之间移动节点

本例主要通过调用 clone()等方法实现在两个相同结构的无序列表间移动节点。在浏览器中显示该页面时，节点分布如图 031-1 的左边所示；单击“杭州”节点，则“杭州”节点将从“特大城市：”移动到“超大城市：”，如图 031-1 的右边所示，反之亦然。主要代码如下所示：

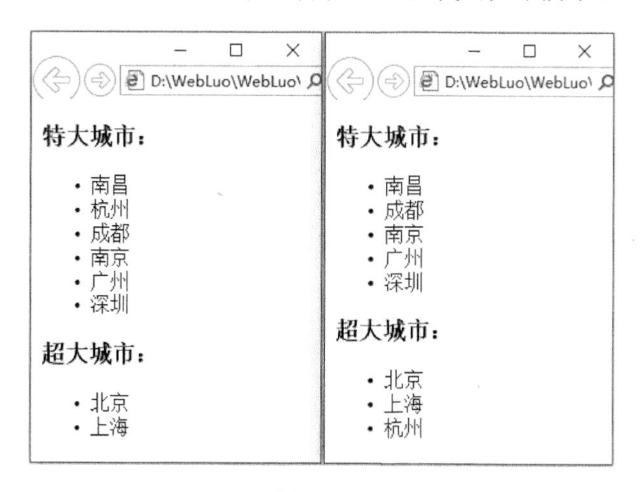

图　031-1

```
<!DOCTYPE html><html><head>
 <script type="text/javascript" src="Scripts/jquery-2.2.3.js"></script>
 <script language="javascript">
   $(document).ready(function () {
    //对单击"特大城市："选项的响应
    $("#myBig li").click(function () {                //从特大城市移到超大城市
     $(this).clone(true).appendTo("#myLarge");
     $(this).remove();
    });
    //对单击"超大城市："选项的响应
   $("#myLarge li").click(function () {               //从超大城市移到特大城市
    $(this).clone(true).appendTo("#myBig");
    $(this).remove();
  }); });
 </script>
</head>
<body>
  <h3>特大城市：</h3>
  <ul id="myBig"><li title="南昌">南昌</li>
                 <li title="杭州">杭州</li>
                 <li title="成都">成都</li>
                 <li title="南京">南京</li>
                 <li title="广州">广州</li>
                 <li title="深圳">深圳</li></ul>
  <h3>超大城市：</h3>
  <ul id="myLarge"><li title="北京">北京</li>
                   <li title="上海">上海</li></ul>
</body></html>
```

上面有底纹的代码是本例的核心代码。在该部分代码中，remove()方法用于移除被选元素，包括所有文本和子节点，该方法不会把匹配的元素从jQuery对象中删除，因而可以在将来再使用这些匹配的元素。但除了这个元素本身得以保留之外，remove()不会保留元素的jQuery数据，其他的比如绑定的事件、附加的数据等都会被移除。clone()方法用于生成被选元素的副本，包含子节点、文本和属性，注意只是副本。appendTo()方法用于在被选元素的结尾插入指定内容。关于这些方法的语法声明请参考本书的其他部分。

本例的源文件名是HtmlPageC117.html。

032 获取在无序列表ul中任意位置的li元素

本例主要使用html()方法实现获取并修改ul中首个li元素或者任意位置的li元素的内容。在浏览器中显示该页面时，无序列表ul中的首个li元素是一张酒店图片，如图032-1所示；在文档加载完成后，该无序列表ul中的首个li元素所展示的酒店图片将被修改为一张人物照片，如图032-2所示。

主要代码如下所示：

```
<!DOCTYPE html><html><head>
 <script type="text/javascript" src="Scripts/jquery-2.2.3.js"></script>
 <script language="javascript">
   $(document).ready(function () {
    //获取并修改无序列表ul中首个li标签或者任意位置的li标签
```

```
    $("#myul li").eq(0).html("< img src = 'MyImages/Myluoshuai6.jpg'>");
     //$("#myul li:first").html("< img src = 'MyImages/Myluoshuai6.jpg'>");
   });
  </script>
  <style type = "text/css">
    #slide li {float: left;}
    #slide li img {width: 110px;height: 150px;border: 1px solid white;}
  </style>
</head>
<body>
 <div id = "slide" style = "width:1200px;margin:0 auto">
 <ul style = "margin-left: -50px" id = "myul">
  <li>< img src = "MyImages/MyImage50.jpg" /></li>
  <li>< img src = "MyImages/MyImage51.jpg" /></li>
  <li>< img src = "MyImages/MyImage52.jpg" /></li>
  <li>< img src = "MyImages/MyImage53.jpg" /></li>
  <li>< img src = "MyImages/MyImage54.jpg" /></li>
  <li>< img src = "MyImages/MyImage55.jpg" /></li></ul></div>
</body></html>
```

图　032-1

图　032-2

上面有底纹的代码为 jQuery 实现此功能的核心代码。在这部分代码中，“$("#myul li").eq(0)”用于获取在 ul 中的首个 li 元素。html()方法用于设置该元素的内容(inner HTML)，如果该方法未设置参数，则返回被选元素的当前内容。eq()方法用于获取当前 jQuery 对象所匹配的元素中指定索引的元素，并返回封装该元素的 jQuery 对象。eq()方法的语法声明如下：

```
jQueryObject.eq(index)
```

其中，参数 index 表示 Number 类型的索引值，从 0 开始计数。jQuery 1.4 新增支持参数 index 可以为负数。如果 index 为负数，则将其视作 length + index，这里的 length 指的是匹配到的元素的个数(负数的 index 也可理解为从后往前计数)。

本例的源文件名是 HtmlPageC087.html。

033 获取无序列表 ul 指定位置的节点内容

本例主要通过细化 jQuery 的选择器表达式的元素索引值获取无序列表 ul 指定位置的节点及其内容。在浏览器中显示该页面时,单击"显示第二种书名"按钮,则将获取无序列表 ul 的第二个节点内容,并将结果显示在消息框中,如图 033-1 所示。主要代码如下所示:

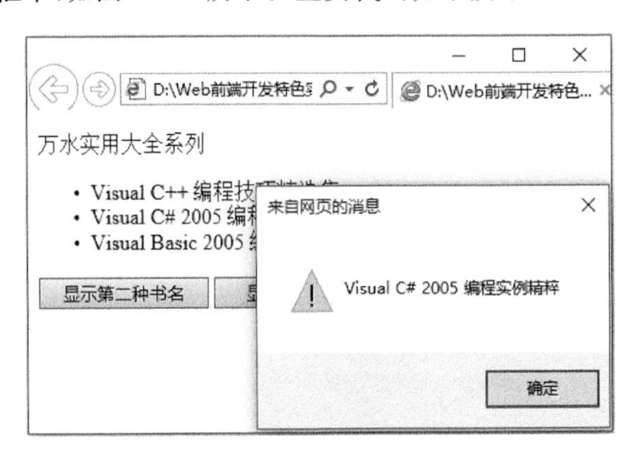

图 033-1

```
<!DOCTYPE html><html><head>
 <script type="text/javascript" src="Scripts/jquery-2.2.3.js"></script>
 <script language="javascript">
  $(document).ready(function () {
   //单击"显示系列名称"按钮的响应
   $("#myBtnTitle").click(function () {
    var $para = $("p");                //获取<p>节点
    alert($para.attr("title"));        //输出<p>元素节点属性 title
   });
   //单击"显示第二种书名"按钮的响应
   $("#myBtnTxt").click(function () {
    var $li = $("ul li:eq(1)");        //获取第二个<li>元素节点
    alert($li.text());
 });});
 </script>
</head>
<body>
 <p class="myBooks" title="万水实用大全系列">万水实用大全系列</p>
  <ul>
      <li>Visual C++编程技巧精选集</li>
      <li>Visual C# 2005 编程实例精粹</li>
      <li>Visual Basic 2005 编程技巧大全</li></ul>
  <button id="myBtnTxt" style="width:130px;">显示第二种书名</button>
  <button id="myBtnTitle" style="width:130px;">显示系列名称</button>
</body></html>
```

上面有底纹的代码是本例的核心代码。在这部分代码中,"$("ul li:eq(1)")"用于获取无序列表 ul 的第二个节点。jQuery 使用 CSS 选择器来选取 HTML 元素的格式有下列 3 种:

(1) $("p")选取<p>元素。

(2) $("p.intro")选取所有 class="intro"的<p>元素。

(3) $("p#demo")选取所有 id="demo"的<p>元素。

jQuery 使用 XPath 表达式来选择带有给定属性的元素的格式有下列 4 种：

(1) $("[href]")选取所有带有 href 属性的元素。

(2) $("[href='#']")选取所有带有 href 值等于"#"的元素。

(3) $("[href!='#']")选取所有带有 href 值不等于"#"的元素。

(4) $("[href$='.jpg']")选取所有 href 值以".jpg"结尾的元素。

其他常用的 jQuery 选择器实例如表 033-1 所示。

表 033-1 其他常用的 jQuery 选择器实例

语 法	描 述
$(this)	当前 HTML 元素
$("p")	所有<p>元素
$("p.intro")	所有 class="intro"的<p>元素
$(".intro")	所有 class="intro"的元素
$("#intro")	id="intro"的元素
$("ul li:first")	每个<ul>的第一个<li>元素
$("[href$='.jpg']")	所有带有以".jpg"结尾的属性值的 href 属性
$("div#intro .head")	id="intro"的<div>元素中的所有 class="head"的元素

eq()方法用于获取指定索引位置的元素。text()方法用于设置或获取被选元素的文本内容，当该方法用于获取一个值时，它会返回所有匹配元素的组合的文本内容(会删除 HTML 标记)，当该方法用于设置值时，它会覆盖被选元素的所有内容，其语法声明如下：

```
$(selector).text(content)
```

其中，参数 content 规定被选元素的新文本内容，特殊字符将会被编码。

本例的源文件名是 HtmlPageC130.html。

034 获取和设置在无序列表 ul 中的节点样式

本例主要通过调用 find()方法和 css()方法实现查找无序列表 ul 中指定类型的子节点并设置其样式。在浏览器中显示该页面时，无序列表 ul 的子节点在未设置背景前的样式如图 034-1 的左边所示，单击"设置子节点背景颜色"按钮，则将设置无序列表的两级子节点的背景颜色，如图 034-1 的右边所示。

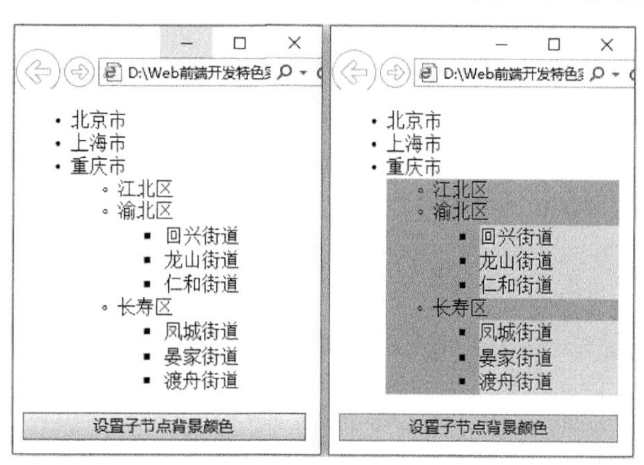

图 034-1

主要代码如下所示：

```
<!DOCTYPE html><html><head>
 <script type="text/javascript" src="Scripts/jquery-2.2.3.js"></script>
 <script language="javascript">
  $(document).ready(function () {
   $("#myBtnColor").click(function () {          //响应单击按钮"设置子节点背景颜色"
   //$('li').children('.level-1').css('background-color', '#00ffff');
   //$('ul.level-1').children().css('background-color', '#00ffff');
   $('li').find('.level-1').css('background-color', '#00ffff');
   $('ul.level-2').children().css('background-color', '#d7e4d7');
  }); });
  </script>
</head>
<body>
  <ul class="level-0" style="width:200px">
   <li>北京市</li>
   <li>上海市</li>
   <li>重庆市
       <ul class="level-1"><li>江北区</li>
                          <li>渝北区
                              <ul class="level-2"><li>回兴街道</li>
                                                 <li>龙山街道</li>
                                                 <li>仁和街道</li></ul></li>
                              <li>长寿区
                                  <ul class="level-2"><li>凤城街道</li>
                                                     <li>晏家街道</li>
                                                     <li>渡舟街道</li></ul>
  </li></ul></li></ul>
 <button id="myBtnColor" style="width:240px;">设置子节点背景颜色</button>
</body></html>
```

上面有底纹的代码是jQuery实现此功能的核心代码。在这部分代码中，“$('li').find('.level-1')”用于获取CSS样式类型为“level-1”的子节点(li元素)。在jQuery中，find()方法用于获得当前元素集合中每个元素的后代，通过选择器、jQuery对象或元素来筛选。如果给定一个表示DOM元素集合的jQuery对象，find()方法允许在DOM树中搜索这些元素的后代，并用匹配元素来构造一个新的jQuery对象。find()与children()方法类似，不同的是后者仅沿着DOM树向下遍历单一层级。find()方法第一个明显特征是：其接受的选择器表达式与向$()函数传递的表达式的类型相同，将通过测试这些元素是否匹配该表达式来对元素进行过滤。find()方法的语法声明如下：

```
find(selector)
```

其中，参数selector包含供匹配当前元素集合的选择器表达式。

css()方法用于设置或返回被选元素的一个或多个样式属性。如需获取指定的CSS属性的值，应使用如下语法：css("propertyname")；如需设置指定的CSS属性，应使用如下语法：css("propertyname","value")。

本例的源文件名是HtmlPageC131.html。

035 根据父元素筛选并设置无序列表ul的节点

本例主要通过调用parent()方法实现根据父元素指定的条件筛选无序列表ul的节点并设置其样式。在浏览器中显示该页面时，无序列表ul的长寿区及其街道节点在未设置颜色和字体大小前的样式如图 035-1 的左边所示，单击“设置长寿区的街道为红色”按钮，则将设置长寿区的两级子节点的文本颜色为红色，并将字体大小设置为超大号，如图 035-1 的右边所示。

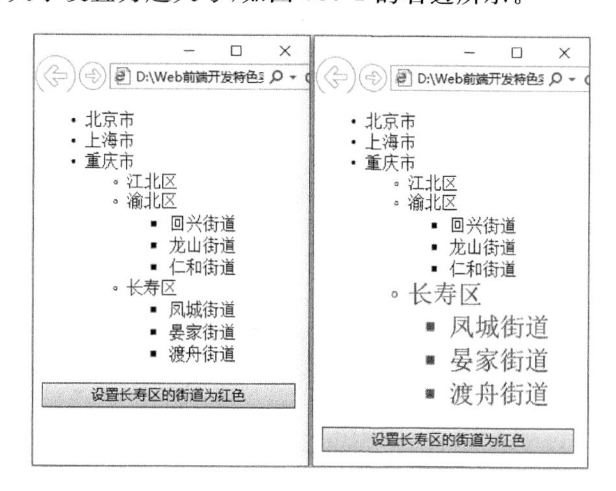

图 035-1

主要代码如下所示：

```
<!DOCTYPE html><html><head>
 <script type="text/javascript" src="Scripts/jquery-2.2.3.js"></script>
 <script language="javascript">
  $(document).ready(function () {
    //单击"设置长寿区的街道为红色"按钮的响应
  $("#myBtnColor").click(function () {
  //$('ul.level-1').parent().css('background-color', '#d7e4d7');
  //$('li').parent('.level-2').css('background-color', '#d7e4d7');
  //$('li').parents('.level-22').css('color', 'red');
  //$('li').parents('.level-22').parent().css('color', 'red');
  //$('li').closest('.level-22').parent().css('color', 'red');
  //$('li').parent('.level-22').parent().parent().parent().css('color', 'red');
  $('li').parent('.level-22').parent().css('color',
                                'red').css('font-size', 'x-large');
 }); });
 </script>
</head>
<body>
 <ul class="level-0" style="width:200px;">
  <li>北京市</li>
  <li>上海市</li>
  <li>重庆市<ul class="level-1">
           <li>江北区</li>
           <li>渝北区<ul class="level-2"><li>回兴街道</li>
                                    <li>龙山街道</li>
                                    <li>仁和街道</li></ul></li>
           <li>长寿区<ul class="level-22"><li>凤城街道</li>
                                     <li>晏家街道</li>
                                     <li>渡舟街道</li></ul></li>
  </ul></li></ul>
  <button id="myBtnColor" style="width:240px;">设置长寿区的街道为红色</button>
</body></html>
```

上面有底纹的代码是本例的核心代码。在这部分代码中，parent()方法用于获得当前匹配元素集合中每个元素的父元素，使用选择器进行筛选是可选的。如果给定一个表示 DOM 元素集合的 jQuery 对象，parent()方法允许在 DOM 树中搜索这些元素的父元素，并用匹配元素构造一个新的 jQuery 对象。parents()和 parent()方法类似，不同的是后者沿 DOM 树向上遍历单一层级。该方法接受可选的选择器表达式，与向 $()函数中传递的参数类型相同。如果应用这个选择器，则将通过检测元素是否匹配该选择器对元素进行筛选。parent()方法的语法声明如下：

```
parent(selector)
```

其中，参数 selector 包含用于匹配元素的选择器表达式。

本例的源文件名是 HtmlPageC132.html。

036 在树结构中查找离当前节点最近的父节点

本例主要使用 closest()方法实现在树结构中查找离当前节点最近的父节点。在浏览器中显示该页面时，两张图片的说明文字背景颜色暂无，如图 036-1 的左边所示；分别单击两张图片，则两张图片的说明文字背景颜色将分别呈现浅绿色和浅蓝色，如图 036-1 的右边所示，即分别设置两张图片的父节点 div 块的背景颜色。有关此实例的主要代码如下所示：

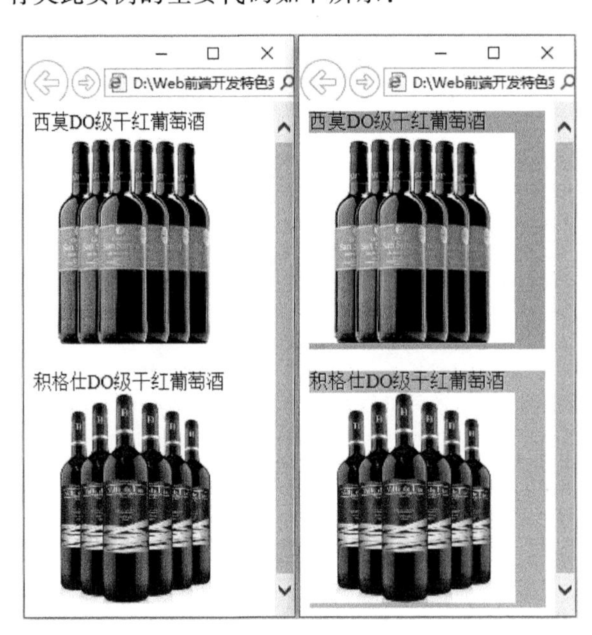

图 036-1

```
<!DOCTYPE html><html><head>
 <script type="text/javascript" src="Scripts/jquery-2.2.3.js"></script>
 <script language="javascript">
  $(function () {
    //响应单击"西莫 DO 级干红葡萄酒"的图片
   $("#myTop").bind("click", function () {
    $(this).closest("div").css("background-color", "lightgreen");
   });
    //响应单击"积格仕 DO 级干红葡萄酒"的图片
   $("#myBottom").bind("click", function () {
    $(this).closest("div").css("background-color", "lightblue");
 });});
```

```
</script>
</head>
<body>
 <div>西莫 DO 级干红葡萄酒<br>
      <img id="myTop" src="MyImages/MyImage31.jpg"/></div><br>
 <div>积格仕 DO 级干红葡萄酒<br>
      <img id="myBottom" src="MyImages/MyImage32.jpg"/></div>
</body></html>
```

上面有底纹的代码是本例的核心代码。在这部分代码中，closest()方法用于获得匹配选择器的第一个父元素，从当前元素开始沿 DOM 树向上。如果给定表示 DOM 元素集合的 jQuery 对象，closest()方法允许检索 DOM 树中的这些元素以及它们的父元素，并用匹配元素构造新的 jQuery 对象。parents()和 closest()方法都是沿 DOM 树向上遍历，二者之间的差异如表 036-1 所示。

表 036-1　parents()和 closest()方法的差异

closest()	parents()
从当前元素开始	从父元素开始
沿 DOM 树向上遍历，直到找到已应用选择器的一个匹配为止	沿 DOM 树向上遍历，直到文档的根元素为止，将每个祖先元素添加到一个临时的集合；如果应用了选择器，则会基于该选择器对这个集合进行筛选
返回包含零个或一个元素的 jQuery 对象	返回包含零个、一个或多个元素的 jQuery 对象

此实例的源文件名是 HtmlPageC146.html。

037　判断鼠标是否单击了无序列表 ul 的节点

本例主要实现了调用 is()方法判断鼠标是否单击了无序列表 ul 的节点(列表项)。在浏览器中显示该页面时，单击无序列表 ul 的某个节点，则该节点的背景将呈现绿色；单击无序列表 ul 的非节点部分，则该无序列表 ul 的背景将呈现红色，如图 037-1 所示。主要代码如下所示：

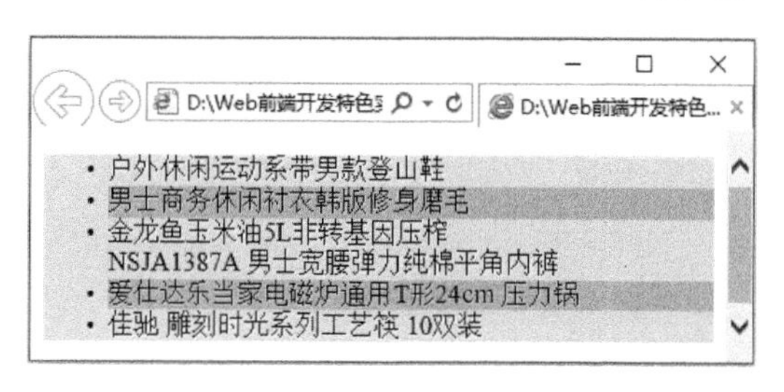

图　037-1

```
<!DOCTYPE html><html><head>
 <script type="text/javascript" src="Scripts/jquery-2.2.3.js"></script>
 <script language="javascript">
  $(document).ready(function () {
    //响应单击无序列表 ul
   $("ul").click(function (event) {
    var $target = $(event.target);
    if ($target.is("li")) {                    //判断鼠标是否击中了某个列表项
     $target.css("background-color", "green");  //设置当前单击项背景为绿色
    }else {
     $target.css("background-color", "red");    //设置非当前单击项背景为红色
  }});});
```

```
  </script>
</head>
<body>
  <P style="text-align:center;margin-top:5px">
   <ul><li>户外休闲运动系带男款登山鞋</li>
      <li>男士商务休闲衬衣韩版修身磨毛</li>
      <li>金龙鱼玉米油 5L 非转基因压榨</li>
      NSJA1387A 男士宽腰弹力纯棉平角内裤
      <li>爱仕达乐当家电磁炉通用 T 形 24cm 压力锅</li>
      <li>佳驰 雕刻时光系列工艺筷 10 双装</li></ul></P>
</body></html>
```

上面有底纹的代码是本例的核心代码。在该部分代码中，is()方法用于根据选择器、元素或jQuery对象来检测匹配元素集合，如果这些元素中至少有一个元素匹配给定的参数，则返回 true。与其他筛选方法不同，is()方法不创建新的 jQuery 对象。相反，它允许在不修改 jQuery 对象内容的情况下对其进行检测。这在 callback 内部通常比较有用，比如事件处理程序。is()方法的语法声明如下：

```
is(selector)
```

其中，参数 selector 包含匹配元素的选择器表达式。

本例的源文件名是 HtmlPageC143.html。

038 获取在无序列表 ul 中的 li 元素的个数

本例主要使用 size()方法获取在无序列表 ul 中的 li 元素个数。在浏览器中显示该页面时，单击“获取无序列表 ul 的 li 元素个数”按钮，则将在下面以粗体字显示无序列表 ul 的 li 元素个数，如图 038-1 所示。主要代码如下所示：

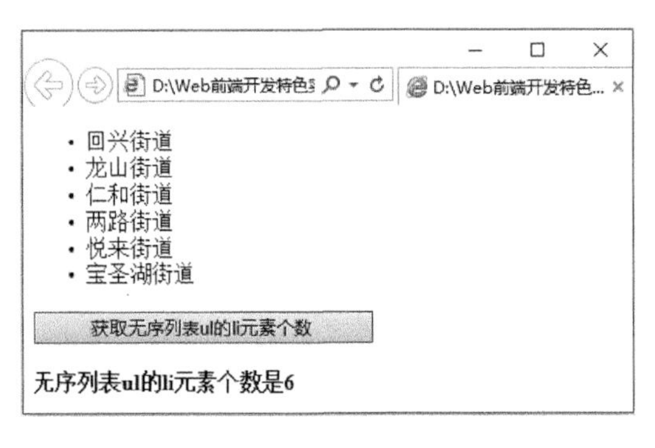

图 038-1

```
<!DOCTYPE html><html><head>
 <script type="text/javascript" src="Scripts/jquery-2.2.3.js"></script>
 <script language="javascript">
   $(document).ready(function () {
     //响应单击按钮"获取无序列表 ul 的 li 元素个数"
    $("#myBtnCount").click(function () {
     //$("#myDiv").html("<b>无序列表 ul 的 li 元素个数是" + $("li").length + "</b>");
    $("#myDiv").html("<b>无序列表 ul 的 li 元素个数是" +
                    $("#YuBei li").size() + "</b>");
   });});
```

```
  </script>
</head>
<body>
  <ul id="YuBei"><li>回兴街道</li>
                 <li>龙山街道</li>
                 <li>仁和街道</li>
                 <li>两路街道</li>
                 <li>悦来街道</li>
                 <li>宝圣湖街道</li></ul>
<input type="button" value="获取无序列表 ul 的 li 元素个数"
                id="myBtnCount" style="width:250px"/>
<br><br><div id="myDiv"></div>
</body></html>
```

上面有底纹的代码是本例的核心代码。在这部分代码中，size()方法用于获取被 jQuery 选择器匹配的元素的数量。size()是 jQuery 提供的方法，而 length 是属性(不带括号)，这两者在使用上类似。

本例的源文件名是 HtmlPageC157.html。

039　在无序列表 ul 中筛选有子级的 li 元素

本例主要通过调用 has()方法实现在无序列表 ul 中筛选有子级的 li 元素。在浏览器中显示该页面时，有子级的 li 元素未设置背景之前如图 039-1 的左边所示，单击“设置有 ul 子级的 li 元素背景为浅蓝色”按钮，则将筛选该无序列表 ul 中有子级的 li 元素并设置其背景为浅蓝色，如图 039-1 的右边所示。

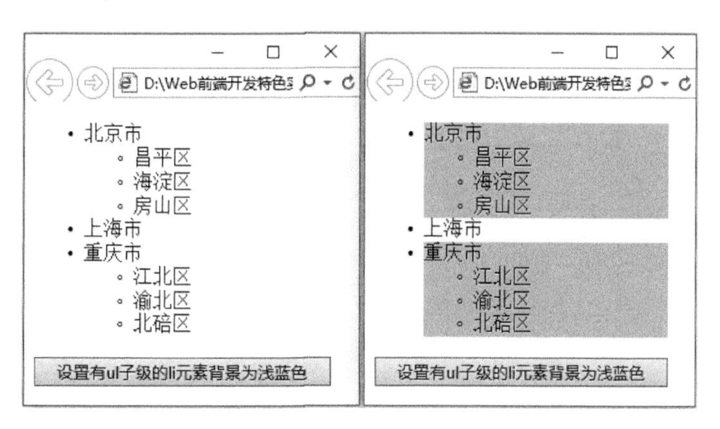

图　039-1

主要代码如下所示：

```
<!DOCTYPE html><html><head>
 <script type="text/javascript" src="Scripts/jquery-2.2.3.js"></script>
 <script language="javascript">
   $(document).ready(function () {
    //响应单击按钮"设置有 ul 子级的 li 元素背景为浅蓝色"
   $("#myBtnColor").click(function () {
    $('li').has('ul').css('background-color', 'lightblue');
  });});
  </script>
</head>
<body>
```

```
<ul class = "level - 0" style = "width:200px;">
 <li>北京市<ul class = "level - 1"><li>昌平区</li>
                                   <li>海淀区</li>
                                   <li>房山区</li></ul></li>
<li>上海市</li>
<li>重庆市<ul class = "level - 1"><li>江北区</li>
                                 <li>渝北区</li>
                                 <li>北碚区</li></ul></li></ul>
<button id = "myBtnColor" style = "width:240px;">
                        设置有 ul 子级的 li 元素背景为浅蓝色</button>
</body></html>
```

上面有底纹的代码是本例的核心代码。在这部分代码中，has()方法用于将匹配元素集合缩减为拥有匹配指定选择器或 DOM 元素的后代的子集。如果给定一个表示 DOM 元素集合的 jQuery 对象，has()方法用匹配元素的子集来构造一个新的 jQuery 对象，所使用的选择器用于检测匹配元素的后代；如果任何后代元素匹配该选择器，该元素将被包含在结果中。has()方法的语法声明如下：

```
has(selector)
```

其中，参数 selector 包含匹配元素的选择器表达式。

本例的源文件名是 HtmlPageC161.html。

040　筛选无序列表 ul 的奇数或偶数行的 li 元素

本例主要通过调用 filter()方法实现在无序列表 ul 中筛选奇数行或偶数行的 li 元素。在浏览器中显示该页面时，单击“设置偶数行 li 元素背景颜色”按钮，则将筛选该无序列表 ul 中偶数行的 li 元素并设置其背景为浅蓝色，如图 040-1 的左边所示；单击“设置奇数行 li 元素背景颜色”按钮，则将筛选该无序列表 ul 中奇数行的 li 元素并设置其背景为浅绿色，如图 040-1 的右边所示。

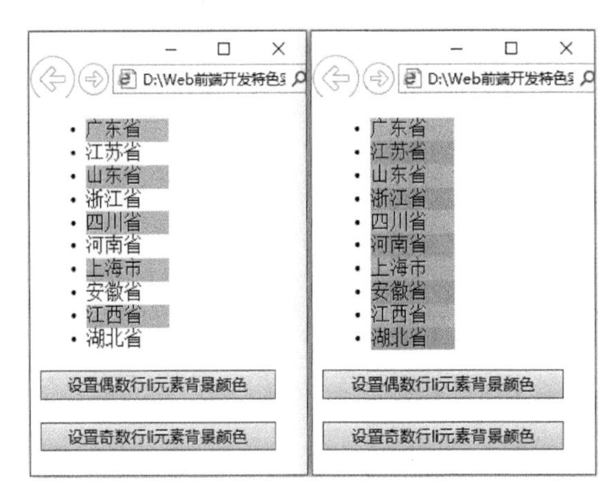

图　040-1

主要代码如下所示：

```
<!DOCTYPE html><html><head>
 <script type = "text/javascript" src = "Scripts/jquery - 2.2.3.js"></script>
 <script language = "javascript">
  $ (document).ready(function () {
    //单击"设置偶数行 li 元素背景颜色"按钮的响应
   $ ("#myBtnEven").click(function () {
```

```
    $('li').filter(':even').css('background-color', 'lightblue');
    //$('li:even').css('background-color', 'lightblue');
  });
    //响应单击按钮"设置奇数行 li 元素背景颜色"
   $("#myBtnOdd").click(function () {
    $('li').filter(':odd').css('background-color', 'lightgreen');
    //$('li:odd').css('background-color', 'lightgreen');
 });});
  </script>
  <style>li { width: 70px;} </style>
</head>
<body>
  <ul><li>广东省</li>
       <li>江苏省</li>
       <li>山东省</li>
       <li>浙江省</li>
       <li>四川省</li>
       <li>河南省</li>
       <li>上海市</li>
       <li>安徽省</li>
       <li>江西省</li>
       <li>湖北省</li></ul>
  <button id="myBtnEven" style="width:200px;">设置偶数行 li 元素背景颜色</button><br><br>
  <button id="myBtnOdd" style="width:200px;">设置奇数行 li 元素背景颜色</button>
</body></html>
```

上面有底纹的代码是本例的核心代码。在这部分代码中，filter()方法用于将匹配元素集合缩减为匹配指定选择器的元素。如果给定表示 DOM 元素集合的 jQuery 对象，filter()方法会用匹配元素的子集构造一个新的 jQuery 对象。所使用的选择器会测试每个元素；所有匹配该选择器的元素都会包含在结果中。filter()方法的语法声明如下：

```
filter(selector)
```

其中，参数 selector 包含供匹配当前元素集合的选择器表达式。

filter()方法的另一种形式是：通过函数而不是选择器来筛选元素。对于每个元素，如果该函数返回 true，则元素会被包含在已筛选集合中，否则会排除这个元素。注意：无序列表 ul 的列表项的索引以 0 开始。

本例的源文件名是 HtmlPageC162.html。

041 筛选无序列表 ul 的某行之前或之后的 li 元素

本例主要通过调用:gt 选择器和:lt 选择器实现在无序列表 ul 中筛选某行之前或之后的 li 元素。在浏览器中显示该页面时，单击“设置第 3 行之后 li 元素背景颜色”按钮，则将筛选该无序列表 ul 中第 3 行之后的 li 元素并设置其背景为浅蓝色，如图 041-1 的左边所示；单击“设置第 3 行之前 li 元素背景颜色”按钮，则将筛选该无序列表 ul 中第 3 行之前的 li 元素并设置其背景为浅绿色，如图 041-1 的右边所示。主要代码如下所示：

```
<!DOCTYPE html><html><head>
 <script type="text/javascript" src="Scripts/jquery-2.2.3.js"></script>
 <script language="javascript">
```

```
  $(document).ready(function () {
    //单击"设置第 3 行之后 li 元素背景颜色"按钮的响应
   $("#myBtnGt").click(function () {
    $("li:gt(2)").css("background-color", "lightblue");
   });
    //单击"设置第 3 行之前 li 元素背景颜色"按钮的响应
   $("#myBtnLt").click(function () {
    $("li:lt(2)").css("background-color", "lightgreen");
  });});
  </script>
  <style> li { width: 70px; }</style>
</head>
<body>
  <ul><li>广东省</li>
       <li>江苏省</li>
       <li>山东省</li>
       <li>浙江省</li>
       <li>四川省</li>
       <li>河南省</li>
       <li>上海市</li>
       <li>安徽省</li>
       <li>江西省</li>
       <li>湖北省</li></ul>
  <button id="myBtnGt" style="width:200px;">
          设置第 3 行之后 li 元素背景颜色</button><br><br>
  <button id="myBtnLt" style="width:200px;">
          设置第 3 行之前 li 元素背景颜色</button>
</body></html>
```

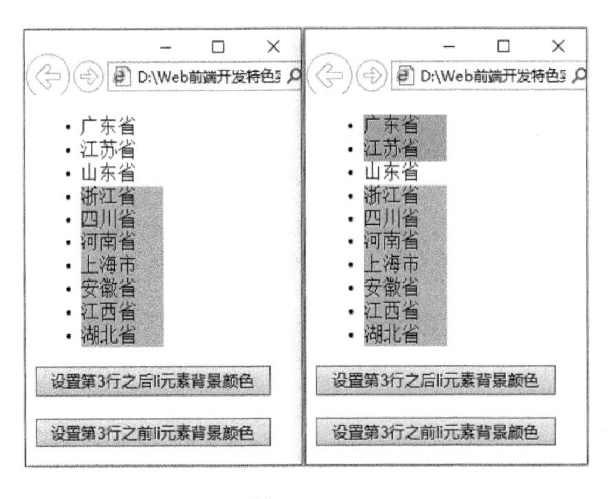

图 041-1

上面有底纹的代码是本例的核心代码。在这部分代码中,:gt 选择器用于选取 index 值高于指定数的元素。index 值从 0 开始。此选择器经常与其他元素/选择器一起使用,来选择指定的组中特定序号之后的元素。:gt 选择器的语法声明如下:

```
$(":gt(index)")
```

其中,参数 index 规定要选择的元素。

:lt 选择器用于选取小于指定 index 值的元素。index 值从 0 开始。该选择器经常与其他元素/选择器一起使用,来选择指定的组中特定序号之前的元素。:lt 选择器的语法声明如下:

```
$(":lt(index)")
```

其中,参数 index 规定要选择的元素。

本例的源文件名是 HtmlPageC174.html。

042 在无序列表 ul 中实现根据内容筛选 li 元素

本例主要通过调用:contains()选择器实现根据内容筛选在无序列表 ul 中符合条件的 li 元素。在浏览器中显示该页面时,单击"筛选无序列表中的牛肉商品"按钮,则将筛选该无序列表 ul 中包含牛肉商品的 li 元素并设置其背景为浅蓝色,如图 042-1 所示。

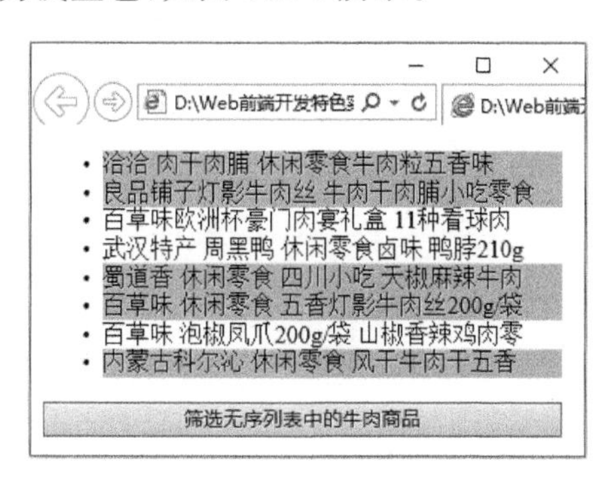

图 042-1

主要代码如下所示:

```
<!DOCTYPE html><html><head>
 <script type="text/javascript" src="Scripts/jquery-2.2.3.js"></script>
 <script language="javascript">
  $(document).ready(function () {
   //单击"筛选无序列表中的牛肉商品"按钮的响应
   $("#myBtn").click(function () {
    //设置含"牛肉"的列表项的背景为浅蓝色
    $("li:contains('牛肉')").css("background-color", "lightblue");
  }); });
  </script>
  <style>li { width: 310px;}</style>
</head>
<body>
  <ul><li>洽洽 肉干肉脯 休闲零食 牛肉粒五香味</li>
      <li>良品铺子灯影牛肉丝 牛肉干肉脯小吃零食</li>
      <li>百草味欧洲杯豪门肉宴礼盒 11 种看球肉</li>
      <li>武汉特产 周黑鸭 休闲零食卤味 鸭脖 210g</li>
      <li>蜀道香 休闲零食 四川小吃 天椒麻辣牛肉</li>
      <li>百草味 休闲零食 五香灯影牛肉丝 200g/袋</li>
      <li>百草味 泡椒凤爪 200g/袋 山椒香辣鸡肉零</li>
      <li>内蒙古科尔沁 休闲零食 风干牛肉干五香</li></ul>
  <button id="myBtn" style="width:350px;">筛选无序列表中的牛肉商品</button>
</body></html>
```

上面有底纹的代码是本例的核心代码。在这部分代码中,:contains()选择器用于选取包含指定字符串的元素。该字符串可以是直接包含在元素中的文本,或者被包含于子元素中。此选择器经常与其他元素/选择器一起使用,来选择指定的组中包含指定文本的元素。:contains()选择器的语法声明如下：

```
$(":contains(text)")
```

其中，参数 text 规定要查找的文本。

本例的源文件名是 HtmlPageC175.html。

043　在无序列表 ul 中倒序查找符合条件的 li 元素

本例主要通过调用子元素过滤选择器:nth-last-child(n)选取每个父元素下的倒数第 n 个子元素或者符合特定顺序规则的元素并设置这些 li 元素的背景颜色。在浏览器中显示该页面时，单击“查找每个无序列表的倒数第 3 个 li 元素”按钮，则将在三个无序列表中设置倒数第 3 行 li 元素的背景颜色为浅蓝色，如图 043-1 所示。

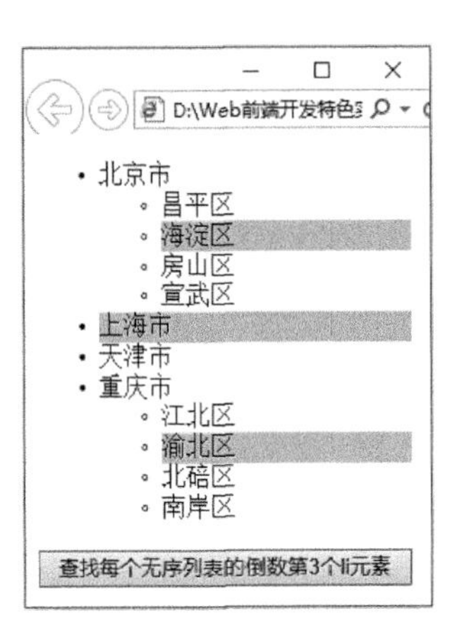

图　043-1

主要代码如下所示：

```
<!DOCTYPE html><html><head>
 <script type="text/javascript" src="Scripts/jquery-2.2.3.js"></script>
 <script language="javascript">
  $(document).ready(function () {
    //单击"查找每个无序列表的倒数第 3 个 li 元素"按钮的响应
    $("#myBtnColor").click(function () {
     $("ul li:nth-last-child(3)").css('background-color', 'lightblue');
  });});
  </script>
</head>
<body>
  <ul class="level-0" style="width:200px;">
   <li>北京市<ul class="level-1"><li>昌平区</li>
                                <li>海淀区</li>
                                <li>房山区</li>
                                <li>宣武区</li></ul></li>
   <li>上海市</li>
   <li>天津市</li>
   <li>重庆市<ul class="level-1"><li>江北区</li>
                                <li>渝北区</li>
                                <li>北碚区</li>
                                <li>南岸区</li></ul></li></ul>
```

```
  <button id="myBtnColor" style="width:240px;">
                    查找每个无序列表的倒数第 3 个 li 元素</button>
</body></html>
```

上面有底纹的代码是本例的核心代码。在这部分代码中,:nth-last-child(n)选择器用于匹配作为父元素下的倒数第 n 个子元素或符合特定顺序规则的元素,将其封装为 jQuery 对象并返回。与该选择器相对的是:nth-child(n)选择器,用于匹配作为父元素下的第 n 个子元素或符合特定顺序规则的元素。:nth-last-child(n)选择器的语法声明如下:

```
$("selector:nth-last-child(n)")
```

其中,参数 selector 表示一个有效的选择器。参数 n 表示指定的序号,从 1 开始计数。参数 n 一般是一个自然数,表示作为父元素下的倒数第 n 个子元素。例如::nth-last-child(2)表示作为父元素的倒数第 2 个子元素。参数 n 也可以为特定的表达式(表达式中只能使用字母 n 表示自然数,大小写均可)。例如::nth-last-child(odd)表示匹配作为父元素倒数顺序的奇数(第 1,3,5,7,…)子元素的元素;:nth-last-child(even)表示匹配作为父元素倒数顺序的偶数(第 2,4,6,8,…)子元素的元素;:nth-last-child(3n)表示匹配作为父元素倒数顺序的第 3n 个子元素的元素(n 表示包括 0 在内的自然数,下同);:nth-last-child(3n+1)表示匹配作为父元素倒数顺序的第 3n+1 个子元素的元素;:nth-last-child(3n+2)表示匹配作为父元素倒数顺序的第 3n+2 个子元素的元素。

本例的源文件名是 HtmlPageC178.html。

044 选择无序列表 ul 某个 li 元素之前(后)的元素

本例主要使用 prevAll()和 nextAll()等方法实现选择在无序列表 ul 中某个 li 元素之前(或之后)的所有元素。在浏览器中显示该页面时,单击"设置第三项之后的所有选项颜色"按钮,则出现如图 044-1 所示的效果;单击"设置第三项之前的所有选项颜色"按钮,则出现如图 044-2 所示的效果。

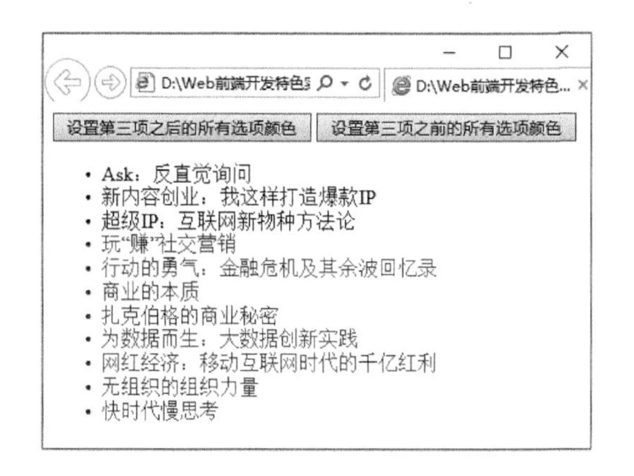

图 044-1

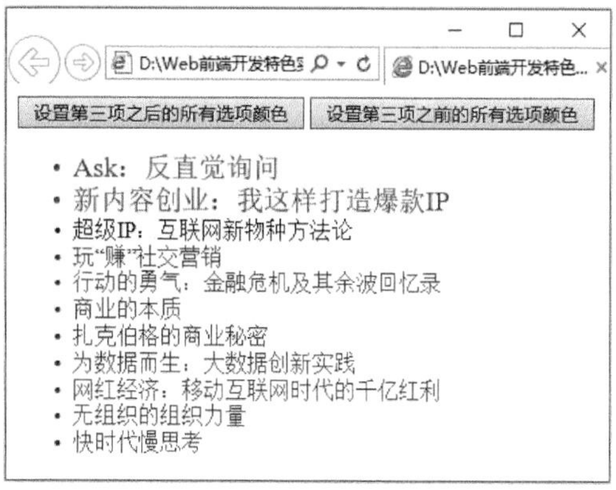

图 044-2

主要代码如下所示:

```
<!DOCTYPE html><html><head>
 <script type="text/javascript" src="Scripts/jquery-2.2.3.js"></script>
 <script language="javascript">
  $(document).ready(function () {
    //单击"设置第三项之后的所有选项颜色"按钮的响应
    $("#myBtnAfter").click(function () {
```

```
        //设置第三项之前的所有选项的文字颜色为蓝色
        $("ul li").eq(2).nextAll().css("color", "blue");
      });
      //单击"设置第三项之前的所有选项颜色"按钮的响应
      $("#myBtnBefore").click(function () {
        //设置第三项之前的所有选项的文字颜色为绿色
        $("ul li").eq(2).prevAll().css("color", "green");
        //设置第三项之前的所有选项的字体大小为 20
        $("ul li").eq(2).prevAll().css("font-size", 20);
      }); });
  </script>
 </head>
 <body>
  <button id="myBtnAfter" style="width:210px;">
                          设置第三项之后的所有选项颜色</button>
  <button id="myBtnBefore" style="width:210px;">
                          设置第三项之前的所有选项颜色</button>
  <ul><li>Ask: 反直觉询问</li>
       <li>新内容创业: 我这样打造爆款 IP</li>
       <li>超级 IP: 互联网新物种方法论</li>
       <li>玩"赚"社交营销</li>
       <li>行动的勇气: 金融危机及其余波回忆录</li>
       <li>商业的本质</li>
       <li>扎克伯格的商业秘密</li>
       <li>为数据而生: 大数据创新实践</li>
       <li>网红经济: 移动互联网时代的千亿红利</li>
       <li>无组织的组织力量</li>
       <li>快时代慢思考</li></ul>
 </body></html>
```

上面有底纹的代码是本例的核心代码。在这部分代码中,prevAll()方法用于获得当前匹配元素集合中每个元素的前面的同胞元素,使用选择器进行筛选是可选的。如果应用这个选择器,则将通过检测元素是否匹配该选择器对元素进行筛选。prevAll()方法的语法声明如下:

```
prevAll(selector)
```

其中,参数 selector 包含用于匹配元素的选择器表达式。

nextAll()方法用于获得匹配元素集合中每个元素的所有跟随的同胞元素,由选择器筛选是可选的。如果应用选择器,则将通过检测元素是否匹配来对它们进行筛选。nextAll()方法的语法声明如下:

```
nextAll(selector)
```

其中,参数 selector 包含用于匹配元素的选择器表达式。

本例的源文件名是 HtmlPageC251.html。

045 选择无序列表 ul 指定范围内的多个 li 元素

本例主要使用 slice()方法实现选择无序列表 ul 指定范围内的多个 li 元素。在浏览器中显示该页面时,单击"设置第三项后的所有选项颜色"按钮,效果如图 045-1 所示;单击"设置最后四项的选项颜色"按钮,效果如图 045-2 所示。

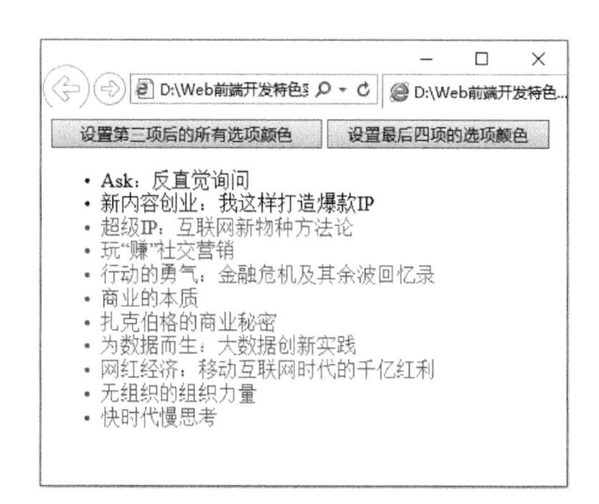

图 045-1

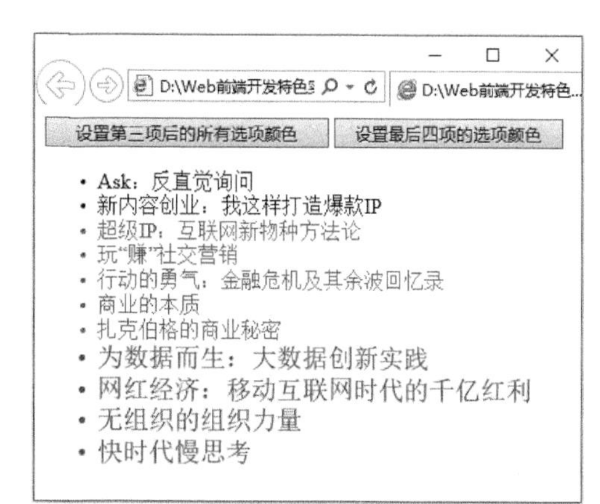

图 045-2

主要代码如下所示：

```
<!DOCTYPE html><html><head>
 <script type="text/javascript" src="Scripts/jquery-2.2.3.js"></script>
 <script language="javascript">
  $(document).ready(function(){
    //单击"设置第三项后的所有选项颜色"按钮的响应
  $("#myBtnAfter").click(function(){
    $('ul li').slice(2).css("color","red");
  });
    //单击"设置最后四项的选项颜色"按钮的响应
  $("#myBtnEnd").click(function(){
   $('ul li').slice(-4).css("color", "green");
   $('ul li').slice(-4).css("font-size", 20);
 });});
 </script>
 </head>
 <body>
  <button id="myBtnAfter" style="width:220px;">设置第三项后的所有选项颜色</button>
 <button id="myBtnEnd" style="width:180px;">设置最后四项的选项颜色</button>
  <ul><li>Ask：反直觉询问</li>
       <li>新内容创业：我这样打造爆款 IP</li>
       <li>超级 IP：互联网新物种方法论</li>
       <li>玩"赚"社交营销</li>
       <li>行动的勇气：金融危机及其余波回忆录</li>
       <li>商业的本质</li>
       <li>扎克伯格的商业秘密</li>
       <li>为数据而生：大数据创新实践</li>
       <li>网红经济：移动互联网时代的千亿红利</li>
       <li>无组织的组织力量</li>
       <li>快时代慢思考</li></ul>
 </body></html>
```

上面有底纹的代码是本例的核心代码。在这部分代码中，$('ul li').slice(2)用于选择无序列表从第三项开始之后的所有选项，因为基数是 0，所以该参数是 2。$('ul li').slice(-4)用于选择无序列表的最后四个选项。slice()方法通常有两个参数，如果两个参数都指定，则表示选择指定范围内的选项。slice()方法的语法声明如下：

```
slice( startIndex [, endIndex ] )
```

其中，参数 startIndex 用于指定选取的起始索引，从 0 开始算起。参数 endIndex 是可选参数，用于指定结束索引(不包括该索引位置的元素)。如果 startIndex 为负数，则表示 startIndex + length，length 表示匹配的元素个数(也可理解为从后向前计数)。如果 endIndex 为负数，则表示 endIndex + length，length 表示匹配的元素个数(也可理解为从后向前计数)。如果省略 endIndex 参数，则一直选取到集合末尾。

本例的源文件名是 HtmlPageC245.html。

046 根据输入字符智能匹配符合要求的 li 元素

本例主要使用 jquery.fastLiveFilter.js 插件来实现根据输入字符智能匹配符合要求的 li 元素。在浏览器中显示该页面时，如果在输入框中输入 s，则将在下面显示无序列表中包含 s 的 li 元素，如图 046-1 的左边所示；如果在输入框中输入 b，则将在下面显示无序列表中包含 b 的 li 元素，如图 046-1 的右边所示；即它会根据输入的字符智能匹配符合要求的 li 元素并自动列出来。

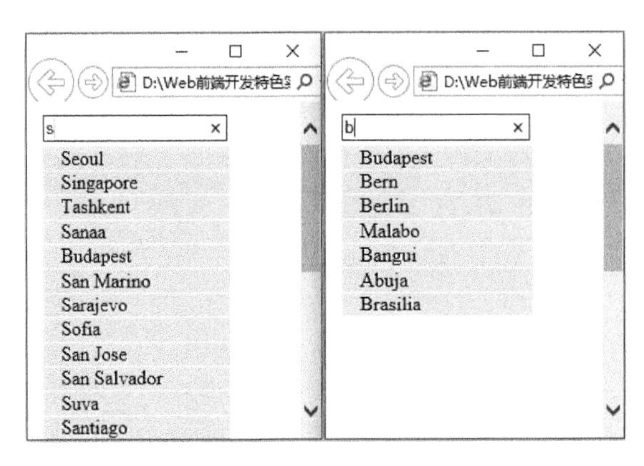

图 046-1

主要代码如下所示：

```
<!DOCTYPE html><html><head>
 <script type="text/javascript" src="Scripts/jquery-2.2.3.js"></script>
 <script>
   jQuery.fn.fastLiveFilter = function (list, options) {
    options = options || {};
    list = jQuery(list);
    var input = this;
    var lastFilter = '';
    var timeout = options.timeout || 0;
    var callback = options.callback || function () { };
    var keyTimeout;
    var lis = list.children();
    var len = lis.length;
    var oldDisplay = len > 0 ? lis[0].style.display : "block";
    callback(len);
    input.change(function () {                  //响应 change 事件发生
     var filter = input.val().toLowerCase();
     var li, innerText;
     var numShown = 0;
     for (var i = 0; i < len; i++) {
      li = lis[i];
```

```
        innerText = !options.selector ?
                        (li.textContent || li.innerText || "") :
          $(li).find(options.selector).text();
          if (innerText.toLowerCase().indexOf(filter) >= 0) {
           if (li.style.display == "none") {
             li.style.display = oldDisplay;
           }
           numShown++;
          } else {
           if (li.style.display != "none") {
            li.style.display = "none";
          } } }
         callback(numShown);
         return false;
       }).keydown(function () {
         clearTimeout(keyTimeout);
         keyTimeout = setTimeout(function () {
          if (input.val() === lastFilter) return;
           lastFilter = input.val();
           input.change();
         }, timeout);
       });
       return this;
     }
     $(function () {
      $('#search_input').fastLiveFilter('#search_list');
     });
     $(document).ready(function () {
     //响应鼠标单击无序列表的列表项
     $("ul").click(function (event) {
      var $target = $(event.target);
      if ($target.is("li")) {      //判断鼠标是否击中了某个列表项
       $('#search_input').val($target.html());
     } }); });
   </script>
   <style type="text/css">
    body {margin: 0px;padding: 0;}
    ul {left: -40px; top: -12px; position:relative;}
    li {width:140px;background-color:antiquewhite;margin-bottom:1px;
       list-style-type: none;padding-left:15px;}
    .myBox {width: 200px;height: 500px; margin-left: auto;margin-right: auto;
           background-color: #FFFFFF;padding: 10px;}
   </style>
 </head>
 <body>
   <div class="myBox">
    <input id="search_input" placeholder="输入文字开始筛选">
     <ul id="search_list">
      <li>Tokyo</li>
      <li>Seoul</li>
      <li>Manila</li>
      <li>Jakarta</li>
```

```
        <li>Singapore</li>
        <li>Hanoi</li>
        <li>Tashkent</li>
        <li>Sanaa</li>
        <li>Tehran</li>
        <li>Budapest</li>
        <li>Bern</li>
        <li>Berlin</li>
        <li>San Marino</li>
        <li>Sarajevo</li>
        <li>Sofia</li>
        <li>Malabo</li>
        <li>Bangui</li>
        <li>Abuja</li>
        <li>Accra</li>
        <li>Apia</li>
        <li>San Jose</li>
        <li>San Salvador</li>
        <li>Suva</li>
        <li>Santiago</li>
        <li>Brasilia</li>
    </ul></div>
</body></html>
```

上面有底纹的代码是本例的核心代码。在这部分代码中，fastLiveFilter()方法即是 jquery.fastLiveFilter.js 插件的主要内容，使用时只要按照下列格式进行调用即可：$('#search_input').fastLiveFilter('#search_list')。

本例的源文件名是 HtmlPageC369.html。

047 在无序列表 ul 中每隔 3 行设置 li 元素的背景色

本例主要通过调用子元素过滤选择器:nth-child(index/even/odd)选取每个父元素下的第 index 个子元素或者奇偶元素，从而实现在无序列表 ul 中每隔 3 行设置 li 元素的背景颜色。在浏览器中显示该页面时，单击"每隔 3 行设置 li 元素的背景颜色"按钮，则将在该无序列表 ul 中每隔 3 行设置 li 元素的背景颜色为浅蓝色，如图 047-1 所示。主要代码如下所示：

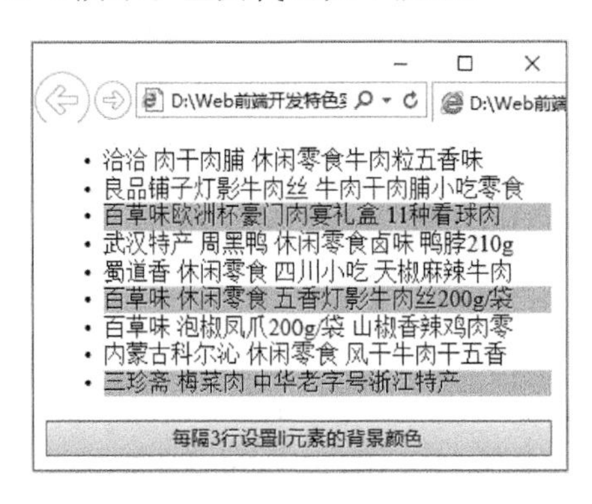

图 047-1

```
<!DOCTYPE html><html><head>
 <script type="text/javascript" src="Scripts/jquery-2.2.3.js"></script>
 <script language="javascript">
```

```
    $(document).ready(function () {
      //单击"每隔 3 行设置 li 元素的背景颜色"按钮的响应
      $("#myBtn").click(function () {
        //隔 3 行设置 li 元素的背景颜色为浅蓝色
        $('li:nth-child(3n)').css("background-color", "lightblue");
    });});
  </script>
  <style>li { width: 310px;}</style>
</head>
<body>
 <ul><li>洽洽 肉干肉脯 休闲零食牛肉粒五香味</li>
      <li>良品铺子灯影牛肉丝 牛肉干肉脯小吃零食</li>
      <li>百草味欧洲杯豪门肉宴礼盒 11 种看球肉</li>
      <li>武汉特产 周黑鸭 休闲零食卤味 鸭脖 210g</li>
      <li>蜀道香 休闲零食 四川小吃 天椒麻辣牛肉</li>
      <li>百草味 休闲零食 五香灯影牛肉丝 200g/袋</li>
      <li>百草味 泡椒凤爪 200g/袋 山椒香辣鸡肉零</li>
      <li>内蒙古科尔沁 休闲零食 风干牛肉干五香</li>
      <li>三珍斋 梅菜肉 中华老字号浙江特产</li></ul>
  <button id="myBtn" style="width:350px;">
                        每隔 3 行设置 li 元素的背景颜色</button>
</body></html>
```

上面有底纹的代码是本例的核心代码。在这部分代码中，:nth-child(index/even/odd)用于选取每个父元素下的第 index 个子元素或者奇偶元素。与该选择器相对的是:nth-last-child(n)选择器，用于匹配作为父元素下的倒数第 n 个(或符合特定倒数顺序的)子元素。:nth-child(n)选择器与:eq(index)选择器的不同之处在于，:eq(index)选择器只匹配一个元素，并且是所有匹配到的元素中的第 index + 1 个元素(索引 index 从 0 开始算起)；:nth-child(n)选择器则需要判断匹配到的元素是否是其父元素的第 n 个子元素或符合其他特定要求(序号 n 从 1 开始算起)，如果是就保留，否则将被舍弃。:nth-child(n)选择器的语法声明如下：

```
$("selector:nth-child(n)")
```

其中，参数 selector 代表一个有效的选择器。参数 n 指定序号，从 1 开始计数。参数 n 一般是一个自然数，表示作为父元素下的第 n 个子元素。例如：:nth-child(2)表示作为父元素的第 2 个子元素。参数 n 也可以为特定的表达式(表达式中只能使用字母 n 表示自然数，大小写均可)。例如，:nth-child(odd)表示匹配作为父元素的奇数(第 1、3、5、7、…个)子元素的元素；:nth-child(even)表示匹配作为父元素的偶数(第 2、4、6、8、…个)子元素的元素；:nth-child(3n)表示匹配作为父元素的第 3n 个子元素的元素(n 表示包括 0 在内的自然数，下同)；:nth-child(3n+1)表示匹配作为父元素的第 3n+1 个子元素的元素；:nth-child(3n+2)表示匹配作为父元素的第 3n+2 个子元素的元素。

本例的源文件名是 HtmlPageC177.html。

048 为指定的元素添加或移除指定的 CSS 样式

本例主要调用 addClass()和 removeClass()方法实现为指定的元素添加或移除指定的 CSS 样式。在浏览器中显示该页面时，如果文本输入框获得焦点，将以红字样式显示内容；如果文本输入框失去焦点，将以黑字样式显示内容，如图 048-1 所示。

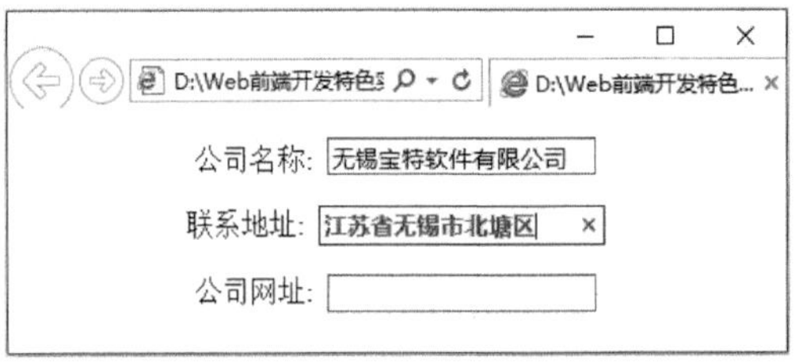

图 048-1

主要代码如下所示：

```
<!DOCTYPE html><html><head>
 <script type="text/javascript" src="Scripts/jquery-2.2.3.js"></script>
 <script language="javascript">
   $(document).ready(function () {
    $("input").each(function () {
    $("input").focus(function (){        //响应文本框的 focus 事件
     //设置获得焦点时的样式
     $(this).removeClass("css-text");
     $(this).addClass("css-text-high");
    });
    $("input").blur(function () {        //响应文本框的 blur 事件
     //设置失去焦点时的样式
     $(this).removeClass("css-text-high");
     $(this).addClass("css-text");
  });});});
 </script>
 <style>
 .css-text {padding-left: 1px;line-height: 20px; color: #000000;}
 .css-text-high {font-weight: bold;color: #ff0000;font: 13.5px;}
 </style>
</head>
<body>
 <form style="text-align:center">
  <p><label>公司名称:  </label><input type="text" /></p>
  <p><label>联系地址:  </label><input type="text" /></p>
  <p><label>公司网址:  </label><input type="text" /></p></form>
</body></html>
```

上面有底纹的代码是本例的核心代码。在这部分代码中，addClass()方法用于向被选元素添加一个或多个 CSS 类。如果需要添加多个类，应使用空格分隔类名。该方法不会移除已存在的 class 属性，仅仅添加一个或多个 class 属性。addClass()方法的语法声明如下：

```
$(selector).addClass(class)
```

其中，参数 class 规定一个或多个 class 名称。

removeClass()方法用于从被选元素移除一个或多个类。removeClass()方法的语法声明如下：

```
$(selector).removeClass(class)
```

其中，参数 class 是一个可选参数，该参数规定要移除的 class 名称。如需移除若干类，应使用空格来分隔类名。如果不设置该参数，则会移除所有类。

本例的源文件名是 HtmlPageC166.html。

049 在两种不同风格的 CSS 样式之间自动切换

本例主要调用了 toggleClass()方法实现在两种不同风格的 CSS 样式之间自动切换。在浏览器中显示该页面时，表格的文字颜色是黑色，如图 049-1 所示，单击“改变表格的文字颜色”按钮，则表格的文字颜色变成蓝色，如图 049-2 所示。再次单击“改变表格的文字颜色”按钮，则表格的文字颜色又从蓝色变成黑色，如图 049-1 所示。

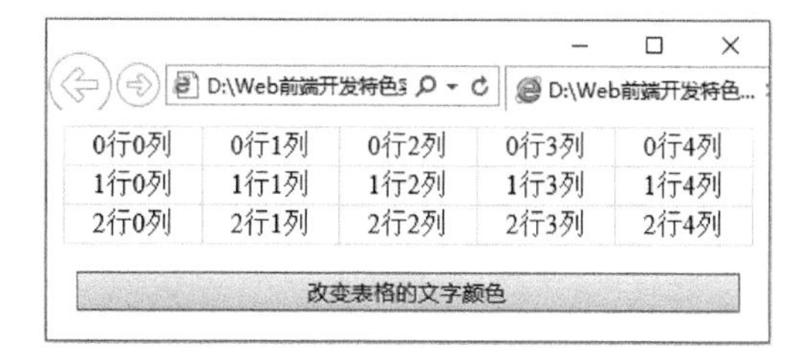

图 049-1

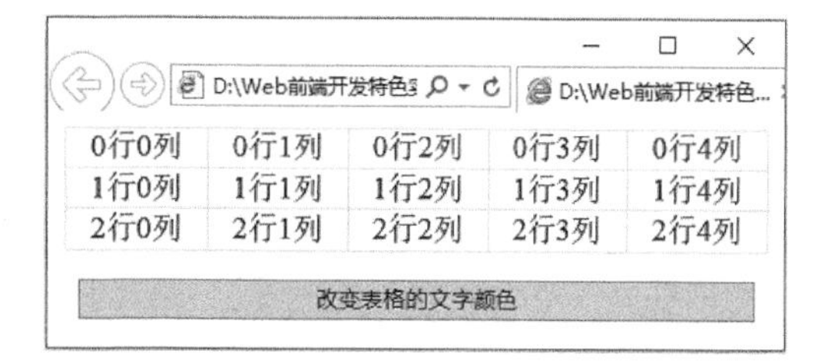

图 049-2

主要代码如下所示：

```
<!DOCTYPE html><html><head>
 <script type="text/javascript" src="Scripts/jquery-2.2.3.js"></script>
 <script language="javascript">
  $(function () {
    var table = document.createElement("table");
    var tbody = document.createElement("tbody");
   table.style.borderCollapse = "collapse";
    for (var i = 0; i<3; i++) {
    var tr = document.createElement("tr");
    for (var j = 0; j<5; j++) {
    var td = document.createElement("td");
    var text = document.createTextNode(i + "行" + j + "列");
     td.style.border = "1px solid #dfdfdf";
     td.style.width = "80px";
     td.style.height = "20px";
     td.style.textAlign = "center";
     td.appendChild(text);
     tr.appendChild(td);
   }
   table.appendChild(tr);
  }
  $("#myPos").append(table);                    //动态创建表格 table
 })
 $(function () {
  //单击"改变表格的文字颜色"按钮的响应
  $("#myBtn").click(function () {
   $("div").toggleClass("TextColor");
 }); });
 </script>
 <style>.TextColor {font-size: 110%; color: blue;} </style>
</head>
<body><center>
 <div id="myPos"></div>
 <p><button id="myBtn" style="width:400px">改变表格的文字颜色</button></p>
</center></body></html>
```

上面有底纹的代码是本例的核心代码。在该部分代码中，toggleClass()方法对添加和移除被选元素的一个或多个类进行切换。该方法检查每个元素中指定的类。如果不存在则添加类，如果已设置则删除之，即所谓的切换效果。toggleClass()方法的语法声明如下：

```
$(selector).toggleClass(classname,function(index,currentclass),switch)
```

其中，参数 classname 规定添加或移除的一个或多个类名，如需规定若干个类，应使用空格分隔类名。参数 function(index,currentclass)是可选参数，该参数规定返回需要添加/删除的一个或多个类名的函数。参数 index 返回集合中元素的 index 位置。参数 currentclass 返回被选元素的当前类名。参数 switch 是可选参数，它是一个布尔值，规定是否仅仅添加(true)或移除(false)类。

本例的源文件名是 HtmlPageC172.html。

第2章 块实例

050 使用文档操作方法动态插入一个 DIV 块

本例主要实现了使用文档操作方法 append()在指定位置动态插入一个 DIV 块。在浏览器中显示该页面时，单击“新增 DIV”按钮，则将在下面插入一个浅色的区域显示信息，如图 050-1 所示。

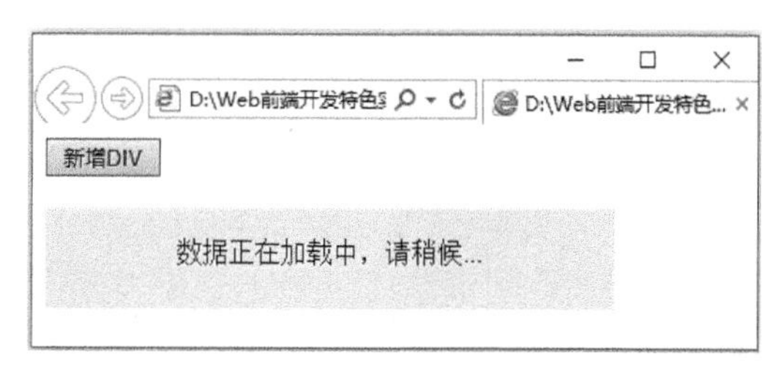

图 050-1

主要代码如下所示：

```
<!DOCTYPE html><html><head>
 <script type="text/javascript" src="Scripts/jquery-2.2.3.js"></script>
 <script language="javascript">
  $(document).ready(function () {
    //单击"新增 DIV"按钮的响应
   $("#AddDIV").click(function () {
    var mydiv = "<div class='mymsg'><br>数据正在加载中,请稍候...</div>";
    // $(document.body).append(mydiv);
    $("body").append(mydiv);
  }); });
</script>
<style>
 .mymsg {text-align: center; background: #f7e9e9; width: 350px;
         height: 60px;position: absolute;top: 50px;}
 </style>
</head>
<body>
 <input class="input" type="button" value="新增 DIV" id="AddDIV" />
</body></html>
```

上面有底纹的代码是本例的核心代码。在该部分代码中，append()方法用于在被选元素的结尾

(仍然在内部)插入指定内容,此处即是在 $("body")中直接插入 DIV 块。

此实例的源文件名是 HtmlPageC011.html。

051 为动态新增 DIV 块添加 click 事件响应方法

本例主要使用 on()方法实现为动态新增的 DIV 块添加 click 事件响应方法。当在浏览器中显示该页面时,单击"这是之前创建的 DIV0"DIV 块,将弹出一个消息框显示当前的鼠标单击对象,如图 051-1 的左边所示;单击"新增 DIV"按钮,则将在下面新增一个 DIV 块,如"这是动态创建的 DIV1";再次单击"新增 DIV"按钮,则将在下面再新增一个 DIV 块,如"这是动态创建的 DIV2",单击"这是动态创建的 DIV2"DIV 块,也能弹出一个消息框显示当前的鼠标单击对象,如图 051-1 的右边所示。有关此实例的主要代码如下所示:

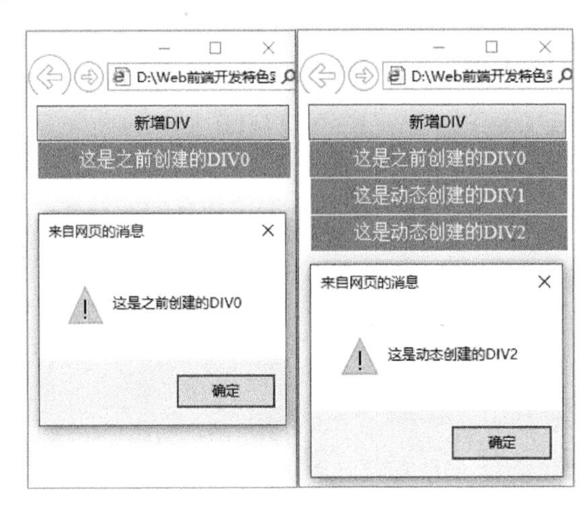

图 051-1

```
<!DOCTYPE html><html><head>
 <script type="text/javascript" src="Scripts/jquery-2.2.3.js"></script>
 <script type="text/javascript">
  $(document).ready(function () {
  //下面这行代码只响应非动态创建的 DIV
  //$('#myDiv .myClass').on('click', function () { alert($(this).text()) });
  $('body').on('click', '#myDiv .myClass', function () {
    alert($(this).text()) });
  var myCount = 0;
  //响应单击按钮"新增 DIV"
  $("#addDiv").click(function () {
   myCount += 1;
   $('#myDiv').append('<div class="myClass">这是动态创建的 DIV'
                                                    + myCount + '</div>');
  }); });
  </script>
  <style type="text/css">
    div { width: 220px;height: 30px;line-height: 30px;
         background-color: #00CCCC;text-align: center; color: #FFFFFF;
         cursor: default; margin: 1px; }
  </style>
</head>
<body>
```

```
 < input class = "input" type = "button" value = "新增 DIV" id = "addDiv"
          style = "width:221px;height:30px; text - align:center;" />
 < div id = "myDiv">< div class = "myClass">这是之前创建的 DIV0 </div ></div >
</body ></html >
```

上面有底纹的代码是本例的核心代码。在这部分代码中，$('#myDiv. myClass'). on('click', function () { alert($(this). text()) })这行代码只响应非动态创建的 DIV 块的鼠标单击事件，即“这是之前创建的 DIV0”DIV 块，不支持单击按钮新增的 DIV 块的鼠标单击事件。$('body'). on('click', '#myDiv . myClass', function () { alert($(this). text()) })这行代码既响应非动态创建的 DIV 块的鼠标单击事件，也响应动态创建的 DIV 块的鼠标单击事件。

本例的源文件名是 HtmlPageC220. html。

052 使用新 DIV 块替换旧 DIV 块内的多个元素

本例主要通过 replaceWith()方法实现使用新 DIV 块替换旧 DIV 块内的多个元素。在浏览器中显示页面时，单击“使用图片替换所有的复选框”按钮，则将使用图 052-1 右端所示的照片替换图 052-1 左端所示的复选框。

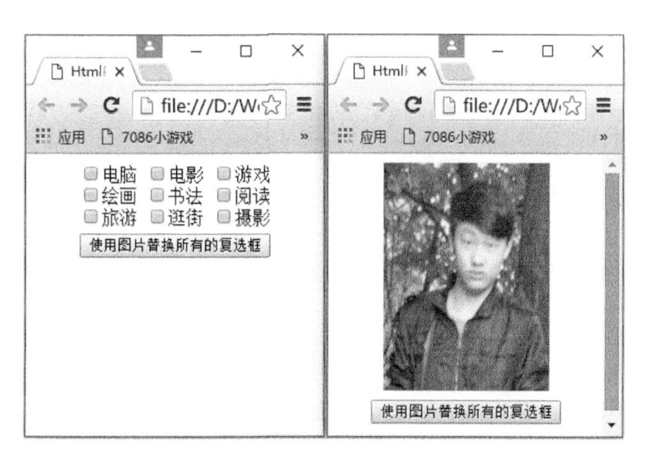

图 052-1

主要代码如下所示：

```
<! DOCTYPE html >< html >< head >
 < script type = "text/javascript" src = "Scripts/jquery - 2.2.3.js"></script >
 < script language = "javascript">
  $(document).ready(function () {
    //响应单击按钮"使用图片替换所有的复选框"
   $('#mybutton').click(function () {
    $('#mycheckbox').replaceWith('< div
              style = "text - align:center;margin - top:5px">
              < img src = "MyImages/Myluoshuai6.jpg" width = "150"
              height = "200" /></div >');
  });});
  </script >
</head >
< body >
  < div id = "mycheckbox" style = "text - align:center;margin - top:5px">
   < input type = "checkbox" name = "电脑" value = "1" />电脑
```

```
    < input type = "checkbox" name = "电影" value = "2" />电影
    < input type = "checkbox" name = "游戏" value = "3" />游戏< br />
    < input type = "checkbox" name = "绘画" value = "4" />绘画
    < input type = "checkbox" name = "书法" value = "5" />书法
    < input type = "checkbox" name = "阅读" value = "6" />阅读< br />
    < input type = "checkbox" name = "旅游" value = "7" />旅游
    < input type = "checkbox" name = "逛街" value = "8" />逛街
    < input type = "checkbox" name = "摄影" value = "9" />摄影< br /></div>
  < P style = "text - align:center;margin - top:5px">
    < input type = "submit" value = "使用图片替换所有的复选框" id = "mybutton" /></P>
</body></html>
```

上面有底纹的代码是本例的核心代码。在该部分代码中，replaceWith()方法可以实现用指定的HTML内容或元素替换被选元素。replaceWith()方法与replaceAll()方法的作用相同，差异在于语法，如内容和选择器的位置，以及replaceAll()无法使用函数进行替换。replaceWith()方法的语法声明如下：

```
$ (selector).replaceWith(content)
```

其中，参数content规定替换被选元素的内容，可能值如下：HTML代码-比如("< div > </div >")、新元素-比如(document. createElement("div"))、已存在的元素-比如($ (". div1"))，已存在的元素不会被移动，只会被复制，并包裹被选元素。

本例的源文件名是HtmlPageC069. html。

053 在一个DIV块之前插入另一个DIV块

本例主要使用insertAfter()方法实现把一个DIV块的内容插入到另一个DIV块之后。在浏览器中显示该页面时，两张图片在未交换位置之前如图053-1的左边所示；单击“交换两张图片的位置”按钮，交换结果如图053-1的右边所示，即将上面那张图片插入到下面那张图片的后面。主要代码如下所示：

图 053-1

```
<!DOCTYPE html><html><head>
 <script type="text/javascript" src="Scripts/jquery-2.2.3.js"></script>
 <script language="javascript">
  $(document).ready(function () {
    //单击"交换两张图片的位置"按钮的响应
   $("#mybutton").click(function () {
    $("#first").insertAfter($("#second"));
  });});
  </script>
</head>
<body>
  <P><input class="input" type="button" value="交换两张图片的位置"
                           id="mybutton" style="width:275px;" /></P>
  <div id="first"><img src="MyImages/MyImage50.jpg" /></div>
  <div id="second"><img src="MyImages/MyImage51.jpg" /></div>
</body></html>
```

上面有底纹的代码是本例的核心代码。在这部分代码中，insertAfter()方法用于将当前所有匹配元素插入到指定元素之后，与该方法相对的是 insertBefore()方法，用于将当前所有匹配元素插入到指定元素之前。insertAfter()方法的语法声明如下：

```
$(content).insertAfter(selector)
```

其中，参数 content 规定要插入的内容，可能的值包括选择器表达式和 HTML 标记。参数 selector 规定在何处插入被选元素。

本例的源文件名是 HtmlPageC088.html。

054　动态隐藏 DIV 块并带有动画缓冲效果

本例主要使用 slideUp()和 animate()方法实现动态隐藏 DIV 方框并带有动画缓冲效果。在浏览器中显示该页面时，任意单击一个虚线框，则虚线框将自动收缩成一个圆，并向右移动直至移除，如图 054-1 所示。

图　054-1

主要代码如下所示：

```
<!DOCTYPE html><html><head>
 <script type="text/javascript" src="Scripts/jquery-2.2.3.js"></script>
```

```
<script type="text/javascript">
 $(document).ready(function () {
  $(".sqare").click(function () {        //响应单击虚线框事件
   $(this).animate({ width: '50px', height: '50px' }, 500, 'linear', function ()
   {
    $(this).addClass('circle-label-rotate');
  }).addClass('circle').html('<div class="innertext">Bye</div>').
     animate({ "opacity": "0", "margin-left": "510px" },
     1500, function () { });
  $(this).slideUp('slow');
 }); });
 </script>
<style>
 .circle-label-rotate {-webkit-animation-name: rotateThis;
                       -webkit-animation-duration: 2s;
                       -webkit-animation-iteration-count: infinite;
                       -webkit-animation-timing-function: linear;}
 .circle {border-radius: 50px; -moz-border-radius: 50px; height: 50px;
         width: 50px; -webkit-border-radius: 50px;background: #dedede;}
 .sqare {height: 50px; width: 400px;
         border: dashed 1px #000;margin-top: 10px;}
 .innertext {padding: 15px;}
 </style>
</head>
<body>
 <div style='width:420px;margin:0 auto'>
  <h4>单击虚线方框则可以删除它</h4>
  <div class="sqare"></div>
  <div class="sqare"></div>
  <div class="sqare"></div>
  <div class="sqare"></div>
</div></body></html>
```

上面有底纹的代码是本例的核心代码。在这部分代码中，animate()方法主要用于实现在规定的时间内将虚线框收缩成圆，并向右移动；slideUp()方法则用于以卷帘收缩方式隐藏该 DIV 块。关于这两个方法的语法声明请参考本书的其他部分。

本例的源文件名是 HtmlPageC374.html。

055 动态显示或隐藏在 DIV 块中包含的内容

本例主要以设置属性的方式实现隐藏或显示在 DIV 块中的内容。在浏览器中显示该页面时，单击"隐藏 DIV 块"按钮，则该在 DIV 块中的图片将隐藏，如图 055-1 的左边所示；单击"显示 DIV 块"按钮，则该在 DIV 块中的图片将显示，如图 055-1 的右边所示。有关此实例的主要代码如下所示：

图 055-1

```
<!DOCTYPE html><html><head>
 <script type="text/javascript" src="Scripts/jquery-2.2.3.js"></script>
 <script language="javascript">
  $(document).ready(function () {
    //单击"隐藏 DIV 块"按钮的响应
   $("#myBtnHide").click(function () {
    //$("div").attr("style", "display:none;");
    //$("div").css("display", "none");
    //$("div").hide();
    $("div").toggle( function () {
     $(this).attr("style", "display:none;"); }
   );});
    //单击"显示 DIV 块"按钮的响应
   $("#myBtnShow").click(function () {
    //$("div").attr("style", "display:block;");
    //$("div").css("display", "block");
    //$("div").show();
    $("div").toggle(function () {
     $(this).attr("style", "display:block;");}
  );});});
 </script>
</head>
<body>
  <P><input class="input" type="button"
           value="隐藏 DIV 块" id="myBtnHide" style="width:100px;" />
    <input class="input" type="button"
           value="显示 DIV 块" id="myBtnShow" style="width:100px;" /></P>
  <div id="first"><img src="MyImages/MyImage50.jpg"
                     style="width:210px;height:130px" /></div>
</body></html>
```

上面有底纹的代码是本例的核心代码。在该部分代码中，toggle()方法用于切换元素的可见状态。如果被选元素可见，则隐藏这些元素，如果被选元素隐藏，则显示这些元素。$(this).attr("style", "display:block;");}用于显示元素，$(this).attr("style", "display:none;"); }用于隐藏元素。关于这些方法的语法声明请参考本书的其他部分。

此实例的源文件名是 HtmlPageC144.html。

056 在 DIV 块中以 Ajax 方式加载 HTML 文件

本例主要使用 load()方法实现在 DIV 块中加载 HTML 文件的内容。在浏览器中显示该页面时，单击"在 DIV 块中加载 HtmlPageC355.html"按钮，则将在下面的 DIV 块中显示该文件的内容，如图 056-1 所示。

主要代码如下所示：

```
<!DOCTYPE html><html><head>
<script type="text/javascript" src="Scripts/jquery-2.2.3.js"></script>
<script type="text/javascript">
  $(document).ready(function () {
   //单击"在 DIV 块中加载 HtmlPageC355.html"按钮的响应
  $("#myLoad").click(function () {
    $("#myHTML").load("HtmlPageC355.html");
  }); });
```

```
  </script>
</head>
<body><center>
  <button id="myLoad" style="width:350px;
              font-size:13px">在 DIV 块中加载 HtmlPageC355.html</button>
  <div id="myHTML"></div>
</center></body></html>
```

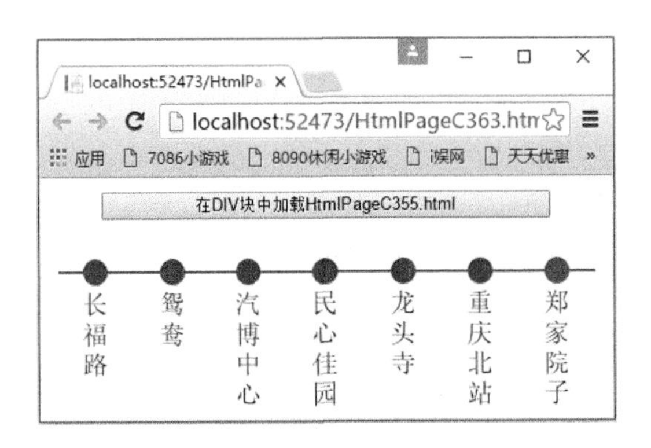

图 056-1

上面有底纹的代码是本例的核心代码。在该部分代码中，load()方法可以直接加载一个页面到指定 DIV 块中，它是 jQuery Ajax 的一种功能，并且它可以带参数。当该方法带参数的时候，如"$("#myDIV").load("test.php",{"name" : "Adam"});"；当该方法不带参数的时候，如"$("#myDIV").load("test.php");"。实例程序演示的是不带参数的这种情形，并且需要在服务器环境下测试。

本例的源文件名是 HtmlPageC363.html。

057 获取用户在 DIV 块中的鼠标单击坐标值

本例主要实现了以 jQuery 方式和普通 JS 方式获取用户在 DIV 块中的鼠标单击坐标值。在浏览器中显示该页面时，将出现深浅不同的两个 DIV 块，分别用于测试以 jQuery 方式和普通 JS 方式获取用户在该块中的鼠标单击坐标值，任意单击其中的 DIV 块，则将在弹出的消息框中显示当前鼠标单击点坐标值，如图 057-1 所示。

图 057-1

主要代码如下所示：

```
<!DOCTYPE html><html><head>
 <script type="text/javascript" src="Scripts/jquery-2.2.3.js"></script>
 <script language="javascript">
  $(document).ready(function () {
   $("#luodiv").click(function (event) {                    //响应单击 DIV 块事件
    //jQuery 方式获取当前鼠标位置
    event = event || window.event;
    var x = event.offsetX || event.originalEvent.layerX;
    var y = event.offsetY || event.originalEvent.layerY;
    alert("当前鼠标位置: x=" + x + ", y=" + y);
  });});
  function testmouse(event) {                                //以普通 JS 方式获取当前鼠标位置
   event = event || window.event;
   var x = event.offsetX || event.layerX;
   var y = event.offsetY || event.layerY;
   alert("当前鼠标位置: x=" + x + ", y=" + y);
  }
 </script>
 <style type="text/css">
  div {padding: 25px;border: 1px solid #FF0099;background-color: darkgrey;
      width: 350px;}
 </style>
</head>
<body>
 <div id="luodiv"><pre>测试鼠标单击位置区域(jQuery 方式)</pre></div>
 <div id="s"onmouseup="testmouse(event)" style="float:left;
          background-color:green;width: 350px;height: 60px;
          margin-left:0px;">测试鼠标单击位置区域(普通 JS 方式)</div>
</body></html>
```

上面有底纹的代码是本例的核心代码。在这部分代码中，event 代表事件的状态，例如触发 event 对象的元素、鼠标的位置及状态、按下的键等。event 对象只在事件发生的过程中才有效。由原生事件对象生成的 $event 对象保留对这个原生事件对象 event 的引用($event.originalEvent)。

本例的源文件名是 HtmlPageC010.html。

058 检测用户在 DIV 块上执行的鼠标单击操作

本例主要使用 bind()方法为指定的 DIV 或 li 元素添加 click 事件从而实现检测用户在 DIV 或 li 上执行的鼠标单击操作。在浏览器中显示页面时，如果使用鼠标单击 DIV，则该 DIV 的背景呈现黄色；如果使用鼠标单击 li，则该 li 的背景呈现绿色，如图 058-1 所示。

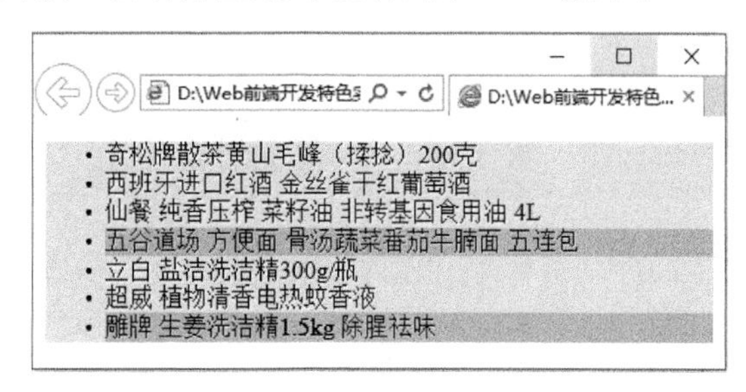

图 058-1

主要代码如下所示：

```
<! DOCTYPE html >< html >< head >
 < script type = "text/javascript" src = "Scripts/jquery - 2.2.3.js"></script >
 < script language = "javascript">
  $ (document).ready(function () {
   $ (function () {                    //检测鼠标在 li 上单击
    $ ("li").bind("click", function () {
     $ (this).css("background", "green");
   });});
   $ (function () {                    //检测鼠标在 DIV 上单击
    $ ("div").bind("click", function () {
     $ (this).css("background", "yellow");
 });});});
 </script >
</head >
< body >
 < div >< ul >< li >奇松牌散茶黄山毛峰（揉捻）200 克</li >
          < li >西班牙进口红酒 金丝雀干红葡萄酒</li >
          < li >仙餐 纯香压榨 菜籽油 非转基因食用油 4L </li >
          < li >五谷道场 方便面 骨汤蔬菜番茄牛腩面 五连包</li >
          < li >立白 盐洁洗洁精 300g/瓶</li >
          < li >超威 植物清香电热蚊香液</li >
          < li >雕牌 生姜洗洁精 1.5kg 除腥祛味</li ></ul ></div >
</body ></html >
```

上面有底纹的代码是本例的核心代码。在这部分代码中，bind()方法用于为被选元素添加一个或多个事件处理程序，并规定事件发生时运行的函数。$("li").bind 表示所有的 li 元素绑定事件，$("div").bind 表示为所有的 div 块绑定事件。关于 bind()方法的语法声明请参考本书的其他部分。

本例的源文件名是 HtmlPageC072.html。

059 拖动分隔条改变左右两个 DIV 块的范围

本例主要通过在鼠标移动时使用 css()方法改变 DIV 块的宽度从而实现拖动分隔条改变两个 DIV 块的显示范围。当在浏览器中显示该页面时，使用鼠标拖动中间的白色分隔条即可改变两张图片在水平方向上的显示范围，如图 059-1 所示。

图 059-1

主要代码如下所示：

```
<! DOCTYPE html >< html >< head >
```

```
<script type="text/javascript" src="Scripts/jquery-2.2.3.js"></script>
<script type="text/javascript">
  var $sliderMoving = false;
  function mousePosition(ev) {                          //获取鼠标真实位置
   if (!ev) ev = window.event;
    if (ev.pageX || ev.pageY) {
     return { x: ev.pageX, y: ev.pageY };
    }
    return {x: ev.clientX + document.documentElement.scrollLeft - document.body.clientLeft, y: ev.
clientY + document.documentElement.scrollTop - document.body.clientTop };
  };
  function getElCoordinate(dom) {                       //获取div的绝对坐标
    var t = dom.offsetTop;
    var l = dom.offsetLeft;
    dom = dom.offsetParent;
    while (dom) {
     t += dom.offsetTop;
      l += dom.offsetLeft;
      dom = dom.offsetParent;
    };
    return { top: t, left: l };
  };
  function sliderHorizontalMove(e) {                    //完成分隔条左右拖动
   var lWidth = getElCoordinate($("#divSG")[0]).left - 2;
   var rWidth = $(window).width() - lWidth - 6;
   $("#divLeft").css("width", lWidth + "px");
   $("#divRight").css("width", rWidth + "px");
   $("#divSG").css("display", "none");
  };
  function reinitSize() {
   var width = $(window).width() - 6;
   var height = $(window).height();
   $("#divLeft").css({ height: height + "px", width: width * 0.45 + "px" });
   $("#divS").css({ height: height - 2 + "px", width: "4px" });
   $("#divSG").css({ height: height - 2 + "px", width: "4px" });
   $("#divRight").css({ height: height + "px", width: width * 0.55 + "px" });
  }
  $(document).ready(function () {
   reinitSize();
   $("#divS").on("mousedown", function (e) {          //响应鼠标按键按下事件
     $sliderMoving = true;
     $("divP").css("cursor", "e-resize");
  });
   $("#divP").on("mousemove", function (e) {          //响应鼠标移动事件
    if ($sliderMoving) {
       $("#divSG").css({ left: mousePosition(e).x - 2, display: "block" });
   }});
   $("#divP").on("mouseup", function (e) {            //响应鼠标按键抬起事件
    if ($sliderMoving) {
     $sliderMoving = false;
     sliderHorizontalMove(e);
     $("#divP").css("cursor", "default");
    }});
  $(window).resize();
  });
  $(window).resize(function () {
```

```
  reinitSize();
 });
</script>
<style type="text/css">
 html, body, div {margin: 0;padding: 0; border: 0; }
 .gf_s {float: left; width: 4px; cursor: e-resize;
       background-color: #fff;border: #99BBE8 1px solid;}
 .gf_s_g {float: left; width: 4px; display: none;cursor: e-resize;
         position: absolute; background-color: #ff0000;
         border: #99BBE8 1px solid;filter: alpha(opacity=60);
         opacity: 0.6; z-index: 1000;}
 </style>
</head>
<body>
 <div id="divP"style="width:100%; height:100%;">
  <div id="divLeft"style="float: left; ">
   <img src="MyImages/MyImage50.jpg"
       style="width:100%; height:100%;"/></div>
  <div id="divS"class="gf_s"style="float: left;"></div>
  <div id="divSG"class="gf_s_g"style="float: left;"></div>
  <div id="divRight"style="float:left; ">
   <img src="MyImages/MyImage51.jpg"
          style="width:100%; height:100%;"/></div></div>
</body></html>
```

上面有底纹的代码是本例的核心代码。在该部分代码中，css()方法用于设置或返回被选元素的一个或多个样式属性。$("#divSG").css("display", "none")表示隐藏该 DIV 块。$("#divRight").css("width", rWidth + "px")表示设置宽度为指定的值。关于 css()方法的语法声明请参考本书的其他部分。

本例的源文件名是 HtmlPageC267.html。

060 拖动分隔条改变上下两个 DIV 块的范围

本例主要通过在鼠标移动时重置 DIV 块的 top 值从而实现拖动分隔条改变上下两个 DIV 块的显示范围。在浏览器中显示该页面时，使用鼠标拖动中间的红色分隔条即可改变两张图片在垂直方向上的显示范围，如图 060-1 所示。主要代码如下所示：

```
<!DOCTYPE html><html><head>
 <script type="text/javascript" src="Scripts/jquery-2.2.3.js"></script>
 <script type="text/javascript">
  window.onload = function () {
   var myBox = $("#box").get(0),
             myBottom = $("#bottom").get(0), myLine = $("#line").get(0);
   myLine.onmousedown = function (e) {        //响应鼠标按键按下事件
    var disY = (e || event).clientY;
    myLine.top = myLine.offsetTop;
    document.onmousemove = function (e) {     //响应鼠标移动事件
     var iT = myLine.top + ((e || event).clientY - disY);
     var maxT = myBox.clientHeight - myLine.offsetHeight;
     myLine.style.margin = 0;
     myLine.style.top = myBottom.style.top = iT + "px";
```

```
        return false
      };
      document.onmouseup = function () {          //响应鼠标按键抬起事件
       document.onmousemove = null;
       document.onmouseup = null;
       myLine.releaseCapture && myLine.releaseCapture()
      };
       myLine.setCapture && myLine.setCapture();
       return false
    };};
  </script>
  <style>
   body { font: 14px/1.5 Arial; color: #666; }
   #box {position: relative;width: 450px;height: 250px;
         border: 2px solid #000;margin: 10px auto;overflow: hidden;}
   #box div {position: absolute; width: 100%;}
   #bottom {background: skyblue;top: 50%;}
   #line {top: 50%;height: 2px;overflow: hidden;margin-top: -2px;
         background: red;cursor: n-resize;}
   img {width: 450px;height: 250px;}
  </style>
 </head>
 <body>
  <div id="box">
   <div id="top"><img src="MyImages/my318big4.jpg"/></div>
   <div id="bottom"><img src="MyImages/my318big5.jpg"/></div>
   <div id="line"></div></div>
 </body></html>
```

图 060-1

上面有底纹的代码是本例的核心代码。在该部分代码中，myLine.style.top= myBottom.style.top = iT + "px"即是在鼠标移动时设置下面一个 DIV 块的 top 值。

本例的源文件名是 HtmlPageC410.html。

061 实现左右两个不同 DIV 块高度自动匹配

本例主要通过重置 DIV 块的 offsetHeight 属性实现左右两个不同大小的 DIV 块的高度自动匹配。当在浏览器中显示该页面时，左边的城市 DIV 块和右边的城区 DIV 块是两个大小不同的 DIV 块，根据谁的高度值大两者都取谁的原则，小的 DIV 块就会自动匹配大的 DIV 块，如图 061-1 所示。

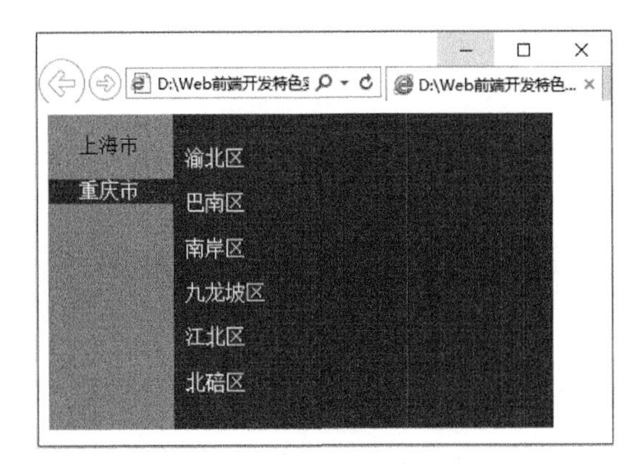

图 061-1

主要代码如下所示：

```
<!DOCTYPE html><html><head>
 <script type="text/javascript" src="Scripts/jquery-2.2.3.js"></script>
 <script type="text/javascript">
   function $(id) { return document.getElementById(id);}
   function autoHeight() {                    //调整两个DIV块高度一致
    if ($("left").offsetHeight >= $("right").offsetHeight) {
      $("right").style.height = $("left").offsetHeight + "px";
    } else {
      $("left").style.height = $("right").offsetHeight + "px";
    } }
    window.onload = function () {
     autoHeight();
    };
   </script>
   <style type="text/css">
    #left {background: #00ff21;float: left; width: 100px;text-align: center;}
    #right {background: #0066FF;color: #fff;width: 300px;float: left;}
    .clear {clear: both;}
  </style>
 </head>
 <body>
 <div id="left">
  <div style=""><p>上海市</p>
                 <p style="background:#0066FF ;color: #fff">重庆市</p>
   </div></div>
   <div id="right">
    <div style="padding:10px"><p>渝北区</p>
                             <p>巴南区</p>
                             <p>南岸区</p>
                             <p>九龙坡区</p>
                             <p>江北区</p>
                             <p>北碚区</p></div></div>
 </body></html>
```

上面有底纹的代码是本例的核心代码。在这部分代码中，offsetHeight 属性用于获取对象相对于版面的高度或由父坐标属性指定的高度。

本例的源文件名是 HtmlPageC107. html。

第3章 单选按钮实例

062 根据值设置单选按钮 radio 的默认选项

本例主要实现根据筛选的选项值设置单选按钮 radio 的默认选项。在浏览器中显示该页面时，单击“选择天津市单选按钮 radio”按钮，则第三个单选按钮 radio 处于选中状态，单击“选择重庆市单选按钮 radio”按钮，则第四个单选按钮 radio 处于选中状态，如图 062-1 所示。

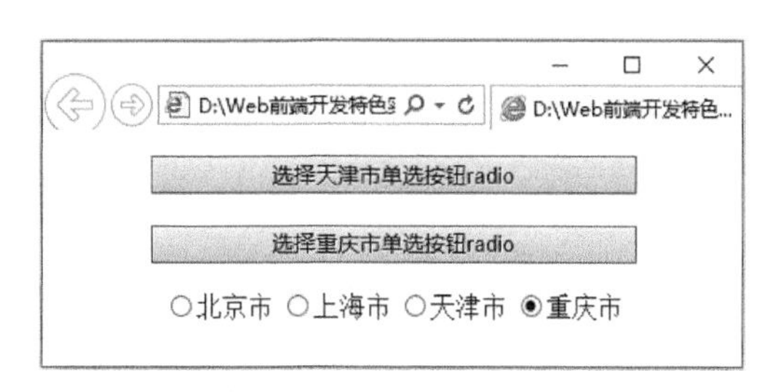

图 062-1

主要代码如下所示：

```
<!DOCTYPE html><html><head>
 <script type="text/javascript" src="Scripts/jquery-2.2.3.js"></script>
 <script language="javascript">
$(document).ready(function () {
  //单击"选择天津市单选按钮 radio"按钮的响应
  $("#TJ").click(function () {
  //jQuery("input[name='radio'][value='天津市']").attr("checked","checked");
   jQuery("input[name='radio'][value='天津市']").get(0).checked = true;
  });
  //响应单击按钮"选择重庆市单选按钮 radio"
  $("#CQ").click(function () {
  // jQuery("input[name='radio'][value='重庆市']").attr("checked", true);
  // $("input[name='radio']").attr("checked", "3");
   jQuery("input[name='radio'][value='重庆市']").get(0).checked = true;
 });});
 </script>
</head>
<body>
 <P style="text-align:center;margin-top:15px">
```

```
  < input class = "input" type = "button" value = "选择天津市单选按钮 radio"
                          id = "TJ" style = "width:300px"/>< br >< br >
  < input class = "input" type = "button" value = "选择重庆市单选按钮 radio"
                          id = "CQ" style = "width:300px"/></P >
 < P style = "text - align:center;margin - top:15px">
  < input type = "radio" name = "radio" value = "北京市"/>北京市
  < input type = "radio" name = "radio" value = "上海市"/>上海市
  < input type = "radio" name = "radio" value = "天津市"/>天津市
  < input type = "radio" name = "radio" value = "重庆市"/>重庆市</P >
</body ></html >
```

上面有底纹的代码是本例的核心代码。在该部分代码中,jQuery("input [name='radio'][value='天津市']").get(0)表示筛选 radio 组中 value 是'天津市'的第 0(一)个选项。

本例的源文件名是 HtmlPageC149.html。

063　判断单选按钮 radio 的某选项是否被选中

本例主要通过判断 checked 属性值是否为真从而实现判断单选按钮 radio 的某选项是否被选中。在浏览器中显示该页面时,如果在该单选按钮 radio 组中选择了“重庆市”选项,则在单击“判断第四个单选按钮 radio 是否被选中”按钮之后,在弹出的消息框中将显示“你已经选中了第四个单选按钮 radio【重庆市】”;否则将在弹出的消息框中显示“第四个单选按钮 radio【重庆市】没有被选中”,如图 063-1 所示;测试其他单选按钮 radio 将实现类似的功能。

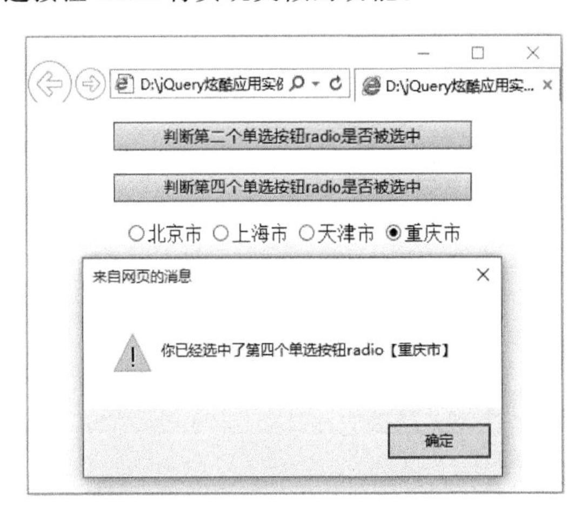

图　063-1

主要代码如下所示:

```
<! DOCTYPE html >< html >< head >
 < script type = "text/javascript" src = "Scripts/jquery - 2.2.3.js"></script >
 < script language = "javascript">
   $ (document).ready(function () {
    //响应单击按钮"判断第二个单选按钮 radio 是否被选中"
   $ ("#mySecond").click(function () {
    if (jQuery("#radio2").get(0).checked) {
     alert("你已经选中了第二个单选按钮 radio【上海市】");
    }else {
     alert("第二个单选按钮 radio【上海市】没有被选中");
   } });
```

```
    //单击"判断第四个单选按钮 radio 是否被选中"按钮的响应
   $("#myFourth").click(function () {
    if (jQuery("input[type='radio'][name='radio']").get(3).checked){
     alert("你已经选中了第四个单选按钮 radio【重庆市】");
    } else {
      alert("第四个单选按钮 radio【重庆市】没有被选中");
   } }); });
 </script>
</head>
<body>
 <P style="text-align:center;margin-top:15px">
  <input class="input" type="button" value="判断第二个单选按钮 radio 是否被选中"
                                    id="mySecond" style="width:300px"/><br><br>
  <input class="input" type="button" value="判断第四个单选按钮 radio 是否被选中"
                                    id="myFourth" style="width:300px"/></P>
  <P style="text-align:center;margin-top:15px">
   <input type="radio" name="radio" id="radio1" value="北京市" />北京市
   <input type="radio" name="radio" id="radio2" value="上海市" />上海市
   <input type="radio" name="radio" id="radio3" value="天津市" />天津市
   <input type="radio" name="radio" id="radio4" value="重庆市" />重庆市</P>
</body></html>
```

上面有底纹的代码是本例的核心代码。在该部分代码中，jQuery("#radio2").get(0). checked 和 jQuery("input[type='radio'][name='radio']"). get(3). checked 实现的功能相同，都是用于获取指定单选按钮 radio 的 checked 属性值是否为真。

本例的源文件名是 HtmlPageC054. html。

064 获取用户在单选按钮 radio 组中的选择结果

本例主要实现了获取用户在单选按钮 radio 组中的选择结果。在浏览器中显示该页面时，使用鼠标在单选按钮 radio 组中任意选择一项，如“天津市”，单击“获取用户在单选按钮 radio 组中的选择结果”按钮，则将在弹出的消息框中显示“你已经选择了：天津市”，如图 064-1 所示。如果没有在单选按钮 radio 组中进行选择，单击“获取用户在单选按钮 radio 组中的选择结果”按钮，则将在弹出的消息框中显示“没有任何单选按钮被选中”。主要代码如下所示：

```
<!DOCTYPE html><html><head>
 <script type="text/javascript" src="Scripts/jquery-2.2.3.js"></script>
 <script language="javascript">
  $(document).ready(function () {
    //响应单击按钮"获取用户在单选按钮 radio 组中的选择结果"
   $("#selected").click(function () {
    var myinfo = "";
    if (jQuery("input[type='radio'][name='radio']:checked").length == 0) {
     myinfo = "没有任何单选按钮被选中";
    }else {
     myinfo = "你已经选择了：";
     myinfo += jQuery('input[type="radio"][name="radio"]: checked').val();
    }
    alert(myinfo);
 });});
 </script>
```

```
</head>
<body>
 <P style="text-align:center;margin-top:15px">
  <input class="input" type="button"
         value="获取用户在单选按钮 radio 组中的选择结果"
         id="selected" style="width:300px"/></P>
 <P style="text-align:center;margin-top:15px">
   <input type="radio" name="radio" id="radio1" value="北京市"/>北京市
   <input type="radio" name="radio" id="radio2" value="上海市"/>上海市
   <input type="radio" name="radio" id="radio3" value="天津市"/>天津市
   <input type="radio" name="radio" id="radio4" value="重庆市"/>重庆市</P>
</body></html>
```

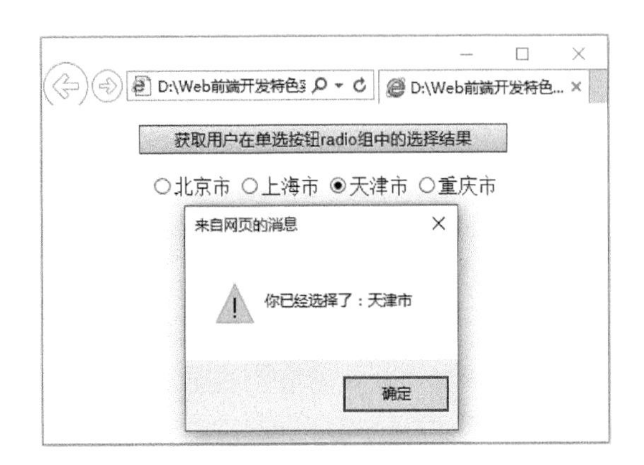

图 064-1

上面有底纹的代码是本例的核心代码。在该部分代码中，“jQuery("input[type='radio'][name='radio']:checked").length == 0”表明没有选择单选按钮 radio。“jQuery('input[type="radio"][name="radio"]:checked').val()”用于获取被选择的单选按钮 radio 的值。

本例的源文件名是 HtmlPageC053.html。

065 获取两组或多组单选按钮 radio 的选择结果

本例主要通过为每组单选按钮 radio 设置不同的名称从而实现根据名称获取用户在各组单选按钮 radio 中的选择结果。在浏览器中显示该页面时，分别在“请选择性别：”组和“请选择城市：”组中选择单选按钮 radio，然后单击“提交信息”按钮，则将在弹出的消息框中显示选择结果，如图 065-1 所示。

主要代码如下所示：

```
<!DOCTYPE html><html><head>
 <script type="text/javascript" src="Scripts/jquery-2.2.3.js"></script>
 <script language="javascript">
   $(document).ready(function () {
     //单击"提交信息"按钮的响应
    $("#selected").click(function () {
     var myinfo = "";
     if (jQuery("input[type='radio'][name='gender']:checked").length == 0) {
      myinfo += "\n 请选择性别";
     } else {
      myinfo += "\n 性别: ";
```

```
        myinfo +=  $(":radio[name='gender']:checked").val();
      }
      if (jQuery("input[type='radio'][name='city']:checked").length == 0) {
        myinfo += "\n请选择城市";
      }else {
        myinfo += "\n城市: ";
        myinfo +=  $(":radio[name='city']:checked").val();
      }
      alert(myinfo);
    });});
  </script>
</head>
<body>
  <P style="text-align:center;margin-top:15px">请选择性别: <br><br>
    <input type="radio" name="gender" id="radiom" value="男"/>男
    <input type="radio" name="gender" id="radiof" value="女"/>女</P>
  <P style="text-align:center;margin-top:15px">请选择城市: <br><br>
    <input type="radio" name="city" id="radio1" value="北京市" />北京市
    <input type="radio" name="city" id="radio2" value="上海市" />上海市
    <input type="radio" name="city" id="radio3" value="天津市" />天津市
    <input type="radio" name="city" id="radio4" value="重庆市" />重庆市</P>
  <P style="text-align:center;margin-top:15px">
    <input class="input" type="button" value="提交信息"
                        id="selected" style="width:300px" /></P>
</body></html>
```

图 065-1

上面有底纹的代码是本例的核心代码。在该部分代码中，$(":radio[name='gender']:checked").val()用于获取 gender 单选按钮组中的选中选项的值。$(":radio[name='city']:checked").val()用于获取 city 单选按钮组中的选中选项的值。

本例的源文件名是 HtmlPageC077.html。

066 通过图片自定义单选按钮 radio 的圆点符号

本例主要使用 addClass()和 removeClass()方法实现通过图片自定义单选按钮 radio 的圆点符号。当在浏览器中显示该页面时，单击任一 radio 选项，则该选项的图片将由浅色变为深色，效果如

图 066-1 所示。

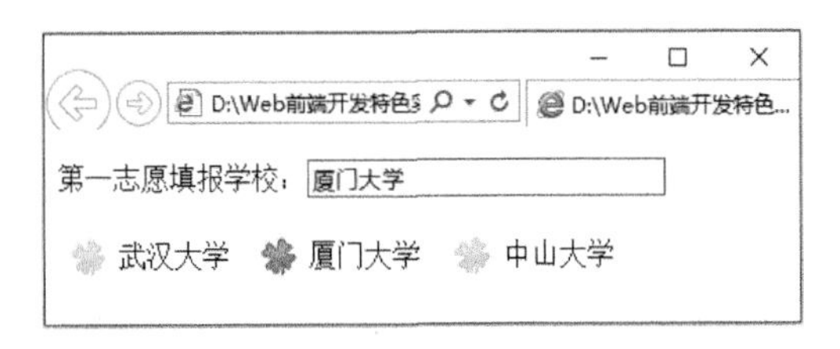

图 066-1

主要代码如下所示：

```
<!DOCTYPE html><html><head>
 <script type="text/javascript" src="Scripts/jquery-2.2.3.js"></script>
 <script type="text/javascript">
  $(document).ready(function () {
    //响应任一单选按钮 radio 的 change 事件
   $(".RadioClass").change(function () {
    if ($(this).is(":checked")) {
     $(".RadioSelected:not(:checked)").removeClass("RadioSelected");
     $(this).next("label").addClass("RadioSelected");
   }
   $.each($('.RadioClass'), function () {           //显示选择结果
    if ($(this).prop('checked') == true)
     $(".txtValue").val($(this).val());
  }); }); });
 </script>
 <style>
 .RadioClass {display: none;}
 .RadioLabelClass:hover {text-decoration: none;}
 .RadioLabelClass {background: url("MyImages/my380RUnCheck.png")no-repeat;
           padding-left: 30px;padding-top: 3px;margin: 5px;height: 28px;
           width: 70px;display: block;float: left;}
 .RadioSelected {background: url("MyImages/my380RCheck.png")no-repeat;}
 </style>
</head>
<body>
第一志愿填报学校：<input class="txtValue" type="text"
                              value="" style="width:200px"/>
 <div><input id="Radio1" type="radio"
            class="RadioClass" name="group1" value="武汉大学"/>
 <label id="Label1" for="Radio1" class="RadioLabelClass">武汉大学</label>
 <input id="Radio2" type="radio"
                class="RadioClass" name="group1" value="厦门大学"/>
 <label id="Label2" for="Radio2" class="RadioLabelClass">厦门大学</label>
 <input id="Radio3" type="radio"
                class="RadioClass" name="group1" value="中山大学"/>
 <label id="Label3" for="Radio3" class="RadioLabelClass">中山大学</label></div></body></html>
```

上面有底纹的代码是本例的核心代码。在这部分代码中，addClass()方法用于向被选元素添加一个或多个 CSS 类，此处的 addClass("RadioSelected")即为选中的单选按钮 radio 设置在 style 中带深色图片的 CSS 类 RadioSelected。removeClass()方法则用于从被选元素移除一个或多个 CSS 类，removeClass("RadioSelected")即从未选中的单选按钮 radio 中移除带深色图片的 CSS 类 RadioSelected。关于这两个方法的语法声明请参考本书的其他部分。

本例的源文件名是 HtmlPageC380.html。

067 通过图片实现单选按钮 radio 的勾选特效

本例主要通过重置单选按钮 radio 当前选中项的样式从而产生勾选特效。在浏览器中显示该页面时，单击任一图片选项，如左下角的那张图片，则该选项的图片将被红框包裹，并在该图片的右下角显示一个红色的勾选图片，如图 067-1 所示。有关此实例的主要代码如下所示：

```
<!DOCTYPE html><html><head>
 <script type="text/javascript" src="Scripts/jquery-2.2.3.js"></script>
 <script type="text/javascript">
  $(document).ready(function () {
   (function () {
    var li = $("li");
    for (var i = 0; i < li.length; i++) {
     li[i].onclick = function () {          //在单击图片时设置当前图片为选中样式
      for (var i = 0; i < li.length; i++) {
       li[i].className = "";
       }
       this.className = "checked";
    } } })();
  });
 </script>
 <style type="text/css">
   li { list-style: none; }
   img {vertical-align: top;border: none; }
   body {width: auto; height: auto; padding: 0;margin: 0;
        color: #666;background: #FFF;}
   #radio_wrap {width: 416px;margin: 10px auto 0;font-size: 0;
               *word-spacing: -1px;}
   #radio_wrap input {display: none;}
   #radio_wrap li {position: relative;width: 180px; height: 180px;
                  border: 1px solid #CCC; display: inline-block;
                  *display: inline; *zoom: 1; margin: 2px;}
   #radio_wrap li.checked {border: 2px solid red; margin: -1px1px;}
   #radio_wrap li.checked i {width: 30px;height: 30px;position: absolute;
                         right: 0;bottom: 0;_right: -1px;_bottom: -1px;
                     background: url(MyImages/checked.gif)no-repeat;}
 </style>
</head>
<body>
 <div id="radio_wrap">
  <ul><li class="c checked">
    <input type="radio" id="radio_a_01" name="radio_a" />
    <label for="radio_a_01">
     <img src="MyImages/MyImage30.jpg" alt=""disabled/></label><i></i></li>
    <li class="c">
     <input type="radio" id="radio_a_02" name="radio_a" />
     <label for="radio_a_02">
      <img src="MyImages/MyImage31.jpg" alt=""disabled />
     </label><i></i></li>
    <li class="c">
     <input type="radio" id="radio_a_03" name="radio_a" />
     <label for="radio_a_03">
```

```
        < img src = "MyImages/MyImage32. jpg" alt = ""disabled />
      </label >< i ></i ></li >
     < li class = "c">
      < input type = "radio" id = "radio_a_04" name = "radio_a" />
      < label for = "radio_a_04">
        < img src = "MyImages/MyImage33. jpg" alt = ""disabled />
      </label >< i ></i ></li ></ul ></div >
</body ></html >
```

图 067-1

上面有底纹的代码是本例的核心代码。在这部分代码中,先通过循环的方式设置所有的选项为未选中状态的样式,然后设置当前项为选中状态的样式。

本例的源文件名是 HtmlPageC432. html。

第4章 复选框实例

068 设置指定复选框 checkbox 的选中状态

本例主要介绍几种设置或判断某个 checkbox 选项的选中状态的方法。在浏览器中显示该页面时，单击“选择第 1 个选项”按钮，则该组复选框 checkbox 的第 1 个选项将被选中；单击“判断第 1 个选项”按钮，则将在下面以粗体字显示判断结果，如图 068-1 所示。

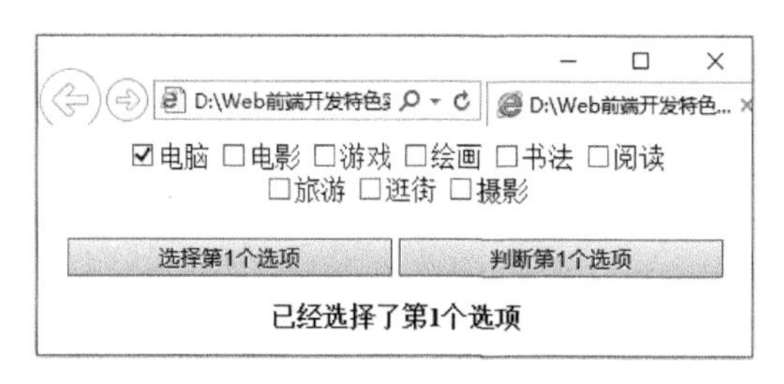

图 068-1

主要代码如下所示：

```
<!DOCTYPE html><html><head>
 <script type="text/javascript" src="Scripts/jquery-2.2.3.js"></script>
 <script language="javascript">
  $(document).ready(function () {
   //单击"选择第 1 个选项"按钮的响应
   $("#mySet").click(function () {
     //$("input[name='电脑']").get(0).checked = true;
     //$("input[value='0']").attr("checked", true);
     //$("input[value='0']").attr("checked", "checked");
     //$("input[value='0']").attr("checked", 1);
     //$("input").get(0).checked = true;
     $("input[type='checkbox']").get(0).checked = true;
   });
   //单击"判断第 1 个选项"按钮的响应
   $("#myGet").click(function () {
     //if ($("input[type='checkbox']").get(0).checked) {
     if ($("input[name='电脑']").get(0).checked) {
      $("#myDiv").html('<b>已经选择了第 1 个选项</b>');
     } else {
      $("#myDiv").html('<b>没有选择第 1 个选项</b>');
  }});});
```

```
  </script>
 </head>
 <body>
  <P style="text-align:center;margin-top:5px">
  <input type="checkbox" name="电脑" value="0" id="myPC" />电脑
  <input type="checkbox" name="电影" value="1" />电影
  <input type="checkbox" name="游戏" value="2" />游戏
  <input type="checkbox" name="绘画" value="3" />绘画
  <input type="checkbox" name="书法" value="4" />书法
  <input type="checkbox" name="阅读" value="5" />阅读<br/>
  <input type="checkbox" name="旅游" value="6" />旅游
  <input type="checkbox" name="逛街" value="7" />逛街
  <input type="checkbox" name="摄影" value="8" />摄影<br /><br />
  <input class="input" type="button"
         value="选择第 1 个选项" id="mySet" style="width:200px" />
  <input class="input" type="button"
         value="判断第 1 个选项" id="myGet" style="width:200px" /></P>
  <div id="myDiv" style="text-align:center;"></div>
 </body></html>
```

上面有底纹的代码是本例的核心代码。在该部分代码中，attr()方法用于设置或获取当前jQuery对象所匹配的元素节点的属性值，当然可以用此方法设置元素的 checked 属性。此外，元素的 checked 属性也可以直接像此实例这样通过属性操作的方式直接获取。

本例的源文件名是 HtmlPageC153.html。

069 判断指定复选框 checkbox 的选中状态

本例主要使用 is()方法来判断用户是否选择了复选框 checkbox 的某个选项。当在浏览器中显示该页面时，任意选择几个选项，如"电影"、"逛街"等，单击"判断是否选择了电影和阅读选项"按钮，则将在下面以粗体字显示选择结果，如图 069-1 所示。

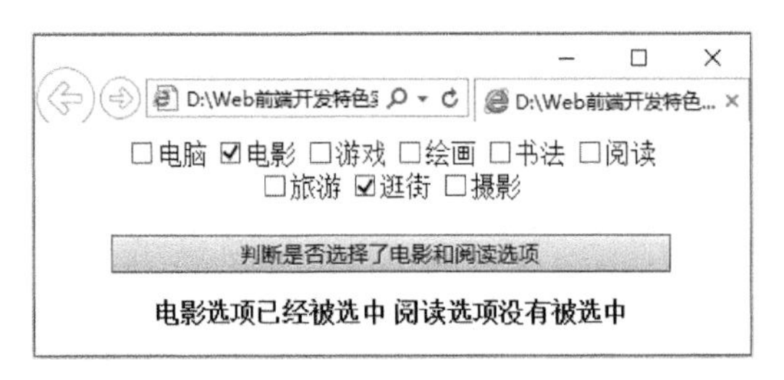

图 069-1

主要代码如下所示：

```
<!DOCTYPE html><html><head>
 <script type="text/javascript" src="Scripts/jquery-2.2.3.js"></script>
 <script language="javascript">
  $(document).ready(function () {
   //单击"判断是否选择了电影和阅读选项"按钮的响应
   $("#select").click(function () {
    if ($('input[name=电影]').is(':checked')) {
     $("#myDiv").html('<b>电影选项已经被选中</b>');
    }else {
     $("#myDiv").html('<b>电影选项没有被选中</b>');
```

```
    }
    if ($('input[name=阅读]').is(':checked')) {
     $("#myDiv").append('<b>阅读选项已经被选中</b>');
    }else {
     $("#myDiv").append('<b>阅读选项没有被选中</b>');
} });});
```

```
 </script>
</head>
<body>
 <P style="text-align:center;margin-top:5px">
  <input type="checkbox" name="电脑" value="0" />电脑
  <input type="checkbox" name="电影" value="1"/>电影
  <input type="checkbox" name="游戏" value="2"/>游戏
  <input type="checkbox" name="绘画" value="3" />绘画
  <input type="checkbox" name="书法" value="4" />书法
  <input type="checkbox" name="阅读" value="5" />阅读<br />
  <input type="checkbox" name="旅游" value="6" />旅游
  <input type="checkbox" name="逛街" value="7" />逛街
  <input type="checkbox" name="摄影" value="8" />摄影<br /><br />
   <input class="input"type="button"
    value="判断是否选择了电影和阅读选项" id="select" style="width:350px" /></P>
 <div id="myDiv" style="text-align:center;"></div>
</body></html>
```

上面有底纹的代码是本例的核心代码。在这部分代码中，$('input[name=电影]').is(':checked')用于判断name是"电影"的选项是否已经被选择，如果该语句的返回值是true，则表明该checkbox已经被选择；如果该语句的返回值是false，则表明该checkbox没有被选择。is()方法还可以对其他属性和表达式进行判断，如is(':visible'),is(":first-child")等。

本例的源文件名是HtmlPageC142.html。

070 获取已选择的所有复选框checkbox

本例主要通过获取复选框checkbox的checked属性来判断用户选择的一个或多个选项。在浏览器中显示该页面时，任意选择几个选项，如"游戏"、"书法"、"旅游"等，单击"提交选择结果"按钮，则将在弹出的消息框中显示选择结果，如图070-1所示。主要代码如下所示：

```
<!DOCTYPE html><html><head>
 <script type="text/javascript" src="Scripts/jquery-2.2.3.js"></script>
 <script language="javascript">
```

```
  $(document).ready(function () {
    //响应单击按钮"提交选择结果"
   $("#submit").click(function () {
    var myarray = [];
    $(":checkbox[type='checkbox']:checked").each(function () {
    //myarray.push($(this).val());
     myarray.push($(this).prop("name"));
    });
    alert(myarray.toString());
  });});
```

```
 </script>
</head>
```

```
<body>
 <h3 style="text-align:center;margin-top:5px">兴趣爱好</h3>
 <P style="text-align:center;margin-top:5px">
  <input type="checkbox" name="电脑" value="1" />电脑
  <input type="checkbox" name="电影" value="2" />电影
  <input type="checkbox" name="游戏" value="3" />游戏<br />
  <input type="checkbox" name="绘画" value="4" />绘画
  <input type="checkbox" name="书法" value="5" />书法
  <input type="checkbox" name="阅读" value="6" />阅读<br />
  <input type="checkbox" name="旅游" value="7" />旅游
  <input type="checkbox" name="逛街" value="8" />逛街
  <input type="checkbox" name="摄影" value="9" />摄影<br /><br />
  <input class="input" type="button" value="提交选择结果" id="submit" /></P>
</body></html>
```

图 070-1

上面有底纹的代码是本例的核心代码。在这部分代码中,先定义一个用来保存选项的数组,然后用 push()方法把所有选中项的复选框 checkbox 的 name 添加到数组里,再用 toString()方法把数组转换成字符串显示在消息框中。prop("name")方法用于获取元素的 name 属性。$(":checkbox[type='checkbox']:checked")表示选择所有被选中的复选框 checkbox。

本例的源文件名是 HtmlPageC007.html。

071 获取未选择的所有复选框 checkbox

本例主要通过使用:not()选择器来实现选取未选择的所有复选框 checkbox。在浏览器中显示该页面时,任意选择几个选项,如"电脑""书法""摄影"等,单击"获取所有未选中的检查框"按钮,则将在弹出的消息框中显示所有未选择的复选框 checkbox,如"电影、游戏、绘画、阅读、旅游、逛街",如图 071-1 所示。

主要代码如下所示:

```
<!DOCTYPE html><html><head>
 <script type="text/javascript" src="Scripts/jquery-2.2.3.js"></script>
 <script language="javascript">
   $(document).ready(function () {
     //响应单击按钮"获取所有未选中的检查框"
```

```
   $("#select").click(function () {
    var myarray = [];
    $(":checkbox").not(":checked").each(function () {
    //myarray.push( $(this).val());
   myarray.push( $(this).prop("name"));
    });
    alert(myarray.toString());
  });});
</script>
</head>
<body>
 <h3 style="text-align:center;margin-top:5px">兴趣爱好</h3>
 <P style="text-align:center;margin-top:5px">
  <input type="checkbox" name="电脑" value="0" />电脑
  <input type="checkbox" name="电影" value="1" />电影
  <input type="checkbox" name="游戏" value="2" />游戏<br/>
  <input type="checkbox" name="绘画" value="3" />绘画
  <input type="checkbox" name="书法" value="4" />书法
  <input type="checkbox" name="阅读" value="5" />阅读<br/>
  <input type="checkbox" name="旅游" value="6" />旅游
  <input type="checkbox" name="逛街" value="7" />逛街
  <input type="checkbox" name="摄影" value="8" />摄影<br /><br />
  <input class="input" type="button"
                         value="获取所有未选中的检查框"id="select" /></P>
</body></html>
```

图 071-1

上面有底纹的代码是本例的核心代码。在这部分代码中，not()方法用于选取除了指定元素以外的所有元素，最常见的是与其他选择器一起使用，选取指定组合中除了指定元素以外的所有元素。$(":checkbox").not(":checked")即是用于选取在该组复选框 checkbox 中所有非 checked 的选项。

此实例的源文件名是 HtmlPageC037.html。

072 反选已选复选框 checkbox 之外的选项

本例主要使用 prop()方法实现在用户选择后反选在复选框 checkbox 中的所有选项。当在浏览器中显示该页面时，在 checkbox 中任意选择几项，如图 072-1 的左边所示；然后单击“反选”按钮，则会出现如图 072-1 的右边所示的反选结果。单击其他几个按钮会实现按钮标题所示的功能。

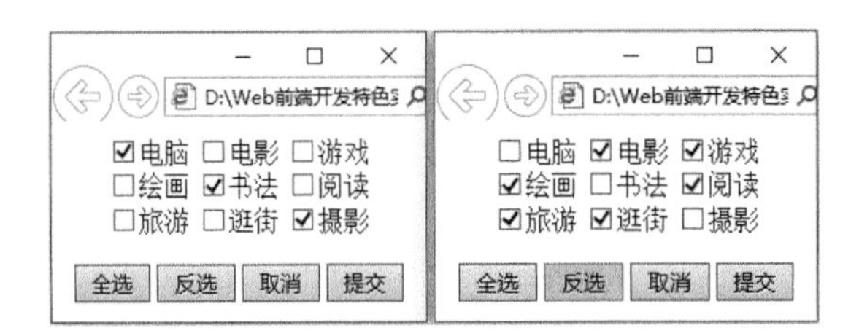

图 072-1

主要代码如下所示：

```
<!DOCTYPE html><html><head>
 <script type="text/javascript" src="Scripts/jquery-2.2.3.js"></script>
 <script language="javascript">
   $(document).ready(function () {
     //单击"全选"按钮的响应
    $("#selectall").click(function () {
     $(":checkbox").each(function () {
      $(this).prop("checked", true);
    }); });
     //单击"反选"按钮的响应
    $("#invert").click(function () {
     $(":checkbox").each(function () {
      if ($(this).prop("checked")) {
        $(this).prop("checked", false);
      } else {
        $(this).prop("checked", true);
  }  }); });
     //响应单击按钮"取消"
    $("#cancel").click(function () {
     $(":checkbox").each(function () {
      $(this).prop("checked", false);
    });});
     //单击"提交"按钮的响应
    $("#submit").click(function () {
     var myInfo = "已经选择了："
     $(":checkbox").each(function () {
      if ($(this).prop("checked")) {
       myInfo += $(this).val() + "、";
     } });
      alert(myInfo);
  });});
 </script>
</head>
<body>
 <P style="text-align:center;margin-top:5px">
  <input type="checkbox" value="电脑" />电脑
  <input type="checkbox" value="电影" />电影
  <input type="checkbox" value="游戏" />游戏<br />
  <input type="checkbox" value="绘画" />绘画
  <input type="checkbox" value="书法" />书法
  <input type="checkbox" value="阅读" />阅读<br />
  <input type="checkbox" value="旅游" />旅游
  <input type="checkbox" value="逛街" />逛街
```

```
  < input type = "checkbox" value = "摄影" />摄影< br /></P>
 < div style = "text - align:center;margin - top:5px">
  < input id = "selectall" type = "button" value = "全选" />
  < input id = "invert" type = "button" value = "反选" />
  < input id = "cancel" type = "button" value = "取消" />
  < input id = "submit" type = "button" value = "提交" /></div>
</body></html>
```

上面有底纹的代码是本例的核心代码。在这部分代码中，prop()方法用于设置或获取被选元素的属性和值。当该方法用于返回属性值时，则返回第一个参数的值。prop()方法有下列 4 种语法声明形式：

(1) 获取属性值：

```
$ (selector).prop(property)
```

(2) 设置属性值：

```
$ (selector).prop(property,value)
```

(3) 使用函数设置属性值：

```
$ (selector).prop(property,function(index,currentvalue))
```

(4) 设置多个属性值：

```
$ (selector).prop({property:value, property:value,...})
```

其中，参数 property 规定属性的名称。参数 function(index，currentvalue)规定返回要设置的属性值的函数。参数 value 规定属性的值。参数 index 检索集合中元素的索引位置。参数 currentvalue 检索被选元素的当前属性值。

本例的源文件名是 HtmlPageC086. html。

073　全选或全不选所有的复选框 checkbox

本例主要通过属性操作实现全选或全不选多个复选框 checkbox。在浏览器中显示该页面时，单击“全选”按钮，则将全部选择 9 个复选框 checkbox，如图 073-1 所示；单击“全不选”按钮，则将取消对全部 9 个复选框 checkbox 的选择，如图 073-2 所示。

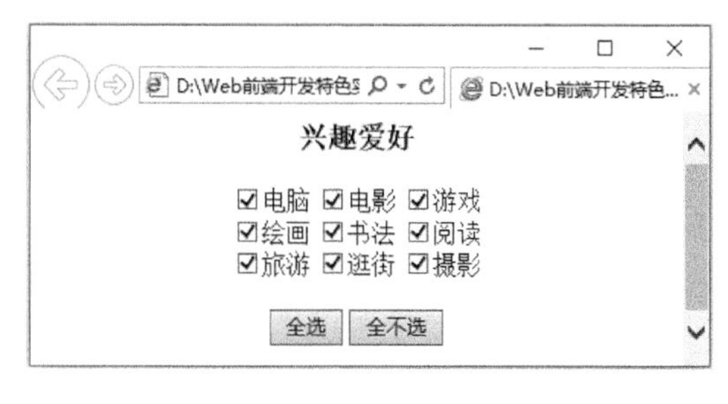

图　073-1

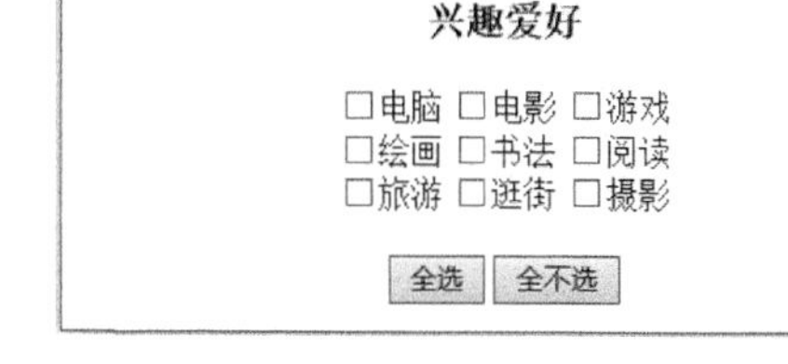

图　073-2

主要代码如下所示：

```
<! DOCTYPE html >< html >< head >
 < script type = "text/javascript" src = "Scripts/jquery - 2.2.3.js"></script>
 < script language = "javascript">
```

```
$ (document).ready(function () {
  //单击"全选"按钮的响应
 $ ("#selectall").click(function () {
  $ (":checkbox[name = 'luoche ckbox']").prop("checked", true);
  //$ (":checkbox[name = 'luocheckbox']").attr("checked", true);
 });
  //单击"全不选"按钮的响应
 $ ("#selectnone").click(function () {
  $ (":checkbox[name = 'luocheckbox']").removeAttr("checked");
});});
```

```
 </script>
</head>
<body>
 <h3 style = "text - align:center;margin - top:5px">兴趣爱好</h3>
  <P style = "text - align:center;margin - top:5px">
   <input type = "checkbox" name = "luocheckbox" value = "1" />电脑
   <input type = "checkbox" name = "luocheckbox" value = "2" />电影
   <input type = "checkbox" name = "luocheckbox" value = "3" />游戏<br />
   <input type = "checkbox" name = "luocheckbox" value = "4" />绘画
   <input type = "checkbox" name = "luocheckbox" value = "5" />书法
   <input type = "checkbox" name = "luocheckbox" value = "6" />阅读<br />
   <input type = "checkbox" name = "luocheckbox" value = "7" />旅游
   <input type = "checkbox" name = "luocheckbox" value = "8" />逛街
   <input type = "checkbox" name = "luocheckbox" value = "9" />摄影<br /><br />
   <input class = "input" type = "button" value = "全选" id = "selectall" />
   <input class = "input" type = "button" value = "全不选" id = "selectnone" /></P>
</body></html>
```

上面有底纹的代码是本例的核心代码。在这部分代码中，“":checkbox[name= 'luocheckbox']"”用于读取所有名字为 luocheckbox 的复选框 checkbox。“prop("checked", true)”用于给获取到的复选框 checkbox 指定其 checked 属性值为 true，就是选中的意思。“removeAttr("checked")”用于移除获取到的复选框 checkbox 的 checked 属性，实际就是不选。

本例的源文件名是 HtmlPageC006.html。

074 限制只能选有限个数的复选框 checkbox

本例主要根据复选框 checkbox 的 length 属性并通过 attr()方法来实现限制用户可选复选框 checkbox 的选项个数。在浏览器中显示该页面时，用户最多只能选择三个复选框 checkbox；如果需要选择其他复选框 checkbox，必须取消已经选择的复选框 checkbox，如图 074-1 所示。

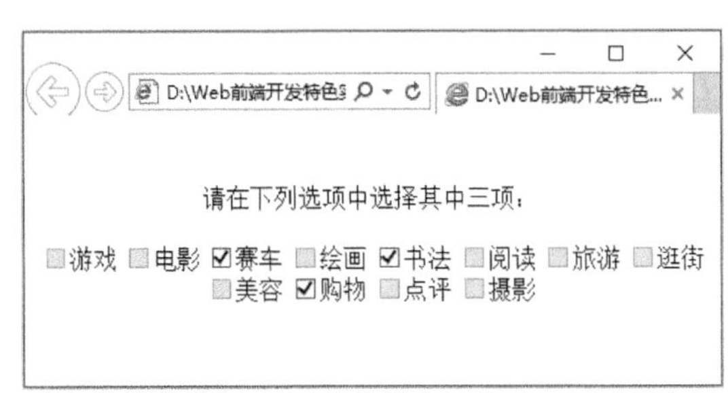

图 074-1

主要代码如下所示：

```
<! DOCTYPE html >< html >< head >
 < script type = "text/javascript" src = "Scripts/jquery - 2.2.3.js"></script >
 < script language = "javascript">
  $ (document).ready(function () {
    //响应单击任一复选框 checkbox
   $ ('input[type = checkbox]').click(function () {
    $ ("input[name = 'myHobby']").attr('disabled', true);
    if ( $ ("input[name = 'myHobby']:checked").length >= 3) {
      $ ("input[name = 'myHobby']:checked").attr('disabled', false);
    } else {
      $ ("input[name = 'myHobby']").attr('disabled', false);
  }
 }); })
 </script >
</head >
< body >
 < center >< br/>< br/>
  请在下列选项中选择其中三项：< br/>< br/>
  < input type = "checkbox" name = "myHobby" value = "1" />游戏
  < input type = "checkbox" name = "myHobby" value = "2" />电影
  < input type = "checkbox" name = "myHobby" value = "3" />赛车
  < input type = "checkbox" name = "myHobby" value = "4" />绘画
  < input type = "checkbox" name = "myHobby" value = "5" />书法
  < input type = "checkbox" name = "myHobby" value = "6" />阅读
  < input type = "checkbox" name = "myHobby" value = "7" />旅游
  < input type = "checkbox" name = "myHobby" value = "8" />逛街
  < input type = "checkbox" name = "myHobby" value = "9" />美容
  < input type = "checkbox" name = "myHobby" value = "10" />购物
  < input type = "checkbox" name = "myHobby" value = "11" />点评
  < input type = "checkbox" name = "myHobby" value = "12" />摄影< br />
  </center >
</body ></html >
```

上面有底纹的代码是本例的核心代码。在这部分代码中，attr()方法用于设置或返回被选元素的属性值，在此实例中，attr()方法主要用于根据条件设置复选框 checkbox 为禁止状态或允许状态。

本例的源文件名是 HtmlPageC348.html。

075 选择复选框 checkbox 的偶数项或奇数项

本例主要使用:odd 和:even 过滤器实现对复选框 checkbox 的奇数项或偶数项进行过滤，从而实现全选或全不选复选框 checkbox 的奇数项或偶数项。在浏览器中显示该页面时，单击“选择全部奇数选项”按钮，则将选择该组复选框 checkbox 的 4 个奇数选项，如图 075-1 的左边所示；单击“选择全部偶数选项”按钮，则将选择该组复选框 checkbox 的 4 个偶数选项，如图 075-1 的右边所示；单击其他按钮则会实现标题所示的功能。主要代码如下所示：

```
<! DOCTYPE html >< html >< head >
 < script type = "text/javascript" src = "Scripts/jquery - 2.2.3.js"></script >
 < script language = "javascript">
  $ (document).ready(function () {
    //单击"选择全部奇数选项"按钮的响应
```

```
    $("#myBtnEven").click(function () {
     $("[type='checkbox']:even").prop("checked", 'true');
    });
     //单击"取消选择奇数选项"按钮的响应
    $("#myBtnEvenCancel").click(function () {
     $("[type='checkbox']:even").removeAttr("checked");
    });
     //单击"选择全部偶数选项"按钮的响应
    $("#myBtnOdd").click(function () {
     $("[type='checkbox']:odd").prop("checked", 'true');
    });
     //单击"取消选择偶数选项"按钮的响应
    $("#myBtnOddCancel").click(function () {
     $("[type='checkbox']:odd").removeAttr("checked");
   }); });
 </script>
</head>
<body>
 <P style="text-align:left;margin-top:15px">
  <input class="input" type="button" value="选择全部奇数选项"
                        id="myBtnEven" style="width:180px"/><br>
  <input class="input" type="button" value="取消选择奇数选项"
                        id="myBtnEvenCancel" style="width:180px"/><br>
  <input class="input" type="button" value="选择全部偶数选项"
                        id="myBtnOdd" style="width:180px"/><br>
  <input class="input" type="button" value="取消选择偶数选项"
                        id="myBtnOddCancel" style="width:180px"/><br></P>
  <P style="text-align:left;margin-top:25px">
   请选择报考学校:<br><br>
   <input type="checkbox" value="checkbox1">1、华中科技大学<br>
   <input type="checkbox" value="checkbox2">2、四川大学<br>
   <input type="checkbox" value="checkbox3">3、西南交通大学<br>
   <input type="checkbox" value="checkbox4">4、中山大学<br>
   <input type="checkbox" value="checkbox5">5、哈尔滨工业大学<br>
   <input type="checkbox" value="checkbox6">6、北京航空航天大学<br>
   <input type="checkbox" value="checkbox7">7、北京师范大学<br>
   <input type="checkbox" value="checkbox8">8、西南大学<br></P>
</body></html>
```

图 075-1

上面有底纹的代码是本例的核心代码。在这部分代码中，:odd 选择器用于选取每个带有奇数 index 值的元素(比如 1、3、5)，最常见的用法是与其他元素/选择器一起使用，来选择指定的组中奇数序号的元素。:even 选择器用于选取每个带有偶数 index 值的元素(比如 0、2、4)，index 值从 0 开始，所以第一个元素是偶数(0)，最常见的用法是与其他元素/选择器一起使用，来选择指定的组中偶数序号的元素。由于实例是以 1 开始，所以奇偶顺序刚好相反。

本例的源文件名是 HtmlPageC365.html。

076 取消或选中复选框 checkbox 的相邻选项

本例主要通过调用 next()方法和 prev()方法操作当前元素的前后相邻元素从而实现取消或选中复选框 checkbox 的相邻选项。在浏览器中显示该页面时，如果选中"绘画"复选框 checkbox，则将同时选中前后相邻的"游戏"和"书法"复选框 checkbox，如图 076-1 所示；如果取消选中"书法"复选框 checkbox，则将同时取消选中前后相邻的"绘画"和"阅读"复选框 checkbox，如图 076-2 所示。

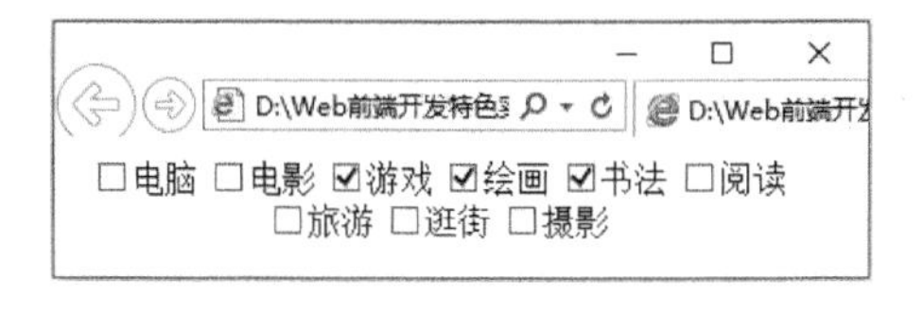

图 076-1

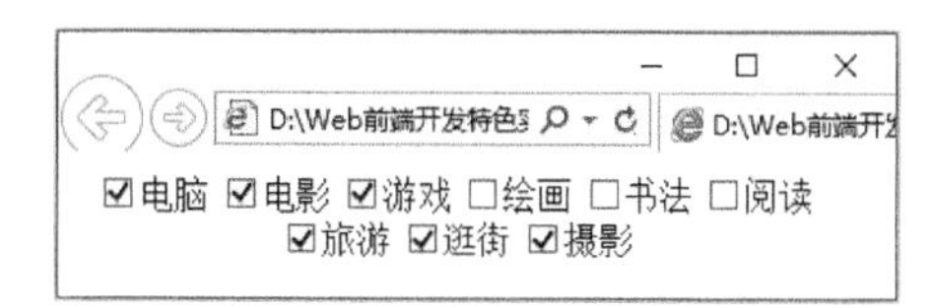

图 076-2

主要代码如下所示：

```
<!DOCTYPE html><html><head>
 <script type="text/javascript" src="Scripts/jquery-2.2.3.js"></script>
 <script language="javascript">
  $(document).ready(function () {
    //响应单击任一复选框 checkbox
   $("input[type='checkbox']").click(function () {
    if ($(this).is(':checked')) {     //如果选中当前元素,则同时选中相邻元素
     $(this).next().prop("checked", true);
     $(this).prev().prop("checked", true);
    }
    else {                            //如果取消选中当前元素,则同时取消选中相邻元素
     $(this).next().removeAttr("checked");
     $(this).prev().removeAttr("checked");
  }});});
 </script>
</head>
<body>
 <P style="text-align:center;margin-top:5px;width:350px">
  <input type="checkbox" value="1" />电脑
  <input type="checkbox" value="2" />电影
  <input type="checkbox" value="3" />游戏
  <input type="checkbox" value="4" />绘画
  <input type="checkbox" value="5" />书法
  <input type="checkbox" value="6" />阅读
  <input type="checkbox" value="7" />旅游
  <input type="checkbox" value="8" />逛街
  <input type="checkbox" value="9" />摄影<br /></P>
</body></html>
```

上面有底纹的代码是本例的核心代码。在这部分代码中，next()方法用于获得匹配元素集合每个元素紧邻的下一个同胞元素。prev()方法用于获得匹配元素集合每个元素紧邻的前一个同胞元素。prop("checked", true)用于设置复选框 checkbox 处于选中状态，removeAttr("checked")用于取消复选框 checkbox 的选中状态。

本例的源文件名是 HtmlPageC163.html。

077 同步全选或多选复选框 checkbox 的状态

本例主要使用 prop()和 attr()等方法实现同步全选或多选复选框 checkbox 的选择结果。在浏览器中显示该页面时，如果选择"全选"复选框 checkbox，则所有城市将被选中；如果未选任一城市，则取消"全选"复选框 checkbox，如图 077-1 所示。

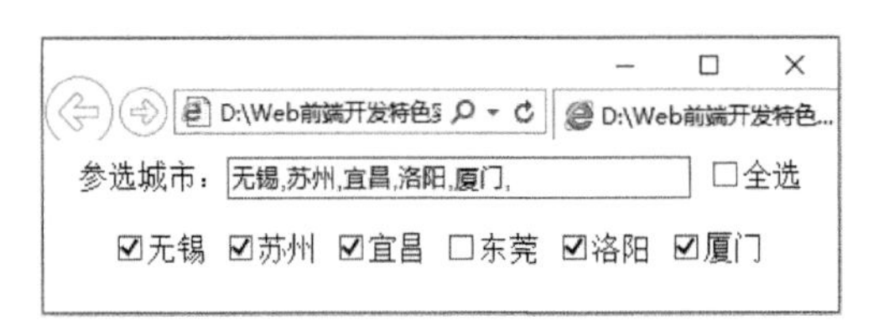

图 077-1

主要代码如下所示：

```
<!DOCTYPE><html><head>
 <script src="Scripts/jquery-2.2.3.js" type="text/javascript"></script>
 <script type="text/javascript">
  $(function () {
    //响应单击任一复选框 checkbox
   $('[data-type="checkbox"]').click(function () {
    var myValue = $(this).attr('data-value');
    myText = $.trim($(".txtValue").val());
    if ($(this).prop("checked")) {
     if (myText.length > 0) {
      if (myText.indexOf(myValue + ',') != -1) {
        return;
      } else {
        myText += myValue + ',';
      }
     } else {
      myText = myValue + ',';
      }
     } else {
      if (myText.indexOf(myValue + ',') != -1) {
        myText = myText.replace(myValue + ',', '');
     } }
     $(".txtValue").val(myText);
     var myCount = 0;
     $.each($('[data-type="checkbox"]'), function (i) {
      if ($(this).prop('checked') == true)
       myCount++;
     });
     if (myCount > 5)
        $('[data-type="checkall"]').prop("checked", true);
```

```
        else
         $ ('[data-type="checkall"]').prop("checked", false);
        });
        $ ('[data-type="checkall"]').click(function () {
         var str = '';
         if ( $ (this).prop("checked")) {
          $ .each( $ ('[data-type="checkbox"]'), function (i) {
           str +=  $ (this).attr('data-value') + ',';
          });
          $ ('[data-type="checkbox"]').prop('checked', true);
         } else {
          $ ('[data-type="checkbox"]').prop('checked', false);
         }
         $ (".txtValue").val(str);
    }); });
</script>
</head>
<body><center>
 <p>参选城市:
   <input class="txtValue"type="text" value="" style= "width:250px"/>
   <input type="checkbox" data-type="checkall"/>全选</p>
<p>
   <input type="checkbox" data-type="checkbox"
                              data-value="无锡" value="1" />无锡
   <input type="checkbox" data-type="checkbox"
                              data-value="苏州" value="2" />苏州
   <input type="checkbox" data-type="checkbox"
                              data-value="宜昌" value="3" />宜昌
   <input type="checkbox" data-type="checkbox"
                              data-value="东莞" value="4" />东莞
   <input type="checkbox" data-type="checkbox"
                              data-value="洛阳" value="5" />洛阳
   <input type="checkbox" data-type="checkbox"
                              data-value="厦门" value="6" />厦门</p>
</center></body></html>
```

上面有底纹的代码是本例的核心代码。在这部分代码中,prop()方法和attr()方法都用于操作元素的属性,一般情况下,对于HTML元素本身的固有属性,使用prop()方法,对于自定义的DOM属性,使用attr()方法。关于这两个方法的语法声明请参考本书的其他部分。

本例的源文件名是HtmlPageC359.html。

078 使用图片自定义复选框checkbox的勾选

本例主要使用addClass()和removeClass()方法实现使用图片自定义checkbox的勾选符号。在浏览器中显示该页面时,选择任一checkbox,勾选符号效果如图078-1所示。主要代码如下所示:

```
<!DOCTYPE html><html><head>
 <script type="text/javascript" src="Scripts/jquery-2.2.3.js"></script>
 <script type="text/javascript">
  $ (document).ready(function () {
    //响应任一复选框checkbox的change事件发生
   $ (".CheckBoxClass").change(function () {
```

```
      if ( $ (this).is(":checked")) {
        $ (this).next("label").addClass("LabelSelected");
      } else {
        $ (this).next("label").removeClass("LabelSelected");
      }
      var myText = "";
      $ .each( $ ('.CheckBoxClass'), function () {
       if ( $ (this).prop('checked') == true)
         myText += $ (this).val() + "、";
       });
       $ (".txtValue").val(myText);              //显示对复选框 checkbox 的选择结果
    }); });
```

```
  </script>
  <style>
  .CheckBoxClass {display: none;}
  .CheckBoxLabelClass {padding - left: 30px;padding - top: 3px;
            margin: 5px;height: 28px; width: 150px;display: block;
            background: url("MyImages/my379UnCheck.png")no - repeat;}
  .LabelSelected { background: url("MyImages/my379Check.png")no - repeat;}
 </style>
</head>
<body>
 <p>第一志愿填报专业:
    <input class = "txtValue" type = "text" value = "" style = "width:250px"/><p>
 <div><input id = "CheckBox1" type = "checkbox"
                class = "CheckBoxClass" value = "信息与计算科学"/>
      <label id = "Label1" for = "CheckBox1"
                class = "CheckBoxLabelClass">信息与计算科学</label>
      <input id = "CheckBox2" type = "checkbox"
                class = "CheckBoxClass" value = "资源与环境经济学"/>
      <label id = "Label2" for = "CheckBox2"
                class = "CheckBoxLabelClass">资源与环境经济学</label>
      <input id = "CheckBox3" type = "checkbox"
                class = "CheckBoxClass" value = "网络安全与执法"/>
      <label id = "Label3" for = "CheckBox3"
                class = "CheckBoxLabelClass">网络安全与执法</label>
      <input id = "CheckBox4" type = "checkbox"
                class = "CheckBoxClass" value = "金融学"/>
      <label id = "Label4" for = "CheckBox4"
                class = "CheckBoxLabelClass">金融学</label>
      <input id = "CheckBox5" type = "checkbox"
                class = "CheckBoxClass" value = "汉语国际教育"/>
      <label id = "Label5" for = "CheckBox5"
                class = "CheckBoxLabelClass">汉语国际教育</label></div>
</body></html>
```

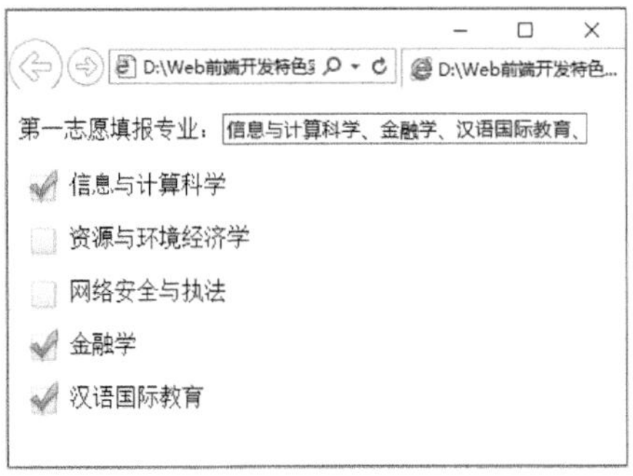

图 078-1

上面有底纹的代码是本例的核心代码。在这部分代码中，addClass()方法用于向被选元素添加一个或多个 CSS 类，如需添加多个类，应使用空格分隔类名。removeClass()方法则用于从被选元素移除一个或多个类，如果没有规定参数，则该方法将从被选元素中移除所有类。在此实例中，addClass("LabelSelected")即是将当前选中的复选框 checkbox 设置为带有勾选图片的样式，removeClass("LabelSelected")即是取消当前未选中的复选框 checkbox 的带有勾选图片的样式。关于这两个方法的语法声明请参考本书的其他部分。

本例的源文件名是 HtmlPageC379. html。

第5章 下拉框实例

079　根据值设置 select 下拉框的默认选项

本例主要实现使用 attr()方法设置 select 下拉框的默认选项。在浏览器中显示该页面时，单击“设置上海市为当前选择项”按钮，则 select 下拉框的默认选择项将改为“上海市”，如图 079-1 所示；单击“设置重庆市为当前选择项”按钮，则 select 下拉框的默认选择项将改为“重庆市”。

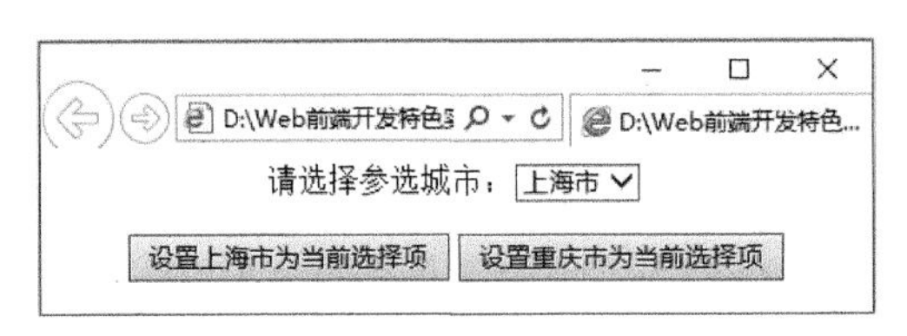

图　079-1

主要代码如下所示：

```
<!DOCTYPE html><html><head>
 <script type="text/javascript" src="Scripts/jquery-2.2.3.js"></script>
 <script language="javascript">
  $(document).ready(function () {
    //单击"设置上海市为当前选择项"按钮的响应
   $("#myBtnSH").click(function () {
    //$("#myselect option[value='上海市']").attr("selected", "selected");
    //$("#myselect option[value='上海市']").attr("selected", true);
    $("#myselect option[value='上海市']").attr("selected", 1);
   });
    //单击"设置重庆市为当前选择项"按钮的响应
   $("#myBtnCQ").click(function () {
    //$("#myselect option[value='重庆市']").attr("selected", "selected");
    //$("#myselect option[value='重庆市']").attr("selected", true);
    $("#myselect option[value='重庆市']").attr("selected", 1);
  });});
 </script>
</head>
<body>
 <P style="text-align:center;margin-top:5px">请选择参选城市：
  <select id="myselect">
   <option value="天津市">天津市</option>
```

```
    <option value="北京市">北京市</option>
    <option value="上海市">上海市</option>
    <option value="重庆市">重庆市</option></select></P>
<P style="text-align:center;margin-top:15px">
 <input class="input" type="button"
        value="设置上海市为当前选择项"id="myBtnSH"/>
 <input class="input" type="button"
        value="设置重庆市为当前选择项"id="myBtnCQ" /></P>
</body></html>
```

上面有底纹的代码是本例的核心代码。在该部分代码中，$("#myselect option[value='重庆市']")表示在select下拉选择框中查找value是'重庆市'的选项。attr("selected",1)用于设置该选项处于选中状态。

本例的源文件名是HtmlPageC150.html。

080　根据索引设置select下拉框的默认选项

本例主要通过设置selectedIndex属性值从而实现设置select下拉选择框的默认选项。在浏览器中显示该页面时，单击“设置第3项为当前选择项”按钮，则select下拉框的默认选项将改为“上海市”，如图080-1所示；单击“设置第4项为当前选择项”按钮，则select下拉框的默认选项将改为“重庆市”。

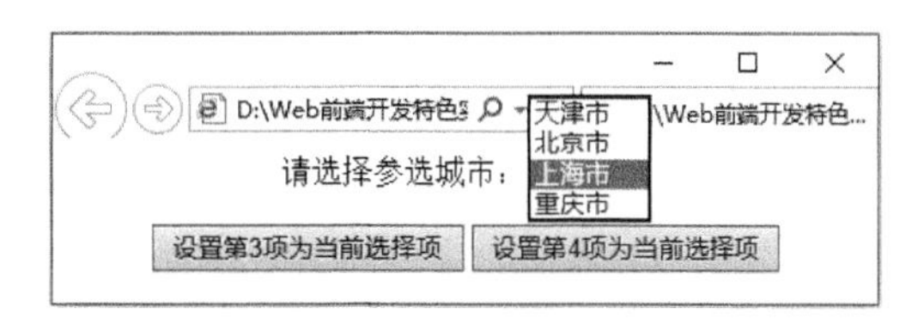

图　080-1

主要代码如下所示：

```
<!DOCTYPE html><html><head>
 <script type="text/javascript" src="Scripts/jquery-2.2.3.js"></script>
 <script language="javascript">
  $(document).ready(function () {
    //单击"设置第3项为当前选择项"按钮的响应
   $("#myBtnSH").click(function () {
     $('#myselect')[0].selectedIndex = 2;
   });
    //单击"设置第4项为当前选择项"按钮的响应
   $("#myBtnCQ").click(function () {
     $('#myselect')[0].selectedIndex = 3;
 });});
 </script>
</head>
<body>
 <P style="text-align:center;margin-top:5px">请选择参选城市:
  <select id="myselect">
    <option value="天津市">天津市</option>
    <option value="北京市">北京市</option>
    <option value="上海市">上海市</option>
    <option value="重庆市">重庆市</option></select></P>
```

```
 <P style = "text - align:center;margin - top:15px">
  < input class = "input" type = "button"
         value = "设置第 3 项为当前选择项" id = "myBtnSH"/>
  < input class = "input" type = "button"
         value = "设置第 4 项为当前选择项" id = "myBtnCQ" /></P>
</body></html>
```

上面有底纹的代码是本例的核心代码。在该部分代码中，selectedIndex 表示 select 下拉框当前已经被选择的选项索引。

本例的源文件名是 HtmlPageC151.html。

081　根据文本设置 select 下拉框的默认选项

本例主要通过 find()方法根据文本(text)查找 select 下拉框的选项并设置其为默认选中选项。当在浏览器中显示该页面时，单击“设置离散数学为当前选择项”按钮，则 select 下拉框的默认选项将改为“离散数学”，如图 081-1 所示；单击“设置英语为当前选择项”按钮，则 select 下拉框的默认选项将改为“英语”。有关此实例的主要代码如下所示：

图　081-1

```
<!DOCTYPE html><html><head>
 <script type = "text/javascript" src = "Scripts/jquery - 2.2.3.js"></script>
 <script language = "javascript">
   $ (document).ready(function () {
     //单击"设置离散数学为当前选择项"按钮的响应
    $ ("#myBtnMath").click(function () {
     $ ("#mySelect").find("option[text = '离散数学']").prop("selected", true);
    });
     //单击"设置英语为当前选择项"按钮的响应
    $ ("#myBtnEnglish").click(function () {
     $ ("#mySelect").find("option[text = '英语']").prop("selected", true);
  }); });
 </script>
</head>
<body>
 <P style = "text - align:center;margin - top:25px">请选择报考科目：
  <select id = "mySelect">
   <option text = '高等数学'>高等数学</option>
   <option text = '英语'>英语</option>
   <option text = '程序设计语言'>程序设计语言</option>
   <option text = '计算机组成原理'>计算机组成原理</option>
   <option text = '离散数学'>离散数学</option>
   <option text = '数据结构'>数据结构</option>
   <option text = '操作系统'>操作系统</option></select></P>
 <P style = "text - align:center;margin - top:15px">
  <input class = "input" type = "button" value = "设置离散数学为当前选择项"
```

```
                    id = "myBtnMath" style = "width:180px"/>
 < input class = "input" type = "button" value = "设置英语为当前选择项"
                    id = "myBtnEnglish" style = "width:180px"/></P>
</body></html>
```

上面有底纹的代码是本例的核心代码。在该部分代码中，$("#mySelect"). find("option[text='英语']"). prop("selected", true)表示在 select 下拉框中查找 text 是'英语'的选项，这里有一个中括号的用法，在中括号里的等号的前面是属性名称，不用加引号。很多时候，中括号的运用可以使得逻辑变得很简单。

本例的源文件名是 HtmlPageC364. html。

082　获取 select 下拉框的已选中选项值

本例主要实现了通过 option:selected 过滤器获取 select 下拉框的已选中选项值等。在浏览器中显示该页面时，在"城市："select 下拉框中选择"上海市"，单击"选择项"按钮，则将在弹出的消息框中显示当前在 select 下拉框中选择了"上海市"，如图 082-1 所示。单击其他按钮将会显示按钮标题所示的功能。

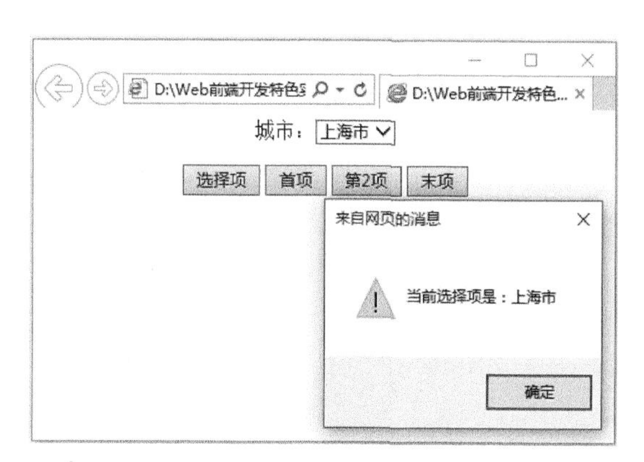

图　082-1

主要代码如下所示：

```
<!DOCTYPE html><html><head>
 <script type = "text/javascript" src = "Scripts/jquery-2.2.3.js"></script>
 <script language = "javascript">
   $(document).ready(function () {
     //响应单击"选择项"按钮事件，获取当前选择项值
    $("#selected").click(function () {
     var myvalue =  $('#myselect option:selected').val();
     alert("当前选择项是: " + myvalue);
    });
     //响应单击按钮"首项"事件，获取首项值
    $("#begin").click(function () {
     var myvalue =  $('#myselect option:first').val();
     alert("首项是: " + myvalue);
    });
     //响应单击按钮"第 2 项"，获取第 2 项值
    $("#second").click(function () {
     var myvalue =  $('#myselect option:eq(1)').val();
     alert("第 2 项是: " + myvalue);
```

```
    });
    //响应单击"末项"按钮事件,获取末项值
    $ ("#end").click(function () {
     var myvalue = $ ('#myselect option:last').val();
     alert("末项是: " + myvalue);
   }); });
  </script>
 </head>
 <body>
  <P style="text-align:center;margin-top:5px">城市:
   <select id="myselect">
    <option value="天津市">天津市</option>
    <option value="北京市">北京市</option>
    <option value="上海市">上海市</option>
    <option value="重庆市">重庆市</option></select></P>
  <P style="text-align:center;margin-top:15px">
   <input class="input" type="button" value="选择项" id="selected" />
   <input class="input" type="button" value="首项" id="begin" />
   <input class="input" type="button" value="第 2 项" id="second" />
   <input class="input" type="button" value="末项" id="end" /></P>
 </body></html>
```

上面有底纹的代码是本例的核心代码。在该部分代码中,$('#myselect option:selected')用于获取 select 下拉框的当前选中项;$('#myselect option:first')用于获取 select 下拉框的首项;$('#myselect option:eq(1)')用于获取 select 下拉框的第 2 项;$('#myselect option:last')用于获取 select 下拉框的末项。

本例的源文件名是 HtmlPageC021.html。

083 获取 select 下拉框的已选中选项索引

本例主要通过使用 selectedIndex 属性实现获取 select 下拉框的当前选中项的索引值。在浏览器中显示该页面时,在"城市:"select 下拉框中选择"上海市",单击"获取选中项的索引"按钮,则将在弹出的消息框中显示"当前选中项的索引值是:2",如图 083-1 所示。单击其他按钮将会实现按钮标题所示的功能。

图 083-1

主要代码如下所示：

```
<!DOCTYPE html><html><head>
 <script type="text/javascript" src="Scripts/jquery-2.2.3.js"></script>
 <script language="javascript">
   $(document).ready(function () {
     //单击"获取选中项的文本"按钮的响应
    $("#selectedtext").click(function () {
     var mytext = jQuery("#myselect :selected").text();
     alert("当前选中项的文本是: " + mytext);
    });
     //单击"获取选中项的索引"按钮的响应
    $("#selectedindex").click(function () {
     var myindex = jQuery("#myselect").get(0).selectedIndex;
     alert("当前选中项的索引是: " + myindex);
    });
     //单击"获取选中项的值"按钮的响应
    $("#selectedvalue").click(function () {
     var myvalue = jQuery("#myselect").val();
     alert("当前选中项的值是: " + myvalue);
    });
     //单击"获取选项的最大索引"按钮的响应
    $("#maxindex").click(function () {
     var mymax = jQuery("#myselect :last").get(0).index;
     alert("选项的最大索引是: " + mymax);
   });});
 </script>
</head>
<body>
 <P style="text-align:center;margin-top:5px">城市:
 <select id="myselect">
  <option value="a">天津市</option>
  <option value="b">北京市</option>
  <option value="c">上海市</option>
  <option value="d">重庆市</option></select></P>
<P style="text-align:center;margin-top:15px">
 <input class="input" type="button"
            value="获取选中项的文本" id="selectedtext" />
 <input class="input" type="button"
            value="获取选中项的索引" id="selectedindex" /><br><br>
 <input class="input" type="button"
            value="获取选中项的值" id="selectedvalue" />
 <input class="input" type="button"
            value="获取选项的最大索引" id="maxindex" /></P>
</body></html>
```

上面有底纹的代码是本例的核心代码。在该部分代码中，“jQuery("#myselect :selected").text()”用于获取select下拉框的当前选中项的文本；“jQuery("#myselect").get(0).selectedIndex”用于获取select下拉框的当前选中项的索引；“jQuery("#myselect").val()”用于获取select下拉框的当前选中项的值；“jQuery("#myselect :last").get(0).index”用于获取select下拉框的选项最大索引值。

本例的源文件名是HtmlPageC055.html。

084　获取 select 下拉框的已选中选项文本

本例主要使用 text()方法实现获取 select 下拉框的选中项的文本。在浏览器中显示该页面时，单击“获取当前选择项的索引值”按钮，则将在弹出的消息框中显示当前选择项的索引值；单击“获取当前选择项的文本”按钮，则将在弹出的消息框中显示当前选择项的文本内容，如图 084-1 所示。

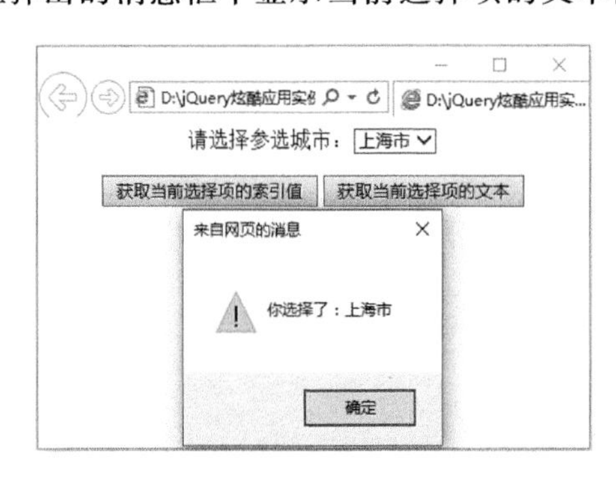

图　084-1

主要代码如下所示：

```
<!DOCTYPE html><html><head>
 <script type="text/javascript" src="Scripts/jquery-2.2.3.js"></script>
 <script language="javascript">
   $(document).ready(function () {
    //单击"获取当前选择项的索引值"按钮的响应
    $("#myBtnIndex").click(function () {
     alert("当前选择项的索引是: " + $('#myselect')[0].selectedIndex);
    });
    //单击"获取当前选择项的文本"按钮的响应
    $("#myBtnText").click(function () {
     alert("你选择了: " + $("#myselect").find("option:selected").text());
   });});
</script>
</head>
<body>
 <P style="text-align:center;margin-top:5px">请选择参选城市:
  <select id="myselect">
   <option value="天津市">天津市</option>
   <option value="北京市">北京市</option>
   <option value="上海市">上海市</option>
   <option value="重庆市">重庆市</option></select></P>
 <P style="text-align:center;margin-top:15px">
  <input class="input" type="button"
         value="获取当前选择项的索引值" id="myBtnIndex"/>
  <input class="input" type="button"
         value="获取当前选择项的文本" id="myBtnText"/></P>
</body></html>
```

上面有底纹的代码是本例的核心代码。在该部分代码中，$('#myselect')[0].selectedIndex 表示 select 下拉框选中选项的索引，$("#myselect").find("option:selected").text()表示 select 下拉框选中选项的文本。此外，需要说明的是，$("#myselect").find("option:selected").text 不能正确获取 select 下拉框选中选项的文本。

本例的源文件名是 HtmlPageC152.html。

085　获取 select 下拉框的选项最大索引

本例主要通过 index 属性获取 select 下拉框选项的最大索引值。当在浏览器中显示该页面时，在“参选的城市：”下拉框 select 中选择“天津市”，单击“获取选中项的文本”按钮，则将在下面以粗体字显示选择结果，如图 085-1 所示；单击“获取选项的最大索引”按钮，则将在下面以粗体字显示选项的最大索引值，如图 085-2 所示。

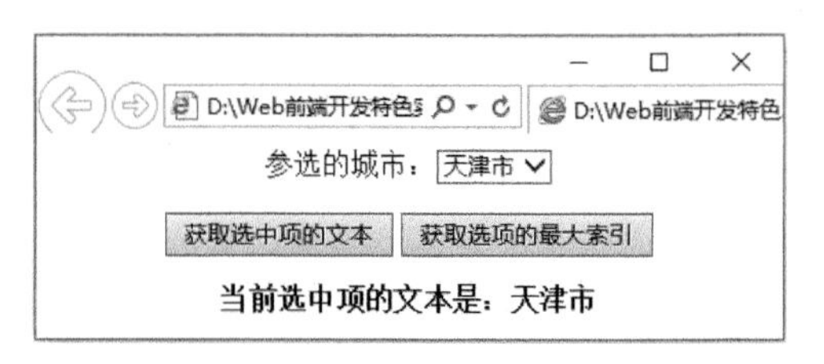

图　085-1

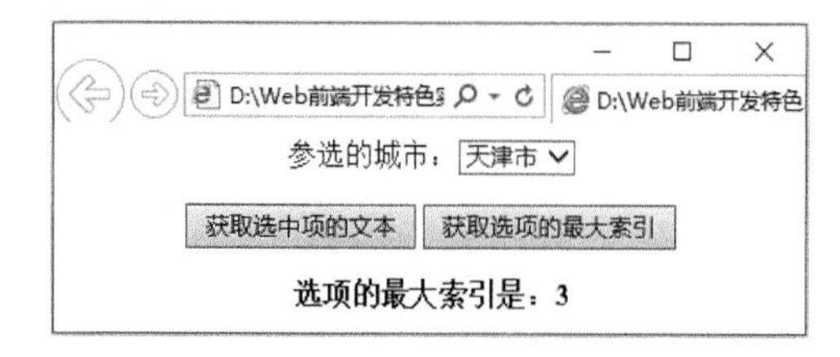

图　085-2

主要代码如下所示：

```
<!DOCTYPE html><html><head>
 <script type="text/javascript" src="Scripts/jquery-2.2.3.js"></script>
 <script language="javascript">
  $(document).ready(function () {
    //单击"获取选中项的文本"按钮的响应
   $("#selectedtext").click(function () {
    var myText = jQuery("#myselect").find("option:selected").text();
    $("#myDiv").html("<b>当前选中项的文本是: " + myText + "</b>");
   });
    //单击"获取选项的最大索引"按钮的响应
   $("#maxindex").click(function () {
     var maxIndex = jQuery("#myselect option:last")[0].index;
     $("#myDiv").html("<b>选项的最大索引是: " + maxIndex + "</b>");
 });});
 </script>
</head>
<body>
 <P style="text-align:center;margin-top:5px">参选的城市:
  <select id="myselect">
   <option value="a">天津市</option>
   <option value="b">北京市</option>
   <option value="c">上海市</option>
   <option value="d">重庆市</option></select></P>
 <P style="text-align:center;margin-top:15px">
  <input class="input" type="button"
          value="获取选中项的文本" id="selectedtext"/>
  <input class="input" type="button"
          value="获取选项的最大索引" id="maxindex"/></P>
  <center><div id="myDiv"></div></center>
</body></html>
```

上面有底纹的代码是本例的核心代码。在该部分代码中，jQuery("#myselect option:last")[0].index 用于获取 select 下拉框的最后一个选项，该选项的索引当然是所有选项的最大索引值。

本例的源文件名是 HtmlPageC197.html。

086 获取 select 下拉框的选项个数

此实例主要使用 length 属性获取 select 下拉框的选项个数。当在浏览器中显示该页面时，单击"获取当前 select 的选项个数"按钮，则将在下面以粗体字显示 select 下拉框的选项个数，如图 086-1 所示。

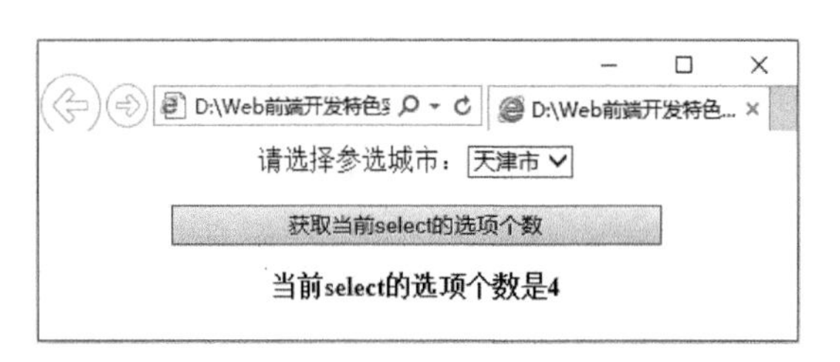

图 086-1

主要代码如下所示：

```
<!DOCTYPE html><html><head>
 <script type="text/javascript" src="Scripts/jquery-2.2.3.js"></script>
 <script language="javascript">
  $(document).ready(function () {
    //单击"获取当前 select 的选项个数"按钮的响应
   $("#myBtnCount").click(function () {
    // alert("当前 select 的选项个数是: " + $('#myselect option').size());
    $("#myDiv").html("<b>当前 select 的选项个数是" +
                       $("#myselect")[0].options.length + "</b>");
  });});
 </script>
</head>
<body>
 <P style="text-align:center;margin-top:5px">请选择参选城市:
  <select id="myselect">
   <option value="天津市">天津市</option>
   <option value="北京市">北京市</option>
   <option value="上海市">上海市</option>
   <option value="重庆市">重庆市</option></select></P>
 <P style="text-align:center;margin-top:15px">
  <input type="button" value="获取当前 select 的选项个数"
                       id="myBtnCount" style="width:300px"/></P>
  <div id="myDiv" style="text-align:center;"></div>
</body></html>
```

上面有底纹的代码是本例的核心代码。在该部分代码中，$("#myselect")[0].options 用于获取 select 下拉框的选项集合，该集合的长度即是选项的个数。

本例的源文件名是 HtmlPageC156.html。

087 在 select 下拉框中增加和删除选项

本例主要使用 appendTo()和 remove()方法实现在 select 下拉框中增加和删除选项。当在浏览器中显示该页面时，缺省情况下，将以首项作为 select 下拉框的默认选中项(如"天津市")；单击"设置选择项”按钮，则 select 下拉框的默认选中项将改为“上海市”，如图 087-1 所示；单击“新增指定项”按钮，则将在 select 下拉框中新增“深圳市”选项；单击“删除指定项”按钮，则将删除 select 下拉框中的“上海市”选项；单击“获取选项数量”按钮，则将在弹出的消息框中显示 select 下拉框的选项数量。

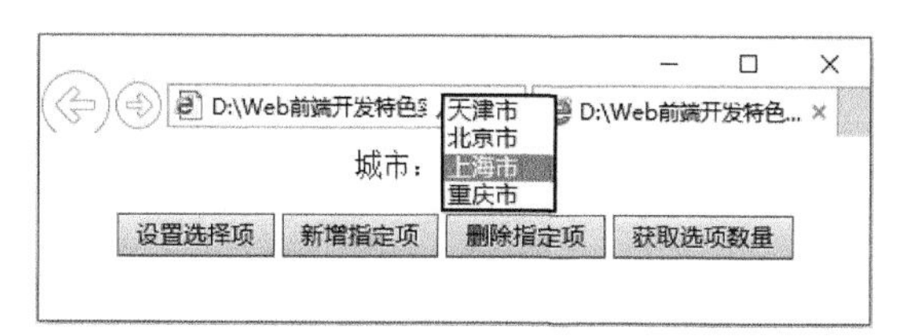

图　087-1

主要代码如下所示：

```
<!DOCTYPE html><html><head>
 <script type="text/javascript" src="Scripts/jquery-2.2.3.js"></script>
 <script language="javascript">
  $(document).ready(function () {
    //设置选择项为上海市
   $("#selected").click(function () {
    $('#myselect option').each(function () {
     if ($(this).val() == '上海市') {
      $(this).attr('selected', 'selected');
    } });
    ////设置末项为当前选择项
    //$('#myselect option:last').attr('selected', 'selected');
    });
    //新增指定项为深圳市
    $("#add").click(function () {
     //$("#myselect").append("<option value='深圳市'>深圳市</option>");
     $("<option value='深圳市'>深圳市</option>").appendTo("#myselect");
    });
    //删除指定项——上海市
    $("#del").click(function () {
     $('#myselect option').each(function () {
      if ($(this).val() == '上海市') {
       $(this).remove();
    } }); });
    //单击"获取选项数量"按钮的响应
    $("#length").click(function () {
     var mylength =  $('#myselect option').length;
     alert("select 的选项数量是: " + mylength);
  }); });
 </script>
</head>
<body>
 <P style="text-align:center;margin-top:5px">城市:
  <select id="myselect">
   <option value="天津市">天津市</option>
   <option value="北京市">北京市</option>
   <option value="上海市">上海市</option>
   <option value="重庆市">重庆市</option></select></P>
  <P style="text-align:center;margin-top:15px">
   <input class="input" type="button" value="设置选择项" id="selected" />
   <input class="input" type="button" value="新增指定项" id="add" />
```

```
    < input class = "input" type = "button" value = "删除指定项" id = "del" />
    < input class = "input" type = "button" value = "获取选项数量" id = "length" /></P>
</body></html>
```

上面有底纹的代码是本例的核心代码。在该部分代码中，$('#myselect option')用于获取select下拉框的所有选项；each()用于逐一遍历select下拉框的每个选项；$(this).attr('selected','selected')用于设置符合条件的选项为select下拉框的当前选中选项。$("<option value='深圳市'>深圳市</option>").appendTo("#myselect")用于把“深圳市”选项插入到select下拉框中。$(this).remove()用于从select下拉框中删除当前符合条件的选项。$('#myselect option').length用于获取select下拉框的选项数量。

本例的源文件名是HtmlPageC022.html。

088　在select下拉框中插入新的选项

本例主要调用了before()方法实现在select下拉框的指定选项位置之前插入新的选项。在浏览器中显示该页面时，select下拉框没有“深圳市”选项，如图088-1的上边所示；单击“在上海市之前插入深圳市”按钮，则将在select下拉框中新增“深圳市”选项，如图088-1的下边所示。

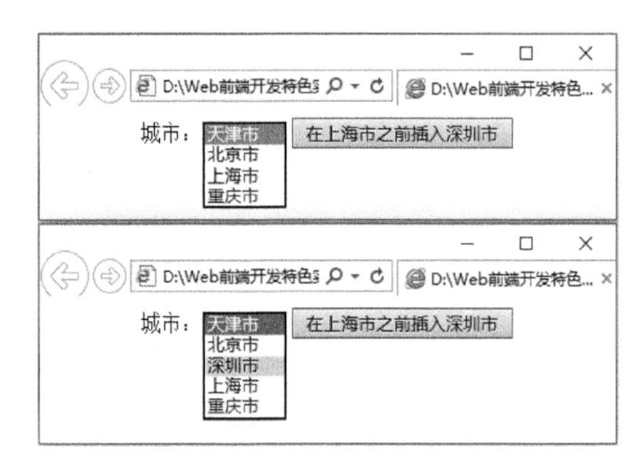

图　088-1

主要代码如下所示：

```
<!DOCTYPE html><html><head>
 <script type="text/javascript" src="Scripts/jquery-2.2.3.js"></script>
 <script language="javascript">
   $(document).ready(function () {
     //响应单击按钮"在上海市之前插入深圳市"
    $("#myBtn").click(function () {
     $("#myselect option:eq(2)").before("<option value=
                                    '深圳市'>深圳市</option>");
   }); });
 </script>
</head>
<body>
 <P style="text-align:center;margin-top:5px">城市:
  <select id="myselect">
   <option value="天津市">天津市</option>
   <option value="北京市">北京市</option>
   <option value="上海市">上海市</option>
```

```
    <option value = "重庆市">重庆市</option></select>
    <input class = "input" type = "button"
           value = "在上海市之前插入深圳市" id = "myBtn"/></P>
</body></html>
```

上面有底纹的代码是本例的核心代码。在该部分代码中，before()方法用于在被选元素前插入指定的内容。before()方法的语法声明如下：

```
$(selector).before(content)
```

其中，参数 content 规定要插入的内容(可包含 HTML 标签)。

本例的源文件名是 HtmlPageC116.html。

089　在 select 下拉框中追加和清空选项

本例主要使用 append()和 empty()等方法实现在 select 下拉框的最后一个位置追加新选项、在第一个位置插入新选项、根据索引位置删除指定选项和清空所有选项。在浏览器中显示该页面时，单击“追加新选项”按钮，则将在 select 下拉框的末尾追加“深圳市”，如图 089-1 所示。单击其他按钮将会实现按钮标题所示的功能。

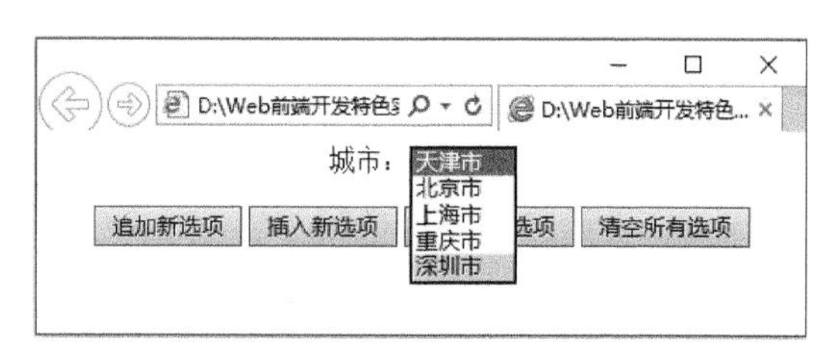

图　089-1

主要代码如下所示：

```
<!DOCTYPE html><html><head>
 <script type = "text/javascript" src = "Scripts/jquery - 2.2.3.js"></script>
 <script language = "javascript">
  $(document).ready(function () {
   //单击"追加新选项"按钮的响应
   $("#addoption").click(function () {          //在最后一个位置追加新选项
    jQuery("#myselect").append("<option value = 'e'>深圳市</option>");
   });
   //单击"插入新选项"按钮的响应
   $("#insertoption").click(function () {       //在第一个位置插入新选项
    jQuery("#myselect").prepend("<option value = 'f'>大连市</option>");
   });
   //单击"删除指定项"按钮的响应
   $("#deloption").click(function () {          //根据索引位置删除指定选项
    jQuery("#myselect").get(0).remove(2);       //删除第 3 个选项
   });
   //单击"清空所有选项"按钮的响应
   $("#clearoption").click(function () {
    jQuery("#myselect").empty();
 });});
 </script>
</head>
```

```
<body>
 <P style="text-align:center;margin-top:5px">城市:
  <select id="myselect">
   <option value="a">天津市</option>
   <option value="b">北京市</option>
   <option value="c">上海市</option>
   <option value="d">重庆市</option></select></P>
  <P style="text-align:center;margin-top:15px">
   <input class="input" type="button" value="追加新选项" id="addoption" />
   <input class="input" type="button" value="插入新选项" id="insertoption" />
   <input class="input" type="button" value="删除指定选项" id="deloption" />
   <input class="input" type="button" value="清空所有选项" id="clearoption"/></P>
</body></html>
```

上面有底纹的代码是本例的核心代码。在该部分代码中,jQuery("#myselect"). append("< option value='e'>深圳市</option >")用于在 select 下拉框的最后一个位置追加新选项"深圳市"; jQuery("#myselect").prepend("< option value='f'>大连市</option >")用于在 select 下拉框的首项前插入新选项"大连市"; jQuery("#myselect"). get(0). remove(2)用于删除在 select 下拉框中索引值为"2"的选项,即第 3 项; jQuery("#myselect").empty()用于清空 select 下拉框的所有选项。

本例的源文件名是 HtmlPageC056.html。

090 取消选择 select 下拉框的任何选项

本例主要通过设置 selectedIndex 属性为-1,从而实现取消 select 下拉框的任何选项。在浏览器中显示该页面时,如果在 select 下拉框中选择任一选项,单击"获取选项的文本"按钮,则将在下面显示选择结果,如"上海市",如图 090-1 的左边所示;此时,使用鼠标只能在 select 下拉框的各个选项之间进行切换,并且至少有一选项是被选择了的。单击"不选择任何选项"按钮,再单击"获取选项的文本"按钮,则在下面显示的选择结果为空白,如图 090-1 的右边所示。

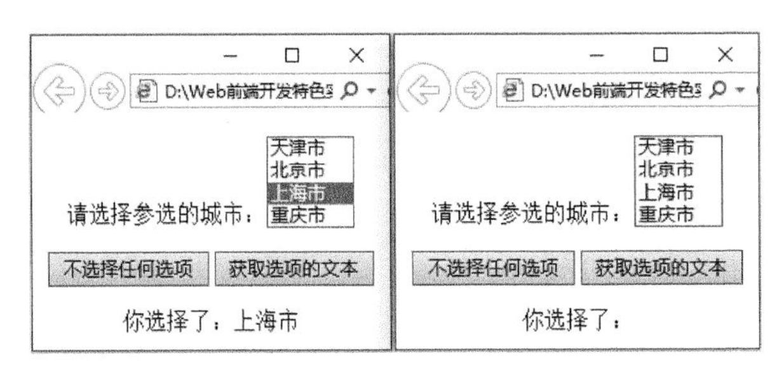

图 090-1

主要代码如下所示:

```
<!DOCTYPE html><html><head>
 <script type="text/javascript" src="Scripts/jquery-2.2.3.js"></script>
 <script language="javascript">
   $(document).ready(function () {
    //单击"不选择任何选项"按钮的响应
    $("#myBtnCancel").click(function () {
     $('#myselect')[0].selectedIndex = -1;
     $('#msg').html("已经取消对选项的选择");
    });
     //单击"获取选项的文本"按钮的响应
```

```
    $ ("#myBtnText").click(function () {
      $ ('#msg').html("你选择了: " +
                    $ ("#myselect").find("option:selected").text());
  });});
  </script>
</head>
<body>
   <center><P>请选择参选的城市:
    <select id = "myselect" multiple = "multiple">
     <option value = "天津市">天津市</option>
     <option value = "北京市">北京市</option>
     <option value = "上海市">上海市</option>
     <option value = "重庆市">重庆市</option></select></P>
   <P><input class = "input" type = "button"
              value = "不选择任何选项" id = "myBtnCancel" />
       <input class = "input" type = "button"
              value = "获取选项的文本" id = "myBtnText" /></P>
   <div id = "msg"></div></center>
</body></html>
```

上面有底纹的代码是本例的核心代码。在该部分代码中，$('#myselect')[0].selectedIndex = −1 表示不选择在 select 下拉框中的任一选项。实际上，将 selectedIndex 属性设置为其他负数也能实现同样的效果，如：$('#myselect')[0]. selectedIndex = −2。

本例的源文件名是 HtmlPageC183. html。

091　禁止选择 select 下拉框的某个选项

本例主要实现使用 prop()方法禁用 select 下拉框的其中某个选项。在浏览器中显示该页面时，select 下拉框的选项未禁用前的效果如图 091-1 的左边所示，此时第三个选项可以正常被用户选择；单击“禁用第三个选项”按钮，则将禁用 select 下拉框的第三个选项，效果如图 091-1 的右边所示，此时第三个选项将不能被用户选择。

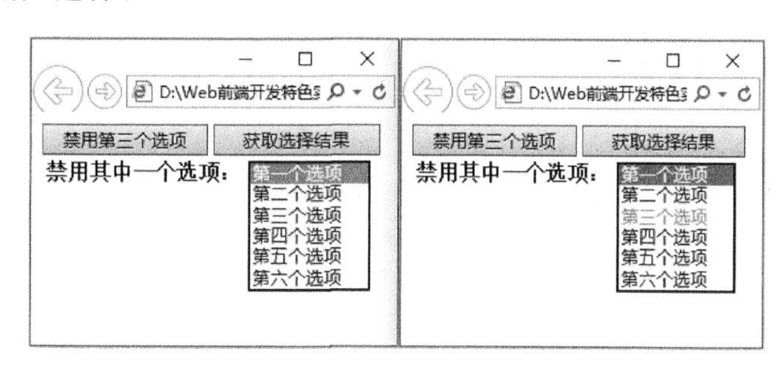

图　091-1

主要代码如下所示：

```
<!DOCTYPE html><html><head>
 <script type = "text/javascript" src = "Scripts/jquery-2.2.3.js"></script>
 <script type = "text/javascript">
   $ (document).ready(function () {
     //单击"禁用第三个选项"按钮的响应
    $ ("#disableOption").click(function () {
```

```
     $('#mySelect option:eq(2)').prop("disabled", true); });
     //单击"获取选择结果"按钮的响应
    $("#getText").click(function () {
     var myValue =  $('#mySelect option:selected').val();
     alert("当前选择项是: " + myValue);});
  });
</script>
</head>
<body>
 <input class="input" type="button"
        value="禁用第三个选项" id="disableOption" style="width:125px"/>
 <input class="input" type="button"
        value="获取选择结果" id="getText" style="width:125px"/>
 <table width="250">
  <tbody><tr><th>禁用其中一个选项:    </th>
    <td><div id="mySelect" width="250">
     <select><option>第一个选项</option>
              <option>第二个选项</option>
              <option>第三个选项</option>
              <option>第四个选项</option>
              <option>第五个选项</option>
              <option>第六个选项</option>
      </select></div></td></tr></tbody></table>
</body></html>
```

上面有底纹的代码是本例的核心代码。在该部分代码中，$('#mySelect option:eq(2)')获取禁用 select 下拉框的第三个选项。prop("disabled", true)表示设置该选项的 disabled 属性为 true。prop()方法用于设置或获取当前 jQuery 对象所匹配的元素的属性值。prop()方法的语法声明如下：

```
jQueryObject.prop( propertyName [, value ] )
```

如果指定了 value 参数，则表示设置属性 propertyName 的值为 value；如果没有指定 value 参数，则表示返回属性 propertyName 的值。

本例的源文件名是 HtmlPageC221.html。

092 在 select 下拉框中滚动显示选项

本例主要使用 setTimeout()等方法实现在 select 下拉框中的所有选项按照顺序滚动显示。在浏览器中显示该页面时，在 select 下拉框中的所有选项将按照顺序滚动显示，如图 092-1 所示。

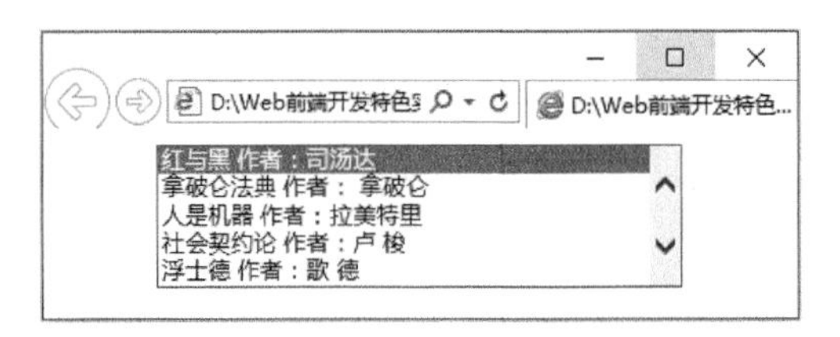

图 092-1

主要代码如下所示：

```
<!DOCTYPE html><html><head>
 <script type="text/javascript" src="Scripts/jquery-2.2.3.js"></script>
 <SCRIPT LANGUAGE="JavaScript">
```

```
    function screenscroll() {
      var optlist =  $("#mySelect").get(0);          //取得滚动列表项目
      var myItem = optlist[0];                       //取得滚动列表项目中的首项
      optlist[0] = null;
      setTimeout("screenscroll()", 2000);            //每 2 秒滚动一次
      optlist.add(myItem);
      optlist.selectedIndex = 0;
    }
    $(document).ready(function () {
     screenscroll();
    });
 </SCRIPT>
</head>
<body><center>
 <select id="mySelect" size=5 style="width:300px">
   <option>巴黎圣母院  作者：雨果
   <option>红与黑  作者：司汤达
   <option>拿破仑法典  作者：拿破仑
   <option>人是机器  作者：拉美特里
   <option>社会契约论  作者：卢梭
   <option>浮士德  作者：歌德
   <option>少年维特的烦恼  作者：歌德
   <option>希腊神话故事  作者：施瓦布
   <option>战争论  作者：克劳塞维茨
   <option>忏悔录  作者：奥古斯丁
   <option>父与子  作者：屠格涅夫
   <option>罪与罚  作者：陀思妥耶夫斯基
   <option>安娜·卡列宁娜  作者：列夫·托尔斯泰
  </select>
</center></body></html>
```

上面有底纹的代码是本例的核心代码。在该部分代码中，setTimeout()方法用于间隔一定时间反复执行某操作，关于 setTimeout()方法的语法声明请参考本书的其他部分。为了实现 select 下拉框的所有选项按照顺序滚动显示，程序首先使用临时变量保存首项，然后删除首项，这样第二项自动成为首项，然后把临时变量中的首项插入 select 下拉框，即首项变成末项，如此反复，即可实现滚动显示。本例的源文件名是 HtmlPageC434.html。

093 自定义 select 下拉框的选项单击事件

本例主要通过调用 children()方法实现查找 select 下拉框的焦点选项并用 on()方法为其单击事件添加响应方法。当在浏览器中显示该页面时，在 select 下拉框中任意选择一个选项，如“帕瑞罗银标干红葡萄酒”，则将在下面显示该红酒的图片和名称，如图 093-1 的左边所示；任意单击其他选项，如“积格仕干红葡萄酒”，也将在下面显示该红酒的图片和名称，如图 093-1 的右边所示。

主要代码如下所示：

```
<!DOCTYPE html><html><head>
 <script type="text/javascript" src="Scripts/jquery-2.2.3.js"></script>
 <script language="javascript">
   $(document).ready(function () {
    $(function () {
     //响应下拉框 click 事件发生
```

```
    $('select').on('click', function () {
    // $(this).on('click',function(){                    //此步可省略,无需 option 的单击事件
    var $opt = $(this).children('option:selected');
    $('p').html($($opt).html());
    $('img').attr('src', $($opt).val());                 //显示图片
    // })
  })})});
 </script>
</head>
<body>
 <select multiple="multiple" style="width: 170px; height:150px;">
  <option value="MyImages//MyImage31.jpg">西莫干红葡萄酒</option>
  <option value="MyImages//MyImage32.jpg">积格仕干红葡萄酒</option>
  <option value="MyImages//MyImage33.jpg">玛格丽特精选干红葡萄酒</option>
  <option value="MyImages//MyImage34.jpg">圣罗兰萨卡洛奥红葡萄酒</option>
  <option value="MyImages//MyImage38.jpg">帕瑞罗银标干红葡萄酒</option>
  <option value="MyImages//MyImage35.jpg">奥瑞安金标骑士葡萄酒</option>
  <option value="MyImages//MyImage37.jpg">唐诺干红葡萄酒</option>
 </select>
  <br><p></p><br>
  <img/>
</body></html>
```

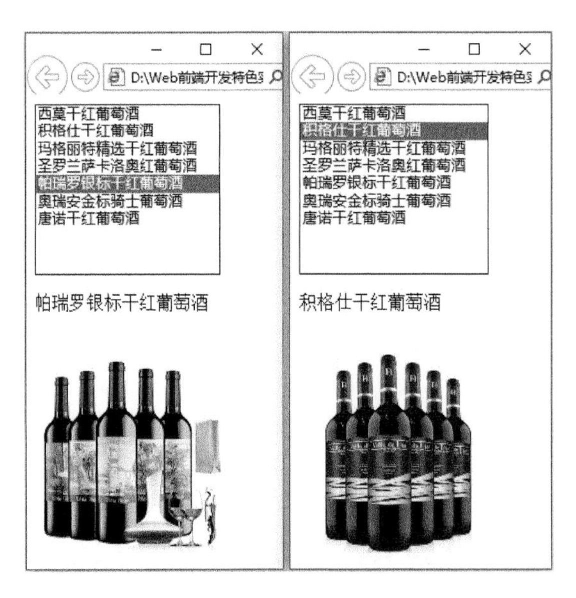

图 093-1

上面有底纹的代码是本例的核心代码。在该部分代码中，$(this).children('option: selected')用于获取当前的选中选项。children()方法的语法声明如下：

```
children(selector)
```

其中，参数 selector 包含匹配元素的选择器表达式。find()和 children()方法类似，不过后者只沿着 DOM 树向下遍历单一层级。

on()方法用于为指定元素的一个或多个事件绑定事件响应方法。当需要为 select 下拉框的选项添加单击事件时，只需要在 on()方法中指定 click 事件名称和响应方法即可。关于 on()方法的语法声明请参考本书的其他部分。

本例的源文件名是 HtmlPageC184.html。

094 在 select 下拉框中选择多个选项

本例主要通过判断每个选项的 selected 属性值从而实现获取在 select 下拉框中选择的多个选项。在浏览器中显示该页面时，先按住 Ctrl 键，然后使用鼠标在 select 下拉框中选择多个选项，则会在下边显示选择的结果，如图 094-1 所示。

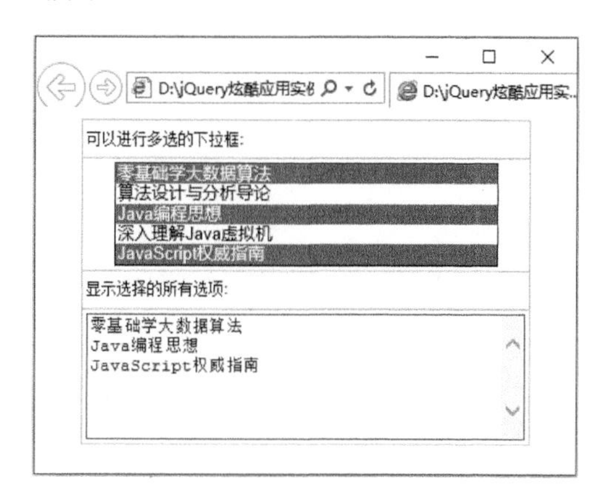

图 094-1

主要代码如下所示：

```
<!DOCTYPE html><html><head>
 <script type="text/javascript" src="Scripts/jquery-2.2.3.js"></script>
 <script language="javascript">
  $(document).ready(function () {
   $("#mySelect").change(function () {          //响应 select 下拉框的 change 事件
    var myItems = "";
    var n = $("#mySelect").get(0).length;
    for (i = 0; i<n; ++i) {
     //获取所有被选择的选项
     if ($("#mySelect").get(0).options[i].selected) {
       myItems += $("#mySelect").get(0).options[i].value + "\n";
    } }
    $("#myText").val(myItems);                  //显示选择结果
  }); });
 </script>
</head>
<body style="font-size:12px">
 <table width="300" border="0" align="center"
        cellpadding="3" cellspacing="1" bgcolor="#FFCC00">
 <tr><td height="22" align="left" bgcolor="#FFFFFF">可以进行多选的下拉框:</td></tr>
 <tr><td align="center" bgcolor="#FFFFFF">
  <select id="mySelect" size="5" multiple="multiple" style="width:300px">
    <option value="零基础学大数据算法">零基础学大数据算法</option>
    <option value="算法设计与分析导论">算法设计与分析导论</option>
    <option value="Java 编程思想">Java 编程思想</option>
    <option value="深入理解 Java 虚拟机">深入理解 Java 虚拟机</option>
    <option value="JavaScript 权威指南">JavaScript 权威指南</option>
  </select></td></tr>
  <tr><td height="22" align="left"
             bgcolor="#FFFFFF">显示选择的所有选项:</td></tr>
```

```
  <tr><td align="center" bgcolor="#FFFFFF">
       <textarea id="myText" cols="40" rows="6"></textarea></td></tr>
 </table>
</body></html>
```

上面有底纹的代码是此实例的核心代码。在这部分代码中，下列代码：

```
for (i = 0; i < n; ++i) {
  if ( $("#mySelect").get(0).options[i].selected) {
    myItems += $("#mySelect").get(0).options[i].value + "\n";
  }
}
```

与下面纯粹的 jQuery 选择器代码：

```
$("#mySelect :selected").each(function () {
     myItems += $(this).text() + "\n";
});
```

实现的功能完全相同，很明显，jQuery 选择器代码简明高效得多。

本例的源文件名是 HtmlPageC440.html。

095 逐行下移或上移 select 下拉框的选项

本例主要调用 before()和 insertAfter()方法实现逐行下移或上移 select 下拉框的选项。在浏览器中显示该页面时，在“参选的城市：”下拉框 select 中选择将被移动的城市，如“伊斯坦布尔”，如图 095-1 所示，单击“上移∧”按钮，则该城市将向上移动；单击“下移∨”按钮，则该城市将向下移动。

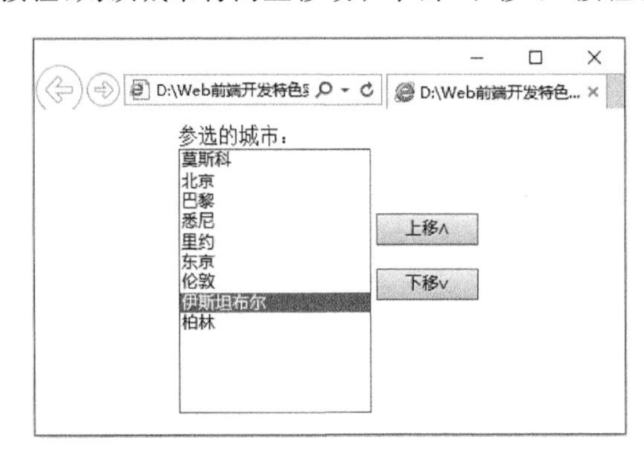

图 095-1

主要代码如下所示：

```
<!DOCTYPE html><html><head>
 <script type="text/javascript" src="Scripts/jquery-2.2.3.js"></script>
 <script language="javascript">
  $(document).ready(function () {
   $("#myUp").click(function () {              //单击"上移∧"按钮的响应
    if ( $("#myLeftSelect option:selected").length > 0) {
     $("#myLeftSelect option:selected").each(function () {
      $(this).prev().before( $(this));
    }) } else {
      alert("请选择要移动的数据!");
```

```
    }})
    $("#myDown").click(function () {        //单击"下移∨"按钮的响应
     if ($("#myLeftSelect option:selected").length > 0) {
      $("#myLeftSelect option:selected").each(function () {
      $(this).insertAfter($(this).next());
     }) } else {
      alert("请选择要移动的数据!");
   } });});
```

```
  </script>
  </head>
  <body>
   <center><table><tr><td>参选的城市:<br/>
    <select id="myLeftSelect" multiple="multiple"
            style="width: 150px; height:200px;">
      <option>莫斯科</option>
      <option>北京</option>
      <option>巴黎</option>
      <option>悉尼</option>
      <option>伊斯坦布尔</option>
      <option>里约</option>
      <option>东京</option>
      <option>伦敦</option>
      <option>柏林</option>
      </select></td>
    <td>
      <input type="button" id="myUp" value="上移∧"
            style="width:80px;"/><br/><br/>
      <input type="button" id="myDown" value="下移∨"
            style="width:80px;"/><br/><br />
    </td></tr></table></center>
  </body></html>
```

上面有底纹的代码是本例的核心代码。在该部分代码中，before()方法用于在被选元素前插入指定的内容。insertAfter()方法用于在被选元素之后插入 HTML 标记或已有的元素。关于这两个方法的语法说明请参考本书的其他部分。

本例的源文件名是 HtmlPageC171.html。

096　在两个 select 下拉框之间互相移动选项

本例主要使用 append()和 remove()等方法实现在两个 select 下拉框之间相互移动选项。在浏览器中显示该页面时，在“参选的城市：”select 下拉框中选择几个城市，单击“添加>”按钮，如图 096-1 所示，则这几个城市将被移动到“入选的城市：”select 下拉框中。同理，在“入选的城市：”select 下拉框中选择几个城市，单击“移除>”按钮，则这几个城市将被移动到“参选的城市：”select 下拉框中。

主要代码如下所示：

```
  <!DOCTYPE html><html><head>
   <script type="text/javascript" src="Scripts/jquery-2.2.3.js"></script>
   <script language="javascript">
```

```
   $(document).ready(function () {
    $("#myAdd").click(function () {         //单击"添加>"按钮的响应
     if ($("#myLeftSelect option:selected").length > 0) {
```

```
        $("#myLeftSelect option:selected").each(function () {
          $("#myRightSelect").append("<option>" + $(this).text() + "</option>");
          $(this).remove();
        })}
      else {
        alert("请选择要添加的城市!");
      }})
     $("#myDelete").click(function () {        //单击"<移除"按钮的响应
      if ($("#myRightSelect option:selected").length > 0) {
       $("#myRightSelect option:selected").each(function () {
        $("#myLeftSelect").append("<option>" + $(this).text() + "</option>");
        $(this).remove();
      })}
      else {
        alert("请选择要删除的城市!");
   }}) });
  </script>
</head>
<body><center>
 <table>
  <tr align="center"><td colspan="3">实现两个 select 的选项左右移动</td></tr>
  <tr><td>参选的城市:<br />
   <select id="myLeftSelect" multiple="multiple"
                              style="width: 150px; height:200px;">
        <option>莫斯科</option>
        <option>北京</option>
        <option>巴黎</option>
        <option>悉尼</option>
        <option>伊斯坦布尔</option>
        <option>里约</option>
        <option>东京</option>
        <option>伦敦</option>
        <option>柏林</option></select></td>
   <td><input type="button" id="myAdd" value="添加>"
                              style="width:80px;"/><br/><br />
        <input type="button" id="myDelete" value="<移除"
                              style="width:80px;" /><br /><br /></td>
   <td>入选的城市:<br />
    <select id="myRightSelect" multiple="multiple"
        style="width: 150px; height:200px;"></select></td></tr></table>
</center></body></html>
```

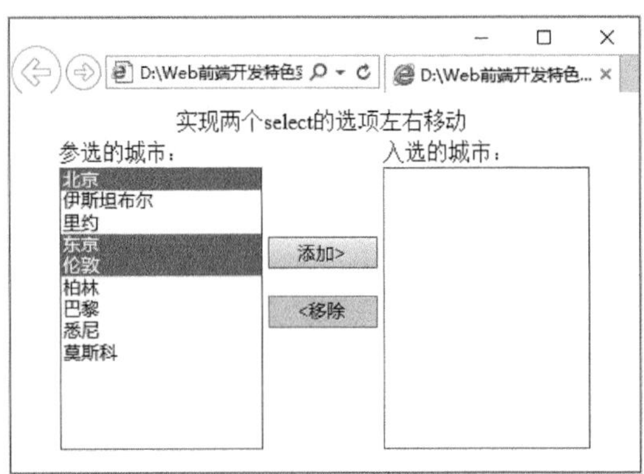

图 096-1

上面有底纹的代码是本例的核心代码。在该部分代码中，remove()方法主要用于移除被选元素，包括所有文本和子节点。$(this).remove()即是移除自己。append()方法主要实现在被选元素的结尾插入指定内容，$("#myRightSelect").append("<option>" + $(this).text() + "</option>")用于向右边的select下拉框添加当前在左边的select下拉框选中的选项。关于这两个方法的语法说明请参考本书的其他部分。

本例的源文件名是HtmlPageC170.html。

097　对select下拉框的选项进行分级分组

本例主要通过HTML<optgroup>标签实现对select下拉框的选项进行分级分组。当在浏览器中显示该页面时，在select下拉框中的组名“北京市”和“上海市”是不可选择的，大学则是可以选择的，如图097-1所示。主要代码如下所示：

```
<!DOCTYPE html><html><head>
 <script type="text/javascript" src="Scripts/jquery-2.2.3.js"></script>
 <script type="text/javascript">
  $(document).ready(function () {
   $("#myBtnText").click(function () {           //单击"获取当前选择结果"按钮的响应
     alert("你选择了:" + $("#myselect").val());
  }); });
 </script>
</head>
<body>
 <div style="text-align:center">
  <input class="input" type="button" value="获取当前选择结果"
                      id="myBtnText" style="width:200px"/><br><br>
  <select id="myselect" style="width:200px">
  <optgroup label="北京市">
   <option>清华大学</option>
   <option>中国农业大学</option>
   <option>北京航空航天大学</option>
   <option>北京大学</option>
  </optgroup>
  <optgroup label="上海市">
    <option>复旦大学</option>
    <option>上海交通大学</option>
    <option>同济大学</option></optgroup></select></div>
</body></html>
```

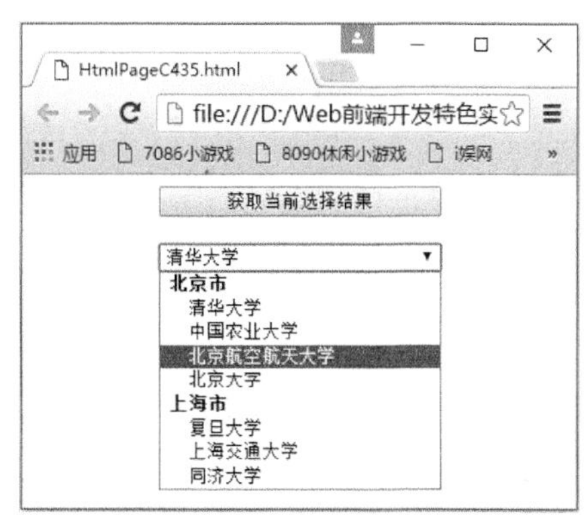

图　097-1

本例真正对实现 select 下拉框的选项进行分级分组的核心技术是在 HTML 中的< optgroup >标签，其他使用 jQuery 技术操作 select 下拉框的方式与普通 JavaScript 访问 select 下拉框的方式相同。

本例的源文件名是 HtmlPageC435.html。

098 页面控件跟随 select 下拉框的值而改变

本例主要通过处理 select 下拉框的 change 事件响应方法从而实现页面控件跟随 select 下拉框的值改变而改变。在浏览器中显示该页面时，如果在 select 下拉框中选择“按月统计”，则在页面上显示的控件如图 098-1 所示；如果在 select 下拉框中选择“按年统计”，则在页面上显示的控件如图 098-2 所示。

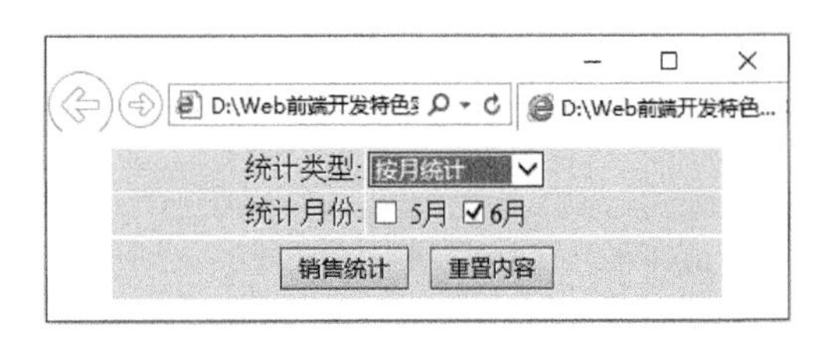

图 098-1

图 098-2

主要代码如下所示：

```
<!DOCTYPE html><html><head>
 <script type="text/javascript" src="Scripts/jquery-2.2.3.js"></script>
 <script type="text/javascript">
  $(document).ready(function () {
   $("#mySelect").change(function () { //响应 select 下拉框 change 事件发生
    var Menutext = $("#mySelect").val();          //获取 select 下拉框的当前选择值
    if (Menutext == "按月统计") {
     $("#myYear").hide();
     $("#myYearNum").hide();
     $("#myMonth").show();
     $("#myMonthNum").show();
    }
    if (Menutext == "按年统计") {
     $("#myMonth").hide();
     $("#myMonthNum").hide();
     $("#myYear").show();
     $("#myYearNum").show();
 } });});
 </script>
</head>
<body><center>
 <table width="360" border="0" cellspacing="1" cellpadding="1">
  <tr align="left" bgcolor="#E3E3E3">
   <td width="140" height="22" align="right">统计类型:</td>
   <td width="200" height="22">
    <select name="type" id="mySelect">
     <option selected>选择统计类型</option>
     <option value="按月统计">按月统计</option>
     <option value="按年统计">按年统计</option></select></td></tr>
  <tr align="left" bgcolor="#E3E3E3">
   <td id="myMonth" width="140" height="22"
```

```
                    align = "right" style = "display:none">统计月份:</td>
   <td id = "myMonthNum" width = "200" height = "22" style = "display:none">
  <input type = "checkbox" name = "checkbox" value = "checkbox"> 5 月
  <input name = "checkbox2" type = "checkbox"
                        value = "checkbox" checked> 6 月</td></tr>
  <tr align = "left" bgcolor = "#E3E3E3">
   <td id = "myYear" width = "140" height = "22"
                    align = "right" style = "display:none">统计年份:</td>
   <td id = "myYearNum" width = "200" height = "22" style = "display:none">
    <input name = "radiobutton" type = "radio" value = "radiobutton" checked> 2006 年
    <input type = "radio" name = "radiobutton" value = "radiobutton"> 2007 年</td></tr>
  <tr align = "left" bgcolor = "#E3E3E3">
   <td height = "32" colspan = "2" align = "center">
    <input name = "btt_sell" type = "submit" id = "btt_sell" value = "销售统计">
     <input type = "reset" name = "Submit2" value = "重置内容"></td></tr>
</table></center></body></html>
```

上面有底纹的代码是本例的核心代码。在该部分代码中，hide()方法用于隐藏选择的元素，在此实例中与 style="display:none"实现相同的功能。show()方法用于显示选择的元素，在此实例中即是显示 style="display:none"的元素。关于这两个方法的语法声明请参考本书的其他部分。

本例的源文件名是 HtmlPageC436.html。

099 单击 select 下拉框选项则跳转到目标页

本例主要通过获取 select 下拉框的 value 属性为超链接目标从而实现选择 select 下拉框的选项即跳转到目标网站。在浏览器中显示该页面时，在“请选择即将打开的目标网站：”select 下拉框中选择“京东商城”，则将在浏览器的新窗口中打开京东商城网站，如图 099-1 所示，选择其他选项将打开该选项对应的网站。

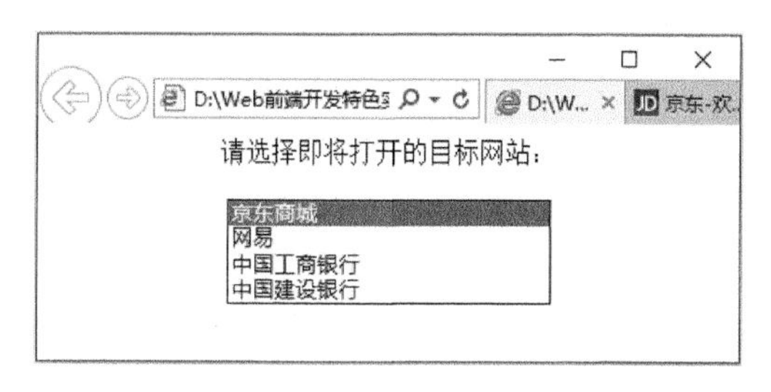

图 099-1

主要代码如下所示：

```
<!DOCTYPE html><html><head>
 <script type = "text/javascript" src = "Scripts/jquery - 2.2.3.js"></script>
 <script language = "javascript">
  $(document).ready(function () {
   $("#mySelect").change(function () {          //响应 select 下拉框的 change 事件
    newwindow = window.open("");
    newwindow.location = this.value;            //设置目标网址
 }); });
 </script>
</head>
<body><center><div>
```

```
 <span>请选择即将打开的目标网站:</span><br><br>
  <select id="mySelect" size="4" style="width:200px">
   <option value="http://order.jd.com">京东商城</option>
   <option value="http://www.163.com">网易</option>
   <option value="http://www.icbc.com.cn">中国工商银行</option>
   <option value="http://www.ccb.com">中国建设银行</option></select></div>
</center></body></html>
```

上面有底纹的代码是本例的核心代码。在该部分代码中,change事件在改变select下拉框选项的时候触发,change事件响应方法则通过获取select下拉框的value属性作为打开目标网站的超链接,然后将该值设置为网址,浏览器即启动新窗口打开此网址。

本例的源文件名是HtmlPageC438.html。

100 实现级联select下拉框选项的联动响应

本例主要通过处理change事件响应方法实现两级级联select下拉框选项的联动响应。当在浏览器中显示该页面时,在"所属大类:"select下拉框中选择"礼品工艺",则在"所属子类:"select下拉框中显示该大类对应的子类,如图100-1所示,选择其他大类也将显示该大类对应的子类。

图 100-1

主要代码如下所示:

```
<!DOCTYPE html><html><head>
 <script type="text/javascript" src="Scripts/jquery-2.2.3.js"></script>
 <script type="text/javascript">
   var myArray = new Array(3);
   myArray["数码设备"] = new Array("数码相机", "打印机");
   myArray["家用电器"] = new Array("电视机", "电冰箱");
   myArray["礼品工艺"] = new Array("鲜花", "彩带");
   $(document).ready(function () {
     //响应第1个select下拉框的change事件
    $("#myFirst").change(function () {
     $("#mySecond").empty();
     var mySecond = $("#mySecond").get(0);
     var myFirst = myArray[$("#myFirst").get(0).options[$("#myFirst").get(0).selectedIndex].
text];
     for (var i = 0; i < myFirst.length; i++) {
        mySecond[i] = new Option(myFirst[i], myFirst[i]);
     }
 }); });
</script>
</head>
```

```
<body style="font-size:12px">
 <table border="0" align="center" cellpadding="2"
                    cellspacing="1" bgcolor="#6699CC">
 <tr bgcolor="#FFFFFF">
    <td height="22" align="right">所属大类:</td>
    <td height="22" align="left">
     <select name="类别" id="myFirst">
       <option selected>数码设备</option>
       <option>家用电器</option>
       <option>礼品工艺</option></select>
      <span height="22" align="right">所属子类:</span>
      <select name="分类" id="mySecond">
        <option>数码相机</option>
        <option>打印机</option></select></td></tr>
     <tr bgcolor="#FFFFFF">
      <td height="22" align="right">商品名称:</td>
      <td height="22" align="left"><input name="商品名称"
          type="text" id="商品名称" size="30" maxlength="50"></td></tr>
      <tr bgcolor="#FFFFFF">
       <td height="22" align="right">商品简介:</td>
       <td height="22" align="left"><textarea name="商品简介"
           cols="35" rows="4" id="商品简介"></textarea></td></tr>
      <tr bgcolor="#FFFFFF">
       <td height="22" align="right">商品数量:</td>
       <td height="22" align="left"><input name="商品数量"
          type="text" id="商品数量" size="10"></td></tr>
      <tr bgcolor="#FFFFFF">
      <td height="22" colspan="2" align="center">
       <input name="add" type="submit" id="add2" value="添加"> 
       <input type="reset" name="Submit2" value="重置"></td></tr></table>
</body></html>
```

上面有底纹的代码是本例的核心代码。在该部分代码中，主要是在“所属大类：”select 下拉框的 change 事件发生时，在其响应方法中根据当前的所属大类值重置“所属子类：”下拉框 select 的选项。

本例的源文件名是 HtmlPageC437.html。

101　实现父子 select 下拉框选项的联动响应

本例主要通过关联 select 下拉框的 value 属性与选项的数组索引从而实现父子两级 select 下拉框的联动效果，也就是当父 select 下拉框的选项发生改变时，子 select 下拉框的选项也跟着改变。在浏览器中显示该页面时，在“城市：”select 下拉框中选择“上海市”，则在“城区：”select 下拉框中将显示上海市对应的城区，如图 101-1 所示，选择其他城市将显示该城市对应的城区。

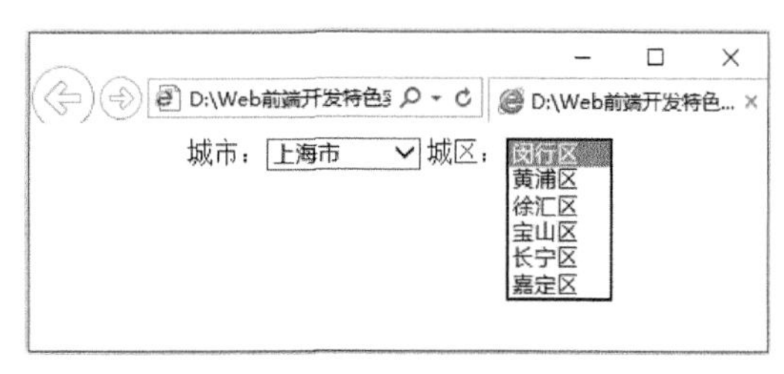

图　101-1

主要代码如下所示：

```
<!DOCTYPE html><html><head>
 <script type="text/javascript" src="Scripts/jquery-2.2.3.js"></script>
 <script language="javascript">
  //把所有城区都保存到数组,数组的第一个值为对应城市的 ID,第二个是城区名
  var MyArray = new Array();
  MyArray[0] = new Array("1", "朝阳区");
  MyArray[1] = new Array("1", "海淀区");
  MyArray[2] = new Array("1", "昌平区");
  MyArray[3] = new Array("1", "平谷区");
  MyArray[4] = new Array("2", "闵行区");
  MyArray[5] = new Array("2", "黄浦区");
  MyArray[6] = new Array("2", "徐汇区");
  MyArray[7] = new Array("2", "宝山区");
  MyArray[8] = new Array("2", "长宁区");
  MyArray[9] = new Array("2", "嘉定区");
  MyArray[10] = new Array("3", "渝北区");
  MyArray[11] = new Array("3", "江北区");
  MyArray[12] = new Array("3", "渝中区");
  MyArray[13] = new Array("3", "南岸区");
  MyArray[14] = new Array("3", "巴南区");
  MyArray[15] = new Array("3", "北碚区");
  MyArray[16] = new Array("3", "九龙坡区");
  MyArray[17] = new Array("3", "沙坪坝区");
  MyArray[18] = new Array("3", "大渡口区");
  function ShowDistrict(v) {    //响应"城市:"select 下拉框的 change 事件
   var mydistrict = $("#district");
   //清空所有的 option 选项,包括默认的"请先选择城市"这项
   mydistrict.empty();
    for (var i = 0; i < MyArray.length; i++) {
     if (MyArray[i][0] * 1 == v * 1) {
      mydistrict.append('<option value="' +
                 MyArray[i][1] + '">' + MyArray[i][1] + '</option>');
  } } }
 </script>
</head>
<body>
 <P style="text-align:center;margin-top:5px">
  城市:<select id="city" onchange="ShowDistrict(this.value)">
       <option value="">请选择城市</option>
       <option value="1">北京市</option>
       <option value="2">上海市</option>
       <option value="3">重庆市</option></select>
  城区:<select id="district">
       <option value="">请先选择城市</option></select></P>
</body></html>
```

上面有底纹的代码是本例的核心代码。在该部分代码中，主要是通过“城市”select 下拉框的 value 属性与数组索引的对应关系，使用 append()方法向“城区”select 下拉框添加选项。

本例的源文件名是 HtmlPageC012.html。

102 使用触发器触动两级 select 下拉框联动

本例主要实现使用 trigger()方法触动父子两级 select 下拉框的联动响应。默认情况下，在父 select 下拉框中改变选项时，子 select 下拉框的选项值也跟着改变；实例则实现下面这种效果，未手动

在父 select 下拉框中改变选项，而是直接单击按钮通过 trigger()方法触动父 select 下拉框改变选项，然后子 select 下拉框的选项也跟着改变。当在浏览器中显示该页面时，单击“选择上海市”按钮，则“城市：”和“城区：”父子两级 select 下拉框的选项也跟着改变；单击“选择重庆市”按钮将实现类似的功能，如图 102-1 所示。

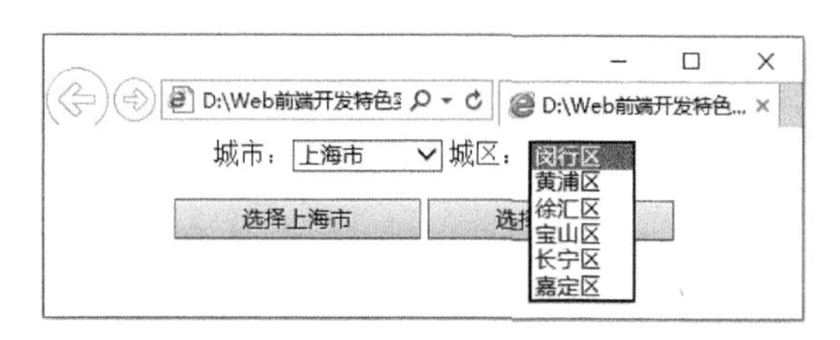

图 102-1

主要代码如下所示：

```
<!DOCTYPE html><html><head>
 <script type="text/javascript" src="Scripts/jquery-2.2.3.js"></script>
 <script language="javascript">
   //把所有城区都保存到数组,数组的第一个值为对应城市的 ID,第二个是城区名
   var MyArray = new Array();
   MyArray[0] = new Array("1", "朝阳区");
   MyArray[1] = new Array("1", "海淀区");
   MyArray[2] = new Array("1", "昌平区");
   MyArray[3] = new Array("1", "平谷区");
   MyArray[4] = new Array("2", "闵行区");
   MyArray[5] = new Array("2", "黄浦区");
   MyArray[6] = new Array("2", "徐汇区");
   MyArray[7] = new Array("2", "宝山区");
   MyArray[8] = new Array("2", "长宁区");
   MyArray[9] = new Array("2", "嘉定区");
   MyArray[10] = new Array("3", "渝北区");
   MyArray[11] = new Array("3", "江北区");
   MyArray[12] = new Array("3", "渝中区");
   MyArray[13] = new Array("3", "南岸区");
   MyArray[14] = new Array("3", "巴南区");
   MyArray[15] = new Array("3", "北碚区");
   MyArray[16] = new Array("3", "九龙坡区");
   MyArray[17] = new Array("3", "沙坪坝区");
   MyArray[18] = new Array("3", "大渡口区");
   function ShowDistrict(v) {                    //响应"城市:"select 下拉框的 change 事件发生
    var mydistrict = $("#district");
    mydistrict.empty();
     for (var i = 0; i < MyArray.length; i++) {
      if (MyArray[i][0] * 1 == v * 1) {
      mydistrict.append('<option value="' +
              MyArray[i][1] + '">' + MyArray[i][1] + '</option>');
   } } }
   $(document).ready(function () {
    $("#ShangHai").click(function () {          //单击"选择上海市"按钮的响应
     $("#city").val("2");
     $("#city").trigger("onchange", "2");
    });
    $("#ChongQing").click(function () {         //单击"选择重庆市"按钮的响应
     $("#city").val("3");
```

```
    $("#city").trigger("onchange", "3");
  });});
</script>
</head>
<body>
 <P style="text-align:center;margin-top:5px">
  城市:<select id="city" onchange="ShowDistrict(this.value)">
        <option value="">请选择城市</option>
        <option value="1">北京市</option>
        <option value="2">上海市</option>
        <option value="3">重庆市</option></select>
  城区:<select id="district">
        <option value="">请先选择城市</option></select></P>
 <P style="text-align:center;margin-top:15px">
  <input class="input" type="button" value="选择上海市"
                      id="ShangHai" style="width:150px"/>
  <input class="input" type="button" value="选择重庆市"
                      id="ChongQing" style="width:150px"/></P>
</body></html>
```

上面有底纹的代码是本例的核心代码。在该部分代码中,“$("#city").trigger("onchange", "3")”用于触动 select 下拉框的 onchange 事件发生,并预置选项值为 3。trigger()方法的语法声明如下:

```
$(selector).trigger(event,[param1,param2,...])
```

其中,参数 event 指定元素要触发的事件,可以使自定义事件(使用 bind()方法来附加),或者任何标准事件。参数[param1,param2,...]可选,表示传递到事件处理程序的额外参数,额外的参数对自定义事件特别有用。

本例的源文件名是 HtmlPageC043.html。

103 实现三级 select 下拉框的顺次联动响应

本例主要实现了三级 select 下拉选择框的联动响应,也就是当上级 select 下拉框的选项发生改变时,下级 select 下拉框的选项也跟着改变。在浏览器中显示该页面时,在“城市:”select 下拉框中选择“上海市”,则在“城区:”select 下拉框中将显示上海市对应的城区,在“城区:”select 下拉框中选择“徐汇区”,则在“街道:”select 下拉框中将显示徐汇区的所辖街道,如图 103-1 所示,选择其他城市和城区也将实现类似的效果。有关此实例的主要代码如下所示:

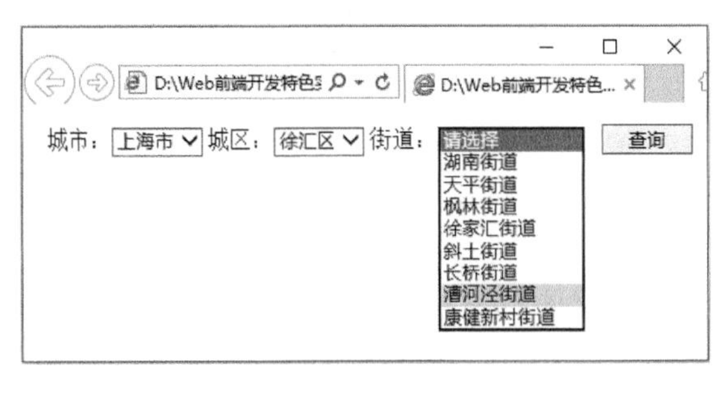

图 103-1

```
<!DOCTYPE html><html><head>
 <script type="text/javascript" src="Scripts/jquery-2.2.3.js"></script>
 <script language="javascript">
```

```
$(function () {
  function objInit(obj) {return $(obj).html('<option>请选择</option>'); }
  var myArray = {
   重庆市:{渝北区: '两路街道,回兴街道,悦来街道,龙山街道,宝圣湖街道',
            长寿区: '凤城街道,晏家街道,江南街道',
            南岸区: '南坪街道,弹子石街道',
            江北区: '观音桥街道,大石坝街道,五里店街道'},
   上海市:{徐汇区: '湖南街道,天平街道,枫林街道,徐家汇街道,斜土街道,长桥街道,漕河泾街道,康健新村街道',
            黄浦区: '南京东路街道,外滩街道,老西门街道,半淞园街道,小东门街道,豫园街道,打浦路街道,淮海中路街道,瑞金二路街道,五里桥街道',
            静安区: '静安寺街道,曹家渡街道,江宁路街道,石门二路街道,南京西路街道'},
   北京市:{东城区: '安定门街道,建国门街道,朝阳门街道,东直门街道,东华门街道,和平里街道,北新桥街道,交道口街道,景山街道',
            西城区: '西长安街街道,新街口街道,月坛街道,展览路街道,德胜街道,金融街街道,什刹海街道'}
  };
  $.each(myArray, function (myCity) {
    $('#selCity').append('<option>' + myCity + '</option>'); });
  //响应"城市:"select 下拉框的 change 事件
  $('#selCity').change(function () {
     objInit('#selDistrict');
     objInit('#selStreet');
     $.each(myArray, function (myCity, pS) {
        if ($('#selCity option:selected').text() == myCity) {
         $.each(pS, function (myDistrict, myStreet) {
          //根据选择的城市,从数组中选择数据添加"城区:"select 下拉框的选项
          $('#selDistrict').append('<option>' + myDistrict + '</option>');
       });
        //响应"城区:"select 下拉框的 change 事件
       $('#selDistrict').change(function () {
         objInit('#selStreet');
         $.each(pS, function (myDistrict, myStreet) {
         if ($('#selDistrict option:selected').text() == myDistrict) {
          $.each(myStreet.split(","), function () {
            $('#selStreet').append('<option>' + this + '</option>');
     })} })});} })});
    $("#queryBtn").click(function () {//单击"查询"按钮的响应
      var valueCity = $('#selCity option:selected').val();
      var valueDistrict = $('#selDistrict option:selected').val();
      var valueStreet = $('#selStreet option:selected').val();
      alert("选择结果是: " + valueCity + valueDistrict + valueStreet);
  });});
 </script>
 <style type="text/css">
 .clsInit {width: 470px;height: 35px;line-height: 35px; padding-left: 10px;}
 .btn {border: solid 1px #666;padding: 2px;width: 65px;float: right;
       margin-top: 6px;margin-right: 6px;}
 </style>
</head>
<body>
<div class="clsInit">
 城市: <select id="selCity"><option>请选择</option></select>
 城区: <select id="selDistrict"><option>请选择</option></select>
 街道: <select id="selStreet"><option>请选择</option></select>
 <input type="button" value="查询" id="queryBtn" class="btn" /></div>
</body></html>
```

上面有底纹的代码是本例的核心代码。在这部分代码中，$('#selCity option:selected').text()用于获取“城市：”select下拉框的已选项，与$('#selCity option:selected').val()功能类似，主要取决于该select下拉框的text和value属性值的设置。

本例的源文件名是HtmlPageC234.html。

104 使用无序列表模仿select下拉框的功能

本例主要实现了使用无序列表ul模仿select下拉框的选择功能。当在浏览器中显示该页面时，在模仿的下拉框进行选择的效果如图104-1所示。

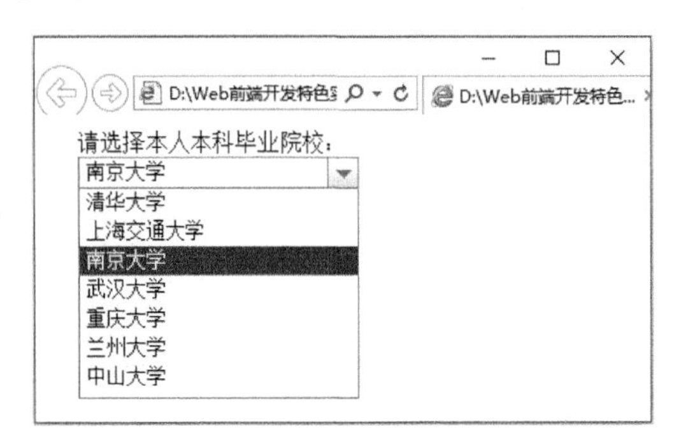

图 104-1

主要代码如下所示：

```
<!DOCTYPE html><html><head>
 <script type="text/javascript" src="Scripts/jquery-2.2.3.js"></script>
 <script type="text/javascript">
  $(document).ready(function () {
   $("#luoSelect").find("ul li:first").click(function () {
    $(this).css("border-bottom", "1px solid #7F9DB9")
    $(this).parent("ul").css("height", 165)
    //在鼠标悬浮选项时响应
    $(this).siblings("ul li:not(.s)").mouseenter(function () {
     $(this).css("background", "#316AC5").css("color", "#FFFFFF")
    });
    //在鼠标离开选项时响应
    $(this).siblings("ul li:not(.s)").mouseleave(function () {
     $(this).css("background", "none").css("color", "inherit")
    });
    //在鼠标单击选项时响应
    $(this).siblings("ul li:not(.s)").click(function () {
     $(this).parent("ul").css("height", 20)
     var cdContent = $(this).text()
     $("#luoSelect").find("ul li:first").text(cdContent)
 }); }); });
</script>
<style>
  * {margin: 0px;padding: 0px;list-style: none;text-decoration: none;}
 .mySelect {width: 200px;height: 22px; float: left;
                        margin: 10px 10px 0 32px;display: inline;}
 .mySelect ul {width: 198px;height: 20px;overflow: hidden; background: #FFF;
               float: left;border: 1px solid #7F9DB9;position: absolute;}
```

```
 .mySelect ul.s { background: url(MyImages/my445DropDown-i.jpg)no-repeatright;
                cursor: default; display: block;}
 .mySelect ul li {width: 167px;height: 20px;line-height: 20px;
                padding: 0 26px 0 5px;font-size: 14px;}
 .mySelect ul li a {color: #000;}
 </style>
</head>
<body>
 <div class="mySelect" id="luoSelect">请选择本人本科毕业院校:
  <ul><li class="s">清华大学</li>
      <li>清华大学</li>
      <li>上海交通大学</li>
      <li>南京大学</li>
      <li>武汉大学</li>
      <li>重庆大学</li>
      <li>兰州大学</li>
      <li>中山大学</li></ul></div>
</body></html>
```

上面有底纹的代码是本例的核心代码。在该部分代码中,css("height", 165)用于设置无序列表的高度,text(cdContent)用于设置元素的文本内容,text()则用于获取元素的文本。关于这些方法的语法声明请参考本书的其他部分。

本例的源文件名是 HtmlPageC445.html。

105 使用无序列表和文本框模仿 select 下拉框

本例主要实现使用无序列表和文本框模仿 select 下拉框的选择功能。在浏览器中显示该页面时,在模仿的下拉框中进行选择的效果如图 105-1 所示。主要代码如下所示:

```
<!DOCTYPE html><html><head>
 <script type="text/javascript" src="Scripts/jquery-2.2.3.js"></script>
 <script type="text/javascript">
  $(document).ready(function () {
   $(".select_box input").click(function () {
    var myText = $(this);
    var myUL = $(this).parent().find("ul");
    if (myUL.css("display") == "none") {
     if (myUL.height() > 200) {
       myUL.css({                    //设置新下拉框的高度
        height: "200" + "px", "overflow-y": "scroll"
      })};
      myUL.fadeIn("100");
      myUL.hover(function () { }, function () {
        myUL.fadeOut("100");
      })
      myUL.find("li").click(function () {响应单击选项
       myText.val($(this).text()); myUL.fadeOut("100");
      }).hover(function () {
       $(this).addClass("hover");
      }, function () {
       $(this).removeClass("hover");
      });}else {
       myUL.fadeOut("fast");
```

```
    })
    $("#submit").click(function () {            //单击"提交数据"按钮的响应
     alert($("#myselect").val());
   })});
</script>
 <style type="text/css">
  .select_box {width: 150px;position: relative; margin: 10px;padding: 0;
               font-size: 12px;}
  ul, li {list-style-type: none;padding: 0; margin: 0;}
  .select_box input {cursor: pointer;display: block;line-height: 25px;
   width: 100%;height: 25px; overflow: hidden;border: 1px solid #ccc;
   padding-right: 20px;padding-left: 10px;
   background: url(MyImages/my449select_input_bg.gif) no-repeat 165px center;}
  .select_box ul {width: 180px;position: absolute;left: 0; top: 25px;
             border: 1px solid #ccc;background: #fff;overflow: hidden;
             display: none;background: white;z-index: 99999;}
  .select_box ul li {display: block;height: 30px;overflow: hidden;
      line-height: 30px;padding-left: 5px;width: 100%;cursor: pointer;}
  .hover {background: #ccc;}
 </style>
</head>
<body>
 <div class="select_box">
  <input id="myselect" type="text" value="请选择报考专业" readonly="readonly">
   <ul class="select_ul">
    <li>无线电物理学</li>
    <li>电子学与信息系统</li>
    <li>电子材料与无器件</li>
    <li>计算机及应用</li>
    <li>计算机器件及设备</li>
    <li>计算机科学教育</li>
    <li>光电子技术</li>
    <li>涉外建筑工程</li>
    <li>交通土建工程</li>
    <li>摄影测量与遥感</li>
   </ul></div>
   <input type="button" id="submit"
      value="提交数据" style="width:180px;margin-left:10px" />
</body></html>
```

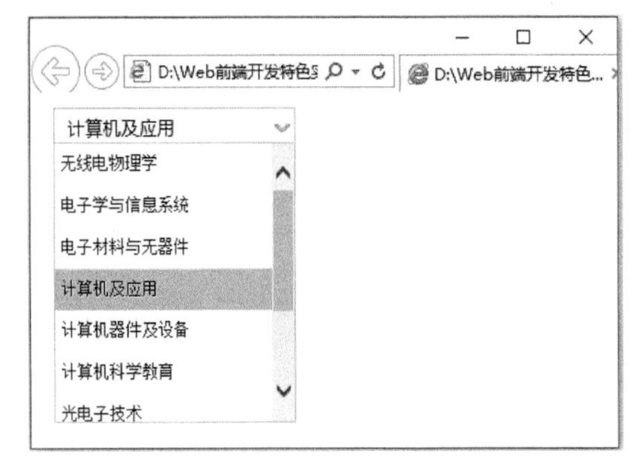

图 105-1

上面有底纹的代码是本例的核心代码。在该部分代码中，find()方法用于筛选符合指定表达式的子元素，并以 jQuery 对象的形式返回。parent()方法用于获得当前匹配元素集合中每个元素的父元素。fadeIn()方法用于显示所有匹配的元素，并带有淡入的过渡动画效果。fadeOut()方法用于隐藏所有匹配的元素，并带有淡出的过渡动画效果。addClass()方法用于为当前 jQuery 对象所匹配的每一个元素添加指定的 CSS 类。removeClass()方法用于移除当前 jQuery 对象所匹配的每一个元素上指定的 CSS 类。关于这些方法的语法声明请参考本书的其他部分。

本例的源文件名是 HtmlPageC449. html。

106　创建允许用户输入数据的 select 下拉框

本例主要通过在 select 下拉框之上叠加一个文本框从而实现 select 下拉框除了具有选择功能之外，同时具有文本框的输入功能。在浏览器中显示该页面时，在 select 下拉框中选择"北京"后，还可以将"北京"修改为"北京市"，如图 106-1 所示。主要代码如下所示：

```
<!DOCTYPE html><html><head>
 <script type="text/javascript" src="Scripts/jquery-2.2.3.js"></script>
 <script type="text/javascript">
  $(document).ready(function () {
   //绑定 select 下拉框的 change 事件响应方法
   $('#mySelect').on('change', function () {
     this.parentNode.nextSibling.value = this.value; });
   });
 </script>
</head>
<body>
 <div style="position:relative;">
  <span style="margin-left:100px;width:18px;overflow:hidden;">
   <select id="mySelect" style="width:118px;margin-left:-100px" >
    <option value="上海">上海</option>
    <option value="北京">北京</option>
    <option value="深圳">深圳</option></select>
   </span><input name="box"
               style="width:95px;position:absolute;left:0px;"></div>
</body></html>
```

图　106-1

上面有底纹的代码是本例的核心代码。在该部分代码中，this. parentNode. nextSibling. value=this. value 用于将用户在 select 下拉框的选择结果赋值给文本框。

本例的源文件名是 HtmlPageC405. html。

107　通过新窗口为 select 下拉框增加新选项

本例主要通过动态隐藏或显示的新窗口实现为 select 下拉框增加新的选项。在浏览器中显示该页面时，在“选择专业：”下拉框中选择“更多选项”，则将显示一个新窗口，如图 107-1 的左边所示；在该新窗口中单击一个选项，如“航空服务”，则将关闭新窗口，并在“选择专业：”select 下拉框中新增选项“航空服务”，如图 107-1 的右边所示。主要代码如下所示：

```
<!DOCTYPE html><html><head>
 <script type="text/javascript" src="Scripts/jquery-2.2.3.js"></script>
 <script type="text/javascript">
  function findit(myIndex) {
   var myStatus = 0;
   if (myIndex == 4)
    checkWin(myStatus);
  }
  function centerWin() {             //创建新窗口
   var windowWidth = document.documentElement.clientWidth,
   windowHeight = document.documentElement.clientHeight,
   scrollTop = document.documentElement.scrollTop,
   scrollLeft = document.documentElement.scrollLeft,
   popupWidth = $("#newWin").width(),
   popupHeight = $("#newWin").height();
   $("#newWin").css({"display": "block", "position": "absolute",
                    "top": scrollTop + $("#mySelect").height,
               "left": scrollLeft + windowWidth / 2 - popupWidth / 2 });
  }
  function checkWin(myStatus01) {
   myStatus = myStatus01;
   if (myStatus == 0) {
        centerWin();
        myStatus = 1;
      } else {
        $("#newWin").css({ "display": "" });
        myStatus = 0;
    }}
    $(function () {
     $("#more1,#more2,#more3,#more4").click(function () {
      var myItem = $(this).text();
      //将单击选择的选项插入到 select 下拉框中
      $("#mySelect").append("<option selected='selected'>" +
                                                myItem + "</option>");
      $("#newWin").css({ "display": ""});
});});
 </script>
 <style type="text/css">
   * { margin:1px; padding: 0;}
   #newWin {display: none;padding: 0;position: fixed; _position: absolute;
           z-index: 2;width: 230px; height: 140px;border: 1px solid #c8c8c8;
           background: #fff;overflow: auto;}
   #newWin h4 {height: 30px; background: #0026ff; text-align: center;
              line-height: 30px; color: #fff; }
 </style>
</head>
```

```
<body>
  <center><br>选择专业:
  <select name="mySelect_select" style="width:140px;" id="mySelect"
        onchange="findit(this.options[this.options. selectedIndex].value)">
   <option value="1">计算机科学</option>
   <option value="2">网络通信</option>
   <option value="3">大数据分析</option>
   <option value="4">更多选项</option></select></center>
  <div id="newWin">
   <h4>选择新的选项</h4>
   <ul style=" list-style:none;">
    <li id="more1">企业管理</li>
    <li id="more2">物业管理</li>
    <li id="more3">航空服务</li>
    <li id="more4">涉外会计</li></ul> </div>
</body></html>
```

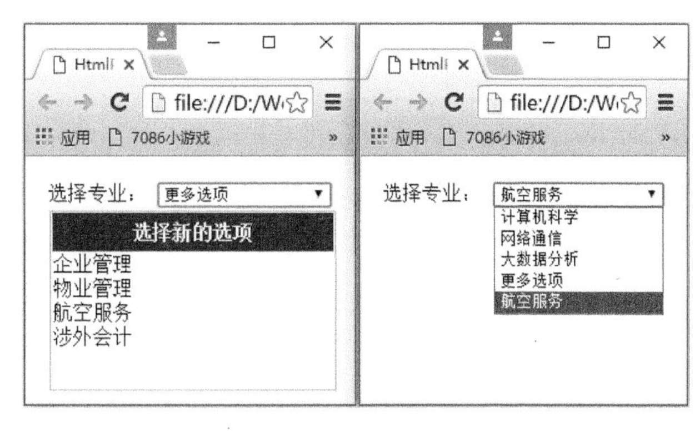

图　107-1

上面有底纹的代码是本例的核心代码。在该部分代码中，$("#newWin"). css({ "display": ""})用于隐藏新窗口，css({"display": "block",…})用于显示创建的新窗口，并以键值对的形式设置新窗口的属性。

本例的源文件名是 HtmlPageC265. html。

108　直接使用数组为 select 下拉框添加选项

本例主要实现了直接使用数组为 select 下拉框添加选项。在浏览器中显示该页面时，在下拉框 select 中选择"JavaScript 高级程序设计"，则将在弹出的消息框中显示此选项信息，如图 108-1 所示。选择其他选项将实现类似的功能。主要代码如下所示：

```
<!DOCTYPE html><html><head>
 <script type="text/javascript" src="Scripts/jquery-2.2.3.js"></script>
 <script type="text/javascript">
  $(document).ready(function () {
   var myArray = new Array("Java 编程思想",
            "JavaScript 高级程序设计", "Python 基础教程", "深入理解 Java 虚拟机");
   function mySelect() {
    var i;
    for (i = 0; i< myArray.length; i++) {
     $("#mySelect").get(0).options[i] = new Option(myArray[i], i);
   } }
```

```
    mySelect();
    $("#mySelect").change(function () {
     alert($("#mySelect :selected").text());
  }); });
 </script>
</head>
<body><center>
   <div><span>这是直接使用数组添加的选项: </span><br><br>
    <select id="mySelect" size="4" style="width:220px"></select></div>
</center></body></html>
```

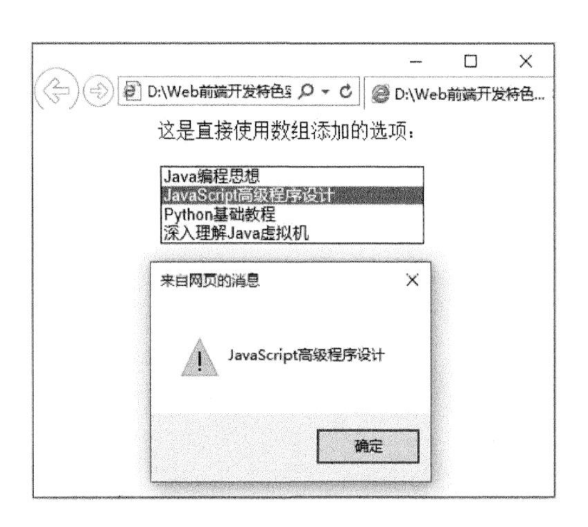

图 108-1

上面有底纹的代码是本例的核心代码。在该部分代码中，$("#mySelect").get(0).options[i] = new Option(myArray[i], i)用于提取数组中的成员构造一个 Option，并添加到 select 下拉框的选项集合中。

本例的源文件名是 HtmlPageC439.html。

109 使用二维数组为 select 下拉框添加选项

本例主要实现使用二维数组为级联的两级 select 下拉框添加选项。在浏览器中显示该页面时，在第一个 select 下拉框中选择“购物网站”，第二个 select 下拉框将自动显示“购物网站”的选项，在第二个下拉框 select 中选择“京东商城”，单击“马上去看看”按钮，则将在浏览器中打开京东商城首页，如图 109-1 所示。选择其他选项将实现类似的功能。

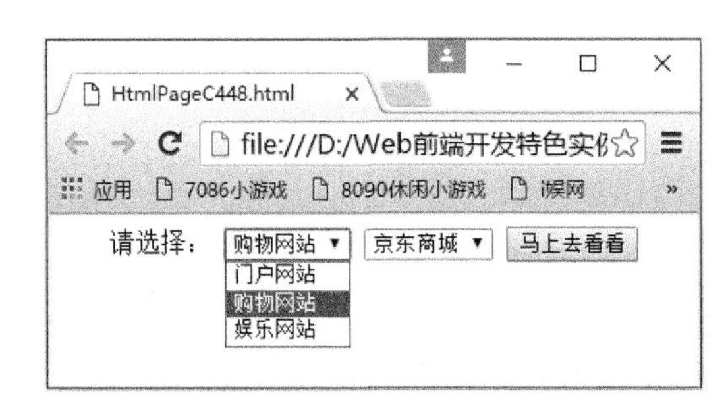

图 109-1

主要代码如下所示：

```
<!DOCTYPE html><html><head>
 <script type="text/javascript" src="Scripts/jquery-2.2.3.js"></script>
 <script type="text/javascript">
   $(document).ready(function () {
    var myLength = $("#myFirst").get(0).options.length;
    var group = new Array(myLength)
    for (i = 0; i < myLength; i++)
      group[i] = new Array()
    //为第二下拉框定义选项
    group[0][0] = new Option("网易首页", "http://www.163.com")
    group[0][1] = new Option("新浪首页", "http://www.sina.com.cn")
    group[0][2] = new Option("搜狐首页", "http://www.sohu.com")
    group[1][0] = new Option("天猫", "https://www.tmall.com")
    group[1][1] = new Option("京东商城", "https://www.jd.com")
    group[1][2] = new Option("苏宁易购", "http://www.suning.com")
    group[1][3] = new Option("国美在线", "http://www.gome.com.cn")
    group[2][0] = new Option("360影视", "http://www.360kan.com")
    group[2][1] = new Option("驴妈妈旅游", "http://www.lvmama.com")
    group[2][2] = new Option("途牛旅游网", "http://www.tuniu.com")
    $("#myFirst").change(function () {
     var myIndex = $("#myFirst").get(0).options.selectedIndex
     setSecondOptions(myIndex);
    });
    function setSecondOptions(myIndex) {
     var selobj = $("#mySecond").get(0);
     //先清除第二下拉框的选项
      for (m = selobj.options.length - 1; m > 0; m--)
       selobj.options[m] = null
      //根据第一下拉框的选定索引,提取选项放进第二下拉框
       for (i = 0; i < group[myIndex].length; i++) {
        selobj.options[i] = group[myIndex][i]
       }
       selobj.options[0].selected = true//选定第一个选项
      }
      setSecondOptions(0);
     $("#myGo").click(function () {//马上去看看
      location = $("#mySecond").val();
   }); });
  </script>
</head>
<body><center>
 <div>请选择:
  <select id="myFirst">
   <OPTION SELECTED>门户网站</OPTION>
   <OPTION>购物网站</OPTION>
   <OPTION>娱乐网站</OPTION></select>
  <SELECT id="mySecond"></SELECT>
  <input type="button" value="马上去看看" id="myGo" /></div>
</center></body></html>
```

上面有底纹的代码是本例的核心代码。在该部分代码中，$("#myFirst").get(0).options.selectedIndex 用于获取用户在第一个 select 下拉框选中选项的索引，$("#mySecond").val()用于获取用户在第二个 select 下拉框选中的选项值，即超链接。

本例的源文件名是 HtmlPageC448.html。

110 从 JSON 文件中加载 select 下拉框选项

本例主要实现使用 jQuery 底层的 ajax()方法直接从 JSON 文件获取数据，向 select 下拉框添加选项。当在浏览器中显示该页面时，单击“从 JSON 文件中加载 select 选项”按钮，则将从示例文件“HtmlPageC256JSON.json”中读取 JSON 格式的数据，并新增一个 select 下拉框，如图 110-1 所示。

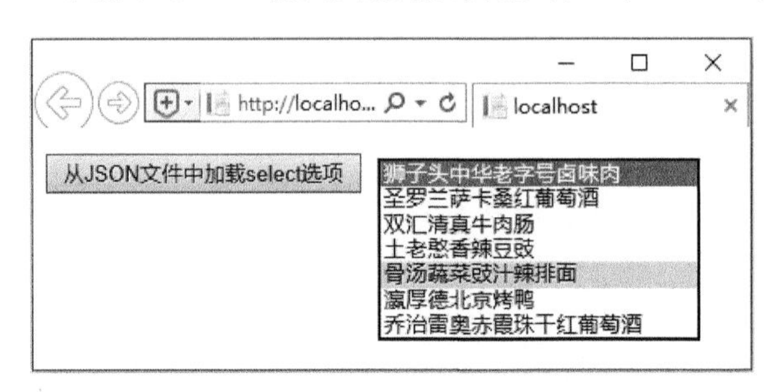

图 110-1

主要代码如下所示：

```
<!DOCTYPE html><html><head>
 <script type="text/javascript" src="Scripts/jquery-2.2.3.js"></script>
 <script language="javascript">
  $(document).ready(function () {
    //单击"从 JSON 文件中加载 select 选项"按钮的响应
   $("#myBtn").click(function () {
    $.ajax({url: "HtmlPageC256JSON.json",async: false,dataType: "json",
            success: function (ret) {
              var mySelect = $("<select style='width:200px;
                          margin:10px'></select>").insertAfter("#myBtn");
              $.each(ret, function (ind) {
                for (var key in ret[ind]) {
                  var opt = $("<option></option>");
                  opt.val(ret[ind][key]);
                  opt.text(key);
                  mySelect.append(opt);
     } }); } }); }); });
  </script>
</head>
<body>
 <input type="button" id="myBtn"
        value="从 JSON 文件中加载 select 选项" style='width:200px' />
</body></html>
```

上面有底纹的代码是本例的核心代码。在这部分代码中，ajax()方法通过 HTTP 请求加载远程数据，$.ajax()可以不带任何参数直接使用。因此测试本例时，需要服务器环境。ajax()方法的语法声明如下：

```
jQuery.ajax([settings])
```

其中，参数 settings 是可选参数，用于配置 Ajax 请求的键值对集合。可以通过 $.ajaxSetup()设置任何选项的默认值。

"HtmlPageC256JSON. json"文件的内容如下：


```
[{"狮子头中华老字号卤味肉":11},{"圣罗兰萨卡桑红葡萄酒":12},{"双汇清真牛肉肠":13},{"土老憨香辣豆豉":14},{"骨汤蔬菜豉汁辣排面":15},{"瀛厚德北京烤鸭":16},{"乔治雷奥赤霞珠干红葡萄酒":17}]
```


本例的源文件名是 HtmlPageC256. html。

第6章 文本框实例

111 获取和设置用户在文本框输入的内容

本例主要调用 val()方法的不同形式实现获取、设置和清除文本框的内容。在浏览器中显示该页面时，单击“设置文本框的内容”按钮，则将在上面的文本框中显示一则新闻标题；单击“获取文本框的内容”按钮，则将在下面以粗体字显示在文本框中的新闻标题，如图 111-1 所示；单击“清除文本框的内容”按钮，则将清除在文本框中的新闻标题。

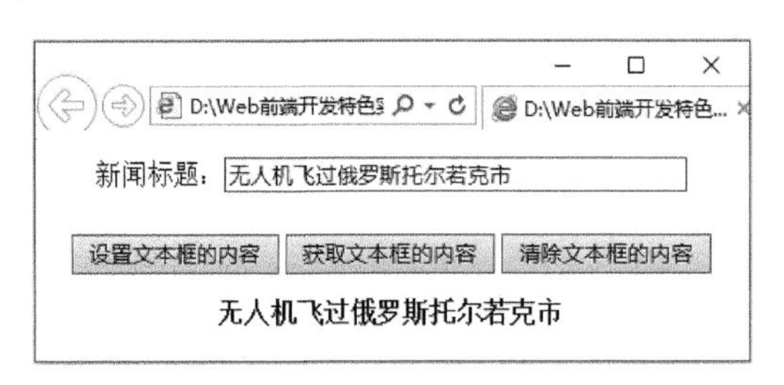

图 111-1

主要代码如下所示：

```
<!DOCTYPE html><html><head>
 <script type="text/javascript" src="Scripts/jquery-2.2.3.js"></script>
 <script language="javascript">
   $(document).ready(function () {
    $("#mySet").click(function () {          //响应单击按钮"设置文本框的内容"
     $("#myInput").val("无人机飞过俄罗斯托尔若克市"); });
    $("#myGet").click(function () {          //响应单击按钮"获取文本框的内容"
     $("#myDiv").html("<b>" + $("#myInput").val() + "</b>");});
    $("#myClear").click(function () {        //响应单击按钮"清除文本框的内容"
     $("#myInput").val("");});
   });
</script>
</head>
<body>
 <P style="text-align:center;margin-top:15px">新闻标题:
  <input type="text" id="myInput" class="input" style="width:280px"></P>
 <P style="text-align:center;margin-top:25px">
```

```
    <input class = "input" type = "button" value = "设置文本框的内容" id = "mySet" />
    <input class = "input" type = "button" value = "获取文本框的内容" id = "myGet" />
    <input class = "input" type = "button" value = "清除文本框的内容" id = "myClear"/></P>
    <div id = "myDiv" style = "text - align:center;"></div>
</body></html>
```

上面有底纹的代码是本例的核心代码。在这部分代码中，val()方法用于返回或设置被选元素的值。如果该方法未设置参数，则返回被选元素的当前值。val()方法的语法声明如下：

```
$(selector).val(value)
```

其中，参数 value 是可选参数，规定被选元素的新内容。

本例的源文件名是 HtmlPageC154. html。

112　限制用户必须在文本框中输入数字

本例主要采用 replace()方法实现限制用户必须在文本框中输入数字。当在浏览器中显示该页面时，如果试图在“身份证号码：”文本框中输入非数字字符，将被阻止继续输入，如图 112-1 所示。

图　112-1

主要代码如下所示：

```
<!DOCTYPE html><html><head>
 <script type = "text/javascript" src = "Scripts/jquery - 2.2.3.js"></script>
 <script language = "javascript">
  $(document).ready(function () {      //限制用户必须在文本框中输入数字
   $("input").bind("blur focus keydown keyup", function () {
    $(this).val( $(this).val().replace(/\D/gi, ""));
  });});
 </script>
</head>
<body>
 <P style = "text - align:center;margin - top:5px">
  身份证号码: <input type = "text" class = "input" style = "width:200px"></P>
</body></html>
```

上面有底纹的代码是本例的核心代码。在该部分代码中，replace()方法用于在字符串中用一些字符替换另一些字符，或替换一个与正则表达式匹配的子串。replace()方法的语法声明如下：

```
stringObject.replace(regexp/substr,replacement)
```

其中，参数 regexp/substr 规定子字符串或要替换的模式的 RegExp 对象。参数 replacement 是一个字符串值，规定了替换文本或生成替换文本的函数。该方法的返回值是一个新的字符串，是用 replacement 参数替换了 regexp 参数的第一次匹配或所有匹配之后得到的。

本例的源文件名是 HtmlPageC027. html。

113 在文本框中只能输入浮点数或自然数

本例主要通过使用正则表达式限制用户在文本框中只能输入浮点数或自然数。在浏览器中显示该页面时，如果试图在“年龄：”文本框中输入或粘贴非自然数字符，或者试图在“身高：”文本框中输入或粘贴非浮点数字符，将被阻止继续，如图 113-1 所示。

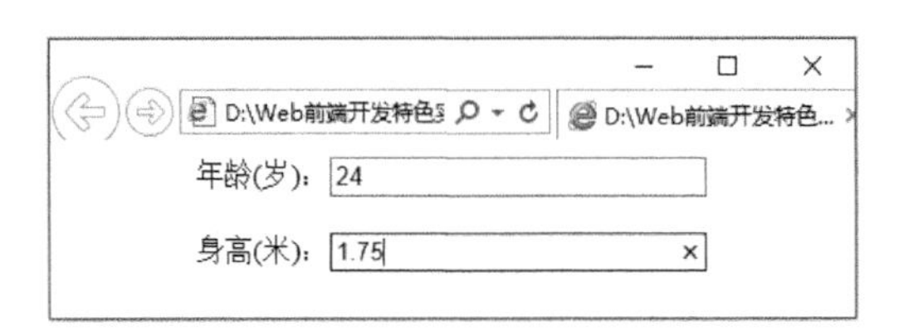

图 113-1

主要代码如下所示：

```
<! DOCTYPE html ><html><head>
 <script type = "text/javascript" src = "Scripts/jquery - 2.2.3.js"></script>
 <script language = "javascript">
  $ (document).ready(function () {
    //在键盘按键抬起时响应("身高(米):"文本框)
   $ ("#myHeight").keyup(function () {       //只能输入浮点数
    $ (this).val( $ (this).val().replace(/[^0 - 9.]/g, ''));
     }).bind("paste", function () {          //禁止粘贴
     $ (this).val( $ (this).val().replace(/[^0 - 9.]/g, ''));})
    //在键盘按键抬起时响应("年龄(岁):"文本框)
   $ ("#myAge").keyup(function () {          //只能输入自然数
    $ (this).val( $ (this).val().replace(/\D|^0/g, ''));
     }).bind("paste", function () {          //禁止粘贴
     $ (this).val( $ (this).val().replace(/\D|^0/g, '')); })
  });
 </script>
</head>
<body>
 <P style = "text - align:center;margin - top:5px">年龄(岁):
  <input type = "text" class = "input" style = "width:200px" id = "myAge">
  <br><br>身高(米):
  <input type = "text" class = "input" style = "width:200px" id = "myHeight"></P>
</body></html>
```

上面有底纹的代码是本例的核心代码。在该部分代码中，$(this).val($(this).val().replace(/[^0-9.]/g, ''))即使用 replace()方法实现将正则表达式禁止的字符替换为空。bind("paste", function(){$(this).val($(this).val().replace(/\D|^0/g, ''));})是一种链式写法，即为 paste 事件绑定响应方法，可以防止用户使用 Ctrl+V 方式复制粘贴正则表达式禁止的字符。关于 replace()方法的语法声明请参考本书的其他部分。

本例的源文件名是 HtmlPageC239.html。

114 限制在文本框中只能输入数字字母

本例主要通过在 keypress 事件响应方法中拦截字符编码从而实现限制用户在文本框中只能输入数字、字母或其组合。在浏览器中显示该页面时，用户只能在文本框中输入符合要求的字符，如

图 114-1 所示。主要代码如下所示：

```
<!DOCTYPE html><html><head>
 <script type="text/javascript" src="Scripts/jquery-2.2.3.js"></script>
 <script language="javascript">
   $.fn.onlyNum = function () {
    $(this).keypress(function (event) {          //检测按键类型
     var eventObj = event || e;
     var keyCode = eventObj.keyCode || eventObj.which;
     if ((keyCode >= 48 && keyCode <= 57))
       return true;
     else
       return false;
     }).focus(function () {                      //禁用输入法(只能是 IE)
     this.style.imeMode = 'disabled';
    }).bind("paste", function () {
     //获取剪切板的内容
     var clipboard = window.clipboardData.getData("Text");
     if (/^\d+$/.test(clipboard))
       return true;
     else
       return false;
    });  };
    $.fn.onlyAlpha = function () {
     $(this).keypress(function (event) {
      var eventObj = event || e;
      var keyCode = eventObj.keyCode || eventObj.which;
       if ((keyCode >= 65 && keyCode <= 90) || (keyCode >= 97 && keyCode <= 122))
        return true;
       else
        return false;
      }).focus(function () {
        this.style.imeMode = 'disabled';
      }).bind("paste", function () {
         //获取粘贴板数据
        var clipboard = window.clipboardData.getData("Text");
        if (/^[a-zA-Z]+$/.test(clipboard))
          return true;
        else
          return false;
      }); };
      $.fn.onlyNumAlpha = function () {
       $(this).keypress(function (event) {
        var eventObj = event || e;
        var keyCode = eventObj.keyCode || eventObj.which;
        if ((keyCode >= 48 && keyCode <= 57) ||
             (keyCode >= 65 && keyCode <= 90) || (keyCode >= 97 && keyCode <= 122))
          return true;
        else
          return false;
       }).focus(function () {                    //禁止输入法
        this.style.imeMode = 'disabled';
       }).bind("paste", function () {           //检测粘贴板数据
        var clipboard = window.clipboardData.getData("Text");
        if (/^(\d|[a-zA-Z])+$/.test(clipboard))
          return true;
```

```
        else
          return false;
      }); };
    $(function () {
    //限制使用了 onlyNum 样式的控件只能输入数字
    $(".onlyNum").onlyNum();
    //限制使用了 onlyAlpha 样式的控件只能输入字母
    $(".onlyAlpha").onlyAlpha();
    //限制使用了 onlyNumAlpha 样式的控件只能输入数字和字母
    $(".onlyNumAlpha").onlyNumAlpha();
  });
  </script>
</head>
<body><center>
<p>账户名称(只能输入字母): <input type="text" class="onlyAlpha" /><br><br>
    账户密码(输入数字字母): <input type="text" class="onlyNumAlpha" /><br><br>
    邮政编码(只能输入数字): <input type="text" class="onlyNum" /><br><br><p></center></body>
</html>
```

图 114-1

上面有底纹的代码是本例的核心代码。在该部分代码中，this.style.imeMode = 'disabled'只能在 IE 浏览器中禁止用户进行输入法切换，对谷歌等浏览器无效。test()方法返回一个布尔值，用于指示在所搜索的字符串中是否存在正则表达式模式对应的匹配。该方法属于 RegExp 对象实例，所有主流浏览器均支持该函数。test()方法的语法声明如下：

```
regExpObject.test(regExp)
```

其中，参数 regExp 是 String 类型指定的字符串，将在该字符串中执行搜索。test()方法的返回值为 Boolean 类型，如果在 regExp 中存在该正则表达式模式的匹配，就返回 true，否则返回 false。如果为正则表达式设置了全局标志(g)，test()方法仍然只查找最多一个匹配，不过再次调用该对象的 test()方法就可以查找下一个匹配。

本例的源文件名是 HtmlPageC361.html。

115 禁止在文本框中输入特殊字符或空格

本例主要使用正则表达式禁止用户在文本框中输入特殊字符或空格。在浏览器中显示该页面时，如果试图在第一个文本框中输入特殊字符，将被拦截；如果输入汉字，则在文本框失去焦点时，在下边以粗体字的方式给出提示信息，如图 115-1 所示。如果试图在第二个文本框中输入空格，将被拦截。

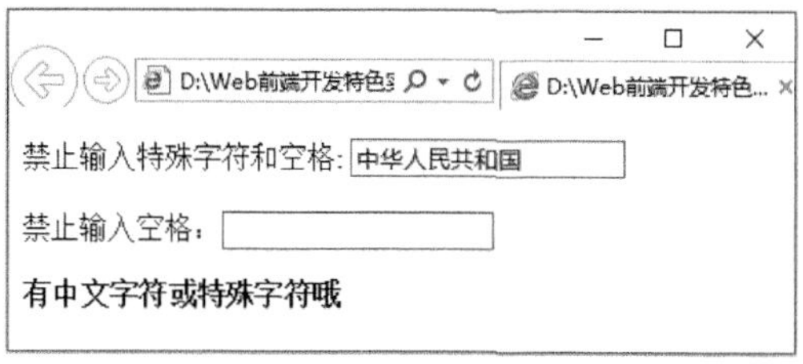

图 115-1

主要代码如下所示：

```
<!DOCTYPE html><html><head>
 <script type="text/javascript" src="Scripts/jquery-2.2.3.js"></script>
 <script language="javascript">
   function ValidateSpecialCharacter() {
    var code;
     //判断是否是 IE 浏览器
    if (document.all) {
     code = window.event.keyCode;
    } else {
     code = arguments.callee.caller.arguments[0].which;
    }
    var character = String.fromCharCode(code);
    //特殊字符正则表达式
    var txt = new RegExp("[ ,\\`,\\~,\\!,\\@,\\#,\\$,\\%,\\^,\\+,\\*, \\&,\\\\,\\/,\\?,\\|,
\\:,\\.,\\<,\\>,\\{,\\},\\(,\\),\\'',\\;,\\=,\\"]");
    if (txt.test(character)) {
     if (document.all) {
      window.event.returnValue = false;
     } else {
      arguments.callee.caller.arguments[0].preventDefault();
    } } }
    //验证中文字符和特殊字符
    function chineseVaildate(value) {
     if (value == null || value == "")
       return true;
     if ((/[\u4E00-\u9FA5]+/.test(value))) {
        return false;
     }
     return true;
     }
    function validate(obj) {
     if (!chineseVaildate(obj.value)) {
      $("#myDiv").html('<b>' + "有中文字符或特殊字符哦" + '</b>');
    } }
 </script>
</head>
<body>
 <p>禁止输入特殊字符和空格: <input id="code"
   onkeypress="return ValidateSpecialCharacter();" onblur="validate(this)" />
```

```
  <br /><br />禁止输入空格:
  <input id = "dd" onkeyup = "value = value.replace(/\s/g,'')"/></p>
 <div id = "myDiv"></div>
</body></html>
```

上面有底纹的代码是本例的核心代码。在该部分代码中，主要是使用正则表达式 RegExp 对象设置了校验规则，创建 RegExp 对象的语法如下：

```
new RegExp(pattern, attributes);
```

其中，参数 pattern 是一个字符串，指定了正则表达式的模式或其他正则表达式。参数 attributes 是一个可选的字符串，包含属性"g"、"i"和"m"，分别用于指定全局匹配、区分大小写的匹配和多行匹配。如果 pattern 是正则表达式，而不是字符串，则必须省略该参数。注意：如果不用 new 运算符，而将 RegExp()作为函数调用，那么它的行为与用 new 运算符调用时一样，只是当 pattern 是正则表达式时，它只返回 pattern，而不再创建一个新的 RegExp 对象。

正则表达式 RegExp 对象的 RegExpObject.test(string)方法用于检测一个字符串是否匹配某个模式，如果字符串 string 中含有与 RegExpObject 匹配的文本，则返回 true，否则返回 false。

本例的源文件名是 HtmlPageC134.html。

116 限制在文本框中能够输入的最多字符

本例主要通过处理文本框的 onkeypress 和 onkeyup 事件从而实现限制用户在文本框中能够输入的最多字符数量。在浏览器中显示该页面时，如果试图在文本框中输入超过 10 个以上的字符，则在松开按键后将被自动截断，如图 116-1 所示。

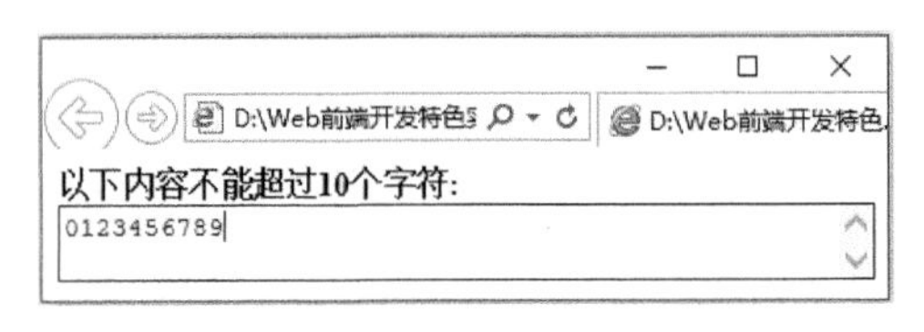

图 116-1

主要代码如下所示：

```
<!DOCTYPE html><html><head>
 <script type = "text/javascript" src = "Scripts/jquery-2.2.3.js"></script>
 <script language = "javascript">
   jQuery.fn.maxLength = function (max) {
    return this.each(function () {
     //将字符串转换为小写
     var type = this.tagName.toLowerCase();
     var inputType = this.type ? this.type.toLowerCase() : null;
     //判断 input、text 和 password 文本域类型
     if (type == "input" && inputType == "text" || inputType == "password") {
      this.maxLength = max;
     } else if (type == "textarea") {          //判断 textarea 文本域类型
      this.onkeypress = function (e) {         //onkeypress 事件响应方法
       var ob = e || event;
       var keyCode = ob.keyCode;               //键盘输入编码
```

```
        var hasSelection = document.selection ?
          document.selection.createRange(). text.length > 0 :
          this.selectionStart != this.selectionEnd;
        return !(this.value.length >= max &&
          (keyCode > 50 || keyCode == 32 || keyCode == 0 || keyCode == 13) &&
          !ob.ctrlKey && !ob.altKey && !hasSelection);
      };
      this.onkeyup = function () {              //onkeyup 事件的响应方法
        //判断文本域中字符个数是否大于设定值
        if (this.value.length > max) {         //截断多余字符
          this.value = this.value.substring(0, max);
    } }; }  }); };
    $ (document).ready(function () {            //设置指定的文本框最多可输入 10 个字符
     $ ('#myName').maxLength(10);
    });
  </script>
</head>
<body>
    <b>以下内容不能超过 10 个字符:</b>
    <div><textarea id = "myName" style = "width:400px"></textarea></div>
</body></html>
```

上面有底纹的代码是本例的核心代码。

本例的源文件名是 HtmlPageC123.html。

117　统计在文本框中可输入的剩余字符数

本例主要实现了统计用户在文本框中可输入的剩余字符数。在浏览器中显示此实例的页面时，如果在“自我介绍”文本框中输入的字符数量小于 30，则“剩余字数：”呈现灰色，如图 117-1 所示；如果在“自我介绍”文本框中输入的字符数量大于 30，则“剩余字数：”呈现绿色，如图 117-2 所示；如果在“自我介绍”文本框中输入的字符数量大于 150，则“剩余字数：”呈现红色，并且超过的字数用负数显示，如图 117-3 所示。

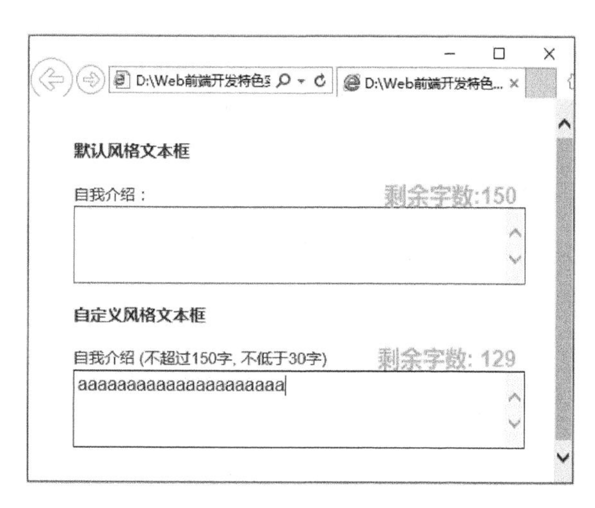

图　117-1

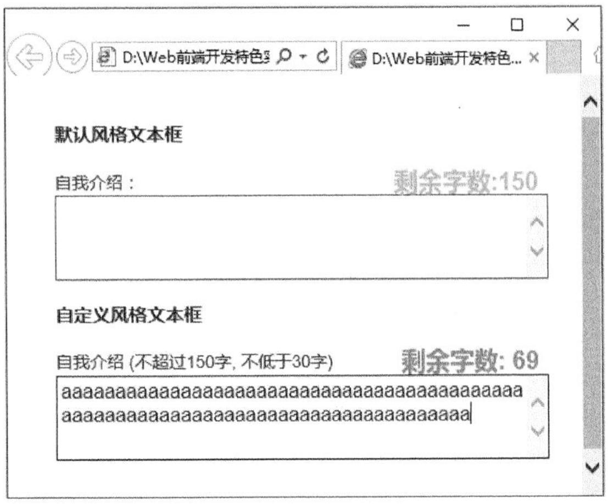

图 117-2

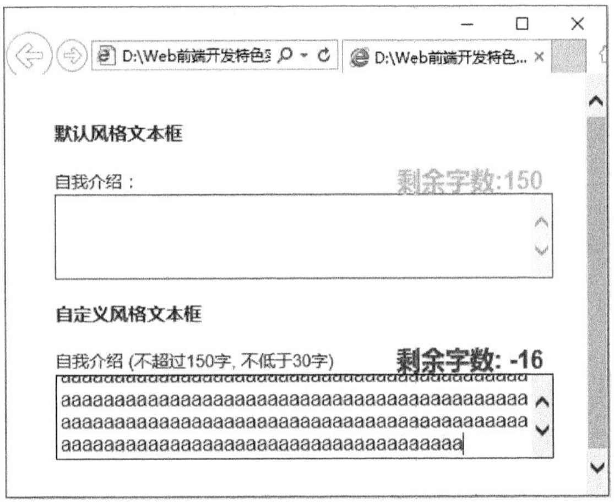

图 117-3

主要代码如下所示：

```
<!DOCTYPE html><html><head>
 <script type="text/javascript" src="Scripts/jquery-2.2.3.js"></script>
 <script type="text/javascript">
  $.fn.charCount = function(options) {
   //设置缺省值
   var defaults = {allowed: 150,warning: 30,css: 'counter',
               counterElement: 'span',cssWarning: 'warning',
               cssExceeded: 'exceeded',counterText: '剩余字数:'};
   var options = $.extend(defaults, options);
   function calculate(obj) {
    var count = $(obj).val().length;
    var available = options.allowed - count;
    if (available <= options.warning && available >= 0) {
     $(obj).next().addClass(options.cssWarning);
    } else {
     $(obj).next().removeClass(options.cssWarning);
    }
    if (available < 0) {
     $(obj).next().addClass(options.cssExceeded);
    } else {
     $(obj).next().removeClass(options.cssExceeded);
    }
    $(obj).next().html(options.counterText + available);
   };
   this.each(function () {
    $(this).after('<' + options.counterElement + ' class="'
                + options.css + '">' + options.counterText
                + '</' + options.counterElement + '>');
    calculate(this);
    $(this).keyup(function () {                    //在按键抬起时统计数字
     calculate(this)
    });
    $(this).change(function () {                   //在内容改变时统计数字
    calculate(this)
  }); }); };
  $(document).ready(function () {
```

```
    $("#myTextboxdefault").charCount();            //默认用法
    $("#myTextboxcustom").charCount({allowed: 150,warning: 120,
              counterText: '剩余字数: '});        //自定义用法
  });
  </script>
 <style>
  body {margin: 0;padding: 20px 40px; background: #fff; line-height: 180%;
          font: 80% Arial, Helvetica, sans-serif; color: #555;}
  .clear {clear: both;}
  form {width: 400px;}  /* 字符统计样式 */
  label {display: block;font-size: 14px;}
  textarea {width: 400px;height: 60px; padding: 3px;
          color: #555;font: 16px Arial, Helvetica, sans-serif;}
  form div {position: relative; margin: 1em 0;}
  form .counter {position: absolute;right: 0;
          top: 0;font-size: 20px;font-weight: bold;color: #ccc;}
  form .warning {color: #4cff00;}
  form .exceeded {color: #e00;}
 </style>
</head>
<body>
 <form id="form" method="post" action="">
  <h3>默认风格文本框</h3>
  <div><label for="message">自我介绍: </label>
   <textarea id="myTextboxdefault" name="myTextboxdefault"></textarea></div>
  <h3>自定义风格文本框</h3>
  <div><label for="message">自我介绍 (不超过 150 字, 不低于 30 字)</label>
   <textarea id="myTextboxcustom" name="myTextboxcustom"></textarea></div>
</form></body></html>
```

上面有底纹的代码是本例的核心代码。在这部分代码中,大部分代码源于一个插件修改而成,为节省篇幅,省略了部分不太重要的内容。

本例的源文件名是 HtmlPageC108.html。

118 自动闪烁用户在文本框中的输入内容

本例主要通过采用 setInterval()和 clearInterval()方法实现在文本框中输入内容检验后闪烁文字。当在浏览器中显示该页面时,第一个文本会自动闪烁,第二个文本需要鼠标单击才能闪烁,在第三个文本框中输入正确的 Email 邮箱地址离开后就会闪烁输入的内容,如图 118-1 所示。

图 118-1

主要代码如下所示：

```
<!DOCTYPE html><html><head>
 <script type="text/javascript" src="Scripts/jquery-2.2.3.js"></script>
 <script type="text/javascript">
  $(document).ready(function () {
   function textFlash(obj, cssName, times) {
    var i=0, t=false, o=obj.attr("class")+" ",c = "", times = times || 2;
    if (t) return;
    t = setInterval(function () {
     i++;
     c = i % 2 ? o + cssName : o;
     obj.attr("class", c);
     if (i == 2 * times) {
      clearInterval(t);
      obj.removeClass(cssName);
     }}, 200); };
   $(function () {                                    //文本自动闪烁
    textFlash($("#myAutoFlash"), "red", 3);
    $("#myClickFlash").bind({click: function () {     //点击后文本闪烁
                      textFlash($(this), "red", 3);
                      return false; }});
    $("#myEmailFlash").blur(function () {             //如果输入 Email 邮箱会闪烁
     if (/\w+([-+.]\w+)*@\w+([-.]\w+)*\.\w+([-.]\w+)*/.test($(this).val())) {
      textFlash($(this), "red", 3);
  }  }); }); });
  </script>
 <style>
  .cssFlash {width: 240px;height: 26px;line-height: 26px;
           background: #f0f0f0;border: 1px solid #ddd;text-align: center;
           font-size: 14px;margin: 20px auto;}
  input.cssFlash {width: 240px;font-weight: 900;color: #999;
           display: block;background: #fff;text-align: left;}
  .red {border: 1px solid #d00; background: #ffe9e8;color: #d00;}
  input.red {background: #ffe9e8;}
  #myClickFlash {cursor: pointer;}
 </style>
</head>
<body>
 <div id="myAutoFlash" class="cssFlash">文本自动闪烁</div>
 <div id="myClickFlash" class="cssFlash">点击后文本闪烁</div>
 <input class="cssFlash" type="email" id="myEmailFlash"
                      placeholder="如果输入 Email 邮箱,离开后就会闪烁" />
</body></html>
```

上面有底纹的代码是本例的核心代码。在这部分代码中，setInterval()方法用于按照指定的周期（以毫秒计）来调用方法或计算表达式，此处即是周期性地设置文本的样式；clearInterval()方法取消由 setInterval()方法设置的时间。关于这两个方法的语法说明请参考本书的其他部分。

本例的源文件名是 HtmlPageC109.html。

119 在文本框获得焦点时高亮显示其内容

本例主要通过在文本框的 focus 和 blur 事件响应方法中分别设置不同的 CSS 样式从而实现在文本框获得焦点时高亮显示内容、在失去焦点时正常显示内容。在浏览器中显示该页面时，如果某个文本框获得焦点，则其文本将以高亮红色显示；否则以正常的黑色显示文本，如图 119-1 所示。

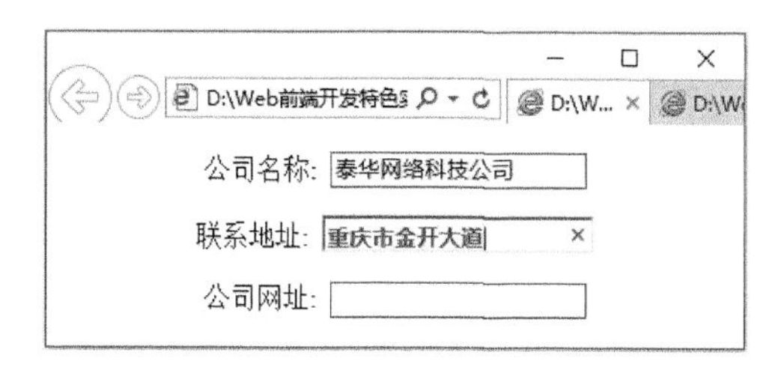

图　119-1

主要代码如下所示：

```
<!DOCTYPE html><html><head>
 <script type = "text/javascript" src = "Scripts/jquery - 2.2.3.js"></script>
 <script language = "javascript">
        //    window.onload = function () {
        //        for (var i = 0; i< $ ("input").length; i++) {
        //            $ ("input")[i].onfocus = function () {
        //                this.className = "css - text - high";
        //            };
        //            $ ("input")[i].onblur = function () {
        //                this.className = "css - text";
        //            };
        //        }
        //    };
  $ (document).ready(function () {
   $ ("input").each(function () {
    $ ("input").focus(function () {          //在文本框获得焦点时设置文本为红色
     $ (this).css("color", " #ff0000");
    });
    $ ("input").blur(function () {           //在文本框失去焦点时恢复默认值
     $ (this).css("color", "");
  }); });});
</script>
<style>
  form.css - text, form .css - text - high {padding - left: 1px;line - height: 20px;}
  form .css - text - high {background - position: 0  - 31px;font - weight: bold;
                           color: #ff0000;font: 13.5px;}
 </style>
</head>
<body>
 <form style = "text - align:center">
  <p><label>公司名称:  </label>
      <input class = "css - text" type = "text" /></p>
  <p><label>联系地址:  </label>
      <input class = "css - text" type = "text" /></p>
  <p><label>公司网址:  </label>
      <input class = "css - text" type = "text" /></p></form>
</body></html>
```

上面有底纹的代码是本例的核心代码。在这部分代码中，focus 事件响应方法在文本框获得焦点时起作用。当文本框失去焦点时发生 blur 事件，此时 blur 事件响应方法起作用。

本例的源文件名是 HtmlPageC127. html。

120　在验证时实现抖动不符合要求的文本框

本例主要使用 animate()方法实现在验证内容时抖动不符合要求的文本框。当在浏览器中显示该页面时，如果在“账户名称：”文本框中输入了禁止的账户 administrator，则在单击“提交信息”按钮后，左右抖动“账户名称：”文本框，并将边框线置为红色，如图 120-1 所示。

图　120-1

主要代码如下所示：

```
<!DOCTYPE html><html><head>
<script src = "Scripts/jquery - 2.2.3.js" type = "text/javascript"></script>
<script type = "text/javascript">
  $ (document).ready(function () {
   $ ("#myButton").click(function () {     //单击"提交信息"按钮的响应
    //当"账户名称："文本框内容是"administrator"时以动画方式抖动
    if ( $ ("#name").val() == "administrator") {
      $ ("#name").stop()
      .animate({ left: " - 10px" }, 100).animate({ left: "10px" }, 100)
      .animate({ left: " - 10px" }, 100).animate({ left: "10px" }, 100)
      .animate({ left: "0px" }, 100)
      .addClass("required");
   } }); });
  </script>
  <style type = "text/css">
    * {list - style: none; border - radius: 5px;}
   button { width: 150px; height: 30px;}
   input {width: 300px;padding: 5px; position: relative;border: solid 1px #666;}
   input.required {border: solid 1px #f00;}
  </style>
</head>
<body><center>
  <p>账户名称：<input type = "text" id = "name" /></p>
  <p>账户密码：<input type = "text" id = "password" /></p>
  <button type = "button" id = "myButton">提交信息</button></center>
</body></html>
```

上面有底纹的代码是本例的核心代码。在该部分代码中，animate()方法主要用于产生抖动文本框的动画特效，addClass()方法则通过重置 CSS 样式，将文本框的边框线改为红色。

本例的源文件名是 HtmlPageC334.html。

121　监控文本框在一段时间是否有输入内容

本例主要使用事件的 timeStamp 属性和 setTimeout()方法实现监控用户在一段时间是否在文本框中输入内容。在浏览器中显示该页面时，如果用户在进入文本框 2 秒内没有输入内容，或者中途暂停 2 秒，都将在下面以粗体字显示提示信息，如图 121-1 所示。

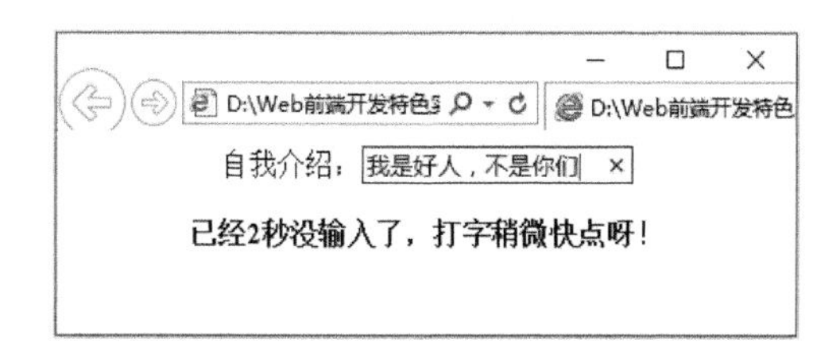

图　121-1

主要代码如下所示：

```
<!DOCTYPE html><html><head>
<script type="text/javascript" src="Scripts/jquery-2.2.3.js"></script>
<script>
  var lastTime;
  $(function () {
   $('input').keyup(function (e) {        //在键盘按键抬起时响应
    lastTime = e.timeStamp;
    setTimeout(function () {
     if (lastTime - e.timeStamp == 0) {
      $("#myDiv").html("<b>已经 2 秒没输入了，打字稍微快点呀!</b>");
    } }, 2000);
    $("#myDiv").html("");
 });})
</script>
</head>
<body>
  <center>自我介绍：<input type="text" class="input">
  <br><br><div id="myDiv"></div></center>
</body></html>
```

上面有底纹的代码是本例的核心代码。在该部分代码中，事件的 timeStamp 属性在此处是指按键抬起时的时间值(戳)。setTimeout()方法用于从载入后延迟指定的时间去执行一个表达式或者是函数。

本例的源文件名是 HtmlPageC198.html。

122　在超过文本框限制字符数时禁用提交按钮

本例主要实现在用户输入的字符数超过文本框限制字符数时禁用提交按钮向服务器提交内容。当在浏览器中显示该页面时，提示此文本框最多可以输入 150 个字符，如图 122-1 所示；当在文本框输入部分内容时，提示此文本框还能输入多少个字符，如图 122-2 所示；当在文本框中输入的字符数超过文本框限制字符数时，提示此文本框已经超出多少个字符，并且禁用提交按钮，如图 122-3 所示。

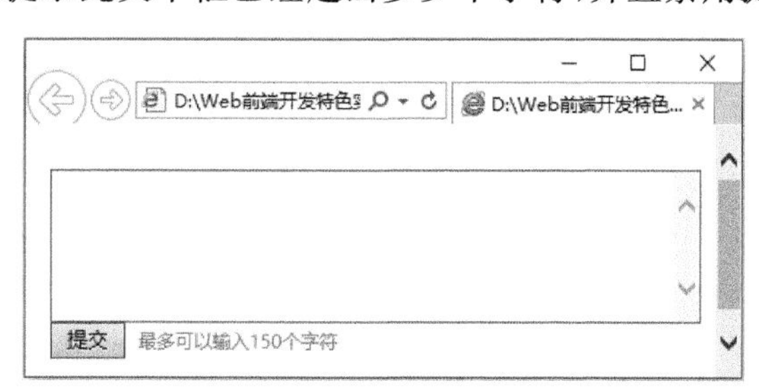

图　122-1

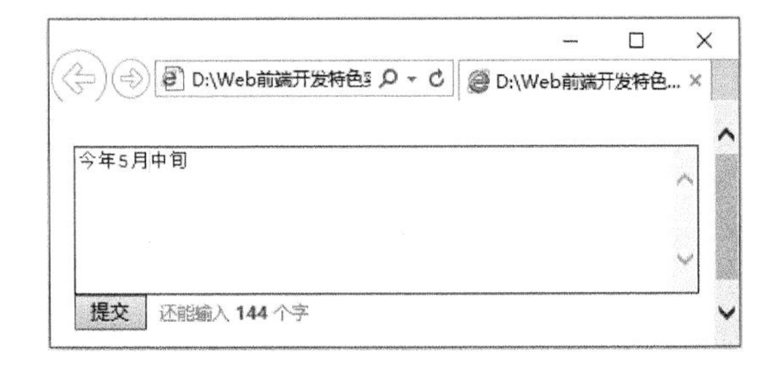

图 122-2

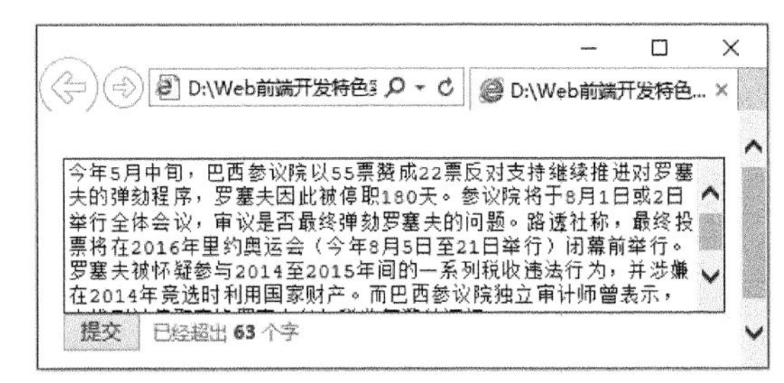

图 122-3

主要代码如下所示：

```
<!DOCTYPE html><html><head>
<script type="text/javascript" src="Scripts/jquery-2.2.3.js"></script>
<script type="text/javascript">
 (function ($) {
  // tipWrap:提示消息的容器; maxNumber: 最大输入字符
  $.fn.artTxtCount = function (tipWrap, maxNumber) {
   var countClass = 'myCharCount',
   fullClass = 'myCharFull',
   disabledClass = 'disabled';              //定义超出字符的CSS类名
   var count = function () {                //统计字数
    var btn = $(this).closest('form').find(':submit'),
    val = $(this).val().length,
    disabled = {on: function () {           //是否禁用提交按钮
     btn.removeAttr('disabled').removeClass(disabledClass);
    },off: function () {
     btn.attr('disabled', 'disabled').addClass(disabledClass);
    }};
    if (val == 0) disabled.off();
    if (val <= maxNumber) {
     if (val > 0) disabled.on();
     tipWrap.html('<span class="' + countClass +
               '">\u8FD8\u80FD\u8F93\u5165<strong>' +
           (maxNumber - val) + '</strong>\u4E2A\u5B57</span>');
    } else {
     disabled.off();
     tipWrap.html('<span class="' + countClass + ' ' +
          fullClass + '">\u5DF2\u7ECF\u8D85\u51FA<strong>' +
          (val - maxNumber) + '</strong>\u4E2A\u5B57</span>');
   };};
   $(this).bind('keyup change', count);
   return this;
 };})(jQuery);
 jQuery(function () {
  $('.autoCharCount').each(function () {
   $(this).find('.text').artTxtCount($(this).find('.tips'), 150);
  });
  //$('#test').artTxtCount($('#test_tips'), 10);
 });
</script>
<style>
 body{font-size: 75%;font-family: '微软雅黑';}
 #demo form{margin: 20px 0;padding: 8px;border: 0px solid #EDEDED;}
 #demo .tips { color: #999;padding: 0 5px;}
```

```
    #demo .tips strong {color: #1E9300;}
    #demo .tips .myCharFull strong {color: #F00;}
  </style>
</head>
<body>
  <div id="demo">
  <form class="autoCharCount" action="" method="get">
   <div><textarea class="text" name="" cols="50" rows="6"></textarea></div>
   <div><button type="submit">提交</button>
      <span class="tips">最多可以输入 150 个字符</span></div></form></div>
</body></html>
```

上面有底纹的代码是 jQuery 实现此功能的核心代码。在这部分代码中，大部分代码源于一个插件修改而成，为节省篇幅，省略了部分不太重要的内容。

本例的源文件名是 HtmlPageC159.html。

123　在文本框中实现放大缩小以及上下滚动

本例主要使用 animate()方法缩放高度从而实现文本框的放大缩小以及上下滚动等功能。在浏览器中显示该页面时，单击“放大”、“缩小”、“上滚”、“下滚”等按钮，则将实现按钮标题所示的功能，如图 123-1 所示。

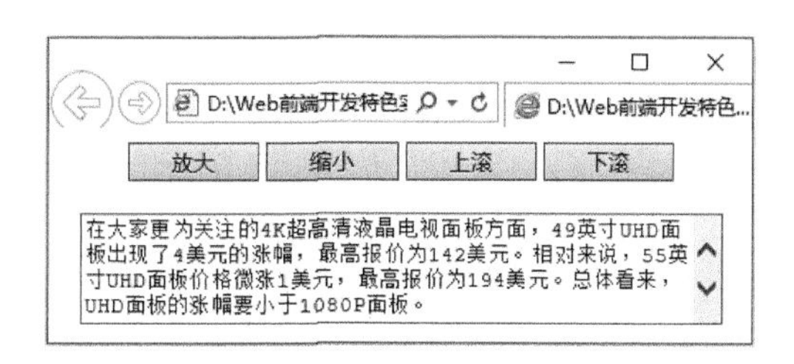

图　123-1

主要代码如下所示：

```
<!DOCTYPE html><html><head>
<script type="text/javascript" src="Scripts/jquery-2.2.3.js"></script>
<script language="javascript">
  $(function () {
   var $myText = $('#myText');
   $('#zoomIn').click(function () {      //单击"放大"按钮的响应
    if (!$myText.is(":animated")) {
     if ($myText.height() < 500) {
      $myText.animate({ height: "+=50" }, 400);
   }  }  });
   $('#zoomOut').click(function () {     //单击"缩小"按钮的响应
    if (!$myText.is(":animated")) {
     if ($myText.height() > 50) {
      $myText.animate({ height: "-=50" }, 400);
   }}});
   $('#myUp').click(function () {        //单击"上滚"按钮的响应
    if (!$myText.is(":animated")) {
      $myText.animate({ scrollTop: "-=50" }, 400);
   }});
   $('#myDown').click(function () {      //单击"下滚"按钮的响应
```

```
      if (! $ myText.is(":animated")) {
        $ myText.animate({ scrollTop: " += 50" }, 400);
  }  }); });
```

```
</script>
</head>
< body >< center >
< div >< input class = "input" type = "button"
           value = "放大" id = "zoomIn" style = "width:80px"/>
     < input class = "input" type = "button"
           value = "缩小" id = "zoomOut"   style = "width:80px"/>
     < input class = "input" type = "button"
           value = "上滚" id = "myUp"   style = "width:80px"/>
     < input class = "input" type = "button"
           value = "下滚" id = "myDown"   style = "width:80px"/> </div >< br >
  < div >< textarea id = "myText" rows = "4" cols = "46">在大家更为关注的 4K 超高清液晶电视面板方面,49
英寸 UHD 面板出现了 4 美元的涨幅,最高报价为 142 美元。相对来说,55 英寸 UHD 面板价格微涨 1 美元,最高报
价为 194 美元。总体看来,UHD 面板的涨幅要小于 1080P 面板。</textarea></div >
</center ></body ></html >
```

上面有底纹的代码是本例的核心代码。在该部分代码中,animate({ height: "+=50" }, 400)用于在指定的时间内改变文本框的高度,animate()方法通常用于修改 CSS 样式将元素从一个状态改变为另一个状态,以创建动画效果。关于 animate()方法的语法声明请参考本书的其他部分。

本例的源文件名是 HtmlPageC362.html。

124 在文本框右边悬浮一个内容输入提示框

本例主要通过为文本框添加 hover 事件响应方法从而实现在文本框的右边悬浮一个内容输入提示框。在浏览器中显示该页面时,如果鼠标放在"用户名称:"文本框上,悬浮框的效果如图 124-1 所示;如果鼠标放在"用户密码:"文本框上,悬浮框的效果如图 124-2 所示。

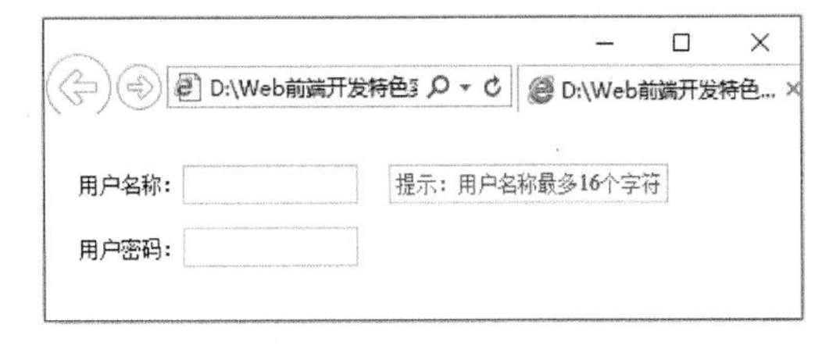

图 124-1

图 124-2

主要代码如下所示:

```
<! DOCTYPE html >< html >< head >
< script type = "text/javascript" src = "Scripts/jquery - 2.2.3.js"></script >
< script language = "javascript">
```

```
  function tips(id, str) {          //创建并显示提示框
    var l =  $ ("#" + id).get(0).offsetLeft + 120;
    var t =  $ ("#" + id).get(0).offsetTop;
    $ ("#tips").html("提示: " + str);
    $ ("#tips").css("left", l + "px");
    $ ("#tips").css("top", t + "px");
    $ ("#tips").css("display", "");
  }
```

```
    function outtips() { $ ("#tips").css("display", "none");}
    $ (document).ready(function () {
      //在鼠标悬浮"用户名称："文本框时响应
     $ ("#username").hover(function (event) {
       tips('username', '用户名称最多 16 个字符')
     }, function (event) {outtips() });
      //在鼠标悬浮"用户密码："文本框时响应
     $ ("#password").hover(function (event) {
       tips('password', '密码必须包含数字字母和特殊字符')
      }, function (event) { outtips() }); });
</script>
<style type="text/css">
 * {margin: 0px;padding: 0px;font-size: 12px;}
 input {width: 100px; height: 20px; border: 1px solid #ccc; }
 </style>
</head>
<body>
 <div id="tips" style="position:absolute;border:1px solid #ccc;
            padding:0px 3px;color:#f00;display:none;height:20px;
            line-height:20px;background:#fcfcfc"></div>
 <div style="margin-left:20px;">
   <br><br>用户名称：<input type="text" id="username" />
   <br><br>用户密码：<input type="password" id="password"></div>
</body></html>
```

上面有底纹的代码是本例的核心代码。在该部分代码中，css("display", "none")主要用于隐藏悬浮框，css("display", "")用于显示悬浮框，css("left", l + "px")和css("top", t + "px")主要用于设置悬浮框左上角的位置，html("提示：" + str)用于设置悬浮框的提示内容。hover()事件响应方法规定了当鼠标指针悬停在被选元素上时要运行的两个函数，该方法的语法声明如下：

```
$ (selector).hover(inFunction,outFunction)
```

其中，参数 inFunction 规定在 mouseover 事件发生时运行的函数。参数 outFunction 是可选参数，规定在 mouseout 事件发生时运行的函数。

本例的源文件名是 HtmlPageC429.html。

125　在文本框中输入邮箱时显示输入列表

本例主要通过在文本框的 keyup 事件响应方法中添加无序列表 ul 从而实现在文本框中输入邮箱时自动显示备选邮箱列表供用户选择输入。在浏览器中显示该页面时，如果在“电子信箱：”文本框中输入除“@”外的任意字符，则将滑出一个邮箱列表供用户选择，如图 125-1 所示。

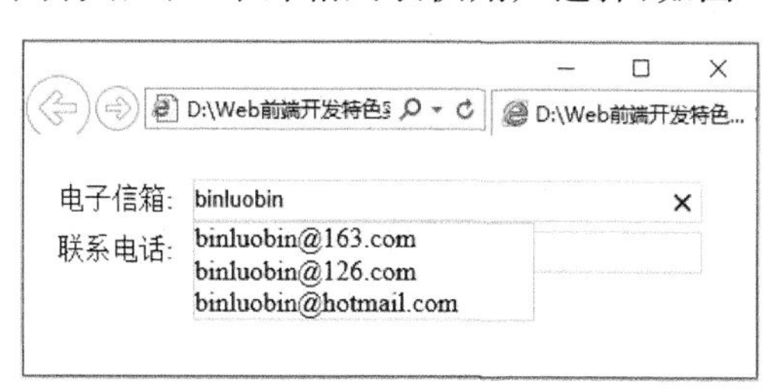

图　125-1

主要代码如下所示：

```
<!DOCTYPE html><html><head>
 <script type="text/javascript" src="Scripts/jquery-2.2.3.js"></script>
 <script type="text/javascript">
  $(function () {
   var mailList = new Array('@163.com', '@126.com','@hotmail.com');
   //响应"电子信息:"文本框的 keyup 事件
   $("#email").on("keyup", function () {
    var val = $(this).val();
    if (val == '' || val.indexOf("@") > -1) {
     $(".emaillist").hide();
     return false;
    }
    $('.emaillist').empty();
    for (var i = 0; i < mailList.length; i++) {
     var emailText = $(this).val();
     $('.emaillist').append('<li>' + emailText + mailList[i] + '</li>');
    }
    $('.emaillist').show();
    $('.emaillist li').click(function () {
     $('#email').val($(this).text());
     $('.emaillist').hide();
  })})})
  </script>
  <style>
   * { padding: 0; margin: 0; list-style:none;}
   .regform { width: 400px; margin: 20px;}
   .inputbg {line-height: 22px; border: 1px solid #dcdcdc;height: 22px;
           width: 300px; margin-top:5px;}
   .regform label { width: 80px;display: block;float: left; margin-top:8px;}
   .emaillist {position: absolute; width: 200px; border: 1px solid #dcdcdc;
              left: 100px;background: #fff;display: none; *top: 22px;}
 </style>
</head>
<body>
 <form class="regform">
  <div class="inputposition">
   <label>电子信箱:</label><input type="text" id="email" value="" class="inputbg" />
   <ul class="emaillist"></ul></div>
  <div><label>联系电话:</label><input type="text" class="inputbg" /></div>
</form></body></html>
```

上面有底纹的代码是本例的核心代码。在该部分代码中，val.indexOf("@") > -1 用于判断文本框中的字符串是否包含@字符。append()方法用于在被选元素的结尾插入指定内容，此处即是向无序列表 $('.emaillist')添加 li 元素。关于 append()方法的语法声明请参考本书的其他部分。

本例的源文件名是 HtmlPageC443.html。

126 在空文本框失去焦点时恢复默认值

本例主要实现在文本框为空白，并且失去焦点的情况下（当鼠标离开时）恢复默认值。当在浏览器中显示该页面时，如果使用鼠标单击“关键词：”文本框，也就是在这个文本框获取焦点时，那么将清空默认值；但是如果未输入内容，则在鼠标离开时，也就是失去焦点时，空白的文本框将恢复原来的默认值“请输入关键词”,如图 126-1 所示。

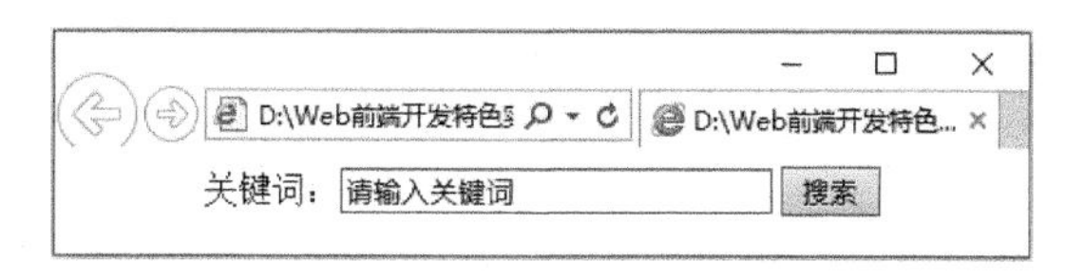

图　126-1

主要代码如下所示:

```
<!DOCTYPE html><html><head>
 <script type="text/javascript" src="Scripts/jquery-2.2.3.js"></script>
 <script language="javascript">
   $(document).ready(function () {
    var mykey = $("#mytext");
    var myvalue = mykey.val();
    mykey.focus(function () {      //在文本框获得焦点时设置为空白
      $(this).val("");
    }).blur(function () {
     if ($(this).val() == "") {//在文本框失去焦点时设置提示内容
        $(this).val(myvalue);
 } }); });
</script>
</head>
<body>
 <P style="text-align:center;margin-top:5px">关键词:
  <input type="text" id="mytext" class="input"
        style="width:200px" value="请输入关键词">
  <input class="input" type="button" value="搜索" id="mysearch" /></P>
</body></html>
```

上面有底纹的代码是本例的核心代码。在该部分代码中,focus()事件响应方法在文本输入框获得焦点时,也就是当鼠标单击事件发生时执行,blur()事件响应方法在失去焦点时执行,val(myvalue)用于设置文本框的内容。

本例的源文件名是 HtmlPageC036.html。

127　在空文本框失去焦点时填补默认值

本例主要实现在文本框为空白,并且失去焦点的情况下(当鼠标离开时)自动填补默认值。在浏览器中显示该页面时,如果使用鼠标单击任意一个文本框,也就是这个文本框获得焦点时,那么清空默认值;但是如果未输入内容,则在鼠标离开时,也就是失去焦点时,空白的文本框将用默认值自动填补,如图 127-1 所示。

图　127-1

主要代码如下所示：

```
<!DOCTYPE html><html><head>
 <script type="text/javascript" src="Scripts/jquery-2.2.3.js"></script>
 <script language="javascript">
   $(function () {
    $(".form input").each(function () {//集体调用
     $(this).setDefauleValue();
    });
    $("#myBrief").setDefauleValue(); //单个调用
   })
   //设置 input,textarea 默认值
   $.fn.setDefauleValue = function () {
    var defauleValue = $(this).val();
    $(this).val(defauleValue).css("color", "#999");
    return this.each(function () {
     $(this).focus(function () {
      if ($(this).val() == defauleValue) {
       $(this).val("").css("color", "#000");
     } }).blur(function () {
      if ($(this).val() == "") {
       $(this).val(defauleValue).css("color", "#999");
  } });});};
  </script>
</head>
<body>
 <form class="form">
  QQ昵称:<input type="text" value="输入昵称"><br><br>
  真实姓名:<input type="text" value="输入姓名"><br><br>
  电话号码:<input type="text" value="电话号码"></form><br>
  自我介绍:<input type="text"
             id="myBrief" value="自我介绍字数在300-500之间最好">
</body></html>
```

上面有底纹的代码是本例的核心代码。在这部分代码中，val()方法用于清空与设置文本框的内容。当val()方法不带参数时，它通常用于获取被选元素的内容，当val()方法带参数时，它通常用于设置被选元素的内容。

本例的源文件名是HtmlPageC158.html。

128　在文本框为空白状态时显示提示信息

本例主要通过为文本框添加keyup和blur事件响应方法从而实现在文本框为空白状态时显示提示信息。在浏览器中显示该页面时，默认情况下，如果文本框为空，将显示提示信息，但是如果在文本框输入文字，则提示信息自动消失，如图128-1所示。

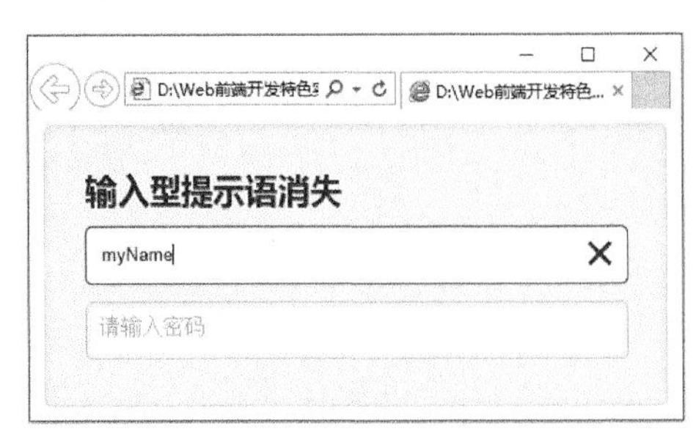

图　128-1

主要代码如下所示：

```
<!DOCTYPE html><html><head>
 <script type="text/javascript" src="scripts/jquery-2.2.3.js"></script>
 <script type="text/javascript">
   $(document).ready(function () {
    $("#keydown .input_txt").each(function () {
     $(this).keyup(function () {                    //在按键抬起时响应
      $(this).siblings("span").hide();
     }).blur(function () {                          //在文本框失去焦点时响应
      var val = $(this).val();
      if (val != "") {                              //如果有输入内容
       $(this).siblings("span").hide();             //隐藏提示信息
      } else {                                      //否则显示提示信息
       $(this).siblings("span").show();
   }})})})
 </script>
 <style type="text/css">
  form {width: 400px; margin: 10px auto;
        border: solid 1px #E0DEDE; padding: 30px;background: #FCF9EF;
        box-shadow: 0 1px 10px rgba(0,0,0,0.1) inset;}
  label {display: block;height: 40px;position: relative;margin: 20px 0;}
  span {position: absolute;float: left;line-height: 40px;left: 10px;
        color: #BCBCBC; cursor: text;}
  .input_txt {width: 398px;border: solid 1px #ccc;height: 38px;
            box-shadow: 0 1px 10px rgba(0,0,0,0.1) inset; text-indent: 10px;}
  .input_txt:focus {box-shadow: 0 0 4px rgba(255,153,164,0.8);
                  border: solid 1px #B00000;}
  .border_radius {border-radius: 5px;color: #B00000;}
  h2 {font-family: "微软雅黑";text-shadow: 1px 1px 3px #fff;}
 </style>
</head>
<body>
 <form class="border_radius" id="keydown">
  <h2>输入型提示语消失</h2>
  <label><span>请输入用户名</span>
         <input type="text" class="input_txt border_radius"></label>
  <label><span>请输入密码</span>
         <input type="text" class="input_txt border_radius"></label></form>
</body></html>
```

上面有底纹的代码是本例的核心代码。在该部分代码中，keyup()事件响应方法在按键抬起的时候执行，blur()事件响应方法在文本框失去焦点的时候执行。siblings()方法用于选取每个匹配元素的所有同辈元素(不包括自己)，并以 jQuery 对象的形式返回，siblings()方法的语法声明如下：

```
jQueryObject.siblings( [ selector ] )
```

其中，参数 selector 是可选参数，指定的选择器字符串。siblings()方法将在当前 jQuery 对象每个匹配元素的所有同辈元素中筛选符合指定选择器的元素。如果省略 selector 参数，则选取每个匹配元素的所有同辈元素。

本例的源文件名是 HtmlPageC420.html。

129 在文本框的内部设置缺省提示信息

本例主要实现在多个文本框的内部设置对应的输入提示信息。在浏览器中显示该页面时，默认情况下，如果文本框为空，将在文本框的内部显示提示信息，但是如果在文本框中输入文字或获得焦点时，则提示信息自动消失，如图 129-1 所示。

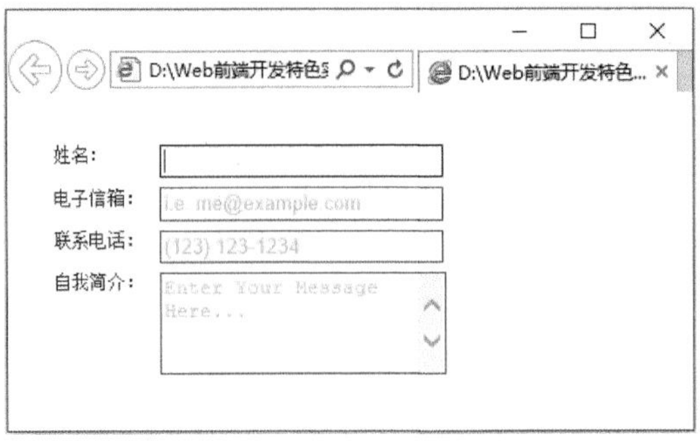

图　129-1

主要代码如下所示：

```
<! DOCTYPE html >< html >< head >
 < script type = "text/javascript" src = "Scripts/jquery - 2.2.3.js"></script >
 < script type = "text/javascript">
    $ (document).ready(function () {
     $ ('.auto - focus:first').focus();
    //在文本框获得焦点时隐藏提示信息
     $ ('INPUT.auto - hint, TEXTAREA.auto - hint').focus(function () {
      if ( $ (this).val() ==  $ (this).attr('title')) {
        $ (this).val('');
        $ (this).removeClass('auto - hint');
   } });
   //在文本框失去焦点时显示提示信息
    $ ('INPUT.auto - hint, TEXTAREA.auto - hint').blur(function () {
     if ( $ (this).val() == ''&& $ (this).attr('title') != '') {
       $ (this).val( $ (this).attr('title'));
       $ (this).addClass('auto - hint');
   } });
    $ ('INPUT.auto - hint, TEXTAREA.auto - hint').each(function () {
     if ( $ (this).attr('title') == '') {
      return;
    }
     if ( $ (this).val() == '') {
        $ (this).val( $ (this).attr('title'));
     } else {
        $ (this).removeClass('auto - hint');
     }
  }); });
 </script >
 < style >
  body {margin: 10px;padding: 10px;color: #444444;font - size: 12px;}
   .sample - form {float: left;background: #FFFFFF;padding: 10px;}
   .sample - form P {clear: both; float: left; margin: 0; padding: 3px;}
   .sample - form P LABEL {width:70px;float: left;}
   .sample - form P input {width:185px;float: left;}
   .auto - hint {color:lightgray; }
  </style >
 </head >
 < body >
  < form class = "sample - form">
```

```
<p><label for="fullname">姓名:</label>
    <input type="text" id="fullname" class="auto-focus" /></p>
<p><label for="email">电子信箱:</label>
    <input type="text" id="email"
           title="i.e. me@example.com" class="auto-hint" /></p>
<p><label for="phone">联系电话:</label>
    <input type="text" id="phone"
           title="(123) 123-1234" class="auto-hint" /></p>
<p><label for="message">自我简介:</label>
    <textarea cols="21" rows="4" id="message" class="auto-hint"
             title="Enter Your Message Here..."></textarea></p></form>
</body></html>
```

上面有底纹的代码是本例的核心代码。在该部分代码中,addClass('auto-hint')用于在文本框失去焦点时,设置该提示信息的显示样式 auto-hint; removeClass('auto-hint')用于在文本框获得焦点时,移除该文本框的 auto-hint 样式。

本例的源文件名是 HtmlPageC433.html。

130 比较简略地在文本框中设置提示信息

本例主要通过添加文本框的 focus 和 blur 事件响应方法从而实现在文本框中设置输入提示信息。在浏览器中显示该页面时,默认情况下,如果文本框为空,将在文本框中显示提示信息,如果在文本框中输入文字或获得焦点,则提示信息自动消失,如图 130-1 所示。

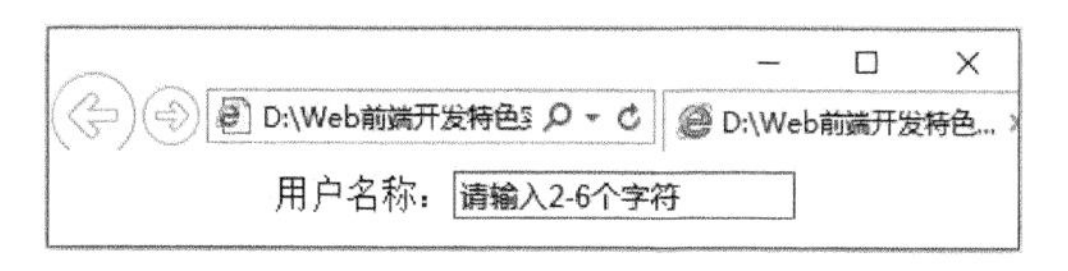

图 130-1

主要代码如下所示:

```
<!DOCTYPE html><html><head>
 <script type="text/javascript" src="Scripts/jquery-2.2.3.js"></script>
 <script type="text/javascript">
   $(document).ready(function () {
    var myText = "请输入 2-6 个字符";
    $("#myName").val(myText);
    //在文本框获得焦点时设置为空白
    $("#myName").focus(function () {
     if ($("#myName").val() == myText)
       $("#myName").val("");
    });
    //在文本框失去焦点时设置为提示内容
    $("#myName").blur(function () {
     if ($("#myName").val() == "")
       $("#myName").val(myText);
 }); });
 </script>
</head>
<body><center>
    用户名称:<input id="myName" value="" />
</center></body></html>
```

上面有底纹的代码是本例的核心代码。在该部分代码中，focus 事件响应方法在文本框获得焦点的时候执行，blur 事件响应方法在文本框失去焦点的时候执行，在大多数情况下，这两个事件响应方法也可以合成到 hover 事件中。val()方法在带参数的时候用于设置文本框的内容，在无参数的时候通过返回值获得文本框的内容。关于这些方法的语法声明请参考本书的其他部分。

本例的源文件名是 HtmlPageC446. html。

131 在 textarea 文本域的光标处插入文本

本例主要使用 jQuery. fn. extend(object)方法实现在 textarea 的当前光标位置插入文本。在浏览器中显示该页面时，单击“插入预置的文本”按钮，即可将相关文本插入到 textarea 的当前光标位置，如图 131-1 所示。

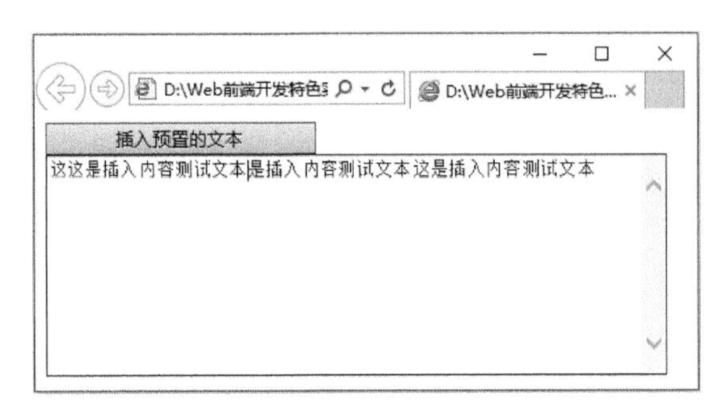

图 131-1

主要代码如下所示：

```
<!DOCTYPE html><html><head>
 <script type="text/javascript" src="Scripts/jquery-2.2.3.js"></script>
 <script type="text/javascript">
   $(function () {
   (function ( $ ) {
    $.fn.extend({
     insertText: function (myValue, t) {
      var $t = $(this)[0];
      if (document.selection) {
       this.focus();
       var sel = document.selection.createRange();
       sel.text = myValue;
       this.focus();
       sel.moveStart('character', -1);
       var wee = sel.text.length;
       if (arguments.length == 2) {
        var l = $t.value.length;
        sel.moveEnd("character", wee + t);
        t <= 0 ? sel.moveStart("character",
              wee - 2 * t - myValue.length) : sel.moveStart("character",
              wee - t - myValue.length);
        sel.select();
       }
      } else if ($t.selectionStart|| $t.selectionStart == '0') {
        var startPos = $t.selectionStart;
        var endPos = $t.selectionEnd;
```

```
        var scrollTop = $t.scrollTop;
        $t.value = $t.value.substring(0, startPos) + myValue
                        + $t.value.substring(endPos, $t.value.length);
        this.focus();
        $t.selectionStart = startPos + myValue.length;
        $t.selectionEnd = startPos + myValue.length;
        $t.scrollTop = scrollTop;
        if (arguments.length == 2) {
          $t.setSelectionRange(startPos - t,
          $t.selectionEnd + t);
          this.focus();
         }
        } else {
         this.value += myValue;
         this.focus();                    //设置焦点
      } } }) })(jQuery); });
      $(document).ready(function () {
          //单击"插入预置的文本"按钮的响应
       $("#myButton").click(function () {
         $("#myTextarea").insertText("这是插入内容测试文本");
  }); });
</script>
</head>
<body>
 <button id="myButton" value="插入" style="width:200px">插入预置的文本</button><br>
 <textarea name="content" id="myTextarea" rows="10" cols="54"></textarea>
</body></html>
```

上面有底纹的代码是本例的核心代码。在这部分代码中,jQuery.fn.extend(object)方法主要用于对jQuery.prototype进行扩展,即为jQuery类添加成员函数,然后jQuery类的实例就可以使用这个成员函数。在此例中,则是使用jQuery.fn.extend(object)方法为$("#myTextarea")这个实例添加insertText()成员函数,从而实现在textarea的当前光标位置插入文本。

本例的源文件名是HtmlPageC346.html。

132　获取多个文本框的ID标识和输入内容

本例主要使用选择器筛选所有的同类(名)元素(文本框)并逐一列举其中的元素的ID和值(输入的内容)。在浏览器中显示该页面时,单击"获取多个文本输入框的值"按钮,则将在下面以粗体字显示三个文本框的输入内容,如图132-1的左边所示;单击"获取多个文本输入框的ID"按钮,则将在下面以粗体字显示三个文本框的ID,如图132-1的右边所示。

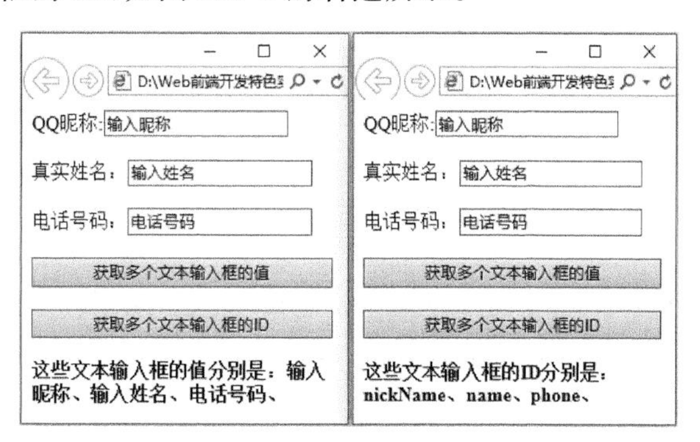

图　132-1

主要代码如下所示：

```
<! DOCTYPE html >< html >< head >
 < script type = "text/javascript" src = "Scripts/jquery - 2.2.3.js"></script >
 < script type = "text/javascript">
   $ (document).ready(function () {
    //单击"获取多个文本输入框的值"按钮的响应
    $ ("#myBtnVal").click(function () {
     var myValue = ""
     //$ ("input[type = 'text']").each(
     $ ("input[name = 'TextBox']").each(
      function () { myValue +=  $ (this).val() + "、"; });
     //myValue =  $ ("input[name = 'TextBox']")[0].value;
      //myValue =  $ ("input[name = 'TextBox']").get(0).value;
     $ ("#myDiv").html("< b>这些文本输入框的值分别是:" + myValue + "</b>");
    });
    //响应单击按钮"获取多个文本输入框的 ID"
    $ ("#myBtnID").click(function () {
     var myID = ""
      $ ("input[name = 'TextBox']").each(
      function () {
       myID +=  $ (this).attr("id") + "、"; });
       $ ("#myDiv").html("< b>这些文本输入框的 ID 分别是:"
                                                + myID + "</b>");
  });});
 </script >
</head >
< body >
 < form class = "form">
   QQ 昵称:< input name = "TextBox" type = "text"
                     value = "输入昵称" id = "nickName" >< br >< br >
   真实姓名:< input name = "TextBox" type = "text"
                     value = "输入姓名" id = "name" >< br >< br >
   电话号码:< input name = "TextBox" type = "text"
                     value = "电话号码" id = "phone" ></form >< br >
   < input type = "button" value = "获取多个文本输入框的值"
                         id = "myBtnVal" style = "width:250px" />< br >< br >
   < input type = "button" value = "获取多个文本输入框的 ID"
                         id = "myBtnID" style = "width:250px" />
   < br >< br >< div id = "myDiv" style = "width:250px"></div >
</body ></html >
```

上面有底纹的代码是本例的核心代码。在这部分代码中，each()方法规定为每个匹配元素运行的函数，此处即是枚举在 $("input[name='TextBox']")中的所有文本框，关于 each()方法的语法声明请参考本书的其他部分。

本例的源文件名是 HtmlPageC160.html。

133 在多个文本框间通过回车键切换焦点

本例主要通过检测键盘按键编码并使用 focus()方法实现在多个文本框间以回车键自动切换焦点。在浏览器中显示该页面时，“用户名称：”文本框自动获得焦点，按下回车键自动跳转到“密码：”

文本框，如图 133-1 所示，以此类推。主要代码如下所示：

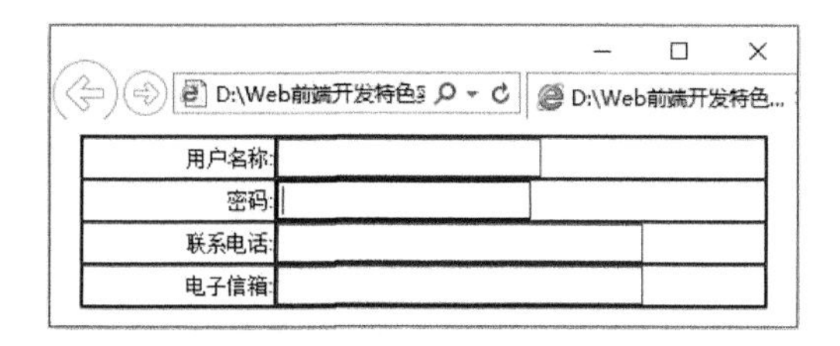

图 133-1

```
<!DOCTYPE html><html><head>
 <script type="text/javascript" src="Scripts/jquery-2.2.3.js"></script>
 <script type="text/javascript">
   function myEnter(myBox) {
    if (event.keyCode == 13) {//如果按下了回车键，则设置焦点
      myBox.focus();
   } }
   $(document).ready(function () {
    $("#myName").focus();    //设置"用户名称:"文本框获得焦点
  });
 </script>
</head>
<body style="font-size:12px">
 <table width="400" border="1" align="center" cellpadding="0" cellspacing="0">
  <tr><td width="172" height="22" align="right">用户名称:</td>
       <td width="328" height="22"><input type="text" id="myName"
          maxlength="50" onKeyPress="myEnter($('#myPassword'))" /></td></tr>
  <tr><td height="22" align="right">密码:</td>
       <td height="22"><input type="password" id="myPassword"
          maxlength="50" onKeyPress="myEnter($('#myPhone'))" /></td></tr>
  <tr><td height="22" align="right">联系电话:</td>
       <td height="22"><input type="text" id="myPhone" size="30"
          maxlength="30" onKeyPress="myEnter($('#myEmail'))" /></td></tr>
  <tr><td height="22" align="right">电子信箱:</td>
       <td height="22"><input type="text" id="myEmail"
                                size="30" maxlength="100" /></td></tr></table>
</body></html>
```

上面有底纹的代码是本例的核心代码。在该部分代码中，event.keyCode == 13 表示用户当前按下了回车键，在 KeyPress 事件响应方法中，可以通过参数检测用户按键，因此在此可以设置其他按键实现焦点自动切换。

本例的源文件名是 HtmlPageC441.html。

134 将文本框的输入内容转换成二维码

本例主要调用 jquery.qrcode.min.js 插件中的方法实现把指定的文本转换成二维码。在浏览器中显示该页面时，在文本框中输入一段文字，如"南海是中国不可分割的领海"，单击"将上面的文本内容生成二维码"按钮，则将在下面显示该文本对应的二维码，如图 134-1 所示。使用微信的"扫一扫"功能，就能获得扫描结果"南海是中国不可分割的领海"。主要代码如下所示：

图 134-1

```
<!DOCTYPE html><html><head>
 <script type="text/javascript" src="Scripts/jquery-2.2.3.js"></script>
 <script type="text/javascript" src="Scripts/jquery.qrcode.min.js"></script>
 <script language="javascript">
    function utf16to8(str) {
      var out, i, len, c;
      out = "";
      len = str.length;
      for (i = 0; i < len; i++) {
        c = str.charCodeAt(i);
        if ((c >= 0x0001) && (c <= 0x007F)) {
            out += str.charAt(i);
        } else if (c > 0x07FF) {
            out += String.fromCharCode(0xE0 | ((c >> 12) & 0x0F));
            out += String.fromCharCode(0x80 | ((c >> 6) & 0x3F));
            out += String.fromCharCode(0x80 | ((c >> 0) & 0x3F));
        } else {
            out += String.fromCharCode(0xC0 | ((c >> 6) & 0x1F));
            out += String.fromCharCode(0x80 | ((c >> 0) & 0x3F));
      } }
      return out;
    }
    $(document).ready(function () {
       //单击"将上面的文本内容生成二维码"按钮的响应
      $("#mySet").click(function () {
       //获取文本框的内容
      var myText = $("#myInput").val();
      // jQuery('#code').qrcode(utf16to8(myText));
       $("#code").qrcode({
          render: "table",   //table方式
          width: 400,        //宽度
          height: 400,       //高度
          text: utf16to8(myText)
 }); }); });
```

```
</script>
</head>
<body>
  二维码文本内容:
  <input type="text" id="myInput" class="input" style="width:260px"
                                   value="南海是中国不可分割的领海"><br><br>
  <input class="input" type="button"
        value="将上面的文本内容生成二维码" id="mySet" style="width:400px" />
  <p><div id="code"></div></p>
</body></html>
```

上面有底纹的代码是本例的核心代码。在这部分代码中,qrcode()方法负责把文本转换成二维码。需要说明的是,从 https://github.com/jeromeetienne/jquery-qrcode 上下载的 jquery.qrcode.min.js 插件仅支持英文和数字,不支持中文。实例中的 jquery.qrcode.min.js 插件已经在原插件的基础上作了修改,可以正常支持中文。

本例的源文件名是 HtmlPageC206.html。

第7章 选项卡实例

135 创建可淡入淡出切换内容的选项卡

本例主要通过综合使用 siblings()和 fadeIn()等方法实现在选项卡之间跳转时淡入淡出地显示选项卡。在浏览器中显示该页面时，单击“用户体验要素”选项卡，则将淡入淡出地显示该书封面，如图 135-1 所示；单击“C# 入门经典”选项卡，也将淡入淡出地显示“C# 入门经典”封面，如图 135-2 所示；单击其他选项卡将实现类似的效果。

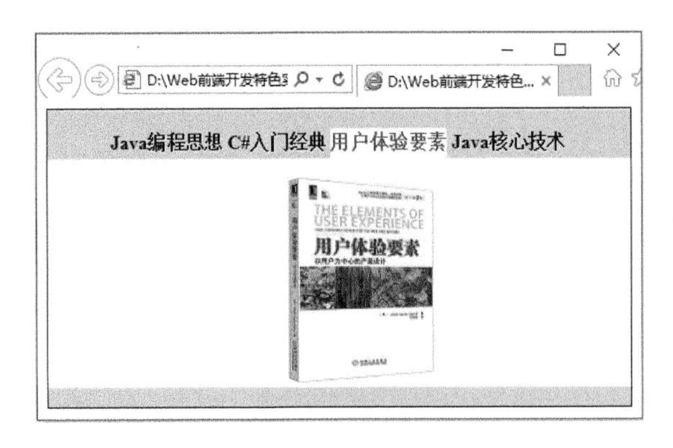

图 135-1

图 135-2

主要代码如下所示：

```
<!DOCTYPE html><html><head>
```

```
<script type="text/javascript" src="Scripts/jquery-2.2.3.js"></script>
<script language="javascript">
  $(function () {
   var tabTitle = ".byc dl dt a";
   var tabContent = ".byc dl p";
    $(tabTitle + ":first").addClass("on"); //默认情况下,显示第一个选项卡
    $(tabContent).not(":first").hide();    //隐藏第二、第三选项卡
    //为选项卡标签绑定鼠标单击事件响应方法
    $(tabTitle).unbind("click").bind("click", function () {
     $(this).siblings("a").removeClass("on").end().addClass("on");
     var index = $(tabTitle).index($(this));
     $(tabContent).eq(index).siblings(tabContent).hide().end().fadeIn("slow");
});});
</script>
<style type="text/css">
 .byc { border: 1px solid black; width: 500px;
          margin: 0px auto;background: #e5dbdb;}
 .byc dt {background: #e5dbdb;}
 .byc dt a {display: inline-block;line-height: 25px;
                   margin: 0 0px;cursor: pointer;}
 .byc dt a.on {color: red; background: #fff;}
 .on {display: block;}
 .hidden { display: none; }
</style>
</head>
<body>
<div class="byc">
  <dl style=" background: #ffffff;">
   <dt style="text-align:center">
    <a><strong>Java 编程思想</strong></a>
    <a><strong>C#入门经典</strong></a>
    <a><strong>用户体验要素</strong></a>
    <a><strong>Java 核心技术</strong></a></dt>
   <dd style="text-align:center " >
    <p><img src="MyImages/MyImage42.jpg" width="170" height="170" />     </p>
    <p class="hidden"><img src="MyImages/MyImage43.jpg"
                         width="170" height="170" /></p>
    <p class="hidden"><img src="MyImages/MyImage44.jpg"
                         width="170" height="170" /></p>
    <p class="hidden"><img src="MyImages/MyImage45.jpg"
                         width="170" height="170" /></p></dd></dl></div>
    </body></html>
```

上面有底纹的代码是本例的核心代码。在这部分代码中,fadeIn("slow")用于以 slow 风格淡入地显示被选选项卡,eq(index)用于根据指定索引查找选项卡。关于这两个方法的语法声明请参考本书的其他部分。

本例的源文件名是 HtmlPageC094.html。

136　创建以卷帘下拉式滑动的选项卡

本例主要实现使用 slideDown()和 slideToggle()等方法创建卷帘下拉式的滑动选项卡。在浏览器中显示该页面时,如果将鼠标放在“西莫葡萄酒”选项卡上,效果如图 136-1 所示;如果将鼠标放在“积格仕葡萄酒”选项卡上,效果如图 136-2 所示。

图 136-1

图 136-2

主要代码如下所示：

```
<!DOCTYPE html><html><head>
 <script type="text/javascript" src="Scripts/jquery-2.2.3.js"></script>
 <script type="text/javascript">
  $(document).ready(function () {
   $(".tab_content").hide();                          //隐藏所有选项卡
   $("ul.tabs li:first").addClass("active").show(); //显示第一个选项卡
   $(".tab_content:first").slideDown("fast");
   $("ul.tabs li").hover(function () {                //在鼠标悬浮选项卡标签时响应
     $("ul.tabs li").removeClass("active");
     $(this).addClass("active");
     $(".tab_content").hide();
    var activeTab = $(this).find("a").attr("href");
     $(activeTab).slideToggle("fast");
    return false;
  });});
 </script>
 <style type="text/css">
  body {background: #f0f0f0;margin: 0;padding: 0; color: #444;
        font: 10px normal Verdana, Arial, Helvetica, sans-serif;}
  .container {width: 436px; margin: 10px auto;}
  ul.tabs {margin: 0; padding: 0; float: left; list-style: none;
           height: 32px; border-bottom: 1px solid #999; width: 100%;
           border-left: 1px solid #999;}
  ul.tabs li {float: left;margin: 0;padding: 0;height: 31px; overflow: hidden;
            line-height: 31px; border: 1px solid #999;border-left: none;
            margin-bottom: -1px;background: #e0e0e0;position: relative;}
  ul.tabs li a {text-decoration: none;color: #000;display: block;
                font-size: 1.2em;padding: 0 20px;
                border: 1px solid #fff;outline: none; }
  ul.tabs li a:hover {background: #ccc;}
  html ul.tabs li.active, html ul.tabs li.active a:hover {
                 background: #fff; border-bottom: 1px solid #fff;}
  .tab_container {border: 1px solid #999;border-top: none;
                 clear: both;float: left; width: 100%;background: #fff;
                 -moz-border-radius-bottomright: 5px;
                 -webkit-border-bottom-right-radius: 5px;
                 -moz-border-radius-bottomleft: 5px;
```

```
                    -webkit-border-bottom-left-radius: 5px;}
  .tab_content {padding: 20px;font-size: 1.2em;display:none;}
 </style>
</head>
<body>
 <div class="container">
  <ul class="tabs">
   <li class="active"><a href="#tab1">西莫葡萄酒</a></li>
   <li><a href="#tab2" id="">积格仕葡萄酒</a></li>
   <li><a href="#tab3">伊利葡萄酒</a></li>
   <li><a href="#tab4">丘比特葡萄酒</a></li></ul>
  <div class="tab_container">
   <div id="tab1" class="tab_content" style="display: block;">
    <img src="MyImages/MyImage31.jpg" /></div>
   <div id="tab2" class="tab_content" >
    <img src="MyImages/MyImage32.jpg" /></div>
   <div id="tab3" class="tab_content" >
    <img src="MyImages/MyImage34.jpg" /></div>
   <div id="tab4" class="tab_content" >
    <img src="MyImages/MyImage35.jpg" /></div></div></div>
</body></html>
```

上面有底纹的代码是本例的核心代码。在这部分代码中，$(".tab_content").hide()用于隐藏所有选项卡，$("ul.tabs li:first").addClass("active").show()用于设置第一个选项卡标签的样式为active并显示，$(".tab_content:first").slideDown("fast")用于以卷帘下拉式显示第一个选项卡内容。

本例的源文件名是HtmlPageC316.html。

137 仅使用DIV块创建纵向风格的选项卡

本例主要使用CSS自定义DIV作为选项卡的导航选项从而实现选项卡标签在垂直方向进行切换。在浏览器中显示该页面时，单击"法国美酒"选项卡，则将显示在该选项卡中的图片，如图137-1所示；单击"智利美酒"选项卡，也将会显示在该选项卡中的图片，如图137-2所示；单击其他选项卡将实现类似的效果。

图 137-1

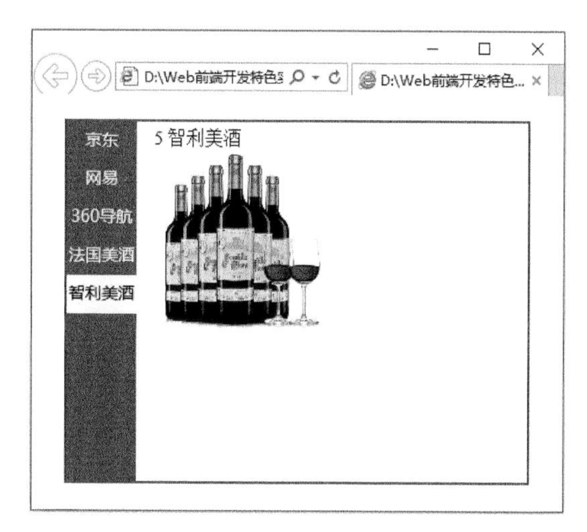

图 137-2

主要代码如下所示：

```
<!DOCTYPE html><html><head>
 <script type="text/javascript" src="Scripts/jquery-2.2.3.js"></script>
 <script language="javascript">
   $(document).ready(function () {
    $(".hovertreepage .nav div").mouseenter(function () {   //在鼠标进入时响应
     var $this = $(this);
     var index = $this.index();
    }).mouseleave(function () {                             //在鼠标离开时响应
     var $this = $(this);
     var index = $this.index();
    }).click(function () {                                  //单击左侧的选项卡标签的响应
     var $this = $(this);
     var index = $this.index();
     var l = -(index * 290);
     $(".hove" + "rtreepage .nav div").removeClass("on");
     $(".hovertreepage .nav div").eq(index).addClass("on");
     $(".hovertreepage .content div:eq(0)").stop().animate({ "margin-top": l }, 500);
 });});
 </script>
 <style type="text/css">
  .hovertreepage .clear {clear: both;}
  .hovertreepage {margin: 20px; width: 400px;height: 300px;
          border: 2px solid green;}
  .hovertreepage .left, .hovertreepage .right { float: left;}
  .hovertreepage .nav-back {width: 60px; height: 300px;
                 background: green; opacity: .9; filter: alpha(opacity=30);}
  .hovertreepage .nav {position: relative; margin-top: -300px;
                 width: 60px;text-align: center; font-size: 14px;
                 font-family: "微软雅黑"; color: #fff; }
  .hovertreepage .nav div {height: 32px;line-height: 28px;cursor: pointer;}
  .hovertreepage .nav div.on {background: #ffffff;color:#000;}
  .hovertreepage .right {width: 300px; height: 300px; margin-left:10px;}
  .hovertreepage .content-back { width: 320px; height: 300px;
                 background: #fff; opacity: .3; border: 0px solid blue;}
  .hovertreepage .content { position: relative; width: 300px;
         height: 280px;margin-top: -300px;padding: 5px;overflow: hidden;}
  .hovertreepage .content a {color: blue;}
  .hovertreepage .content div { width: 300px; height: 280px;
         margin-bottom: 10px; background: #fff;}
 </style>
</head>
<body>
<div class="hovertreepage">
  <div class="left">
   <div class="nav-back"></div>
   <div class="nav">
    <div class="on">京东</div>
    <div>网易</div>
    <div>360 导航</div>
    <div>法国美酒</div>
    <div>智利美酒</div></div></div>
  <div class="right">
   <div class="content-back"></div>
   <div class="content">
```

```
<div>1 <a href="http://www.jd.com">京东</a><br>
        <img src="MyImages/MyImage38.jpg" width="150" height="150" /></div>
<div>2 <a href="http://www.163.com">网易新闻</a></div>
<div>3 <a href="https://hao.360.cn">360 导航</a></div>
<div>4 法国美酒<br><img src="MyImages/MyImage37.jpg"
                          width="150" height="150" /></div>
<div>5 智利美酒<br><img src="MyImages/MyImage36.jpg"
                          width="150" height="150" /></div></div></div></div>
</body></html>
```

上面有底纹的代码是本例的核心代码。在这部分代码中，addClass("on")用于给被选择的 DIV 块增加自定义的 on 样式，removeClass("on")则用于从被选择的 DIV 块中移除自定义的 on 样式。eq(index)用于根据索引参数获取集合中的指定 DIV 块。eq()方法的语法声明如下：

```
eq(index)
```

其中，参数 index 指示元素的位置，最小值为 0。如果是负数，则从集合中的最后一个元素往回计数。

本例的源文件名是 HtmlPageC169.html。

138　使用无序列表和 DIV 块创建水平选项卡

本例主要使用无序列表 ul 的节点作为选项卡的导航选项并使用 hide()和 show()方法来实现在各个选项卡之间进行切换。在浏览器中显示该页面时，如果将鼠标滑动到“积格仕葡萄酒”选项卡上，效果如图 138-1 所示；如果将鼠标滑动到“西莫葡萄酒”选项卡上，效果如图 138-2 所示。主要代码如下所示：

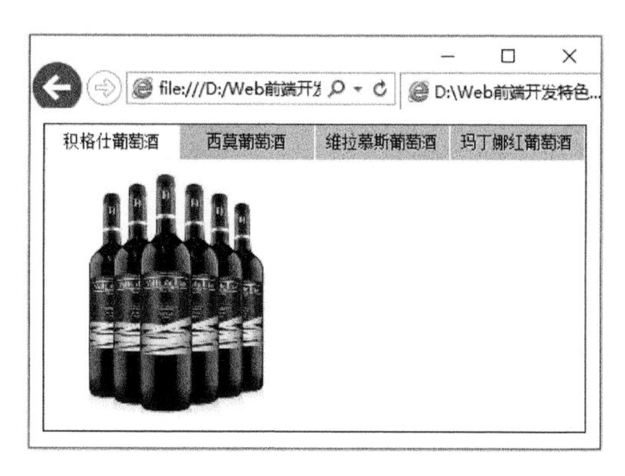

图　138-1

图　138-2

```
<!DOCTYPE html><html><head>
 <script type="text/javascript" src="Scripts/jquery-2.2.3.js"></script>
 <script type="text/javascript">
   $(document).ready(function () {
    $("#tabMenus li:first").addClass("current");
    $("#tabCons div:first").show();                 //显示第一个选项卡
     $("#tabMenus li").each(function (i) {
      $(this).hover(function () {    //在鼠标悬浮选项卡标签时响应
        $(this).addClass("current").siblings().removeClass();
        $("#tabCons > div").hide();
        $("#tabCons div:eq(" + i + ")").show();
   }) }) })
```

```
  </script>
  <style type="text/css">
   * {margin: 0; padding: 0;}
   ul { list-style: none;}
   body {font-size: 12px;}
   #tabMenus { width: 404px; margin: 10px auto 0 auto;overflow: hidden;
           border: black solid 1px; border-bottom: none; }
   #tabMenus li {float: left; width: 100px;height: 25px;
               line-height: 25px; background: lightblue;
               text-align: center;margin-right: 1px;}
   #tabMenus li a {display: block;height: 100%;color: #000000;
                text-decoration: none;}
   #tabMenus li.current { background: white;}
   #tabCons {clear: both;width: 404px;margin: 0 auto;overflow: hidden;
           border: black solid 1px;border-top: none;background: white;}
   #tabCons .con {float: left; padding: 10px;width: 380px;display: none;}
  </style>
 </head>
 <body>
  <ul id="tabMenus">
   <li><a href="#">积格仕葡萄酒</a></li>
   <li><a href="#">西莫葡萄酒</a></li>
   <li><a href="#">维拉慕斯葡萄酒</a></li>
   <li><a href="#">玛丁娜红葡萄酒</a></li></ul>
 <div id="tabCons">
   <div class="con"><img src="MyImages/MyImage32.jpg" /></div>
   <div class="con"><img src="MyImages/MyImage31.jpg" /></div>
   <div class="con"><img src="MyImages/MyImage33.jpg" /></div>
   <div class="con"><img src="MyImages/MyImage39.jpg" /></div></div>
 </body></html>
```

上面有底纹的代码是本例的核心代码。在该部分代码中，hide()方法用于隐藏被选择的元素，$("#tabCons > div").hide()即是隐藏所有选项卡(DIV 块)；show()方法用于显示被选择的元素，$("#tabCons div:eq(" + i + ")").show()即是显示当前鼠标所在的选项卡(DIV 块)。关于这两个方法的语法声明请参考本书的其他部分。

本例的源文件名是 HtmlPageC304.html。

139 创建嵌套型导航菜单风格的选项卡

本例主要通过在 hover()事件处理函数中使用 attr()等方法创建嵌套导航菜单的两级自定义选项卡。在浏览器中显示该页面时，如果把鼠标放在“专家理财”选项卡上，滑出的导航菜单效果如图 139-1 所示。

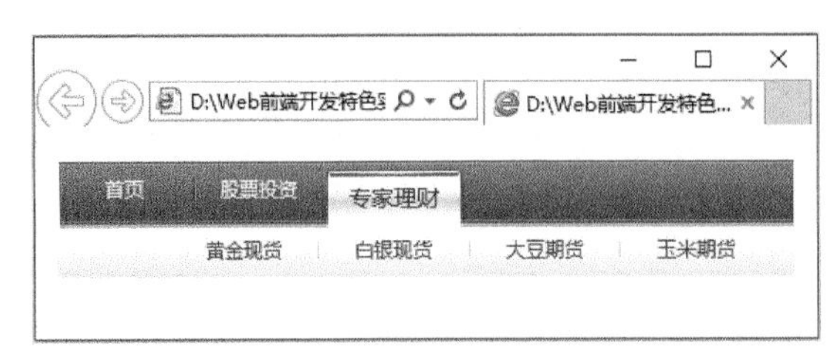

图 139-1

主要代码如下所示：

```
<!DOCTYPE html><html><head>
 <script type="text/javascript" src="Scripts/jquery-2.2.3.js"></script>
 <SCRIPT type=text/javascript>
   $(document).ready(function () {
    switch (true) {
     default:
        $("#nav li").attr("class", "");
        $("#nav li").eq(0).attr("class", "nav_lishw");
        $(".nav_lishw .v a").attr("class", "sele");
        $(".nav_lishw .kind_menu").show(); //显示第一个选项卡
    }
    $("#nav li").hover( function () {      //在鼠标悬浮选项卡标签时响应
      clearTimeout(setTimeout("0") - 1);
       $("#nav .kind_menu").hide();
       $("#nav li .v .sele").attr("class", "");
       $(this).attr("id", "nav_hover")
       $("#nav_hover .v a").attr("class", "sele");
       $("#nav_hover .kind_menu").show();
     },function () {                         //在鼠标离开选项卡标签时响应
      if ( $(this).attr("class") != "nav_lishw") {
        $("#nav_hover .v .sele").attr("class", "");
        $("#nav_hover .kind_menu").hide();
      }
       $(this).attr("id", "")
      setTimeout(function () {
        $(".nav_lishw .kind_menu").show();
        $(".nav_lishw .v a").attr("class", "sele");
      }, 50);
    }); });
    </SCRIPT>
    <style type="text/css">
        * { margin-left: 0px;margin-top: 0px;margin-right: 0px;
           margin-bottom: 0px; text-decoration: none;}
        #nav_wrap {margin: 20px auto;width: 451px;overflow: hidden;}
        #nav li {text-align: center; font-size: 12px;}
        #nav {background: url(MyImages/my296nav_bg.gif) repeat-x;
           height: 39px;position: relative;width: 450px;margin: 0 auto;}
        #nav li .v .sele {color: #116406;line-height: 42px;font-size: 14px;
           background: url(MyImages/my296nav_bg.gif) no-repeat 0px -47px;}
        #nav .bt_qnav { float: right;}
        #nav .bt_qnav a {width: 31px; height: 29px;line-height: 39px;
                        display: block;padding: 9px 2px 0 0;}
        #nav .c {float: left;margin: 0;padding: 0;}
        #nav li {float: left;list-style: none;}
        #nav li .v a {width: 83px;height: 39px;line-height: 33px;
            background: url(MyImages/my296navnbg.gif) no-repeat -87px 6px;
     display: block;color: #FFF;float: left;font-family: "Microsoft Yahei";}
     #nav li .v a:hover, #nav li .v .sele {
            color: #116406;line-height: 42px;font-size: 14px;
            background: url(MyImages/my296navnbg.gif) no-repeat 0px -47px;}
     #nav .kind_menu {height: 30px; *height: 29px;line-height: 30px;
                     vertical-align: middle;position: absolute;
                     top: 37px; *top: 39px;left: 70px;width: 880px;
                     text-align: left;display: none;color: #656565;}
     #nav .kind_menu a {color: #656565; float: left;text-align: center;
                   width: 90px;font-family: Arial, Helvetica, sans-serif;}
    #nav .kind_menu a:hover {color: #ff4300;
```

```
            background: url(MyImages/my296navnbg.gif) no - repeat 1px  - 91px;}
       # nav .kind_menu span {font - size: 10px;color: # cecece;
            line - height: 30px; * line - height: 26px;float: left;}
       # tmenu {background: url(MyImages/my296nav_bg1.gif) repeat - x bottom;
            height: 28px;border - bottom: 1px solid  # eee;}
     </style>
</head>
< body style = "text - align:center">
< div id = nav_wrap >
  < div id = nav >
   < div class = l ></div >
    < ul class = c >< li >< span class = v >< A href = " # " target = "_blank">首页</A ></span >
       < div class = kind_menu style = "LEFT: 20px">欢迎访问理财大世界 </div ></li >
      < li >< span class = v >< A href = " # ">股票投资</A ></span >
       < div class = kind_menu style = "LEFT: 40px">
       < A href = " # ">上海股市</A > < span >|</span > < A href = " # ">深圳股市</A >
        </div ></li >
      < li >< span class = v >< A href = " # ">专家理财</A ></span >
          < div class = kind_menu >< A href = " # ">黄金现货</A >
          < span >|</span > < A href = " # ">白银现货</A >
          < span >|</span > < A href = " # ">大豆期货</A > < span >|</span >
          < A href = " # " onclick = "alert('欢迎访问理财大世界')">玉米期货</A >
      </div ></li ></ul >
    < div class = r ></div ></div ><! -- nav -- >
   < div id = tmenu ></div ></div ><! -- nav_wrap -- >
</body ></html >
```

上面有底纹的代码是本例的核心代码。在这部分代码中，attr("class", "sele")用于设置所选元素的样式。attr()方法的语法声明如下：

```
jQueryObject.attr( attributeName [, value ] )
```

其中，参数 attributeName 表示指定的属性名称。参数 value 是可选参数，表示指定的属性值，或返回属性值的函数。如果指定了 value 参数，则表示设置属性 attributeName 的值为 value；如果没有指定 value 参数，则表示返回属性 attributeName 的值。

本例的源文件名是 HtmlPageC296. html。

140　创建与滑动菜单风格类似的选项卡

本例主要实现使用 animate()方法创建与滑动菜单风格类似的选项卡。在浏览器中显示该页面时，如果将鼠标放在“图书”选项卡上，效果如图 140-1 所示；如果将鼠标放在“红酒”选项卡上，效果如图 140-2 所示。主要代码如下所示：

```
<! DOCTYPE html >< html >< head >
 < script type = "text/javascript" src = "Scripts/jquery - 2.2.3.js"></script >
 < script type = "text/javascript">
   var TabbedContent = {
    init: function () {
     $ (".tab_item").mouseover(function () {
      var background  =  $ (this).parent().find(".moving_bg");
      $ (background).stop().animate({
      left: $ (this).position()['left']
      }, {duration: 300 });
     TabbedContent.slideContent( $ (this));
    }); },slideContent: function (obj) {
```

```
    var margin =  $(obj).parent().parent().find(".slide_content").width();
    margin = margin * ($(obj).prevAll().size() - 1);
    margin = margin * -1;
    $(obj).parent().parent().find(".tabslider").stop().animate({
      marginLeft: margin + "px"
      }, {duration: 300}); } }
    $(document).ready(function () {
     TabbedContent.init();
  });
 </script>
 <style type = "text/css">
  .tabs .moving_bg {padding: 15px; position: absolute; width: 55px;
    z-index: 190; background-image:url(MyImages/my319Menu.png);
    left: 10px; padding-bottom: 6px; background-position: bottom left;
    background-repeat: no-repeat;}
  .tabs .tab_item {display: block;float: left;padding: 15px;width: 51px;
        color: black;text-align: center;z-index: 200;position: relative;
        cursor: pointer;}
  .tabbed_content .slide_content {overflow: hidden;padding: 20px 0 20px 20px;
          position: relative;width: 460px;}
  .tabslider {width: 5000px;}
  .tabslider ul {float: left;width: 460px;margin: 0px;padding: 0px;
          margin-right: 40px;list-style: none;}
  img {width: 200px;height: 200px;}
 </style>
</head>
<body>
 <div class = 'tabbed_content'>
  <div class = 'tabs'>
   <div class = 'moving_bg'>  </div>
   <span class = 'tab_item'>图书</span>
   <span class = 'tab_item'>红酒</span>
   <span class = 'tab_item'>家居</span>
   <span class = 'tab_item'>旅游</span></div>
   <div class = 'slide_content'>
    <div class = 'tabslider'>
     <ul><li><img src = "MyImages/MyImage42.jpg" /></li></ul>
     <ul><li><img src = "MyImages/MyImage37.jpg" /></li></ul>
     <ul><li><img src = "MyImages/MyImage91.jpg" /></li></ul>
     <ul><li><img src = "MyImages/MyImage84.jpg" /></li></ul></div></div></div>
</body></html>
```

图 140-1

图 140-2

上面有底纹的代码是本例的核心代码。在这部分代码中，animate()方法用于通过CSS样式将元素从一个状态改变为另一个状态，以创建动画效果，animate({marginLeft: margin + "px"}, {duration: 300})即表示在300毫秒内滑动到左边。

本例的源文件名是HtmlPageC319.html。

141 创建类似MSN中文网的滑动选项卡

本例主要实现了使用animate()方法创建类似MSN中文网的滑动选项卡。当在浏览器中显示该页面时，单击"高级程序设计"选项卡，效果如图141-1所示；单击"编程思想"选项卡，效果如图141-2所示。

图 141-1

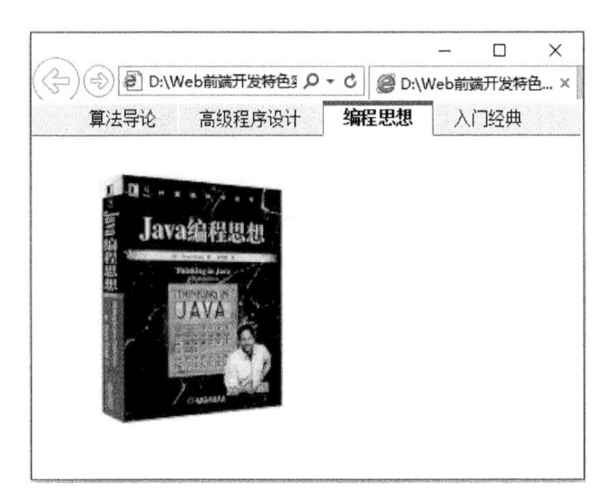

图 141-2

主要代码如下所示：

```
<!DOCTYPE html><html><head>
 <script type="text/javascript" src="Scripts/jquery-2.2.3.js"></script>
 <script language="javascript" type="text/javascript">
   var msn = msn || {};
   msn.hp = msn.hp || {};
   msn.hp.tab = {t: null,delayTime:150,fx: true,//设置默认值
   tab: function (b) {
      $(b).siblings().removeClass("on");
      $(b).addClass("on");
     var c = $(b).parents(".tab").find("div.t");
     var a = c.eq($(b).index());
     c.addClass("none");
     a.removeClass("none");
     $(b).parent().siblings(".animate").width($(b).outerWidth() - 2).animate({
         left: $(b).position().left },500) },
     delayTab: function (b, a) {
       clearTimeout(b.t);
       this.t = setTimeout(function () {          //产生选项卡滑动显示特效
          b.tab(a) }, this.delayTime)},
     init: function () {
        var a = this;
        a.animate();
```

```
        if (window.Touch) {
          $ (".tab .main_title> ul > li[class!= 'on']> a").click(function () {
             return false
        }) }
       $ (".tab .main_title> ul > li,.tab> ul.hotread_menu> li").hover(function () {
          a.delayTab(a, this) },
         function () {
          clearTimeout(a.t)
         }) }, animate: function () {
         $ (".tab .main_title").each(function (a, b) {
          $ (b).append("< div class = 'animate' ></div>");
          $ (b).find(".animate").width( $ (b).find("ul > li.on").outerWidth()
                          - 2).css("left", $ (b).find("ul > li.on").position().left);
  }) } };
 $ (document).ready(function () {
  var a = msn.hp;
  a.tab.init();
  });
</script>
<style type = "text/css">
  * {margin: 0; padding: 0;list - style: none;}
  body {font - size: 12px;color: #333;background: #fff;line - height:2; }
  .main {width: 450px;position: relative;float: left;}
  .main_title { height: 28px;overflow: hidden; float: left;
          background: url(MyImages/my307s3.png) 0 0 no - repeat;}
  .main_title ul {font - size: 14px; padding - left:30px;}
  .main_title ul li {height: 23px; line - height: 23px;padding - left: 16px;
          padding - right: 16px;padding - top: 1px; background: #f1f1f1;
          border - top: #fff 3px solid;border - left: #fff 1px solid;
          border - right: #fff 1px solid;float: left;}
  .main_title ul .on {height: 22px;line - height: 22px;padding - left: 16px;
    padding - right: 16px;background: #fff;border - top: #009ad9 4px solid;
    border - left: #009ad9 1px solid; border - right: #009ad9 1px solid;
    border - bottom: #fff 1px solid;}
  .main_title ul .on a {font - weight: 700;}
  .main .main_title {width: 450px;overflow: hidden;}
  .main .main_content .main_box .list {font - size: 14px;line - height: 26px;}
  .main .main_content .main_box .list ul {padding: 8px 0;
     border - bottom: #e1e1e1 1px solid;width: 450px;overflow: hidden;}
  .tab div.t.none {display: none;}
  .tab .main_title ul.fx li {background - color: transparent;}
  .tab .main_title ul.fx li, .tab .main_title ul.fx li.on {
              border - top: 0; margin - top: 3px;padding - top: 0;}
  .tab .main_title ul.fx li.on {border - left - color: transparent;
       border - right - color: transparent; border - bottom - width: 0;}
  .tab .main_title ul.fx {z - index: 20; position: relative;}
  .tab .main_title div.animate { height: 23px;position: absolute;
    top: 0; border - top: #009ad9 4px solid;border - left: #009ad9 1px solid;
    border - right: #009ad9 1px solid;border - bottom: #fff 1px solid;
    background - color: #fff; }
  img {width: 200px; height: 200px;margin: 30px;}
  a {text - decoration:none; color:black;}
</style>
```

```
</head>
<body>
<div class = "main tab">
  <div class = "main_title">
   <ul class = "fx">
    <li><a href = "#">算法导论</a></li>
    <li><a href = "#">高级程序设计</a></li>
    <li><a href = "#">编程思想</a></li>
    <li class = "on"><a href = "#">入门经典</a></li></ul>
   <div class = "animate" style = "width: 60px; left: 186px;"></div></div>
  <div class = "main_box t none">
    <div><img src = "MyImages/MyImage40.jpg" /></div></div>
  <div class = "main_box t none">
    <div><img src = "MyImages/MyImage41.jpg" /></div></div>
  <div class = "main_box t none">
    <div><img src = "MyImages/MyImage42.jpg" /></div></div>
  <div class = "main_box t">
    <div><img src = "MyImages/MyImage43.jpg" /></div></div></div>
</body></html>
```

上面有底纹的代码是本例的核心代码。在这部分代码中，append("<div class= 'animate'></div>")用于向HTML文档插入一个动画风格的DIV块，animate({left: $(b).position().left },500)用于在500毫秒内滑动到指定位置。关于animate()方法的语法声明请参考本书的其他部分。

本例的源文件名是HtmlPageC307.html。

142 创建自动轮播显示的垂直选项卡

本例主要使用animate()、setInterval()和clearInterval()等方法实现类似右侧选项卡的图片定时轮播显示。在浏览器中显示该页面时，6张图片将自动循环显示，红色标签文字指示当前选项卡，如果将鼠标放在右侧的任一选项卡标签上，将切换显示该选项卡标签所代表的图片，如图142-1所示。

图 142-1

主要代码如下所示：

```
<!DOCTYPE html><html><head>
 <script type = "text/javascript" src = "Scripts/jquery-2.2.3.js"></script>
 <script type = "text/javascript">
   $(function () {
     var Wine = $('#myWine'),
```

```
    myRight = Wine.find('.right'),
    myLeft = Wine.find('.left'),
    myRLi = myRight.find('li'),
    myLLi = myLeft.find('li'),
    index = 0,
    timer = null;
    myRLi.hover(function () {          //在鼠标悬浮右侧的选项卡标签时响应
    index = $(this).index()
    $(this).addClass('active').siblings().removeClass();
    myLLi.eq(index).addClass('active').siblings().removeClass();
    myLLi.eq(index).stop().animate({ 'opacity': 1 },
          300).siblings().stop().animate({ 'opacity': 0 }, 300);
    stopFocus();
  })
  myLeft.mouseenter(function () {
      stopFocus();
    }).mouseleave(function () {
      startmyWine();
    });
    //每隔5秒轮播显示每个选项卡
    timer = setInterval(function () {
      startmyWine();
      }, 5000);
    function startmyWine() {
        index++;
        index = index > myRLi.size() - 1 ? 0 : index;
        myLLi.eq(index).addClass('active').siblings().removeClass();
        myLLi.eq(index).stop().animate({ 'opacity': 1 },
                300).siblings().stop().animate({ 'opacity': 0 }, 300);
        myRLi.eq(index).addClass('active').siblings().removeClass();
     }
     function stopFocus() {            //停止轮播显示
        clearInterval(timer);
  } })
   </script>
   <style type = "text/css">
     * { margin: 0; padding: 0; list-style-type: none; }
    a, img {border: 0; width: 200px; height: 200px;}
    .myWine {height: 200px; width: 400px; margin: 20px auto 0 auto;}
    .myWine .left {float: left;width: 200px; height: 200px;
                          position: relative;overflow: hidden; }
    .myWine .left li { position: absolute; left: 0; top: 0; z-index: 1;
                    opacity: 0; filter: alpha(opacity = 0); }
    .myWine .left li.active { z-index: 2;}
    .myWine .left li p { display: none; }
    .myWine .right {float: right; width: 182px;margin-top: 10px; }
    .myWine .right li { height: 30px; overflow: hidden; padding-left: 10px;
                    background-color: lavenderblush; color: black;
                    font-size: 14px;line-height: 30px; margin-bottom: 1px;
                    cursor: pointer;border-radius: 5px;}
    .myWine .right li:hover, .myWine .right li.active {
                  color: red; font-weight: 800;}
   </style>
 </head>
```

```
<body>
<div class="myWine" id="myWine">
  <div class="left">
   <ul><li class="active" style="opacity:1; filter:alpha(opacity=100);">
                    <img src="MyImages/MyImage31.jpg" /></li>
       <li><img src="MyImages/MyImage32.jpg" /></li>
       <li><img src="MyImages/MyImage34.jpg" /></li>
       <li><img src="MyImages/MyImage35.jpg" /></li>
       <li><img src="MyImages/MyImage36.jpg" /></li>
       <li><img src="MyImages/MyImage37.jpg" /></li></ul></div>
  <div class="right">
   <ul><li class="active">西莫干红葡萄酒</li>
       <li>积格仕干红葡萄酒</li>
       <li>伊比利亚山干红葡萄酒</li>
       <li>丘比特红葡萄酒</li>
       <li>帕拉莫干红葡萄酒</li>
       <li>威赛帝斯干红葡萄酒 </li></ul></div></div>
</body></html>
```

上面有底纹的代码是此实例的核心代码。在该部分代码中，animate({ 'opacity': 0 }, 300)表示在 300 毫秒内将被选元素的透明度渐变为 0，animate({ 'opacity': 1 }, 300)表示在 300 毫秒内将被选元素的透明度渐变为 1，opacity 可以从 0.0（完全透明）到 1.0（完全不透明）渐变，或者反之。setinterval()方法用于实现间隔一定时间反复执行某操作，直到 clearInterval()方法被调用或窗口被关闭。关于上述方法的语法声明请参考本书的其他部分。

此实例的源文件名是 HtmlPageC311.html。

143 创建自动轮播显示的水平选项卡

此实例主要使用定时器方法 setTimeout()和 clearTimeout()实现各个选项卡的自动轮播。当在浏览器中显示该页面时，三个选项卡将自动轮播，如图 143-1 所示。有关此实例的主要代码如下所示：

图 143-1

```
<!DOCTYPE><html><head>
 <script src="Scripts/jquery-2.2.3.js" type="text/javascript"></script>
 <script type="text/javascript">
   $(document).ready(function () {
    $('dt:first').addClass('active');
```

```
  $('dd:first').css('display', 'block');
  autoroll();
  hookThumb();
 });
 var i = -1;                        //第 i+1 个选项卡开始
 var offset = 2500;                 //轮换时间
 var timer = null;
 function autoroll() {
   n = $('dt').length - 1;
   i++;
   if (i > n) {i = 0;}
   slide(i);
   timer = setTimeout(autoroll, offset);
  }
 function slide(i) {                //显示指定索引的选项卡
  $('dt').eq(i).addClass('active').siblings().removeClass('active');
  $('dd').eq(i).css('display', 'block').siblings('dd').css('display', 'none');
 }
 function hookThumb() {
  $('dt').hover(function () {       //在鼠标悬浮时停止自动轮播
   if (timer) {
    clearTimeout(timer);
    i = $(this).prevAll().length;
    slide(i);
   } }, function () {                //在鼠标离开时继续自动轮播
    timer = setTimeout(autoroll, offset);
    this.blur();
    return false;
   }); }
</script>
<style type="text/css">
  * { margin: 0;padding: 0;font-size:13px;}
  dl {line-height: 24px;border-left: 1px solid #dcdcdc; position: relative;
      margin:10px;}
  dt.active {border-bottom: 1px solid #fff; position: relative;
         background-color:white;}
  dt {padding: 0 10px;float: left;border: 1px solid #dcdcdc;
      cursor: pointer;margin-bottom: -1px; background-color: #eeeded;}
  dd {clear: both;width: 400px;border-left: 0;border: 1px solid #dcdcdc;
      border-left: 0;display: none; padding:20px;background-color:white;}
 </style>
</head>
<body>
 <dl><dt>Java 编程思想</dt>
     <dt>C#入门经典</dt>
     <dt>用户体验要素</dt>
     <dd><img src="MyImages/MyImage42.jpg" /></dd>
     <dd><img src="MyImages/MyImage43.jpg" /></dd>
     <dd><img src="MyImages/MyImage44.jpg" /></dd></dl>
</body></html>
```

上面有底纹的代码是此实例的核心代码。在 jQuery 中，实际上是 JavaScript，window 对象提供

了两个方法来实现定时器这种效果：setTimeout()方法和 setInterval()方法。前者可以使一段代码在指定时间后运行；而后者则可以使一段代码每过指定时间就运行一次。语法声明分别是 setTimeout(expression,milliseconds)和 setInterval(expression, milliseconds)。其中，expression 可以是用引号括起来的一段代码，也可以是一个函数名，到了指定的时间，系统便会自动调用该函数，当使用函数名作为调用句柄时，不能带有任何参数；而使用字符串时，则可以在其中写入要传递的参数。两个方法的第二个参数是 milliseconds，表示延时或者重复执行的毫秒数。clearTimeout()方法用于清除已设置的 setTimeout()方法返回的对象，clearInterval()方法则用于清除已设置的 setInterval()方法返回的对象。

此实例的源文件名是 HtmlPageC356.html。

144 创建自动轮播显示的滑动选项卡

此实例主要实现使用 animate()方法创建自动轮播显示的滑动选项卡 Tab。当在浏览器中显示该页面时，将按照从左到右的顺序自动轮播逐一显示每个选项卡，也可以使用鼠标手动切换每个选项卡，如图 144-1 所示。有关此实例的主要代码如下所示：

图 144-1

```
<!DOCTYPE html><html><head>
<script type="text/javascript" src="Scripts/jquery-2.2.3.js"></script>
<script type="text/javascript">
```

```
(function ( $ ) {
 $.fn.myTabs = function (options) {
 var defaultVal = { btnClass: '.j-tab-nav',conClass: '.j-tab-con',
                    bind: 'hover',animation: '0',speed: 300,
                    delay: 200,auto: true,autoSpeed: 3000};
 var obj = $.extend(defaultVal, options),
 evt = obj.bind,
 btn = $(this).find(obj.btnClass),
 con = $(this).find(obj.conClass),
 anim = obj.animation,
 conWidth = con.width(),
 conHeight = con.height(),
 len = con.children().length,
 sw = len * conWidth,
 sh = len * conHeight,
 i = 0,len, t, timer;
 return this.each(function () {
  function judgeAnim() {
```

```
    var w = i * conWidth,h = i * conHeight;
  btn.children().removeClass('current'). eq(i).addClass('current');
    switch (anim) {
       case '0':
               con.children().hide().eq(i).show();
               break;
       case 'left':         //向左滑动
               con.css({ position: 'absolute',
                         width: sw }). children().css({ float: 'left',
                         display: 'block' }).end().stop().animate({ left:
                          - w }, obj.speed);
               break;
       case 'up':           //向上滑动
               con.css({ position: 'absolute',
                         height: sh }). children().css({ display:
                         'block' }).end().stop().animate({ top: - h }, obj.speed);
               break;
       case 'fadein':       //渐隐渐显
               con.children().hide().eq(i).fadeIn();
               break;
     } }
     if (evt == "hover") {
      btn.children().hover(function () {
       var j =  $(this).index();
       function s() {
        i = j;
        judgeAnim();
       }
       timer = setTimeout(s, obj.delay);
       }, function () {
        clearTimeout(timer);
      })  } else {
        btn.children().bind(evt, function () {
         i =  $(this).index();
         judgeAnim();
      })  }
     function startRun() {
      t = setInterval(function () {
       i++;
       if (i >= len) {
        switch (anim) {
          case 'left':
                     con.stop().css({ left: conWidth });
                     break;
          case 'up':
                     con.stop().css({ top: conHeight });
        }
        i = 0;
        }
        judgeAnim();
      }, obj.autoSpeed)
    }
    if (obj.auto) {                       //如果自动运行开启,调用自动运行函数
     $(this).hover(function () {          //在鼠标悬浮时停止自动轮播
       clearInterval(t);
     }, function () {                     //在鼠标离开时继续自动轮播
       startRun();
```

```
        })
        startRun();
      }  })  } })(jQuery);
    $(function () {
      $("#tab2").myTabs({bind: 'click', animation: 'left'});
})
</script>
<style>
  .tab {position: relative;width: 400px;height: 230px;overflow: hidden;
    margin: 0 auto 20px auto;font-family: Arial;border-radius:5px;}
  .tab-nav {height: 30px;overflow: hidden;background: blue;}
  .tab-nav a {display: block;float: left;width: 80px;height: 30px;
        line-height: 30px;text-align: center;text-decoration: none;
        color: yellow;font-size:12px;}
  .tab-nav a.current {background: darkgreen;color: #fff;}
  .tab-con {position: relative;width: 400px;height: 200px;
           overflow: hidden; background: darkgreen;}
  .tab-con-item {display: none;width: 400px;height: 180px;
           line-height: 180px;text-align: center;color: #fff;}
  img {padding:3px;width:392px;height:192px;}
</style>
</head>
<body>
<div class="tab" id="tab2">
  <div class="tab-nav j-tab-nav">
    <a href="#" class="current">棒棰岛</a>
    <a href="#">呼伦贝尔</a>
    <a href="#">金石滩</a>
    <a href="#">蓬莱</a>
    <a href="#">蜈支洲</a></div>
  <div class="tab-con">
    <div class="j-tab-con">
      <div class="tab-con-item" style="display:block;">
                             <img src="MyImages/my326 棒棰岛.jpg" /></div>
      <div class="tab-con-item"><img src="MyImages/my326 呼伦贝尔.jpg" /></div>
      <div class="tab-con-item"><img src="MyImages/my326 金石滩.jpg" /></div>
      <div class="tab-con-item"><img src="MyImages/my326 蓬莱.jpg" /></div>
      <div class="tab-con-item"><img src="MyImages/my326 蜈支洲.jpg" /></div>
</div></div></div></body></html>
```

上面有底纹的代码是此实例的核心代码。在这部分代码中，animate({ top: -h }, obj.speed)用于实现在 obj.speed 这个时间范围内滑动到距离 top 为－h 的位置。css({ position: 'absolute', width: sw })用于设置 position 属性为 absolute，width 属性为 sw。关于这些方法的语法声明请参考本书的其他部分。

此实例的源文件名是 HtmlPageC326.html。

145 创建按照流程顺序执行的选项卡

此实例主要实现使用 hide()、show()和 prop()等方法创建按照流程顺序执行的选项卡。当在浏览器中显示该页面时，“步骤一”选项卡的效果如图 145-1 所示，单击“下一步”按钮，将切换到“步骤二”选项卡，如图 145-2 所示。单击“上一步”按钮，将返回“步骤一”选项卡；单击“下一步”按钮，将前进到“步骤三”选项卡。有关此实例的主要代码如下所示：

图 145-1

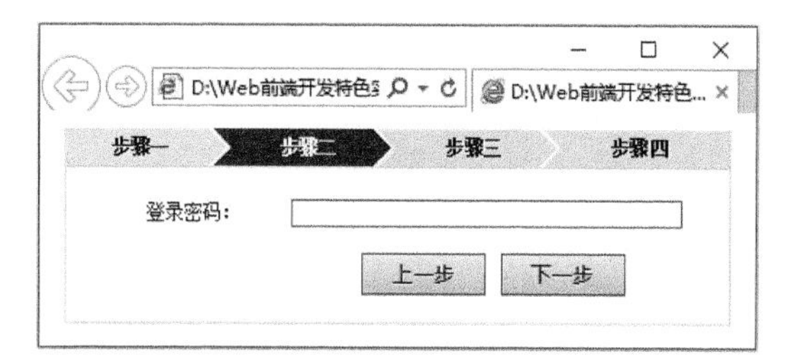

图 145-2

```
<!DOCTYPE html><html><head>
<script type="text/javascript" src="Scripts/jquery-2.2.3.js"></script>
<script type="text/javascript">
```

```
function one() {                    //响应单击步骤一的"下一步"按钮
 $("#one").hide();
 $("#two").show();
 $("#grxx").prop("class", "current_prev");
 $("#zjxx").prop("class", "current");
}
function two() {                    //响应单击步骤二的"下一步"按钮
 $("#two").hide();
 $("#three").show();
 $("#grxx").prop("class", "done");
 $("#zjxx").prop("class", "current_prev");
 $("#qzxx").prop("class", "current");
}
 function three(){                  //响应单击步骤三的"下一步"按钮
   $("#three").hide();
   $("#four").show();
   $("#grxx").prop("class", "done");
   $("#zjxx").prop("class", "done");
   $("#qzxx").prop("class", "current_prev");
   $("#qzfs").prop("class", "current");
 }
 function reone() {                 //响应单击步骤二的"上一步"按钮
   $("#one").show();
   $("#two").hide();
   $("#grxx").prop("class", "current");
   $("#zjxx").prop("class", "");
 }
 function retwo() {                 //响应单击步骤三的"上一步"按钮
   $("#three").hide();
   $("#two").show();
   $("#grxx").prop("class", "current_prev");
   $("#zjxx").prop("class", "current");
   $("#qzxx").prop("class", "");
 }
 function rethree() {               //响应单击步骤四的"上一步"按钮
   $("#four").hide();
   $("#three").show();
   $("#grxx").prop("class", "done");
   $("#zjxx").prop("class", "current_prev");
   $("#qzxx").prop("class", "current");
   $("#qzfs").prop("class", "last");
 }
```

```
  </script>
  <style type="text/css">
    * { margin: 0; padding: 0;list-style-type: none; }
   body {font: 12px/180% Arial, Helvetica, sans-serif, "新宋体";}
   .formbox {width: 427px;margin: 10px auto;}
   .formcon {padding: 10px 0;border: solid 1px #ddd;}
   .formcon table input {width: 250px;}
   .formcon table td {padding: 5px;line-height: 24px;}
   .flow_steps {height: 23px;overflow: hidden;}
   .flow_steps li {float: left;height: 23px;padding: 0 40px 0 30px;
                 line-height: 23px;text-align: center;font-weight: bold;
      background: url(MyImages/my322barbg.png) no-repeat 100% 0 #E4E4E4;}
   .flow_steps li.done {background-position: 100% -46px;
                      background-color: #FFEDA2;}
   .flow_steps li.current_prev {background-position: 100% -23px;
                      background-color: #FFEDA2;}
   .flow_steps li.current {color: #fff;background-color: #990D1B;}
   .flow_steps li#qzfs.current, .flow_steps li.last {background-image: none;}
     button {width: 80px;margin-left:10px;}
     td {text-align:center;}
  </style>
</head>
<body>
 <div class="formbox">
  <div class="flow_steps">
   <ul><li id="grxx" class="current">步骤一</li>
        <li id="zjxx">步骤二</li>
        <li id="qzxx">步骤三</li>
        <li id="qzfs" class="last">步骤四</li></ul></div>
  <div class="formcon">
   <div id="one">
    <table align="center">
     <tr><td align="right" width="100px">账户名称: </td>
         <td><input type="text" /></td></tr>
     <tr><td></td>
         <td><button type="button" onclick="one()">下一步</button></td></tr>
    </table></div>
   <div id="two" style="display:none">
    <table align="center">
     <tr><td align="right" width="100px">登录密码: </td>
         <td><input type="text" /></td></tr>
     <tr><td></td>
         <td><button type="button" onclick="reone()">上一步</button>
              <button type="button" onclick="two()">下一步</button></td></tr>
     </table></div>
    <div id="three" style="display:none">
     <table align="center">
      <tr><td align="right" width="100px">电子邮件: </td>
          <td><input type="text" /></td></tr>
      <tr><td></td>
          <td><button type="button" onclick="retwo()">上一步</button>
               <button type="button" onclick="three()">下一步</button>
              </td></tr></table></div>
     <div id="four" style="display:none">
      <table align="center">
       <tr><td align="right" width="100px">联系电话: </td>
           <td><input type="text" /></td></tr>
       <tr><td></td>
```

```
        <td><button type="button" onclick="rethree()">上一步</button>
            <button type="button" onclick="">提交</button>
            </td></tr></table></div> </div></div>
</body></html>
```

上面有底纹的代码是此实例的核心代码。在这部分代码中，$("#one").hide()用于隐藏“步骤一”选项卡，$("#two").show()用于显示“步骤二”选项卡，$("#grxx").prop("class", "current_prev")用于设置“步骤一”选项卡标签的current_prev样式，$("#zjxx"). prop("class", "current")用于设置“步骤二”选项卡标签的current样式。关于这些方法的语法声明请参考本书的其他部分。

此实例的源文件名是HtmlPageC322.html。

146　创建城市名按拼音索引的选项卡

此实例主要实现使用show()、hide()和siblings()方法创建城市按拼音索引分类的选项卡。当在浏览器中显示该页面时，选择“M～T”选项卡中的“青岛”，则该城市的拼音将显示在文本框中，如图146-1所示。有关此实例的主要代码如下所示：

图　146-1

```
<!DOCTYPE html><html><head>
<script type="text/javascript" src="Scripts/jquery-2.2.3.js"></script>
<script type="text/javascript">
 $(document).ready(function () {
  $change_li = $(".titleChar li");
  $change_li.each(function (i) {
   //当鼠标悬浮选项卡标签时显示对应的选项卡内容
   $(this).mouseover(function () {
    $('#myCity').val('请输入城市或城市拼音');
    $(this).addClass("on").siblings().removeClass("on");
    $(".cityListBox dl").eq(i).show().siblings().hide();
 }) });});
```

```
</script>
<style type="text/css">
  * { margin: 0; padding: 0; border: 0; font-size: 12px;}
  a { text-decoration: none;}
  ul, li, ol, dl, dt, dd {list-style: none;}
  .cityList {display: block;position: absolute; left: 10px; top: 10px;
             width: 486px;border: 2px solid #B91313; background: white;
             z-index: 1;overflow: hidden; font-family: arial,"宋体";
             overflow: hidden;}
  .cityList .title {background-color: #F4F4F4; width: 100%; padding-top: 10px;
               padding-left: 16px;overflow: hidden;position: relative;}
  .cityList .cityTopSearch {float: left;width: 128px; height: 25px;
                        line-height: 25px; margin-right: 18px;
                        margin-bottom: 0px;padding: 0 2px; display: inline;
                        border: 1px solid #E6DFDE;color: #5e5e5e;}
  .cityList ul.titleChar {list-style: none; cursor: default;}
  .cityList .titleChar .on {border-color: #E6DFDE; background-color: white;}
  .cityList .titleChar li {float: left; border: 1px solid #F4F4F4;
                          border-bottom: 0; padding: 6px 24px;}
  .cityList .cityListBox {margin: 1px 0 0 6px;color: #686868;
               overflow: hidden;display: inline-block; _position: relative;}
  .cityListBox dl {position: relative;overflow: hidden; zoom: 1;}
  .cityListBox dl dt {float: left;width: 20px;height: auto;display: block;
                     line-height: 25px;}
  .cityListBox dl dd {float: left;line-height: 25px; _padding-top: 2px;
                     text-align: left; width: 480px; margin-bottom: 6px;}
  .cityListBox dl dd a {color: #686868;text-align: center;}
  .cityListBox dl dd a:hover { color: white; text-decoration: none;
                            background-color: blue; text-align: center;}
  .cityListBox a {width: 55px;display: inline-block;}
  .none {display: none;}
</style>
</head>
<body>
<div class="cityList">
  <div class="title">
   <input type="text" id="myCity" class="cityTopSearch"
          value="请输入城市或城市拼音" maxlength="15" />
    <ul class="titleChar">
     <li>A~G</li>
     <li>H~L</li>
     <li>M~T</li>
     <li>W~Z</li>
    </ul></div>
   <div class="cityListBox">
    <dl class="none">
       <dt>A</dt><dd><a href="#">安宁</a>
                     <a href="#">安康</a></dd>
       <dt>B</dt><dd><a href="#">北京</a></dd>
       <dt>C</dt><dd><a href="#">成都</a>
                     <a href="#">重庆</a></dd>
       <dt>D</dt><dd><a href="#">东莞</a></dd>
       <dt>E</dt><dd><a href="#">鄂尔多斯</a>
                     <a href="#">鄂州</a>
                     <a href="#">恩施</a></dd>
       <dt>F</dt><dd><a href="#">福州</a></dd>
       <dt>G</dt><dd><a href="#">广州</a></dd></dl>
     <dl class="none">
```

```
        <dt>H</dt><dd><a href="#">淮安</a>
                      <a href="#">海口</a>
                      <a href="#">葫芦岛</a>
                      <a href="#">菏泽</a>
                      <a href="#">衡阳</a>
                      <a href="#">合肥</a>
                      <a href="#">湖州</a>
                      <a href="#">哈尔滨</a>
                      <a href="#">红河</a>
                      <a href="#">惠州</a>
                      <a href="#">呼和浩特</a>
                      <a href="#">杭州</a></dd>
        <dt>J</dt><dd><a href="#">晋江</a>
                      <a href="#">嘉兴</a></dd>
        <dt>K</dt><dd><a href="#">昆明</a></dd>
        <dt>L</dt><dd><a href="#">兰州</a></dd></dl>
      <dl class="none">
        <dt>M</dt><dd><a href="#">马鞍山</a></dd>
        <dt>N</dt><dd><a href="#">宁国</a>
                      <a href="#">南平</a>
                      <a href="#">宁德</a>
                      <a href="#">内江</a>
                      <a href="#">南充</a>
                      <a href="#">南阳</a>
                      <a href="#">南昌</a>
                      <a href="#">南京</a>
                      <a href="#">南宁</a>
                      <a href="#">宁波</a>
                      <a href="#">南通</a>
                      <a href="#">宁国</a></dd>
        <dt>P</dt><dd><a href="#">平顶山</a>
                      <a href="#">莆田</a></dd>
        <dt>Q</dt><dd><a href="#">齐齐哈尔</a>
                      <a href="#">秦皇岛</a>
                      <a href="#">泉州</a>
                      <a href="#">清远</a>
                      <a href="#" onclick="$('#myCity').val('QingDao')">青岛</a>
                      <a href="#">衢州</a></dd>
        <dt>R</dt><dd><a href="#">仁怀</a>
                      <a href="#">如皋</a>
                      <a href="#">日照</a>
                      <a href="#">瑞安</a></dd>
        <dt>S</dt><dd><a href="#">苏州</a>
                      <a href="#">石家庄</a>
                      <a href="#">深圳</a>
                      <a href="#">沈阳</a>
                      <a href="#">上海</a></dd>
        <dt>T</dt><dd><a href="#">泰兴</a></dd></dl>
      <dl class="none">
        <dt>W</dt><dd><a href="#">武汉</a></dd>
        <dt>X</dt><dd><a href="#">西昌</a>
                      <a href="#">兴城</a>
                      <a href="#">湘西</a>
                      <a href="#">西双版纳</a></dd>
        <dt>Y</dt><dd><a href="#">兖州</a></dd>
        <dt>Z</dt><dd><a href="#">邹城</a>
                      <a href="#">中卫</a></dd></dl>
</div></div></body></html>
```

上面有底纹的代码是此实例的核心代码。在这部分代码中，$(".cityList Box dl").eq(i).show().siblings().hide()用于显示当前鼠标所在的选项卡并隐藏其他选项卡，这是jQuery典型的链式写法，系统先根据i找到dl并用show()方法显示，然后通过siblings()方法找到除i外的其他所有dl，再用hide()方法隐藏其他所有dl。这种代码开始有点难理解，但它是jQuery建议的写法。有关这些方法的语法声明请参考本书的其他部分。此实例的源文件名是HtmlPageC329.html。

147 创建类似于单选按钮风格的选项卡

此实例主要使用animate()等方法实现类似于单选按钮的选项卡的自动轮播。当在浏览器中显示该页面时，将自动按照"精品图书""精品美酒""精品旅游"的顺序自动轮播三组图片，当然也可以使用鼠标单击单选按钮或前后箭头进行切换，如图147-1所示。有关此实例的主要代码如下所示：

图 147-1

```
<!DOCTYPE html><html><head>
<script type="text/javascript" src="Scripts/jquery-2.2.3.js"></script>
<script type="text/javascript">
 $(function () {
   //在鼠标悬浮选项卡标签时显示对应的选项卡内容
   $(".myDiv_main div span").mouseover(function () {
    $(this).addClass("myDiv_main_span1").siblings("span"). removeClass("myDiv_main_span1");
   }).mouseout(function () {
    $(this).removeClass("myDiv_main_span1").siblings("span");
   })
   index = 0;
   myWidth = 500;
   timer = null;
   len = $(".myDiv_title span a").length;
   function NextPage() {                              //显示下一选项卡
    if (index > 2) {index = 0;}
    $(".myDiv_title span a").removeClass("myDiv_title_a1"). eq(index).addClass("myDiv_title_a1");
    $(".myDiv_main").stop(true, false).animate({ left:
                                   - index * myWidth + "px" }, 600) }
     function PrevPage() {                            //显示上一选项卡
```

```
        if (index < 0) {index = 2;}
        $ (".myDiv_title span a").removeClass("myDiv_title_a1").eq(index). addClass("myDiv_title_a1");
        $ (".myDiv_main").stop(true, false).animate({ left:
                                    - index * myWidth + "px" }, 600) }
      $ (".myDiv_title span a").each(function (a) {
        $ (this).mouseover(function () {
          index = a;
          NextPage();
      }); });
      $ (".myDiv_next img").click(function () {
        index++;
        NextPage();
      });
      $ (".myDiv_prev img").click(function () {
        index--;
        PrevPage();
      });
      var timer = setInterval(function () {
        index++;
        NextPage();
       }, 4000);
       $ (".myDiv_next img , .myDiv_main , .myDiv_prev img ,
        .myDiv_title span").mouseover(function () {        //在鼠标悬浮时停止轮播
        clearInterval(timer);
       });
       $ (".myDiv_next img , .myDiv_main , .myDiv_prev img ,
        .myDiv_title span").mouseleave(function () {       //在鼠标离开时继续轮播
        timer = setInterval(function () {
        index++;
        NextPage();
        }, 4000); });                                       //每隔 4 秒显示一个选项卡
  })
</script>
<style>
  * {margin: 0;padding: 0;list-style-type: none;}
  a, img {border: 0;}
  a, a:hover {color: #333;text-decoration: none;}
  body {font: 12px/180% "微软雅黑";}
  .myDiv {width: 500px;height: 349px;border: 1px solid #d0d0d0;
          margin: 30px auto;overflow: hidden;position: relative;}
  .myDiv_title {height: 32px;width: 500px;padding-bottom: 3px;
          background: url(MyImages/my373lizi_img001.jpg) repeat-x;}
  .myDiv_title em {float: left;font-style: normal;line-height: 32px;
             padding-left: 13px;font-size: 14px;}
  .myDiv_title span {float: right;display: block;padding: 8px 15px 0 0;
              height: 20px;}
  .myDiv_title span b, .myDiv_title span a {display: block;float: left;}
  .myDiv_title span b, .myDiv_title span b img {width: 11px;height: 11px;}
  .myDiv_title span b img {cursor: pointer;}
  .myDiv_prev {padding: 2px 10px 0 0;}
  .myDiv_next {padding: 2px 0 0 0px;}
   .myDiv_title span a {
     font-size: 12px; padding-left: 15px;margin-right: 10px;
     background: url(MyImages/my373lizi_img005.jpg) no-repeat left center;}
   .myDiv_title span a:hover {color: #f34d01;
      background: url(MyImages/my373lizi_img004.jpg) no-repeat left center;}
   .myDiv_title span a.myDiv_title_a1 {color: #f34d01;
      background: url(MyImages/my373lizi_img004.jpg) no-repeat left center;}
   .myDiv_main {padding-top: 13px;height: 285px;width: 10000px;
```

```
                    overflow: hidden;position: relative;z - index: 1;}
        .myDiv_main div {width: 500px;height: 285px;float: left;}
        .myDiv_main div span { width: 218px;padding: 0 16px;height: 285px;
                    background: url(MyImages/my373lizi_img006.jpg) no - repeat;
                    display: block;float: left;}
        .myDiv_main div span a {display: block;}
        .myDiv_main_a1 {padding: 4px 3px 4px 4px;margin - bottom: 4px;}
        .myDiv_main_a1, .myDiv_main_a1 img {width: 210px;height: 130px;}
        .myDiv_main div span b {display: block; padding - left: 10px;color: #787878;}
        .myDiv_main div span p {line - height: 20px; padding: 0 10px;height: 87px;
                color: #787878;}
        .myDiv_main_a2 {background: url(MyImages/my373lizi_img009.jpg) no - repeat;
                width: 77px;height: 19px;color: #fff;text - align: center;
                line - height: 19px;margin - left: 10px;}
        .myDiv_main_a2:hover{
                background: url(MyImages/my373lizi_img008.jpg) no - repeat;}
        .myDiv_main div span.myDiv_main_span1 .myDiv_main_a1 {
                background: url(MyImages/my373lizi_img010.jpg) no - repeat;}
        .myDiv_main div span.myDiv_main_span1 b, .myDiv_main div span.myDiv_main_span1 p {color: #33a0ff;}
        .myDiv_main div span.myDiv_main_span1 .myDiv_main_a2 {
            background: url(MyImages/my373lizi_img008.jpg) no - repeat;}
        .myDiv_main div span.myDiv_main_span1 .myDiv_main_a2:hover {
            background: url(MyImages/my373lizi_img009.jpg) no - repeat;}
</style>
</head>
<body>
<div class = "myDiv">
  <div class = "myDiv_title"><em>精品推荐</em>
   <span><b class = "myDiv_prev">
            <img src = "MyImages/my373lizi_img002.jpg" title = "上一页" /></b>
            <a href = "javascript:void(0)" class = "myDiv_title_a1">精品图书</a>
            <a href = "javascript:void(0)">精品美酒</a>
            <a href = "javascript:void(0)">精品旅游</a>
            <b class = "myDiv_next">
<img src = "MyImages/my373lizi_img003.jpg" title = "下一页" />
</b></span></div>
   <div class = "myDiv_main">
    <div><span class = "myDiv_main_span1">
           <a href = "javascript:void(0)" class = "myDiv_main_a1">
           <img src = "MyImages/MyImage41.jpg" /></a>
           <b>JavaScript 高级程序设计</b>
           <p>作者尼古拉斯·泽卡斯,现为雅虎公司界面呈现架构师,负责 My Yahoo!和雅虎首页等大访问量站
点的设计.</p>
          <a href = "javascript:void(0)" class = "myDiv_main_a2">+详情单击</a></span>
           <span><a href = "javascript:void(0)" class = "myDiv_main_a1">
                  <img src = "MyImages/MyImage43.jpg" /></a>
            <b>C#入门经典</b>
            <p>KarliWatson,InfusionDevelopment 的顾问,Boost.net 的技术架构师和 IT 自由撰稿专业人士、作
家和开发人员.</p>
            <a href = "javascript:void(0)" class = "myDiv_main_a2">+详情单击</a>
          </span></div>
        <div>
         <span><a href = "javascript:void(0)" class = "myDiv_main_a1">
                  <img src = "MyImages/MyImage31.jpg" /></a>
          <b>西蒙葡萄酒</b>
          <p>香气浓郁,花朵和成熟红色浆果的芳香; 入口圆润、怡人且柔顺,单宁顺滑,回味持久优雅.</p>
          <a href = "javascript:void(0)" class = "myDiv_main_a2">+详情点击</a></span>
         <span><a href = "javascript:void(0)" class = "myDiv_main_a1">
                  <img src = "MyImages/MyImage32.jpg" /></a>
          <b>积格仕葡萄酒</b>
          <p>DO 法定产区原瓶进口,成熟的黑莓李子黑樱桃以及甜美的覆盆子红加仑果香般的口感,带给您悠
```

```
长美妙的回味</p>
        <a href = "javascript:void(0)" class = "myDiv_main_a2"> + 详情点击</a></span>
    </div>
    <div><span><a href = "javascript:void(0)" class = "myDiv_main_a1">
              <img src = "MyImages/MyImage54.jpg" /></a>
              <b>融金大酒店</b>
              <p>海淀区学院南路 39 号(毗邻中央财经大学南门)</p>
              <a href = "javascript:void(0)"
                 class = "myDiv_main_a2"> + 详情点击</a></span>
        <span><a href = "javascript:void(0)" class = "myDiv_main_a1">
               <img src = "MyImages/MyImage55.jpg" /></a>
              <b>横琴湾酒店</b>
              <p>高级度假园景房、豪华度假园景房、海景房、家庭房</p>
              <a href = "javascript:void(0)"
               class = "myDiv_main_a2"> + 详情单击</a></span></div></div></div>
</body></html>
```

上面有底纹的代码是此实例的核心代码。在这部分代码中，animate({ left: -index * myWidth + "px" }, 600)用于实现在 600 毫秒内移动距离 left 为-index * myWidth 的位置。stop()方法用于停止当前匹配元素上正在运行的动画。默认情况下，stop()方法只会停止当前正在运行的动画。如果使用 animate()方法为当前元素设置了 A、B、C 这 3 段动画，并且当前正在执行的动画是 A，则只会停止动画 A 的执行，不会阻止动画 B 和动画 C 的执行。当然，也可以通过指定可选的选项参数来停止所有的动画。stop()方法的语法声明如下：

```
jQueryObject.stop( [ queueName ] [, clearQueue [, jumpToEnd ] ] )
```

其中，参数 queueName 是可选参数，表示需要停止动画的队列名称，默认为"fx"。参数 clearQueue 是可选参数，表示是否清空队列中的所有动画，默认值为 false。参数 jumpToEnd 是可选参数，指示是否直接完成当前动画，默认值为 false。

此实例的源文件名是 HtmlPageC373.html。

148 创建类似于图文结合按钮的选项卡

此实例主要实现使用 find()等方法在选项卡中创建图标和文字结合的类似于 Windows 窗体工具栏按钮的特殊效果。当在浏览器中显示该页面时，如果单击"我的应用"→"网盘"菜单，则将弹出一个消息框，效果如图 148-1 所示。有关此实例的主要代码如下所示：

图 148-1

```
<!DOCTYPE html><html><head>
<script type="text/javascript" src="Scripts/jquery-2.2.3.js"></script>
<script type="text/javascript">
  $(document).ready(function(){
   $(".def-nav,.info-i").hover(function(){      //在鼠标悬浮时显示第二选项卡
    $(this).find(".pulldown-nav").addClass("hover");
    $(this).find(".pulldown").show();
   },function(){                                //在鼠标离开时隐藏第二选项卡
    $(this).find(".pulldown").hide();
    $(this).find(".pulldown-nav").removeClass("hover");
});});
  </script>
  <style type="text/css">
*{margin:0;padding:0;text-decoration:none;}
.hd-main{height:60px;background:#fff;z-index:15;
         border-bottom:#b3b3b3 1px solid;box-shadow:0 0 5px #333}
.hd-main{padding:0 5px;height:49px;min-width:800px;
         background:#252525; border-bottom:0}
.hd-main .pulldown{position:absolute;cursor:default;
                           display:none;top:30px;left:0}
.hd-main .pulldown .content{background:#F6F6F9;color:#333;
    text-align:left;border-radius:3px;border:rgb(175,175,175) 1px solid;
    border-width:0 1px 1px 1px;
    box-shadow:0 2px 4px rgba(0,0,0,.2);position:relative;z-index:1}
.hd-main .pulldown-canvas{position:absolute;top:0;left:0;
    width:100%;height:100%;opacity:0;filter:alpha(opacity=0)}
.hd-main .navs{padding:0 0 3px 25px;height:45px;float:left}
.hd-main .navs a,.hd-main .info a,.hd-main .navs a:visited,
    .hd-main .info a:visited,.hd-main .navs a:active,
    .hd-main .info a:active{color:#d8d8d8}
.hd-main .navs a:hover,.hd-main .navs a:active{text-decoration:none;
                  background-color:#0f0f0f}
.hd-main .navs .def-nav .app-url{left:15px;width:441px;top:48px}
.hd-main .navs .app-url .content{padding:17px 0 0 22px;height:91px}
.hd-main .navs .app-url .content a,.hd-main .navs .app-url
                              .content a:hover{color:#333}
.hd-main .navs .app-url .li{cursor:pointer;padding-top:8px;width:66px;
height:66px;border-radius:3px;display:block;float:left;text-align:center}
.hd-main .navs .app-url .li:hover{background-color:#e0e1e5}
.hd-main .navs .app-url .li .icon{margin:0 auto;width:35px;height:38px;
display:block;background:url('MyImages/my333dropdown_menu.png') no-repeat}
.hd-main .navs .app-url .li:hover .icon{background-image:
               url('MyImages/my333dropdown_menu_hover.png')}
.hd-main .navs .app-url .tongxunlu .icon{background-position:-35px 0}
.hd-main .navs .app-url .xiangce .icon{background-position:-70px 0}
.hd-main .navs .app-url .note .icon{background-position:-105px 0}
.hd-main .navs .app-url .duanxin .icon{background-position:-140px 0}
.hd-main .navs .app-url .wenzhang .icon{background-position:-280px 0}
.hd-main .navs .app-url .li .text{height:30px;display:block;
                 font:14px/30px "Microsoft YaHei","Microsoft JhengHei"}
.hd-main .navs .separate{margin:0;height:48px;width:2px;background:#2A2B2D}
.hd-main .navs .current,.hd-main .navs .current .pulldown-nav{
            font-weight:bold;color:#FFF;display:inline-block;
            width:90px;height:49px;background-color:#0f0f0f;
            text-align:center;line-height:48px}
.hd-main .navs .current:hover{color:#ECECEC}
```

```
.hd - main .navs .current .hover{background - color: #f6f6f6;color: #333;}
  </style>
</head>
<body>
  <div class = "hd - main " >
   <a class = "logo" href = ""></a>
     <div class = "navs">
      <a class = "def - nav" href = "">我的首页</a>
      <span class = "separate"></span>
      <div class = "def - nav current has - pulldown - special">
       <a class = "pulldown - nav" href = ""><em class = "f - icon"></em>我的应用</a>
       <div class = "pulldown app - url">
        <div class = "content">
         <a class = "li disk" href = "" onclick = "alert('网盘')">
          <span class = "icon"></span>
          <span class = "text">网盘</span></a>
         <a class = "li tongxunlu" href = "">
          <span class = "icon"></span>
          <span class = "text">通讯录</span></a>
         <a class = "li xiangce" href = "">
          <span class = "icon"></span>
          <span class = "text">相册</span></a>
         <a class = "li wenzhang" href = "">
          <span class = "icon"></span>
          <span class = "text">文章</span></a>
         <a class = "li note" href = "">
          <span class = "icon"></span>
          <span class = "text">记事本</span></a>
         <a class = "li duanxin" href = "">
          <span class = "icon"></span>
          <span class = "text">短信</span></a></div></div></div>
        <span class = "separate"></span>
        <a class = "def - nav" href = "">联系方式</a></div></div>
</body></html>
```

上面有底纹的代码是jQuery实现此功能的核心代码。在这部分代码中，hide()方法用于隐藏未选的选项卡，show()方法用于显示被选的选项卡，addClass()和removeClass()方法主要用于通过CSS样式来隐藏或显示选项卡的导航栏。find()方法用于选取每个匹配元素的符合指定表达式的后代元素，并以jQuery对象的形式返回。关于这些方法的语法声明请参考本书的其他部分。

此实例的源文件名是HtmlPageC333.html。

表格实例

149　获取和设置表格 table 的单元格文本内容

此实例主要实现采用 find()方法定位表格 table 指定行和列的单元格，并使用 text()方法获取和设置该单元格的内容。当在浏览器中显示该页面时，单击“获取第 2 行第 3 列单元格的内容”按钮，则将在弹出的消息框中显示该单元格的内容，如图 149-1 所示；单击“设置第 2 行第 3 列单元格的内容”按钮，则将把该单元格的内容设置为“罗帅”，如图 149-2 所示。有关此实例的主要代码如下所示：

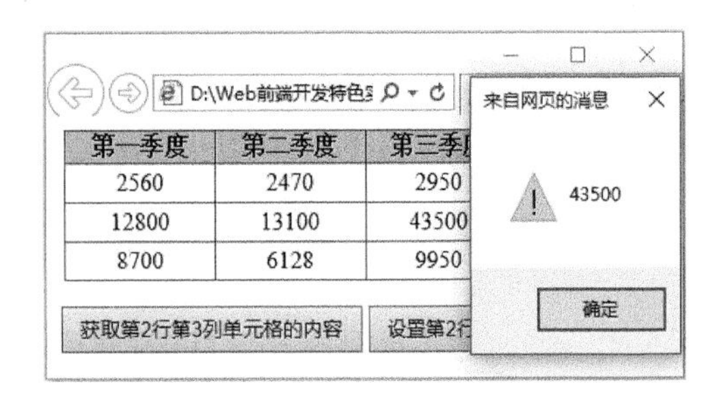

图　149-1

图　149-2

```
<!DOCTYPE html><html><head>
<script type="text/javascript" src="Scripts/jquery-2.2.3.js"></script>
<script language="javascript">
  $(document).ready(function () {
    $("#get").click(function () {              //响应单击按钮"获取第 2 行第 3 列单元格的内容"
      //获取表格行数(不包括标题行)
      //alert($('#mytable > tbody > tr').length);
      //alert($('#mytable tr:last').index() + 1);
      //获取表格行数(包括标题行)
      //alert($('#mytable tr').length);
      //alert($("#mytable").prop('rows').length);
      alert($("#mytable").find("tr:eq(2)").find("td:eq(2)").text());
    });
    $("#set").click(function () {              //响应单击按钮"设置第 2 行第 3 列单元格的内容"
      //$("table tr:eq(2) td:eq(2)").text("罗帅");
      $("#mytable").find("tr:eq(2)").find("td:eq(2)").text("罗帅");
  });});
 </script>
</head>
```

```
<body>
 <table id="mytable" width="400" border="1" align="center"
      style="margin:0 auto; border-collapse:collapse; text-align:center;">
  <thead style="background-color:lightblue;">
   <tr><th>第一季度</th><th>第二季度</th>
       <th>第三季度</th><th>第四季度</th></tr></thead>
   <tbody>
   <tr height="25"><td>2560</td><td>2470</td>
                   <td>2950</td><td>3350</td></tr>
   <tr height="25"><td>12800</td><td>13100</td>
                   <td>43500</td><td>27800</td></tr>
   <tr height="25"><td>8700</td><td>6128</td>
                   <td>9950</td><td>14800</td></tr></tbody></table>
 <P style="text-align:center ">
  <input class="input" type="button" value="获取第 2 行第 3 列单元格的内容"
         id="get" style="width:200px;height:30px; text-align:center;" />
  <input class="input" type="button" value="设置第 2 行第 3 列单元格的内容"
         id="set" style="width:200px;height:30px; text-align:center;" /></P>
</body></html>
```

上面有底纹的代码是此实例的核心代码。在这部分代码中，$("#mytable").find("tr:eq(2)").find("td:eq(2)").text()用于获取表格第 2 行第 3 列单元格的内容，$("#mytable").find("tr:eq(2)").find("td:eq(2)").text("罗帅")用于设置第 2 行第 3 列单元格的内容为“罗帅”。注意：索引与标题行有关。关于 find()和 text()方法的语法声明请参考本书的其他部分。

此实例的源文件名是 HtmlPageC208.html。

150 获取和设置表格 table 的单元格 HTML 内容

此实例主要实现采用 html()方法获取和设置表格 table 指定行和列单元格的 HTML 内容。当在浏览器中显示该页面时，单击“获取第 2 行第 3 列单元格的内容”按钮，则将在弹出的消息框中显示该单元格的 HTML 内容，如图 150-1 所示；单击“设置第 2 行第 3 列单元格的内容”按钮，则将把该单元格的内容设置为粗体字显示的“罗帅”，如图 150-2 所示。有关此实例的主要代码如下所示：

```
<!DOCTYPE html><html><head>
 <script type="text/javascript" src="Scripts/jquery-2.2.3.js"></script>
 <script language="javascript">
  $(document).ready(function () {
   $("#get").click(function () {//响应单击按钮"获取第 2 行第 3 列单元格的 HTML 内容"
    alert($("#mytable tr:eq(2) td:nth-child(3)").html());
   });
   $("#set").click(function () {//响应单击按钮"设置第 2 行第 3 列单元格的 HTML 内容"
    $("#mytable tr:eq(2) td:nth-child(3)").html("Hello <b>罗帅</b>!")
   }); });
  </script>
</head>
<body>
 <table id="mytable" width="400" border="1" align="center"
      style="margin:0 auto; border-collapse:collapse; text-align:center;">
   <thead style="background-color:lightblue;">
    <tr><th>第一季度</th><th>第二季度</th>
        <th>第三季度</th><th>第四季度</th></tr></thead>
    <tbody>
```

```
    <tr height="25"><td>2560</td><td>2470</td>
                    <td>2950</td><td>3350</td></tr>
    <tr height="25"><td>12800</td><td>13100</td>
                    <td>43500</td><td>27800</td></tr>
    <tr height="25"><td>8700</td><td>6128</td>
                    <td>9950</td><td>14800</td></tr></tbody></table>
  <P style="text-align:center">
   <input class="input" type="button" value="获取第2行第3列单元格的内容"
         id="get" style="width:200px;height:30px; text-align:center;" />
   <input class="input" type="button" value="设置第2行第3列单元格的内容"
       id="set" style="width:200px;height:30px; text-align:center;" /></P>
</body></html>
```

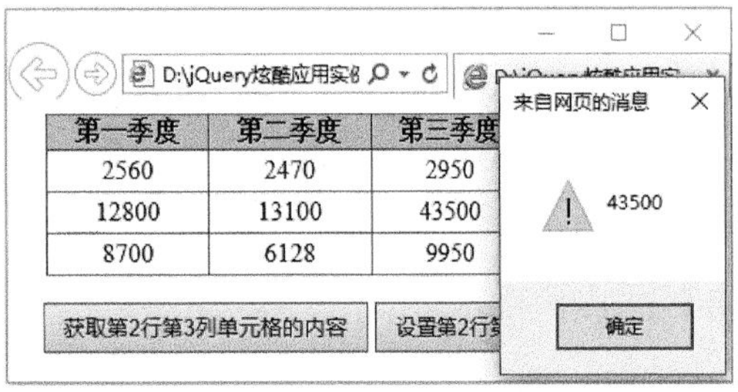

图　150-1

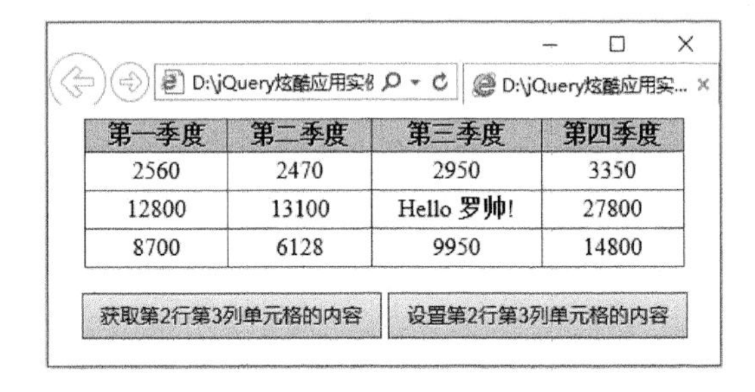

图　150-2

上面有底纹的代码是此实例的核心代码。在这部分代码中，$("#mytable tr:eq(2) td:nth-child(3)").html()表示获取表格第2行第3列单元格的HTML内容，$("#mytable tr:eq(2) td:nth-child(3)").html("Hello <b>罗帅</b>!")表示设置第2行第3列单元格的HTML内容为粗体字显示的"罗帅"。当使用html()方法返回一个值时，它会返回第一个匹配元素的内容。当使用html()方法设置一个值时，它会覆盖所有匹配元素的内容。html()方法的语法声明如下：

```
$(selector).html(content)
```

其中，参数content是可选参数，规定被选元素的新内容，该参数可包含HTML标签。

此实例的源文件名是HtmlPageC231.html。

151　获取在表格table中鼠标单击的单元格内容

此实例主要实现当鼠标在经过表格table的某个单元格时，获取该单元格所显示的内容。当在浏览器中显示该页面时，使用鼠标在表格table的所有单元格上任意移动，则会在文本框中显示当前鼠标所在的单元格内容，并且该单元格有背景色，如图151-1所示。有关此实例的主要代码如下所示：

图　151-1

```
<!DOCTYPE html><html><head>
<script type="text/javascript" src="Scripts/jquery-2.2.3.js"></script>
<script language="javascript">
    $(document).ready(function () {
      //当鼠标进入单元格时,获取内容并设置背景颜色(样式)
      $("table tr td").mouseenter(function () {
       $(this).addClass("newstyle");
       var mytext = $(this).text();
       $("#mycell").val(mytext.toString());
      });
      //当鼠标离开单元格时,取消设置的背景颜色(样式)
      $("table tr td").mouseleave(function () {
       $(this).removeClass("newstyle");
   });});
  </script>
  <style type="text/css">
   .newstyle {background-color: lightseagreen;}
  </style>
</head>
<body>
 <table id="mytable" width="400" border="1" align="center"
              style="margin:0 auto; border-collapse:collapse;
                                          text-align:center;font-size:small">
  <tr style="background-color: lightgray; font-size:medium">
   <td>葡萄酒名称</td><td>生产日期</td><td>原产地</td><td>葡萄品种</td></tr>
  <tr><td>罗博克葡萄酒</td><td>2015.12.6</td>
       <td>西班牙</td><td>歌海娜</td></tr>
  <tr><td>科洛文红葡萄酒</td><td>2015.10.5</td>
       <td>法国</td><td>丹魄</td></tr>
  <tr><td>马蒂尔伯爵葡萄酒</td><td>2014.6.9</td>
       <td>意大利</td><td>朗布罗斯科</td></tr></table>
    <P style="text-align:center;margin-top:5px">当前鼠标经过的单元格的内容是:
<input type="text" id="mycell" class="input" style="width:150px;"></P>
</body></html>
```

上面有底纹的代码是此实例的核心代码。在这部分代码中，$("table tr td").mouseenter 在鼠标进入某个单元格时响应；$(this).addClass("newstyle")用于为当前鼠标所在单元格添加 CSS 样式 newstyle；$(this).text()用于获取当前鼠标所在单元格的内容；$("table tr td").mouseleave 在获取鼠标离开某个单元格时响应；$(this). removeClass("newstyle")用于移除当前鼠标离开的单元格的 CSS 样式 newstyle。

此实例的源文件名是 HtmlPageC016.html。

152　获取表格 table 指定列的所有单元格内容

此实例主要实现获取表格 table 指定列的所有单元格的内容和行数。当在浏览器中显示该页面时，单击“获取第 1 列所有单元格的内容”按钮，则将在弹出的消息框中显示该列所有单元格的内容，如图 152-1 所示；单击“获取表格的行数”按钮，则将在弹出的消息框中显示该表格的行数，如图 152-2 所示。这种技术在表格汇总时特别有用。有关此实例的主要代码如下所示：

```
<!DOCTYPE html><html><head>
<script type="text/javascript" src="Scripts/jquery-2.2.3.js"></script>
<script language="javascript">
```

```
  $(document).ready(function () {
   $("#getText").click(function () {        //响应单击按钮"获取第 1 列所有单元格的内容"
    var cols = "";
    $("#mytable tr").each(function () {
     //var text = $(this).children("td:first").text();
     var text = $(this).children("td").eq(0).text();
     cols += text + "|"; })
   alert(cols);
    });
    $("#getRows").click(function () {       //响应单击按钮"获取表格的行数"
      alert( $("#mytable").prop('rows').length);
  });});
 </script>
</head>
<body>
 <table id="mytable" width="410" border="1" align="center">
   <tr><td>3480</td><td>5520</td><td>6100</td><td>5800</td></tr>
   <tr><td>2560</td><td>2470</td><td>2950</td><td>3350</td></tr>
   <tr><td>12800</td><td>13100</td><td>43500</td><td>27800</td></tr>
   <tr><td>8700</td><td>6128</td><td>9950</td><td>14800</td></tr></table>
<P style="text-align:center ">
 <input class="input" type="button" value="获取第 1 列所有单元格的内容" id="getText" style="
width:200px;height:30px; text-align:center;" />
 <input class="input" type="button" value="获取表格的行数" id="getRows" style="width:200px;
height:30px; text-align:center;" /></P>
</body></html>
```

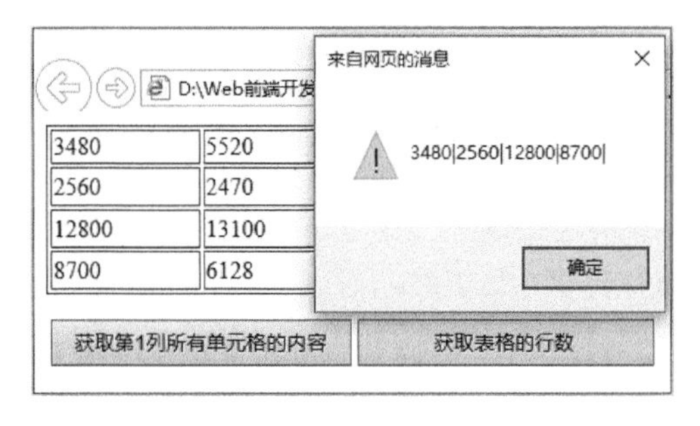

图 152-1

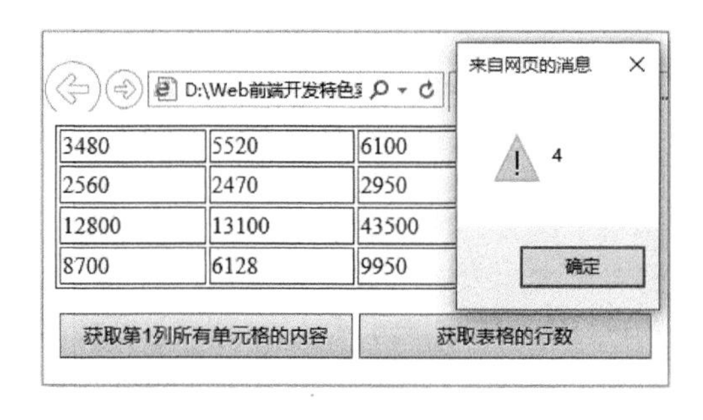

图 152-2

上面有底纹的代码是此实例的核心代码。在这部分代码中，$(this).children("td").eq(0).text()用于获取当前行第一列的单元格内容，$("#mytable tr").each()用于枚举$("#mytable tr")集合中的所有行，$("#mytable").prop('rows').length用于获取表格的行数。

此实例的源文件名是 HtmlPageC210.html。

153　获取表格 table 指定列和行的单元格内容

此实例主要实现获取表格 table 指定列和指定行的单元格内容。当在浏览器中显示该页面时，单击“获取第 1 列所有单元格的内容”按钮，则将在弹出的消息框中显示该列所有单元格的内容，如图 153-1 所示；单击“获取第 1 行所有单元格的内容”按钮，则将在弹出的消息框中显示该行所有单元格的内容，如图 153-2 所示。有关此实例的主要代码如下所示：

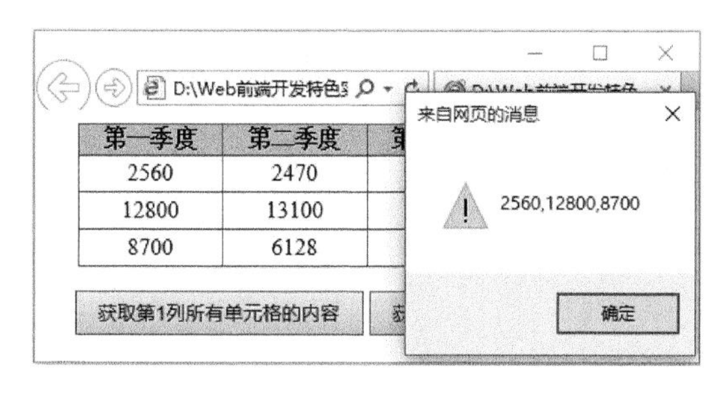

图 153-1

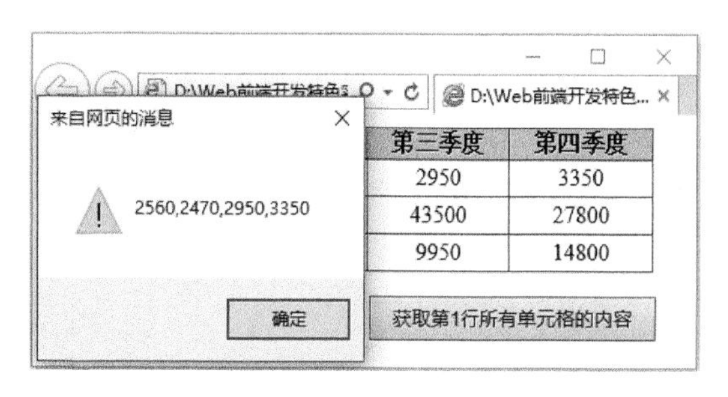

图 153-2

```
<!DOCTYPE html><html><head>
<script type="text/javascript" src="Scripts/jquery-2.2.3.js"></script>
<script language="javascript">
    $(document).ready(function () {
     $("#getCols").click(function () {          //响应单击按钮"获取第 1 列所有单元格的内容"
      var arr = [];
      $("#mytable tr td:nth-child(1)").each(function (key, value) {
        arr.push($(this).text());});
      alert(arr);
     });
     $("#getRows").click(function () {          //响应单击按钮"获取第 1 行所有单元格的内容"
      var arr = [];
      $("#mytable tr").eq(1).children("td").each(function (key, value) {
        arr.push($(this).text()); });
      alert(arr);
    }); });
</script>
</head>
<body>
<table id="mytable" width="400" border="1" align="center"
        style="margin:0 auto; border-collapse:collapse; text-align:center;">
  <thead style="background-color:lightblue;">
   <tr><th>第一季度</th><th>第二季度</th>
        <th>第三季度</th><th>第四季度</th></tr></thead>
  <tbody><tr height="25"><td>2560</td><td>2470</td>
                         <td>2950</td><td>3350</td></tr>
         <tr height="25"><td>12800</td><td>13100</td>
                         <td>43500</td><td>27800</td></tr>
         <tr height="25"><td>8700</td>                <td>6128</td>
                        <td>9950</td><td>14800</td></tr></tbody></table>
  <P style="text-align:center ">
   <input class="input" type="button" value="获取第 1 列所有单元格的内容" id="getCols" style=
"width:200px;height:30px; text-align:center;" />
   <input class="input" type="button" value="获取第 1 行所有单元格的内容" id="getRows" style=
"width:200px;height:30px; text-align:center;" /></P>
</body></html>
```

上面有底纹的代码是此实例的核心代码。在这部分代码中，$("#mytable tr td:nth-child(1)")用于获取表格的第一列，$("#mytable tr").eq(1)用于获取表格的第一行。

此实例的源文件名是 HtmlPageC232.html。

154 设置表格table首行和首列的背景颜色

此实例主要实现了访问表格table的某个单元格，并据此实现设置表格table首行和首列的背景颜色。当在浏览器中显示该页面时，表格table的首行和首列以海绿色呈现，如图154-1所示。有关此实例的主要代码如下所示：

公司名称	第一季度	第二季度	第三季度
宝信软件	2560	2470	2950
中科金财	12800	13100	43500
创智科技	8700	6128	9950

图 154-1

```
<!DOCTYPE html><html><head>
 <script type="text/javascript" src="Scripts/jquery-2.2.3.js"></script>
 <script language="javascript">
   $(document).ready(function () {
    $("table tr:eq(0) td").each(function () {      //设置第一行的背景颜色
     $(this).css("background-color", "lightseagreen");
    });
    //设置第一列的背景颜色
    $("table tr:eq(0) td:eq(0)").addClass("newstyle");
    $("table tr:eq(1) td:eq(0)").addClass("newstyle");
    $("table tr:eq(2) td:eq(0)").addClass("newstyle");
    $("table tr:eq(3) td:eq(0)").addClass("newstyle");
 });
 </script>
 <style type="text/css">
   .newstyle {background-color: lightseagreen;}
 </style>
 </head>
 <body>
 <table id="mytable" width="400" border="1" align="center"
         style="margin:0 auto; border-collapse:collapse;
         text-align:center;font-size:small">
   <tr><td>公司名称</td><td>第一季度</td>
        <td>第二季度</td><td>第三季度</td></tr>
   <tr><td>宝信软件</td><td>2560</td><td>2470</td><td>2950</td></tr>
   <tr><td>中科金财</td><td>12800</td><td>13100</td><td>43500</td></tr>
   <tr><td>创智科技</td><td>8700</td><td>6128</td><td>9950</td></tr></table>
 </body></html>
```

上面有底纹的代码是此实例的核心代码。在这部分代码中，$("table tr:eq(0) td")用于获取表格table首行的所有单元格；$("table tr:eq(2) td:eq(0)")用于获取表格table第3行第1列这个单元格，其余以此类推。

此实例的源文件名是HtmlPageC016.html。

155 以隔行错色的效果显示表格 table 的数据

此实例主要通过查找表格 table 的奇数行和偶数行并运用样式设置背景，从而实现在表格 table 的行与行之间产生错色显示数据的效果。当在浏览器中显示该页面时，表格 table 中的数据错色显示的效果如图 155-1 所示。有关此实例的主要代码如下所示：

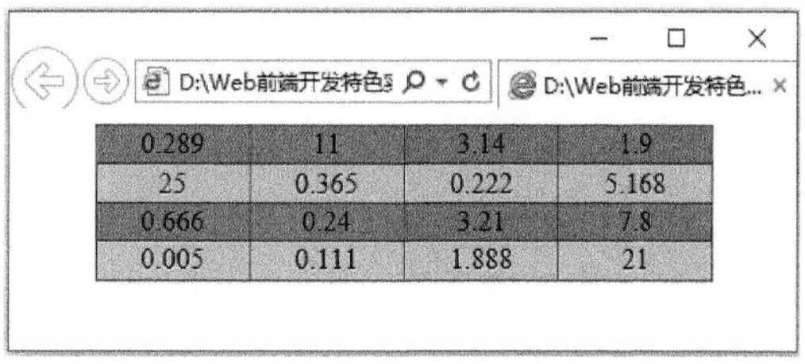

0.289	11	3.14	1.9
25	0.365	0.222	5.168
0.666	0.24	3.21	7.8
0.005	0.111	1.888	21

图 155-1

```
<!DOCTYPE html><html><head>
<script type="text/javascript" src="Scripts/jquery-2.2.3.js"></script>
<script language="javascript">
  $(document).ready(function () {
   //获取表格 Table 奇数行,为其添加样式 myodd
   $("#mytable tr:odd").addClass("myodd");
   //获取表格 Table 偶数行,为其添加样式 myeven
   $("#mytable tr:even").addClass("myeven");
  });
</script>
<style type="text/css">
  .myodd {background-color: lightgray;}
  .myeven {background-color: lightseagreen;}
</style>
</head>
<body>
<table id="mytable" width="350" border="1" align="center"
       style="margin:0 auto; border-collapse:collapse; text-align:center">
  <tr><td>0.289</td><td>11</td><td>3.14</td><td>1.9</td></tr>
  <tr><td>25</td><td>0.365</td><td>0.222</td><td>5.168</td></tr>
  <tr><td>0.666</td><td>0.24</td><td>3.21</td><td>7.8</td></tr>
  <tr><td>0.005</td><td>0.111</td><td>1.888</td><td>21</td></tr></table>
</body></html>
```

上面有底纹的代码是此实例的核心代码。在这部分代码中，$("#mytable tr:odd")用于获取表格 table 的所有奇数行(注意：计数起点是 0 而非 1)，addClass("myodd")"用于为奇数行添加 CSS 样式 myodd；$("#mytable tr:even")用于获取表格 table 的所有偶数行；addClass("myeven")用于为偶数行添加 CSS 样式 myeven。

此实例的源文件名是 HtmlPageC014.html。

156 在表格 table 中实现鼠标单行选择效果

此实例主要实现在用鼠标单击表格 table 的任一行时，该行的所有单元格的背景颜色被重置为灰色，从而产生单行选择的效果。当在浏览器中显示该页面时，使用鼠标单击表格的任意行，则该行的背景颜色立即被重置为灰色，如图 156-1 所示。有关此实例的主要代码如下所示：

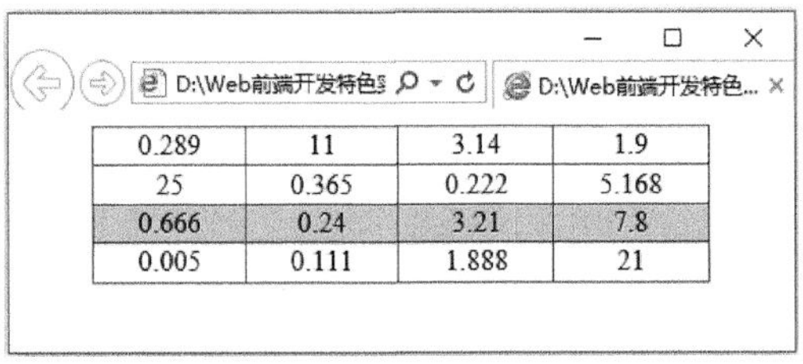

0.289	11	3.14	1.9
25	0.365	0.222	5.168
0.666	0.24	3.21	7.8
0.005	0.111	1.888	21

图 156-1

```
<!DOCTYPE html><html><head>
 <script type="text/javascript" src="Scripts/jquery-2.2.3.js"></script>
 <script language="javascript">
  $(document).ready(function () {
   $("#mytable tr").click(function () {                    //通过单击实现单行选择效果
    $("#mytable tr").css("background-color", "");          //移除所有行的背景颜色
     $(this).css("background-color", "lightgray");         //设置当前行背景色为浅灰色
  });});
 </script>
</head>
<body>
 <table id="mytable" width="350" border="1" align="center"
       style="margin:0 auto; border-collapse:collapse; text-align:center">
  <tr><td>0.289</td><td>11</td><td>3.14</td><td>1.9</td></tr>
  <tr><td>25</td><td>0.365</td><td>0.222</td><td>5.168</td></tr>
  <tr><td>0.666</td><td>0.24</td><td>3.21</td><td>7.8</td></tr>
  <tr><td>0.005</td><td>0.111</td><td>1.888</td><td>21</td></tr></table>
</body></html>
```

上面有底纹的代码是此实例的核心代码。在这部分代码中，$("#mytable tr").css("background-color", "")用于移除表格 table 所有行的背景颜色，$(this).css("background-color", "lightgray")用于设置当前行的背景颜色为浅灰色。

此实例的源文件名是 HtmlPageC013.html。

157 当鼠标在表格 table 上移动时选择整行

此实例主要通过为表格 table 的行的 mouseover 和 mouseout 事件添加事件响应方法从而实现当鼠标在表格 table 上移动时当前行整行选择的效果。当在浏览器中显示该页面时，如果鼠标在表格 table 上移动，则鼠标当前所在行将呈现黑底白字，如图 157-1 所示。有关此实例的主要代码如下所示：

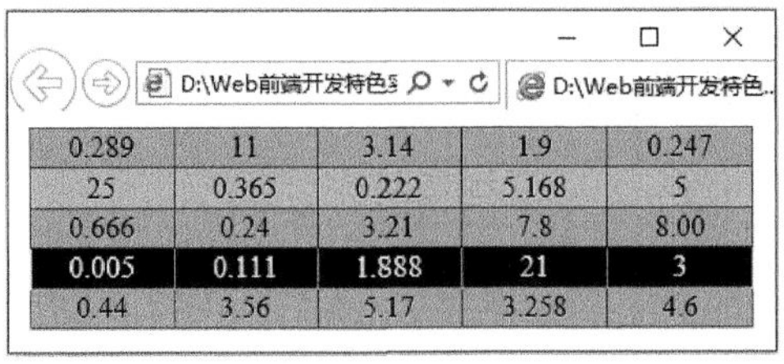

0.289	11	3.14	1.9	0.247
25	0.365	0.222	5.168	5
0.666	0.24	3.21	7.8	8.00
0.005	0.111	1.888	21	3
0.44	3.56	5.17	3.258	4.6

图 157-1

```
<!DOCTYPE html><html><head>
<script type="text/javascript" src="Scripts/jquery-2.2.3.js"></script>
<script type="text/javascript">
  $(document).ready(function () {
   //隔行变色
   $("tr:even").addClass("even");
   $("tr:odd").addClass("odd");
   //滑动变色
   $("tr").mouseover(function () { $(this).addClass("se"); }).mouseout(function () { $(this).
removeClass("se"); });});
</script>
<style>
  .even {background-color: lightgreen;}
  .odd {background-color: lightblue;}
  .se {background-color: #000; color: white;}
</style>
</head>
<body>
<table id="mytable" width="400" border="1" align="center"
        style="margin:0 auto; border-collapse:collapse; text-align:center">
  <tr><td>0.289</td><td>11</td><td>3.14</td><td>1.9</td><td>0.247</td></tr>
  <tr><td>25</td><td>0.365</td><td>0.222</td><td>5.168</td><td>5</td></tr>
  <tr><td>0.666</td><td>0.24</td><td>3.21</td><td>7.8</td><td>8.00</td></tr>
  <tr><td>0.005</td><td>0.111</td><td>1.888</td><td>21</td><td>3</td></tr>
  <tr><td>0.44</td><td>3.56</td><td>5.17</td><td>3.258</td><td>4.6</td></tr>
</table></body></html>
```

上面有底纹的代码是此实例的核心代码。在这部分代码中，addClass("se")用于为被选择的表格行设置 CSS 样式 se，removeClass("se")用于从被选择的表格行移除 CSS 样式 se。$("tr").mouseover(function(){ $(this).addClass("se");}).mouseout(function(){ $(this).removeClass("se");})是 jQuery 的链式写法，实质上就是为$("tr")的 mouseover 和 mouseout 事件添加事件响应方法。

此实例的源文件名是 HtmlPageC192.html。

158 高亮显示表格 table 的鼠标所在当前行

此实例主要实现在排除表格 table 首行的前提下，为表格的其他行添加着色显示当前鼠标所在行的效果。当在浏览器中显示该页面时，在表格 table 标题栏之外的其他行中移动鼠标，则会为鼠标所在的当前行添加背景颜色，如图 158-1 所示。有关此实例的主要代码如下所示：

图 158-1

```
<!DOCTYPE html><html><head>
<script type="text/javascript" src="Scripts/jquery-2.2.3.js"></script>
<script language="javascript">
```

```
  $(document).ready(function () {          //着色显示鼠标移动到表格 table 的当前行
   //tr:gt(0)过滤器表示排除第一行,因为第一行往往是标题
   $("table tr:gt(0)").hover(function () {
    $(this).addClass("mystyle");
     $(this).siblings(".mystyle").removeClass("mystyle");
  }); });
</script>
<style type="text/css">
  .mystyle {background-color: lightseagreen;}
</style>
</head>
<body>
<table id="mytable" width="400" border="1" align="center"
        style="margin:0 auto; border-collapse:collapse;
                              text-align:center;font-size:small">
  <tr style="background-color: lightgray; font-size:medium">
   <td>葡萄酒名称</td><td>生产日期</td><td>原产地</td><td>葡萄品种</td></tr>
  <tr><td>罗博克葡萄酒</td><td>2015.12.6</td>
       <td>西班牙</td><td>歌海娜</td></tr>
  <tr><td>科洛文红葡萄酒</td><td>2015.10.5</td>
       <td>法国</td><td>丹魄</td></tr>
  <tr><td>马蒂尔伯爵葡萄酒</td><td>2014.6.9</td>
       <td>意大利</td><td>朗布罗斯科</td></tr></table>
</body></html>
```

上面有底纹的代码是此实例的核心代码。在这部分代码中，$("table tr:gt(0)")用于获取表格 table 里除首行之外的其他行；$(this).addClass("mystyle")用于为当前行添加 CSS 样式 mystyle；$(this).siblings(".mystyle")用于获取当前行之外的其他行，并且是带有 mystyle 样式的表格行；removeClass("mystyle")用于去掉所选表格行的 CSS 样式 mystyle。

此实例的源文件名是 HtmlPageC015.html。

159 高亮显示表格 table 的鼠标所在移动行

此实例主要通过在元素(表格行)的 hover 事件响应方法的两个参数中添加和移除样式，从而实现在表格 table 中着色显示鼠标移动的当前行。当在浏览器中显示该页面时，在表格 table 标题栏之外的其他行中移动鼠标，则会为鼠标所在的当前行添加背景颜色，如图 159-1 所示。有关此实例的主要代码如下所示：

图 159-1

```
<!DOCTYPE html><html><head>
 <script type="text/javascript" src="Scripts/jquery-2.2.3.js"></script>
 <script language="javascript">
```

```
    $ (document).ready(function () {
     $ ("table tr:gt(0)").hover(function () {        //该鼠标悬浮事件对第一行无效
       // $ (this).children("td").addClass("mystyle");
      $ (this).addClass("mystyle");
      }, function () {
       //$ (this).children("td").removeClass("mystyle");
       $ (this).removeClass("mystyle");
    });});
  </script>
  <style type = "text/css">
   .mystyle { background - color: lightseagreen;}
  </style>
 </head>
 <body>
  <table id = "mytable" width = "400" border = "1" align = "center"
                 style = "margin:0 auto; border - collapse:collapse;
                 text - align:center;font - size:small">
   <tr style = "background - color: lightgray; font - size:medium">
     <td>葡萄酒名称</td><td>生产日期</td><td>原产地</td><td>葡萄品种</td></tr>
   <tr><td>罗博克葡萄酒</td><td>2015.12.6</td>
         <td>西班牙</td><td>歌海娜</td></tr>
   <tr><td>科洛文红葡萄酒</td><td>2015.10.5</td>
         <td>法国</td><td>丹魄</td></tr>
   <tr><td>马蒂尔伯爵葡萄酒</td><td>2014.6.9</td>
         <td>意大利</td><td>朗布罗斯科</td></tr></table>
 </body></html>
```

上面有底纹的代码是此实例的核心代码。在这部分代码中，$("table tr:gt(0)").hover(function(){ $(this).addClass("mystyle");}, function () { $(this). removeClass("mystyle"); }) 表示当鼠标进入某行时为该行设置 CSS 样式 mystyle，当鼠标离开此行时从该行中移除 CSS 样式 mystyle。

此实例的源文件名是 HtmlPageC229. html。

160 使用多色不断闪烁表格 table 的边框线

此实例主要采用 setTimeout()和 css()等方法实现使用多种颜色不断闪烁表格 table 的边框线。当在浏览器中显示该页面时，表格 table 的边框线将不断闪烁，如图 160-1 所示。有关此实例的主要代码如下所示：

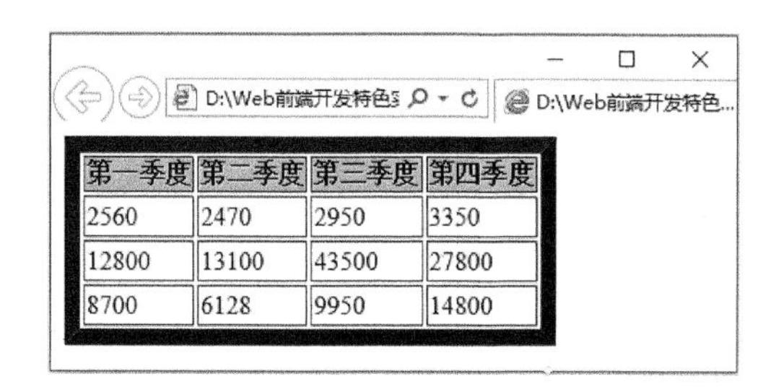

图 160-1

```
<!DOCTYPE html><html><head>
 <script type = "text/javascript" src = "scripts/jquery - 2.2.3.js"></script>
 <script language = "javascript">
```

```
  var i = 0;
  var Color = new Array("#0000FF", "#99FF00", "#660033", "#CC66CC", "#FFFF33");
  function flashBorder() {        //设置边框颜色
   if (i > Color.length - 1) { i = 0 }
   $("#myTable").css("borderColor", Color[i]);
   i = i + 1;
   setTimeout("flashBorder()", 100);
  }
  flashBorder();
 </script>
</head>
<body>
<table id = "myTable" border = 10 >
  <thead style = "background-color:lightblue;">
   <tr><th>第一季度</th><th>第二季度</th>
        <th>第三季度</th><th>第四季度</th></tr></thead>
  <tbody>
   <tr height = "25"><td>2560</td><td>2470</td>
                     <td>2950</td><td>3350</td></tr>
   <tr height = "25"><td>12800</td><td>13100</td>
                     <td>43500</td><td>27800</td></tr>
   <tr height = "25"><td>8700</td><td>6128</td>
                     <td>9950</td><td>14800</td></tr></tbody></table>
</body></html>
```

上面有底纹的代码是此实例的核心代码。其中，setTimeout("flashBorder()", 100)用于每隔100毫秒调用flashBorder()方法闪烁边框线，css()方法用于设置边框线的颜色，关于这两个方法的语法声明请参考本书的其他部分。

此实例的源文件名是HtmlPageC418.html。

161　以嵌套方式动态生成多行多列表格table

此实例主要采用循环嵌套的方式动态绘制多行多列自定义样式的表格。当在浏览器中显示此实例的页面时，动态绘制的多行多列自定义样式的表格如图161-1所示。有关此实例的主要代码如下所示：

0行0列	0行1列	0行2列	0行3列	0行4列	0行5列
1行0列	1行1列	1行2列	1行3列	1行4列	1行5列
2行0列	2行1列	2行2列	2行3列	2行4列	2行5列
3行0列	3行1列	3行2列	3行3列	3行4列	3行5列
4行0列	4行1列	4行2列	4行3列	4行4列	4行5列

图　161-1

```
<!DOCTYPE html><html><head>
 <script type = "text/javascript" src = "Scripts/jquery-2.2.3.js"></script>
 <script language = "javascript">
  $(function () {
   var table = document.createElement("table");
   var tbody = document.createElement("tbody");
```

```
    table.style.borderCollapse = "collapse";
    for (var i = 0; i < 5; i++) {                    //5 行
     var tr = document.createElement("tr");
     for (var j = 0; j < 6; j++) {                   //6 列
      var td = document.createElement("td");
      var text = document.createTextNode(i + "行" + j + "列");
      td.style.border = "1px solid #dfdfdf";
      td.style.width = "80px";
      td.style.height = "20px";
      td.style.textAlign = "center";
      td.appendChild(text);
      tr.appendChild(td);                            //向行中添加列(单元格)
     }
     table.appendChild(tr);                          //向表中添加行
    }
    $ ("#myPos").append(table);                      //在指定位置添加表
  })
 </script>
</head>
<body>
 <div id = "myPos"></div>
</body></html>
```

上面有底纹的代码是此实例的核心代码。在这部分代码中，$("#myPos").append(table)用于把创建表格 table 的 HTML 代码的参数 table 添加到 $("#myPos")这个 DIV 块中。关于 append()方法的语法声明请参考本书的其他部分。

此实例的源文件名是 HtmlPageC147.html。

162 隐藏在表格 table 中的指定行和指定列

此实例主要实现在表格 table 中根据需要隐藏指定的行和列。当在浏览器中显示该页面时，表格原始数据如图 162-1 所示；单击“隐藏第三行”按钮，则将隐藏表格的第三行，如图 162-2 所示；单击“隐藏第二列”按钮，则将隐藏表格的第二列，如图 162-3 所示。有关此实例的主要代码如下所示：

```
<!DOCTYPE html><html><head>
 <script type = "text/javascript" src = "Scripts/jquery-2.2.3.js"></script>
 <script language = "javascript">
   $ (document).ready(function () {
    //响应单击按钮"隐藏第三行"
    $ ("#hideRow").click(function () {
     $ ("#mytable tbody tr:eq(2)").hide();
    });
    //响应单击按钮"隐藏第二列"
    $ ("#hideCol").click(function () {
    //注意：下面两行代码列的计算起点不同
     $ ("#mytable tr :nth-child(2)").hide();
     //$ ("#mytable tr").each(function () { $ ("td:eq(1)", this).hide() });
  });});
 </script>
</head>
<body>
 <table id = "mytable" width = "410" border = "1" align = "center"
     style = "margin:0 auto; border-collapse:collapse; text-align:center;">
```

```
    <thead style = "background - color:lightblue;">
     <tr>< th>第一季度</th>< th>第二季度</th>< th>第三季度</th></tr></thead>
    <tbody>< tr height = "25">< td> 2560 </td>< td> 2470 </td>< td> 2950 </td></tr>
            < tr height = "25">< td> 12800 </td>< td> 13100 </td>< td> 43500 </td></tr>
            < tr height = "25">< td> 8700 </td>< td> 6128 </td>< td> 9950 </td></tr>
    </tbody></table>
  < P style = "text - align:center ">
    < input class = "input" type = "button" value = "隐藏第三行"
      id = "hideRow" style = "width:200px;height:30px; text - align:center;" />
    < input class = "input" type = "button" value = "隐藏第二列"
      id = "hideCol" style = "width:200px;height:30px; text - align:center;" /></P>
</body></html>
```

第一季度	第二季度	第三季度
2560	2470	2950
12800	13100	43500
8700	6128	9950

隐藏第三行 隐藏第二列

图 162-1

第一季度	第二季度	第三季度
2560	2470	2950
12800	13100	43500

隐藏第三行 隐藏第二列

图 162-2

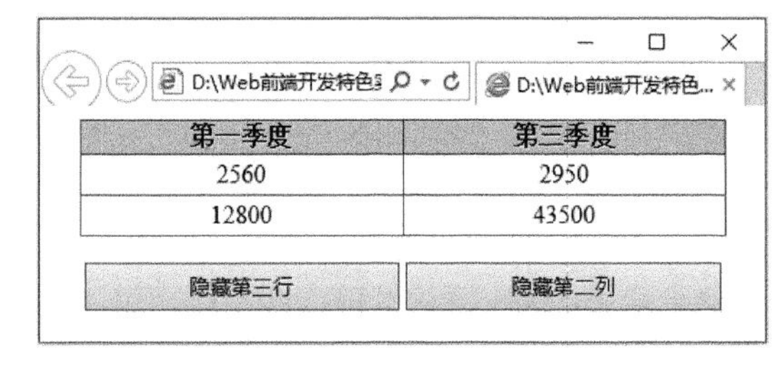

第一季度	第三季度
2560	2950
12800	43500

图 162-3

上面有底纹的代码是此实例的核心代码。在这部分代码中，$("#mytable tbody tr:eq(2)")用于获取表格的第三行，行计算起点是0。$("#mytable tr :nth-child(2)")用于获取表格的第二列，列计算起点是1。

此实例的源文件名是HtmlPageC230.html。

163 根据条件隐藏或显示表格table的部分行

此实例主要使用toggle()方法实现根据条件隐藏或显示表格table的部分行。当在浏览器中显示该页面时，单击在“姓名”列中的某一超链接，则将显示该超链接下的所有行，如图163-1所示；再次单击在“姓名”列中的同一超链接，则将隐藏该超链接刚才显示的那部分行，如图163-2所示。有关此实例的主要代码如下所示：

```
<! DOCTYPE html >< html >< head >
 < script type = "text/javascript" src = "Scripts/jquery - 2.2.3.js"></script>
 < script type = "text/javascript">

   $ (document).ready(function () {
    $ ("tr[group]").css("background - color", "#ff9");
```

```
    $("tr[parent]").hide();
   });
   function showSub(a) { //切换分组明细的显示/隐藏
     var groupValue = $(a).parent().parent().attr("group");
     var subDetails = $("tr[parent='" + groupValue + "']");
     subDetails.toggle();
   }
</script>
 <style type="text/css">
   .tbl-list, .tbl-list td, .tbl-list th {border: solid 1px #000;
             border-collapse: collapse; padding: 5px; margin: 5px;}
 </style>
</head>
<body><center>
 <table id="tableId" class="tbl-list" cellpadding="0" cellspacing="0" width="450">
   <thead><tr><th>序号</th><th>姓名</th><th>生日</th><th>年龄</th>
              <th>工资</th></tr></thead>
   <tbody><tr group="A"><td>1</td>
           <td><a href="#" onclick="showSub(this)">Group-A</a></td>
           <td>01/12/1982</td><td>25</td><td>1000.50</td></tr>
          <tr parent="A"><td>2</td>
    <td>A-01</td><td>01/09/1982</td>
           <td>25</td><td>2000.10</td></tr>
          <tr parent="A">td>3</td>
           <td>A-02</td><td>01/10/1982</td>
           <td>26</td><td>2000.20</td></tr>
          <tr group="B"><td>4</td>
           <td><a href="#" onclick="showSub(this)">Group-B</a></td>
           <td>10/14/1999</td><td>18</td><td>1000.20</td></tr>
          <tr parent="B"><td>5</td>
           <td>B-01</td><td>02/12/1982</td><td>19</td><td>3000.20</td></tr>
          <tr parent="B"><td>6</td>
           <td>B-02</td><td>03/12/1982</td><td>20</td><td>3000.30</td></tr>
          <tr group="C"><td>7</td>
           <td><a href="#" onclick="showSub(this)">Group-C</a></td>
           <td>10/14/1980</td><td>8</td><td>1000.30</td></tr>
          <tr parent="C"><td>8</td>
           <td>C-01</td><td>03/12/1981</td>
           <td>17</td><td>3100.30</td></tr></tbody></table></center>
</body></html>
```

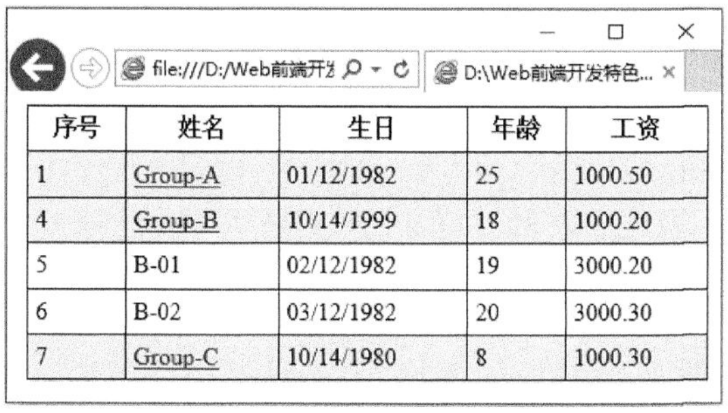

序号	姓名	生日	年龄	工资
1	Group-A	01/12/1982	25	1000.50
4	Group-B	10/14/1999	18	1000.20
5	B-01	02/12/1982	19	3000.20
6	B-02	03/12/1982	20	3000.30
7	Group-C	10/14/1980	8	1000.30

图 163-1

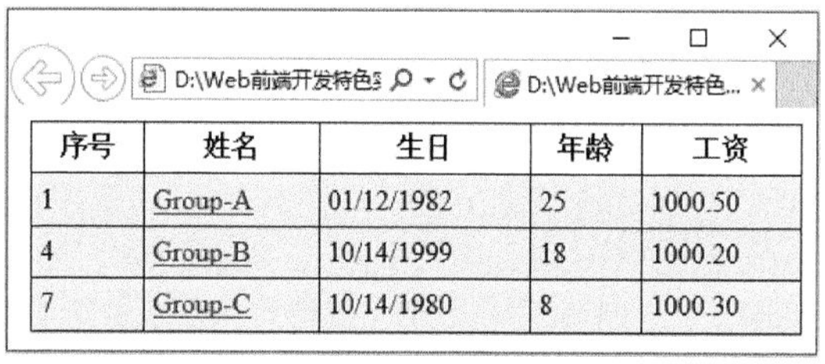

序号	姓名	生日	年龄	工资
1	Group-A	01/12/1982	25	1000.50
4	Group-B	10/14/1999	18	1000.20
7	Group-C	10/14/1980	8	1000.30

图 163-2

上面有底纹的代码是此实例的核心代码。在这部分代码中，toggle()方法用于绑定两个或多个事件响应方法，以响应被选元素（此处是超链接）的轮流的 click 事件，该方法也可用于切换被选元素的 hide()与 show()方法。关于 toggle()方法的语法声明请参考本书的其他部分。

此实例的源文件名是 HtmlPageC260.html。

164 在表格 table 中实现逐行上移或逐行下移

此实例主要使用 insertAfter()方法和 insertBefore()方法实现在表格 table 中逐行上移或下移当前行。当在浏览器中显示该页面时，表格中的内容在未移动前如图 164-1 所示；单击重庆市所在行的“下移”超链接，则该行下移，北京市所在行上移，如图 164-2 所示。单击其他行的“上移”或“下移”超链接将实现类似的功能。有关此实例的主要代码如下所示：

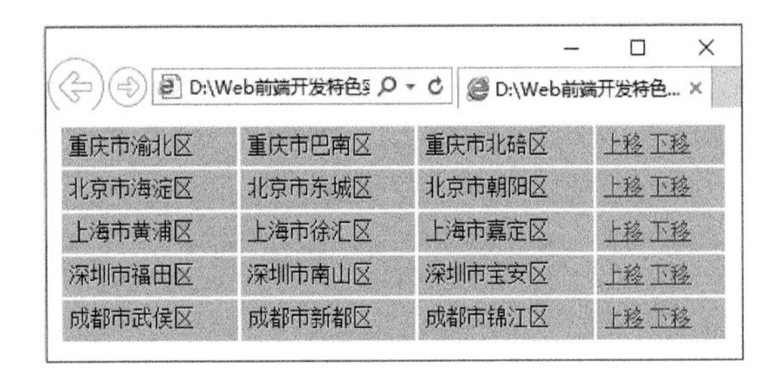

重庆市渝北区	重庆市巴南区	重庆市北碚区	上移 下移
北京市海淀区	北京市东城区	北京市朝阳区	上移 下移
上海市黄浦区	上海市徐汇区	上海市嘉定区	上移 下移
深圳市福田区	深圳市南山区	深圳市宝安区	上移 下移
成都市武侯区	成都市新都区	成都市锦江区	上移 下移

图 164-1

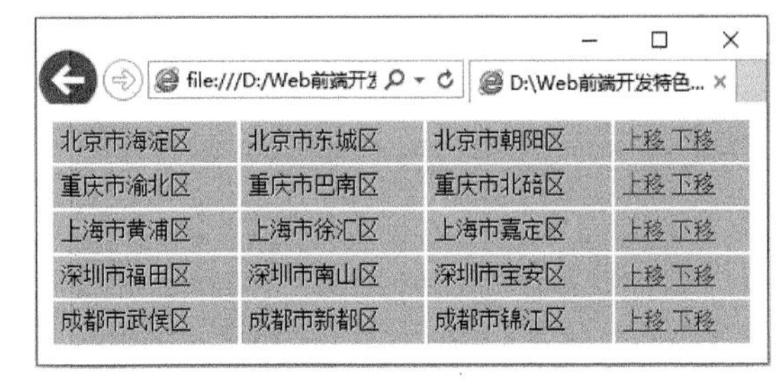

北京市海淀区	北京市东城区	北京市朝阳区	上移 下移
重庆市渝北区	重庆市巴南区	重庆市北碚区	上移 下移
上海市黄浦区	上海市徐汇区	上海市嘉定区	上移 下移
深圳市福田区	深圳市南山区	深圳市宝安区	上移 下移
成都市武侯区	成都市新都区	成都市锦江区	上移 下移

图 164-2

```
<!DOCTYPE html><html><head>
<script type="text/javascript" src="Scripts/jquery-2.2.3.js"></script>
<script type="text/javascript">
  function up(obj) {              //响应单击超链接"上移"
   var ParentTR = $(obj).parent().parent();
   var prevTR = ParentTR.prev();
   if (prevTR.length > 0) { prevTR.insertAfter(ParentTR);}
  }
  function down(obj) {            //响应单击超链接"下移"
    var ParentTR = $(obj).parent().parent();
    var nextTR = ParentTR.next();
     if (nextTR.length > 0) {nextTR.insertBefore(ParentTR);}
  }
  </script>
  <style type="text/css">
   table { width: 450px; font-size: 14px;}
   td { background-color: lightblue; padding: 5px; }
</style>
</head>
<body>
<table>
  <tr><td>重庆市渝北区</td><td>重庆市巴南区</td><td>重庆市北碚区</td>
      <td><a href="#" onclick="up(this)">上移</a>
            <a href="#" onclick="down(this)">下移</a></td></tr>
  <tr><td>北京市海淀区</td><td>北京市东城区</td><td>北京市朝阳区</td>
      <td><a href="#" onclick="up(this)">上移</a>
            <a href="#" onclick="down(this)">下移</a></td></tr>
  <tr><td>上海市黄浦区</td><td>上海市徐汇区</td><td>上海市嘉定区</td>
      <td><a href="#" onclick="up(this)">上移</a>
            <a href="#" onclick="down(this)">下移</a></td></tr>
  <tr><td>深圳市福田区</td><td>深圳市南山区</td><td>深圳市宝安区</td>
      <td><a href="#" onclick="up(this)">上移</a>
            <a href="#" onclick="down(this)">下移</a></td></tr>
  <tr><td>成都市武侯区</td><td>成都市新都区</td><td>成都市锦江区</td>
      <td><a href="#" onclick="up(this)">上移</a>
            <a href="#" onclick="down(this)">下移</a></td></tr></table>
</body></html>
```

上面有底纹的代码是此实例的核心代码。其中，prevTR. insertAfter(ParentTR)用于将 prevTR 插入到 ParentTR 之后，nextTR. insertBefore(ParentTR)用于将 nextTR 插入到 ParentTR 之前，关于 insertAfter()方法和 insertBefore()方法的语法声明请参考本书的其他部分。

此实例的源文件名是 HtmlPageC241. html。

165　将指定行的内容移到表格 table 的顶部

此实例主要使用 After()方法和 Before()等方法实现在表格 table 中逐行上移、下移及置顶当前数据行。当在浏览器中显示该页面时，表格 table 中的内容在未移动前如图 165-1 所示；单击重庆市所在行的“下移”超链接，则该行下移，北京市所在行上移，单击成都市所在行的“置顶”超链接，则该行将直接移动到表格的顶部，如图 165-2 所示。单击其他行的“上移”“下移”“置顶”超链接将实现类似的功能。有关此实例的主要代码如下所示：

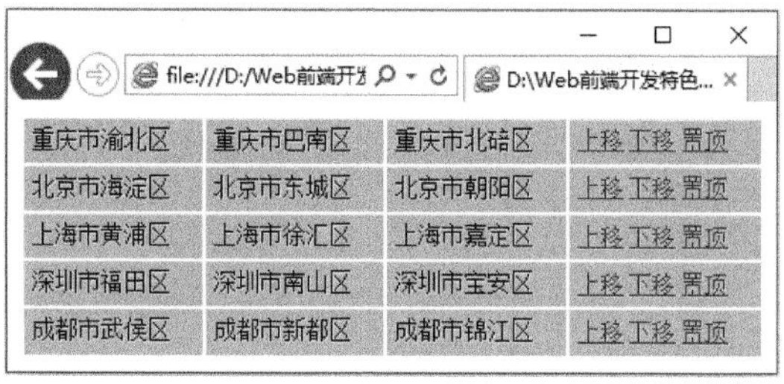

图　165-1

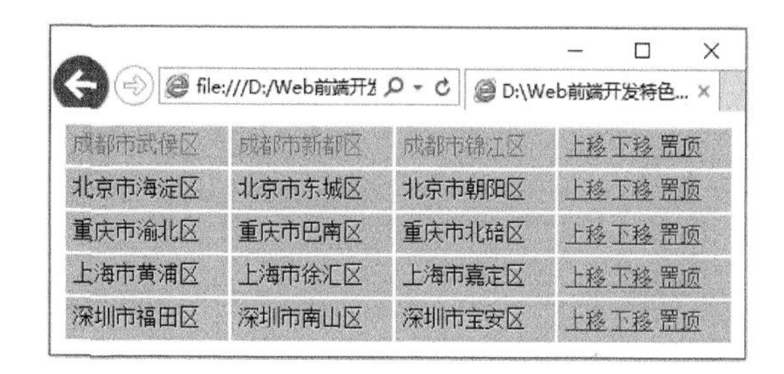

图　165-2

```
<!DOCTYPE html><html><head>
<script type="text/javascript" src="Scripts/jquery-2.2.3.js"></script>
<script type="text/javascript">
  $(function () {
   var $up = $(".up")
    //响应单击超链接"上移"
   $up.click(function () {
     var $tr = $(this).parents("tr");
     if ($tr.index() != 0) {
       $tr.fadeOut().fadeIn();
       $tr.prev().before($tr);
    } });
   var $down = $(".down");
   var len = $down.length;
    //响应单击超链接"下移"
   $down.click(function () {
   var $tr = $(this).parents("tr");
   if ($tr.index() != len - 1) {
     $tr.fadeOut().fadeIn();
     $tr.next().after($tr);
   } });
   var $top = $(".top");
    //响应单击超链接"置顶"
   $top.click(function () {
    var $tr = $(this).parents("tr");
    $tr.fadeOut().fadeIn();
    $(".table").prepend($tr);
    $tr.css("color", "#f60");
   }); });
```

```
    </script>
    <style type="text/css">
     table { width: 450px;font-size: 14px;}
     td { background-color: lightblue;  padding: 5px;}
    </style>
  </head>
  <body>
   <table class="table">
    <tr><td>重庆市渝北区</td><td>重庆市巴南区</td><td>重庆市北碚区</td>
        <td><a href="#" class="up">上移</a><a href="#" class="down">下移</a>
              <a href="#" class="top">置顶</a></td></tr>
    <tr><td>北京市海淀区</td><td>北京市东城区</td><td>北京市朝阳区</td>
        <td><a href="#" class="up">上移</a><a href="#" class="down">下移</a>
              <a href="#" class="top">置顶</a></td></tr>
    <tr><td>上海市黄浦区</td><td>上海市徐汇区</td><td>上海市嘉定区</td>
        <td><a href="#" class="up">上移</a><a href="#" class="down">下移</a>
              <a href="#" class="top">置顶</a></td></tr>
    <tr><td>深圳市福田区</td><td>深圳市南山区</td><td>深圳市宝安区</td>
        <td><a href="#" class="up">上移</a><a href="#" class="down">下移</a>
              <a href="#" class="top">置顶</a></td></tr>
     <tr><td>成都市武侯区</td><td>成都市新都区</td><td>成都市锦江区</td>
         <td><a href="#" class="up">上移</a><a href="#" class="down">下移</a>
              <a href="#" class="top">置顶</a></td></tr></table>
  </body></html>
```

上面有底纹的代码是此实例的核心代码。在这部分代码中，prev()方法用于获得匹配元素集合中每个元素紧邻的前一个同级元素。before()方法用于在被选元素前插入指定的内容。next()方法用于获得匹配元素集合中每个元素紧邻的后一个同级元素，如果提供选择器，则取回匹配该选择器的下一个同级元素。after()方法用于在被选元素后插入指定的内容。prepend()方法用于在被选元素的开头插入指定内容，因此 $(".table").prepend($tr)即用于将 $tr 插入到 $(".table")的开头，即置顶。关于这些方法的语法声明请参考本书的其他部分。以“上移”为例，当单击数据行时，获取当前单击的行内容及 tr，然后判断该行是不是第一行，如果不是第一行，那么就将该行插入到上一行的前面，实现互换目的。在行上加 fadeOut()和 fadeIn()过渡效果，只是为了看起来会更生动些，否则上移的过程会一闪而过。“下移”和“置顶”操作流程与此类似。

此实例的源文件名是 HtmlPageC282.html。

166 在表格 table 中动态插入行或删除行

此实例主要实现采用 after()和 remove()方法实现在表格 table 中插入或删除一行内容。当在浏览器中显示该页面时，单击“增加一行”按钮，则将在表格 table 的第三行(包含标题行)后面插入与第三行相同内容的一行，如图 166-1 所示；单击“删除一行”按钮，则将删除表格 table 的标题行，如图 166-2 所示；再单击“删除一行”按钮，则将删除表格 table 的第一行数据，以此类推。有关此实例的主要代码如下所示：

第一季度	第二季度	第三季度	第四季度
2560	2470	2950	3350
12800	13100	43500	27800
12800	13100	43500	27800
8700	6128	9950	14800

增加一行 删除一行

图 166-1

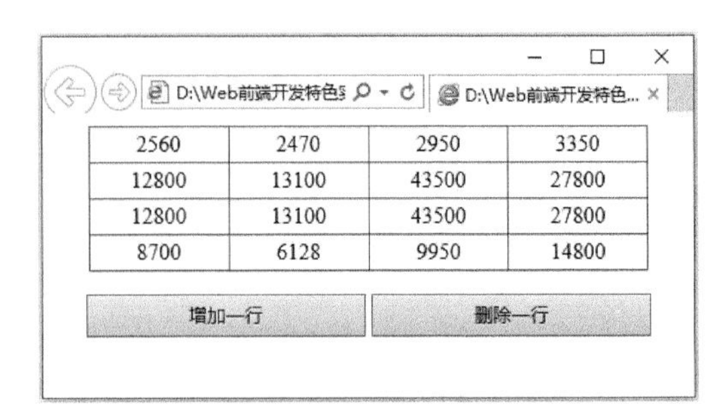

2560	2470	2950	3350
12800	13100	43500	27800
12800	13100	43500	27800
8700	6128	9950	14800

图 166-2

```
<!DOCTYPE html><html><head>
<script type="text/javascript" src="Scripts/jquery-2.2.3.js"></script>
<script language="javascript">
  $(document).ready(function () {
   $("#add").click(function () {//响应单击按钮"增加一行"
    $("table tr").eq(1).after("<tr height=\"25\"><td>12800</td><td>13100</td><td>43500</td>
<td>27800</td></tr>");
   });
   $("#del").click(function () {//响应单击按钮"删除一行"
    $("table tr").eq(0).remove();
 });});
</script>
</head>
<body>
<table id="mytable" width="400" border="1" align="center"
      style="margin:0 auto; border-collapse:collapse; text-align:center;">
  <tr height="25"><td>第一季度</td><td>第二季度</td>
                 <td>第三季度</td><td>第四季度</td></tr>
  <tr height="25"><td>2560</td><td>2470</td><td>2950</td><td>3350</td></tr>
  <tr height="25"><td>12800</td><td>13100</td><td>43500</td><td>27800</td></tr>
  <tr height="25"><td>8700</td><td>6128</td><td>9950</td><td>14800</td></tr>
</table>
<P style="text-align:center ">
  <input class="input" type="button" value="增加一行" id="add"
        style="width:200px;height:30px; text-align:center;" />
  <input class="input" type="button" value="删除一行" id="del"
        style="width:200px;height:30px; text-align:center;" /></P>
</body></html>
```

上面有底纹的代码是此实例的核心代码。在这部分代码中，$("table tr").eq(1)用于获取表格table的第2行；remove()方法用于删除当前选择的元素(此处是表格行)，after()方法用于在被选元素(此处是表格行)后插入指定的内容，如需在被选元素前面插入内容，应使用before()方法。after()方法的语法格式如下：

```
$(selector).after(content,function(index))
```

参数content是一个必选项，规定要插入的内容，可能的值包括HTML元素、jQuery对象、DOM元素。参数function(index)规定返回待插入内容的函数，index返回集合中元素的index位置。

此实例的源文件名是HtmlPageC020.html。

167　在表格table中动态增加列和删除列

此实例主要实现在表格table中动态增加列和删除列。当在浏览器中显示该页面时，单击“在表格的尾部增加一列”按钮，则将在表格的尾部增加一列，如图167-1所示；单击“移除第一列之外的其他所有列”按钮，则将移除第一列之外的其他所有列，如图167-2所示。有关此实例的主要代码如下所示：

```
<!DOCTYPE html><html><head>
<script type="text/javascript" src="Scripts/jquery-2.2.3.js"></script>
<script language="javascript">
  $(document).ready(function () {
   $("#addCol").click(function () {     //响应单击按钮"在表格的尾部增加一列"
```

```
    $th = $("<th>增加的列头</th>");
    $col = $("<td>增加的列</td>");
    $("#mytable>thead>tr").append($th);
    $("#mytable>tbody>tr").append($col);
  });
  $("#delCol").click(function () {      //响应单击按钮"移除第一列之外的其他所有列"
    $("#mytable tr :not(:nth-child(1))").remove();
  });});
 </script>
</head>
<body>
 <table id="mytable" width="410" border="1" align="center"
      style="margin:0 auto; border-collapse:collapse; text-align:center;">
  <thead style="background-color:lightblue;">
   <tr><th>第一季度</th><th>第二季度</th><th>第三季度</th></tr></thead>
  <tbody>
    <tr height="25"><td>2560</td><td>2470</td><td>2950</td></tr>
    <tr height="25"><td>12800</td><td>13100</td><td>43500</td></tr>
    <tr height="25"><td>8700</td><td>6128</td><td>9950</td></tr></tbody>
</table>
 <P style="text-align:center">
  <input class="input" type="button" value="在表格的尾部增加一列"
   id="addCol" style="width:200px;height:30px; text-align:center;" />
  <input class="input" type="button" value="移除第一列之外的其他所有列"
   id="delCol" style="width:200px;height:30px; text-align:center;" /></P>
</body></html>
```

图 167-1

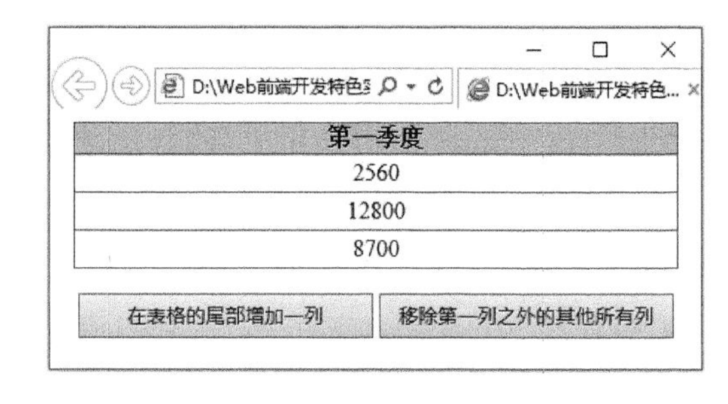

图 167-2

上面有底纹的代码是此实例的核心代码。在这部分代码中，$("#mytable>thead>tr").append($th)用于在列头的末尾增加一列头，$("#mytable>tbody>tr").append($col)用于为列主体增加一列，$("#mytable tr :not(:nth-child(1))").remove()用于移除在第一列之外的其他所有列，注意 tr 后面有个空格，如果没有这个空格，则将移除第一行之外的其他所有行。

此实例的源文件名是 HtmlPageC211.html。

168 在表格 table 的每行设置增加和删除按钮

此实例主要使用 clone()和 append()等方法实现在表格 table 的每行添加增加和删除功能。当在浏览器中显示该页面时，单击表格 table 的前三列的每个单元格，将会自动出现文本框用于编辑该单元格的内容，单击每行的“增加”按钮，将会在表格 table 的末尾新增一空白行，单击每行的“删除”按钮，将会删除该行，如图 168-1 所示。有关此实例的主要代码如下所示：

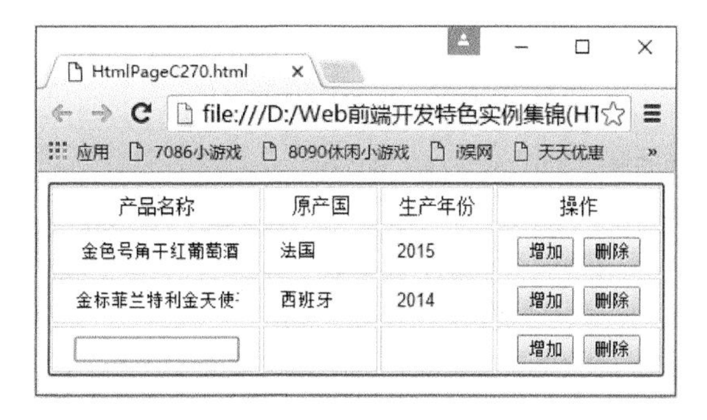

图　168-1

```
<!DOCTYPE html><html><head>
<script type="text/javascript" src="Scripts/jquery-2.2.3.js"></script>
<script type="text/javascript">
function deltr(myCur) {//响应单击按钮"删除当前行"
   var length =  $("#myTable tbody tr").length;
   if (length<= 1) {
     alert("还是保留一行吧");
   } else {
     $(myCur).parent().parent().remove();
  } }
   function addtr() {  //响应单击按钮"新增一行"
    $("#myTabAdd tbody tr").clone().appendTo("#myTable tbody");
   }
  </script>
  <style type="text/css">
   table { font-size: 14px;outline:auto; }
   td, th {border: 1px solid #ddd; padding: 5px; margin: 2px;
          text-align:center;}
</style>
</head>
<body>
<table id="myTabAdd" style="display: none">
  <tbody>
   <tr><td><input type="text" name="name"
                  style="border: 0px;width:120px"/></td>
        <td><input type="text" name="country"
                  style="border: 0px;width:60px"/></td>
        <td><input type="text" name="year"
                  style="border: 0px;width:60px" /></td>
        <td><input type="button" onclick="addtr()"  value="增加" />
            <input type="button" onclick="deltr(this)" value="删除"/>
            </td></tr></tbody></table>
<table id="myTable" width="450" >
  <thead><tr><td>产品名称</td><td  >原产国</td>
            <td>生产年份</td><td>操作</td></tr></thead>
  <tbody><tr><td><input type="text" name="name"
                      style="border: 0px; width:120px" /></td>
             <td><input type="text" name="country"
                      style="border: 0px; width:60px" /></td>
             <td><input type="text" name="year"
                      style="border:0px; width:60px" /></td>
             <td><input type="button" onclick="addtr()" value="增加" />
                 <input type="button" onclick="deltr(this)" value="删除" />
```

```
                    </td></tr></tbody></table>
</body></html>
```

上面有底纹的代码是此实例的核心代码。在这部分代码中，clone()方法用于生成被选元素的副本，包含子节点、文本和属性，$("#myTabAdd tbody tr").clone()主要用于克隆一个空白行。appendTo()方法用于在被选元素的结尾(仍然在内部)插入指定内容，此处是将克隆的空白行插入到表格 table 的末尾。remove()方法用于移除被选元素，包括所有文本和子节点，此处是删除当前行。关于这些方法的语法声明请参考本书的其他部分。

此实例的源文件名是 HtmlPageC270.html。

169 在表格 table 中使用克隆的对象新增数据

此实例主要通过 clone()方法来实现使用克隆的对象在表格中新增数据。当在浏览器中显示页面时，单击“使用克隆的对象来增加表格数据”按钮，则将 5 次克隆表格第 1 行数据，并追加到表格中，如图 169-1 和图 169-2 所示。有关此实例的主要代码如下所示：

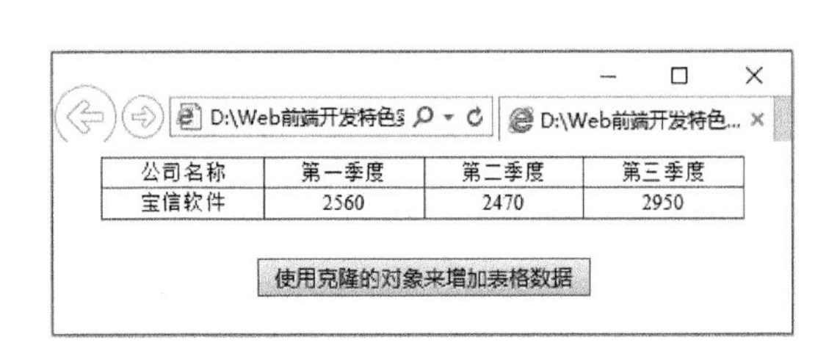

图 169-1

公司名称	第一季度	第二季度	第三季度
宝信软件	2560	2470	2950
宝信软件	2560	2470	2950
宝信软件	2560	2470	2950
宝信软件	2560	2470	2950
宝信软件	2560	2470	2950
宝信软件	2560	2470	2950

使用克隆的对象来增加表格数据

图 169-2

```
<!DOCTYPE html><html><head>
 <script type="text/javascript" src="Scripts/jquery-2.2.3.js"></script>
 <script language="javascript">
   $(document).ready(function () {
     //响应单击按钮"使用克隆的对象来增加表格数据"
    $('#mybutton').click(function () {
     for (var i = 0; i<5 ; i++) {
      var cloned =  $('#mydata').clone();
      $("table tr").eq(0).after(cloned);
  } }); });
  </script>
 </head>
 <body>
 <table id="mytable" width="400" border="1" align="center"
         style="margin:0 auto; border-collapse:collapse;
                               text-align:center;font-size:small">
   <tr><td>公司名称</td><td>第一季度</td><td>第二季度</td><td>第三季度</td></tr>
   <tr id="mydata"><td>宝信软件</td><td>2560</td>
                 <td>2470</td><td>2950</td></tr>
 </table><br>
 <P style="text-align:center;margin-top:5px">
   <input type="submit" value="使用克隆的对象来增加表格数据" id="mybutton"/></P>
 </body></html>
```

上面有底纹的代码是此实例的核心代码。在该部分代码中，clone()方法用于生成被选元素的副本，包含子节点、文本和属性，$('#mydata').clone()用于克隆$('#mydata')作为返回值。clone()方法的语法声明如下：

```
$(selector).clone(includeEvents)
```

其中，参数includeEvents是一个可选参数，规定是否复制元素的所有事件响应方法。默认情况下，副本中不包含事件响应方法。

此实例的源文件名是HtmlPageC070.html。

170　清空表格table除标题栏外的所有内容

此实例主要实现如何获取表格table除标题栏之外的所有单元格，并清空其内容。当在浏览器中显示该页面时，清空前的表格如图170-1所示，单击"清空表格数字"按钮，则将把表格中的所有数字清空，如图170-2所示。有关此实例的主要代码如下所示：

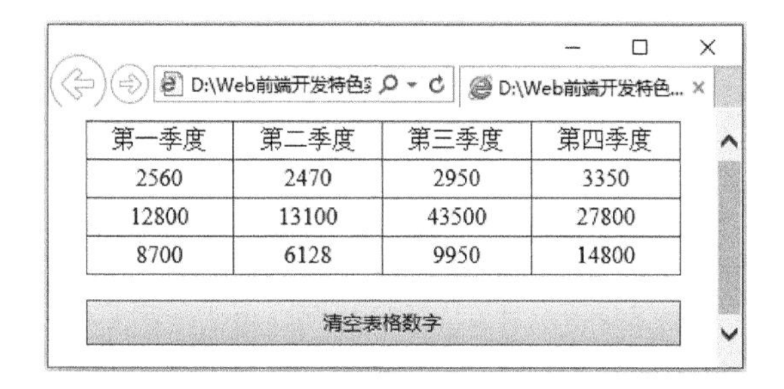

图　170-1

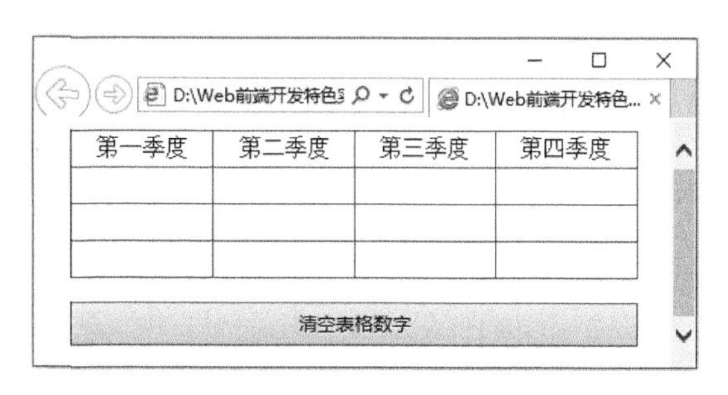

图　170-2

```
<!DOCTYPE html><html><head>
<script type="text/javascript" src="Scripts/jquery-2.2.3.js"></script>
<script language="javascript">
  $(document).ready(function () {
   $("#clean").click(function () {//响应单击按钮"清空表格数字"
    // $("#mytable tr:not(:first)").html("");
    // $("#mytable tr:not(:first)").empty();
    // //上面是其他两种清除内容的方法
    //清空表格中除标题栏外的所有单元格内容
    //$("#mytable  tr:gt(0) td").each(function () {
    $("#mytable tr:not(:first) td").each(function () {
     $(this).text("");
 });});});
 </script>
</head>
<body>
<table id="mytable" width="400"  border="1" align="center"
      style="margin:0 auto; border-collapse:collapse; text-align:center;">
  <tr height="25"><td>第一季度</td><td>第二季度</td>
                  <td>第三季度</td><td>第四季度</td></tr>
  <tr height="25"><td>2560</td><td>2470</td><td>2950</td><td>3350</td></tr>
  <tr height="25"><td>12800</td><td>13100</td><td>43500</td><td>27800</td></tr>
  <tr height="25"><td>8700</td><td>6128</td><td>9950</td><td>14800</td></tr>
</table>
<P style="text-align:center ">
```

```
  < input class = "input" type = "button" value = "清空表格数字" id = "clean"
                          style = "width:400px;height:30px; text - align:center;" /></P>
</body></html>
```

上面有底纹的代码是此实例的核心代码。在这部分代码中，$("#mytable tr:not(:first) td")用于获取表格 table 除首行外的所有单元格；each(function () {})用于逐一枚举此部分的每个单元格；$(this).text("")用于设置每个单元格的内容为空白。

此实例的源文件名是 HtmlPageC018.html。

171　把表格 table 的所有数字转换成百分数

此实例主要实现判断单元格内容是否是数字并将所有数字转换成百分数显示。当在浏览器中显示该页面时，原始的数字如图 171-1 所示，单击"所有数字转换成百分数"按钮，则所有数字将转换成百分数，如图 171-2 所示。有关此实例的主要代码如下所示：

jQuery把表格所有数字转换成百分数(转换前)

0.289	11	3.14	1.9	0.247
25	0.365	0.222	5.168	5
0.666	0.24	3.21	7.8	8.00
0.005	0.111	1.888	21	3
0.44	3.56	5.17	3.258	4.6

所有数字转换成百分数

图　171-1

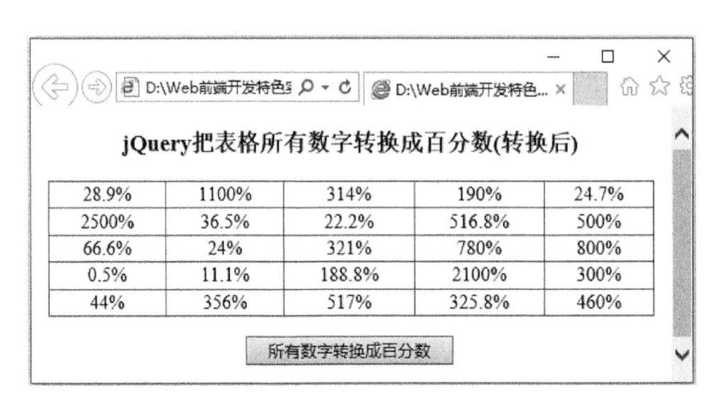

jQuery把表格所有数字转换成百分数(转换后)

28.9%	1100%	314%	190%	24.7%
2500%	36.5%	22.2%	516.8%	500%
66.6%	24%	321%	780%	800%
0.5%	11.1%	188.8%	2100%	300%
44%	356%	517%	325.8%	460%

所有数字转换成百分数

图　171-2

```
<!DOCTYPE html><html><head>
 <script type = "text/javascript" src = "Scripts/jquery - 2.2.3.js"></script>
 <script language = "javascript">
   $(document).ready(function () {
    $("#ToPercent").click(function () {      //响应单击按钮"所有数字转换成百分数"
     $("#mytable td").each(function () {
      var mycell =  $(this).text();
      if (!isNaN(mycell)) {
       mycell = mycell * 10000;
       $(this).text(mycell/ 100 + "%");
    }});
```

```
      $ ("#mytext").text("jQuery 把表格所有数字转换成百分数(转换后)");
   });});
</script>
</head>
<body>
<h3 id="mytext" align="center">jQuery 把表格所有数字转换成百分数(转换前)</h3>
<table id = "mytable" width = "500" border = "1" align = "center" style = "margin: 0 auto; border-collapse:collapse; text-align:center">
  <tr><td>0.289</td><td>11</td><td>3.14</td><td>1.9</td><td>0.247</td></tr>
  <tr><td>25</td><td>0.365</td><td>0.222</td><td>5.168</td><td>5</td></tr>
  <tr><td>0.666</td><td>0.24</td><td>3.21</td><td>7.8</td><td>8.00</td></tr>
  <tr><td>0.005</td><td>0.111</td><td>1.888</td><td>21</td><td>3</td></tr>
  <tr><td>0.44</td><td>3.56</td><td>5.17</td><td>3.258</td><td>4.6</td></tr>
</table>
<P style="text-align:center ">
  <input class="input" type="button" value="所有数字转换成百分数" id="ToPercent" /></P>
</body></html>
```

上面有底纹的代码是此实例的核心代码。在该部分代码中,isNaN(mycell)用于判断 mycell 是否是数字。isNaN()方法的语法声明如下:

```
isNaN(numValue)
```

其中,参数 numvalue 表示要检查是否是保留值 NaN(不是数字)。如果参数 numvalue 是 NaN,那么返回 true,否则返回 false。使用这个方法的典型情况是检查 parseInt()和 parseFloat()方法的返回值。

此实例的源文件名是 HtmlPageC001.html。

172 使用新建元素替换表格 table 的被选元素

此实例主要调用 replaceAll()方法实现使用新建的 HTML 元素替换被选择的表格元素。当在浏览器中显示该页面时,表格中"葡萄酒名称"列的状态如图 172-1 所示;单击"清空所有的进口葡萄酒名称"按钮,则将使用新建的空白 DIV 块替换所有的葡萄酒名称,如图 172-2 所示。有关此实例的主要代码如下所示:

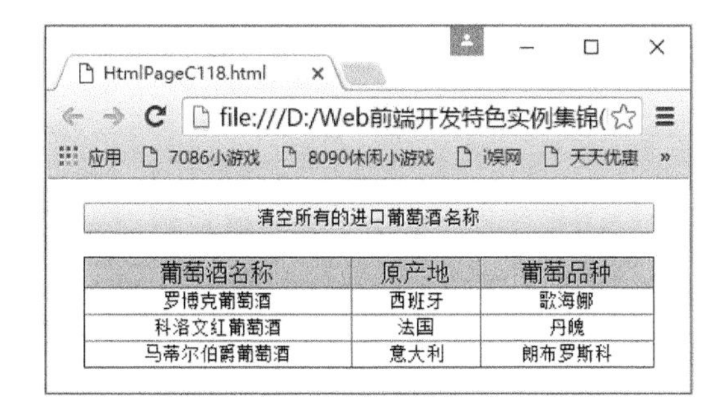

图 172-1

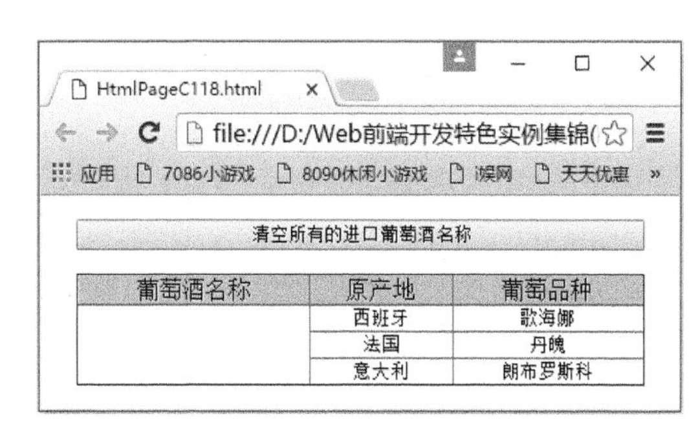

图 172-2

```
<!DOCTYPE html><html><head>
<script type="text/javascript" src="Scripts/jquery-2.2.3.js"></script>
<script language="javascript">
   $ (document).ready(function () {
     //响应单击按钮"清空所有的进口葡萄酒名称"
```

```
    $("#myBtn").click(function () {
     $(document.createElement("div")).replaceAll(".myDiv");
    });});
 </script>
</head>
<body>
 <p align="center"><button id="myBtn" style="width:400px">
   清空所有的进口葡萄酒名称</button></p>
 <table id="mytable" width="400" border="1"
         align="center" style="margin:0 auto;
         border-collapse:collapse; text-align:center;font-size:small">
    <tr style="background-color: lightgray; font-size:medium">
     <td>葡萄酒名称</td><td>原产地</td><td>葡萄品种</td></tr>
    <tr><td class="myDiv">罗博克葡萄酒</td>
        <td>西班牙</td><td>歌海娜</td></tr>
    <tr><td class="myDiv">科洛文红葡萄酒</td>
        <td>法国</td><td>丹魄</td></tr>
    <tr><td class="myDiv">马蒂尔伯爵葡萄酒</td>
        <td>意大利</td><td>朗布罗斯科</td></tr></table>
</body></html>
```

上面有底纹的代码是此实例的核心代码。在该部分代码中，replaceAll()方法能够实现用指定的HTML内容或元素替换被选元素。replaceAll()与replaceWith()方法的作用相同，差异在于语法，即内容和选择器的位置，以及replaceWith()能够使用函数进行替换。replaceAll()方法的语法声明如下：

```
$(content).replaceAll(selector)
```

其中，参数content规定替换被选元素的内容，可能的值包括：HTML代码，比如("<div></div>")；新元素，比如(document.createElement("div"))；已存在的元素，比如($(".div1"))。注意，已存在的元素不会被移动，只会被复制，并包裹被选元素。参数selector规定要替换的元素。

此实例的源文件名是HtmlPageC118.html。

173 互换在表格table中的输入框和文本标签

此实例主要调用html()方法实现动态修改元素从而实现在表格table中输入框和文本标签这两种元素互换。当在浏览器中显示该页面时，表格将显示4种商品名称和单价，如图173-1所示；单击“修改”按钮，则单价列的所有数字将显示在对应的文本框中，因此可以就地修改每种商品的单价，如图173-2所示，在修改完成后单击“保存”按钮，表格将显示修改之后的数据。有关此实例的主要代码如下所示：

图 173-1

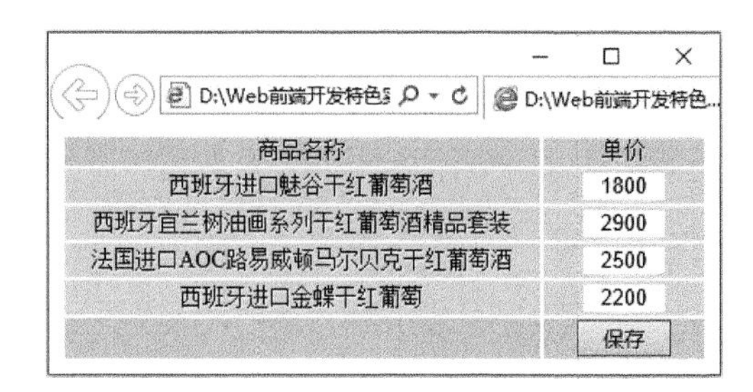

图 173-2

```
<!DOCTYPE html><html><head>
<script type="text/javascript" src="Scripts/jquery-2.2.3.js"></script>
<script type="text/javascript">
  function Modify(obj) {
   var myBtn = $(obj).html();
   if (myBtn == '修改') {
     $('.edit').each(function () {
       var oldHtml = $(this).html();
       $(this).html("<input type='text'
                  name='editname' class='text' value=" + oldHtml + " >");
     })
     //重新设置按钮标题
     $(obj).html('保存');
   } else if (myBtn == '保存') {
     $('input[name=editname]').each(function () {
     //var old = $(this).html();
       var newHtml =
          $(this).parent('td').parent('tr').children(). find('input').val();
       $(this).parent('td').html(newHtml);
    })
     //重新设置按钮标题
    $(obj).html('修改');
  }}
</script>
<style type="text/css">
  table {text-align: center; font-size: 14px;}
  table > thead > tr > th {font-weight: normal;}
  .text-right {padding-right: 73px;text-align: right;}
  .text {width: 50px;height: 15px;border: 1px solid #ddd;text-align: center;}
  td {background-color: #ddd;}
  th {background-color: #ffd800;}
</style>
</head>
<body>
  <table>
    <thead><tr><th width="300">商品名称</th>
                 <th width="100">单价</th></tr></thead>
    <tbody><tr><td>西班牙进口魅谷干红葡萄酒</td>
                 <td class="edit">1800</td></tr>
           <tr><td>西班牙宜兰树油画系列干红葡萄酒精品套装</td>
                 <td class="edit">2900</td></tr>
           <tr><td>法国进口 AOC 路易威顿马尔贝克干红葡萄酒</td>
                 <td class="edit">2500</td></tr>
           <tr><td>西班牙进口金蝶干红葡萄</td>
                 <td class="edit">2200</td></tr></tbody>
    <tfoot><tr><th></th><th>
       <button type="button" class="btn" onclick="Modify(this)"
            style="width:60px;">修改</button></th> </tr></tfoot></table>
</body></html>
```

上面有底纹的代码是此实例的核心代码。在这部分代码中，html()方法用于返回或设置被选元素的内容，此处主要是设置单元格的 HTML 内容，即用文本框替换文本标签。关于此方法的说明请参考本书的其他部分。

此实例的源文件名是 HtmlPageC193.html。

174 在表格 table 中合并相同内容的单元格

此实例主要通过自定义方法 rowspan()和 colspan()实现在表格 table 中合并指定行或指定列具有相同内容的相邻单元格。当在浏览器中显示该页面时，表格 table 将显示合并前的单元格内容，如图 174-1 所示；单击“合并第 5 行具有相同内容的单元格”按钮，将出现如图 174-2 所示的效果；单击“合并第 2 列具有相同内容的单元格”按钮，将出现如图 174-3 所示的效果。有关此实例的主要代码如下所示：

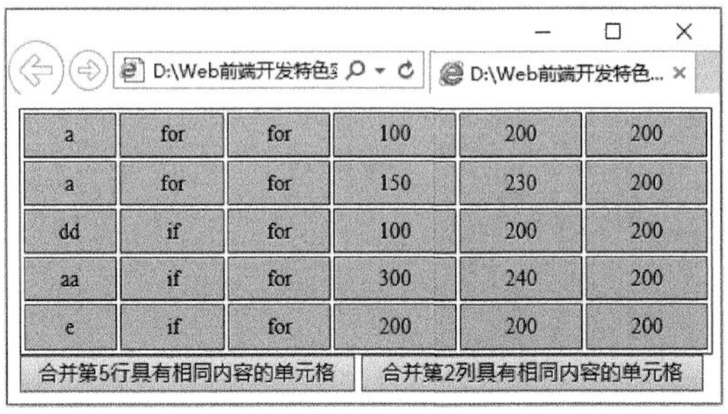

D:\Web前端开发特色
D:\Web前端开发特色...
a for for 100 200 200
a for for 150 230 200
dd if for 100 200 200
aa if for 300 240 200
e if for 200 200 200
合并第5行具有相同内容的单元格
合并第2列具有相同内容的单元格

图 174-1

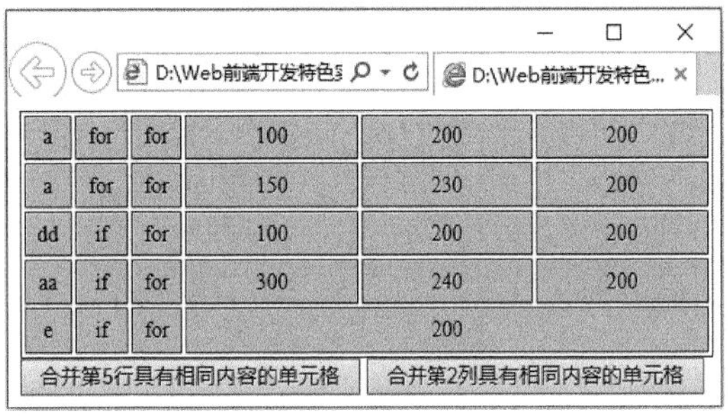

D:\Web前端开发特色
D:\Web前端开发特色...
a for for 100 200 200
a for for 150 230 200
dd if for 100 200 200
aa if for 300 240 200
e if for 200
合并第5行具有相同内容的单元格
合并第2列具有相同内容的单元格

图 174-2

D:\Web前端开发特色
D:\Web前端开发特色...
a for for 100 200 200
a for 150 230 200
dd for 100 200 200
aa if for 300 240 200
e for 200
合并第5行具有相同内容的单元格
合并第2列具有相同内容的单元格

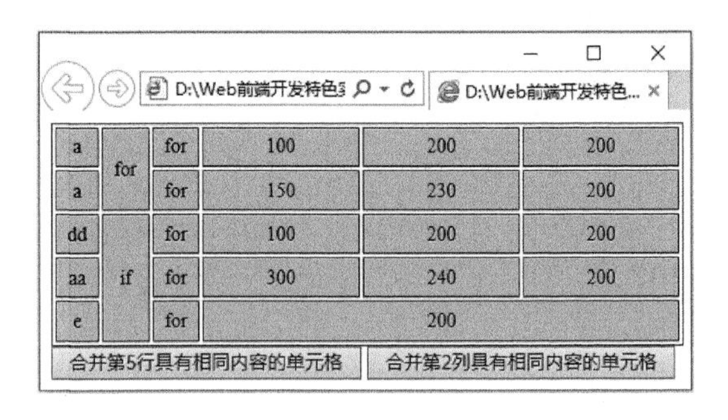

图 174-3

```
<!DOCTYPE html><html><head>
<script type="text/javascript" src="Scripts/jquery-2.2.3.js"></script>
<script type="text/javascript">
```

```
  //合并指定列 colnum 具有相同内容的行
  function rowspan(id, colnum) {
   if (colnum == "even") {
    colnum = "2n";
   }else if (colnum == "odd") {
    colnum = "2n+1";
   }else {
    colnum = "" + colnum;
   }
   var cols = [];
   var all_row_num = $(id + " tr td:nth-child(1)").length;
   var all_col_num = $(id + " tr:nth-child(1)").children().length;
   if (colnum.indexOf("n") == -1) {
    cols[0] = colnum;
   }else {
    var n = 0;
    var a = colnum.substring(0, colnum.indexOf("n"));
```

```
 var b = colnum.substring(colnum.indexOf("n") + 1);
 //alert("a = " + a + "b = " + (b == true));
 a = a ? parseInt(a) : 1;
 b = b ? parseInt(b) : 0;
 //alert(b);
 while (a * n + b <= all_col_num) {
  cols[n] = a * n + b;
  n++;
} }
var minrow = arguments[2] ? arguments[2] : 0;
var maxrow = arguments[3] ? arguments[3] : all_row_num + 1;
var firsttd = "";
var currenttd = "";
var SpanNum = 0;
for (var j = 0; j < cols.length; j++) {
 $ (id + " tr td:nth-child(" + cols[j] + ")").slice(minrow, maxrow).each(function (i) {
  var col_obj = $ (this);
  if (col_obj.html() != " ") {
   if (i == 0) {
    firsttd = $ (this);
    SpanNum = 1;
   }else {
    currenttd = $ (this);
    if (firsttd.text() == currenttd.text()) {
     SpanNum++;
     currenttd.hide(); //remove();
     firsttd.attr("rowSpan", SpanNum);
    } else {
     firsttd = $ (this);
     SpanNum = 1;
 } } } }); } }
 //合并指定行 rownum 具有相同内容的列
function colspan(id, rownum) {
 //if(maxcolnum == void 0){maxcolnum = 0;}
 var mincolnum = arguments[2] ? arguments[2] : 0;
 var maxcolnum;
 var firsttd = "";
 var currenttd = "";
 var SpanNum = 0;
 $ (id + " tr:nth-child(" + rownum + ")").each(function (i) {
   row_obj = $ (this).children();
   maxcolnum = arguments[3] ? arguments[3] : row_obj.length;
   row_obj.slice(mincolnum, maxcolnum).each(function (i) {
   if (i == 0) {
    firsttd = $ (this);
    SpanNum = 1;
   } else if ((maxcolnum > 0) && (i > maxcolnum)) {
    return "";
   } else {
   currenttd = $ (this);
   if (firsttd.text() == currenttd.text()) {
     SpanNum++;
     if (currenttd.is(":visible")) {
      firsttd.width(parseInt(firsttd.width()) + parseInt(currenttd.width()));
     }
     currenttd.hide(); //remove();
     firsttd.attr("colSpan", SpanNum);
```

```
        } else {
         firsttd = $(this);
         SpanNum = 1;
   } }  }); }); }
 </script>
 <style type = "text/css">
  td { background-color: lightblue; padding: 5px; text-align: center;}
  table {width: 450px;font-size: 14px;}
 </style>
</head>
<body>
 <table border = "1" id = "myTable">
  <tr><td>a</td><td>for</td><td>for</td>
       <td>100</td><td>200</td><td>200</td></tr>
  <tr><td>a</td><td>for</td><td>for</td><td>150</td>
       <td>230</td><td>200</td></tr>
  <tr><td>dd</td><td>if</td><td>for</td><td>100</td>
       <td>200</td><td>200</td></tr>
  <tr><td>aa</td><td>if</td><td>for</td>
       <td>300</td><td>240</td><td>200</td></tr>
  <tr><td>e</td><td>if</td><td>for</td><td>200</td>
       <td>200</td><td>200</td></tr></table>
  <input type = "button" value = "合并第 5 行具有相同内容的单元格"
                        onClick = "colspan('#myTable',5)" style = "width:220px">
  <input type = "button" value = "合并第 2 列具有相同内容的单元格"
                        onClick = "rowspan('#myTable',2)" style = "width:220px">
</body></html>
```

上面有底纹的代码是此实例的核心代码。在这部分代码中，rowspan(id, colnum)方法用于合并指定表格(表格 id 为 id)指定列(列数为 colnum)的相同文本的相邻单元格，其中，参数 id 表示需要进行合并单元格的表格 id，参数 colnum 表示需要合并单元格的所在列，从最左边第一列为 1 开始算起。colspan(id, rownum)方法用于合并指定表格(表格 id 为 id)指定行(行数为 rownum)的相同文本的相邻单元格，其中，参数 id 表示需要进行合并单元格的表格 id，参数 rownum 表示需要合并单元格的所在行，从最上边第一行为 1 开始算起。

此实例的源文件名是 HtmlPageC199.html。

175　允许编辑在表格 table 中的任意单元格

此实例主要使用 html()方法实现任意编辑在表格 table 中的所有单元格。当在浏览器中显示该页面时，如果使用鼠标单击“西班牙”单元格，则该单元格立即显示一个可编辑的文本框用于修改单元格的内容，修改完成之后按 Enter 键即可保存修改结果，其他操作则取消编辑，如图 175-1 所示；除标题外，该表格中的所有单元格都可以实现类似的操作，图 175-2 显示的是编辑“丹魄”的状态。有关此实例的主要代码如下所示：

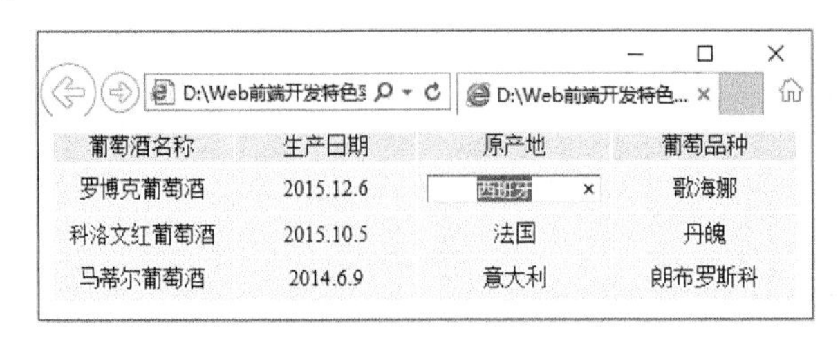

葡萄酒名称	生产日期	原产地	葡萄品种
罗博克葡萄酒	2015.12.6	西班牙	歌海娜
科洛文红葡萄酒	2015.10.5	法国	丹魄
马蒂尔葡萄酒	2014.6.9	意大利	朗布罗斯科

图　175-1

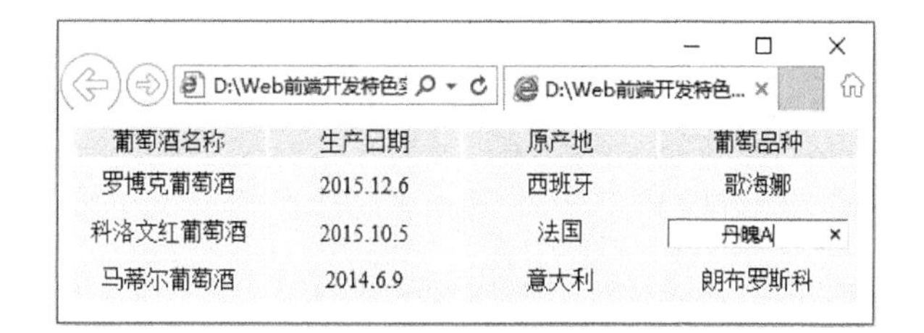

图 175-2

```
<! DOCTYPE html ><html ><head >
<script type = "text/javascript" src = "Scripts/jquery - 2.2.3.js"></script >
<script language = "javascript">
  $ (function () {
   var myTD  =  $ ("#tab tr td");
   editeTable(myTD);
  });
  function editeTable(myTD) {
   myTD.click(function () {
    var td  =  $ (this);
    var oldText  =  td.text();                    //获取单元格内容
    var input  =  $ ("< input type = 'text' value = '" + oldText + "'/>");
    td.html(input);
    input.click(function () {
     return false;
    });
    input.css("border - width", "1px");
    input.css("font - size", "12px");
    input.css("text - align", "center");
    input.css("width", "0px");
    input.width(td.width());
    input.trigger("focus").trigger("select");
    input.blur(function () {
     td.html(oldText);
    });
    input.keyup(function (event) {
     var keyEvent  =  event || window.event;
     var key  =  keyEvent.keyCode;
     var input_blur  =  $ (this);
     switch (key) {
       case 13:                                   //按下 Enter 键,保存修改结果,把文本框变成文本标签
         var newText  =  input_blur.val();
         td.html(newText);
         break;
       case 27:                                   //按下 Esc 键,取消修改,把文本框变成文本标签
         td.html(oldText);
         break;
     } }); }); };
  </script >
  <style type = "text/css">
   table {text - align: center; font - size: 14px; }
   table > thead > tr > th { font - weight: normal; }
   td {background - color: lightyellow; width: 110px;padding: 5px;}
   th {background - color: lightcyan;}
  </style >
</head >
```

```
<body>
<table id="tab">
  <thead><tr><th>葡萄酒名称</th><th>生产日期</th>
                <th>原产地</th><th>葡萄品种</th></tr></thead>
      <tr><td>罗博克葡萄酒</td><td>2015.12.6</td>
                <td>西班牙</td><td>歌海娜</td></tr>
      <tr><td>科洛文红葡萄酒</td><td>2015.10.5</td>
                <td>法国</td><td>丹魄</td></tr>
      <tr><td>马蒂尔葡萄酒</td><td>2014.6.9</td>
                <td>意大利</td><td>朗布罗斯科</td></tr></table>
</body></html>
```

上面有底纹的代码是此实例的核心代码。在这部分代码中，html()方法用于获取或设置被选元素的内容，在此实例中，td.html(newText)即是根据文本框的内容设置单元格的内容。关于html()方法的语法声明请参考本书的其他部分。

此实例的源文件名是HtmlPageC295.html。

176 在表格table的末尾实现自动增加空白行

此实例主要使用append()等方法实现在表格table的末尾自动复制最后一行。当在浏览器中显示该页面时，首先显示一行空白行，如图176-1所示；单击该空白行，如果空白行是最后一行，则在表格table的末尾自动复制该空白行，如图176-2所示，否则忽略该单击。当然，单击自动生成的第2行，则会自动生成第3行，以此类推。有关此实例的主要代码如下所示：

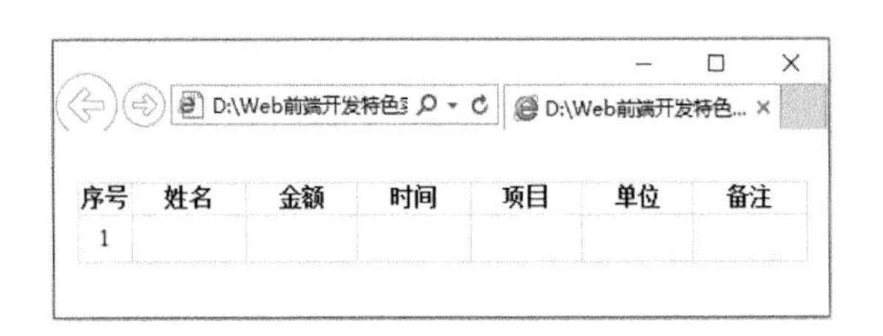

图 176-1

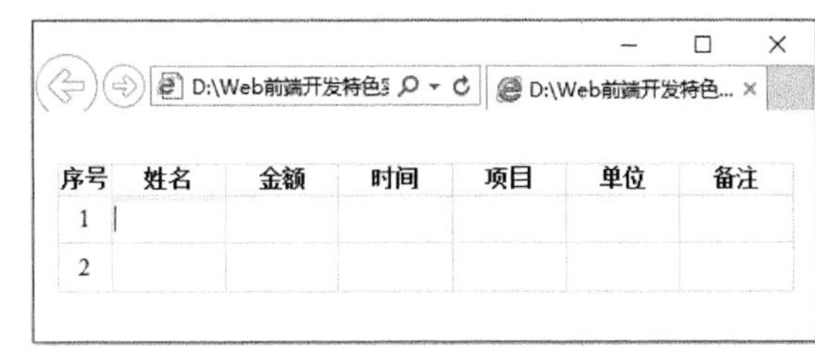

图 176-2

```
<!DOCTYPE html><html><head>
<script type="text/javascript" src="Scripts/jquery-2.2.3.js"></script>
<script type="text/javascript">
  $(function () {
   var myTable = $("#autoCount"), myNum = 1, myRow = '';
   myTable.on('click', function (e) {
     var target = e.target,
     myTr = $(target).closest('tr');
     if (myTr.index() == myTable.find('tr').last().index()) {
        myNum++;
        myRow = myTr.clone();                  //克隆新行
        myRow.find('td').eq(0).text(myNum);    //设置行号
       }
       myTable.append(myRow);
 });});
</script>
<style type="text/css">
  table { width: 450px;margin: 30px auto; border-collapse: collapse;
```

```
            border - spacing: 0;}
    table tr, table th, table td {border: 1px solid #ddd;font - size: 14px;}
    table tr td:first - child {width: 30px; text - align: center;}
    table td input {width: 100%;height: 100%;padding: 5px 0;border: 0 none;}
    table td input:focus { box - shadow: 1px 1px 3px #ddd inset;outline: none; }
</style>
</head>
<body>
<table id = "autoCount">
  <tr><th>序号</th><th>姓名</th><th>金额</th><th>时间</th><th>项目</th>
<th>单位</th><th>备注</th></tr>
  <tr><td>1</td>
      <td><input type = "text" /></td><td><input type = "text" /></td>
      <td><input type = "text" /></td><td><input type = "text" /></td>
      <td><input type = "text" /></td><td><input type = "text" /></td></tr>
</table></body></html>
```

上面有底纹的代码是此实例的核心代码。在这部分代码中，myTable. find(tr). last(). index()用于查找该表格 table 的最后一行的索引，myTable. append(myRow)用于在表格的末尾添加克隆的新空白行。关于 find()、last()、index()、append()等方法的语法声明请参考本书的其他部分。

此实例的源文件名是 HtmlPageC242. html。

177　筛选在表格 table 中符合指定条件的内容

此实例主要通过调用 filter()方法实现根据条件筛选在表格 table 中符合条件的内容。当在浏览器中显示该页面时，表格将显示全部内容，如图 177-1 所示；在"设置筛选商品名称："文本框中输入筛选条件，如"葡萄酒"，将在表格中显示全部葡萄酒商品，如图 177-2 所示。有关此实例的主要代码如下所示：

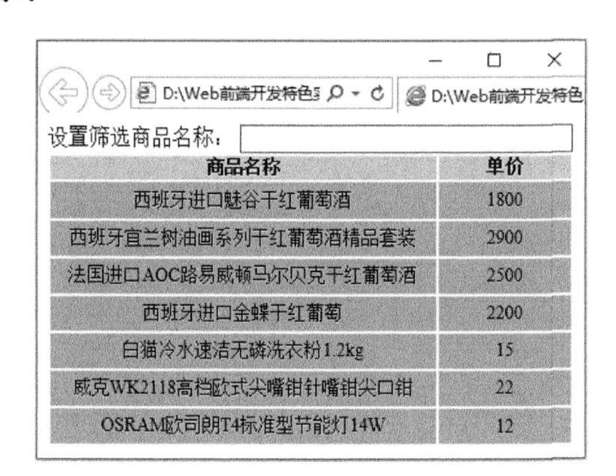

图　177-1

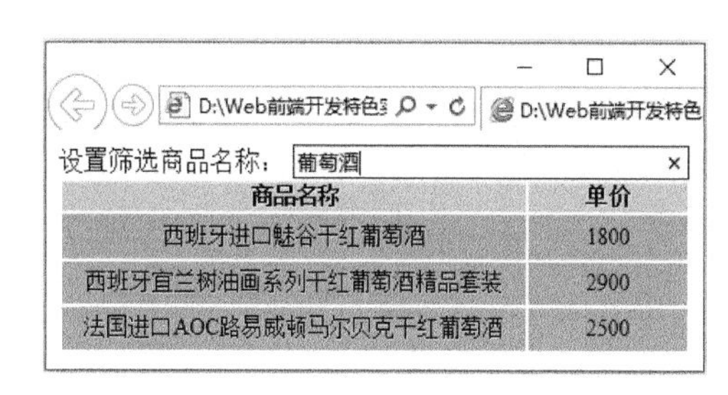

图　177-2

```
<!DOCTYPE html><html><head>
<script type = "text/javascript" src = "Scripts/jquery - 2.2.3.js"></script>
<script>
  $(function () {
   $("#mySearchbox").keyup(function () {//按键抬起时执行筛选操作
    $("table tbody tr").hide().filter(":contains('" +
                                    ($(this).val()) + "')"). show(); });
  });
</script>
```

```
  <style type = "text/css">
   table {text - align: center;font - size: 14px; }
   td {background - color: lightgreen;padding: 5px;}
   th {background - color: #ffd800;}
 </style>
</head>
<body>
 <label>设置筛选商品名称: </label>
 <input type = "text" id = "mySearchbox" style = "width:250px" />
 <table><thead><tr><th width = "300">商品名称</th>
                     <th width = "100">单价</th></tr></thead>
         <tbody><tr><td>西班牙进口魅谷干红葡萄酒</td><td>1800 </td></tr>
                 <tr><td>西班牙宜兰树油画系列干红葡萄酒精品套装</td><td>2900 </td></tr>
                 <tr><td>法国进口 AOC 路易威顿马尔贝克干红葡萄酒</td>
                     <td>2500 </td></tr>
                 <tr><td>西班牙进口金蝶干红葡萄</td><td>2200 </td></tr>
                 <tr><td>白猫冷水速洁无磷洗衣粉 1.2kg</td><td>15 </td></tr>
                 <tr><td>威克 WK2118 高档欧式尖嘴钳针嘴钳尖口钳</td>
                     <td>22 </td></tr>
                 <tr><td>OSRAM 欧司朗 T4 标准型节能灯 14W</td><td>12 </td></tr>
</tbody></table></body></html>
```

上面有底纹的代码是此实例的核心代码。在这部分代码中，$("table tbody tr").hide().filter(":contains('" + ($(this).val()) + "')").show()用于首先隐藏所有行，然后查找符合条件的行，并显示。filter()方法用于将匹配元素集合缩减为匹配指定选择器的元素，该方法中的参数:contains选择器用于选取包含指定字符串的元素，该字符串可以是直接包含在元素中的文本，或者被包含于子元素中。contains()方法的语法声明如下：

```
$(":contains(text)")
```

其中，参数 text 规定要查找的文本。

此实例的源文件名是 HtmlPageC194.html。

178 筛选 JSON 数据源并显示在表格 table 中

此实例主要调用 each()方法筛选 JSON 数据源并在表格 table 中输出符合条件的结果。当在浏览器中显示该页面时，如果在“设置筛选商品名称：”文本框中输入筛选条件，如“酒”，则在表格中显示全部包含酒的商品，如图 178-1 所示。有关此实例的主要代码如下所示：

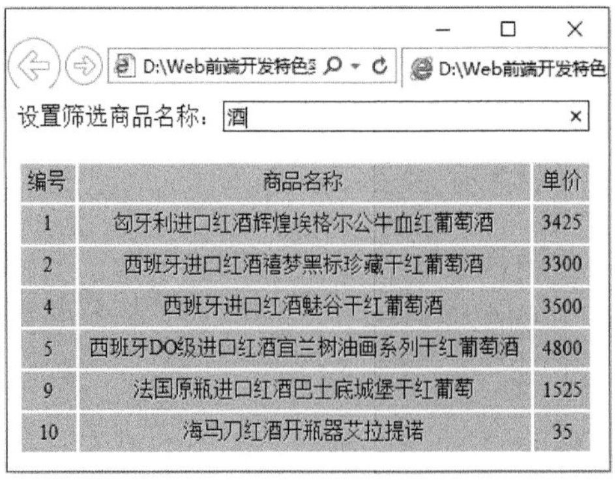

设置筛选商品名称： 酒

编号	商品名称	单价
1	匈牙利进口红酒辉煌埃格尔公牛血红葡萄酒	3425
2	西班牙进口红酒禧梦黑标珍藏干红葡萄酒	3300
4	西班牙进口红酒魅谷干红葡萄酒	3500
5	西班牙DO级进口红酒宜兰树油画系列干红葡萄酒	4800
9	法国原瓶进口红酒巴士底城堡干红葡萄	1525
10	海马刀红酒开瓶器艾拉提诺	35

图 178-1

```
<!DOCTYPE html><html><head>
<script type="text/javascript" src="Scripts/jquery-2.2.3.js"></script>
<script type="text/javascript">
  //数据源,JSON格式
  var myWarehouse = [{ "id": 1, "Merchandise": "匈牙利进口红酒辉煌埃格尔公牛血红葡萄酒", "Price": "3425" },
   { "id": 2, "Merchandise": "西班牙进口红酒禧梦黑标珍藏干红葡萄酒", "Price": "3300" },
   { "id": 3, "Merchandise": "龙大肉食干香肠腊肠风干肠", "Price": "123" },
   { "id": 4, "Merchandise": "西班牙进口红酒魅谷干红葡萄酒", "Price": "3500" },
   { "id": 5, "Merchandise": "西班牙 DO级进口红酒宜兰树油画系列干红葡萄酒", "Price": "4800" },
   { "id": 6, "Merchandise": "土老憨香辣豆豉", "Price": "35" },
   { "id": 7, "Merchandise": "百草味牛肉干五香牛肉条", "Price": "20" },
   { "id": 8, "Merchandise": "五谷道场方便面骨汤蔬菜豉汁辣排面 ", "Price": "15" },
   { "id": 9, "Merchandise": "法国原瓶进口红酒巴士底城堡干红葡萄", "Price": "1525" },
   { "id": 10, "Merchandise": "海马刀红酒开瓶器艾拉提诺", "Price": "35" },
   { "id": 11, "Merchandise": "果珍阳光甜橙袋装", "Price": "20" },
   { "id": 12, "Merchandise": "七匹狼(SEPTWOLVES)男士皮带", "Price": "220" },
   { "id": 13, "Merchandise": "老榨坊四川风味菜籽油", "Price": "125" },
   { "id": 14, "Merchandise": "希乐 1100mL保温壶 304不锈钢创容真空旅行运动水壶", "Price": "135" },
   { "id": 15, "Merchandise": "超威植物清香电热蚊香液", "Price": "20" },
   { "id": 16, "Merchandise": "雕牌生姜洗洁精 1.5kg除腥祛味", "Price": "20" }];
   $(document).ready(function () {
    var mySearch = $("#mySearch");
    mySearch.keyup(function (event) {
    //var keyEvent = event || window.event;
    //var keyCode = keyEvent.keyCode;
    //数字键: 48-57、字母键: 65-90、删除键: 8、后删除键: 46、退格键: 32
    // Enter键: 13
    //if((keyCode>=48&&keyCode<=57)||(keyCode>=65&&keyCode<=90)
    //||keyCode==8||keyCode==13||keyCode==32||keyCode==46){
    var myText = $("#mySearch").val();           //获取当前文本框的筛选条件值
    if (myText != "") {
      //构造显示页面表格
      var tab = "<table><tr align='center'>
                    <td>编号</td><td>商品名称</td><td>单价</td></tr>";
      $.each(myWarehouse, function (id, item) {//遍历解析json
      if (item.Merchandise.indexOf(myText) != -1) {
       tab += "<tr align='center'><td>" + item.id + "</td><td>" +
              item.Merchandise + "</td><td>" + item.Price + "</td></tr>";}
       })
       tab += "</table>";
       $("#div").html(tab);
       tab = "<table><tr align='center'>
                 <td>编号</td><td>商品名称</td><td>单价</td></tr>";
       } else {
      $("#div").html("");
  } }) });
  </script>
  <style type="text/css">
   td {background-color: lightblue;padding: 5px;}
   table {width: 400px;font-size: 14px;}
  </style>
</head>
<body>设置筛选商品名称:
<input id="mySearch" style="width:250px" /><br /><br />
  <div id="div"></div>
</body></html>
```

上面有底纹的代码是此实例的核心代码。在这部分代码中，each()方法用于设置为每个匹配元素运行的函数，在此处则是枚举JSON数据，然后用HTML创建表格。$("#div").html(tab)用于将新建的带数据的表格添加到DIV块中，关于这些方法的语法声明请参考本书的其他部分。

此实例的源文件名是HtmlPageC196.html。

179 筛选XML文件内容并显示在表格table中

此实例主要调用get()方法读取XML文件的全部内容并使用indexOf()方法筛选符合条件的内容。当在浏览器中显示该页面时，如果在“输入书名：”文本框中输入筛选条件，如“的”，再单击“搜索”按钮，则将在表格中显示全部书名包含“的”的图书，如图179-1所示。有关此实例的主要代码如下所示：

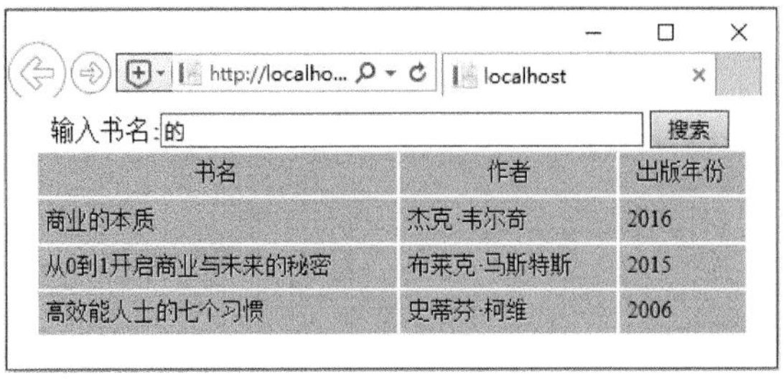

图 179-1

```
<!DOCTYPE html><html><head>
<script type="text/javascript" src="Scripts/jquery-2.2.3.js"></script>
<script language="javascript">
  function search() {                                          //响应单击按钮"搜索"
   var searchStrLow = $("#myTitle").val().toLowerCase();      //把字符串转换为小写
   $.get("HtmlPageC212XML.xml", function (data) {
     var html = "";
     $(data).find('book').each(function () {
       var titleLow = $(this).find("title").text().toLowerCase();
       if (titleLow.indexOf(searchStrLow) != -1) {
        //查找title文本内容
         html += "<tr><td>" + $(this).find("title").text() + "</td>";
        //查找author文本内容
         html += "<td>" + $(this).find("author").text() + "</td>";
        //查找year文本内容
         html += "<td>" + $(this).find("year").text() + "</td></tr>";
         $("tbody").html(html); }
    }); }); }
  </script>
  <style type="text/css">
   td { background-color: lightblue; padding: 5px; }
   thead { text-align: center; }
   table { width: 450px; font-size: 14px;}
  </style>
</head>
<body><center>
 <span>输入书名:</span><input id="myTitle" type="text" style="width:300px" />
 <input type="button" value="搜索" onclick="search()" style="width:50px" />
 <table>
```

```
    <thead><tr><td>书名</td><td>作者</td><td>出版年份</td></tr></thead>
    <tbody></tbody></table></center>
  </body></html>
```

上面有底纹的代码是此实例的核心代码。其中,titleLow.indexOf(searchStrLow)用于筛选包含查找文本的书名,如果不等于－1,表明已经找到一本书符合条件。由于使用了 get()方法,测试应在服务器环境中进行。关于 get()方法的语法声明请参考本书的其他部分。

"HtmlPageC212XML.xml"文件的内容如下:

```
<?xml version = "1.0" encoding = "utf - 8" ?>
<bookstore>
  <book id = "No1">
      <title>第四次工业革命</title>
      <author>克劳斯·施瓦布</author>
      <year>2016</year>
      <price>68.0</price>
  </book>
  <book id = "No2">
      <title>商业的本质</title>
      <author>杰克·韦尔奇</author>
      <year>2016</year>
      <price>26.0</price>
  </book>
  <book id = "No3">
      <title>从 0 到 1 开启商业与未来的秘密</title>
      <author>布莱克·马斯特斯</author>
      <year>2015</year>
      <price>33.0</price>
  </book>
  <book id = "No4">
      <title>影响力</title>
      <author>罗伯特·B.西奥迪尼</author>
      <year>2010</year>
      <price>29.0</price>
  </book>
  <book id = "No5">
      <title>高效能人士的七个习惯</title>
      <author>史蒂芬·柯维 </author>
      <year>2006</year>
      <price>16.0</price>
  </book>
</bookstore>
```

此实例的源文件名是 HtmlPageC212.html。

180　单击列头排列在表格 table 中的该列数据

此实例主要实现单击列头排列在表格 table 中的该列数据。当在浏览器中显示该页面时,未排序前的表格数据如图 180-1 所示;单击列头"工资",则将对工资列的数据进行升序排列,如图 180-2 所示;再次单击列头"工资",则将对工资列的数据进行降序排列。单击其他列的列头将实现类似的功能。有关此实例的主要代码如下所示:

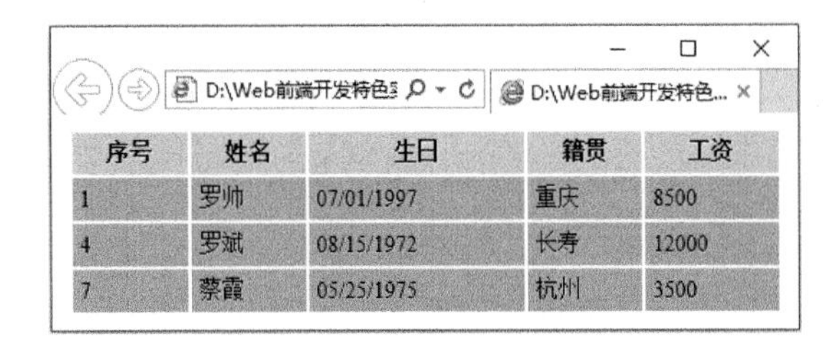

序号	姓名	生日	籍贯	工资
1	罗帅	07/01/1997	重庆	8500
4	罗斌	08/15/1972	长寿	12000
7	蔡霞	05/25/1975	杭州	3500

图 180-1

序号	姓名	生日	籍贯	工资▲
7	蔡霞	05/25/1975	杭州	3500
1	罗帅	07/01/1997	重庆	8500
4	罗斌	08/15/1972	长寿	12000

图 180-2

```
<!DOCTYPE html><html><head>
<script type="text/javascript" src="Scripts/jquery-2.2.3.js"></script>
<script type="text/javascript">
```

```
  //排序 tableId: 表的 id; iCol:第几列 ; dataType: iCol 对应的列数据类型
  function sortAble(th, tableId, iCol, dataType) {
    var ascChar = "▲";
    var descChar = "▼";
    var table = document.getElementById(tableId);
    //排序标题加背景色
    for (var t = 0; t < table.tHead.rows[0].cells.length; t++) {
     var th = $(table.tHead.rows[0].cells[t]);
     var thText = th.html().replace(ascChar, "").replace(descChar, "");
     if (t == iCol) {
       th.css("background-color", "#ccc");
     }else {
       th.css("background-color", "#ffd800");
       th.html(thText);
     } }
     var tbody = table.tBodies[0];
     var colRows = tbody.rows;
     var aTrs = new Array;
     //将得到的行放入数组,备用
     for (var i = 0; i < colRows.length; i++) {
        aTrs.push(colRows[i]);
     }
     //判断上一次排列的列和现在需要排列的是否相同
     var thCol = $(table.tHead.rows[0].cells[iCol]);
     if (table.sortCol == iCol) {
       aTrs.reverse();
     } else { //如果不是同一列,使用数组的 sort 方法,传进排序函数
       aTrs.sort(compareEle(iCol, dataType));
     }
     var oFragment = document.createDocumentFragment();
     for (var i = 0; i < aTrs.length; i++) {
       oFragment.appendChild(aTrs[i]);
     }
     tbody.appendChild(oFragment);
    //记录最后一次排序的列索引
     table.sortCol = iCol;
     //给排序标题加"升序、降序"小图标显示
     var th = $(table.tHead.rows[0].cells[iCol]);
     if (th.html().indexOf(ascChar) == -1 && th.html().indexOf(descChar) == -1){
       th.html(th.html() + ascChar);
     }else if (th.html().indexOf(ascChar) != -1) {
       th.html(th.html().replace(ascChar, descChar));
     }else if (th.html().indexOf(descChar) != -1) {
```

```
        th.html(th.html().replace(descChar, ascChar));
    }}
    //将列的类型转化成相应的可以排列的数据类型
    function convert(sValue, dataType) {
      switch (dataType) {
        case "int":
           return parseInt(sValue, 10);
        case "float":
           return parseFloat(sValue);
        case "date":
            return new Date(Date.parse(sValue));
         case "string":
         default:
            return sValue.toString();
    } }
    //排序函数,iCol 表示列索引,dataType 表示该列的数据类型
    function compareEle(iCol, dataType) {
      return function (oTR1, oTR2) {
      var vValue1 = convert(removeHtmlTag( $ (oTR1.cells[iCol]).html()), dataType);
      var vValue2 = convert(removeHtmlTag( $ (oTR2.cells[iCol]).html()), dataType);
      if (vValue1 < vValue2) {
         return -1;
      } else {
         return 1;
      }  }; }
     function removeHtmlTag(html) {//去掉 HTML 标签
       return html.replace(/<[^>]+>/g, "");
    }
</script>
 <style type="text/css">
   table {width: 450px; font-size: 14px;}
   td, th {background-color: lightgreen;padding: 5px;margin: 2px;}
   th {background-color: #ffd800;}
 </style>
</head>
<body><center>
 <table id="tableId" class="tbl-list">
   <thead><tr><th onclick="sortAble(this,'tableId', 0,'int')"
                     style="cursor:pointer">序号</th>
                <th onclick="sortAble(this,'tableId', 1,'string')"
                     style="cursor:pointer">姓名</th>
                <th onclick="sortAble(this,'tableId', 2, 'date')"
                     style="cursor:pointer">生日</th>
                <th onclick="sortAble(this,'tableId', 3, 'string')"
                     style="cursor:pointer">籍贯</th>
                <th onclick="sortAble(this,'tableId', 4, 'int')"
                     style="cursor:pointer">工资</th></tr></thead>
    <tbody><tr group="A"><td>1</td><td>罗帅</td>
                          <td>07/01/1997</td><td>重庆</td><td>8500</td></tr>
            <tr group="B"><td>4</td><td>罗斌</td>
                          <td>08/15/1972</td><td>长寿</td><td>12000</td></tr>
            <tr group="C"><td>7</td><td>蔡霞</td><td>05/25/1975</td>
                            <td>杭州</td><td>3500</td></tr></tbody></table>
</center></body></html>
```

上面有底纹的代码是此实例的核心代码。在这部分代码中,replace(/<[^>]+>/g, "")用于全部去掉 HTML 的标记。replace()方法常用于在字符串中用一些字符替换另一些字符,或替换一个与正

则表达式匹配的子串。关于 replace()方法的语法声明请参考本书的其他部分。

此实例的源文件名是 HtmlPageC261.html。

181 以分组形式展开和折叠表格 table 的内容

此实例主要使用 hide()和 show()等方法实现展开和折叠在表格 table 中的分组行。当在浏览器中显示该页面时，如果使用鼠标单击“提前”组，则将展开该组下面的两行数据，其他组的明细数据折叠，如图 181-1 的左边所示；如果使用鼠标单击“重点”组，则将展开该组下面的两行数据，其他组的明细数据折叠，如图 181-1 的右边所示；如果使用鼠标单击“二本”组，则将实现类似的功能。有关此实例的主要代码如下所示：

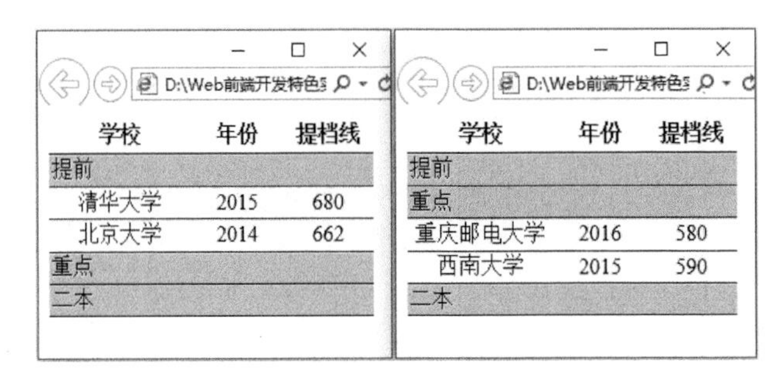

图 181-1

```
<!DOCTYPE html><html><head>
<script type="text/javascript" src="Scripts/jquery-2.2.3.js"></script>
<script type="text/javascript">
 $(function () {
  $(".parent").click(function () {
   $(this).toggleClass("selected");          //切换样式
   $(this).siblings().not(".parent").not(":first-child").hide();
   $(this).next().show().next().show();
 }); })
 </script>
 <style>
  table {border: 2px;border-collapse: collapse;}
  td {padding: 2px; text-align:center;}
  th {text-align: center;padding: 4px;border-bottom: 1px solid #333;
      width: 60px;}
  tr {border-bottom: 1px solid #333;}
  .parent {background: lightgray;cursor: pointer;}
  .child_row {display:none;}
 </style>
</head>
<body>
 <table>
  <tr><th style="width:100px">学校</th><th>年份</th><th>提档线</th></tr>
  <tr class="parent" id="row_01"><td colspan="3" style="text-align:left;">提前</td></tr>
   <tr class="child_row"><td>清华大学</td><td>2015</td><td>680</td></tr>
   <tr class="child_row"><td>北京大学</td><td>2014</td><td>662</td></tr>
   <tr class="parent" id="row_02"><td colspan="3" style="text-align:left;">重点</td></tr>
   <tr class="child_row"><td>重庆邮电大学</td><td>2016</td><td>580</td></tr>
   <tr class="child_row"><td>西南大学</td><td>2015</td><td>590</td></tr>
   <tr class="parent" id="row_03"><td colspan="3" style="text-align:left; ">二本</td></tr>
```

```
    <tr class="child_row"><td>长江师范学院</td><td>2014</td><td>510</td></tr>
    <tr class="child_row"><td>三峡师范学院</td><td>2015</td><td>518</td></tr>
</table></body></html>
```

上面有底纹的代码是此实例的核心代码。在这部分代码中，hide()方法用于隐藏选择的元素，\$(this).siblings().not(".parent").not(":first-child").hide()表示隐藏除".parent"和":first-child"外的所有行，实际上就是隐藏所有的明细行。show()方法用于显示选择的元素，\$(this).next().show().next().show()表示显示当前行的相邻两行，实际上就是显示当前组的两个明细行。

此实例的源文件名是 HtmlPageC347.html。

182 在悬浮框中放大显示在表格 table 中的图片

此实例主要使用 hide()和 show()等方法实现在悬浮框中放大显示在表格 table 中的小图片。当在浏览器中显示该页面时，如果将鼠标放在表格 table 第一行的小图片上，则将在弹出的悬浮框中显示该图的大图，如图 182-1 所示。如果将鼠标放在表格 table 其他行的小图上，将实现类似的功能。有关此实例的主要代码如下所示：

图 182-1

```
<!DOCTYPE html><html><head>
<script type="text/javascript" src="Scripts/jquery-2.2.3.js"></script>
<script language="javascript">
  $(function () {
   $("img").mouseover(function (event) {
    var $target = $(event.target);
    myLeft = $(this).offset().left + 50;
    myTop= $(this).offset().top+50;
    $("#bigImg").offset({ top:myTop, left:myLeft });        //设置悬浮框的左上角坐标
    $("#bigImg").show();                                    //显示悬浮框
    if ($target.is('img')) {
      $("<img id='tip' src='" + $target.attr("src") + "'>").css({
        "height": 200, "width": 200, }).appendTo($("#bigImg"));}
   }).mouseout(function () {
      $("#tip").remove();
      $("#bigImg").offset({ top: 0, left:0 });
      $("#bigImg").hide();                                  //隐藏悬浮框
  })  })
```

```
</script>
<style type="text/css">
  #bigImg { position: absolute;width: 200px;height: 200px; display: none;
           border: 1px gray solid; top:0;left:0; z-index: 1;}
  table {font-size: 14px;outline: auto;}
  td, th {border: 1px solid #ddd;padding: 5px;margin: 2px;text-align: center;}
  img {width: 50px;height: 50px;}
</style>
</head>
<body>
<div id="bigImg"></div>
  <table id="myTable" width="450">
   <thead><tr><td>商品名称</td><td>商品图片</td><td>数量</td><td>价格</td>
        <td>小计</td></tr></thead>
   <tbody><tr><td>西班牙红酒</td><td><img src="MyImages/MyImage30.jpg" /></td>
                <td>2</td><td>680</td><td>1360</td></tr>
           <tr><td>法国红酒</td><td><img src="MyImages/MyImage31.jpg" /></td>
                <td>5</td><td>710</td><td>3550</td></tr></tbody></table>
</body></html>
```

上面有底纹的代码是此实例的核心代码。在这部分代码中,hide()方法用在鼠标离开小图时隐藏悬浮框,show()方法用在鼠标进入小图时显示悬浮框,appendTo()方法用在悬浮框中添加小图对应的大图。有关这些方法的语法声明请参考本书的其他部分。

此实例的源文件名是 HtmlPageC349.html。

第9章 菜单实例

183 一行代码实现的无限折叠或展开菜单

此实例主要实现通过一行代码来折叠或展开菜单。当在浏览器中显示该页面时，全部菜单展开后的效果如图183-1的左边所示；单击“上海市”菜单，则“上海市”菜单下的所有子菜单全部折叠，如图183-1的右边所示；再次单击折叠之后的“上海市”菜单，则“上海市”菜单下的所有子菜单全部展开，如图183-1的左边所示；单击“重庆市”菜单和“北京市”菜单将实现类似的功能。有关此实例的主要代码如下所示：

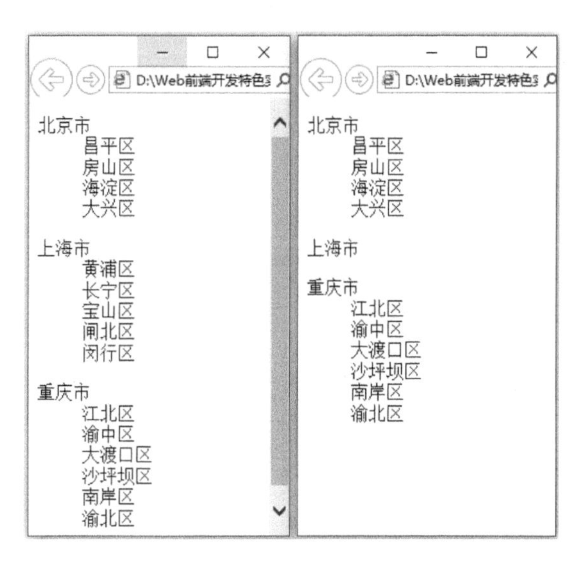

图 183-1

```
<!DOCTYPE html><html><head>
 <script type="text/javascript" src="Scripts/jquery-2.2.3.js"></script>
 <script language="javascript">
  $(document).ready(function () {
   //响应单击父菜单
  $("dt").click(function () {//折叠或展开子菜单
   $(this).siblings("dd").toggle();
  }); });
 </script>
```

```
</head>
<body>
 <dl><dt>北京市</dt><dd>昌平区</dd>
     <dd>房山区</dd><dd>海淀区</dd><dd>大兴区</dd></dl>
 <dl><dt>上海市</dt><dd>黄浦区</dd><dd>长宁区</dd>
     <dd>宝山区</dd><dd>闸北区</dd><dd>闵行区</dd></dl>
 <dl><dt>重庆市</dt><dd>江北区</dd><dd>渝中区</dd>
     <dd>大渡口区</dd><dd>沙坪坝区</dd><dd>南岸区</dd><dd>渝北区</dd></dl>
</body></html>
```

上面有底纹的代码是此实例的核心代码。在该部分代码中，siblings()方法用于选取每个匹配元素的所有同辈元素(不包括自己)，并以 jQuery 对象的形式返回，此处即是选择除当前单击菜单项之外的其他同级菜单项。toggle()方法则用于切换元素的可见状态，如果被选元素可见，则隐藏这些元素，如果被选元素隐藏，则显示这些元素。

此实例的源文件名是 HtmlPageC024.html。

184 创建自动折叠和展开的垂直导航菜单

此实例主要使用 slideToggle()方法实现折叠和展开垂直导航菜单的子菜单。当在浏览器中显示该页面时，单击绿色的父级菜单(如“西南大学”)，则折叠该父级菜单下的子菜单，如图 184-1 的右边所示；再次单击绿色的父级菜单(如“西南大学”)，则展开该父级菜单下的子菜单，如图 184-1 的左边所示。有关此实例的主要代码如下所示：

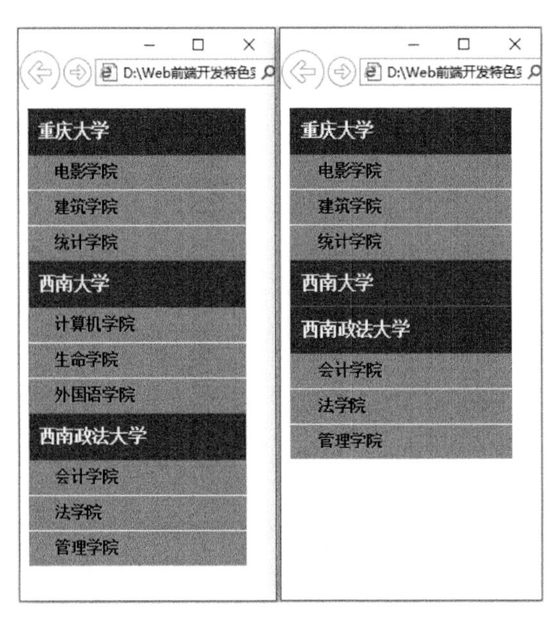

图 184-1

```
<!DOCTYPE html><html><head>
 <script type="text/javascript" src="Scripts/jquery-2.2.3.js"></script>
 <script type="text/javascript">
   $(document).ready(function () {
    $(".parentLi").click(function (event) {     //响应单击父菜单
     //以滑动方式进行自动切换
      $(this).children('.childrenUl').slideToggle();
    });
```

```
    $(".childrenLi").click(function (event) {         //响应单击子菜单
        event.stopPropagation();                      //阻止事件冒泡传递
    }); });
</script>
<style type="text/css">
#menuDiv{ width: 200px;background-color: #029FD4;}
.parentLi{width: 100%; line-height: 40px; margin-top: 1px;
  background: darkgreen; color: #fff; cursor: pointer;  font-weight:bolder;}
.parentLi span{ padding: 10px;}
.parentLi:hover, .selectedParentMenu{background: #0033CC;}
ul{ padding-left:0; list-style-type: none;}
.childrenUl{background-color: #ffffff;}
.childrenLi{line-height: 30px;font-size: .9em; margin-top: 1px;
background: #63B8FF; color: #000000; padding-left: 15px; cursor: pointer;}
.childrenLi:hover, .selectedChildrenMenu{border-left:0px #0033CC solid;
background: #0099CC; padding-left: 15px;}
</style>
</head>
<body>
<div id="menuDiv">
  <ul id="menu">
   <li class="parentLi"><span>重庆大学</span>
    <ul class="childrenUl"><li class="childrenLi"><span>电影学院</span></li>
                           <li class="childrenLi"><span>建筑学院</span></li>
           <li class="childrenLi"><span>统计学院</span></li></ul></li>
   <li class="parentLi"><span>西南大学</span>
    <ul class="childrenUl"><li class="childrenLi"><span>计算机学院</span></li>
                           <li class="childrenLi"><span>生命学院</span></li>
           <li class="childrenLi"><span>外国语学院</span></li></ul></li>
   <li class="parentLi"><span>西南政法大学</span>
    <ul class="childrenUl"><li class="childrenLi"><span>会计学院</span></li>
                 <li class="childrenLi"><span>法学院</span></li>
                 <li class="childrenLi"
                      onclick="alert('世界那么大,我想去看看')">
                     <span>管理学院</span></li></ul></li></ul></div>
</body></html>
```

上面有底纹的代码是此实例的核心代码。其中,$(this).children('.childrenUl')用于查找CSS样式类名为.childrenUl的父级菜单。slideToggle()方法通过使用滑动效果来切换元素(菜单)的可见状态。如果被选元素是可见的,则隐藏这些元素,如果被选元素是隐藏的,则显示这些元素。关于这些方法的语法声明请参考本书的其他部分。

此实例的源文件名是HtmlPageC272.html。

185 以链式方式创建的折叠垂直导航菜单

此实例主要使用slideUp()和slideDown()方法实现以链式方式创建可折叠展开的垂直导航菜单。当在浏览器中显示该页面时,单击菜单“女人频道”→“艺术空间”,效果如图185-1的左边所示;选择菜单“新闻频道”→“军事新闻”的效果如图185-1的右边所示。有关此实例的主要代码如下所示:

图 185-1

```
<!DOCTYPE html><html><head>
<script type="text/javascript" src="Scripts/jquery-2.2.3.js"></script>
<script type="text/javascript">
  $(function () {
   $("dl").mouseover(function () {//在鼠标悬浮父菜单时执行
    $(this).children('dt').addClass('hover').end().children("dd").slideDown(50);     //展开子菜单
    $(this).siblings().children('dt').removeClass("hover").end().end().siblings().children("dd").
slideUp(50);                                                                          //折叠子菜单
}); });
</script>
<style type="text/css">
  #menu {width: 150px; overflow: hidden; background-color: white;
         text-align: center;font-size: 14px; border-left: 1px solid #dedede;
         border-right: 1px solid #dedede;border-bottom: 1px solid #dedede;}
  #menu dt {background-color: blue; color: #fff;cursor: pointer;}
  #menu dd {color: #fff;display: none; background-color: lightgreen;
           margin-bottom: 1px;}
  #menu dd dl dt {border-top: 1px solid #dedede; background: #f2f2f2;
                 height: 25px;line-height: 25px;font-weight: bold;}
  #menu dt.hover {background: green;}
  dl, dd, dt {margin: 0;padding: 0;list-style: none;color: #333;}
  dt {height: 28px;line-height: 28px;margin-bottom: 1px;}
  dd a:hover {text-decoration: none;color: white;background-color: red;}
  dd a { text-decoration: none;}
  dd a {display: block; height: 28px; line-height: 28px;
        color: #42556B; text-indent: 0px; overflow: hidden;}
</style>
</head>
<body>
<div id="menu">
  <dl><dt>新闻频道</dt>
       <dd><a href="#">国内新闻</a></dd><dd><a href="#">国际新闻</a></dd>
       <dd><a href="#">军事新闻</a></dd><dd><a href="#">科技新闻</a></dd></dl>
  <dl><dt>女人频道</dt>
       <dd><a href="#">亲子空间</a></dd><dd><a href="#">时尚空间</a></dd>
       <dd><a href="#">情感空间</a></dd><dd><a href="#">美容空间</a></dd>
       <dd><a href="#">艺术空间</a></dd>
<dd><a href="#" onclick="alert('欢迎来到 jQuery 世界!')">收藏空间</a></dd></dl>
   <dl><dt>数码频道</dt>
        <dd><a href="#">手机卖场</a></dd><dd><a href="#">电脑卖场</a></dd>
```

```
        <dd><a href="#">平板卖场</a></dd></dl></div>
</body></html>
```

上面有底纹的代码是此实例的核心代码。在这部分代码中，slideUp()方法通过使用滑动效果，折叠当前菜单项之外的所有已展开的子菜单。slideDown()方法则使用滑动效果，展开当前选择菜单的子菜单。

此实例的源文件名是 HtmlPageC292.html。

186　以手风琴方式展开折叠的垂直导航菜单

此实例主要实现使用 slideUp()和 slideDown()方法创建以手风琴方式展开和折叠的垂直导航菜单。当在浏览器中显示该页面时，选择菜单"系统管理"→"账户管理"的效果如图 186-1 的左边所示；选择菜单"日常业务"→"数据修改"的效果如图 186-1 的右边所示；单击"数据修改"菜单将弹出一个消息框。有关此实例的主要代码如下所示：

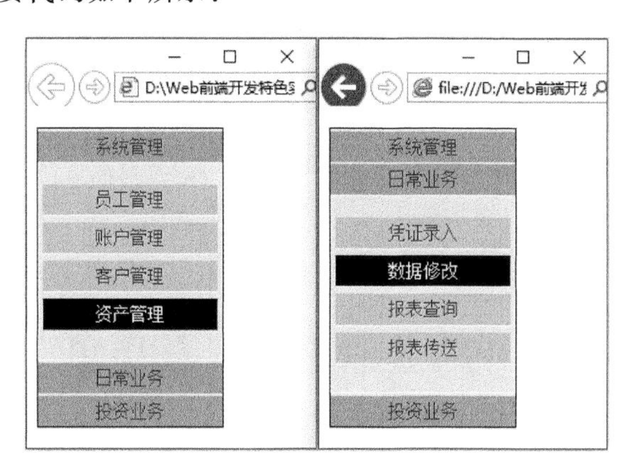

图　186-1

```
<!DOCTYPE html><html><head>
  <script type="text/javascript" src="Scripts/jquery-2.2.3.js"></script>
  <script>
    $(document).ready(function () {
     $("dd:not(:first)").hide();                    //初始时隐藏非第一个父菜单的所有子菜单
     $("dt a").click(function () {
      $("dd:visible").slideUp("slow");              //所有可见子菜单折叠
      $(this).parent().next().slideDown("slow");    //展开选择的子菜单
      return false;
  });});
</script>
 <style>
  dl {width: 150px; background-color: antiquewhite;
            border: 1px solid black;}
  dt {background: #00ffff;font-size: 14px;margin-top: 2px;
        text-align: center; padding-top:5px; padding-bottom:3px;}
  dd {margin-left: 0px;margin-right:0px;font-size: 14px;
        border: 1px solid white; text-align: center;}
  a {text-decoration: none;}
  ul {list-style: none;padding: 3px;}
  li {border-bottom: 1px solid white; margin-bottom:5px;
         background-color:#ffd800; padding-top:5px; padding-bottom:3px;}
```

```
    li:hover {background-color: black;}
     li:hover a {color: white;}
    </style>
</head>
<body><dl>
 <dt><a href="#">系统管理</a></dt>
   <dd><ul><li><a href="#">员工管理</a></li><li><a href="#">账户管理</a></li>
           <li><a href="#">客户管理</a></li>
           <li><a href="#">资产管理</a></li></ul></dd>
 <dt><a href="#">日常业务</a></dt>
   <dd><ul><li><a href="#">凭证录入</a></li>
           <li><a href="#" onclick="alert('欢迎来到 jQuery 世界!')">
                数据修改</a></li>
           <li><a href="#">报表查询</a></li>
           <li><a href="#">报表传送</a></li></ul></dd>
 <dt><a href="#">投资业务</a></dt>
   <dd><ul><li><a href="#">沪深股市</a></li><li><a href="#">白银现货</a></li>
           <li><a href="#">私募基金</a></li>
           <li><a href="#">银行理财</a></li></ul></dd></dl>
</body></html>
```

上面有底纹的代码是此实例的核心代码。在这部分代码中，slideUp()方法通过使用滑动效果，隐藏被选元素。slideDown()方法通过使用滑动效果，显示隐藏的被选元素。这两个方法在隐藏和显示子菜单时，会产生类似于手风琴的动画效果。关于这两个方法的语法声明请参考本书的其他部分。

此实例的源文件名是 HtmlPageC225.html。

187 创建可收缩展开的多级垂直导航菜单

此实例主要实现使用 siblings()方法创建具有收缩功能的垂直导航菜单。当在浏览器中显示该页面时，单击菜单“日常业务”→“数据修改”，将弹出一个消息框，如图 187-1 的右边所示；选择菜单“系统管理”→“账户管理”的效果如图 187-1 的左边所示。有关此实例的主要代码如下所示：

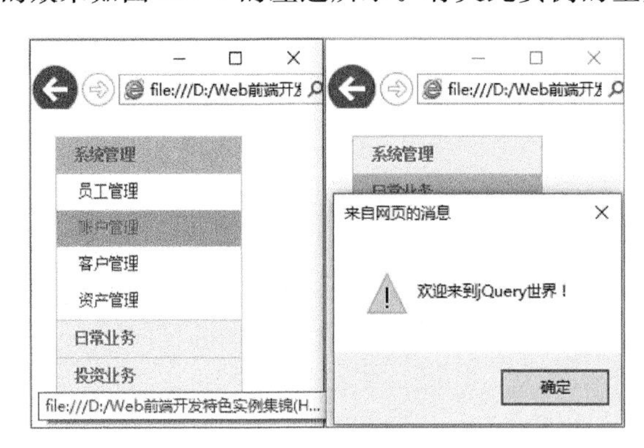

图 187-1

```
<!DOCTYPE html><html><head>
 <script type="text/javascript" src="Scripts/jquery-2.2.3.js"></script>
 <script type="text/javascript">
   $(document).ready(function () {
     $(".level1 > a").click(function () {     //响应父菜单的单击操作
      $(this).addClass("current").next().show()
        .parent().siblings().children("a").removeClass("current")
```

```
        .next().hide(); });
    });
</script>
<style type="text/css">
  body { margin: 0; padding: 20px 20px ; font-size: 12px;line-height: 22px;
         font-family: "\5b8b\4f53", "Arial Narrow"; background: #fff;}
  ul, li {list-style-type: none; margin: 0;padding: 0;}
  a { color: #00007F; text-decoration: none;}
  .box {width: 150px; margin: 0 auto; position: absolute;}
  .menu {overflow: hidden; border-color: #C4D5DF;border-style: solid;
         border-width: 0 1px 1px;}
  .menu li.level1 a {display: block; height: 28px; line-height: 28px;
     background: #EBF3F8; font-weight: 700; color: #5893B7;
     text-indent: 14px;border-top: 1px solid #C4D5DF; }
  .menu li.level1 a:hover { text-decoration: none;}
  .menu li.level1 a.current { background: #B1D7EF;}
  .menu li ul { overflow: hidden;}
  .menu li ul.level2 {display: none;}
  .menu li ul.level2 li a {display: block;height: 28px;line-height: 28px;
        background: #ffffff;font-weight: 400;color: #42556B;
        text-indent: 18px; border-top: 0px solid #ffffff;overflow: hidden;}
  .menu li ul.level2 li a:hover {color: #f60;background-color: lightgreen;}
</style>
</head>
<body>
<div class="box">
  <ul class="menu">
   <li class="level1"><a href="#none">系统管理</a>
    <ul class="level2">
      <li><a href="#none">员工管理</a></li>
      <li><a href="#none">账户管理</a></li>
      <li><a href="#none">客户管理</a></li>
      <li><a href="#none">资产管理</a></li></ul></li>
    <li class="level1"><a href="#none">日常业务</a>
     <ul class="level2">
      <li><a href="#none">凭证录入</a></li>
      <li><a href="#none" onclick="alert('欢迎来到 jQuery 世界!')">
              数据修改</a></li>
      <li><a href="#none">报表查询</a></li>
      <li><a href="#none">报表传送</a></li></ul></li>
   <li class="level1"><a href="#none">投资业务</a>
     <ul class="level2">
      <li><a href="#none">沪深股市</a></li>
      <li><a href="#none">白银现货</a></li>
      <li><a href="#none">私募基金</a></li>
      <li><a href="#none">银行理财</a></li></ul> </li></ul></div>
</body></html>
```

上面有底纹的代码是此实例的核心代码。其中，$(this).addClass("current").next().show().parent().siblings().children("a").removeClass("current").next().hide()这段代码是一个链式调用，实现了在单击导航父菜单后，该导航菜单下的二级菜单展开，其他菜单折叠的效果。

此实例的源文件名是 HtmlPageC219.html。

188　创建卷帘式展开折叠的垂直导航菜单

此实例主要实现使用 slideUp()和 slideDown()方法创建卷帘式展开折叠的垂直导航菜单。当在浏览器中显示该页面时，选择菜单“上海市高校”→“华东师范大学”，则将弹出一个消息框，如图 188-1 所示；选择其他菜单将实现类似的功能。有关此实例的主要代码如下所示：

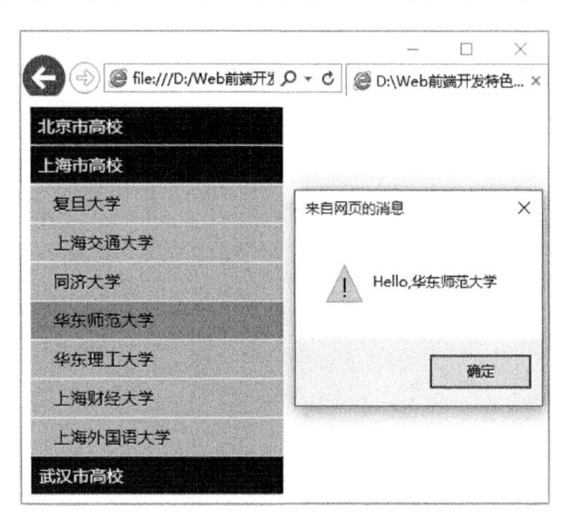

图　188-1

```
<!DOCTYPE html><html><head>
<script type="text/javascript" src="Scripts/jquery-2.2.3.js"></script>
<script type="text/javascript">
  $(document).ready(function () {
    $('#menu ul').hide();                          //隐藏所有子菜单
    $('#menu ul:first').show();                    //显示第一个父菜单的子菜单
    $('#menu li a').click(function () {            //响应单击父菜单操作
      var myElement = $(this).next();
      if ((myElement.is('ul')) && (myElement.is(':visible'))) {
        return false;
      }else if ((myElement.is('ul')) && (!myElement.is(':visible'))) {
        $('#menu ul:visible').slideUp('normal');
        myElement.slideDown('normal');             //以 normal 方式滑出子菜单
        return false;
   } }); });
  </script>
  <style>
    body {font-family: Helvetica, Arial, sans-serif;font-size: 0.9em;}
    ul#menu, ul#menu ul {list-style-type: none;margin: 0;
                          padding: 0;width: 15em;}
    ul#menu a {display: block;text-decoration: none;}
    ul#menu li {margin-top: 1px;}
    ul#menu li a {background: #333;color: #fff;padding: 0.5em;}
    ul#menu li a:hover {background: #000;}
    ul#menu li ul li a {background: #ccc;color: #000;padding-left: 20px;}
    ul#menu li ul li a:hover {background: #aaa;
                        border-left: 0px #000 solid;padding-left: 20px;}
  </style>
</head>
```

```
<body>
<ul id="menu">
  <li><a href="#">北京市高校</a>
      <ul><li><a href="#">北京大学</a></li>
          <li><a href="#">清华大学</a></li>
          <li><a href="#">中国人民大学</a></li>
          <li><a href="#">北京师范大学</a></li>
          <li><a href="#">北京航空航天大学</a></li>
          <li><a href="#">中央财经大学</a></li>
          <li><a href="#">中国政法大学</a></li>
          <li><a href="#">北京邮电大学</a></li></ul></li>
  <li><a href="#">上海市高校</a>
      <ul><li><a href="#">复旦大学</a></li>
          <li><a href="#">上海交通大学</a></li>
          <li><a href="#">同济大学</a></li>
          <li><a href="#" onclick="alert('Hello,华东师范大学')">
                华东师范大学</a></li>
          <li><a href="#">华东理工大学</a></li>
          <li><a href="#">上海财经大学</a></li>
          <li><a href="#">上海外国语大学</a></li></ul></li>
  <li><a href="#">武汉市高校</a>
      <ul><li><a href="#">武汉大学</a></li>
        <li><a href="#">华中科技大学</a></li>
        <li><a href="#">中国地质大学</a></li>
        <li><a href="#">华中师范大学</a></li></ul></li>
</ul></body></html>
```

上面有底纹的代码是此实例的核心代码。在这部分代码中，slideUp()方法主要实现以滑动卷帘方式隐藏二级菜单，slideDown()方法主要实现以卷帘方式显示已隐藏的子菜单。is(':visible')主要是测试菜单是否可见。关于这些方法的语法声明请参考本书的其他部分。

此实例的源文件名是 HtmlPageC327.html。

189　创建以卷帘风格缩放的垂直导航菜单

此实例主要实现使用 slideUp()和 slideToggle()方法创建以卷帘风格缩放的垂直导航菜单。当在浏览器中显示该页面时，单击菜单“女人频道”→“艺术空间”，效果如图 189-1 的右边所示；选择菜单“新闻频道”→“军事新闻”的效果如图 189-1 的左边所示。有关此实例的主要代码如下所示：

图　189-1

```
<!DOCTYPE html><html><head>
<script type="text/javascript" src="Scripts/jquery-2.2.3.js"></script>
<script type="text/javascript">
  $(document).ready(function () {
   $("#myMenu>dd>dl>dd").hide();                          //隐藏所有子菜单
   $.each($("#myMenu>dd>dl>dt"), function () {
     $(this).click(function () {                           //响应父菜单单击操作
       $("#myMenu>dd>dl>dd ").not($(this).next()).slideUp();  //折叠子菜单
       $(this).next().slideToggle(500);                    //自动确定折叠或展开子菜单
   }); });});
  </script>
  <style type="text/css">
   dl, dd, dt, ul, li {margin: 0; padding: 0;list-style: none;color: #333;}
   #myMenu { width: 150px;text-align: center; font-size: 12px;
          border-left: 1px solid #dedede; border-right: 1px solid #dedede;
          border-bottom: 1px solid #dedede; }
   #myMenu dd dl dt {border-top: 1px solid #dedede; background: #f2f2f2;
              height: 25px;line-height: 25px;font-weight: bold;}
   #myMenu ul {background: #f9f9f9;}
   #myMenu li {border-top: 1px solid #efefef; line-height: 25px; }
   ul, li {list-style-type: none; margin: 0; padding: 0; }
   li a:hover {text-decoration: none;}
   li a {text-decoration: none;}
    li a {display: block; height: 28px;line-height: 28px;background: #ffffff;
        font-weight: 400; color: #42556B;text-indent: 0px;
        border-top: 0px solid #ffffff; overflow: hidden; }
    li a:hover { color: #f60; background-color: lightgreen; }
</style>
</head>
<body>
<dl id="myMenu">
  <dd><dl><dt>新闻频道</dt>
       <dd><ul><li><a href="#none">国内新闻</a></li>
                <li><a href="#none">国际新闻</a></li>
                <li><a href="#none">军事新闻</a></li>
                <li><a href="#none">科技新闻</a></li>
                <li><a href="#none">体育新闻</a></li></ul></dd></dl></dd>
  <dd><dl><dt>女人频道</dt>
       <dd><ul><li><a href="#none">亲子空间</a></li>
                <li><a href="#none">时尚空间</a></li>
                <li><a href="#none">情感空间</a></li>
                <li><a href="#none">美容空间</a></li>
                <li><a href="#none">艺术空间</a></li>
                <li><a href="#none" onclick="alert('欢迎来到 jQuery 世界!')">
                     收藏空间</a></li></ul></dd></dl></dd>
   <dd><dl><dt>数码频道</dt>
       <dd><ul><li><a href="#none">手机</a></li>
                <li><a href="#none">电脑</a></li>
                <li><a href="#none">家电</a></li></ul></dd></dl></dd></dl>
</body></html>
```

上面有底纹的代码是此实例的核心代码。在这部分代码中，slideToggle()方法通过使用卷帘式的滑动效果来切换元素(菜单)的可见状态，如果被选元素是可见的，则隐藏这些元素，如果被选元素是隐藏的，则显示这些元素。slideToggle()方法实际上相当于能够根据当前元素状态，智能选择是采用 slideUp()方法,还是采用 slideDown()方法。关于此方法的语法声明请参考本书的其他部分。

此实例的源文件名是 HtmlPageC285. html。

190 创建图片和文字结合的垂直导航菜单

此实例主要使用 slideUp()和 slideDown()方法创建带背景图片的展开折叠风格的垂直导航菜单。当在浏览器中显示该页面时,选择菜单"红酒专场"展开的子菜单的效果如图 190-1 的左边所示;选择菜单"旅游专场"展开的子菜单的效果如图 190-1 的右边所示。有关此实例的主要代码如下所示:

图 190-1

```
<!DOCTYPE html><html><head>
<script type="text/javascript" src="Scripts/jquery-2.2.3.js"></script>
<script type="text/javascript">
  $().ready(function () {
    //响应单击父菜单
   $(".re_left .catalog").find("h3").bind("click", function () {
    if ($(this).hasClass("open")) {                       //判断子菜单是否展开
     if ($(this).next().find(".active").size() == 0) {
        $(this).next().slideUp(500);                      //折叠子菜单
     }
    } else {
      $(this).parent().find("ul").slideUp("slow").end().find("h3"). removeClass("open");
      $(this).addClass("open").next().slideDown(500);     //展开子菜单
    }
    return false;
  }); });
</script>
<style type="text/css">
    * { margin: 0; padding: 0;}
   ul, li {list-style: none;}
   .catalog {width: 164px; margin: 0 auto;}
   .t1 {height: 4px;
        background: url(MyImages/my297bg_catalog.gif) left top no-repeat;}
   .t2 {background: url(MyImages/my297bg_catalog.gif) -164px top repeat-y;}
```

```
    .t3 {height: 4px;
        background: url(MyImages/my297bg_catalog.gif) left bottom no-repeat;}
    .t2 h2 {height: 35px; text-indent:15px; padding:5px;
      background: url(MyImages/my297bg_catalog_logo.gif) center no-repeat;}
    .t2 h3 {height: 36px;line-height: 36px; margin: 0 1px;text-indent: 26px;
      background: url(MyImages/my297bg_catalog_icon.gif) no-repeat 13px 14px;
      font-size: 14px;border-top: 1px solid #fFF;}
    .t2 ul { padding: 10px 0; font-size: 13px; }
    .t2 li { text-indent: 27px;height: 30px;line-height: 30px;}
    .selected {display: block;}
    .unselected {display: none;}
  </style>
</head>
<body>
 <div class="re_left">
  <div class="catalog">
   <div class="t1"></div>
    <div class="t2">
     <h2>狂欢大卖场</h2>
      <h3><a  src="#">红酒专场</a></h3>
       <ul class="unselected">
        <li><a href="#">国产红酒</a></li><li><a href="#">法国红酒</a></li>
        <li><a href="#">西班牙红酒</a></li><li><a href="#">智利红酒</a></li>
        <li><a href="#">葡萄牙红酒</a></li></ul>
      <h3><a  src="#">旅游专场</a></h3>
     <ul class="unselected">
        <li><a href="#">欧洲之旅</a></li><li><a href="#">南美之旅</a></li>
        <li><a href="#">东南亚之旅</a></li><li><a href="#">大洋洲之旅</a></li>
        <li><a href="#">海南之旅</a></li><li><a href="#">东北之旅</a></li></ul>
      <h3><a  src="#">图书专场</a></h3>
       <ul class="unselected">
        <li><a href="#">国产图书</a></li>
        <li><a href="#">进口图书</a>          </li></ul>
      <h3><a  src="#">家电专场</a></h3>
       <ul class="unselected">
        <li><a href="#">平板电视</a></li><li><a href="#">冰箱灯具</a></li>
        <li><a href="#">厨房卫浴</a></li></ul></div>
     <div class="t3"></div></div></div>
 </body></html>
```

上面有底纹的代码是此实例的核心代码。其中，$(this).next().slideUp(500)表示在500毫秒内折叠已经展开的子菜单。$(this).addClass("open").next().slideDown(500)表示在500毫秒内展开子菜单，并设置子菜单的CSS样式为open样式。

此实例的源文件名是HtmlPageC297.html。

191 创建子菜单横向滑出的垂直导航菜单

此实例主要实现使用show()和hide()方法创建纵向风格的子菜单以水平横向方式展开。当在浏览器中显示该页面时，如果把鼠标放在“北京市高校”菜单上，则该菜单对应的子菜单立即向右横向展开，效果如图191-1所示；如果把鼠标放在“上海市高校”等其他父菜单上，将实现类似的功能。有关此实例的主要代码如下所示：

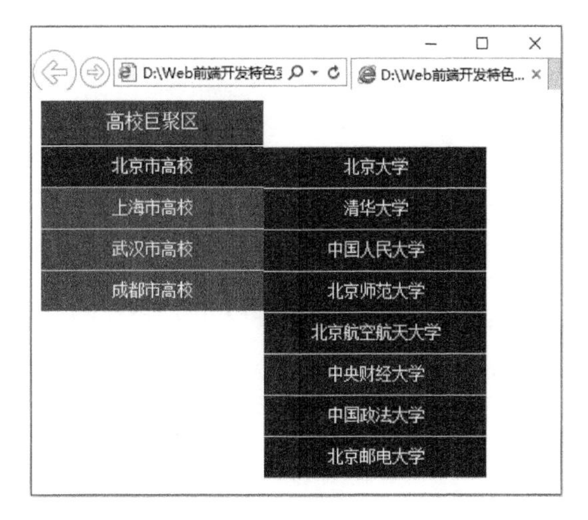

图　191-1

```
<!DOCTYPE html><html><head>
<script type="text/javascript" src="Scripts/jquery-2.2.3.js"></script>
<script type="text/javascript">
  $(document).ready(function () {
   $(".nav ul li").hover(function () {            //在鼠标悬浮父菜单时响应
     $(this).addClass("hover_bg");                //设置子菜单背景样式 hover_bg
     $(this).children("div").show();              //显示子菜单
    }, function () {                              //在鼠标离开父菜单时响应
     $(this).removeClass("hover_bg");             //移除子菜单背景样式 hover_bg
     $(this).children("div").hide();              //隐藏子菜单
   })
   $(".Second_Level a").hover(function () {       //在鼠标悬浮子菜单时响应
     $(this).addClass("hover_bg");
    }, function () {
     $(this).removeClass("hover_bg");
   }) })
  </script>
<style type="text/css">
  .nav { float: left; position: relative;  width: 193px;}
  h2, ul, p {margin: 0; padding: 0; text-align: center;}
  h2 {font-weight: 400; font-size: 100%; background-color: green;
      border-bottom: solid 1px #500C1B;}
  h2 a {list-style-type: none;height: 37px;color: #fff;line-height: 37px;}
  ul {font-size: 0;background: yellow;}
  ul li {list-style-type: none; padding-bottom: 5px; color: #fff;
         font-size: 14px;padding: 0 20px;height: 34px;line-height: 34px;
         position: relative;margin-bottom: 1px;background: red;}
  ul li a {display: block;width: 136px; margin: 1px auto;}
  ul li.hover_bg { background: blue;}
  .Second_Level a.hover_bg {background: darkgreen;}
  .Second_Level {width: 193px;background: yellow;position: absolute;
            right: -193px;top: 0; display: none;}
  .Second_Level a {display: block;height: 34px;color: #fff;width: 193px;
                background-color: blue;}
  a {cursor: pointer;}
</style>
</head>
<body>
```

```
<div class = "nav">
  <h2><a>高校聚集区</a></h2>
  <ul><li><a>北京市高校</a><div class = "Second_Level">
          <p><a>北京大学</a><a>清华大学</a><a>中国人民大学</a>
             <a>北京师范大学</a><a>北京航空航天大学</a><a>中央财经大学</a>
             <a>中国政法大学</a><a>北京邮电大学</a></p></div></li>
      <li><a>上海市高校</a><div class = "Second_Level">
          <p><a>复旦大学</a><a>上海交通大学</a><a>同济大学</a>
             <a>华东师范大学</a><a>华东理工大学</a>
             <a>上海财经大学</a><a>上海外国语大学</a></p></div></li>
      <li><a>武汉市高校</a><div class = "Second_Level">
          <p><a>武汉大学</a><a>华中科技大学</a>
             <a>中国地质大学</a><a>华中师范大学</a></p></div></li>
      <li><a>成都市高校</a><div class = "Second_Level">
          <p><a>四川大学</a><a>西南交通大学</a><a>电子科技大学</a>
       <a onclick = "alert('Hello,jQuery')">四川师范大学</a></p></div></li>
</ul></div></body></html>
```

上面有底纹的代码是此实例的核心代码。在这部分代码中，show()方法主要用于在鼠标进入某父级菜单时，显示该父菜单对应的子菜单所在的DIV块；hide()方法则主要用于在鼠标离开某父级菜单时，隐藏该父菜单对应的子菜单所在的DIV块。

此实例的源文件名是HtmlPageC323.html。

192 创建子菜单图文结合的垂直导航菜单

此实例主要实现使用siblings()、toggle()、removeClass()和hide()等方法创建带指示图标的垂直水平结合的三级垂直导航菜单。当在浏览器中显示该页面时，如果单击"清华大学"→"环境学院"→"环境评价"菜单，则将向右滑出一个图片窗口，效果如图192-1所示。有关此实例的主要代码如下所示：

图 192-1

```
<!DOCTYPE html><html><head>
<script src="Scripts/jquery-2.2.3.js" type="text/javascript"></script>
<script type="text/javascript">
  $(function () {
   $(".ce > li > a").click(function () {      //响应鼠标单击父级菜单
    $(this).addClass("xz").parents().siblings().find("a").removeClass("xz");
    $(this).parents().siblings().find(".er").hide(300);
    $(this).siblings(".er").toggle(300);
    $(this).parents().siblings().find(".er > li > .thr").hide().parents(). siblings().find(".thr_
nr").hide();
   })
   $(".er > li > a").click(function () {      //响应鼠标单击二级子菜单
    $(this).addClass("sen_x").parents().siblings().find("a"). removeClass("sen_x");
    $(this).parents().siblings().find(".thr").hide(300);
    $(this).siblings(".thr").toggle(300);
   })
   $(".thr > li > a").click(function () {      //响应鼠标单击三级子菜单
    $(this).addClass("xuan").parents().siblings().find("a"). removeClass("xuan");
    $(this).parents().siblings().find(".thr_nr").hide();
    $(this).siblings(".thr_nr").toggle();
  })  })
  </script>
  <style type="text/css">
    * { padding:0px; margin:0px;}
    li{list-style:none;}
    img{border:0px;vertical-align:middle;}
    a{text-decoration:none;outline:none;
      blr:expression(this.onFocus = this.blur());}
    .ce{display:block;width:145px;background:rgb(50,50,50);
    position:fixed;z-index:5;top:10px;left:10px;}
    .ce li{border-bottom: 1px solid rgb(40,40,40);
border-top: 1px solid rgb(90,90,90);}
    .more{margin-left:6px;}
    .ce li a{padding: 10px 10px 10px 35px;color:white;
          display:block;cursor:pointer;
          background:url(MyImages/my356tu.png) no-repeat 10px center;}
    .ce li a:hover{background:url(MyImages/my356tu.png) no-repeat 10px center rgb(220,31,31);}
    .ce li .dqian{background:none}
    .ce li .xz{background:url(MyImages/my356tu.png) no-repeat 10px center rgb(220,31,31);}
    .er{display:none;width:145px;background:darkgreen;}
    .er li{width:100%;border:solid rgb(140,140,140);border-width:1px 0px 0px;}
    .er li a{display:block;padding:10px 10px 10px 20px;
                          color:white;background:none;font-size: 15px;}
    .er .e_li a{background:url(MyImages/my356more.png) no-repeat 99px center;}
    .er li a:hover,.er li .sen_x{background:rgb(253,83,49);}
    .er .e_li a:hover,.er .e_li .sen_x{background:url(MyImages/my356more.png) no-repeat 99px center
rgb(253,83,49);}
    .thr{background:rgb(150,150,150);display:none;}
    .thr li{margin-bottom:1px;border-top: 1px solid rgb(180,180,180);
position:relative;}
    .er .e_li .thr li a{background:none; font-size: 12px;}
    .er .e_li .thr li a:hover{background:rgb(249,152,49);}
    .er .e_li .thr li .xuan{background:rgb(249,152,49);}
    .more1{margin-left: 8px;margin-top: -4px;}
```

```
    .thr_nr{width:300px;position:absolute;top:0px;left:145px;z - index:10;
border:1px solid rgb(201,201,201);display:none;background - color:antiquewhite;}
    .thr_nr h3{font - weight:normal;font - size:18px;display:block;
text - align:center;width:100 %;padding:10px 0px;}
    .thr_nr img{width:100 %;}
  </style>
</head>
<body>
 <ul class = "ce">
  <li><a class = "xz" href = "#">网站首页</a></li>
  <li><a href = "#">清华大学<img class = "more" src = "MyImages/my356more.png" /></a>
   <ul class = "er">
    <li><a href = "#">建筑学院</a></li>
    <li class = "e_li"><a href = "#">环境学院</a>
     <ul class = "thr">
     <li><a href = "#">环境监测</a></li>
     <li><a href = "#">环境评价
          <img class = "more1" src = "MyImages/my356more1.png" /></a>
        <div class = "thr_nr"><h3>环境评价图片展示</h3>
                     <img src = "MyImages/my326 蓬莱.jpg" /></div></li>
     <li><a href = "#">环境保护</a></li>
     <li><a href = "#">环境安全
          <img class = "more1" src = "MyImages/my356more1.png" /></a>
          <div class = "thr_nr"><h3>环境安全图片展示</h3>
                     <img src = "MyImages/my326 五大连池.jpg"/></div></li>
    </ul></li>
    <li><a href = "#">材料学院</a></li>
   </ul></li>
   <li><a href = "#">重庆大学</a></li>
   <li><a href = "#">武汉大学</a></li>
   <li><a href = "#">中山大学</a></li>
   <li><a href = "#">西南大学<img class = "more" src = "MyImages/my356more.png" /></a>
    <ul class = "er">
     <li><a href = "#">统计学院</a></li>
     <li><a href = "#" onclick = "alert('体育学院')">体育学院</a></li>
     <li><a href = "#">音乐学院</a></li>
     <li><a href = "#">美术学院</a></li>
 </ul></li></ul></body></html>
```

上面有底纹的代码是此实例的核心代码。在这部分代码中，siblings()方法用于获得匹配集合中每个元素(菜单)的同级元素。hide()方法用于隐藏选择的元素。toggle()方法用于切换元素(菜单)的可见状态，如果被选元素可见，则隐藏这些元素，如果被选元素隐藏，则显示这些元素。removeClass()方法用于从被选元素(菜单)中移除一个或多个 CSS 类。addClass()方法用于向被选元素(菜单)添加一个或多个 CSS 类。find()方法用于筛选当前元素(菜单)集合中每个元素的后代。关于这些方法的语法声明请参考本书的其他部分。

此实例的源文件名是 HtmlPageC336.html。

193　创建带指示符号的三级垂直导航菜单

此实例主要使用 siblings()方法实现以精简的代码创建能够折叠或展开的三级菜单。当在浏览器中显示该页面时，单击三级菜单"重庆市"→"渝北区"→"回兴街道"，将弹出一个消息框，如图 193-1 的左边所示；选择三级菜单"上海市"→"黄浦区"→"外滩街道"的结果如图 193-1 的右边所示。有关此实例的主要代码如下所示：

图 193-1

```
<!DOCTYPE html><html><head>
<script type="text/javascript" src="Scripts/jquery-2.2.3.js"></script>
<script type="text/javascript">
  $(document).ready(function () {
   $('.inactive').click(function () {                    //响应 CSS 样式为.inactive 菜单单击
    if ($(this).siblings('ul').css('display') == 'none') {
      $(this).siblings('ul').slideDown(100).children('li'); //显示子菜单
    if ($(this).parents('li').siblings('li').children('ul').css('display') == 'block') { $(this).
parents('li').siblings('li').children('ul').slideUp(100);}
     } else {                                             //隐藏子菜单
      $(this).siblings('ul').slideUp(100);
      $(this).siblings('ul').children('li').children('ul').slideUp(100);
  }}) });
</script>
<style type="text/css">
   * {margin: 0;padding: 0;}
  body {font-size: 12px;font-family: "宋体","微软雅黑";}
  ul, li {list-style: none;}
  a:link, a:visited {text-decoration: none;}
  .list {width: 210px;border-bottom: solid 1px #316a91;
          margin: 40px auto 0 auto;}
  .list ul li { background-color: #467ca2;border: solid 1px #316a91;
          border-bottom: 0;}
  .list ul li a {padding-left: 10px; color: #fff;
                font-size: 12px;display: block;font-weight: bold;
                height: 36px;line-height: 36px;position: relative;}
  .list ul li .inactive{
              background: url(MyImages/off.png) no-repeat 184px center;}
  .list ul li .inactives {
              background: url(MyImages/on.png) no-repeat 184px center;}
  .list ul li ul {display: none;}
  .list ul li ul li {border-left: 0;border-right: 0;
                background-color: #6196bb;border-color: #467ca2;}
```

```
    .list ul li ul li ul {display: none;}
    .list ul li ul li a {padding-left: 20px;}
    .list ul li ul li ul li {background-color: #d6e6f1;border-color: #6196bb;}
    .last {background-color: #d6e6f1; border-color: #6196bb;}
    .list ul li ul li ul li a {color: #316a91;padding-left: 30px;}
  </style>
 </head>
 <body>
  <div class="list">
   <ul class="one">
    <li><a href="#">北京市</a></li>
    <li><a href="#" class="inactive">重庆市</a>
       <ul style="display: none">
        <li><a href="#" class="inactive active">渝北区</a>
         <ul><li><a href="#" onclick="alert('欢迎来到回兴街道!')">
                                                  回兴街道</a></li>
          <li><a href="#">王家街道</a></li>
          <li><a href="#">仙岩街道</a></li></ul></li>
        <li class="last"><a href="#">江北区</a></li>
        <li class="last"><a href="#">巴南区</a></li>
        <li class="last"><a href="#">北碚区</a></li></ul></li>
      <li><a href="#" class="inactive">上海市</a>
        <ul style="display: none">
         <li><a href="#" class="inactive active">黄浦区</a>
          <ul>
           <li><a href="#">南京东路街道</a></li>
           <li><a href="#">外滩街道</a></li>
           <li><a href="#">豫园街道 </a></li></ul></li>
         <li><a href="#" class="inactive active">长宁区</a>
          <ul>
           <li><a href="#">华阳路街道</a></li>
           <li><a href="#">新华路街道</a></li>
           <li><a href="#">周家桥街道</a></li>
           <li><a href="#">虹桥街道</a></li>
           <li><a href="#">程家桥街道</a></li>
           <li><a href="#">天山路街道</a></li></ul></li>
         <li class="last"><a href="#">闸北区</a></li></ul></li></ul> </div>
 </body></html>
```

上面有底纹的代码是此实例的核心代码。在这部分代码中，siblings()方法用于获得匹配集合中每个元素(菜单)的同级菜单。slideDown()方法以卷帘方式显示隐藏的被选元素(菜单)。slideUp()方法以卷帘方式隐藏被选元素(菜单)。children()方法用于获取被选元素(菜单)的所有直接子元素(菜单)。关于这些方法的相关说明请参考本书的其他部分。

此实例的源文件名是 HtmlPageC191.html。

194　创建类似于 bar 滑动的水平导航菜单

此实例主要使用 fadeIn()方法和 fadeOut()方法创建类似于 bar 滑动的渐隐渐显的水平导航菜单。当在浏览器中显示该页面时，如果单击“上海市”→“嘉定区”菜单，则展开的子菜单效果如图 194-1 所示；如果单击“重庆市”→“巴南区”菜单，则展开的子菜单效果如图 194-2 所示。有关此实例的主要代码如下所示：

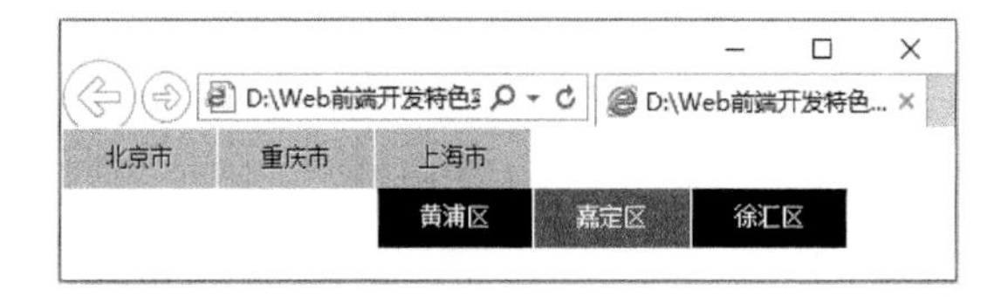

图 194-1

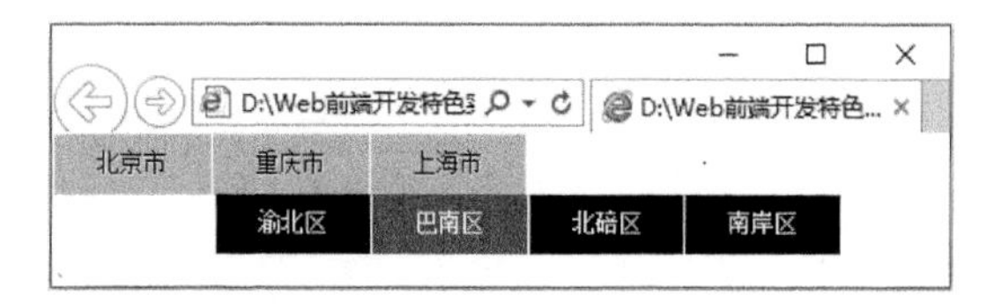

图 194-2

```
<!DOCTYPE html><html><head>
 <script type="text/javascript" src="Scripts/jquery-2.2.3.js"></script>
 <script type="text/javascript">
   $(function () {
    var key =  $("#nav>li");
    key.mouseover(function () {                  //在鼠标悬浮父菜单时响应
      $(this).children(".mySub").fadeIn();       //显示子菜单
     });
    key.mouseout(function () {                   //在鼠标离开父菜单时响应
      $(this).children(".mySub").fadeOut();      //隐藏子菜单
   }); });
</script>
 <style type="text/css">
    * {margin: 0px; padding: 0px; font-size: 12px;}
    ul {list-style-type: none;}
    #nav {line-height: 30px;}
    #nav li {float: left;width: 80px; margin-left: 1px;}
    #nav li a { display: block; width: 80px; background: #ccc;
               text-align: center;text-decoration: none;color: #000;}
    #nav li a:hover {background: black;color: #fff; font-weight: bold; }
    #nav li ul {line-height: 30px; position: absolute; display: none;}
    #nav li ul li {float: left;width: 80px;}
    #nav li ul li a {display: block;width: 80px;background: #000;
                     color: #fff;text-align: center; }
    #nav li ul li a:hover {background: red;font-weight: normal; }
  </style>
</head>
<body>
 <div><ul id="nav">
  <li><a href="#">北京市</a>
      <ul class="mySub">
        <li><a href="#">海淀区</a></li>
        <li><a href="#">昌平区</a></li></ul></li>
  <li><a href="#">重庆市</a>
      <ul class="mySub">
       <li><a href="#">渝北区</a></li>
       <li><a href="#">巴南区</a></li>
       <li><a href="#">北碚区</a></li>
       <li><a href="#">南岸区</a></li></ul></li>
  <li><a href="#">上海市</a>
      <ul class="mySub">
       <li><a href="#">黄浦区</a></li>
       <li><a href="#">嘉定区</a></li>
       <li><a href="#">徐汇区</a></li></ul></li></ul></div>
</body></html>
```

上面有底纹的代码是此实例的核心代码。在这部分代码中，fadeIn()方法使用淡入效果来显示被选元素(子菜单)，fadeOut()方法使用淡出效果来隐藏被选元素(子菜单)。关于这两个方法的语法声明请参考本书的其他部分。

此实例的源文件名是 HtmlPageC300.html。

195 创建鼠标悬停背景翻转的水平导航菜单

此实例主要使用 animate()方法创建鼠标悬停背景翻转的水平导航菜单。当在浏览器中显示该页面时，如果鼠标放在菜单“国际市场”上，则该菜单的背景立即翻转，如图 195-1 所示。有关此实例的主要代码如下所示：

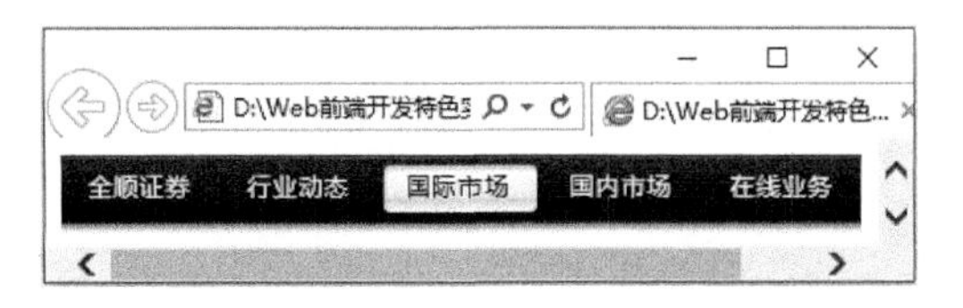

图 195-1

```
<!DOCTYPE html><html><head>
<script type="text/javascript" src="Scripts/jquery-2.2.3.js"></script>
<script language="javascript">
  $(document).ready(function () {
   $("#menu li a").wrapInner('<span class="out"></span>').append('<span class="bg"></span>');
   $("#menu li a").each(function () {
    $('<span class="over">' + $(this).text() + '</span>').appendTo(this);
   });
   $("#menu li a").hover(function () {        //在鼠标悬浮菜单时响应
    $(".out", this).stop().animate({ 'top': '45px' }, 250);
    $(".over", this).stop().animate({ 'top': '0px' }, 250);
    $(".bg", this).stop().animate({ 'top': '0px' }, 120);
   }, function () {                           //在鼠标离开菜单时响应
    $(".out", this).stop().animate({ 'top': '0px' }, 250);
    $(".over", this).stop().animate({ 'top': '-45px' }, 250);
    $(".bg", this).stop().animate({ 'top': '-45px' }, 120);
  });});
 </script>
<style type="text/css">
  .menu {height: 41px;display: block;width: 462px;}
  .menu ul {list-style: none;padding: 0;margin: 0;}
  .menu ul li {float: left;overflow: hidden;position: relative;
     text-align: center;height: 38px;line-height: 31px; *line-height: 33px;
     background: url("MyImages/my305tmenubg.png") repeat-x;}
  .menu ul li a {position: relative;display: block;width: 81px;
              height: 31px;font-family: "Microsoft Yahei";font-size: 12px;
          letter-spacing: 1px;text-transform: uppercase;text-decoration: none;
          cursor: pointer;}
  .menu ul li a span {position: absolute;left: 0;width: 81px;}
  .menu ul li a span.out {top: 0px;}
  .menu ul li a span.over, .menu ul li a span.bg {top: -45px;}
  #menu ul li a {color: #fff;text-decoration: none;}
  #menu ul li a span.over {color: #000;text-decoration: none;}
  #menu ul li span.bg {height: 32px;
     background: url("MyImages/my305overbg.png") center center no-repeat;}
</style>
</head>
```

```
<body>
<div id = "menu" class = "menu">
  <ul>
   <li><a href = "#">全顺证券</a></li>
   <li><a href = "#">行业动态</a></li>
   <li><a href = "#">国际市场</a></li>
   <li><a href = "#">国内市场</a></li>
   <li><a href = "#">在线业务</a></li>
</ul></div></body></html>
```

上面有底纹的代码是此实例的核心代码。在这部分代码中，animate()方法通过 CSS 样式将元素从一个状态改变为另一个状态，以创建动画效果，在此实例中，animate()方法主要通过位移来实现背景动态翻转。关于该方法的语法声明请参考本书的其他部分。wrapInner()方法使用指定的 HTML 内容或元素，来包裹每个被选元素中的所有内容(inner HTML)。wrapInner()方法的语法声明如下：

```
$(selector).wrapInner(wrapper)
```

其中，参数 wrapper 规定包围在被选元素的内容周围的内容。可能的值包括 HTML 代码、新的 DOM 元素、已存在的元素。

此实例的源文件名是 HtmlPageC305.html。

196 创建水平滑动的异形背景的导航菜单

此实例主要实现使用 prop()、hide()和 show()方法创建水平滑动的异形背景的导航菜单。当在浏览器中显示该页面时，如果单击“主营业务”→“上市培育”菜单，则将弹出一个消息框，效果如图 196-1 所示；如果选择“关于我们”→“联系方式”菜单，则展开的子菜单效果如图 196-2 所示。有关此实例的主要代码如下所示：

图 196-1

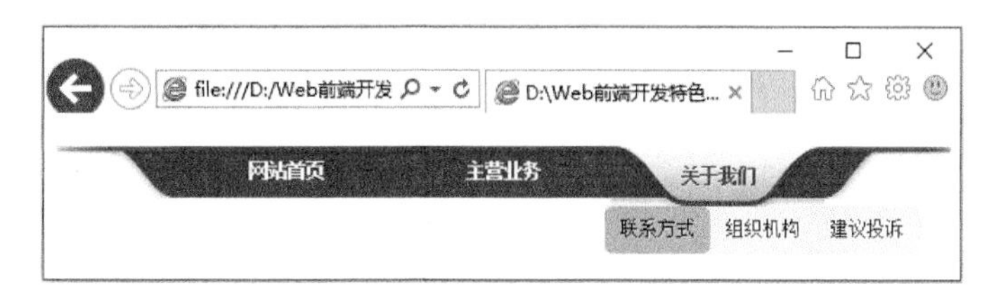

图 196-2

```
<!DOCTYPE html><html><head>
<script type="text/javascript" src="Scripts/jquery-2.2.3.js"></script>
<SCRIPT type="text/javascript">
  $(document).ready(function () {
   $("#nav li").prop("class", "");
   $("#nav li").eq(0).prop("class", "nav_lishw");
   $(".nav_lishw .v a").prop("class", "sele");
   $(".nav_lishw .kind_menu").show();           //显示第一个父菜单的子菜单
   $("#nav li").hover(function () {             //在鼠标悬浮父菜单时响应
 $("#nav .kind_menu").hide();                   //隐藏所有子菜单
    $("#nav li .v .sele").prop("class", "shutahover");
    $(this).prop("id", "nav_hover")
    $("#nav_hover .v a").prop("class", "sele");
    $("#nav_hover .kind_menu").show();          //显示当前子菜单
},function () {                                 //在鼠标离开父菜单时响应
      $(this).prop("id", "")
      $("#nav li .v .shutahover").prop("class", "sele");
}); });
</SCRIPT>
<style type="text/css">
  * {font-family: \5B8B\4F53,arial Narrow,arial,serif;text-decoration: none;
    font-size: 12px;list-style-type: none;}
  #nav {background: url('MyImages/my331nav_li_bg.gif') repeat-x top;
        height: 37px;position: relative;width: 574px;margin: 20px auto;}
  #nav .l {background: url('MyImages/my331nav_li_left.gif') no-repeat top;
          height: 37px;width: 78px;float: left;}
  #nav .r {width: 82px; height: 37px;float: left;
      background: url('MyImages/my331nav_li_rights.gif') no-repeat right top;}
  #nav li { float: left;}
  #nav li .v a {width: 138px;height: 37px;line-height: 32px;display: block;
      color: #FFF;float: left;font-weight: bold;text-align: center;}
  #nav li .v a:hover, #nav li .v .sele {color: #fff;height: 37px;
              color: #d11515;line-height: 37px;width: 138px;
            background: url('MyImages/my331nav_li_hover.gif') no-repeat top;}
  .kind_menu {height: 30px;line-height: 30px; vertical-align: middle;
            position: absolute; top: 37px; left: 0; text-align: left;
            display: none;color: #333;font-size: 12px;}
  .kind_menu a {color: #333;float: left; text-align: center;
                padding: 0 10px;font-size: 12px;}
  .kind_menu a:hover {color: #000; background-color: lightblue;
                    border-radius: 5px;}
  #Layer1 {width: 400px;left: 60px;}
  #Layer2 {width: 345px;left: 200px;background-color: azure;
            border-radius: 5px;}
  #Layer3 {width: 205px;left: 350px; background-color: azure;
            border-radius: 5px;}
 </style>
</head>
<body>
 <div id=nav>
  <div class=l></div>
   <ul class=c>
    <li><span class=v><a href="#" target="_blank">网站首页</a></span>
        <div class=kind_menu id="Layer1">欢迎访问,我们为您提供最优质的网络理财服务!</div></li>
    <li><span class=v><a href="#">主营业务</a></span>
         <div class=kind_menu id="Layer2">
```

```
            <a href = "#">保险理财</a>
            <a href = "http://money.163.com/stock">股票基金</a>
            <a href = "#" onclick = "alert('hello,上市培育')">上市培育</a>
            <a href = "#">现货期货</a><a href = "#">海外收购</a></div></li>
        <li><span class = v><a href = "#">关于我们</a></span>
            <div class = kind_menu id = "Layer3">
             <a href = "#">联系方式</a><a href = "#">组织机构</a>
             <a href = "#">建议投诉</a></div></li></ul>
 <div class = r></div></div>
</body></html>
```

上面有底纹的代码是此实例的核心代码。在这部分代码中，hide()方法用于隐藏未选的菜单，show()方法用于显示被选的菜单，prop()方法用于设置或获取当前对象所匹配的元素属性值，在此实例中，prop()方法主要用于设置CSS样式。关于这些方法的语法声明请参考本书的其他部分。

此实例的源文件名是HtmlPageC331.html。

197 创建水平方向滑动的二级横向导航菜单

此实例主要实现使用hide()方法和show()方法创建水平滑动的二级横向导航菜单。当在浏览器中显示该页面时，如果单击“主营收入”→“劳务收入”菜单，则展开的子菜单效果如图197-1所示；如果单击“投资收入”→“股票收入”菜单，则展开的子菜单效果如图197-2所示。有关此实例的主要代码如下所示：

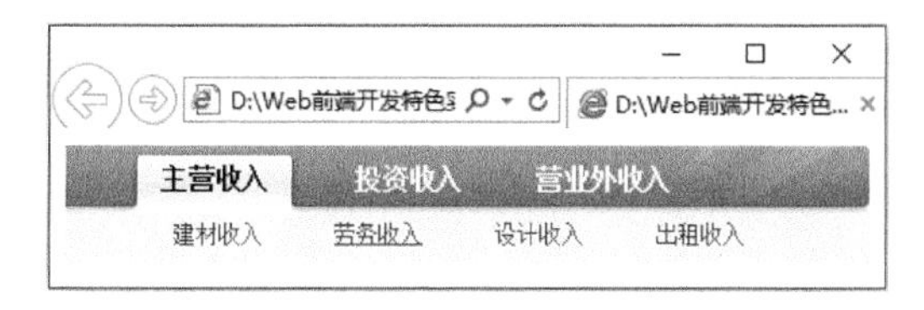

图 197-1

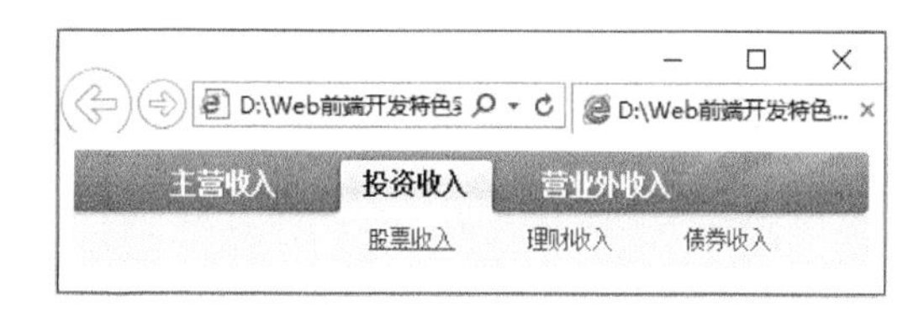

图 197-2

```
<!DOCTYPE html><html><head>
 <script type = "text/javascript" src = "Scripts/jquery-2.2.3.js"></script>
 <script language = "javascript" type = "text/javascript">
  $(document).ready(function () {
   $(".mainNav a").mouseover(function () {        //在鼠标悬浮父菜单时响应
    $(".mainNav a").attr("class", "");            //该事件的第二个参数可以省略
    $("#" + this.id).attr("class", "actived");
    var currentMenuNo = parseInt(this.id.substring(1));
    $(".secondNav div").each(function () {
       $(this).hide();
        //根据currentMenuNo确定显示哪个子菜单
       $("#subNav" + currentMenuNo).show();
   }); }); });
  </script>
  <style type = "text/css">
   * { font-size: 12px; }
  a:link, a:visited, a:active {text-decoration: none;}
  a:hover {text-decoration: underline;}
  .header .padder {width: 430px;      margin: 0 auto;
     background: url(MyImages/my306header_bg.gif) #ffffff repeat-x 0 0;
     padding-bottom: 4px;text-align: left;}
```

```
    .header .padder .nav {height: 36px;
        background: url(MyImages/my306vertical.gif) repeat-x 0 -36px;}
    .header .padder .navLeftBg {height: 36px;
        background: url(MyImages/my306vertical.gif) no-repeat 0 0;}
    .header .padder .navRightBg {height: 36px;
        background: url(MyImages/my306icons.gif) no-repeat right -146px;}
    .header .padder .nav .mainNav {padding-left: 24px;position: absolute;}
    .header .padder .nav .mainNav a:link, .header .padder .nav .mainNav a:visited, .header .padder .nav .
        mainNav a:active {
      width: 90px;height: 36px;display: inline-block;text-align: center;
      color: #ffffff;font-weight: bold; font-size: 14px;line-height: 36px;
      margin-left: 11px;}
     .header .padder .nav .mainNav a:hover {text-decoration: none;}
.header .padder .nav .mainNav a.actived:link,
.header .padder .nav .mainNav a.actived:visited,
.header .padder .nav .mainNav a.actived:hover,
.header .padder .nav .mainNav a.actived:active { color: #000000;
        background: url(MyImages/my306icons.gif) no-repeat 0 -27px; }
     .header .padder .secondNav {line-height: 21px;text-align: left;}
     .header .padder .secondNav a {color: #266392;display: inline-block;
                         padding: 0 8px; margin-right: 19px;}
     .header .padder .secondNav a.actived { font-weight: bold;}
     .header .padder .secondNav .subNav1 {display: none; padding-left: 50px;}
     .header .padder .secondNav .subNav2 {padding-left: 150px;display: none;}
     .header .padder .secondNav .subNav3 {padding-left: 250px;display: none;}
</style>
</head>
<body>
<div class="header">
  <div class="padder">
   <div class="nav">
    <div class="navLaftBg">
     <div class="navRightBg">
      <div class="mainNav">
       <a href="#" id="n1">主营收入</a><a href="#" id="n2">投资收入</a>
       <a href="#" id="n3">营业外收入</a></div></div></div></div>
   <div class="secondNav">
    <div id="subNav1" class="subNav1">
     <a href="#" >建材收入</a><a href="#">劳务收入</a>
     <a href="#">设计收入</a><a href="#">出租收入</a></div>
    <div id="subNav2" class="subNav2">
     <a href="#" >股票收入</a><a href="#">理财收入</a>
     <a href="#">债券收入</a></div>
    <div id="subNav3" class="subNav3">
     <a href="#" >捐赠收入</a><a href="#">其他收入</a></div></div></div></div>
</body></html>
```

上面有底纹的代码是此实例的核心代码。在这部分代码中,hide()方法用于隐藏被选的元素(菜单)。show()方法用于显示被选的元素(菜单)。parseInt(this.id.substring(1))用于解析参数中的字符串,并返回一个整数。parseInt()方法的语法声明如下:

```
parseInt(string, radix)
```

其中,参数 string 表示要被解析的字符串。参数 radix 表示要解析的数字的基数(几进制)。该值介于 2~36 之间。如果省略该参数或其值为 0,则数字将以 10 为基础来解析。如果它以“0x”或“0X”开头,则表示十六进制。如果该参数小于 2 或者大于 36,则 parseInt()将返回 NaN。

此实例的源文件名是 HtmlPageC306.html。

198 实现背景色线性渐变的水平导航菜单

此实例主要使用 fadeIn()和 fadeOut()方法实现背景颜色线性渐变的水平导航菜单。当在浏览器中显示该页面时,如果将鼠标放在“社区文化”菜单上,将展开该菜单对应的子菜单,效果如图 198-1 所示;如果将鼠标放在其他菜单上,将实现类似的功能。有关此实例的主要代码如下所示:

图 198-1

```
<!DOCTYPE html><html><head>
 <script type="text/javascript" src="Scripts/jquery-2.2.3.js"></script>
 <script type="text/javascript">
   $(function () {
    //隐藏所有的子菜单
   $('#dropdown_nav li').find('.sub_nav').hide();
   $('#dropdown_nav li').hover(function () {        //响应鼠标悬浮父菜单
    //显示当前父菜单下的子菜单
    $(this).find('.sub_nav').fadeIn(100);
   }, function () {                                 //响应鼠标离开父菜单
    //隐藏当前父菜单下的子菜单
    $(this).find('.sub_nav').fadeOut(50);
   }); });
  </script>
  <style>
   * {font-family: Arial, Sans-Serif;font-size: 15px;font-weight: bold;
     color: #525252;text-decoration: none;}
   #dropdown_nav {width: 339px;padding: 0px;display: inline-block;
           list-style: none; -webkit-box-shadow: inset 0px 0px 1px #fff;
           border: 0px solid #ccc; -webkit-border-radius: 5px;
           background: -webkit-gradient(linear, 0 0, 0 100%, from(#f3f3f3),
           to(#989898));}
   #dropdown_nav li {padding: 10px 0px 10px 0px;float: left;
               position: relative;display: inline-block;}
   #dropdown_nav li a { padding: 10px 15px 10px 15px;
                      text-shadow: -1px 1px 0px #f6f6f6;
                      -webkit-box-shadow: inset 0px 0px 1px #fff;}
   #dropdown_nav li a:hover {background: -webkit-gradient(linear, 0 0, 0
                         100%, from(#f9f9f9), to(#e8e8e8));}
   #dropdown_nav .sub_nav {width: 160px;padding: 0px;position: absolute;
                         top: 38px;left: 0px; border: 0px solid #ccc;
                         background: #e2e2e2;}
```

```
    #dropdown_nav .sub_nav li {width: 160px;padding: 0px;}
    #dropdown_nav .sub_nav li a {display: block;border-bottom: 1px solid #ccc;
                          background: -webkit-gradient(linear, 0 0, 0 100%,
                          from(#f3f3f3), to(#e2e2e2));}
    #dropdown_nav .sub_nav li a:hover {background: -webkit-gradient(linear,
                          0 0, 0 100%, from(#f9f9f9), to(#f3f3f3));}
  </style>
</head>
<body>
<ul id="dropdown_nav">
  <li><a href="#" style=" border-right: 1px solid #ccc;">首页</a></li>
  <li><a href="#" style=" border-right: 1px solid #ccc;">便民服务</a>
      <ul class="sub_nav">
       <li><a href="#">交通出行</a></li><li><a href="#">供水供电</a></li>
       <li><a href="#">网络通信</a></li></ul></li>
  <li style=" border-right: 1px solid #ccc;"><a href="#">社区文化</a>
      <ul class="sub_nav">
       <li><a href="#">群众来信</a></li><li><a href="#">群防群治</a></li>
       <li><a href="#">文娱活动</a></li>
       <li><a href="#">党团发展</a></li></ul></li>
  <li><a href="#">职责制度</a>
      <ul class="sub_nav">
       <li><a href="#">党团规章</a></li><li><a href="#">法律法规</a></li>
       <li><a href="http://www.163.com/">职责分工</a></li></ul></li></ul>
</body></html>
```

上面有底纹的代码是此实例的核心代码。在这部分代码中，$(this).find('.sub_nav').fadeIn(100)用于在100毫秒内使用淡入效果来显示被选的子菜单，$(this).find('.sub_nav').fadeOut(50)用于在50毫秒内以淡出效果来隐藏被选的子菜单。关于fadeIn()和fadeOut()方法的语法声明请参考本书的其他部分。

此实例的源文件名是HtmlPageC386.html。

199 高仿电商平台的折叠展开的水平导航菜单

此实例主要使用animate()方法实现高仿电商平台主菜单的折叠展开的水平导航菜单。当在浏览器中显示该页面时，如果将鼠标放在“男女鞋包”菜单上，将从上向下展开该菜单对应的子菜单，效果如图199-1所示；如果鼠标离开该子菜单，则从下向上折叠该子菜单；使用鼠标测试其他两个菜单，将实现类似的功能。有关此实例的主要代码如下所示：

图 199-1

```
<!DOCTYPE html><html><head>
<script type="text/javascript" src="Scripts/jquery-2.2.3.js"></script>
<script type="text/javascript">
  $(document).ready(function () {
   (function () {
    var time = null;
    var list = $("#navlist");
    var box = $("#navbox");
    var lista = list.find("a");
    for (var i = 0, j = lista.length; i<j; i++) {
     if (lista[i].className == "now") {var olda = i;}
    }
    var box_show = function (myHeight) {      //显示子菜单窗口
     box.stop().animate({height: myHeight,opacity: 1}, 400);
    }
    var box_hide = function () {              //隐藏子菜单窗口
     box.stop().animate({height: 0,opacity: 0}, 400);
    }
    lista.hover(function () {                 //在鼠标悬浮父菜单时响应
     lista.removeClass("now");
     $(this).addClass("now");
     clearTimeout(time);
     var index = list.find("a").index($(this));
     box.find(".cont").hide().eq(index).show();
     var _height = box.find(".cont").eq(index).height() + 54;
     box_show(_height)
    }, function () {                          //在鼠标离开父菜单时响应
    time = setTimeout(function () {
       box.find(".cont").hide();
       box_hide();
     }, 50);
    lista.removeClass("now");
    lista.eq(olda).addClass("now");
   });
   box.find(".cont").hover(function () {      //在鼠标悬浮子菜单时响应
    var _index = box.find(".cont").index($(this));
    lista.removeClass("now");
    lista.eq(_index).addClass("now");
    clearTimeout(time);
    $(this).show();
    var _height = $(this).height() + 54;
    box_show(_height);
   }, function () {                           //在鼠标离开子菜单时响应
   time = setTimeout(function () {$(this).hide();box_hide();}, 50);
   lista.removeClass("now");
   lista.eq(olda).addClass("now");
  }); })(); });
</script>
<style>
  * {margin: 0;padding: 0;list-style-type: none;}
 a{border: 0;text-decoration: none;}
 body {font: 12px/180% Arial, Helvetica, sans-serif, "微软雅黑";
       background-color: #E8E8E8;}
 .clearfix:after {content: ".";display: block;height: 0;clear: both;
                  visibility: hidden;}
 .nav_menu {height: 42px;background-color: #333333;}
```

```
  .nav {width: 450px;height: 41px;position: relative;margin: 0 auto;}
  .nav .list li {float: left;}
  .nav .list a {float: left;display: block;width: 125px; height: 42px;
              text-align: center;font: bold 13px/36px "微软雅黑";color: #fff;}
  .nav .list a:hover {color: #FFA304;}
  .nav .list a:hover, .nav .list .now {color: #F00;background: #fff;}
  .nav .box {position: absolute;left: -5px;top: 42px;width: 450px;
             background: #FFF;overflow: hidden; height: 0; opacity: 0;
             filter: alpha(opacity=0);border-bottom: 2px solid #074c52;}
  .nav .cont {position: relative;padding: 25px 0 0px 24px;}
     .sublist li {float: left;width: 168px;padding-right: 24px;
                  padding-bottom: 24px;}
     .sublist li h3.myCate {font-family: '微软雅黑';padding-left: 2px;
                  font-size: 14px;height: 26px;line-height: 26px;
                  border-bottom: 1px dashed #666666;}
     .sublist li p.mySubCate {padding-left: 2px;}
     .sublist li p.mySubCate a {height: 26px;line-height: 26px;
                  margin-right: 5px;font-size: 12px;text-decoration: none;
                  display: inline-block; color: #666666;}
     .sublist li p.mySubCate a:hover {color: #6c5143;
                                  text-decoration: underline;}
  </style>
</head>
<body>
 <div class="nav_menu">
  <div class="nav">
   <div class="list" id="navlist">
    <ul id="navfouce">
     <li><a href="/">家用电器</a></li>
     <li><a href="/">男女鞋包</a></li>
     <li><a href="/">男装女装</a></li>
    </ul>
   </div>
   <div class="box" id="navbox" style="height:0px;opacity:0;overflow:hidden;">
    <div class="cont" style="display:none;">
     <ul class="sublist clearfix">
      <li><h3 class="myCate"><span>生活电器</span></h3>
         <p class="mySubCate"> <a href="/">电风扇</a>
                               <a href="/">冷风扇</a>
                               <a href="/">吸尘器</a>
                               <a href="/">净化器</a>
                               <a href="/">加湿器</a>
                               <a href="/">净水器</a>
                               <a href="/">饮水机</a>
                               <a href="/">清洁机</a></p></li>
      <li><h3 class="myCate"><span>个护健康</span></h3>
         <p class="mySubCate"> <a href="/">剃须刀</a>
                               <a href="/">电吹风</a>
                               <a href="/">美容器</a>
                               <a href="/">理发器</a>
                               <a href="/">按摩椅</a>
                               <a href="/">脱毛器</a>
                               <a href="/">健康称</a></p></li>
      <li><h3 class="myCate"><span>厨卫大电</span></h3>
           <p class="mySubCate"><a href="/">油烟机</a>
                               <a href="/">燃气灶</a>
                               <a href="/">消毒柜</a>
                               <a href="/">洗碗机</a>
```

```
                        <a href="/">热水器</a></p></li>
    </ul></div>
  <div class="cont" style="display:none;">
   <ul class="sublist clearfix">
    <li><h3 class="myCate"><span>时尚女鞋</span></h3>
        <p class="mySubCate"><a href="/">休闲鞋</a><a href="/">凉鞋</a>
                        <a href="/">高跟鞋</a><a href="/">雪地鞋</a>
                        <a href="/">坡跟鞋</a><a href="/">妈妈鞋</a>
                        <a href="/">帆布鞋</a>
                        <a href="/">增高鞋</a></p></li>
   <li><h3 class="myCate"><span>功能箱包</span></h3>
       <p class="mySubCate"><a href="/">拉杆箱</a><a href="/">拉杆包</a>
                       <a href="/">电脑包</a><a href="/">相机包</a>
                       <a href="/">登山包</a><a href="/">旅行箱</a>
        <a href="http://item.jd.com">双肩包 </a></p></li></ul></div>
  <div class="cont" style="display:none;">
   <ul class="sublist clearfix">
    <li><h3 class="myCate"><span>服饰内衣</span></h3>
        <p class="mySubCate"><a href="/">女装</a><a href="/">男装</a>
                        <a href="/">内衣</a><a href="/">家居服</a>
                        <a href="/">配件</a><a href="/">羽绒</a>
                        <a href="/">呢大衣</a>
             <a href="/">毛衣</a></p></li></ul></div></div></div></div>
</body></html>
```

上面有底纹的代码是此实例的核心代码。在这部分代码中，animate({height: myHeight, opacity: 1}, 400)用于实现在400毫秒内将子菜单窗口的高度渐变为指定高度，同时在这段时间内将透明度渐变为1，类似于fadeIn()或fadeOut()方法产生的渐隐渐显效果。关于animate()方法的语法声明请参考本书的其他部分。

此实例的源文件名是HtmlPageC385.html。

200 在hover事件中实现的水平下拉式菜单

此实例主要通过在hover()事件响应方法中调用show()和hide()方法实现隐藏或显示水平下拉式的子菜单。当在浏览器中显示该页面时，选择菜单“涨幅TOP5-中国建筑”的效果如图200-1所示，单击该菜单则将弹出一个消息框。有关此实例的主要代码如下所示：

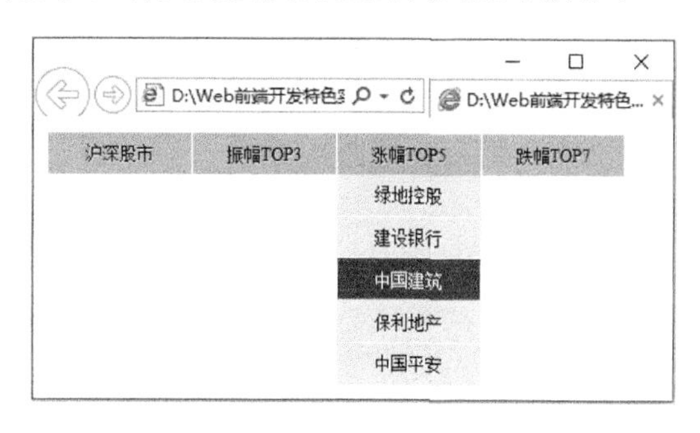

图 200-1

```
<!DOCTYPE html><html><head>
<script type="text/javascript" src="Scripts/jquery-2.2.3.js"></script>
<script type="text/javascript">
  $(document).ready(function () {
   var li = $("#mainNav > li");
```

```
    li.each(function (i) {
     li.eq(i).hover(function () {          //在鼠标悬浮当前父菜单时显示子菜单
        $ (this).find("ul").show();
     },function () {                        //在鼠标离开当前父菜单时隐藏子菜单
        $ (this).find("ul").hide();
    })  })})
  </script>
  <style type="text/css">
   * {margin: 0px;padding: 0px;list-style: none;}
   body {font-size: 12px;}
   .nav {float: left;clear: both;margin: 10px;display: inline;}
   .nav li {float: left;position: relative;margin-right: 1px;}
   .nav li a {display: block; width: 100px; padding: 8px 0px 6px;
   text-align: center;color: #000; background: #ccc; text-decoration: none;}
   .nav li a:hover {background: #666;color: #fff;}
   .nav li ul {position: absolute;display: none;}
   .nav li ul li {float: none;margin-bottom: 1px;}
   .nav li ul li a {background: #eee;}
  </style>
</head>
<body>
 <ul id="mainNav" class="nav">
  <li><a href="javascript:void(0);">沪深股市</a></li>
  <li><a href="javascript:void(0);">振幅 TOP3 </a>
      <ul><li><a href="javascript:void(0);"
                onclick="alert( $ (this).html());">中航资本</a></li>
          <li><a href="javascript:void(0);"
                onclick="alert( $ (this).html());">中信证券</a></li>
          <li><a href="javascript:void(0);"
                onclick="alert( $ (this).html());">金地集团</a></li></ul></li>
  <li><a href="javascript:void(0);">涨幅 TOP5 </a>
       <ul><li><a href="javascript:void(0);"
                onclick="alert( $ (this).html());">绿地控股</a></li>
           <li><a href="javascript:void(0);"
                onclick="alert( $ (this).html());">建设银行</a></li>
           <li><a href="javascript:void(0);"
                onclick="alert( $ (this).html());">中国建筑</a></li>
           <li><a href="javascript:void(0);"
                onclick="alert( $ (this).html());">保利地产</a></li>
           <li><a href="javascript:void(0);"
                onclick="alert( $ (this).html());">中国平安</a></li></ul></li>
   <li><a href="javascript:void(0);">跌幅 TOP7 </a>
       <ul><li><a href="javascript:void(0);"
                onclick="alert( $ (this).html());">浙江东方</a></li>
           <li><a href="javascript:void(0);"
                onclick="alert( $ (this).html());">恒生电子</a></li>
           <li><a href="javascript:void(0);"
                onclick="alert( $ (this).html());">廊坊发展</a></li>
           <li><a href="javascript:void(0);"
                onclick="alert( $ (this).html());">隆鑫通用</a></li>
           <li><a href="javascript:void(0);"
                onclick="alert( $ (this).html());">超讯通信</a></li>
           <li><a href="javascript:void(0);"
                onclick="alert( $ (this).html());">天鹅股份</a></li>
           <li><a href="javascript:void(0);"
                onclick="alert( $ (this).html());">三祥新材</a></li></ul></li></ul>
 </body></html>
```

上面有底纹的代码是此实例的核心代码。在这部分代码中，$(this).find("ul").hide()用于查找当前鼠标指向的父菜单对应的子菜单并隐藏，$(this).find("ul").show()用于查找当前鼠标指向的父菜单对应的子菜单并显示。关于 show()和 hide()方法的语法声明请参考本书的其他部分。

此实例的源文件名是 HtmlPageC302.html。

201　在 hover 事件中控制的水平下拉式菜单

此实例主要实现使用 hover()方法隐藏或显示水平下拉式的子菜单。当在浏览器中显示该页面时，选择菜单“凭证录入”→“数据修改”的效果如图 201-1 所示，单击该菜单将弹出一个消息框。有关此实例的主要代码如下所示：

图　201-1

```
<!DOCTYPE html><html><head>
<script type="text/javascript" src="Scripts/jquery-2.2.3.js"></script>
<script type="text/javascript">
  $(document).ready(function () {
   $('.box>li').hover(function () {       //在鼠标悬浮父菜单时响应
      //查找当前父菜单对应的子菜单并显示
      $(this).find('.sub-menu').css('display', 'block');
      }, function () {                    //在鼠标离开父菜单时响应
        //查找当前父菜单对应的子菜单并隐藏
       $(this).find('.sub-menu').css('display', 'none');
  });});
</script>
<style type="text/css">
  nav a {text-decoration: none;}
  nav > ul > li {float: left; text-align: center; width: 120px;
     border-style: solid; border-width: 1px 1px 1px 1px;border-color: white;
     background-color: antiquewhite; padding-top: 3px; padding-bottom: 3px;}
  nav li ul.sub-menu { display: none; padding-left: 0 !important;
     background-color: antiquewhite;margin-top:3px; }
  .sub-menu li {color: white;padding-left: 15px;padding-top: 3px;
     padding-bottom: 3px;text-align: left; border-style: solid;
     border-width: 1px 1px 1px 1px;}
  .sub-menu li:hover {background-color: black;}
  .sub-menu li:hover a {color: white;}
  ul {list-style: none;}
</style>
</head>
<body>
<nav><ul class="box">
      <li><a href="#">系统管理</a>
```

```
        <ul class = "sub - menu">
         <li><a href = "#">员工管理</a></li><li><a href = "#">账户管理</a></li>
         <li><a href = "#">客户管理</a></li><li><a href = "#">资产管理</a></li>
      </ul></li>
       <li><a href = "#">凭证录入</a>
        <ul class = "sub - menu">
         <li><a href = "#">凭证录入</a></li>
         <li><a href = "#"
               onclick = "alert('欢迎来到 jQuery 世界!')"> 数据修改</a></li>
         <li><a href = "#">报表查询</a></li><li><a href = "#">报表传送</a></li>
        </ul></li>
        <li><a href = "#">投资业务</a>
         <ul class = "sub - menu">
          <li><a href = "#">沪深股市</a></li><li><a href = "#">白银现货</a></li>
          <li><a href = "#">私募基金</a></li><li><a href = "#">银行理财</a></li>
       </ul></li> </ul></nav>
</body></html>
```

上面有底纹的代码是此实例的核心代码。在这部分代码中，hover()方法规定当鼠标指针悬停在被选元素上时要运行的两个函数。在 jQuery 1.7 版本前该方法触发 mouseenter 和 mouseleave 事件，在 jQuery 1.8 版本后该方法触发 mouseover 和 mouseout 事件。hover()方法的语法声明如下：

```
$(selector).hover(inFunction,outFunction)
```

其中，参数 inFunction 规定在 mouseover 事件发生时运行的函数。参数 outFunction 是可选参数，规定在 mouseout 事件发生时运行的函数。

此实例的源文件名是 HtmlPageC223.html。

202 在 mouseover 事件中控制的下拉式菜单

此实例主要通过为 li 元素添加 mouseover 和 mouseout 事件响应方法从而实现创建下拉风格的二级菜单。当在浏览器中显示该页面时，选择菜单“运动户外”→“运动服饰”的效果如图 202-1 所示，单击该菜单将弹出一个消息框。有关此实例的主要代码如下所示：

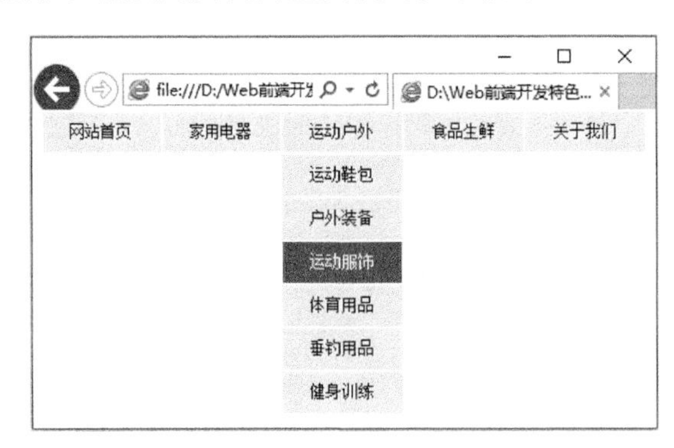

图 202-1

```
<!DOCTYPE html><html><head>
 <script type = "text/javascript" src = "Scripts/jquery - 2.2.3.js"></script>
 <script language = "javascript">
   $(function () {
    $(".navmenu").mouseover(function () {     //在鼠标悬浮父菜单时响应
```

```
    //查找子菜单并显示
    $(this).children("ul").show();})
  $(".navmenu").mouseout(function () {      //在鼠标离开父菜单时响应
    //查找子菜单并隐藏
    $(this).children("ul").hide(); })
  })
</script>
<style type="text/css">
*{ margin:0; padding:0; font-size:12px;}
.nav{background-color:#EEEEEE;  height:30px;  width:460px;  margin:0 auto; }
ul{list-style:none; }
ul li{float:left; line-height:30px; text-align:center; }
a{text-decoration:none;  color:#000000;  display:block;  width:90px;
 height:30px;  border-style: solid; border-width: 1px 1px 1px 1px;
 border-color:white;}
a:hover{  background-color:#666666;  color:#FFFFFF; }
ul li ul li{  float:none;  background-color:#EEEEEE; }
ul li ul{  display:none; }
ul li ul li a:link,ul li ul li a:visited{  background-color:#EEEEEE; }
ul li ul li a:hover{  background-color:#009933; }
</style>
</head>
<body>
<div id="nav" class="nav">
  <ul><li><a href="#">网站首页</a></li>
   <li class="navmenu"><a href="#">家用电器</a>
            <ul><li><a href="#">大家电</a></li>
                <li><a href="#">生活电器</a></li>
                <li><a href="#">五金套装</a></li>
                <li><a href="#">厨房小电</a></li>
                <li><a href="#">个护健康</a></li></ul></li>
  <li class="navmenu"><a href="#">运动户外</a>
            <ul><li><a href="#">运动鞋包</a></li>
                <li><a href="#">户外装备</a></li>
                <li><a href="#"
                      onclick="alert('运动服饰大甩卖了啊')">运动服饰</a></li>
                <li><a href="#">体育用品</a></li>
                <li><a href="#">垂钓用品</a></li>
                <li><a href="#">健身训练</a></li></ul></li>
  <li class="navmenu"><a href="#">食品生鲜</a>
            <ul><li><a href="#">中外名酒</a></li>
                <li><a href="#">休闲食品</a></li>
                <li><a href="#">进口食品</a></li>
                <li><a href="#">地方特产</a></li>
                <li><a href="#">饮料冲调</a></li>
                <li><a href="#">粮油调味</a></li></ul></li>
  <li><a href="#">关于我们</a></li></ul></div>
</body></html>
```

上面有底纹的代码是此实例的核心代码。在这部分代码中，$(this).children("ul"). show()用于从当前父菜单中根据无序列表ul查找对应的子菜单集合并显示。children()方法用于获取当前元素(父菜单)的子元素(子菜单)，它可能是一个子元素，也可能是一个子元素集合。show()方法在这里用于显示子菜单，hide()方法在这里则用于隐藏子菜单。关于这些方法的语法声明请参考本书的其他部分。

此实例的源文件名是HtmlPageC248. html。

203　创建高亮显示的二级横向导航菜单

此实例主要实现使用 hide()方法和 show()方法创建高亮显示的二级横向导航菜单。当在浏览器中显示该页面时，如果单击“新闻”→“科技”菜单，则展开的横向二级子菜单效果如图 203-1 所示；如果单击“女人”→“时尚”菜单，则展开的横向二级子菜单效果如图 203-2 所示。有关此实例的主要代码如下所示：

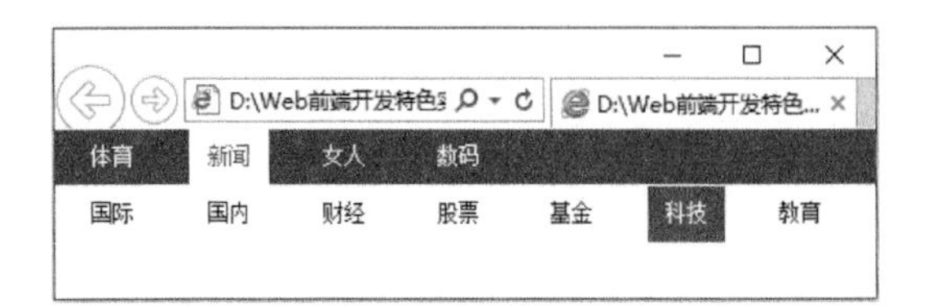

图　203-1

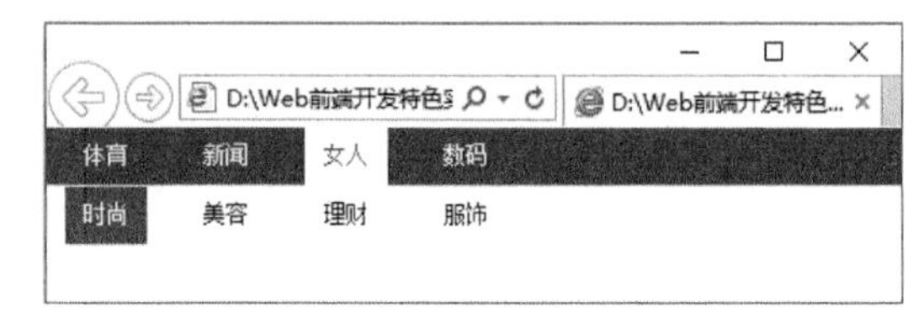

图　203-2

```
<!DOCTYPE html><html><head>
 <script type="text/javascript" src="Scripts/jquery-2.2.3.js"></script>
 <script type="text/javascript">
  $(function () {
   $('.menu1 a').each(function (i) {
    if ($(this).attr('class') == 'this' ||
     $(this).attr('class') == 'this hover') {
      $('.menu2').eq(i).show();
    }
    $(this).mousemove(function () {      //在鼠标悬浮父菜单时响应
     $('.menu1 a').removeClass('this');
     $(this).addClass('this');
     $('.menu2').hide();                 //隐藏所有子菜单
     $('.menu2').eq(i).show();           //显示索引对应的子菜单
   }); }); });
  </script>
  <style type="text/css">
   * { margin: 0; padding: 0; font-size: 12px; }
   a {color: #000;text-decoration: none;}
   .menu1 {height: 30px;background: #1B75C4;}
   .menu1 a {display: inline;float: left; height: 30px;line-height: 30px;
          color: #fff; margin: 0 10px; padding: 0 10px;}
   .menu1 a:hover, .menu1 a.this, .menu1 a.hover {
           background: #fff; color: #1B75C4;}
   .menu2 {height: 30px;display: none;}
   .menu2 a {display: inline;float: left; height: 30px;line-height: 30px;
          margin: 1px 10px;padding: 0 10px;}
   .menu2 a:hover {color: white; background-color: forestgreen;}
  </style>
 </head>
 <body>
  <div class="menu">
   <div class="menu1">
    <a class="this" href="#">体育</a>
    <a href="#">新闻</a><a href="#">女人</a><a href="#">数码</a></div>
   <div class="menu2">
    <a href="#">奥运</a><a href="#">中超</a><a href="#">体彩</a></div>
```

```
    <div class = "menu2">
     <a href = "#">国际</a><a href = "#">国内</a><a href = "#">财经</a>
     <a href = "#">股票</a><a href = "#">基金</a><a href = "#">科技</a>
     <a href = "#">教育</a></div>
    <div class = "menu2">
     <a href = "#">时尚</a><a href = "#">美容</a>
     <a href = "#">理财</a><a href = "#">服饰</a></div>
    <div class = "menu2">
     <a href = "#">手机</a><a href = "#">家电</a><a href = "#">电脑</a></div></div>
</body></html>
```

上面有底纹的代码是此实例的核心代码。在这部分代码中，$('.menu2').hide()用于获取CSS样式为.menu2的子菜单集合并隐藏，$('.menu2').eq(i).show()用于获取CSS样式为.menu2的集合，并在其中查找索引为i的子菜单集合，然后显示该子菜单集合。关于这些方法的语法声明请参考本书的其他部分。

此实例的源文件名是HtmlPageC315.html。

204 创建横向和纵向都有动画的下拉菜单

此实例主要实现使用animate()方法创建横向和纵向都有动画的下拉菜单。当在浏览器中显示该页面时，单击“重庆市”→“北碚区”菜单，效果如图204-1所示。有关此实例的主要代码如下所示：

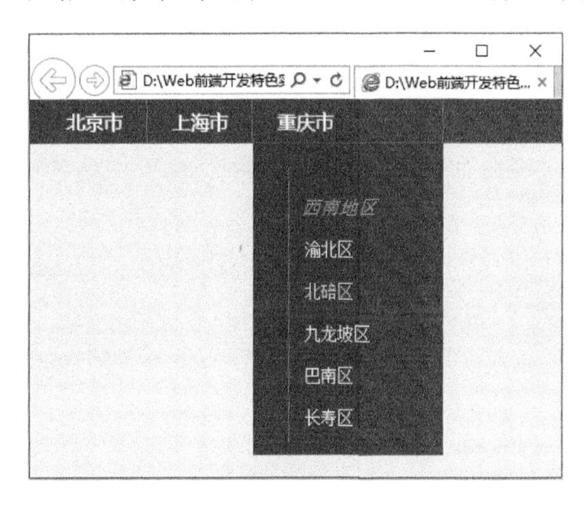

图 204-1

```
<!DOCTYPE html><html><head>
 <script type = "text/javascript" src = "Scripts/jquery-2.2.3.js"></script>
 <script language = "javascript" type = "text/javascript">
  $(function () {
   var $menu =  $('#ldd_menu');
   $menu.children('li').each(function () {
     var $this =  $(this);
     var $span =  $this.children('span');
     $span.data('width', $span.width());
     $this.bind('mouseenter', function () {            //在鼠标进入父菜单时响应
     $menu.find('.ldd_submenu').stop(true, true).hide();
       $span.stop().animate({ 'width': '120px' }, 300, function () {
                         $this.find('.ldd_submenu').slideDown(300);
       });}).bind('mouseleave', function () {          //在鼠标离开父菜单时响应
```

```
            $this.find('.ldd_submenu').stop(true, true).hide();
            $span.stop().animate({ 'width': $span.data('width') + 'px' }, 300);
    }); }); });
  </script>
  <style type="text/css">
    * {padding: 0; margin: 0;}
    body { background: #f0f0f0;  overflow-x: hidden;
      font-family: "Helvetica Neue",Arial,Helvetica,Geneva,sans-serif;}
    ul.ldd_menu {margin: 0px;padding: 0;display: block; height: 35px;
      background-color: #D04528;list-style: none;
      font-family: "Trebuchet MS", sans-serif;border-top: 1px solid #EF593B;
      border-bottom: 1px solid #EF593B;border-left: 10px solid #D04528;
      -moz-box-shadow: 0px 3px 4px #591E12;
      -webkit-box-shadow: 0px 3px 4px #591E12;}
    ul.ldd_menu a {text-decoration: none;}
    ul.ldd_menu > li {float: left; position: relative;}
    ul.ldd_menu > li > span {float: left; color: #fff;
          background-color: #D04528; height: 35px;line-height: 35px;
          cursor: default;padding: 0px 20px;text-shadow: 0px 0px 1px #fff;
          border-right: 1px solid #DF7B61;border-left: 1px solid #C44D37;}
    ul.ldd_menu .ldd_submenu {position: absolute;top: 35px; width: 162px;
                display: none; opacity: 0.95;left: 0px;font-size: 12px;
                background: #C34328;border-top: 1px solid #EF593B;
                -moz-box-shadow: 0px 3px 4px #591E12 inset;
                -webkit-box-shadow: 0px 3px 4px #591E12 inset;}
    ul.ldd_menu ul {list-style: none; float: left;  padding: 10px;
        border-left: 1px solid #DF7B61; margin: 20px 0px 10px 30px; }
    li.ldd_heading {font-family: Georgia, serif; font-size: 16px;
      font-style: italic;color: #FFB39F;text-shadow: 0px 0px 1px #B03E23;
      padding: 0px 0px 1px 0px;}
    ul.ldd_menu ul li a {font-family: Arial, serif; font-size: 14px;
                  line-height: 20px;color: #fff;padding: 1px 3px;}
    ul.ldd_menu ul  li { padding-top:15px;}
    ul.ldd_menu ul li a:hover {color:yellow;}
 </style>
</head>
<body>
 <ul id="ldd_menu" class="ldd_menu">
   <li><span>北京市</span><div class="ldd_submenu">
        <ul><li class="ldd_heading">华北地区</li>
            <li><a href="#">海淀区</a></li><li><a href="#">通州区</a></li>
            <li><a href="#">大兴区</a></li><li><a href="#">昌平区</a></li>
            <li><a href="#">东城区</a></li></ul></div></li>
   <li><span>上海市</span><div class="ldd_submenu">
        <ul><li class="ldd_heading">华东地区</li>
            <li><a href="#">黄浦区</a></li><li><a href="#">徐汇区</a></li>
            <li><a href="#">闸北区</a></li></ul></div></li>
   <li><span>重庆市</span><div class="ldd_submenu">
       <ul><li class="ldd_heading">西南地区</li>
           <li><a href="#">渝北区</a></li><li><a href="#">北碚区</a></li>
           <li><a href="#">九龙坡区</a></li><li><a href="#">巴南区</a></li>
           <li><a href="#" onclick="alert('视觉美')">
                                 长寿区</a></li></ul></div></li></ul>
</body></html>
```

上面有底纹的代码是此实例的核心代码。在这部分代码中，animate()方法主要用于在鼠标进入或离开主菜单时产生下拉和收缩的动画。关于该方法的语法声明请参考本书的其他部分。

此实例的源文件名是 HtmlPageC309. html。

205　创建有或无次级菜单结合的导航菜单

此实例主要实现使用 slideUp()和 slideDown()方法创建有或无子菜单结合的具有卷帘风格的导航菜单。当在浏览器中显示该页面时，主菜单的"数源科技季报"没有子菜单，选择菜单"2014 年度"→"三季度季报"，则将弹出一个消息框，如图 205-1 所示；选择其他菜单将实现类似的功能。有关此实例的主要代码如下所示：

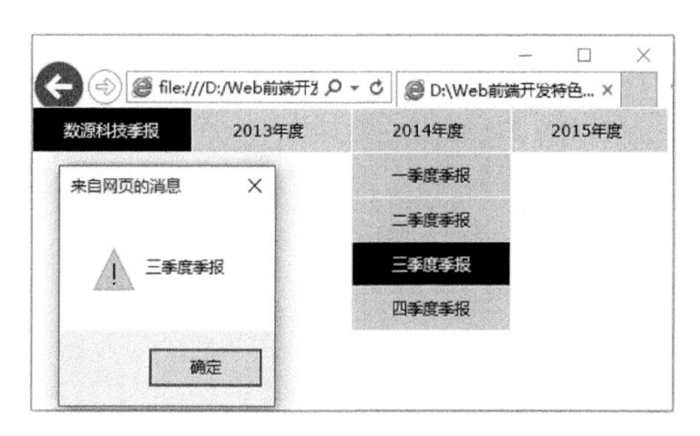

图　205-1

```
<!DOCTYPE html><html><head>
<script type="text/javascript" src="Scripts/jquery-2.2.3.js"></script>
<script type="text/javascript">
$(document).ready(function(){
  $('li.mainlevel').mousemove(function(){
  $(this).find('ul').slideDown();       //以下拉方式显示子菜单
 });
  $('li.mainlevel').mouseleave(function(){
  $(this).find('ul').slideUp("fast");  //以卷帘方式隐藏子菜单
});});
</script>
<style>
 body, ul, li{padding: 0;margin: 0;
           font: 12px/normal Verdana, Arial, Helvetica, sans-serif;}
 ul, li {list-style-type: none;text-transform: capitalize;}
 #nav {margin: 0 auto 0px;display: block;}
 #nav .jquery_out {float: left;line-height: 32px;display: block;
               border-right: 1px solid #fff;text-align: center;
               color: #fff;font: 18px/32px;background-color:black;}
 #nav .jquery {margin-right: 1px;padding: 0 2em;}
 #nav .mainlevel {background: #ffe60c; float: left;
               border-right: 1px solid #fff;width: 120px; }
 #nav .mainlevel a {color: #000;text-decoration: none;line-height: 32px;
                 display: block;padding: 0 30px; width: 60px;}
 #nav .mainlevel a:hover {color: #fff; text-decoration: none;
                     background-color:black;}
 #nav .mainlevel ul {display: none; position: absolute;}
 #nav .mainlevel li {border-top: 1px solid #fff;
                 background: #ffe60c;width: 120px;}
</style>
</head>
```

```
<body>
 <div id="menu">
  <ul id="nav">
   <li class="jquery_out">
    <div class="jquery_inner">
     <div class="jquery"><span class="text">数源科技季报</span></div></div>
    </li>
    <li class="mainlevel"><a href="#">2013 年度</a>
     <ul><li><a href="#">一季度季报</a></li>
         <li><a href="#">二季度季报</a></li>
         <li><a href="#">三季度季报</a></li>
         <li><a href="#">四季度季报</a></li></ul></li>
    <li class="mainlevel"><a href="#">2014 年度</a>
     <ul><li><a href="#">一季度季报</a></li>
         <li><a href="#">二季度季报</a></li>
         <li><a href="#" onclick="alert('三季度季报')">三季度季报</a></li>
         <li><a href="#">四季度季报</a></li></ul></li>
    <li class="mainlevel"><a href="#">2015 年度</a>
     <ul><li><a href="#">一季度季报</a></li>
         <li><a href="#">二季度季报</a></li>
         <li><a href="#">三季度季报</a></li>
         <li><a href="#">四季度季报</a></li></ul></li></ul></div>
</body></html>
```

上面有底纹的代码是此实例的核心代码。在这部分代码中，slideUp()方法主要实现以卷帘方式隐藏子菜单，slideDown()方法主要实现以下拉方式显示隐藏的子菜单。关于这两个方法的语法声明请参考本书的其他部分。

此实例的源文件名是 HtmlPageC328.html。

206 创建类似于下拉窗帘的动态滑动菜单

此实例主要实现使用 animate()方法和 css()方法创建类似于下拉窗帘的动态滑动菜单。当在浏览器中显示该页面时，如果把鼠标放在"望京大饭店"菜单上，滑出的图片菜单项效果如图 206-1 所示；如果把鼠标放在"海陵酒家"上，滑出的图片菜单项效果如图 206-2 所示。有关此实例的主要代码如下所示：

图 206-1

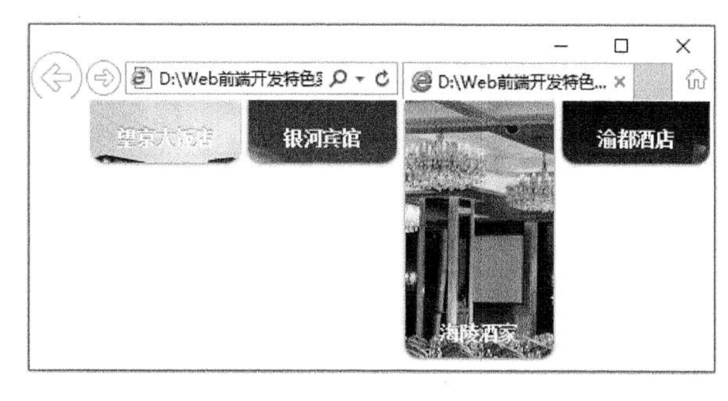

图 206-2

```
<!DOCTYPE html><html><head>
 <script type="text/javascript" src="Scripts/jquery-2.2.3.js"></script>
 <script language="javascript">
  (function ( $ ) {
   $.fn.extend({
```

```
    tagdrop: function (options) {
     var defaults = {tagPaddingTop: '20px', tagDefaultPaddingTop: '20px',
                     bgColor: '#B1CCED',bgMoverColor: '#7FB0F0',
                     textColor: '#e0e0e0',textDefaultColor: '#fff'};
     var options = $.extend(defaults, options);
     return this.each(function () {
      var obj = $(this);
      var li_items = $("li", obj);
       $("li", obj).css('background-color', options.bgColor);
       li_items.mouseover(function () {       //鼠标悬浮菜单时实现的动画
        $(this).animate({ paddingTop: options.tagPaddingTop }, 300);
        $(this).css('background-color', options.bgMoverColor);
        $(this).css('color', options.textColor);
        }).mouseout(function () {             //鼠标离开菜单时实现的动画
        $(this).animate({ paddingTop: options.tagDefaultPaddingTop }, 500);
        $("li", $(this).parent()).css('background-color', options.bgColor);
        $("li", $(this).parent()).css('color', options.textDefaultColor);
   }); }); } }); })(jQuery);
  $(document).ready(function () {
   $('.menu').tagdrop({ tagPaddingTop: '160px', bgColor: 'green', bgMoverColor: 'blue', textColor: 'white' });
 });
</script>
<style type="text/css">
  body {margin: 0;padding: 0;}
  #nav li { margin: 0; padding: 0; display: inline;
            list-style-type: none; font-size: 12px;}
  .menu {list-style: none; margin: 0; float: right;}
  .menu li {float: left;margin: 0 auto;cursor: pointer; height: 20px;
      width: 100px; padding: 20px 5px 5px 5px; margin: 0px 3px 0px 3px;
      border-radius: 0px 0px 10px 10px;box-shadow: 0 1px 3px rgba(0,0,0,0.5);
      color: #FFF; text-shadow: 0 -1px 1px rgba(0,0,0,0.25);
      font-size: 14px;font-weight: bold;text-align: center;}
</style>
</head>
<body>
<ul class="menu">
  <li style="background-image:url(MyImages/MyImage50.jpg)">望京大饭店</li>
  <li style="background-image:url(MyImages/MyImage51.jpg)">银河宾馆</li>
  <li style="background-image:url(MyImages/MyImage52.jpg)">海陵酒家</li>
  <li style="background-image:url(MyImages/MyImage53.jpg)">渝都酒店</li>
</ul></body></html>
```

上面有底纹的代码是此实例的核心代码。在这部分代码中，animate({ paddingTop: options.tagPaddingTop }, 300)用于实现在300毫秒内从当前距离顶部的位置渐变到options.tagPaddingTop参数指定的距离顶部的位置。css('color', options.textColor)用于把菜单的文本颜色设置为options.textColor。关于这些方法的语法声明请参考本书的其他部分。

此实例的源文件名是HtmlPageC294.html。

207　创建以翻滚方式切换的中英文菜单

此实例主要实现在hover事件处理函数中使用animate()方法通过翻滚进行切换的中英文菜单。当在浏览器中显示该页面时，如果将鼠标放在“新闻”菜单上，将翻滚出News菜单，如图207-1所示；如果将鼠标放在“互动”菜单上，将翻滚出Interactive菜单，如图207-2所示。有关此实例的主要代码如下所示：

图 207-1

图 207-2

```
<!DOCTYPE html><html><head>
<script type="text/javascript" src="Scripts/jquery-2.2.3.js"></script>
<script type="text/javascript">
  jQuery(function () {
    jQuery('#index_nav li').hover( function () {        //在鼠标悬浮菜单时响应
        jQuery(this).find('.n1').stop().animate({ opacity: '0', top: '43px' });
    }, function () {                                     //在鼠标离开菜单时响应
        jQuery(this).find('.n1').stop().animate({ opacity: '1', top: '0px' });
  });});
  </script>
  <style type="text/css">
   body {width: 100%; height: 100%; margin: 0; padding: 0; font-size: 14px;
         color: #616161; }
   #index_nav { margin: 10px 0; float: left; display: inline;}
   #index_nav ul {float: left; height: 34px; display: inline;
                  margin: 0 0 0 0px; list-style-type: none; }
   #index_nav li {float: left; height: 34px; width: 100px;font-size: 14px;
                  font-family: Verdana;line-height: 34px;text-align: center;
                  cursor: pointer; color: #fff;}
   #index_nav li div {height: 34px; width: 100px;  overflow: hidden;
                  position: relative; }
   #index_nav li div .n1, #index_nav li div .n2 {display: block;
                  height: 34px; width: 100px; position: absolute; top: 0px;
                  left: 0px; cursor: pointer; }
   #index_nav li div .n1 { z-index: 12; background: blue; font-size: 14px;}
   #index_nav li div .n2 {z-index: 11; background: red;}
   #index_nav li div a { color: #fff;}
   #index_nav li div a:hover { text-decoration: none;}
</style>
</head>
<body>
 <div id="index_nav">
  <ul><li id="index_nav_about"><div><span class="n1">新闻</span><span class="n2"> News </span>
</div></li>
      <li id="index_nav_service"><div><span class="n1">政策</span><span class="n2"> Ploices
</span></div></li>
      <li id="index_nav_cases"><div><a href="#"><span class="n1">互动</span><span class="n2">
Interactive</span></a></div></li>
      <li id="index_nav_adva"><div><span class="n1">服务</span><span class="n2"> Services </span>
</div></li></ul></div>
</body></html>
```

上面有底纹的代码是此实例的核心代码。在这部分代码中，animate({ opacity: '0', top: '43px' })用于将菜单的透明度从当前值渐变到 0，同时将距离顶部的位置从当前值渐变到 43px；animate({ opacity: '1', top: '0px' })用于将菜单的透明度从当前值渐变到 1，同时将距离顶部的位置从当前值渐变到 0px，通过这两行代码的执行，即可实现两种菜单类似于翻滚切换的效果。

此实例的源文件名是 HtmlPageC288. html。

208　创建动感丰富的滑出图片的导航菜单

此实例主要使用animate()方法创建动感丰富的滑出图片的导航菜单。当在浏览器中显示该页面时，如果把鼠标放在Players上，滑出的图片效果如图208-1所示；如果把鼠标放在TVs上，滑出的图片效果如图208-2所示。有关此实例的主要代码如下所示：

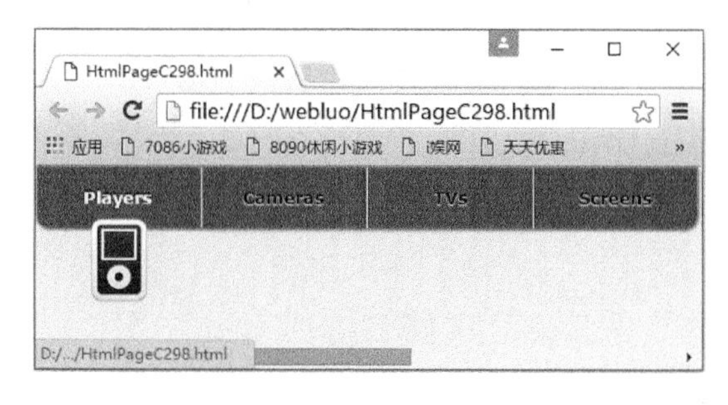

图　208-1

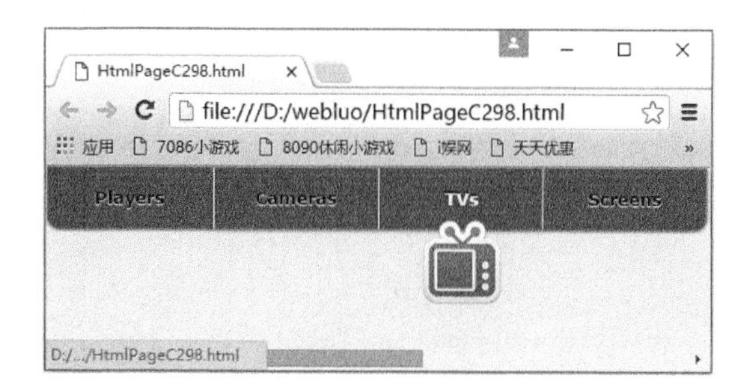

图　208-2

```
<!DOCTYPE html><html><head>
<script type="text/javascript" src="Scripts/jquery-2.2.3.js"></script>
<script type="text/javascript">
  $(function () {
   var d = 1000;
   $('#menu span').each(function () {
    $(this).stop().animate({'top': '-17px'}, d += 250); });
    $('#menu > li').hover(function () {                    //在鼠标悬浮菜单时响应
      var $this = $(this);
      $('a', $this).addClass('hover');                     //在鼠标悬浮时为菜单设置 hover 样式
      $('span', $this).stop().animate({ 'top': '40px' },
        300).css({ 'zIndex': '10' }); }, function () {     //在鼠标离开菜单时响应
       var $this = $(this);
       $('a', $this).removeClass('hover');                 //移除鼠标悬浮时菜单具有的 hover 样式
       $('span', $this).stop().animate({ 'top': '-17px' },
                                          800).css({ 'zIndex': '-1' });
  }); });
</script>
<style type="text/css">
  body { margin: 0px; padding: 0px; background-color: #f0f0f0;font-family: Arial;}
  .navigation {position: relative;margin: 0 auto;width: 915px;}
  ul.menu {list-style: none; font-family: "Verdana",sans-serif;
          border-top: 1px solid #bebebe; margin: 0px; padding: 0px; float: left;}
  ul.menu li {float: left;}
  ul.menu li a {text-decoration: none; background: #7E7E7E;
               padding: 15px 0px;width: 128px;color: #333333;
               float: left; text-shadow: 0 1px 1px #fff;
               text-align: center; border-right: 1px solid #a1a1a1;
               border-left: 1px solid #e8e8e8; font-weight: bold;
               font-size: 13px; -moz-box-shadow: 0 1px 3px #555;
               -webkit-box-shadow: 0 1px 3px #555;}
  ul.menu li a.hover {background-image: none; color: #fff;
                     text-shadow: 0 -1px 1px #000; }
  ul.menu li a.first { -moz-border-radius: 0px 0px 0px 10px;
```

```
        -webkit-border-bottom-left-radius: 10px; border-left: none; }
  ul.menu li a.last {  -moz-border-radius: 0px 0px 10px 0px;
                        -webkit-border-bottom-right-radius: 10px;}
  ul.menu li span { width: 64px; height: 64px; background-repeat: no-repeat;
                    background-color: transparent; position: absolute;
                    z-index: -1; top: 80px; cursor: pointer;}
  ul.menu li span.ipod {
    background-image: url(MyImages/my298ipod.png); left: 33px;}
  ul.menu li span.video_camera {
     background-image: url(MyImages/my298video_camera.png);left: 163px;}
  ul.menu li span.television {
     background-image: url(MyImages/my298television.png);left: 293px;}
  ul.menu li span.monitor {
     background-image: url(MyImages/my298monitor.png);left: 423px;}
</style>
</head>
<body>
<div class="navigation">
  <ul class="menu" id="menu">
   <li><span class="ipod"></span><a href="#" class="first">Players</a></li>
   <li><span class="video_camera"></span><a href="#">Cameras</a></li>
   <li><span class="television"></span><a href="#">TVs</a></li>
   <li><span class="monitor"></span><a href="#" class="last"
                    onclick="alert('欢迎来到 jQuery 大世界')">Screens</a></li>
</ul></div></body></html>
```

上面有底纹的代码是此实例的核心代码。在这部分代码中，$('span', $this).stop().animate({ 'top': '40px' }, 300).css({ 'zIndex': '10' })用于实现在鼠标悬浮菜单时的位移动画，其中的stop()方法用于停止当前正在运行的动画。stop()方法的语法声明如下：

```
$(selector).stop(stopAll,goToEnd)
```

其中，参数 stopAll 是可选参数，规定是否停止被选元素的所有加入队列的动画。参数 goToEnd 也是可选参数，规定是否允许完成当前的动画，该参数只能在设置了 stopAll 参数时使用。

此实例的源文件名是 HtmlPageC298.html。

209 创建动感丰富的滑出文字的导航菜单

此实例主要使用 animate()方法创建动感丰富的滑出文字的导航菜单。当在浏览器中显示该页面时，如果把鼠标放在第二个图标上，则该图标立即凸出显示并从下向上滑出文字"阅读器"，效果如图 209-1 所示；如果把鼠标放在第三个图标上，则该图标立即凸出显示并从下向上滑出文字"照相机"，效果如图 209-2 所示。有关此实例的主要代码如下所示：

图 209-1

图 209-2

```
<!DOCTYPE html><html><head>
 <script type="text/javascript" src="Scripts/jquery-2.2.3.js"></script>
 <script type="text/javascript" charset="utf-8">
 $(document).ready(function() {
  $("a").mouseover(function(){       //在鼠标悬浮图标菜单时响应
   var myCurrent = "#" + $(this).prop("id");
   $(myCurrent).animate({paddingTop:"117px"}, 100);
  }).mouseout(function(){            //在鼠标离开图标菜单时响应
   var myCurrent = "#" + $(this).prop("id");
   $(myCurrent).animate({paddingTop:"200px"}, 100);
  }); });
 </script>
<style type="text/css">
  #menuBar{overflow:hidden;width:500px;height:190px;margin:0 auto;}
  #menuBar ul{width:500px;margin:0 auto;list-style-type: none;}
  #menuBar ul li{float:left;padding-right:4px;}
  #menuBar a{width:108px;display:block; padding-top:380px;color:green;
background: transparent url(MyImages/my317bg.jpg) no-repeat scroll left top;
font-family: Arial, "MS Trebuchet", sans-serif;
text-decoration: none;font-size:15pt;font-weight:bold;outline:none;}
  #menuBar a:hover{background-image:url(MyImages/my317log.jpg);
                   text-align:center;}
  #menuBar a#Notepad{background-position: -10px top;}
  #menuBar a#Reader{background-position: -116px top;}
  #menuBar a#Camera{background-position: -222px top;}
  #menuBar a#Calendar{background-position: -328px top;}
</style>
</head>
<body>
 <div id="menuBar">
  <ul><li><a href="#" id="Home">记事本</a></li>
      <li><a href="#" id="Reader">阅读器</a></li>
      <li><a href="#" id="Camera">照相机</a></li>
      <li><a href="#" id="Calendar">日历</a></li></ul>
</div></body></html>
```

上面有底纹的代码是此实例的核心代码。其中，animate()方法主要用于实现在指定的时间内把菜单栏图标对应的文字滑到指定的位置，$(myCurrent). animate({paddingTop: "117px"}, 100)即表示在100毫秒内把当前菜单项的文字滑动到离顶部117px的位置。

此实例的源文件名是HtmlPageC317.html。

210　实现类似于select下拉框的下拉式菜单

此实例主要使用无序列表ul实现类似于select下拉框的下拉菜单。当在浏览器中显示该页面时，如果将鼠标放在“请选择报考学院”上时，将向下滑出下拉菜单，当鼠标离开“请选择报考学院”时，将向上折叠下拉菜单；在下拉菜单中选择菜单项(“如医学院”)，如图210-1的左边所示；将在消息框中显示选择结果，如图210-1的右边所示。有关此实例的主要代码如下所示：

图 210-1

```
<!DOCTYPE html><html><head>
<script type="text/javascript" src="Scripts/jquery-2.2.3.js"></script>
<script type="text/javascript">
  $(document).ready(function () {
   var mySel  =  $("#select");
   var myOpt  =  $("#option");
   var state = true;
   mySel.hover(function () {
    if (state) {
      if (!($(this).is(":animated"))) {
         myOpt.slideDown();                   //以下拉方式滑出菜单
      } else {
         myOpt.css("display", "none");        //隐藏菜单
      }
      state = false;
      } else {
          if (!($(this).is(":animated"))) {
            myOpt.slideUp();                  //以卷帘方式隐藏菜单
          } else {
            $(this).stop(true, true);
            myOpt.css("display", "");         //直接隐藏菜单
          }
          state = true;
     } });
     $("li").hover(function (event) {         //在鼠标悬浮子菜单时响应
      event.stopPropagation();
      //设置菜单项的文本和背景颜色
      $(this).css("background", "black").css("color", "#ff9900");
     }, function () {                         //在鼠标离开子菜单时响应
      $(this).css("background", "#820014").css("color", "#fff");
    });
```

```
    $("li").click(function () {              //响应子菜单单击事件
      $(this).css("background", "#c00").css("color", "#ffffff");
      myOpt.css("display", "none");
      alert("刚才选择了: " + $(this).attr("tip"));
      state = false;
    });
    myOpt.click(function () {
      mySel.click(function () { return false; });
  }); })
  </script>
  <style type="text/css">
   body {font-size: 12px;}
   .select {width: 150px;height: 24px;line-height: 24px;position: relative;
    text-align: center;cursor: pointer; background: green right 0px no-repeat;
    color: #fff;}
   .option {line-height: 24px;width: 150px;position: absolute;top: 24px;
            left: 0px;display: none;background: #820014;}
   ul {list-style: none;margin: 0;padding: 0;}
   ul li {height: 24px;text-align: center;}
  </style>
</head>
<body><center>
 <div class="select" id="select"><span>请选择报考学院</span>
  <div class="option" id="option">
   <ul><li tip="环境学院">环境学院</li>
       <li tip="建筑学院">建筑学院</li>
       <li tip="土木水利学院">土木水利学院</li>
       <li tip="机械工程学院">机械工程学院</li>
       <li tip="信息科学技术学院">信息科学技术学院</li>
       <li tip="经济管理学院">经济管理学院</li>
       <li tip="公共管理学院">公共管理学院</li>
       <li tip="社会科学学院">社会科学学院</li>
       <li tip="医学院">医学院 </li>
       <li tip="法学院">法学院</li>
       <li tip="新闻与传播学院">新闻与传播学院</li>
       <li tip="美术学院">美术学院</li>
       <li tip="材料学院">材料学院</li></ul>
 </div></div></center></body></html>
```

上面有底纹的代码是此实例的核心代码。在这部分代码中,event. stopPropagation()是为了防止事件冒泡,即当鼠标放在顶层元素上时,阻止底层元素检测此事件。

此实例的源文件名是 HtmlPageC274. html。

211　创建小图和大图联动的图片导航菜单

此实例主要实现使用 animate()方法创建小图和大图联动的图片导航菜单。当在浏览器中显示该页面时,单击“石头门剧场版”菜单,效果如图 211-1 所示;单击“高达 UC”菜单,效果如图 211-2 所示。有关此实例的主要代码如下所示:

图 211-1

图 211-2

```
<!DOCTYPE html><html><head>
<script type="text/javascript" src="Scripts/jquery-2.2.3.js"></script>
<script language="javascript" type="text/javascript">
  jQuery.noConflict();
   jQuery(document).ready(function ($) {
     $(".ftoollist li").mouseover(function () {      //在鼠标悬浮导航菜单时响应
     $(this).siblings().removeClass("on");           //移除非当前菜单的 CSS 样式 on
     $(this).addClass("on");                         //为当前菜单设置 CSS 样式 on
     var preNumber = $(this).prevAll().size();
     $(".fimglist li").removeClass("onpre");
     $(".fimglist li:nth-child(" + preNumber + ")").addClass("onpre");
     var margin = 990;
     margin = margin * preNumber;
     margin = margin * -1;
     $(".fimglist").stop().animate({ marginLeft: margin + "px" },
                                         { duration: 500 });
  }); });
</script>
<style type="text/css">
  body, div, ul, ol, li, p {margin: 0;padding: 0;}
  body {font: normal 12px/20px Arial,\5B8B\4F53;color: #daac79;
        background: #666;}
  a {color: #bf966a; text-decoration: none;}
  ol, ul {list-style: none;}
  img {display: block;}
  .focus {width: 470px;height: 236px;margin: 0 auto;}
  .focusbox {background-color: #1C1C1C; position: relative;}
  .focusimg {border: 5px solid #2F2F2F; width: 460px; height: 276px;
        position: relative; overflow: hidden; -webkit-perspective: 1300px;}
  .fimglist {width: 99300px; position: relative; -moz-perspective: 1300px;}
  .fimglist img {display: block;width: 990px;height: 276px;cursor: pointer;}
  .fimglist li {width: 990px;height: 276px; float: left;
         -webkit-transform-origin: 50% 100%; transform-origin: 50% 100%; }
  .focustool {width: 470px;overflow: hidden; padding: 5px 0 10px;
```

```
            margin: 0 auto; position: relative;}
    .ftoollist { width: 4655px;position: relative; }
    .ftoollist img {display: block; width: 112px; height: 69px;
                  margin-bottom: 3px;}
    .ftoollist a {background-color: #1C1C1C; display: block; width: 112px;
        padding: 4px 0 4px 4px; position: relative;
        -webkit-transition: all .3s linear; transition: all .3s linear;}
    .ftoollist li {float: left;cursor: pointer;
            -webkit-transition: all .3s linear;transition: all .3s linear;}
    .ftoollist .imgname {line-height: 25px;text-align: center;
                color: #FFF;font-family: \5FAE\8F6F\96C5\9ED1;
                font-weight: 400;font-size: 18px;height: 25px;
                overflow: hidden;cursor: pointer;}
    .ftoollist .imgshortcat {line-height: 20px;text-align: center;
                color: #7D7D7D;font-size: 12px;height: 20px;
                overflow: hidden;cursor: pointer;}
    .ftoollist a:hover {background-color: #503769;padding: 4px;
                margin-right: -4px;z-index: 100;top: -5px;}
    .ftoollist a:hover .imgname {color: #DBC98C;}
    .ftoollist a:hover .imgshortcat {color: #FFF;}
    .ftoollist .on a {background-color: #503769;padding: 4px;
               margin-right: -4px;z-index: 100;top: -5px;}
    .ftoollist .on .imgname {color: #DBC98C;}
    .ftoollist .on .imgshortcat {color: #FFF;}
  </style>
</head>
<body>
  <div class="focus">
    <div class="focusbox">
     <div class="focusimg">
      <ul class="fimglist clearfix">
       <li><a href="#"><img src="MyImages/my308Gintama.jpg"
                                              title="A5 素材"></a></li>
       <li><a href="#"><img src="MyImages/my308SteinsGate.jpg"
                                              title="A5 素材"></a></li>
       <li><a href="#"><img src="MyImages/my308Unicorn.jpg"
                                              title="A5 素材"></a></li>
       <li><a href="#"><img src="MyImages/my308Berserk.jpg"
                                  title="A5 素材"></a></li></ul></div>
     <div class="focustool">
      <ul class="ftoollist clearfix">
       <li class="on"><a href="#"><img src="MyImages/my308Gintama_s.jpg">
                   <p class="imgname">银魂剧场版</p>
                   <p class="imgshortcat">永远的万事屋</p></a></li>
       <li><a href="#"><img src="MyImages/my308SteinsGate_s.jpg">
                   <p class="imgname">石头门剧场版</p>
                   <p class="imgshortcat">负荷领域的既视感</p></a></li>
       <li><a href="#"><img src="MyImages/my308Unicorn_s.jpg">
                   <p class="imgname">高达 UC</p>
                   <p class="imgshortcat"> Gundam Unicorn</p></a></li>
       <li><a href="#"><img src="MyImages/my308Berserk_s.jpg">
                   <p class="imgname">剑风传奇</p>
          <p class="imgshortcat">黄金时代</p></a></li></ul></div></div></div>
</body></html>
```

上面有底纹的代码是此实例的核心代码。在这部分代码中,animate({ marginLeft: margin + "px" },{ duration: 500 })用于实现在 500 毫秒内将导航菜单的 marginLeft(左边距)渐变到 margin。关于该方法的语法声明请参考本书的其他部分。此实例的源文件名是 HtmlPageC308.html。

212 创建主菜单在圆心且子菜单在圆周的菜单

此实例主要使用 toggleClass()方法实现主菜单在中心，子菜单在圆周的特效。当在浏览器中显示该页面时，如果单击中心的主菜单“重庆”，则由内向外出现 12 个均匀分布在圆周上的子菜单，单击子菜单“长寿”，则弹出一个消息框，如图 212-1 所示。有关此实例的主要代码如下所示：

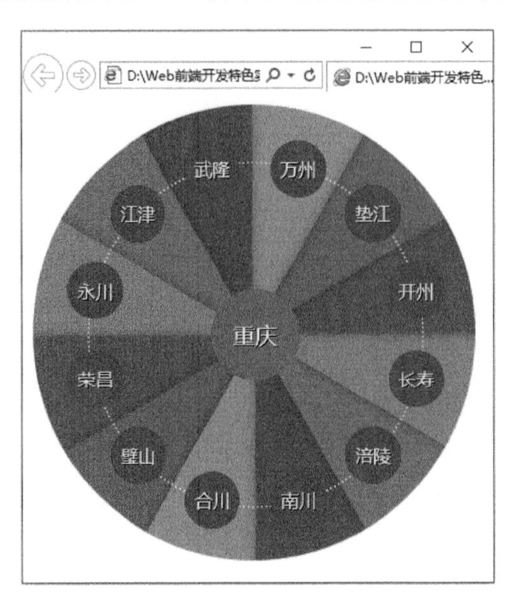

图 212-1

```
<!DOCTYPE html><html><head>
<script type="text/javascript" src="Scripts/jquery-2.2.3.js"></script>
<script type="text/javascript">
  $(document).ready(function () {
   var isLocated = false;                    //响应鼠标单击"重庆"
   $(".navWrap").on('click', '.main-nav', function (event) {
     event.preventDefault();
     var me = $(this);
     var navWrap = me.closest('.navWrap');
     var nav = navWrap.find('nav a');
     if (!navWrap.hasClass('active') && !isLocated) {
       var r = navWrap.width() / 2;
       var startAngle = 15, endAngle = 375;
       var total = nav.length;
       var gap = (endAngle - startAngle) / total;
       //角度->弧度
       var radian = Math.PI / 180;
       $.each(nav, function (index, el) {
        //当前子菜单与 x 轴正向的夹角 θ(角度->弧度)
        var myAngle = (startAngle + gap * index) * radian;
        var x = r + r * Math.cos(myAngle),//myAngle 为弧度
        y = r + r * Math.sin(myAngle);
        //设置当前子菜单的位置 (left,top) = (x,y)
        $(this).css({left: x + 'px', top: y + 'px' });});
        isLocated = true;
```

```
        }
        navWrap.toggleClass('active');
    }); })
</script>
<style type="text/css">
    * {margin: 0;padding: 0;}
    body {font-family: "Microsoft Yahei";}
    .myWrap {position: relative;width: 400px;height: 400px;
            margin: 10px; border-radius: 50%;
            background-image: url(MyImages/my344Image.jpg);
            background-position: center;}
    .navWrap {position: absolute; width: 300px;height: 300px;
            margin-top: 50px; margin-left: 50px;border-radius: 50%;
            border: 2px dotted white;}
    .navWrap .main-nav {position: absolute;left: 50%;top: 50%;
                transform: translate(-50%, -50%); width: 80px;
                height: 80px;line-height: 80px;
                font-size: 20px;text-align: center;
                text-decoration: none;color: #fff;
                border-radius: 40px;text-shadow: 1px 1px 0px #000;
                background: #15a5f3;cursor: pointer;}
    .navWrap nav {position: absolute;width: 100%;height: 100%;
        transform: scale(0);transition: all 0.5s ease-out;opacity: 0;}
    .navWrap.active nav {transform: scale(1); opacity: 1;}
    .navWrap nav > a {position: absolute;width: 50px;height: 50px;
        cursor: pointer;background: red;text-align: center;line-height: 50px;
        text-decoration: none;color: #fff; border-radius: 25px;
        text-shadow: 1px 1px 0px #000; transform: translate(-50%, -50%);}
</style>
</head>
<body>
<div class="myWrap">
  <div class="navWrap">
    <nav><a onclick="alert('长寿')">长寿</a>
        <a>涪陵</a><a>南川</a><a>合川</a><a>璧山</a><a>荣昌</a><a>永川</a>
        <a>江津</a><a>武隆</a><a>万州</a><a>垫江</a><a>开州</a></nav>
    <a class="main-nav">重庆</a></div></div>
</body></html>
```

上面有底纹的代码是此实例的核心代码。在这部分代码中，toggleClass()方法用于设置或移除被选元素的一个或多个类来进行切换，该方法检查每个元素中指定的类。如果不存在则添加类，如果已设置则删除之，因此可以产生所谓的切换效果。基本上类似于 addClass()和 removeClass()方法的功能。navWrap.toggleClass('active')即实现 navWrap 在 active 样式和非 active 样式之间的切换。关于此方法的语法声明请参考本书的其他部分。

此实例的源文件名是 HtmlPageC344.html。

213 高仿京东首页的横向展开的二级菜单

此实例主要使用 show()和 hide()方法实现高仿京东首页的横向展开的二级菜单。当在浏览器中显示该页面时，如果把鼠标放在“家用电器”菜单上，则该菜单对应的二级菜单立即水平横向展开，效果如图 213-1 所示；如果把鼠标放在“电脑办公”和“手机数码”菜单上，将实现类似的功能。有关此实例的主要代码如下所示：

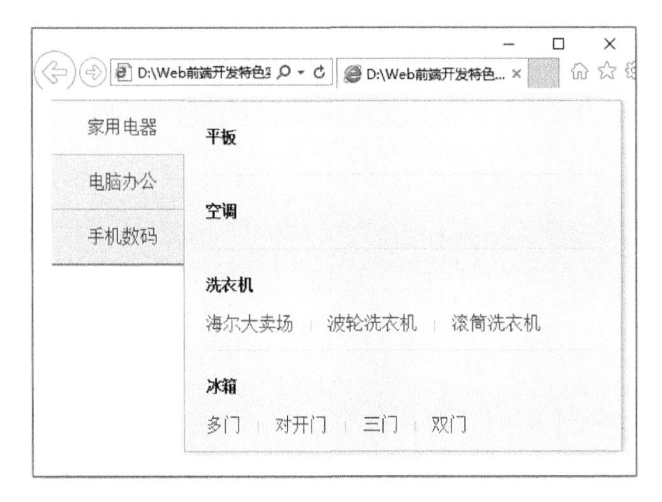

图 213-1

```
<!DOCTYPE html><html><head>
<script type="text/javascript" src="Scripts/jquery-2.2.3.js"></script>
<script type="text/javascript">
    var l,t,menuItem;
    var y = 1;
    $(document).ready(menu_init);
     function menu_init() {
      var mod_menu = $(".mod-menu");
      menu();
     }
     var menu = function () {
      menuItem = $(".menu-item li");
      menuItem.each(menu_each);
      menuItem.mouseleave(menu1_leave);
      $(".mod-menu").mouseleave(menu2_mouse_leave);
     }
     var menu_each = function () {
      var _index = $(this).index();
      $(this).mouseenter(menu_mouse_enter);
     }
      var menu_mouse_enter = function () {
       l = $(this);
       t = setTimeout("menu_mouse_enter_show()", 300)      //设置二级子菜单的滑出时间
      }
      function menu_mouse_enter_show() {
       y = l.position().top + 1;
       $(".menu-cont").hide();
       if (y == 1) {                                       //显示第一个父菜单对应的二级子菜单
        $("#household").show();
        $("#household").css("top", y);
       }
       if (y == 49) {                                      //显示第二个父菜单对应的二级子菜单
        $("#pc").show();
        $("#pc").css("top", y);
       }
       if (y == 97) {                                      //显示第三个父菜单对应的二级子菜单
        $("#phone").show();
        $("#phone").css("top", y);
```

```
        }
        l.addClass("mouse-bg").siblings().removeClass("mouse-bg");
      }
      var menu1_leave = function () {
       clearTimeout(t);
      }
      var menu2_mouse_leave = function () {
       $(".menu-cont").hide();
       menuItem.removeClass("mouse-bg");
      }
</script>
<style type="text/css">
  ul {margin: 0;padding: 0; list-style-type: none;}
  a {text-decoration: none;}
  .mod-menu {position: relative;z-index: 1000;left: -1px; margin-left: 10px;}
  .menu-cont-list a:hover {text-decoration: underline;}
  .mod-menu .menu-item {width: 120px; border-top: solid 0px #d59bb2;
            border-bottom: solid 2px #d59bb2;position: relative; z-index: 22;}
  .mod-menu .menu-item li {height: 47px;line-height: 47px;background: #feebf3;
            border-top: solid 1px #f0bfd3;}
  .mod-menu .menu-item li.mouse-bg {background: #f8f6f6;position: relative;
            z-index: 22;margin-right: -4px;}
  .mod-menu .menu-item a {color: #c81d61;font-size: 16px;padding-left: 33px;
                display: block;height: 45px;border-top: solid 1px #f1f2f7;}
  .mod-menu .menu-item a:hover {text-decoration: none;}
  .mod-menu .menu-cont {position: absolute;left: 120px;top: 1px;width: 393px;
        background: #f8f6f6; border: solid 1px #F0BFD3;
        box-shadow: 2px 0 10px rgba(210,33,103,0.25);z-index: 20;}
  .mod-menu .menu-cont-list {padding: 0 20px;}
  .mod-menu .menu-cont-list li { border-bottom: dotted 1px #f0bfd3;
                padding: 10px 0;}
  .mod-menu .menu-cont-list li:last-child {border-bottom: none;}
  .mod-menu .menu-cont-list h3 {font-size: 14px;font-weight: 700;}
  .mod-menu .menu-cont-list h3 a {color: #222;}
  .mod-menu .menu-list-link a {color: #666;line-height: 24px;}
  .mod-menu .menu-list-link .long-string {color: #ccc;
            font-size: 12px; padding: 0 10px;}
</style>
</head>
<body>
 <div class="mod-menu f-l">
  <div id="column-left">
   <ul class="menu-item">
    <li class=""><a href="#">家用电器</a></li>
    <li class=""><a href="#">电脑办公</a></li>
    <li class=""><a href="#">手机数码</a></li> </ul>
   <div class="menu-cont" style="display: none; " id="household">
    <div class="menu-cont-list" style="display: block;">
     <ul><li><h3><a href="#">平板</a></h3>
             <div class="menu-list-link"></div></li>
         <li><h3><a href="#">空调</a></h3>
             <div class="menu-list-link"></div></li>
         <li><h3><a href="#">洗衣机</a></h3>
             <div class="menu-list-link">
              <a title="" href="#">海尔大卖场</a>
              <span class="long-string">|</span>
              <a title="" href="#">波轮洗衣机</a>
              <span class="long-string">|</span>
              <a title="" href="#">滚筒洗衣机</a></div></li>
```

```
<li><h3><a href="#">冰箱</a></h3>
    <div class="menu-list-link">
     <a title="" #">多门</a>
     <span class="long-string">|</span>
     <a title="" href="#">对开门</a>
     <span class="long-string">|</span>
     <a title="" href="#">三门</a>
     <span class="long-string">|</span>
     <a title="" href="#">双门</a></div></li>
</ul></div></div>
<div class="menu-cont" style="display: none; " id="pc">
  <div class="menu-cont-list" style="display: block;">
   <ul><li><h3><a href="#">电脑整机</a></h3></li>
       <li><h3><a href="#">电脑配件</a></h3></li></ul></div></div>
<div class="menu-cont" style="display: none; " id="phone">
 <div class="menu-cont-list" style="display: block;">
  <ul><li><h3><a href="#">数码配件</a></h3></li>
      <li><h3><a href="#">手机配件</a></h3></li></ul></div></div>
</div></div></body></html>
```

上面有底纹的代码是此实例的核心代码。在这部分代码中，$("#household").css("top", y)用于设置$("#household")子菜单容器距离顶部的距离是y像素。$("#pc").show()用于显示第二个父菜单对应的子菜单，$(".menu-cont").hide()用于隐藏所有CSS样式为menu-cont的元素，即隐藏所有的子菜单。

此实例的源文件名是HtmlPageC320.html。

214 高仿苹果底部任务栏图形大小渐变菜单

此实例主要通过在mousemove事件的响应方法中设置图形菜单的尺寸从而实现鼠标指向某图形菜单时该图形菜单两侧的图形依次变小。当在浏览器中显示该页面时，如果将鼠标放在第三个图形菜单上，则该图形菜单的图形最大，两侧的图形菜单依次变小，效果如图214-1所示；如果将鼠标放在其他图形菜单上，将实现类似的功能。有关此实例的主要代码如下所示：

图 214-1

```
<!DOCTYPE html><html><head>
<script type="text/javascript" src="Scripts/jquery-2.2.3.js"></script>
<script type="text/javascript">
  window.onload = function () {
   var aWidth = [];
   var i = 0;
   for (i = 0; i< $("img").length; i++) {
```

```
    aWidth.push( $ ("img").get(i).offsetWidth);
    $ ("img").get(i).width = parseInt( $ ("img").get(i).offsetWidth / 2);
   }
   document.onmousemove = function (event) {              //当鼠标悬浮图形菜单时响应
    var event = event || window.event;
    for (i = 0; i< $ ("img").length; i++) {
      var a = event.clientX - $ ("img").get(i).offsetLeft -
                          $ ("img").get(i).offsetWidth / 2;
      var b = event.clientY - $ ("img").get(i).offsetTop -
              $ ("#menu").get(0).offsetTop - $ ("img").get(i).offsetHeight / 2;
      var iScale = 1 - Math.sqrt(a * a + b * b) / 300;
      if (iScale < 0.5) iScale = 0.5;
      $ ("img").get(i).width = aWidth[i] * iScale     //重置图片宽度
 } };  };
 </script>
 <style type = "text/css">
   #menu { position: absolute; width: 100 % ;bottom: 0;text - align: center;}
 </style>
</head>
<body>
 <div id = "menu">
   <a href = "http://www.163.com/">< img src = "MyImages/my3871.png" /></a>
   <a href = "http://www.163.com/">< img src = "MyImages/my3872.png" /></a>
   <a href = "http://www.163.com/">< img src = "MyImages/my3873.png" /></a>
   <a href = "http://www.163.com/">< img src = "MyImages/my3874.png" /></a>
   <a href = "http://www.163.com/">< img src = "MyImages/my3875.png" /></a>
   <a href = "http://www.163.com/">< img src = "MyImages/my3876.png" /></a>
</div></body></html>
```

上面有底纹的代码是此实例的核心代码。在这部分代码中，parseInt()方法用于解析一个字符串，并返回一个整数。sqrt()方法用于返回一个数的平方根。关于这两个方法的语法声明请参考本书的其他部分。

此实例的源文件名是 HtmlPageC387.html。

215 在图片上创建自定义的右键上下文菜单

此实例主要使用 on()方法实现取消默认的右键菜单，然后绑定自定义的鼠标右键上下文菜单。当在浏览器中显示该页面时，使用鼠标右键单击图片的任意位置，将弹出一个上下文菜单，再单击上下文菜单的“菜单项 1”，将弹出一个消息框响应鼠标单击，如图 215-1 所示。再次使用鼠标左键单击图片的任意位置，则上下文菜单消失。有关此实例的主要代码如下所示：

图 215-1

```
<!DOCTYPE html><html><head>
<script type="text/javascript" src="Scripts/jquery-2.2.3.js"></script>
<script language="javascript">
 $(function () {
  $('#myImage').on('contextmenu', function (event) {       //为图片创建上下文菜单
    event.preventDefault();
    $(this).trigger('click');                              //自动触发单击事件
    $('#floatMenu').css("visibility", "visible");
     //确定上下文菜单的显示位置
    $('#floatMenu').css({top: event.pageY,left: event.pageX });
  });
  $('#myImage').click(function () {
    $('#floatMenu').css("visibility", "hidden");
 });})
</script>
<style type="text/css">
   #floatMenu {padding-top: 5px; padding-bottom: 5px;background-color: #00ffff;
               border: 1px solid #000; position: absolute;top: 50px;left: 5px;
               margin-left: 0px; width: 86px; visibility: hidden;}
   #floatMenu ul {margin-left: 0px; background-color: #ffd800;
                 list-style-type: none; padding: 0px;
                 border: 0px solid #000000;text-align: center;}
   #floatMenu ul li a {display: block;text-decoration: none;color: #000;}
   #floatMenu ul li a:hover {color: #fff;background-color: #ff8000;}
   #floatMenu ul.menu1 li a:hover { border-color: #09f;}
</style>
</head>
<body>
 <img id="myImage" src="MyImages/MyImage50.jpg" style="width:400px;height:250px" />
 <div id="floatMenu">
   <ul class="menu1">
    <li><a href="#" onclick="alert('what is  your name?');">菜单项 1</a></li>
    <li><a href="#" onclick="return false;">菜单项 2</a></li>
    <li><a href="#" onclick="return false;">菜单项 3</a></li>
    <li><a href="#" onclick="return false;">菜单项 4</a></li>
 </ul></div></body></html>
```

上面有底纹的代码是此实例的核心代码。在这部分代码中，event.preventDefault()用于取消默认的上下文菜单，$('#floatMenu').css("visibility", "hidden")用于隐藏自定义的上下文菜单，$('#floatMenu').css({top: event.pageY,left: event.pageX })用于根据当前鼠标单击位置显示自定义的上下文菜单。

此实例的源文件名是 HtmlPageC209.html。

216 创建不随滚动条改变的悬浮导航菜单

此实例主要通过在 window 的 scroll 事件中重置悬浮的导航菜单窗口，从而实现该悬浮导航菜单窗口在滚动条发生滚动时始终显示在页面的一个固定位置上。当在浏览器中显示该页面时，任意拖动滚动条，悬浮导航菜单窗口将始终在距离左上角 50px 的位置上，单击悬浮导航菜单窗口中的“菜单项 1”，将弹出一个消息窗口，如图 216-1 所示。有关此实例的主要代码如下所示：

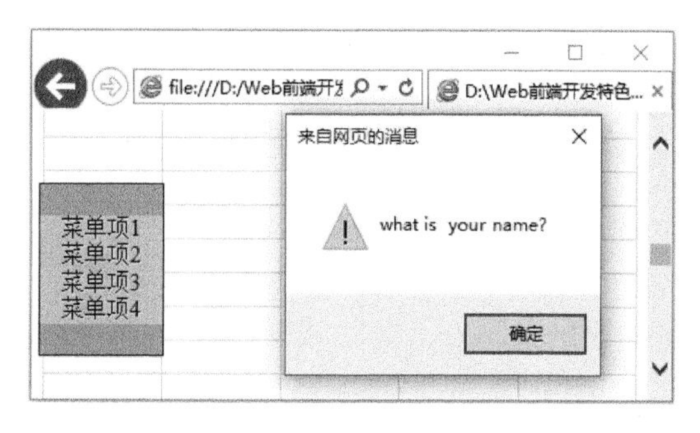

图 216-1

```
<!DOCTYPE html><html><head>
<script type="text/javascript" src="Scripts/jquery-2.2.3.js"></script>
<script type="text/javascript">
  var name = "#floatMenu";
  var menuYloc = null;
  $(document).ready(function () {
   menuYloc = parseInt($(name).css("top").substring(0,
                                        $(name).css("top").indexOf("px")))
   $(window).scroll(function () {    //在页面滚动时响应
    offset = menuYloc + $(document).scrollTop() + "px";
    $(name).animate({ top: offset }, { duration: 500, queue: false });
   });
   $(function () {                   //新建一个 1500 行的表格,产生滚动效果
    var table = document.createElement("table");
    table.style.borderCollapse = "collapse";
    for (var i = 0; i < 1500; i++) {
     var tr = document.createElement("tr");
     for (var j = 0; j < 5; j++) {
      var td = document.createElement("td");
      td.style.border = "1px solid #dfdfdf";
      td.style.width = "80px";
      td.style.height = "20px";
      td.style.textAlign = "center";
      tr.appendChild(td);
     }
     table.appendChild(tr);
    }
    $("p").append(table);
 })});
</script>
<style type="text/css">
   #floatMenu {padding-top: 5px; padding-bottom: 5px;
      background-color: #00ffff;border: 1px solid #000;
      position: absolute;top: 50px;left: 5px;margin-left: 0px;width: 86px;}
   #floatMenu ul {margin-left: 0px; background-color: #ffd800;
                  list-style-type: none;padding: 0px;
                  border: 0px solid #000000;text-align:center}
   #floatMenu ul li a {display: block;text-decoration: none;color: #000;}
   #floatMenu ul li a:hover {color: #fff;background-color: #ff8000;}
   #floatMenu ul.menu1 li a:hover {border-color: #09f;}
  </style>
</head>
<body>
```

```
<div id="floatMenu">
  <ul class="menu1">
   <li><a href="#" onclick="alert('what is  your name?');">菜单项 1</a></li>
   <li><a href="#" onclick="return false;">菜单项 2</a></li>
   <li><a href="#" onclick="return false;">菜单项 3</a></li>
   <li><a href="#" onclick="return false;">菜单项 4</a></li></ul></div><p></p>
</body></html>
```

上面有底纹的代码是此实例的核心代码。在这部分代码中，$(name).animate({ top：offset }，{ duration：500，queue：false })用于实现在500毫秒内位移到距离顶部offset的位置，由于在滚动条滚动时，系统总是执行这行代码，因此浮动的菜单项窗口就始终保持在这一位置上。

此实例的源文件名是HtmlPageC189.html。

217 单击悬浮菜单滚动到指定的元素位置

此实例主要使用scrollTop()等方法实现通过导航菜单滚动定位到元素的页面位置。当在浏览器中显示该页面时，选择右下角的导航菜单"渝北区"，则当前页面将滚动到渝北区位置，如图217-1的左边所示，选择右下角的导航菜单"深圳市"，则当前页面将滚动到深圳市位置，如图217-1的右边所示。反之，当拖动滚动条改变页面的当前位置时，导航菜单也将同步定位到当前元素对应的菜单。有关此实例的主要代码如下所示：

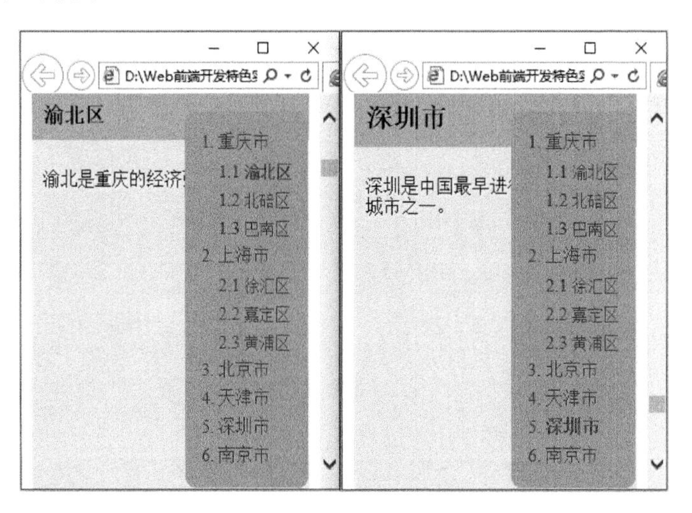

图 217-1

```
<!DOCTYPE html><html><head>
 <script type="text/javascript" src="Scripts/jquery-2.2.3.js"></script>
 <script language="javascript">
  $(document).ready(function () {
   function DirectoryNav($h, config) {
    this.opts = $.extend(true, {
     scrollThreshold:0.5,          //滚动检测阈值 0.5 在浏览器窗口中间部位
     scrollSpeed: 700,             //滚动到指定位置的动画时间
     scrollTopBorder: 500,         //滚动条距离顶部时显示导航,如果为 0,则一直显示
     easing: 'swing',
     delayDetection: 200,          //延时检测,避免滚动的时候检测过于频繁
     scrollChange: function () { }
    }, config);
```

```
        this.$win = $(window);
        this.$h = $h;
        this.$pageNavList = "";
        this.$pageNavListLis = "";
        this.$curTag = "";
        this.$pageNavListLiH = "";
        this.offArr = [];
        this.curIndex = 0;
        this.scrollIng = false;
        this.init();
    }
    DirectoryNav.prototype = {
     init: function () {this.make();  this.setArr(); this.bindEvent(); },
      make: function () {                          //生成导航目录结构
        $("body").append('<div class="directory-nav" id="directoryNav" style="height:auto"><ul></ul>
</div>');
        var $hs = this.$h,
        $directoryNav = $("#directoryNav"),
        temp = [],
        index1 = 0,
        index2 = 0;
        $hs.each(function (index) {
         var $this = $(this),
         text = $this.text();
         if (this.tagName.toLowerCase() == 'h2') {
           index1++;
           if (index1 % 2 == 0) index2 = 0;
             temp.push('<li class="l1">' + index1 +
                        '.<a class="l1-text">' + text + '</a></li>');
           } else {
             index2++;
             temp.push('<li class="l2">' + index1 + '.' +
                    index2 + '<a class="l2-text">' + text + '</a></li>');
          } });
       $directoryNav.find("ul").html(temp.join(""));
       this.$pageNavList = $directoryNav;
       this.$pageNavListLis = this.$pageNavList.find("li");
       this.$curTag = this.$pageNavList.find(".cur-tag");
       this.$pageNavListLiH = this.$pageNavListLis.eq(0).height();
       if (!this.opts.scrollTopBorder) {
         this.$pageNavList.show();           //显示对应导航菜单
       } },
       setArr: function () {
         var This = this;
         this.$h.each(function () {
          var $this = $(this),
          offT = Math.round($this.offset().top);
          This.offArr.push(offT);
        }); },
        posTag: function (top) {
          this.$curTag.css({ top: top + 'px' }); },
          ifPos: function (st) {
            var offArr = this.offArr;
             var windowHeight =
                  Math.round(this.$win.height() * this.opts.scrollThreshold);
             for (var i = 0; i < offArr.length; i++) {
               if ((offArr[i] - windowHeight) < st) {
```

```
            var $curLi = this.$pageNavListLis.eq(i),
            tagTop = $curLi.position().top;
            $curLi.addClass("cur").siblings("li").removeClass("cur");
            this.curIndex = i;
            this.posTag(tagTop + this.$pageNavListLiH * 0.5);
            this.opts.scrollChange.call(this);
        }}},
        bindEvent: function () {
         var This = this,
         show = false,
         timer = 0;
         this.$win.on("scroll", function () {     //响应 scroll 事件
            var $this = $(this);
            clearTimeout(timer);
            timer = setTimeout(function () {
              This.scrollIng = true;
              if ($this.scrollTop() > This.opts.scrollTopBorder) {
                if (!This.$pageNavListLiH) This.$pageNavListLiH =
                               This.$pageNavListLis.eq(0).height();
                  if (!show) {
                    This.$pageNavList.fadeIn();
                    show = true;
                  }
                  This.ifPos($(this).scrollTop());
                 } else {
                  if (show) {
                   This.$pageNavList.fadeOut();
                   show = false;
                  }}}, This.opts.delayDetection);
              });
              this.$pageNavList.on("click", "li", function () {
              var $this = $(this),
              index = $this.index();
              This.scrollTo(This.offArr[index]);        //根据索引确定滚动目标
             })},
             scrollTo: function (offset, callback) {
               var This = this;
               $('html,body').animate({ scrollTop: offset},
                   this.opts.scrollSpeed, this.opts.easing, function () {
                   This.scrollIng = false;
    });}};
  var directoryNav = new DirectoryNav($("h2,h3"), {   //实例化
  scrollTopBorder: 0                                  //如果为 0,则一直显示滚动条
  });});
</script>
<style>
  html, body, h3 { margin: 0; padding: 0; }
  h2, h3 {margin:0px;padding: 10px;background-color:aquamarine; }
  div {padding: 10px; height:500px; background-color:antiquewhite;}
  /* 这是右侧导航代码的样式表 */
  li { list-style: none;}
  ul {margin: 0;padding: 0;}
  .directory-nav {position: fixed;right: 10px; bottom:0px; padding: 15px;
   display: none;background-color: #00ffff;border-radius:10px;margin:1px;}
  .directory-nav li {height: 25px;line-height: 25px;}
  .directory-nav .l1 { }
  .directory-nav .l2 {text-indent: 1em;}
  .directory-nav .l1 a {font-size: 16px;}
  .directory-nav .l2 a {font-size: 14px;}
  .directory-nav, .directory-nav a {color: #666;}
```

```
    .directory - nav .cur a {color: red;font - weight:900;}
  </style>
</head>
<body style = "padding: 10px;">
  <h2>重庆市</h2>
  <div><p>重庆是长江上游的经济文化中心.</p></div>
  <h3>渝北区</h3>
  <div><p>渝北是重庆的经济强区.</p></div>
  <h3>北碚区</h3><div></div>
  <h3>巴南区</h3><div></div>
  <h2>上海市</h2><div></div>
  <h3>徐汇区</h3><div></div>
  <h3>嘉定区</h3><div></div>
  <h3>黄浦区</h3><div></div>
  <h2>北京市</h2><div></div>
  <h2>天津市</h2><div></div>
  <h2>深圳市</h2>
  <div><p>深圳是中国最早进行改革开放的城市之一.</p></div>
  <h2>南京市</h2><div></div>
</body></html>
```

上面有底纹的代码是此实例的核心代码。在这部分代码中，scrollTop()方法用于获取或设置匹配元素的滚动条的垂直位置。scrollTop()方法的语法声明如下：

```
$(selector).scrollTop(offset)
```

其中，参数 offset 是可选参数，规定相对滚动条顶部的偏移，以像素计。

此实例的源文件名是 HtmlPageC258.html。

218　实现导航菜单的当前项跟随鼠标飘移

此实例主要使用 animate()等方法实现导航菜单的当前项跟随鼠标飘移。当在浏览器中显示该页面时，如果鼠标在左侧的导航菜单上滑动，则灰色的当前菜单项始终跟随鼠标飘移；单击“家装建材”菜单项，则将弹出一个消息框，如图 218-1 左边所示。有关此实例的主要代码如下所示：

图　218-1

```
<!DOCTYPE html><html><head>
<script type="text/javascript" src="Scripts/jquery-2.2.3.js"></script>
<script type="text/javascript">
$(function(){
  var verNav = $(".bl-vernav"),
  line = verNav.siblings(".sideLine"),
  verNavFirst = verNav.children("li:first"),     //查找第一个菜单项
  curY = verNav.children("li.cur").position().top;
  line.height(verNavFirst.outerHeight()-1).width(verNavFirst.outerWidth());
  verNav.find("li").mouseenter(function(){        //在鼠标进入菜单时响应
  var thisY = $(this).position().top;
    line.stop(true,true).animate({top:thisY},200);
    return false }).end() .mouseleave(function(){ //在鼠标离开菜单时响应
      line.stop(true,true).animate({top:curY},300)
 }).trigger("mouseleave");                        //在显示页面时自动触发 mouseleave 事件
  });
  </script>
  <style type="text/css">
    body { margin:0;}
    ul, ol { padding-left:0; list-style-type: none;}
    .bl-vernav li {border-bottom:1px solid #ddd; padding-top:1px; }
    .bl-vernav a { display:block; height:20px; line-height:20px;
                   padding:10px 16px;}
    .bl-vernav a:hover { background:#F8F8F8; text-decoration:none;}
    .vernav-level li li { border-left:none; border-right:none;}
    .vernav-level li li a { padding-left:40px;}
    .vernav-level .cur .one { background:#F8F8F8;}
    .bl-vernav-wrap { position:relative;}
    .bl-vernav-wrap .sideLine { position:absolute; left:0px; top:0;
               z-index:1; line-height:0; font-size:0;
               border-left:#FF5F3E solid 0px; background-color:#F8F8F8;}
    .bl-vernav { position:relative; z-index:2;}
    .bl-vernav a:hover { background-color:transparent;}
    .demobox { width:190px; font-size:14px; color:#333;}
    a { color:#333; text-decoration:none;}
  </style>
</head>
<body>
 <div class="demobox">
  <h2>电商大卖场</h2>
   <div class="bl-vernav-wrap">
     <div class="sideLine"></div>
     <ul class="bl-vernav vernav-level">
        <li><a href="#" class="one">手机、数码、通信</a></li>
        <li class="cur" style="border-bottom:0px solid #ddd;">
         <a href="#" style="border-bottom:1px solid #ddd;">
                     家居、家具、家装、厨具</a>
         <ul><li><a href="#" onclick="alert('省钱快捷尽在电商!')">
                     家装建材</a></li>
          <li><a href="#">生活日用</a></li>
          <li><a href="#">家装软饰</a></li></ul></li>
          <li><a href="#" class="one">个护化妆、清洁用品</a></li>
          <li><a href="#" class="one">运动户外、钟表</a></li>
          <li><a href="#" class="one">食品、酒类、生鲜、特产</a></li>
</ul></div></div></body></html>
```

上面有底纹的代码是此实例的核心代码。在这部分代码中，line. stop(true，true). animate

({top:thisY},200)用于停止 line 此前的动画,然后实现在 200 毫秒内位移到距离顶部 thisY 的位置。关于 animate()方法的语法声明请参考本书的其他部分。

此实例的源文件名是 HtmlPageC269.html。

219 在鼠标单击最右边时浮动菜单自动左移

此实例主要通过在 mousedown 事件响应方法中使用 css()方法重置浮动菜单的出现位置坐标,从而实现在鼠标单击页面的最右边时浮动菜单自动往左移,在鼠标单击页面的最底部时浮动菜单自动往上移。当在浏览器中显示该页面时,如果使用鼠标单击页面的左边,浮动菜单将在单击点出现;如果使用鼠标单击页面的最右端,在单击点无法显示浮动菜单,因此浮动菜单将自动左移,如图 219-1 所示。有关此实例的主要代码如下所示:

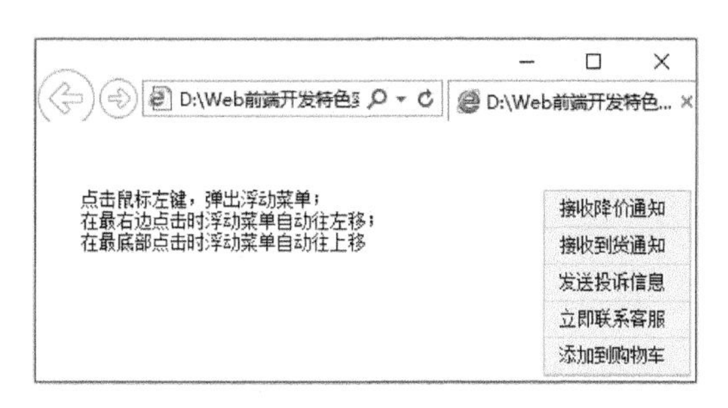

图 219-1

```
<!DOCTYPE html><html><head>
<script type="text/javascript" src="Scripts/jquery-2.2.3.js"></script>
<script type="text/javascript">
  $(function () {
   $(".myMenu").hide();
   var myWidth = $(".myMenu").width();              //获取浮动菜单窗口的宽度
   var myHeight = $(".myMenu").height();            //获取浮动菜单窗口的高度
   $(document).mousedown(function (e) {
    var selfX = myWidth + e.pageX;
    var selfY = myHeight + e.pageY
    var bodyW = document.documentElement.clientWidth +
                          document.documentElement.scrollLeft;
    var bodyH = document.documentElement.clientHeight +
                          document.documentElement.scrollTop;
    if (selfX > bodyW && selfY > bodyH) {
     $(".myMenu").css({ top: (bodyH - myHeight), left: (bodyW - myWidth) }).show();
    } else if (selfY > bodyH) {
     $(".myMenu").css({ top: (bodyH - myHeight), left: e.pageX }).show();
    } else if (selfX > bodyW) {
     $(".myMenu").css({ top: e.pageY, left: (bodyW - myWidth) }).show();
    } else {
     $(".myMenu").css({ top: e.pageY, left: e.pageX }).show();
   } })
   $("li").hover(function () {                      //在鼠标悬浮时设置菜单项样式 current
     $(this).addClass("current");
   }, function () {                                 //在鼠标离开时移除菜单项样式 current
      $(this).removeClass("current");
    }).click(function () {                          //响应菜单项鼠标单击事件
      alert($(this).text())
```

```
        $(this).parent().parent().hide();
  }) })
  </script>
  <style>
   * {margin: 0;padding: 0; font-size: 12px; list-style: none;}
   ul { position: relative;top: -3px; left: -3px;
        border: 1px solid #ccc; background: #f5f3f3;}
   li { height: 23px;line-height: 23px;cursor: default;padding: 0 0 0 10px;
        border-bottom:solid 1px; border-bottom-color: #e2e0e0;}
   li.current {background: #b0acac;}
   .myMenu {width:100px;position: absolute;}
 </style>
</head>
<body>
<div style="position:absolute;top:30px;left:30px"><br>单击鼠标左键,弹出浮动菜单;<br>在最右边单击时浮动菜单自动往左移;<br>在最底部单击时浮动菜单自动往上移</div>
<div class="myMenu">
  <ul onmousedown="event.cancelBubble = true">
   <li>接收降价通知</li>
   <li>接收到货通知</li>
   <li>发送投诉信息</li>
   <li>立即联系客服</li>
   <li>添加到购物车</li></ul></div>
</body></html>
```

上面有底纹的代码是此实例的核心代码。在这部分代码中，$(".myMenu").css({ top：e.pageY，left：e.pageX }).show()用于设置浮动菜单窗口的 top 和 left 属性,即浮动菜单的左上角坐标然后显示该窗口。关于 css()方法的语法声明请参考本书的其他部分。

此实例的源文件名是 HtmlPageC409.html。

220　为侧边导航菜单创建气泡式的提示窗口

此实例主要通过在 hover 事件响应方法中使用 animate()方法从而实现为侧边导航菜单创建气泡式的提示窗口。当在浏览器中显示该页面时,如果将鼠标放在“三星 Galaxy C7 版”菜单上,将在右侧滑出一个气泡式的提示窗口“￥2599.00【SM-C7000 32G】”,如图 220-1 所示。将鼠标放在其他菜单上将实现类似的功能。有关此实例的主要代码如下所示：

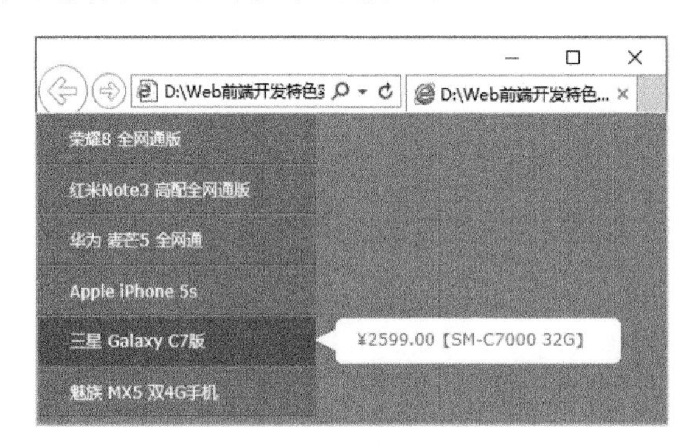

图　220-1

```
<!DOCTYPE html><html><head>
 <script type="text/javascript" src="Scripts/jquery-2.2.3.js"></script>
```

```
<script language="javascript">
  $(document).ready(function () {
   $("ul.side_nav li").hover(function () {          //在鼠标悬浮菜单项时响应
    $(this).find("div").stop()
      .animate({ left: "210", opacity: 1 }, "fast")
              .css("display", "block")               //滑出气泡窗口
    }, function () {                                 //在鼠标离开菜单项时响应
      $(this).find("div").stop()
      .animate({ left: "0", opacity: 0 }, "fast")   //隐藏气泡窗口
  }); });
</script>
<style type="text/css">
  html, body, ul, li {margin: 0; padding: 0;border: 0; outline: 0;
            vertical-align: baseline;
        font-family: "Verdana","lucida sans",Sans-serif; font-size: 12px;}
  html, body {min-height: 100%; color: #FFFFFF; background-repeat: repeat-x;
            background-position: top; background-color: #b200ff;}
  ul.side_nav {width: 200px;float: left; margin: 0;padding: 0;}
  ul.side_nav li {position: relative;float: left;margin: 0; padding: 0;
              display: inline;}
  ul.side_nav li a { width: 175px; border-top: 1px solid #3373a9;
      border-bottom: 1px solid #003867; padding: 10px 10px 10px 25px;
      display: block;color: #fff;text-decoration: none; background: #005094;
      position: relative;z-index: 2;}
    ul.side_nav li a:hover { background-color: #2d353f; }
    ul.side_nav li div {display: none; position: absolute; top: 2px;
             left: 0; width: 225px;
             background: url(MyImages/bubble_top.gif) no-repeat right top;}
    ul.side_nav li div p {margin: 7px 0;line-height: 1.3em;
       padding: 0 5px 10px 30px;color: #444;
       background: url(MyImages/bubble_btm.gif) no-repeat right bottom;}
  </style>
</head>
<body>
 <ul class="side_nav">
  <li><a href="#">荣耀 8 全网通版</a><div>
      <p>¥2299.00【4GB+32GB】</p></div></li>
  <li><a href="#">红米 Note3 高配全网通版</a>
      <div><p>¥1099.00</p></div></li>
  <li><a href="#">华为 麦芒 5 全网通 </a>
      <div><p>¥2599.00【4GB+64GB】</p></div></li>
  <li><a href="#"> Apple iPhone 5s </a>
      <div><p>¥2198.00【A1530】</p></div></li>
  <li><a href="#">三星 Galaxy C7 版</a>
      <div><p>¥2599.00【SM-C7000 32G】</p></div></li>
  <li><a href="#">魅族 MX5 双 4G 手机 </a>
      <div><p>¥1299.00【16GB 灰色移动联通】</p></div></li>
</ul></body></html>
```

上面有底纹的代码是此实例的核心代码。在这部分代码中，$(this).find("div").stop().animate({ left: "210", opacity: 1 }, "fast").css("display", "block")用于查找气泡窗口(即 DIV 块，该 DIV 块初始时为隐藏状态)，然后以动画方式滑出该窗口。关于 animate()方法的语法声明请参考本书的其他部分。

此实例的源文件名是 HtmlPageC289.html。

221 禁止在右键单击页面时弹出的默认菜单

此实例主要实现使用 bind()方法禁止在鼠标右键单击页面时出现的上下文菜单。默认情况下，用户只要使用鼠标右键单击页面，就会出现如图 221-1 所示的菜单。如果需要禁止这个菜单，则应该使用 bind()方法；如果需要解除禁止，则应该使用 unbind()方法。当在浏览器中显示该页面时，如果使用鼠标右键单击页面，将不会出现类似图 221-1 所示的菜单。有关此实例的主要代码如下所示：

```
<!DOCTYPE html><html><head>
 <script type="text/javascript" src="Scripts/jquery-2.2.3.js"></script>
 <script language="javascript">
  $(document).ready(function () {
  //禁止在鼠标右键单击页面时出现的菜单
  $(document).bind("contextmenu", function (e) {
     return false;
  });
 //允许在鼠标右键单击页面时出现的菜单
 //$(document).unbind("contextmenu");
  });
  </script>
</head>
<body>
 <div style="text-align:center;margin-top:5px">
   <img src="MyImages/MyImage08.jpg" width="400" height="200" /></div>
</body></html>
```

图 221-1

上面有底纹的代码是此实例的核心代码。在该部分代码中，contextmenu 是上下文事件的名称，bind()方法用于为每个匹配元素的一个或多个事件绑定事件处理方法，可以为同一元素、同一事件类型绑定多个事件处理函数，在触发事件时，jQuery 会按照绑定的先后顺序依次执行绑定的事件处理方法。bind()方法的语法声明如下：

```
bind( eventType) [, eventData], handler(eventObject)
```

其中，参数 eventType 是一个字符串类型的事件类型，即所需要绑定的事件。参数 eventData 是一个可选参数，不过它在平时比较少用；如果提供了这个参数，那么就可以把一些附加信息传递给事件处理方法；这个参数有个很好的用处，就是处理闭包带来的问题。

此实例的源文件名是 HtmlPageC063.html。

222　实现从 JSON 中将数据加载到二级菜单

此实例主要实现使用 appendTo()方法从 JSON 中将数据加载到二级菜单。当在浏览器中显示该页面时，JSON 数据将以菜单的形式显示出来，单击任一菜单项，将跳转到指定的网页，如图 222-1 所示。有关此实例的主要代码如下所示：

```
<!DOCTYPE html><html><head>
<script type="text/javascript" src="Scripts/jquery-2.2.3.js"></script>
<script type="text/javascript">
  $(function () {
    //JSON 数据格式及内容
   var myJson = { "siteData": [
    { "siteClass": "新闻网站",
       "siteList": [{ "siteName": "新浪新闻", "url": "http://www.sina.com.cn" },
       { "siteName": "凤凰新闻", "url": "http://www.ifeng.com" },
       { "siteName": "网易新闻", "url": "http://www.163.com" },
       { "siteName": "搜狐新闻", "url": "http://www.sohu.com" }]},
    { "siteClass": "购物网站",
      "siteList": [{ "siteName": "京东商城", "url": "http://www.jd.com" },
        { "siteName": "天猫", "url": "https://www.tmall.com" },
        { "siteName": "苏宁易购", "url": "http://www.suning.com" }]},
      { "siteClass": "旅游网站",
        "siteList": [{ "siteName": "同城旅游", "url": "http://www.ly.com" },
        { "siteName": "携程网", "url": "http://www.ctrip.com" } ]  } ] }
    var myItems = [];
    $.each(myJson.siteData, function (i, myValue) {
      var myLiCount = myValue.siteList.length;
      for (var m = 0, mySecondLi = ''; m < myLiCount; m++) {
        mySecondLi += '<li class="childrenLi" id="li_' + i + '_' + m
        + '"><span><a  href="' + myValue.siteList[m].url + '" title="' +
        myValue.siteList[m].siteName + '" target="_blank">' +
        myValue.siteList[m].siteName + '</a></span></li>';
      }
      myItems.push('<li  class="parentLi"><span>' + myValue.siteClass +
              '</span><ul class="childrenUl">' + mySecondLi + '</ul></li>');
    });
    //将根据 JSON 生成的 HTML 格式的菜单项加载到文档中
    $('<ul>', { html: myItems.join('')}).appendTo($("#menu"));
  })
  $(document).ready(function () {
   $(".parentLi").click(function (event) {     //单击时折叠或展开子菜单
    $(this).children('.childrenUl').slideToggle();
   });
   $(".childrenLi").click(function (event) {
    event.stopPropagation();                      //阻止事件冒泡
  }); });
</script>
<style type="text/css">
  #menuDiv {width: 150px;background-color: #029FD4; }
  a {text-decoration: none; color: black;}
  .parentLi {width: 100%;line-height: 40px; margin-top: 1px; color: #fff;
          background: darkgreen; cursor: pointer;font-weight: bolder;}
```

```
        .parentLi span { padding: 10px;}
        .parentLi:hover, .selectedParentMenu {background: #0033CC; }
        ul {padding-left: 0;list-style-type: none;}
        .childrenUl {background-color: #ffffff;}
        .childrenLi {line-height: 30px;font-size: .9em; margin-top: 1px;
           background: #63B8FF;color: #000000; padding-left: 15px;cursor: pointer;}
        .childrenLi:hover, .selectedChildrenMenu { border-left: 0px #0033CC solid;
                  background: #0099CC; padding-left: 15px; }
</style>
</head>
<body>
<div id="menuDiv"><ul id="menu"></ul></div>
</body></html>
```

图 222-1

上面有底纹的代码是此实例的核心代码。在这部分代码中，appendTo()方法用于在被选元素的结尾(仍然在内部)插入指定内容。$('<ul>', { html: myItems.join('')}). appendTo($("#menu"))就是将根据JSON生成的菜单项HTML代码加载到$("#menu")中。关于此方法的语法声明请参考本书的其他部分。

此实例的源文件名是HtmlPageC340.html。

图片实例

223　在鼠标放在图片上时上下震动图片

此实例主要实现当鼠标放到图片上时图片出现上下震动的动态效果。当在浏览器中显示该页面时，如果把当鼠标悬停在 3 张扑克牌图片中的任意一张上面，则该张扑克牌图片将出现上下震动，如图 223-1 所示。有关此实例的主要代码如下所示：

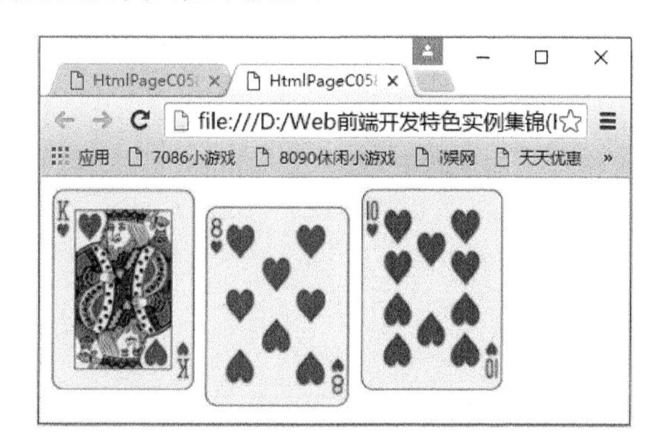

图　223-1

```
<!DOCTYPE html><html><head>
<script type="text/javascript" src="Scripts/jquery-2.2.3.js"></script>
<script language="javascript">
 $(document).ready(function () {
  $(function () {                              //当鼠标放到图片上时图片出现上下震动
   $("#Con img").mouseover(function () {  //在鼠标悬浮时响应
    if (!$(this).is(":animated")) {
     //顺次执行下列 14 个动画,因此产生上下震动
     $(this).animate({ top: 19 }, 300).animate({ top: 0 }, 100)
            .animate({ top: -15 }, 100).animate({ top: 0 }, 50)
            .animate({ top: -15 }, 100).animate({ top: 0 }, 50)
            .animate({ top: -15 }, 100).animate({ top: 0 }, 50)
            .animate({ top: -15 }, 100).animate({ top: 0 }, 50)
            .animate({ top: -15 }, 100).animate({ top: 0 }, 50)
            .animate({ top: -15 }, 50).animate({ top: 0 }, 0);
 } }); }); });
</script>
<style type="text/css">
```

```
    #Con img{position: relative;}
  </style>
</head>
<body>
 <div id="Con" class="ConDiv">
  <img src="MyImages/MyImage02.jpg" width="110" height="151" />
  <img src="MyImages/MyImage03.jpg" width="110" height="151" />
  <img src="MyImages/MyImage04.jpg" width="110" height="151" /></div>
</body></html>
```

上面有底纹的代码是此实例的核心代码。在该部分代码中，animate()方法用于产生上下震动的效果。animate()方法的语法声明如下：

```
$(selector).animate(styles,options)
```

其中，参数 styles 规定产生动画效果的 CSS 样式和值。参数 options 规定动画的额外选项，可能值包括：speed 用于设置动画的速度；easing 规定要使用的 easing 函数；callback 规定动画完成之后要执行的函数；step 规定动画的每一步完成之后要执行的函数；queue 是一个布尔值，指示是否在效果队列中放置动画，如果为 false，则动画将立即开始；specialEasing 是来自 styles 参数的一个或多个 CSS 属性的映射，以及它们的对应 easing 函数。

此实例的源文件名是 HtmlPageC058.html。

224　在鼠标放在图片上时左右摆动图片

此实例主要实现当鼠标放到图片上时图片出现左右摆动。当在浏览器中显示该页面时，如果鼠标悬停在扑克牌图片上面，则该张扑克牌图片将出现左右摆动，如图 224-1 所示。有关此实例的主要代码如下所示：

图　224-1

```
<!DOCTYPE html><html><head>
 <script type="text/javascript" src="Scripts/jquery-2.2.3.js"></script>
 <script language="javascript">
  $(document).ready(function () {
   $(function () {                       //当鼠标放到图片上时图片出现左右摆动
    $("img").mouseover(function () {     //在鼠标悬浮时响应
     if (!$(this).is(":animated")) {     //判断当前图片是否处于动画状态
       for (i = 0; i < 4; i++) {
        $(this).animate({ left: '+50px' }, "slow").
                animate({ left: '-50px' }, "slow");
  } } });});});
```

```
    </script>
    <style type = "text/css">
      img { position: relative;}
    </style>
  </head>
  <body>
  <div id = "Con" class = "ConDiv" style = "text - align:center;margin - top:5px">
    <img src = "MyImages/MyImage02.jpg" width = "110" height = "151" /></div>
  </body></html>
```

上面有底纹的代码是此实例的核心代码。在该部分代码中,"$(this). animate({ left: '+50px' }, "slow"). animate({ left: '-50px' }, "slow")"用于将图片从左到右移动 50px,再从右到左移动 50px。

此实例的源文件名是 HtmlPageC059. html。

225 使用图片模拟 QQ 聊天窗口的抖动特效

此实例主要通过在 setInterval()方法中改变图片的位置从而实现以图片方式模拟 QQ 聊天窗口的抖动特效。当在浏览器中显示该页面时,使用鼠标单击图片,图片就会出现 QQ 聊天窗口的抖动特效,如图 225-1 所示。有关此实例的主要代码如下所示:

图 225-1

```
  <!DOCTYPE html><html><head>
  <script type = "text/javascript" src = "Scripts/jquery - 2.2.3.js"></script>
  <script type = "text/javascript">
    function convertStyle(myObj) {
     if (myObj.length) {
      for (var i = 0; i < myObj.length; i++) {     //设置对象的左上角坐标
       myObj[i].style.left = myObj[i].offsetLeft + 'px';
       myObj[i].style.top = myObj[i].offsetTop + 'px';
      }
```

```
    for (var i = 0; i < myObj.length; i++) {        //设置对象的位置模式
     myObj[i].style.position = 'absolute';
     myObj[i].style.margin = 0;
    }
   } else {
    myObj.style.left = myObj.offsetLeft + 'px';
    myObj.style.top = myObj.offsetTop + 'px';
    myObj.style.position = 'absolute';
    myObj.style.margin = 0;
  } }
  function shake(myObj) {
   var posData = [myObj.offsetLeft, myObj.offsetTop];
   myObj.onclick = function () {                      //在对象被鼠标单击时响应
    var i = 0;
    clearInterval(timer);
    var timer = setInterval(function () {
     i++;
     myObj.style.left = posData[0] + ((i % 2) > 0 ? -2 : 2) + 'px';
     myObj.style.top = posData[1] + ((i % 2) > 0 ? -2 : 2) + 'px';
     if (i >= 30) {                                   //终止抖动
      clearInterval(timer);
      myObj.style.left = posData[0] + 'px';
      myObj.style.top = posData[1] + 'px';
     }   }, 30); }   }
 $(function () {
   var myBox = $('#box').get(0);
   convertStyle(myBox);
   shake(myBox);
 });
</script>
<style>
  * {margin: 0px;padding: 0px;}
  #box {width: 350px;height: 300px; margin: 10px auto;}
</style>
</head>
<body>
<div id='box'><img src="MyImages/my395.png" width='400' /></div>
</body></html>
```

上面有底纹的代码是此实例的核心代码。在该部分代码中，setInterval()方法实现按照指定的周期(以毫秒计)来调用函数或计算表达式，clearInterval()方法则取消该周期性的方法调用。当setInterval()方法调用执行完毕时，它将返回一个 timer ID，如果将该 ID 传递给 clearInterval()方法，便可以终止那段被调用的过程代码的执行了。图片的抖动效果即是通过在 setInterval()方法中每隔 30 毫秒改变一次图片左上角的位置来实现的。

此实例的源文件名是 HtmlPageC395.html。

226　在使用鼠标单击图片时左右晃动图片

此实例主要使用 animate()方法实现当用鼠标单击图片时，图片出现左右晃动。当在浏览器中显示该页面时，如果使用鼠标单击扑克牌图片，则该张扑克牌图片将出现左右晃动，如图 226-1 所示。有关此实例的主要代码如下所示：

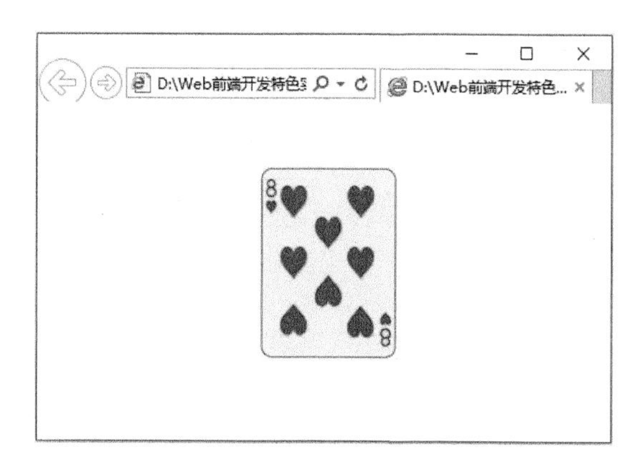

图　226-1

```
<!DOCTYPE html><html><head>
 <script type="text/javascript" src="Scripts/jquery-2.2.3.js"></script>
 <script type="text/javascript">
   var box_left;
   function shock() {          //响应鼠标单击图片
    for (i = 1; i<7; i++) {//循环嵌套调用 animate()方法
     $('#box').animate({
      'left': '-=15'
     }, 3, function () {
      $(this).animate({
       'left': '+=30'
      }, 3, function () {
       $(this).animate({
         'left': '-=15'
       }, 3, function () {
        $(this).animate({
         'left': box_left
        }, 3, function () {
         // shock end
   }); }); }); }); } }
   $(document).ready(function () {
     //box_left = ($(window).width() - $('#box').width()) / 2;
     $('#box,#footer').css({ 'left': box_left, 'position': 'absolute' });
   });
 </script>
</head>
<body>
 <div id="box" style="top:50px;left:180px" >
   <a href="#" onclick="shock();return false;">
    <img src="MyImages/MyImage03.jpg" width="110" height="151" /></a></div>
</body></html>
```

上面有底纹的代码是此实例的核心代码。在该部分代码中，animate()方法用于使图片产生左右晃动的效果，在此实例中，animate()方法通过在回调函数中嵌套调用，因此它与顺次调用产生的效果不同。关于 animate()方法的语法声明请参考本书的其他部分。

此实例的源文件名是 HtmlPageC351.html。

227 在鼠标指向图片时浮出半透明的窗口

此实例主要使用 animate()方法实现在鼠标指向图片时以动画方式切换到文字简介窗口。当在浏览器中显示该页面时，如果鼠标指向第一张图片，则将在执行一段动画后显示半透明的文字简介窗口，效果如图 227-1 所示，测试其他两张图片将实现类似的效果。有关此实例的主要代码如下所示：

图 227-1

```
<!DOCTYPE html><html><head>
<script type="text/javascript" src="Scripts/jquery-2.2.3.js"></script>
<script type="text/javascript">
  $(document).ready(function () {
   $('.banner div').css('opacity', 0.4);          //设置透明度为半透明
   $('.banner').hover(function () {               //在鼠标悬浮时响应
   var el = $(this);
    //执行滑出半透明窗口的动画特效
   el.find('div').stop().animate({ width: 200, height: 200 },
                   'slow', function () {el.find('p').fadeIn('fast');});
   }, function () {                               //在鼠标离开时响应
    var el = $(this);
    el.find('p').stop(true, true).hide();
    el.find('div').stop().animate({ width: 60, height: 60 }, 'fast');
   }).click(function () {                         //响应鼠标单击图片,跳转到目标页面
    window.open($(this).find('a').attr('href'));
  }); });
</script>
<style>
  .bannerHolder {width: 440px; margin: 20px 0 15px 0;
               background-color: #f7f7f7;padding: 20px 10px 20px 10px;
           border: 1px solid #eee; overflow: hidden;border-radius: 12px;}
  .bannerHolder li {list-style: none;display: inline;}
  .banner {width: 125px;height: 125px; position: relative;overflow: hidden;
         float: left;display: inline;margin: 0 10px;border-radius:5px;}
  .banner img {display: block;border: none;width:125px;height:125px;}
   .banner div {position: absolute;z-index: 100;background-color: #ffd800;
        width: 60px;height: 60px; cursor: pointer;border-radius: 100px;}
  .banner .cornerTL {left: -63px;top: -63px;}
  .banner .cornerTR {right: -63px;top: -63px;}
  .banner .cornerBL {left: -63px;bottom: -63px;}
  .banner .cornerBR {right: -63px;bottom: -63px;}
  .banner p {width: 100%;left: 0;top: 57px;z-index: 200;position: absolute;
        font-family: Tahoma, Arial, Helvetica, sans-serif;color: #FFF;
        font-size: 11px;text-align: center;cursor: pointer;display: none;}
```

```
</style>
</head>
<body>
<ul class="bannerHolder">
  <li><div class="banner"><a><img src="MyImages/MyImage50.jpg" /></a>
      <p>香格里拉大酒店</p>
      <div class="cornerTL"></div><div class="cornerTR"></div>
      <div class="cornerBL"></div><div class="cornerBR"></div></div></li>
  <li><div class="banner"><a><img  src="MyImages/MyImage51.jpg" /></a>
      <p>红树林度假世界木棉酒店</p>
      <div class="cornerTL"></div><div class="cornerTR"></div>
      <div class="cornerBL"></div><div class="cornerBR"></div></div></li>
  <li><div class="banner"><a><img  src="MyImages/MyImage52.jpg" /></a>
      <p>小城之春假日酒店</p>
      <div class="cornerTL"></div><div class="cornerTR"></div>
      <div class="cornerBL"></div><div class="cornerBR"></div></div></li></ul>
</body></html>
```

上面有底纹的代码是此实例的核心代码。在这部分代码中，animate({ width：60，height：60 }，'fast')用于按照 fast 模式从当前状态将半透明窗口的宽度和高度都渐变到 60px。关于此方法的语法声明请参考本书的其他部分。

此实例的源文件名是 HtmlPageC384.html。

228　在鼠标悬停图片时浮出半透明的窗口

此实例主要使用 animate()方法实现在鼠标悬停图片时浮出半透明的文字说明窗口。当在浏览器中显示该页面时，如果鼠标悬停在第一张图片上，则在该图片上浮出一个半透明窗口，显示该书的简介信息，如图 228-1 所示；如果鼠标悬停在第二张图片上，将出现类似的效果。有关此实例的主要代码如下所示：

图　228-1

```
<!DOCTYPE html><html><head>
<script type="text/javascript" src="Scripts/jquery-2.2.3.js"></script>
<script>
  $(function () {
   $(".box ul li").hover(function () {     //在鼠标悬浮图片时响应,即显示半透明窗口
     $(this).find(".mask").stop().delay(50).animate({ "top": 0,
                                                  opacity: 0.8 }, 300)
    },function () {                         //在鼠标离开图片时响应,即隐藏半透明窗口
```

```
    $(this).find(".mask").stop().animate({ "top": -210, opacity: 0 }, 300)
  }) })
</script>
<style>
  * {margin: 0;padding: 0; list-style: none;}
  .box {width: 420px;height: 210px;margin: 20px;overflow: hidden;}
  .box ul li {width: 210px;height: 210px;float: left;
           position: relative;overflow: hidden;}
  .box ul li .mask {width: 210px;height: 210px;background: #f7f5f5;
            opacity: 0.8;position: absolute;top: -210px;
            left: 0;margin: 0px;}
  .box ul li .mask p {color: black;padding: 6px;text-align: left; }
  .box ul li .mask a {color: green;text-decoration: none;}
   img{width: 210px; height: 210px;}
</style>
</head>
<body>
 <div class="box">
  <ul><li><img src="MyImages/MyImage40.jpg"/>
          <div class="mask">
          <p>简介</p>
          <p>全书选材经典、内容丰富、结构合理、逻辑清晰,对本科生的数据结构课程和研究生的算法课程
都是非常实用的教材,在IT专业人员的职业生涯中,《算法导论》也是一本案头必备的参考书或工程实践手册。
</p></div></li>
      <li><img src="MyImages/MyImage43.jpg" />
          <div class="mask">
          <p>简介</p>
          <p>全面讲解C# 2010和.NET架构编程知识,为您编写卓越C# 2010程序奠定坚实基础.C#入门经
典系列是屡获殊荣的C#名著和超级畅销书.</p></div></li></ul></div></body></html>
```

上面有底纹的代码是此实例的核心代码。在这部分代码中,$(this).find(".mask").stop().delay(50).animate({ "top": 0, opacity: 0.8 }, 300)用于查找当前图片对应的半透明窗口,先停止动画,延迟50毫秒,然后在300毫秒内将其滑动到距离顶部0的位置,透明度也在此期间渐变到0.8。delay()方法用于延迟队列中下一项的执行,delay()可以将队列中等待执行的下一个动画延迟指定的时间后才执行,它常用在队列中的两个jQuery效果函数之间,从而在上一个动画效果执行后延迟下一个动画效果的执行时间;如果下一项不是效果动画,则它不会被加入效果队列中,因此该方法不会对它进行延迟调用。delay()方法的语法声明如下:

```
jQueryObject.delay( duration [, queueName ] )
```

其中,参数duration是可选参数,指定延迟多少时间(毫秒数),默认值为400,该参数也可以为字符串"fast"(=200)或"slow"(=600)。参数queueName也是可选参数,指定的队列名称默认为"fx",表示jQuery标准的效果队列。

此实例的源文件名是HtmlPageC367.html。

229 在鼠标悬停图片时滑出半透明的窗口

此实例主要使用"my370Hover.js"插件实现在鼠标悬停图片时滑出半透明的关联窗口。当在浏览器中显示该页面时,如果鼠标悬停在右下角的图片上,则在该图片上将滑出一个半透明的红色窗口,显示该书作者的简介信息,如图229-1所示;如果鼠标悬停在其他图片上,将出现类似的效果。有关此实例的主要代码如下所示:

图 229-1

```
<!DOCTYPE html><html><head>
 <script type="text/javascript" src="Scripts/jquery-2.2.3.js"></script>
 <script type="text/javascript" src="Scripts/my370Hover.js"></script>
 <script type="text/javascript">
   $(document).ready(function () {
    $(" #da-thumbs > li ").each(function () { $(this).hoverdir() });
   });
 </script>
 <style>
   * {margin: 0;padding: 0; border: 0;font-size: 100%;font: inherit;
     vertical-align: baseline;}
  body {font-family: "Microsoft Yahei", "微软雅黑", Tahoma, Arial, sans-serif;}
  .content {width: 400px;margin: 20px auto;}
  .da-thumbs {list-style: none;position: relative;
               margin: 0 0 25px 0;padding: 0;}
  .da-thumbs li {float: left;margin-right: 12px;position: relative;
               border: 2px solid #fafafa;}
  .da-thumbs li a, .da-thumbs li a img {display: block;position: relative;}
  .da-thumbs li a {color:yellow;overflow: hidden;}
  .da-thumbs li a div {position: absolute;background-color:red;opacity:0.8;
                      width: 100%;height: 100%;border-radius:10px;}
  .da-thumbs li a h2 {font-size: 20px;margin: 6px 8px;font-weight: normal;
                       text-align: center;}
  .da-thumbs li a p { margin: 8px 13px;font:
                      normal 14px/18px 'Microsoft YaHei';}
  .da-thumbs li.subscribe {border: none; width: 76px;height: 101px;
                          margin-right: 0;background: #0d9572;padding: 8px;}
  .da-thumbs li.subscribe h2 {font-size: 33px;line-height: 36px;
                        margin: 0;text-align: center;}
  .da-thumbs li.subscribe h2 span {font-size: 16px;float: right;
                            margin-right: 5px;line-height: 30px;}
  .da-thumbs li.subscribe img {clear: right; float: right;
                        margin: 7px 5px 0 0px;width: 200px;height: 200px;}
 </style>
</head>
```

```
<body>
 <div class="content">
  <ul id="da-thumbs" class="da-thumbs">
   <li><a><img src="MyImages/MyImage40.jpg">
          <div><h2>算法导论</h2>
                 <p>MIT四大名师联手铸就，影响全球千万程序员的"算法圣经"！国内外千余所高校采用！
</p></div></a></li>
   <li><a><img src="MyImages/MyImage41.jpg">
          <div><h2>JavaScript高级程序设计</h2>
                 <p>作者尼古拉斯·泽卡斯，现为雅虎公司界面呈现架构师，负责My Yahoo!和雅虎首页等大访
问量站点的设计.</p></div></a></li>
   <li><a><img src="MyImages/MyImage42.jpg">
          <div><h2>Java编程思想</h2>
                 <p>Bruce Eckel，MindView公司的总裁，C++标准委员会拥有表决权的成员之一，拥有应用物
理学学士和计算机工程硕士学位.</p></div></a></li>
   <li><a><img src="MyImages/MyImage43.jpg">
          <div><h2>C#入门经典</h2>
                 <p>KarliWatson，InfusionDevelopment的顾问，Boost.NET的技术架构师和IT自由撰稿专业
人士、作家和开发人员.</p></div></a></li></ul></div>
</body></html>
```

上面有底纹的代码是此实例的核心代码。在这部分代码中，$("#da-thumbs > li").each(function () { $(this).hoverdir() });是调用"my370Hover.js"插件的代码，只需要指明元素即可。

此实例的源文件名是HtmlPageC370.html。

230 在鼠标放在图片上时滑出隐藏的窗口

此实例主要使用animate()方法实现鼠标放在图片上滑出文字说明的效果。当在浏览器中显示该页面时，如果鼠标放在第二张图片上，则该图片将向上滑动，下面显示该图片的文字说明，如图230-1所示；如果鼠标放在其他两张图片上，将实现类似的功能。有关此实例的主要代码如下所示：

图 230-1

```
<!DOCTYPE html><html><head>
 <script type="text/javascript" src="Scripts/jquery-2.2.3.js"></script>
 <script type="text/javascript">
   $(document).ready(function () {
    $('.holder').hover(function () { //在鼠标悬浮图片时响应，显示文字窗口
     $(this).find('img').stop().animate({ 'top': '-65px' }, 400);
     $(this).stop().animate({ 'width': '176px' }, 400);
     $(this).find('.text').fadeIn(300);
    }, function () {                    //在鼠标离开图片时响应，隐藏文字窗口
     $(this).find('.text').hide();
```

```
        $(this).find('img').stop().animate({ 'top': '0px' }, 500);
        $(this).stop().animate({ 'width': '175px' }, 400);
      }); });
 </script>
 <style>
   * {margin: 0; padding: 0; list-style-type: none;}
   .main {width: 535px; height: 178px; margin: 10px auto; overflow: hidden;}
   .holder { overflow: hidden; width: 175px; height: 178px;float: left;
            position: relative;background-color: #000; margin-right: 0px;
            border:1px solid #000;}
   .holder .image {position: absolute;left: -0px;}
   .holder .text {padding: 20px;display: none;line-height: 26px;top: 100px;
           position: absolute;font-size: 14px;color: #fff; width: 140px;}
 </style>
</head>
<body>
 <div class="main">
    <div class="holder"><img class="image" src="MyImages/MyImage40.jpg" />
      <div class="text">全书选材经典、内容丰富、结构合理、逻辑清晰.</div></div>
    <div class="holder"><img class="image" src="MyImages/MyImage41.jpg" />
      <div class="text">适合有一定编程经验的 Web 应用开发人员阅读.</div></div>
    <div class="holder"><img class="image" src="MyImages/MyImage42.jpg" />
      <div class="text">本书的作者拥有多年教学经验,对 C、C++以及 Java 语言都有独到深入的见解.</div>
</div>
 </div></body></html>
```

上面有底纹的代码是此实例的核心代码。在这部分代码中,animate({ 'top': '-65px' }, 400)用于实现当鼠标放在图片上时,图片在 400 毫秒里向上滑动到−65px 的位置。find('.text').fadeIn(300)用于实现在 300 毫秒内滑出文字块。

此实例的源文件名是 HtmlPageC399.html。

231 在鼠标放在图片上时滑出上下遮罩层

此实例主要使用 animate()等方法实现当鼠标放在图片上时上下同时滑出提示遮罩层。当在浏览器中显示该页面时,如果鼠标放在图片上,则在该图片的上下方将分别滑出一个提示遮罩层,如图 231-1 所示。有关此实例的主要代码如下所示:

图 231-1

```
<!DOCTYPE html><html><head>
<script type="text/javascript" src="Scripts/jquery-2.2.3.js"></script>
<script>
  $(document).ready(function () {
   $('.photo').hover( function () {      //在鼠标悬浮图片时上下同时滑入提示遮罩层
    $(this).children('div:first').stop(false, true).animate({ top: 0 },200 );
    $(this).children('div:last').stop(false, true).animate({bottom: 0},200 );
   },function () {                          //在鼠标离开图片时上下提示遮罩层同时滑出
    $(this).children('div:first').stop(false, true).animate({top: -50 },200);
    $(this).children('div:last').stop(false,true).animate({ bottom:
    -50 },200 );
 });});
</script>
<style>
  .photo {position: relative; margin: 0 auto;text-align: center;
    overflow: hidden; border: 1px solid #000; width: 400px;height: 250px;}
  .photo .heading, .photo .caption { position: absolute;background: black;
               height: 50px;width: 400px;opacity: 0.6;}
  .photo .heading {top: -50px;}
  .photo .caption {bottom: -50px;left: 0px;}
  .photo .heading span {color: white;font-weight: bold;display: block;
               padding: 15px 0 0 10px;}
  .photo .caption span {text-align: left;color: white; font-size: 12px;
               display: block;padding: 8px 10px 0 10px;}
</style>
</head>
<body>
<div class="photo">
  <div class="heading"><span>重庆人民大礼堂</span></div>
   <img src="MyImages/MyImage61.jpg" width="400" height="250" />
   <div class="caption"><span>重庆人民大礼堂位于渝中区人民路,是中国传统宫殿建筑风格与西方建筑的
大跨度结构巧妙结合的杰作,以其非凡的建筑艺术蜚声中外.</span> </div></div></body></html>
```

上面有底纹的代码是此实例的核心代码。其中，$(this).children('div:first').stop(false, true).animate({ top: 0 },200)首先查找顶部的遮罩层，然后停止已有的动画，再执行在 200 毫秒内移到距离顶部 0px 的动画特效，即滑入；$(this).children('div:first').stop(false, true).animate({top: -50 },200)首先查找顶部的遮罩层，然后停止已有的动画，再执行在 200 毫秒内移到距离顶部-50px 的动画特效，即滑出。

此实例的源文件名是 HtmlPageC397.html。

232 为图片添加从下向上滑出的遮罩层

此实例主要使用 animate()等方法实现当鼠标放在图片上时，从下向上滑出提示遮罩层。当在浏览器中显示该页面时，如果鼠标放在第一张图片上，则将从该图片的下方向上滑出一个提示遮罩层，如图 232-1 所示；如果鼠标放在第二张图片上，将实现类似的效果。有关此实例的主要代码如下所示：

```
<!DOCTYPE html><html><head>
<script type="text/javascript" src="Scripts/jquery-2.2.3.js"></script>
<script type="text/javascript">
```

```
$(document).ready(function () {
 var temp = 160;
 $('.picList .col').hover(function () {//在鼠标悬浮时响应
  $(this).find('a').stop(true).animate({ top: temp =
                                         (temp == 0 ? 160 : 0) }, 1000);
});});
</script>
<style type = "text/css">
  * {list-style: none;padding: 0px;margin: 0px;
                              font-size: 12px; font-family:微软雅黑; }
  .picList { width: 100 % ; float: left; }
  .picList .col {width: 200px;height: 200px;position: relative;
                 overflow: hidden;float: left;margin: 1px 0 0 1px; }
  .picList .col img {position: absolute;top: 0px;left: 0px;
                     width: 100 % ;height:100 % ;}
  .picList .col a {display: block; width: 185px; height: 180px;
                   top: 160px;background: rgba(0,0,0,0.7);color: white;
                   font-style: normal; opacity: 0.8;line-height: 25px;
                   padding: 10px;text-decoration: none;position: absolute;}
</style>
</head>
<body>
<div class = 'picList'>
  <div class = 'col'><img src = 'MyImages/A1 斯里兰卡.jpg' /><a href = '#'><h4>斯里兰卡</h4>斯里兰卡在僧伽罗语中意为"乐土"或"光明富庶的土地",有"宝石王国""印度洋上的明珠"的美称,被马可·波罗认为是最美丽的岛屿,是目前唯一在人类发展指数被评为"高"的南亚国家.</a></div>
  <div class = 'col'><img src = 'MyImages/A3 老挝.jpg' /><a href = '#'><h4>老挝</h4>老挝历史上曾是真腊王国的一部分.13 至 18 世纪是南掌,之后受暹罗和越南入侵,后来又受法国入侵,1893 年沦为法国殖民地.1945 年独立,1975 年废除君主制成立共和国.</a>
</div></div></body></html>
```

图 232-1

上面有底纹的代码是此实例的核心代码。在这部分代码中，$(this).find('a').stop(true).animate({ top: temp = (temp == 0 ? 160 : 0) }, 1000)能够根据遮罩层的位置自动决定是滑入还是滑出，类似于 toggle()方法的功能。

此实例的源文件名是 HtmlPageC401.html。

233 在鼠标放在标题上时滑出对应的图片

此实例主要使用 animate()等方法实现简单的鼠标悬浮即可使图片滑动切换的效果。当在浏览器中显示该页面时，鼠标悬停在“星级酒店二”上的效果如图 233-1 所示，鼠标悬停在“星级酒店三”上的效果如图 233-2 所示。有关此实例的主要代码如下所示：

图 233-1

图 233-2

```
<!DOCTYPE html><html><head>
<script type="text/javascript" src="Scripts/jquery-2.2.3.js"></script>
<script>
  $(document).ready(function () {
   $('ul li').hover(function () {//当鼠标悬浮在标题文字上时响应
    $(this).stop(true).animate({ width: '270px' },
        500).siblings().stop(true).animate({ width: '25' }, 0); })
  });
</script>
 <style type="text/css">
  * {margin: 0;padding: 0;}
  #main {width: 420px;height: 200px;margin: 10px;background-color: black;}
  ul li {list-style: none; width: 25px; height: 200px; float: left;}
  a {color: #ffd800; text-decoration: none;}
  .txt { width: 100px; height: 200px; float: left; background: black; }
  p {font-size: 14px;position: relative; width: 1px;font-weight: bold;
     margin-top: 40px; margin-left: 40px;}
  .li1 { background: url( MyImages/MyImage50.jpg);}
  .li2 { background: url( MyImages/MyImage51.jpg);}
  .li3 { background: url(MyImages/MyImage52.jpg);}
  .li4 { background: url(MyImages/MyImage53.jpg);}
</style>
</head>
<body>
<div id="main">
 <ul><li class=" li1"><a href=" #"><div class=" txt">
                       <p>星级酒店一</p></div></a></li>
     <li class=" li2"><a href=" #"><div class=" txt">
                       <p>星级酒店二</p></div></a></li>
     <li class=" li3"><a href=" #"><div class=" txt">
                       <p>星级酒店三</p></div></a></li>
     <li class=" li4"><a href=" #"><div class=" txt">
                       <p>星级酒店四</p></div></a></li></ul></div>
</body></html>
```

上面有底纹的代码是此实例的核心代码。其中，animate({ width: '270px' }, 500).siblings().stop(true).animate({ width: '25' }, 0)用于连续执行两个 animate()方法实现文字和图片的滑动切换。

此实例的源文件名是 HtmlPageC266.html。

234　当鼠标放在小图上时即显示对应的大图

此实例主要使用 append()方法和 remove()方法实现当鼠标放在小图上时显示该小图对应的大图的特效。当在浏览器中显示该页面时，如果将鼠标放在第二张小图上，将显示该小图对应的大图，如图 234-1 所示。如果将鼠标放在其他小图上，将实现类似的效果。有关此实例的主要代码如下所示：

图　234-1

```
<!DOCTYPE html><html><head>
<script type="text/javascript" src="Scripts/jquery-2.2.3.js"></script>
<script type="text/javascript">
 $(function () {
  $('.tip').mouseover(function () {      //在鼠标悬浮时响应
   var $tip = $('<div id="tip"><div class="t_box"><div><s><i></i></s><img src="'
              + this.src + '" /></div></div></div>');
   $('body').append($tip);               //将上一行代码创建的大图窗口追加到文档中
   $('#tip').show('fast');               //显示大图窗口
  }).mouseout(function () {              //在鼠标离开时响应
   $('#tip').remove();                   //隐藏大图窗口
  }).mousemove(function (e) {            //在鼠标移动时响应
   $('#tip').css({ "top": (e.pageY - 60) + "px", "left": (e.pageX + 30) + "px" })
 }) })
</script>
<style type="text/css">
  #tip {position: absolute;color: #333; display: none;}
  #tip s {position: absolute;top: 10px;left: -20px;display: block;width: 0px;
       height: 0px;font-size: 0px;border-style: dashed solid dashed dashed;
       border-color: transparent #BBA transparent transparent;
       line-height: 0px;border-width: 10px;}
  #tip s i {position: absolute; top: -10px;left: -8px;display: block;
       width: 0px; height: 0px; font-size: 0px;line-height: 0px;
       border-color: transparent #fff transparent transparent;
       border-style: dashed solid dashed dashed;border-width: 10px;}
  #tip .t_box {position: relative; background-color: #CCC;
             filter: alpha(opacity=50);}
```

```
    #tip .t_box div {position: relative; background-color: #FFF;left: -2px;
                     border: 1px solid #ACA899; padding: 0px;top: -2px;}
   .tip {width: 100px;height: 150px;border: 1px solid #DDD;}
 </style>
 </head>
 <body>
     <a href="#"><img class="tip" src="MyImages/MyImage71.jpg" /></a>
     <a href="#"><img class="tip" src="MyImages/MyImage70.jpg" /></a>
     <a href="#"><img class="tip" src="MyImages/MyImage72.jpg" /></a>
 </body></html>
```

上面有底纹的代码是此实例的核心代码。在这部分代码中，$('#tip').css({ "top": (e.pageY - 60) + "px", "left": (e.pageX + 30) + "px" })用于当鼠标在小图上移动时，根据鼠标位置动态设置大图的显示位置。

此实例的源文件名是 HtmlPageC345.html。

235 高亮显示鼠标选择的图片并使周围变暗

此实例主要使用 addClass()方法和 removeClass()方法实现高亮显示鼠标选择的图片并使周围的其他图片变暗。当在浏览器中显示该页面时，如果把鼠标放在中心的图片上，则将高亮显示该图片，并使周围的其他图片变暗，如图 235-1 所示。如果把鼠标放在其他图片上，则将实现类似的效果。有关此实例的主要代码如下所示：

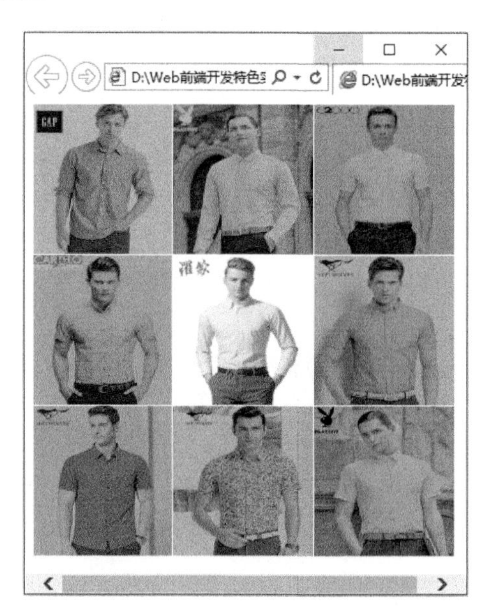

图 235-1

```
<!DOCTYPE html><html><head>
 <script type="text/javascript" src="Scripts/jquery-2.2.3.js"></script>
 <script type="text/javascript">
   $(document).ready(function () {
    $("ul li").hover(function () {
       //为非当前图片设置半透明背景样式 opacity_bg
      $(this).siblings().find("i").addClass("opacity_bg");
    }, function () {
```

```
        //从非当前图片移除半透明背景样式 opacity_bg
        $(this).siblings().find("i").removeClass("opacity_bg");
    })})
</script>
<style type="text/css">
    ul { margin: 0 auto; padding: 0; width: 400px; font-size: 0; zoom: 1;}
    ul li {list-style-type: none;float: left; width: 125px;height: 130px;
          margin-right: 1px;margin-bottom: 1px;text-align: center;
          display: table; position: relative;}
    img {border: none;vertical-align: middle; width: 125px; height: 130px;}
    i {display: block; width: 100%;height: 100%; position: absolute; left: 0;
      top: 0;}
    .opacity_bg {background: #000; opacity: 0.4;}
</style>
</head>
<body>
<ul><li><a><img src="MyImages/MyImage70.jpg" /></a><i></i></li>
    <li><a><img src="MyImages/MyImage71.jpg" /></a><i></i></li>
    <li><a><img src="MyImages/MyImage72.jpg" /></a><i></i></li>
    <li><a><img src="MyImages/MyImage73.jpg" /></a><i></i></li>
    <li><a><img src="MyImages/MyImage74.jpg" /></a><i></i></li>
    <li><a><img src="MyImages/MyImage75.jpg" /></a><i></i></li>
    <li><a><img src="MyImages/MyImage76.jpg" /></a><i></i></li>
    <li><a><img src="MyImages/MyImage77.jpg" /></a><i></i></li>
    <li><a><img src="MyImages/MyImage78.jpg" /></a><i></i></li></ul>
</body></html>
```

上面有底纹的代码是此实例的核心代码。在这部分代码中，addClass()方法用于向被选元素添加一个或多个类，在此实例中主要是为非焦点图片设置半透明的 CSS 类 opacity_bg；removeClass()方法用于从被选元素移除一个或多个类，在此实例中主要是从非焦点图片中移除半透明的 CSS 类 opacity_bg。关于这两个方法的语法声明请参考本书的其他部分。

此实例的源文件名是 HtmlPageC343.html。

236 放大或缩小选择的图片并重置关联样式

此实例主要使用 animate()方法等实现放大或缩小选择的图片并重置关联的样式。当在浏览器中显示该页面时，如果将鼠标放在第一张图片上，则图片变大，并显示关联标签样式，如图 236-1 所示；当将鼠标放在其他图片上时，将实现类似的功能。有关此实例的主要代码如下所示：

图 236-1

```
<!DOCTYPE html><html><head>
<script type="text/javascript" src="Scripts/jquery-2.2.3.js"></script>
```

```
<script type="text/javascript">
 $(function () {
  $(".tag_item").each(function (i, target) {
   $(target).mouseenter(function (e) {                    //在鼠标滑入图片时响应
    $(target).stop();
    $(target).find(".taglist").stop(false, true);
    $(target).parent().addClass("curr");
    $(".tag_item").not($(target)).addClass("not_curr");
    $(target).find(".taglist").animate({width: "248px"}, "normal");
    $(target).animate({ width: "192px",height: "141px",top: "-20px",
                     left: "-24px" }, "normal");});   //放大图片
   $(target).mouseleave(function (e) {                    //在鼠标离开图片时响应
    $(target).stop();
    $(target).find(".taglist").stop(false, true);
    $(target).parent().removeClass("curr");
    $(".tag_item").not(target).removeClass("not_curr");
    $(target).find(".taglist").animate({width: "46px"}, "normal");
    $(target).animate({ width: "144px",height: "90px",top: "0",
                     left: "0" }, "normal"); });       //还原图片
 }) });
</script>
<style>
  * {margin: 0;padding: 0;outline-style: none; border: 0;}
  .main {width: 450px;margin: 30px;height: 150px;}
  .imgtag {float: left;width: 144px;height: 90px;position: relative;}
  .tag_item {width: 144px;height: 90px;position: absolute;top: 0px;
          left: 0px;overflow: hidden;}
  .curr {z-index: 100;box-shadow: 0 0 5px #000;
        background: rgba(37, 37, 37, 0.65);background: #666 ;}
  .curr img {opacity: 1; filter: alpha(opacity = 100);}
  .not_curr {opacity: .5;filter: alpha(opacity = 45);}
  .taglist {height: 21px;width: 46px;overflow: hidden; position: absolute;
          bottom: 0;left: 0;border-radius: 0 11px 11px 0;
          background: rgba(37,37,37,0.5);}
  .taglist .tags {display: block;list-style: none;color: #f7f7f7;
              font-size: 12px;height: 21px;width: 300px;}
  .tag {display: block;float: left;height: 21px;line-height: 21px;
        text-align: left;line-height: 22px;}
  .tag a {color: #f7f7f7;text-decoration: none;display: block;padding: 0 3px;}
  .tag1 {width: 65px;}
  .tag1 a {padding: 0 10px 0 10px;font-weight: bold;}
  .tag2 {width: 42px;text-align: center;}
</style>
</head>
<body>
<div class="main">
  <div class="imgtag">
   <div class="tag_item">
    <img style="width:100%" src="MyImages/MyImage55.jpg">
    <div class="taglist" style="width: 46px;">
     <ul class="tags">
      <li class="tag tag1"><a href="javascript:void(0)">棋牌</a></li>
      <li class="tag tag2"><a href="javascript:void(0)">洗浴</a></li>
      <li class="tag tag2"><a href="javascript:void(0)">保健</a></li>
      <li class="tag tag2"><a href="javascript:void(0)">运动</a></li>
     </ul></div></div></div>
```

```
<div class = "imgtag">
 <div class = "tag_item">
  < img style = "width:100 % " src = "MyImages/MyImage53.jpg">
  <div class = "taglist" style = "width: 46px;">
  <ul class = "tags">
   <li class = "tag tag1"><a href = "javascript:void(0)">美食</a></li>
   <li class = "tag tag2"><a href = "javascript:void(0)">川菜</a></li>
   <li class = "tag tag2"><a href = "javascript:void(0)">湘菜</a></li>
   <li class = "tag tag2"><a href = "javascript:void(0)">徽菜</a></li>
  </ul></div></div></div>
 <div class = "imgtag">
  <div class = "tag_item">
     < img style = "width:100 % " src = "MyImages/MyImage54.jpg">
     <div class = "taglist" style = "width: 46px;">
      <ul class = "tags">
       <li class = "tag tag1"><a href = "javascript:void(0)">交友</a></li>
       <li class = "tag tag2"><a href = "javascript:void(0)">音乐</a></li>
       <li class = "tag tag2"><a href = "javascript:void(0)">茶艺</a></li>
       <li class = "tag tag2"><a href = "javascript:void(0)">书画</a></li>
</ul></div></div></div></div></body></html>
```

上面有底纹的代码是此实例的核心代码。在这部分代码中，animate()方法主要通过改变图片的显示宽度和高度实现放大或缩小选择的图片。关于该方法的语法声明请参考本书的其他部分。

此实例的源文件名是 HtmlPageC403.html。

237　通过滑动鼠标的滚轮来放大或缩小图片

此实例主要通过在 mousewheel 事件处理函数中判断 wheelDelta 值从而实现滑动鼠标滚轮来放大或缩小图片。当在浏览器中显示该页面时，向下滑动鼠标中间的滚轮，则图片变小；向上滑动鼠标中间的滚轮，则图片变大，如图 237-1 所示。有关此实例的主要代码如下所示：

图　237-1

```
<!DOCTYPE html><html><head>
<script type = "text/javascript" src = "Scripts/jquery-2.2.3.js"></script>
<script language = "javascript">
  $(document).ready(function () {
   function bigimg(i) {
    var zoom = parseInt(i.style.zoom, 10) || 100;
    zoom += event.wheelDelta / 12;
```

```
        if (zoom > 0)
          i.style.zoom = zoom + '%';                    //设置缩放百分比
          return false;
      }
      $("#myImg").on("mousewheel", function (event) {//添加鼠标滚轮事件响应方法
       return bigimg(this);
      }); });
 </script>
</head>
<body><center><a href="#">
 <img id="myImg" src="MyImages/MyImage61.jpg" width="400" height="250">
</a></center></body></html>
```

上面有底纹的代码是此实例的核心代码。在这部分代码中,event.wheelDelta属性值如果是正值,则说明滚轮是向上滚动;如果是负值,则说明滚轮是向下滚动;返回值均为120的倍数,即:幅度大小=返回值/120。

此实例的源文件名是HtmlPageC393.html。

238　在图片收缩和扩展时相关文字动态跟随

此实例主要使用animate()方法实现在图片收缩和扩展时文字一起动态跟随。当在浏览器中显示该页面时,鼠标如果放在左边的图片,则图片收缩后的效果如图238-1所示;鼠标如果放在右边的图片,则图片收缩后的效果如图238-2所示。有关此实例的主要代码如下所示:

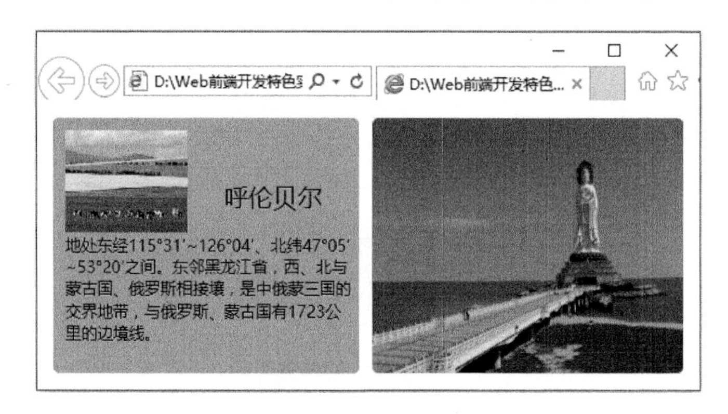

图　238-1

图　238-2

```
<!DOCTYPE html><html><head>
<script type="text/javascript" src="Scripts/jquery-2.2.3.js"></script>
<script type="text/javascript">
  $(document).ready(function () {
   $('.galleryImage').hover(function () {        //在鼠标进入时收缩图片并显示文字
     $(this).find('img').animate({ width: 100, height:80,
                                 marginTop: 10, marginLeft: 10 }, 500);
     $(this).find('h2').css("display", "block");
   },function () {                               //在鼠标离开时扩展图片并隐藏文字
     $(this).find('img').animate({ width: 250, height:200,
                                      marginTop: 0, marginLeft: 0 }, 300);
     $(this).find('h2').css("display", "none");
     });});
  </script>
  <style>
   * {font: 13px "微软雅黑";}
   .galleryContainer {width:520px;}
   .galleryImage {background-color: #00ffff;width: 250px;height: 200px;
           overflow: hidden;margin: 5px;float: left; z-index:10000;
           border-radius:5px;}
   .info {margin-left:5px;padding: 5px;color:black;}
   .clear {clear: both;margin-top: 10px;}
   h2 { margin-left:130px;margin-top: -50px;font-size:20px;display:none;}
   img {width: 250px; height: 200px;}
 </style>
</head>
<body>
 <div class="galleryContainer">
  <div class="galleryImage">
   <img src="MyImages/my326 呼伦贝尔.jpg" />
    <div class="info"><h2>呼伦贝尔</h2>
     <p>地处东经 115°31′~126°04′、北纬 47°05′~53°20′之间.东邻黑龙江省,西、北与蒙古国、俄罗斯相接壤,
是中俄蒙三国的交界地带,与俄罗斯、蒙古国有 1723 公里的边境线.</p></div></div>
  <div class="galleryImage">
   <img src="MyImages/my326 蜈支洲.jpg"/>
    <div class="info"><h2>蜈支洲</h2>
     <p>蜈支洲岛位于海南省三亚市,登蜈支洲岛,是要穿救生衣渡海的,船老大古铜色的皮肤,二指间夹着烟
卷,很沧桑的样子.</p></div></div></div>
</body></html>
```

上面有底纹的代码是此实例的核心代码。在这部分代码中,animate()方法用于实现在规定的时间内将图片收缩或扩展为指定的宽度和高度,css("display", "block")用于显示文字块,css("display", "none")用于隐藏文字块。

此实例的源文件名是 HtmlPageC375.html。

239 局部放大用户在小图片中选择的部分

此实例主要使用 jquery.imagezoom.min.js 插件实现对图片的局部进行放大显示的效果。当在浏览器中显示该页面时,从下面一行的缩略图中选择图片后,小图将显示在左边的窗口中,在左边的窗口中选择将要对图片进行放大显示的部分,则大图将显示在右边的窗口中,如图 239-1 所示。有关此实例的主要代码如下所示:

图 239-1

```
<!DOCTYPE html><html><head>
<script type="text/javascript" src="Scripts/jquery-2.2.3.js"></script>
<script type="text/javascript" src="Scripts/jquery.imagezoom.min.js"></script>
<script type="text/javascript">
  $().ready(function () {
   $(".jqzoom").imagezoom();
   $("#thumblist li a").hover(function () {     //在鼠标悬浮时响应
    $(this).parents("li").addClass("tb-selected").siblings().
  removeClass("tb-selected");
    $(".jqzoom").attr('src', $(this).find("img").attr("mid"));
    $(".jqzoom").attr('rel', $(this).find("img").attr("big"));
  }); });
</script>
<style type="text/css">
  html { overflow-y: scroll;}
  body { margin: 0; font: 12px "\5B8B\4F53",san-serif;background: #ffffff;}
  div, ul, li {padding: 0;margin: 0;}
  li {list-style-type: none;}
  img {vertical-align: top; border: 0;}
  .box {width: 310px; margin: 10px auto;}
  .tb-pic a {display: table-cell;text-align: center; vertical-align: middle;}
  .tb-pic a img { vertical-align: middle;}
  .tb-pic a { *display: block; *font-family: Arial; *line-height: 1;}
  .tb-thumb { margin: 10px 0 0; overflow: hidden;}
  .tb-thumb li { background: none repeat scroll 0 0 transparent;
                 float: left;height: 42px; margin: 0 6px 0 0;
                 overflow: hidden; padding: 1px; }
  .tb-s310, .tb-s310 a { height: 310px; width: 310px; }
  .tb-s310, .tb-s310 img { max-height: 310px; max-width: 310px; }
  .tb-s310 a { *font-size: 271px; }
  .tb-s40 a { *font-size: 35px; }
  .tb-s40, .tb-s40 a { height: 40px; width: 40px;}
  .tb-booth {border: 1px solid #CDCDCD; position: relative; z-index: 1;}
  .tb-thumb .tb-selected { background: none repeat scroll 0 0 #C30008;
height: 40px; padding: 2px;}
  .tb-thumb .tb-selected div { background-color: #FFFFFF; border: medium none;}
```

```
  .tb-thumb li div {border: 1px solid #CDCDCD;}
  div.zoomDiv { z-index: 999; position: absolute; top: 0px;
                left: 0px;width: 200px;height: 200px;background: #ffffff;
                border: 1px solid #CCCCCC;display: none;
                text-align: center;overflow: hidden;}
  div.zoomMask {position: absolute; cursor: move; z-index: 1;
          background: url("MyImages/mask.png") repeat scroll 0 0 transparent; }
</style>
</head>
<body>
<div class="box" style="margin-left:10px">
  <div class="tb-booth tb-pic tb-s310">
   <a href="MyImages/MyImageB03.jpg">
    <img src="MyImages/MyImageB03_mid.jpg" alt="美女"
            rel="MyImages/MyImageB03.jpg" class="jqzoom" /></a></div>
   <ul class="tb-thumb" id="thumblist">
     <li class="tb-selected"><div class="tb-pic tb-s40">
      <a href="#"><img src="MyImages/MyImageB03_small.jpg"
            mid="MyImages/MyImageB03_mid.jpg"
            big="MyImages/MyImageB03.jpg"></a></div></li>
     <li><div class="tb-pic tb-s40"><a href="#">
          <img src="MyImages/MyImageB04_small.jpg"
            mid="MyImages/MyImageB04_mid.jpg"
            big="MyImages/MyImageB04.jpg"></a></div></li>
     <li><div class="tb-pic tb-s40"><a href="#">
          <img src="MyImages/MyImageB05_small.jpg"
            mid="MyImages/MyImageB05_mid.jpg"
            big="MyImages/MyImageB05.jpg"></a></div></li></ul></div>
</body></html>
```

上面有底纹的代码是此实例的核心代码。在这部分代码中，$(this).parents("li").addClass("tb-selected").siblings().removeClass("tb-selected")用于从无序列表中选择图片，$(".jqzoom").attr('src', $(this).find("img").attr("mid"))用于显示选择图片的小图，$(".jqzoom").attr('rel', $(this).find("img").attr("big"))用于显示放大的大图。

此实例的源文件名是 HtmlPageC284.html。

240 创建从右上角向左下角拉出图片的效果

此实例主要实现使用 animate()等方法创建图片折角展开与收缩的弹出效果。当在浏览器中显示该页面时，图片未展开前如图 240-1 的左边所示；如果鼠标放在右上角的收缩图片上，则图片折角展开，如图 240-1 的右边所示。有关此实例的主要代码如下所示：

```
<!DOCTYPE html><html><head>
<script type="text/javascript" src="Scripts/jquery-2.2.3.js"></script>
<script type="text/javascript">
$(document).ready(function(){
  $("#myFlip").hover(function(){//在鼠标进入时放大图片
    $("#myFlip img, .myblock").stop().animate({width: '307px', height: '319px'}, 500);
  },function(){                     //在鼠标离开时还原图片
  $("#myFlip img").stop().animate({width: '50px', height: '52px'}, 220);
  $(".myblock").stop().animate({width: '50px', height: '50px'}, 200);
 });});
</script>
```

```
 <style type="text/css">
  #myFlip { right: 0px; float: right; position: relative; top: 0px;}
  #myFlip img {z-index: 99;right: 0px;width: 50px; position: absolute;
              top: 0px;height: 52px;}
  #myFlip .myblock {right: 0px; overflow: hidden; width: 50px;
               position: absolute;top: 0px;height: 50px;
        background: url(MyImages/my314subscribe.png) no-repeat right top;}
 </style>
</head>
<body>
<div id="myFlip">
   <a href="#" target="_blank"><img width="307" height="319"
    alt="sc.chinaz.com" src="MyImages/my314page_flip.png"></a>
   <div class="myblock"></div></div>
</body></html>
```

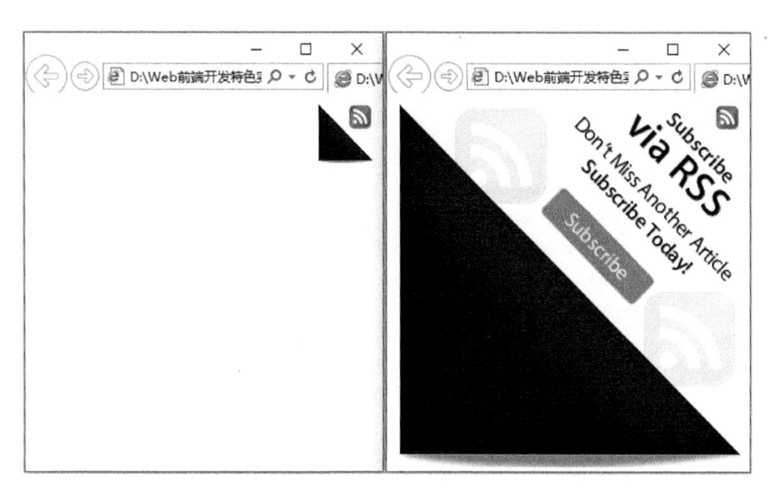

图 240-1

上面有底纹的代码是此实例的核心代码。在该部分代码中，animate()方法主要通过在规定的时间内改变图片的显示宽度和高度从而放大或缩小图片，以产生拉出图片的效果。关于该方法的语法声明请参考本书的其他部分。

此实例的源文件名是 HtmlPageC314.html。

241 从左至右展开图片和从右至左折叠图片

此实例主要通过设置 animate()方法的参数实现从左至右展开照片和从右至左折叠照片。当在浏览器中显示该页面时，单击“从左至右展开照片”按钮，则照片将在 5 秒内从左至右展开照片；单击“从右至左折叠照片”按钮，则照片将在 5 秒内从右至左折叠照片，如图 241-1 所示。有关此实例的主要代码如下所示：

```
<!DOCTYPE html><html><head>
 <script type="text/javascript" src="Scripts/jquery-2.2.3.js"></script>
 <script language="javascript">
  $(document).ready(function () {
   $('img').load(function () {
    //在图片加载完成之后执行隐藏
    $('img').each(function () {
```

```
        $("img").slideUp(0);
        //$("img").slideDown(0);
        //$("img").hide();
      });});
      $("#myleftbutton").click(function () {        //从左至右展开照片
        $("img").slideUp(0);
        $("img").animate({ width: "show" }, 5000);
      });
      $("#myrightbutton").click(function () {       //从右至左折叠照片
       $("img").slideDown(0);
       $("img").animate({ width: "hide" }, 5000);
    });});
  </script>
</head>
<body>
    <input class="input" type="button" value="从左至右展开照片"
      id="myleftbutton" style="width:200px" />
    <input class="input" type="button" value="从右至左折叠照片"
      id="myrightbutton" style="width:200px" /><br><br>
    <img src="MyImages/MyImage06.jpg" width="405" height="200" />
</body></html>
```

图　241-1

上面有底纹的代码是此实例的核心代码。在该部分代码中，slideUp()方法用于从下到上折叠照片，slideDown()用于从上到下展开照片，当时间被设置为 0 时，该动画过程将被省略。animate({ width: "show" }, 5000)用于在 5 秒内从左至右展开照片，animate({ width: "hide" }, 5000)用于在 5 秒内从右至左折叠照片。

此实例的源文件名是 HtmlPageC075.html。

242　以动画方式折叠图片并改变透明度

此实例主要实现使用 animate()方法以动画渐进改变的效果向上折叠图片并同时使该图片的透明度逐渐消失。当在浏览器中显示该页面时，如果把鼠标悬停在图片上，则图片就会向上折叠并慢慢消失，如图 242-1 所示。有关此实例的主要代码如下所示：

```
<!DOCTYPE html><html><head>
 <script type="text/javascript" src="Scripts/jquery-2.2.3.js"></script>
 <script language="javascript">
```

```
$(document).ready(function () {
 $(function () {//当鼠标放到图片上时,图片一边折叠一边使透明度逐渐消失
  $("img").mouseover(function () {
    if (!$(this).is(":animated")) {
      $(this).animate({height: 'toggle', opacity: 'toggle'}, 5000);}
 }); });});
  </script>
</head>
<body>
 <div style="text-align:center;margin-top:5px">
  <img src="MyImages/MyImage08.jpg" width="400" height="200" /></div>
</body></html>
```

图 242-1

上面有底纹的代码是此实例的核心代码。在该部分代码中,animate({height: 'toggle', opacity: 'toggle'}, 5000)用于以动画方式在5秒内全部折叠图片并使图片的透明度消失。

此实例的源文件名是 HtmlPageC061.html。

243 确保悬浮图片一直在用户的可视范围内

此实例主要通过重置滚动窗口实现使悬浮的广告图片一直在用户的可视范围内。当在浏览器中显示该页面时,无论怎样拖动浏览器右侧的滚动条滑块,右下角的广告图片将始终处于右下角,不会因滚动条的改变而改变,如图243-1所示。有关此实例的主要代码如下所示:

图 243-1

```
<!DOCTYPE html><html><head>
 <script type="text/javascript" src="Scripts/jquery-2.2.3.js"></script>
 <script language="javascript">
  $(document).ready(function () {
   $(function () {
    var MyBottom = function () {
     //最上面的高度=浏览器的高度+滚动到上面看不到的高度-本身的高度
     var offsetTop = $(window).height() + $(window).scrollTop() -
                     $("#RightDown").height() - 2 + "px";
     var offsetLeft = $(window).width() - $("#RightDown").width() - 4 + "px";
     $("#RightDown").animate({ top: offsetTop, left: offsetLeft },
                 { duration: 500, queue: false });
     };
     //在浏览器滚动条变化或大小改变时调用
     $(window).scroll(MyBottom).resize(MyBottom);
  });});
 </script>
</head>
<body>
    <div id="RightDown" style="width:200px;height:200px;
          border:1px solid red; position:absolute">
      <img src="MyImages/MyImage39.jpg"  width="200" height="200" /></div>
    <div id="Con" class="ConDiv" style="height:5555px"></div>
</body></html>
```

上面有底纹的代码是此实例的核心代码。其中，$("#RightDown").animate({ top：offsetTop，left：offsetLeft }，{ duration：500，queue：false })用于根据滚动条的变化不断修改 $("#RightDown")图片窗口的左上角坐标，从而保证在用户的可视范围内。

此实例的源文件名是 HtmlPageC092.html。

244　控制悬浮的广告图片是否隐藏或显示

此实例主要使用 toggle()方法实现控制在悬浮框中的广告图片是否隐藏或显示。当在浏览器中显示该页面时，无论怎样拖动浏览器右侧的滚动条滑块，右下角的广告图片将始终处于右下角，不会因滚动条的改变而改变；单击悬浮框中的“隐藏图片”文字，则下面的广告图片隐藏，如图 244-1 的左边所示；单击悬浮框中的“显示图片”文字，则下面的广告图片显示，如图 244-1 的右边所示。有关此实例的主要代码如下所示：

图　244-1

```
<!DOCTYPE html><html><head>
<script type="text/javascript" src="Scripts/jquery-2.2.3.js"></script>
<script language="javascript">
  var ds = "";
  $(function () {
   $("#mydiv").slideDown(2000);
   $(window).scroll(function () {           //在浏览器滑块滑动时响应
     clearTimeout(ds);
     ds = setTimeout(function () { myanimate(); }, 10);
   });
   $("#myswitch").click(function () {
    var t = $("#myswitch").text() == "显示图片" ? "隐藏图片" : "显示图片";
    $("#myswitch").text(t);                 //根据状态设置显示图片文本还是隐藏图片文本
    var myheight = $("#mydiv").height() == 200 ? 30 : 200;
    $("#mydiv").height(myheight);
    $("#mycontent").toggle();               //根据状态显示或隐藏图片窗口
    myanimate();
  }); });
  function myanimate() {
   var nowtop = $("#mydiv").position().top;
   var realtop = $(window).scrollTop() +
         $(window).height() - $("#mydiv").outerHeight();
   $("#mydiv").animate({ top: eval(realtop) + "px" }, 200);
  }
</script>
<style type="text/css">
  body {height: 1800px;}
  #mydiv {height: 200px;border: 1px solid blue;width: 200px;
          display: none;position: absolute;right: 5px;bottom: 5px;}
  #mydiv .mytitle {height: 30px; position: relative;
              border-bottom: 0px solid red;}
  #mydiv .mytitle .mytitlecon {display: inline-block;
             position: absolute;left: 3px;top: 8px;}
  #mydiv .mytitle .myswitch {display: inline-block;
        position: absolute;right: 3px;top: 8px;cursor: pointer;}
  #mydiv .mycontent {height: 160px;}
 </style>
</head>
<body>
 <div id="mydiv">
  <div class="mytitle">
   <span class="mytitlecon"><a href="http://www.jd.com">京东商城</a></span>
    <span class="myswitch" id="myswitch">隐藏图片</span></div>
   <div class="mycontent" id="mycontent">
   <img src="MyImages/MyImage38.jpg" width="170" height="170" /></div></div>
</body></html>
```

上面有底纹的代码是此实例的核心代码。在这部分代码中，$("#mydiv").position()用于返回$("#mydiv")相对于主窗口的位置，该方法返回的对象包含两个整型属性：top 和 left，以像素计。

此实例的源文件名是 HtmlPageC093.html。

245 拖动 range 控制图片按照一定角度倾斜

此实例主要通过在 range 控件的 change 事件响应方法中设置图片的扭曲角度从而控制图片按照一定角度倾斜。当在浏览器中显示该页面时，使用鼠标拖动 range 控件，上面的图片即可按照一定的角度倾斜，如图 245-1 所示。有关此实例的主要代码如下所示：

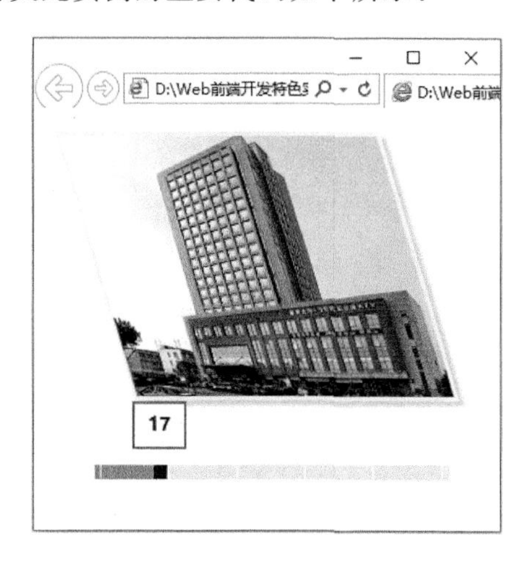

图　245-1

```
<!DOCTYPE html><html><head>
<script type="text/javascript" src="Scripts/jquery-2.2.3.js"></script>
<style type="text/css">
  img {margin-top: 10px;margin-left: 40px;width: 250px;
       border: 3px solid #F2F2F2; height: 200px;
       box-shadow: 4px 4px 4px #DDDDDD;}
  input {margin-top: 10px;margin-left: 40px;}
</style>
<script type="text/javascript">
  $(document).ready(function () {
   //$("#myRange").change(function () {
   $('body').on('change', '#myRange', function () {//添加 change 事件响应方法
    var value = this.value;
    //设置图片的 transform 属性值,以产生倾斜效果
    $("img").css({ "transform": "skewX(" + value +
       "deg)", "-webkit-transform": "skewX(" + value +
       "deg)", "-moz-transform": "skewX(" + value + "deg)" }); });
  });
 </script>
</head>
<body>
    <img src="MyImages/MyImage55.jpg" alt="" /><br /><br />
    <input type="range" id="myRange" value="0" />
</body></html>
```

上面有底纹的代码是此实例的核心代码。在该部分代码中，css({ "transform"："skewX(" ＋ value ＋ "deg)" })用于设置图片的 transform 属性值，transform 属性能够对元素进行旋转、缩放、移动或倾斜等特殊效果。

此实例的源文件名是 HtmlPageC226.html。

246　使用鼠标把图片拖曳到页面的任意位置

此实例主要通过处理鼠标事件 mousedown、mousemove、mouseup 等实现使用鼠标把图片拖曳到页面的任意位置。当在浏览器中显示该页面时，即可以使用鼠标把图片拖曳到页面的任意位置，如

图 246-1 所示。有关此实例的主要代码如下所示：

图 246-1

```
<!DOCTYPE html><html><head>
<script type="text/javascript" src="Scripts/jquery-2.2.3.js"></script>
<style type="text/css">
  .drag {position: absolute;width: 106px; height: 148px;
         border: 1px solid #ddd;background: #FBF2BD;text-align: center;
         padding: 1px;top: 148px;left: 20px;cursor: move;border-radius:12px}
</style>
<script type="text/javascript">
  $(function () {
  var _move = false;                //移动标记
  var _x, _y;                       //鼠标离控件左上角的相对位置
  $(".drag").click(function () {
    //alert("click");               //单击(松开后触发)
   }).mousedown(function (e) {
     _move = true;
     _x = e.pageX - parseInt($(".drag").css("left"));
     _y = e.pageY - parseInt($(".drag").css("top"));
     //单击后开始拖动并透明显示
     $(".drag").fadeTo(20, 0.5);
   });
   $(document).mousemove(function (e) {
       if (_move) {
        //移动时根据鼠标位置计算控件左上角的绝对位置
        var x = e.pageX - _x;
        var y = e.pageY - _y;
        //控件新位置
        $(".drag").css({ top: y, left: x });
       }
     }).mouseup(function () {
       _move = false;
       //松开鼠标后停止移动并恢复成不透明
       $(".drag").fadeTo("fast", 1);
  });});
 </script>
</head>
<body>
    <div class="drag" style="background-image:url(MyImages/MyImage02.jpg)">
         这个可以拖动</div>
</body></html>
```

上面有底纹的代码是jQuery实现此功能的核心代码。在这部分代码中，parseInt(string)方法的功能是从一个字符串string的开头开始解析，返回一个整数，如parseInt("1234blue")，返回1234。

此实例的源文件名是HtmlPageC216.html。

247　在可任意拖曳的图片上添加关闭功能

此实例主要通过处理鼠标事件mousedown、mousemove等实现使用鼠标把图片拖曳到页面的任意位置并随时可关闭此图片。当在浏览器中显示该页面时，即可以使用鼠标把图片拖曳到页面的任意位置，单击图片右上角的"X"，即可关闭此图片，如图247-1所示。有关此实例的主要代码如下所示：

图　247-1

```
<!DOCTYPE html><html><head>
<script type="text/javascript" src="Scripts/jquery-2.2.3.js"></script>
<script language="javascript">
 $(function () {
  var _move = false;                                  //移动标记
  var _x, _y;                                         //鼠标离控件左上角的相对位置
  $('.cc span').click(function () {
   $('.cc').hide('fast');
  })
  $('.cc').mousedown(function (e) {
   _move = true;
   _x = e.pageX - parseInt($(".cc").css("left"));
   _y = e.pageY - parseInt($(".cc").css("top"));
   $(".cc").fadeTo(20, 0.5).css('cursor', 'move'); //单击后开始拖动并透明显示
  });
  $('.cc').mousemove(function (e) {
   if (_move) {
    var x = e.pageX - _x;                             //移动时根据鼠标位置计算左上角的绝对位置
    var y = e.pageY - _y;
    $(".cc").css({ top: y, left: x });                //设置新位置
   } }).mouseup(function () {
    _move = false;
    //在松开鼠标后停止移动并恢复成不透明
    $(".cc").fadeTo("fast", 1).css('cursor', 'auto');
  }); });
</script>
<style type="text/css">
 #t { margin: 30px 0 0 100px;}
 .cc {border: 1px solid #000;position: absolute; top: 60px;
```

```
        left: 180px; height: 150px; width: 300px;
        background: url(MyImages/MyImage94.jpg);}
    .cc h2 {display: block; width: 270px;font-size: 12px; float: left;
            text-align: center; }
    .cc span {display: block;width: 20px; height: 20px;
              font-size: 18px;float: right;border: 1px solid #F00;
              background: #999;text-align: center; }
  </style>
</head>
<body>
 <div class="cc"><h2>单击可以拖曳哦</h2><span>X</span></div>
</body></html>
```

上面有底纹的代码是此实例的核心代码。在这部分代码中，fadeTo()方法用于将被选元素（图片）的不透明度逐渐地改变为指定的值。css()方法用于设置或返回被选元素的一个或多个样式属性。在此实例中，主要就是通过在鼠标事件响应方法中使用这两个方法改变图片的位置和显示状态来实现拖曳效果的。有关这两个方法的语法声明请参考本书的其他部分。

此实例的源文件名是 HtmlPageC287.html。

248 在图片周围添加类似走马灯的虚线框

此实例主要使用定时器方法 setInterval()实现在图片周围添加类似走马灯的流动虚线框。当在浏览器中显示该页面时，虚线框将像走马灯一样围绕着图片顺时针走动，如图 248-1 所示。有关此实例的主要代码如下所示：

图 248-1

```
<!DOCTYPE><html><head>
 <script src="Scripts/jquery-2.2.3.js" type="text/javascript"></script>
 <script type="text/javascript">
   setInterval(function () {
    var $left = $(".myDashed-top").css("left");          //获取顶部虚线的左端值
    var $top = $(".myDashed-bottom").css("left");        //获取底部虚线的左端值
    $left = parseInt($left);                              //转换该字符串为整数
    $top = parseInt($top);
    if ($left < 0) {
      $left += 2;
    } else {
      $left = -1400;
```

```
    }
    if ( $top > -1000) {
      $top -= 2;
    } else {
      $top = 0;
    }
   //重置顶部虚线的左端值
   $(".myDashed-top").css("left", $left + "px");
   $(".myDashed-right").css("top", $left + "px");
   $(".myDashed-bottom").css("left", $top + "px");
   $(".myDashed-left").css("top", $top + "px");
   }, 60);                //间隔60毫秒
  </script>
  <style>
   .myDashed-box {width: 407px;height: 257px;overflow: hidden;
            position: relative;color:red;}
   .myDashed-top {width: 2000px;height: 0px;border-bottom: 2px  dashed;
            position: absolute;top: 0;left: -1400px;}
   .myDashed-left {width: 0px;height: 2000px;border-left: 2px  dashed;
            position: absolute;left: 0;top: -1600px;}
   .myDashed-bottom { width: 2000px;height: 0px; border-bottom: 2px  dashed;
            position: absolute;left: 0px;bottom: 0;}
   .myDashed-right {width: 0px;height: 2000px;border-left: 2px  dashed;
            position: absolute;right: 0; top: -1600px;}
   img {margin:3px;width:400px;height:250px;}
  </style>
 </head>
 <body>
  <div class="myDashed-box">
   <div class="myDashed-top"></div>
   <div class="myDashed-left"></div>
   <div class="myDashed-right"></div>
   <div class="myDashed-bottom"></div>
   <img src="MyImages/my326呼伦贝尔.jpg"/></div>
 </body></html>
```

上面有底纹的代码是此实例的核心代码。在这部分代码中，setInterval()方法用于重复执行某些功能，此处主要是每间隔60毫秒重置每个虚线的左上角坐标值，可以使用clearInterval()方法清除setInterval()方法返回的对象。关于这两个方法的语法声明请参考本书的其他部分。

此实例的源文件名是HtmlPageC358.html。

249　以瀑布流方式显示已加载的多张图片

此实例主要使用append()方法实现以瀑布流方式布局多张图片。当在浏览器中显示该页面时，单击"加载图片"按钮，则将把JSON格式的指定图片以瀑布流的方式进行布局，如图249-1所示。有关此实例的主要代码如下所示：

```
 <!DOCTYPE html><html><head>
  <script type="text/javascript" src="Scripts/jquery-2.2.3.js"></script>
  <script type="text/javascript">
   $(document).ready(function () {
     var json = [                                //以JSON格式保存的图片相关信息
```

```
    { "text": "1", "src": "MyImages/MyImage71.jpg", "height": "173" },
    { "text": "2", "src": "MyImages/MyImage72.jpg", "height": "173" },
    { "text": "3", "src": "MyImages/MyImage73.jpg", "height": "206" },
    { "text": "4", "src": "MyImages/MyImage74.jpg", "height": "170" },
    { "text": "5", "src": "MyImages/MyImage75.jpg", "height": "173" },
    { "text": "6", "src": "MyImages/MyImage76.jpg", "height": "207" },
    { "text": "7", "src": "MyImages/MyImage77.jpg", "height": "172" },
    { "text": "8", "src": "MyImages/MyImage78.jpg", "height": "185" },
    { "text": "9", "src": "MyImages/MyImage79.jpg", "height": "203" },
    { "text": "10", "src": "MyImages/MyImage70.jpg", "height": "172" },
    { "text": "11", "src": "MyImages/MyImage75.jpg", "height": "173" },
    { "text": "12", "src": "MyImages/MyImage77.jpg", "height": "173" },
    { "text": "13", "src": "MyImages/MyImage73.jpg", "height": "180" }]
    function getSmallDiv(wrap, oD) {
     var len = oD.length;
     var h = Infinity;
     var getD;
     for (var i = 0; i < len; i++) {
      if (oD.eq(i).height() < h) {
        h = oD.eq(i).height();
        getD = oD.eq(i);
     }}
     return getD;
    }
    $("button").click(function () {            //响应单击按钮"加载图片"
     //根据 JSON 内容动态创建 HTML 代码
     for (var i = 0; i < json.length; i++) {
      var str;
      str = "<div class=\"content\">";
      str += "<img src=" + json[i].src + " height="
               + json[i].height + " alt=\"\" />";
      str += "<div class=\"imgcaption\">" + json[i].text + "</div>";
      str += "</div>";
      //将 HTML 代码追加到文档
      getSmallDiv($(".section"), $(".aside")).append(str);
   } }); });
  </script>
  <style type="text/css">
   * {margin: 0; padding: 0;}
   button { width: 125px; }
   div.section { overflow: hidden;}
   div.aside {width: 125px; float: left; display: inline;}
   div.aside div.content { margin: 5px; background: #666; }
   div.aside div.content img {width: 105px; margin: 5px;}
   div.aside div.content div.imgcaption {margin: 0 5px;line-height: 20px;}
 </style>
</head>
<body>
 <div class="section">
  <div class="aside"></div>
  <div class="aside"></div>
  <div class="aside"></div>
  <div class="aside"></div></div>
<button>加载图片</button>
</body></html>
```

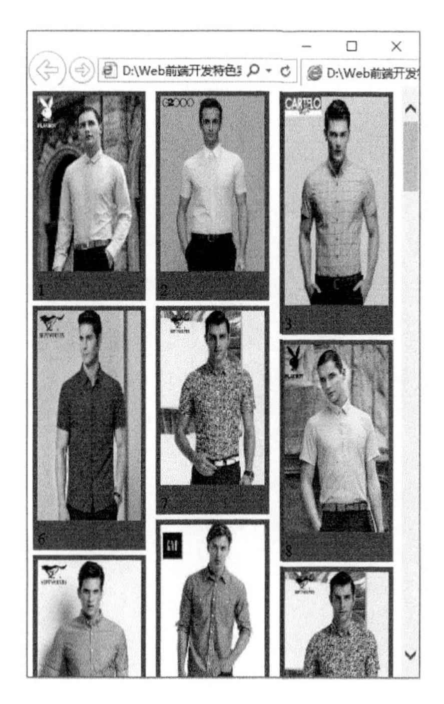

图　249-1

上面有底纹的代码是此实例的核心代码。在这部分代码中，append()方法用于在被选元素的结尾(仍然在内部)插入指定内容。在此实例中，append()方法主要用于将根据 JSON 创建的 HTML 代码追加到样式为 section 的 DIV 块中，以瀑布流的方式显示出来，即加载图片。

此实例的源文件名是 HtmlPageC290.html。

250　在滚动页面时以瀑布流方式加载图片

此实例主要通过在 scroll 事件响应方法中使用 Math.random()方法实现在滚动页面时以瀑布流方式随机加载图片。当在浏览器中显示该页面时，滚动右侧的滚动条滑块，将以瀑布流方式随机加载图片，如图 250-1 所示。有关此实例的主要代码如下所示：

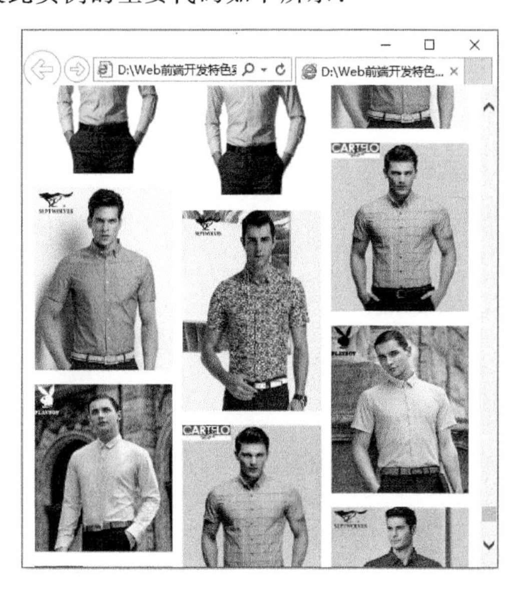

图　250-1

```
<!DOCTYPE html><html><head>
 <script type="text/javascript" src="Scripts/jquery-2.2.3.js"></script>
<script type="text/javascript">
 $(function () {
  function loadMeinv() {
   var data = 0;
   var myHeights = new Array(170, 165, 195, 166, 200, 180, 160, 198, 165, 185);
   for (var i = 0; i < 9; i++) {          //每次加载时模拟随机加载图片
    data = parseInt(Math.random() * 9); //产生随机数
    var html = "";                      //创建随机布局的 HTML
    html = '<li><img style="height:' + myHeights[data] +
              'px" src = MyImages/MyImage7' + data + '.jpg></li>';
    $minUl = getMinUl();
    $minUl.append(html);
   }}
   loadMeinv();
   $(window).on("scroll", function () {
    $minUl = getMinUl();
    if ($minUl.height() <= $(window).scrollTop() + $(window).height()) {
     //当最短的 ul 的高度比窗口滚出去的高度 + 浏览器高度大时加载新图片
     loadMeinv();
   } })
   function getMinUl() {                 //每次获取最短的 ul,将图片放到其后
    var $arrUl = $("#container .col");
    var $minUl = $arrUl.eq(0);
    $arrUl.each(function (index, elem) {
     if ($(elem).height() < $minUl.height()) {
       $minUl = $(elem);
    }});
    return $minUl;
   }})
 </script>
 <style type="text/css">
    * {margin: 0;padding: 0;list-style-type: none;}
    #container {width: 440px; margin: 10px auto;}
    #container ul {width: 140px;list-style: none;
                float: left;margin-right: 10px;}
    #container ul li {margin-bottom: 10px;}
    #container ul li img {width: 140px;}
 </style>
</head>
<body>
 <div id="container">
  <ul class="col">
   <li><img src="MyImages/MyImage71.jpg" alt="" /></li>
   <li><img src="MyImages/MyImage75.jpg" alt="" /></li>
   <li><img src="MyImages/MyImage73.jpg" alt="" /></li></ul>
  <ul class="col"></ul>
  <ul class="col" style="margin-right:0"></ul></div>
</body></html>
```

上面有底纹的代码是此实例的核心代码。在这部分代码中，random()方法用于返回 0 和 1 之间的伪随机数，可能为 0，但总是小于 1。

此实例的源文件名是 HtmlPageC391.html。

251　使用鼠标单击小图片则弹出对应大图片

此实例主要通过动态增加元素及其事件响应方法的方式实现单击小图片弹出该小图片对应的大图片的效果。当在浏览器中显示该页面时，单击顶部的任意一张小图片，则将在下面显示该小图片对应的大图片，如图 251-1 所示。有关此实例的主要代码如下所示：

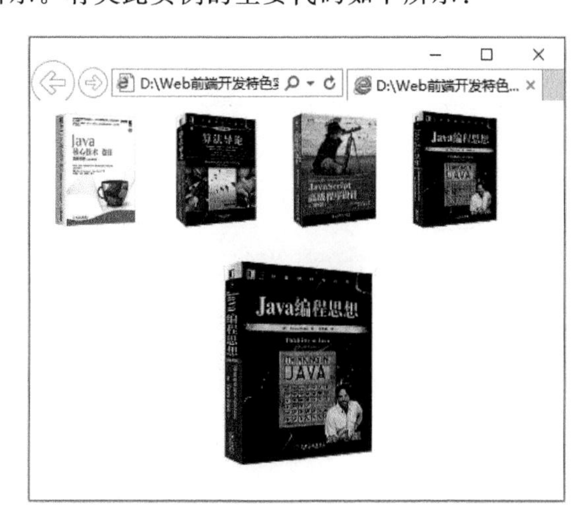

图　251-1

```
<!DOCTYPE html><html><head>
 <script type="text/javascript" src="Scripts/jquery-2.2.3.js"></script>
 <script type="text/javascript">
  $.fn.ImgZoomIn = function () {
   bgstr = '<div id="ZoomInBG" style=" background:#000000;filter:Alpha(Opacity = 70); opacity:0.5;
position:fixed; left:0; top:0; z-index:10000; width:100%; height:100%; display:none;"><iframe src
="about:blank" frameborder="5px" scrolling="yes" style="width:100%; height:100%;"></iframe>
</div>';
   imgstr = '<img id="ZoomInImage" src="' + $(this).attr('src')
              + '" onclick=$(\'#ZoomInImage\').hide(); $(\'#ZoomInBG\').hide();
              style="cursor:pointer; display:none; position:absolute;
              z-index:10001;" />';
   if ($('#ZoomInBG').length < 1) {
     $('body').append(bgstr);
   }
    //将创建的大图追加到文档中
   if ($('#ZoomInImage').length < 1) {
     $('body').append(imgstr);
   } else {
     $('#ZoomInImage').attr('src', $(this).attr('src'));
   }
   //设置大图的左上角坐标
   $('#ZoomInImage').css('left', $(window).scrollLeft() +
                    ($(window).width() - $('#ZoomInImage').width()) / 2);
   $('#ZoomInImage').css('top', $(window).scrollTop() +
                    ($(window).height() - $('#ZoomInImage').height()) * 2/3);
    //$('#ZoomInBG').show();
   $('#ZoomInImage').show();     //显示大图
  };
   $(document).ready(function () {
```

```
    $("#imgTest").bind("click", function () {
    $(this).ImgZoomIn();
  }); });
  </script>
  <style type="text/css">
   .myImgStyle {height: 100px; cursor: pointer; }
 </style>
</head>
<body>
 <div><img class="myImgStyle" src="MyImages/MyImage45.jpg" id="imgTest" />
       <img class="myImgStyle" src="MyImages/MyImage40.jpg"
          onClick="$(this).ImgZoomIn();" />
       <img class="myImgStyle" src="MyImages/MyImage41.jpg"
          onClick="$(this).ImgZoomIn();" />
       <img class="myImgStyle" src="MyImages/MyImage42.jpg"
          onClick="$(this).ImgZoomIn();" /></div>
</body></html>
```

上面有底纹的代码是此实例的核心代码。在该部分代码中，$('#ZoomInImage').css('left',$(window).scrollLeft()+($(window).width()-$('#ZoomInImage').width())/2)主要用于根据页面窗口的宽度和大图宽度重置大图的左上角坐标值，从而实现保证大图始终居中显示。

此实例的源文件名是HtmlPageC264.html。

252 使用鼠标单击缩略图则播放对应视频

此实例主要使用hide()方法和show()方法实现单击缩略图切换播放对应的视频。当在浏览器中显示该页面时，如果单击第一幅图片，则播放第一幅图片对应的视频，如图252-1所示；如果单击第三幅图片，则播放第三幅图片对应的视频，如图252-2所示。单击其他图片将会实现类似的功能。有关此实例的主要代码如下所示：

图 252-1

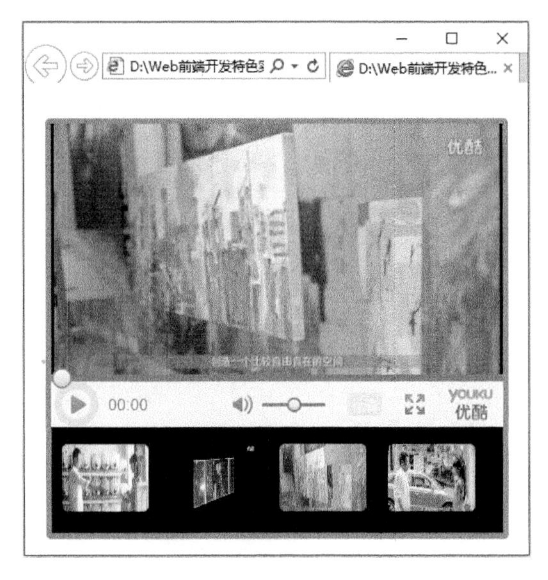

图 252-2

```
<!DOCTYPE html><html><head>
 <script type="text/javascript" src="Scripts/jquery-2.2.3.js"></script>
```

```
<script type="text/javascript">
 $(document).ready(function () {
  $(".video-list li").click(function () {               //切换视频
    var obj = $(this);
    var vid = obj.attr("vid");                          //获取视频网址
    $(".js_videoCon").hide();
    $("#js_videoCon_" + vid).show();
 });});
</script>
<style type="text/css">
  *{margin:0;padding:0;list-style-type:none;}
  .videobox{background:black;border:solid 5px green;width:408px;
            margin:30px auto 0 auto;border-radius:5px; }
  .video-list{height:78px;padding:15px 0 0 0;background-color:black; }
  .video-list li{width:78px;height:59px;overflow:hidden;position:relative;
                 float:left; margin:0 10px;cursor:pointer;border-radius:5px;}
</style>
</head>
<body>
 <div class="videobox">
  <div><embed id="js_videoCon_1" class="js_videoCon"
        src="http://player.youku.com/player.php/sid/XNTMyNzE2ODk2/v.swf"
        allowFullScreen="true" quality="high" width="408" height="266"
        align="middle" allowScriptAccess="always"
        type="application/x-shockwave-flash">
  <embed id="js_videoCon_2" class="js_videoCon" style="display:none"
        src="http://player.youku.com/player.php/sid/XNTMyNzM4MzA4/v.swf"
        allowFullScreen="true" quality="high" width="408" height="266"
        align="middle" allowScriptAccess="always"
        type="application/x-shockwave-flash">
  <embed id="js_videoCon_3" class="js_videoCon" style="display:none"
        src="http://player.youku.com/player.php/sid/XNTMyNzQ1MjQw/v.swf"
        allowFullScreen="true" quality="high" width="408" height="266"
        align="middle" allowScriptAccess="always"
        type="application/x-shockwave-flash">
  <embed id="js_videoCon_4" class="js_videoCon" style="display:none"
        src="http://player.youku.com/player.php/sid/XNTMyODE3NTU2/v.swf"
        allowFullScreen="true" quality="high" width="408" height="266"
        align="middle" allowScriptAccess="always"
        type="application/x-shockwave-flash"></div>
 <div class="video-list">
  <ul><li id="http://player.youku.com/player.php/sid/XNTMyNzE2ODk2/v.swf"
       video="1" vid="1"><img src="MyImages/My301Image01.jpg"
       width="78" height="59"></li>
     <li id="http://player.youku.com/player.php/sid/XNTMyNzM4MzA4/v.swf"
       video="2" vid="2"><img src="MyImages/My301Image02.jpg"
       width="78" height="59"></li>
     <li id="http://player.youku.com/player.php/sid/XNTMyNzQ1MjQw/v.swf"
       video="3" vid="3"><img src="MyImages/My301Image03.jpg"
       width="78" height="59"></li>
   <li id="http://player.youku.com/player.php/sid/XNTMyODE3NTU2/v.swf"
       video="4" vid="4"><img src="MyImages/My301Image04.jpg"
       width="78" height="59"></li></ul></div></div>
</body></html>
```

上面有底纹的代码是此实例的核心代码。在这部分代码中，hide()方法用于隐藏被选择的元素，

$(".js_videoCon").hide()即是隐藏所有视频窗口；show()方法用于显示被选择的元素，$("#js_videoCon_" + vid).show()即是显示当前图片对应的视频窗口。关于这两个方法的语法声明请参考本书的其他部分。

此实例的源文件名是 HtmlPageC301.html。

253 左右滑动鼠标来切换显示两张图片

此实例主要使用 animate()方法实现通过悬停的鼠标左右滑动来切换显示两张图片。当在浏览器中显示该页面时，将显示第一张图片，如图 253-1 的左边所示；如果向左滑动，则将慢慢滑出第二张图片，如图 253-1 的右边所示；在显示第二张图片时，如果向右滑动，则将慢慢滑出第一张图片。有关此实例的主要代码如下所示：

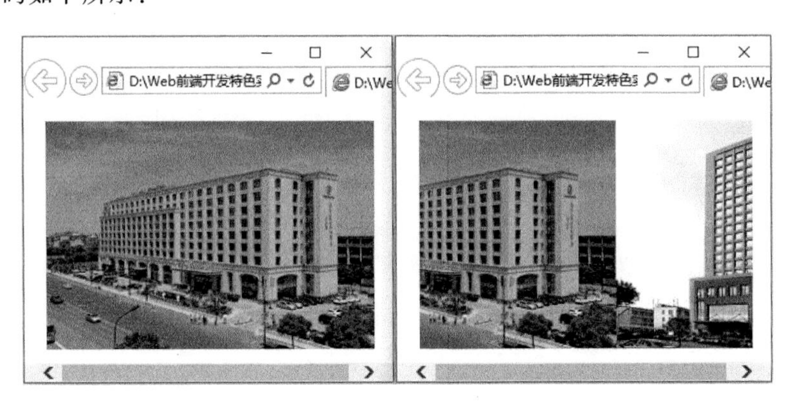

图 253-1

```
<!DOCTYPE html><html><head>
 <script type="text/javascript" src="Scripts/jquery-2.2.3.js"></script>
 <script type="text/javascript">
  $(function () {
   $(".content").hover(function () {                    //在鼠标悬浮在图片上时响应
     $(".slide-box").stop(true).animate({ right: "300px" }, 'slow');
    }, function () {                                    //在鼠标离开图片时响应
     $(".slide-box").stop(true).animate({ right: "0" }, 'slow');
  });})
 </script>
 <style type="text/css">
  body {width: 100%;height: auto;}
  .content { width: 300px; height: 200px; position: absolute;top: 20px;
           left: 20px;overflow: hidden;background-color: red;}
  .slide-box {width: 600px;position: relative;}
  .slide1 {width: 300px;height: 200px;float: left;display: inline-block;
    line-height: 200px;text-align: center;background-color: #BDD8CF;}
  .slide2 {width: 300px;height: 200px;float: right;display: inline-block;
    line-height: 200px;text-align: center;background-color: #C1C4C4;}
 </style>
</head>
<body>
 <div class="content">
  <div class="slide-box clearfix">
   <span class="slide2"><img src="MyImages/MyImage55.jpg"
          style="width:300px;height:200px" /></span>
```

```
    <span class = "slide2"><img src = "MyImages/MyImage56.jpg"
            style = "width:300px;height:200px" /></span></div></div>
</body></html>
```

上面有底纹的代码是此实例的核心代码。在这部分代码中，animate()方法用于执行 CSS 属性集的自定义动画，$(".slide—box").stop(true).animate({ right: "300px" }, 'slow')即是以 slow 模式使两张图片(实际上连在一起)向右移动 300px，由于每张图片的宽度是 300px，因此它向左滑动就显示第二张图片，向右滑动就显示第一张图片。

此实例的源文件名是 HtmlPageC195.html。

254　以单张方式滚动显示在图库中的图片

此实例主要实现以单张图片连续滚动方式显示在图库中的每张图片。当在浏览器中显示该页面时，图片将按照从右至左的方式连续滚动显示，如图 254-1 的左边部分所示；中间暂停 3 秒以单张图片的方式显示，如图 254-1 的右边部分所示；如果鼠标悬停在图片上，则滚动暂停；当鼠标离开图片，则滚动继续。有关此实例的主要代码如下所示：

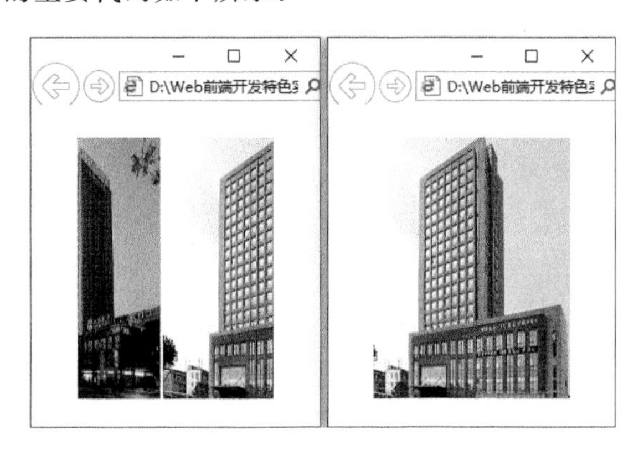

图　254-1

```
<!DOCTYPE html><html><head>
 <script type = "text/javascript" src = "Scripts/jquery - 2.2.3.js"></script>
 <script language = "javascript">
  function AutoScroll() {
   var myscroll  =  $("#slide>ul");
   myscroll.animate({ marginLeft: "-220px" }, 1000, function () {
   //找到第一个 li(图片)放到最后面
   myscroll.css({ marginLeft: -50 }).find("li:first").appendTo(myscroll);
  }); }
  $(function () {                                  //静止显示时间 3 秒
   var myscrolling  =  setInterval("AutoScroll()", 3000);
   $("#slide>ul").hover(function () {              //鼠标放在图片上时滚动停止
     clearInterval(myscrolling);
   }, function () {                                //离开继续滚动
     myscrolling  =  setInterval("AutoScroll()", 3000);
  }); });
 </script>
 <style type = "text/css">
  #slide {width: 330px;height: 224px;overflow: hidden;}
  #slide ul {width: 560px;}
  #slide li {float: left;}
```

```
#slide li img {width: 170px;height: 224px;border: 1px solid white;}
</style>
</head>
<body>
<div id="slide" style="width:160px;margin:0 auto">
<ul style="margin-left:-50px">
<li><img src="MyImages/MyImage50.jpg" /></li>
<li><img src="MyImages/MyImage51.jpg" /></li>
<li><img src="MyImages/MyImage52.jpg" /></li>
<li><img src="MyImages/MyImage53.jpg" /></li>
<li><img src="MyImages/MyImage54.jpg" /></li>
<li><img src="MyImages/MyImage55.jpg" /></li></ul></div>
</body></html>
```

上面有底纹的代码是此实例的核心代码。在这部分代码中，setInterval()方法用于按照指定的周期(以毫秒计)来调用方法或计算表达式，setInterval("AutoScroll()", 3000)即是表示在暂停3秒后执行AutoScroll()方法，该代码会返回一个对象，clearInterval()方法据此对象可取消由setInterval()方法产生的行为。关于这些方法的相关说明请参考本书的其他部分。

此实例的源文件名是HtmlPageC081.html。

255 以成组方式滚动显示在图库中的图片

此实例主要实现以两张图片组成一组，然后以成组方式连续滚动显示在图库中的每张图片。当在浏览器中显示该页面时，图片将按照从右至左的方式连续滚动显示，如图255-1所示；中间暂停2秒，以两张图片组成一组的方式显示，如图255-2所示；如果把鼠标悬停在图片上，则滚动暂停；当鼠标离开图片，则滚动继续。有关此实例的主要代码如下所示：

图 255-1

图 255-2

```
<!DOCTYPE html><html><head>
<script type="text/javascript" src="Scripts/jquery-2.2.3.js"></script>
<script language="javascript">
function AutoScroll() {
 var myscroll = $("#slide>ul");
  myscroll.animate({ marginLeft: "-220px" }, 1000, function () {
  myscroll.css({ marginLeft: -50 }).find("li:first").appendTo(myscroll);
});}
$(function () {                                    //每隔2秒执行一次
 var myscrolling = setInterval("AutoScroll()", 2000);
  $("#slide>ul").hover(function () {               //鼠标放在图片上时滚动停止
```

```
      clearInterval(myscrolling);
     }, function () {                     //离开继续滚动
      myscrolling = setInterval("AutoScroll()", 2000);
    }); });
    </script>
    <style type="text/css">
      #slide {width: 330px;height: 224px;overflow: hidden;}
      #slide ul {width: 560px;}
      #slide li {float: left;}
      #slide li img {width: 170px;height: 224px;border: 1px solid white;}
    </style>
  </head>
  <body>
   <div id="slide" style="width:330px;margin:0 auto">
    <ul style="margin-left: -50px">
     <li><img src="MyImages//MyImage50.jpg" /></li>
     <li><img src="MyImages//MyImage51.jpg" /></li>
     <li><img src="MyImages//MyImage52.jpg" /></li>
     <li><img src="MyImages//MyImage53.jpg" /></li>
     <li><img src="MyImages//MyImage54.jpg" /></li>
     <li><img src="MyImages//MyImage55.jpg" /></li></ul></div>
  </body></html>
```

上面有底纹的代码是此实例的核心代码。在这部分代码中，所有代码与前面例子的代码几乎相同，只是在参数上有微小的差异，但它实现的效果确实不同，主要就在于使用 setInterval()方法设置的时间间隔不同。setInterval()方法的语法声明如下：

```
setInterval(code,millisec[,"lang"])
```

其中，参数 code 表示要调用的方法或要执行的代码串。参数 millisec 表示周期性执行或调用 code 之间的时间间隔，以毫秒计。

clearInterval()方法可取消由 setInterval()方法设置的时间。clearInterval()方法的参数必须是由 setInterval()方法返回的 ID 值。clearInterval()方法的语法声明如下：

```
clearInterval(id_of_setinterval)
```

其中，参数 id_of_setinterval 是由 setInterval()方法返回的 ID 值。

此实例的源文件名是 HtmlPageC080.html。

256　以连续滚动方式显示在图库中的图片

此实例主要实现以多张图片连续循环滚动方式显示在图库中的每张图片。当在浏览器中显示该页面时，图片将按照从右至左的方式连续循环滚动显示，如图 256-1 所示；如果把鼠标悬停在图片上，则滚动暂停；当鼠标离开图片，则滚动继续。有关此实例的主要代码如下所示：

```
<!DOCTYPE html><html><head>
 <script type="text/javascript" src="Scripts/jquery-2.2.3.js"></script>
 <script language="javascript">
   $(document).ready(function () {
    var myspeed = 1;                    //设定滚动的速度
    var myslide = $("#slide");
    var myslideli1 = $(".slideli1");
```

```
  var myslideli2 = $(".slideli2");
  myslideli2.html(myslideli1.html());
  function Marquee() {
   if (myslide.scrollLeft() >= myslideli1.width())
     myslide.scrollLeft(0);
   else {
     myslide.scrollLeft(myslide.scrollLeft() + 1);
  } }
  $(function () {
   var sliding = setInterval(Marquee, myspeed)
   myslide.hover(function () {          //当鼠标放在图片上时滚动停止
    clearInterval(sliding);
   }, function () {                     //在鼠标离开图片时继续滚动
   sliding = setInterval(Marquee, myspeed);
 });});});
 </script>
 <style type="text/css">
   #slide {width: 320px;height: 220px; overflow: hidden;}
   .slideul1 {width: 16000px;}
   #slide li {float: left;}
   #slide li img {width: 160px;height: 220px;border: 1px solid white;}
  </style>
</head>
<body>
 <div id="slide" style="width:400px;margin:0 auto">
  <ul class="slideul1" style="list-style-type:none">
   <li class="slideli1">
    <ul class="slideul2" style="margin-left: -50px;">
     <li><img src="MyImages/MyImage40.jpg" /></li>
     <li><img src="MyImages/MyImage41.jpg" /></li>
     <li><img src="MyImages/MyImage42.jpg" /></li>
     <li><img src="MyImages/MyImage43.jpg" /></li>
     <li><img src="MyImages/MyImage44.jpg" /></li>
     <li><img src="MyImages/MyImage45.jpg" /></li></ul>
 <li class="slideli2"></li></ul></div>
</body></html>
```

图 256-1

上面有底纹的代码是此实例的核心代码。在这部分代码中，scrollLeft()方法用于获取或设置匹配元素的滚动条的水平位置，当该方法用于设置水平滚动条位置时，其语法声明如下：

```
$(selector).scrollLeft(position)
```

其中，参数 position 规定以像素计的新位置。

此实例的源文件名是 HtmlPageC082.html。

257　以无缝连续滚动方式显示图库中的图片

此实例主要通过递归调用方式实现以无缝连续滚动方式显示在图库中的图片。当在浏览器中显示该页面时，图片将按照从右至左的方式连续滚动显示，如果把鼠标悬停在图片上，则滚动暂停；当鼠标离开图片，则滚动继续；单击滚动的图片，则将显示该图片的文件名称，如图 257-1 所示。有关此实例的主要代码如下所示：

图　257-1

```
<!DOCTYPE html><html><head>
 <script type="text/javascript" src="Scripts/jquery-2.2.3.js"></script>
 <script language="javascript">
  window.onload = function () {
   var myWidth = 0;
   $("#container #content li").each(function () {
     myWidth += $(this).outerWidth(true); });
   $("#container #content li").clone().appendTo($("#container #content"));
   run(12888);                                  //间隔 12888 毫秒
   function run(interval) {
   $("#container #content").animate({ "left": -myWidth },
    interval, "linear", function () {
     $("#container #content").css("left", 0);
     run(12888); }); }
   $("#container").mouseenter(function () {   //在鼠标进入时响应
     $("#container #content").stop();
     }).mouseleave(function () {               //在鼠标离开时响应
     var passedCourse = -parseInt($("#container #content").css("left"));
     var time = 12888 * (1 - passedCourse / myWidth);
     run(time);  });
  }
  </script>
  <style>
   * { margin: 0; padding: 0; }
   img {border: 0; width:400px;height:200px;}
   #container {width: 400px;height: 200px; border: 0px solid blue;
           overflow: hidden; position: relative;}
   #container ul {list-style: none; width: 100000px; position: absolute;}
   #container ul li { float: left;margin-right: 0px;}
 </style>
</head>
```

```
<body>
 <div id="container">
  <ul id="content">
   <li><a href="#" onclick="alert('MyImage51.jpg')"><img src="MyImages/MyImage51.jpg" /></a></li>
   <li><a href="#" onclick="alert('MyImage52.jpg')"><img src="MyImages/MyImage52.jpg" /></a></li>
   <li><a href="#" onclick="alert('MyImage53.jpg')"><img src="MyImages/MyImage53.jpg" /></a></li>
   <li><a href="#" onclick="alert('MyImage54.jpg')"><img src="MyImages/MyImage54.jpg" /></a></li>
   <li><a href="#" onclick="alert('MyImage55.jpg')"><img src="MyImages/MyImage55.jpg" /></a></li>
   <li><a href="#" onclick="alert('MyImage56.jpg')"><img src="MyImages/MyImage56.jpg" /></a></li>
   <li><a href="#" onclick="alert('MyImage57.jpg')"><img src="MyImages/MyImage57.jpg" /></a></li>
   <li><a href="#" onclick="alert('MyImage58.jpg')"><img src="MyImages/MyImage58.jpg" /></a></li>
   <li><a href="#" onclick="alert('MyImage59.jpg')"><img src="MyImages/MyImage59.jpg" /></a></li>
</ul></div>
</body></html>
```

上面有底纹的代码是此实例的核心代码。在这部分代码中，outerWidth()方法用于获取当前匹配元素的外宽度。外宽度默认包括元素的内边距(padding)、边框(border)，但不包括外边距(margin)部分的宽度。如果该方法的参数为 true，则包括外边距(margin)部分的宽度。

此实例的源文件名是 HtmlPageC247.html。

258 以上一张下一张的方式显示多张图片

此实例主要实现以上一张下一张的方式显示在图库中的图片。当在浏览器中显示该页面时，单击左边上一张图片按钮，则将显示当前图片的上一张图片，如图 258-1 所示；单击右边下一张图片按钮，则将显示当前图片的下一张图片，如图 258-2 所示；直接单击图片，则将跳转到该图片的超链接所指向的网址。有关此实例的主要代码如下所示：

图 258-1

图 258-2

```
<!DOCTYPE HTML><html><head>
 <script type="text/javascript" src="Scripts/jquery-2.2.3.js"></script>
 <script language="javascript">
  $(function () { $("#img-slider").imgScroll();});
 (function ($) {                                           //插件
   $.fn.imgScroll = function () {
    var isDone = false,
    scrollBox = $(this),
    prevBtn = scrollBox.find("#prev"),                     //查找上一张按钮
    nextBtn = scrollBox.find("#next"),                     //查找下一张按钮
    imgBox = scrollBox.find("ul"),
    next_over = imgBox.find("li").width() * imgBox.find("li").length,
```

```
    slide_width = $(".slider-wrap").width();
    return this.each(function () {
     function setOpacity() {                //动态改变图片的透明度产生淡入淡出的效果
      imgBox.animate({
        opacity: 1
        }, 800, function () {
         isDone = false;
     }) }
     function scrollNext() {
      if (!isDone && next_over + parseInt(imgBox.css("left"), 10) > slide_width) {
       isDone = true;
       imgBox.animate({ left: "+=" + "-" +
                        slide_width,opacity: 0.5}, 800, setOpacity);
      } }
     function scrollPrev() {
      if (!imgBox.is(':animated') && parseInt(imgBox.css("left"), 10) != 0) {
       imgBox.animate({
        left: "+=" + slide_width,        //不断左移
        opacity: 0.5
       }, 800, setOpacity);
     } }
     prevBtn.bind('click', scrollPrev);    //向前滚动
     nextBtn.bind('click', scrollNext);    //向后滚动
 }) } })(jQuery);
 </script>
 <style>
  * {padding: 0; margin: 0;list-style: none;}
  img {border: none;}
  #img-slider {position: relative;width: 350px;height: 250px;}
  .slider-wrap {width: 250px;overflow: hidden;position: relative;
           height: 250px;margin-left: 40px;}
  .slider-wrap ul {zoom: 1;position: absolute;
                left: 0;top: 0; width: 9999px;}
  .slider-wrap ul li {float: left; width: 250px;
                   text-align: center; padding: 5px 0;}
  #prev, #next {position: absolute;top: 130px;left: 0px;width: 30px;}
  #next {left: auto;right: 0px;}
 </style>
</head>
<body>
 <div id="img-slider" style="left:50px;top:5px">
  <button id="prev"><</button>
  <div class="slider-wrap">
   <ul><li><a href="http://item.jd.com/1930441.html"><img src="MyImages/MyImage31.jpg" width="250"
/></a></li>
       <li><a href="http://item.jd.com/2222643.html"><img src="MyImages/MyImage32.jpg" width=
"250" /></a></li>
       <li><a href="http://item.jd.com/990593.html"><img src="MyImages/MyImage33.jpg" width=
"250" /></a></li>
       <li><a href="http://item.jd.com/2089858.html"><img src="MyImages/MyImage34.jpg" width=
"250" /></a></li>
       <li><a href="http://item.jd.com/1129370309.html"><img src="MyImages/MyImage35.jpg" width=
"250" /></a></li>
       <li><a href="#"><img src="MyImages/MyImage36.jpg"
                              width="250" /></a></li></ul></div>
 <button id="next">></button></div>
</body></html>
```

上面有底纹的代码是此实例的核心代码。在这部分代码中，animate({ left："+=" + "-" + slide_width，opacity：0.5}，800，setOpacity)中的 left 值进行了动态累加计算，从而确保目标位置刚好满足图片的显示位置。

此实例的源文件名是 HtmlPageC155.html。

259 成组的多张图片以手风琴方式滑动切换

此实例主要使用 animate()等方法实现在鼠标悬浮主题文字时，图片像手风琴一样滑动切换的效果。当在浏览器中显示该页面时，鼠标悬停在“美亚”上的效果如图 259-1 所示，鼠标悬停在“永恒”上的效果如图 259-2 所示。有关此实例的主要代码如下所示：

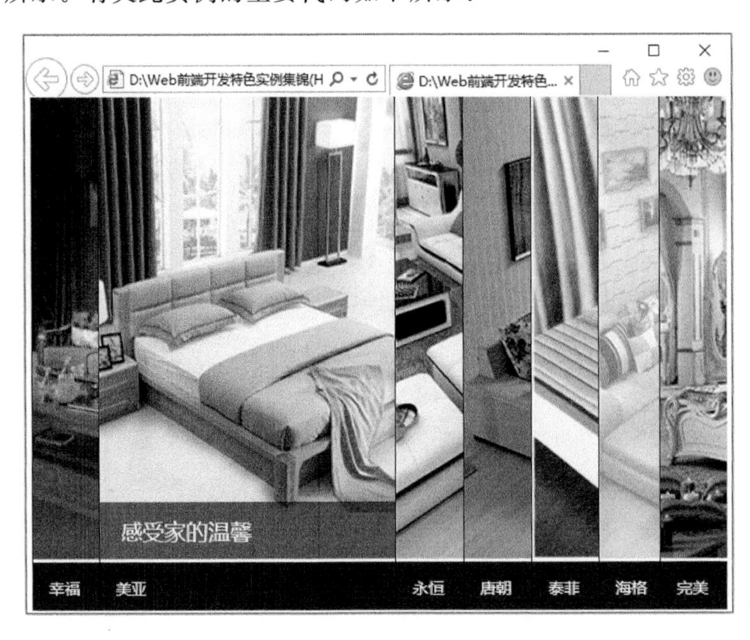

图 259-1

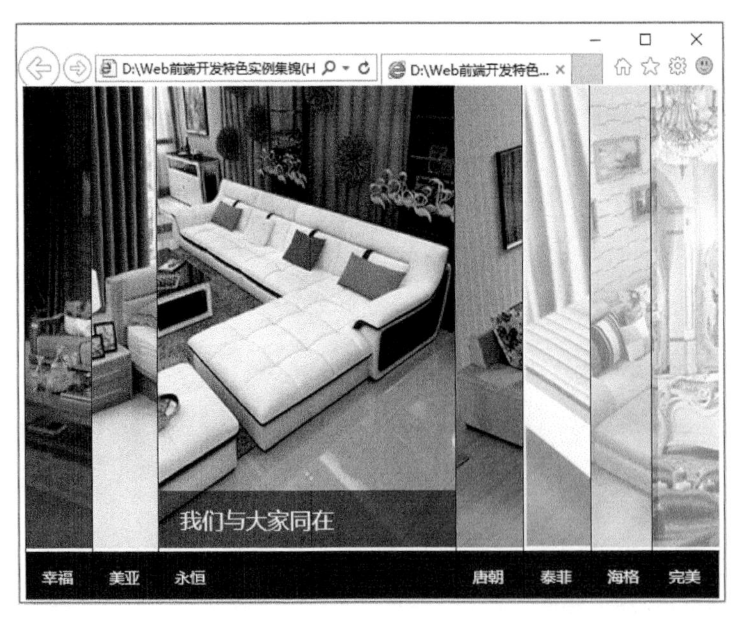

图 259-2

```
<!DOCTYPE html><html><head>
 <script type="text/javascript" src="Scripts/jquery-2.2.3.js"></script>
 <script type="text/javascript">
   $(document).ready(function () {
    var myIndex = 0;
    //在鼠标进入时响应
    $(".myFlash ul li").mouseenter(function () {
     myIndex = $(this).index();
     //动态滑出大图
     $(this).stop().animate({width: 269},
             500).siblings("li").stop().animate({width: 60}, 500);
     //显示当前提示文字窗口并隐藏其他提示文字窗口
     $(".imgCen").eq(myIndex).css("display",
         "block"). siblings(".imgCen").css("display", "none");
     $(".imgTop img").eq(myIndex).addClass("tm").siblings(".imgTop img").removeClass("tm");
     });
     //在鼠标离开时响应
     $(".myFlash ul li").mouseleave(function () {
       $(this).eq(myIndex).stop().animate({width: 269}, 500);
       $(".imgCen").css("display", "none");
    }); });
 </script>
 <style type="text/css">
   * {margin: 0px;padding: 0px; font-family: "微软雅黑";font-size: 12px;
      text-decoration: none;list-style-type: none;}
  img {border: 0px;}
  .myFlash {width:630px;height: 450px;
                         margin: 0px auto;position: relative;}
  .myFlash ul li {width: 60px;height: 450px;border-left: 1px solid #000;
                  position: relative;overflow: hidden;float: left;}
  .myFlash ul li .imgTop img { opacity: 0.4;}
  .myFlash ul li .imgTop img.tm {opacity: 1;}
  .myFlash ul li .imgCen {width: 269px;height: 50px;
            background: rgba(0,0,0,0.5);color: #fff; font-size: 20px;
            line-height: 50px; position: absolute;left: 0px;
            bottom: 45px;text-indent: 20px;display: none;}
  .myFlash ul li .imgBot {width: 269px;height: 45px; background: #222;}
  .myFlash ul li .imgBot p.bt_1 { width: 80px; line-height: 45px;
            font-size: 14px;color: #fff;text-indent: 15px; float: left;}
  .myFlash ul li .imgBot p.bt_2 {width: 458px;height: 45px;
            line-height: 45px;float: left;display: none;}
  .myFlash ul li .imgBot p.bt_2 span { font-size: 14px; color: #fff; }
  .myFlash ul li.first { width: 269px; }
  .myFlash ul li.last { position: absolute; right: 0px;bottom: 0px;}
 </style>
</head>
<body>
 <div class="myFlash">
  <ul><li class="first"><div class="imgTop">
       <img src="MyImages/MyImage90.jpg" width="269"
         height="405" alt="" class="tm" /></div>
       <div class="imgCen">打造时尚家庭</div>
       <div class="imgBot"><a href="">
       <p class="bt_1">幸福</p></a></div></li>
   <li><div class="imgTop"><img src="MyImages/MyImage91.jpg"
                           width="269" height="405" alt="" /></div>
```

```
        <div class = "imgCen">感受家的温馨</div>
        <div class = "imgBot"><a href = ""><p class = "bt_1">美亚</p></a></div></li>
    <li><div class = "imgTop"><img src = "MyImages/MyImage92.jpg"
                                width = "269" height = "405" alt = "" /></div>
        <div class = "imgCen">我们与大家同在</div>
        <div class = "imgBot"><a href = ""><p class = "bt_1">永恒</p></a></div></li>
    <li><div class = "imgTop"><img src = "MyImages/MyImage93.jpg"
                                width = "269" height = "405" alt = "" /></div>
        <div class = "imgCen">会呼吸的家私</div>
        <div class = "imgBot"><a href = ""><p class = "bt_1">唐朝</p></a></div></li>
    <li><div class = "imgTop"><img src = "MyImages/MyImage94.jpg"
                                width = "269" height = "405" alt = "" /></div>
        <div class = "imgCen">见证传奇从这里诞生</div>
        <div class = "imgBot"><a href = ""><p class = "bt_1">泰菲</p></a></div></li>
    <li><div class = "imgTop"><img src = "MyImages/MyImage95.jpg"
                                width = "269" height = "405" alt = "" /></div>
        <div class = "imgCen">让我们走进森林</div>
        <div class = "imgBot"><a href = ""><p class = "bt_1">海格</p></a></div></li>
    <li class = "last"><div class = "imgTop"><img src = "MyImages/MyImage96.jpg"
                                width = "269" height = "405" alt = "" /></div>
        <div class = "imgCen">完美生活</div>
        <div class = "imgBot"><a href = ""><p class = "bt_1">完美</p></a></div>
  </li></ul></div>
</body></html>
```

上面有底纹的代码是此实例的核心代码。在该部分代码中，animate({width: 269}, 500)用于实现在500毫秒内将图片的宽度渐变到269px。关于animate()方法的语法声明请参考本书的其他部分。

此实例的源文件名是HtmlPageC268.html。

260 实现大图和小图的自动轮播或指定显示

此实例主要使用定时器方法setInterval()和clearInterval()实现大图和小图的自动轮播或指定显示。当在浏览器中显示该页面时，将自动轮播显示大图和小图，如果鼠标放在小图上，将显示小图对应的大图，如图260-1所示。有关此实例的主要代码如下所示：

图 260-1

```
<!DOCTYPE html><html><head>
 <script type = "text/javascript" src = "Scripts/jquery-2.2.3.js"></script>
 <script type = "text/javascript">
```

```
$ (document).ready(function () {
 //获取图片宽度
 var myWidth =  $ (".myImg").width();
 //获取图片数量
 var len =  $ (".myImg ul li").length;
 var myContainer =  $ (".myImg ul");
 var myNv =  $ (".myNav li");
 var index = 0;
 myNv.mouseenter(function () {
  index = myNv.index(this);
  showImgs(index);
 }).eq(0).trigger("mouseenter");
 myContainer.css("width", myWidth * (len));
 //鼠标滑上图片时停止自动播放,滑出时开始自动播放
 $ (".myImg").hover(function () {
  clearInterval(myTimer);
 }, function () {
  myTimer = setInterval(function () {
  showImgs(index);
  index++;
  if (index == len) {
    index = 0;
   }  }, 1000);
    //首次显示自动触发定时器,即自动播放
  }).trigger("mouseleave");
  //根据 index 值显示相应的图片
  function showImgs(index) {
   var nowLeft =  - index * myWidth;
   myContainer.stop(true, false).animate({ "left": nowLeft }, 300);
   myNv.eq(index).addClass("current").siblings().removeClass("current");
} })
</script>
<style>
   * {margin: 0;padding: 0;list-style: none;}
   .main{ width:423px; margin:10px auto;}
   .w423 {width: 423px;overflow: hidden;}
   div.w423 { position: relative;left: 0px; top: 0px; }
   .w256 {width: 256px; overflow: hidden;}
   .myNav {padding: 7px 0 0; z-index: 10; position: absolute;
          left: 0; bottom: 0;width: 423px;height: 57px;}
   .myNav ul li {position: absolute;z-index: 20;top: 10px;cursor: pointer;}
   ul li.tab1 {left: 8px;}
   ul li.tab2 {left: 110px;}
   ul li.tab3 {left: 212px;}
   ul li.tab4 {left: 316px;}
   .myImg ul {position: absolute;}
   .myImg ul li {width: 423px;float: left;overflow: hidden;
                 position: relative;}
   li.navigation img {width: 95px;border: 1px #fff solid;
            position: absolute;opacity: 0.5; filter: alpha(opacity=50);}
   li.current img {border: 2px #0076A8 solid;opacity: 1;
                 filter: alpha(opacity=100);}
</style>
</head>
<body>
 <div class="main">
  <div class="w423" style="height:257px;">
   <div class="myNav">
    <ul><li class="tab1 navigation"><a href="#">
         <img src="MyImages/MyImage50.jpg"
              width="99" height="48" /></a></li>
```

```
            <li class = "tab2 navigation">< a href = " # " >
             < img src = "MyImages/MyImage51. jpg"
                  width = "99" height = "48" /></a></li>
            <li class = "tab3 navigation">< a href = " # " >
               < img src = "MyImages/MyImage52. jpg"
                  width = "99" height = "48" /></a></li>
            <li class = "tab4 navigation">< a href = " # " >
               < img src = "MyImages/MyImage53. jpg"
                  width = "99" height = "48" /></a></li></ul></div>
        < div class = "myImg">
         < ul >< li >< a href = " # " >
                  < img src = "MyImages/MyImage50. jpg"
                     width = "420" height = "257" /></a></li>
               < li >< a href = " # " >
                  < img src = "MyImages/MyImage51. jpg"
                     width = "420" height = "257" /></a></li>
               < li >< a href = " # " >
                  < img src = "MyImages/MyImage52. jpg"
                     width = "420" height = "257" /></a></li>
               < li >< a href = " # " >
                 < img src = "MyImages/MyImage53. jpg"
                     width = "420" height = "257" /></a></li></ul></div></div></div>
</body></html>
```

上面有底纹的代码是此实例的核心代码。在这部分代码中，setInterval()方法用于实现每隔1000毫秒显示当前焦点位置的图片，直到调用clearInterval()方法才停止。由于hover()方法的第二个参数相当于mouseleave事件响应方法，因此在trigger("mouseleave")时，会执行hover()方法的第二个参数中的那部分代码，即显示页面时就自动轮播。

此实例的源文件名是HtmlPageC398. html。

261　从上到下循环显示在无序列表ul中的图片

此实例主要使用animate()和setInterval()等方法实现从上到下循环显示在无序列表ul中的多张图片。当在浏览器中显示该页面时，每次将同时显示两张图片，并按照从上到下的顺序逐张循环滚动显示全部图片，图261-1的左边是上一次的显示效果，图261-1的右边是下一次的显示效果。有关此实例的主要代码如下所示：

```
<! DOCTYPE html >< html >< head >
 < script type = "text/javascript" src = "Scripts/jquery - 2.2.3. js"></script >
 < script language = "javascript">
   $ (function () {
    var scrtime;
    $ (" # con"). hover(function () {
       //当鼠标悬浮图片时停止滚动
       clearInterval(scrtime);
    }, function () {
       //当鼠标离开图片时继续滚动
       scrtime = setInterval(function () {
       var $ ul = $ (" # con ul");
       var liHeight = $ ul.find("li:last").height();
       $ ul.animate({ marginTop: liHeight + 40 + "px" }, 1000,
           function () {
           //添加到无序列表的开始位置
          $ ul.find("li:last").prependTo( $ ul)
          $ ul.find("li:first").hide();
```

```
            $ ul.css({ marginTop: 0 });
            //以淡入的方式显示
            $ ul.find("li:first").fadeIn(1000);
        });
      }, 3000); }).trigger("mouseleave");                //自动触发滚动
    });
  </script>
  <style type="text/css">
   * {margin: 0;padding: 0;}
   ul, li {list-style-type: none;}
   body {font-size: 13px;}
   #con {width: 200px;height: 440px;margin: 10px auto;
        position: relative;border: 0px #666 solid;
        background-color: #FFFFFF;overflow: hidden;}
   #con ul {position: absolute;margin: 10px;top: 0;left: 0;padding: 0;}
   #con ul li {width: 100%;border-bottom: 1px #333333 dotted;
             padding: 5px 0;overflow: hidden;}
   #con ul li a {float: left;border: 0px #333333 solid;padding: 2px;}
   #con ul li p {text-align:center;line-height: 1.5;padding: 5px;}
  </style>
 </head>
 <body>
  <div id="con">
   <ul><li><a href="#"><img src="MyImages/MyImage41.jpg" /></a>
           <p class="vright">JavaScript 高级程序设计</p></li>
       <li><a href="#"><img src="MyImages/MyImage42.jpg" /></a>
           <p class="vright">Java 编程思想</p></li>
       <li><a href="#"><img src="MyImages/MyImage43.jpg" /></a>
           <p class="vright">C# 入门思想</p></li>
       <li><a href="#"><img src="MyImages/MyImage44.jpg" /></a>
           <p class="vright">用户体验要素</p></li>
       <li><a href="#"><img src="MyImages/MyImage45.jpg" /></a>
           <p class="vright">Java 核心技术</p></li>
       <li><a href="#"><img src="MyImages/MyImage46.jpg" /></a>
           <p class="vright">Spring 实战</p></li>
  </ul></div></body></html>
```

图　261-1

上面有底纹的代码是此实例的核心代码。在这部分代码中，setInterval()方法的作用是每隔一定时间就调用参数函数以实现图片滚动显示，clearInterval()方法的作用是清除 setInterval()方法的返回对象。animate()方法则通过 CSS 样式将元素从一个状态改变为另一个状态以创建动画效果，在此实例中即是设置图片的 top 属性。prependTo()方法在被选元素的开头(仍位于内部)插入指定内容，$ul. find("li:last"). prependTo($ul)用于将最后一张图片插入到开始位置，因此它产生周而复始的循环滚动效果。关于上述方法的语法声明请参考本书的其他部分。

此实例的源文件名是 HtmlPageC354. html。

262　高亮滚动切换图片和文字混合的模块

此实例主要使用 animate()、fadeIn()和 fadeOut()等方法实现高亮滚动切换图片和文字混合的模块。当在浏览器中显示该页面时，如果鼠标悬停在第一个模块上，则滚动切换对应的图片和文字并高亮显示切换之后的图片和文字，如图 262-1 所示；如果鼠标悬停在第二个模块上，则滚动切换该模块与之对应的图片和文字并高亮显示切换之后的图片和文字，如图 262-2 所示。有关此实例的主要代码如下所示：

图　262-1

图　262-2

```
<!DOCTYPE html><html><head>
 <script type="text/javascript" src="Scripts/jquery-2.2.3.js"></script>
 <script>
$(function(){
 $('.myBox').each(function(){
  $(this).hover(function(){//在鼠标悬浮图片时响应
    $(this).children('.my-img').stop(true).animate({top:'-135px'})
    $(this).children('.my-img-bottom').stop(true).animate({top:'25px'})
    $(this).children('.my-text').stop(true).animate({top:'160px'})
    $(this).children('.my-text-top').stop(true).animate({top:'25px'})
    $(this).children('.my-bg').stop(true,true).fadeIn();
   },function(){//在鼠标离开图片时响应
    $(this).children('.my-img').stop(true).animate({top:'25px'})
    $(this).children('.my-img-bottom').stop(true).animate({top:'160px'})
    $(this).children('.my-text').stop(true).animate({top:'25px'})
    $(this).children('.my-text-top').stop(true).animate({top:'-110px'})
    $(this).children('.my-bg').stop(true,true).fadeOut();
  })})})
 </script>
```

```
 <style>
  * {margin: 0;padding: 0;}
  body {font-family: "宋体"; font-size: 12px;
                             text-decoration: none;color: #292929;}
  li {list-style: none;}
  .fl {float: left;}
  a {text-decoration: none; color: #353535;}
  img {border: 0;vertical-align: top;width:100px;height:100px;}
  .clear {clear: both;}
  .color_333 {color: #333;}
  .color_666 {color: #666;}
  .color_999 {color: #999;}
  .color_orange {color: #e88d27;}
  .myBox {display: block;position: relative;width: 356px;height: 135px;
         margin: 0 2px 2px 0;background: #f6f6f6;overflow: hidden;}
  .my-bg {display: none;width: 100%;height: 100%;position: absolute;
          z-index: 2;background: #333;}
  .my-img {position: absolute;top: 32px;left: 13px;z-index: 10;}
  .my-img-bottom {position: absolute;top: 160px;left: 13px;z-index: 10;}
  .my-text {position: absolute;top: 25px;left: 144px;width: 178px;
            z-index: 10;}
  .my-text-top {position: absolute;top: -110px;left: 144px;width: 178px;
                z-index: 10;}
 </style>
</head>
<body>
 <div class="grid1k">
  <a class="myBox fl">
     <div class="my-bg" style="display: none;"></div>
     <div class="my-img " style="top: 25px;">
                  <img src="MyImages/MyImage40.jpg" alt=""></div>
     <div class="my-img-bottom " style="top: 160px;">
                  <img src="MyImages/MyImage41.jpg" alt=""></div>
     <div class="my-text" style="top: 25px;">
      <h5 class="color_333">算法导论</h5>
      <p class="color_666">MIT四大名师联手铸就,影响全球千万程序员的"算法圣经"!国内外千余所高校
采用!</p></div>
     <div class="my-text-top" style="top: -110px;">
      <h5 class="color_orange">JavaScript高级程序设计</h5>
      <p class="color_999">作者尼古拉斯·泽卡斯,现为雅虎公司界面呈现架构师,负责My Yahoo!和雅虎首
页等大访问量站点的设计.</p></div></a>
   <a class="myBox fl">
    <div class="my-bg" style="display: none;"></div>
     <div class="my-img " style="top: 25px;">
      <img src="MyImages/MyImage42.jpg" alt=""></div>
   <div class="my-img-bottom " style="top: 160px;">
      <img src="MyImages/MyImage43.jpg" alt=""></div>
     <div class="my-text" style="top: 25px;">
      <h5 class="color_333">Java编程思想</h5>
      <p class="color_666">Bruce Eckel,MindView公司的总裁,C++标准委员会拥有表决权的成员之一,拥有
应用物理学学士和计算机工程硕士学位.<br></p></div>
     <div class="my-text-top" style="top: -110px;">
      <h5 class="color_orange">C#入门经典</h5>
      <p class="color_999">KarliWatson,InfusionDevelopment的顾问,Boost.NET的技术架构师和IT自由
撰稿专业人士、作家和开发人员.</p></div></a>
 </div>
</body></html>
```

上面有底纹的代码是此实例的核心代码。在这部分代码中，animate()方法主要用于实现图片和文字的上下滚动。fadeIn()方法则使用淡入效果来显示被选元素(背景层)。fadeOut()方法使用淡出效果来隐藏被选元素(背景层)。children()方法用于选取每个匹配元素的子元素，并以jQuery对象的形式返回，在参数中使用选择器可进一步缩小筛选范围，筛选出符合指定选择器的元素。find()和children()方法类似，不过后者只沿着DOM树向下遍历单一层级。关于这些方法的语法声明请参考本书的其他部分。

此实例的源文件名是HtmlPageC371.html。

263 轻量级无插件的广告图片轮播切换

此实例主要实现轻量级无插件的广告图片轮播切换。当在浏览器中显示该页面时，3张图片将自动轮播，如果鼠标悬停在数字上，将切换到该数字所代表的图片，如图263-1所示。有关此实例的主要代码如下所示：

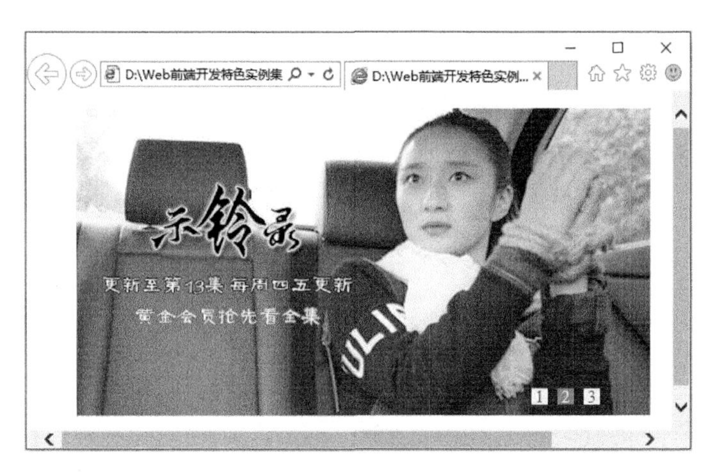

图 263-1

```
<!DOCTYPE html><html><head>
 <script type="text/javascript" src="Scripts/jquery-2.2.3.js"></script>
 <script language="javascript">
   $(document).ready(function () {
    var mynum = 0;
    var timeInterval = 1000;
    var $myimageli = $("#myimage li");
    var $mynumli = $("#mynum li");
    $myimageli.hide();                          //隐藏所有图片
    $($myimageli[0]).show();                    //显示第一张图片
    function play() {
     mynum < $myimageli.length - 1 ? mynum++ : mynum = 0;
     $myimageli.eq(mynum).show().siblings().hide();
     $mynumli.eq(mynum).addClass("bks").siblings().removeClass("bks");
    }
    set = window.setInterval(play, timeInterval);
    $mynumli.mouseover(function () {            //在鼠标悬浮时响应
     window.clearInterval(set);
     mynum = $(this).index();
     //显示指定索引的图片,并隐藏其他图片
     $myimageli.eq(mynum).show().siblings().hide();
```

```
        $ mynumli.eq(mynum).addClass("bks").siblings().removeClass("bks");
        set = window.setInterval(play, timeInterval);
    });});
    </script>
    <style type="text/css">
        .boxx_title { width: 250px; height: 50px; position: absolute;
            top: 260px; left: 435px; z-index: 100;}
        .boxx_title li {width: 15px; height: 15px; float: left;
                margin-left: 10px;display: inline;cursor: pointer;
                line-height: 15px; text-align: center;
                background: #f7f6f2;color: #373737; }
        li.bks { color: #fff; background: #ce2329;}
        ul{ list-style:none;}
    </style>
</head>
<body>
 <ul id="myimage">
  <li><a href="http://www.sohu.com"><img src="MyImages/MyImage06.jpg" /></a></li>
  <li><a href="http://www.163.com"><img src="MyImages/MyImage07.jpg" /></a></li>
  <li><a href="http://www.sina.com.cn"><img src="MyImages/MyImage08.jpg" /></a></li></ul>
 <ul class="boxx_title" id="mynum">
  <li class="bks">1</li>
  <li>2</li>
  <li>3</li></ul>
</body></html>
```

上面有底纹的代码是此实例的核心代码。在该部分代码中,"$myimageli.eq(mynum).show().siblings().hide()"用于显示当前数字索引所代表的图片,同时隐藏其他图片;"$mynumli.eq(mynum).addClass("bks").siblings().removeClass("bks")"用于改变当前数字索引所代表图片的CSS样式bks,同时移除其他图片的CSS样式bks。

此实例的源文件名是HtmlPageC057.html。

264 轻量级无插件的广告图片轮播显示

此实例主要使用setTimeout()方法实现轻量级无插件的广告图片轮播显示。当在浏览器中显示该页面时,5张图片将自动循环显示,当鼠标悬停在数字上时,将切换显示该数字所代表的图片,如图264-1所示。有关此实例的主要代码如下所示:

图 264-1

```
<!DOCTYPE html><html><head>
 <script type="text/javascript" src="Scripts/jquery-2.2.3.js"></script>
 <script type="text/javascript">
  var time = "";
  var index = 1;
  $(function () {
   showimg(index);
   $(".imgnum span").hover(function () {             //在鼠标悬浮图片时响应,即暂停
    clearTimeout(time);
    var icon = $(this).text();
    $(".imgnum span").removeClass("onselect").eq(icon - 1).addClass("onselect");
    $("#banner_img li").hide().stop(true, true).eq(icon - 1).fadeIn("slow");},
    function () {                                    //在鼠标离开图片时响应,即继续
     index = $(this).text() > 4 ? 1 : parseInt($(this).text()) + 1;
     time = setTimeout("showimg(" + index + ")", 3000);
  });});
  function showimg(num) {
   index = num;
   $(".imgnum span").removeClass("onselect").eq(index - 1).addClass("onselect");
   $("#banner_img li").hide().stop(true, true).eq(index - 1).fadeIn("slow");
   index = index + 1 > 5 ? 1 : index + 1;
   time = setTimeout("showimg(" + index + ")", 3000);
  }
 </script>
 <style type="text/css">
   .clear {overflow: hidden;clear: both;width: 0px;height: 0px;}
   .imgbox {width: 400px;margin: 0 auto;text-align: center;}
   ul {padding: 0px;margin: 0px;}
   ul li {float: left; list-style: none;}
   ul li.select {display: block;}
   .imgnum span {border-radius: 10px;
              font: normal normal bold 12px/15px 微软雅黑;
              color: #FFF; margin-left: 5px; padding: 3px 6px 3px 6px;
              background-color: #F90; cursor: pointer;}
   .imgnum span.onselect {background-color: #F00;}
   .imgnum {text-align: center;float: right;
          margin: -30px 30px; position: relative;}
 </style>
</head>
<body>
<div class="imgbox">
<ul id="banner_img">
 <li><img src="MyImages/MyImage55.jpg" style="width:400px;height:250px" /></li>
 <li><img src="MyImages/MyImage56.jpg" style="width:400px;height:250px" /></li>
 <li><img src="MyImages/MyImage57.jpg" style="width:400px;height:250px" /></li>
 <li><img src="MyImages/MyImage58.jpg" style="width:400px;height:250px" /></li>
 <li><img src="MyImages/MyImage59.jpg" style="width:400px;height:250px" /></li>
</ul>
<div class="clear"></div>
 <div class="imgnum">
  <span class="onselect">1</span>
  <span>2</span>
  <span>3</span>
  <span>4</span>
  <span>5</span></div></div>
</body></html>
```

上面有底纹的代码是此实例的核心代码。在该部分代码中，clearTimeout(time)用于清除之前setTimeout("showimg(" + index + ")", 3000)执行的轮播操作，重新以当前鼠标位置轮播显示图片。由于setTimeout("showimg(" + index + ")", 3000)是showimg(num)方法中的代码，它实际上形成了一个递归调用。

此实例的源文件名是HtmlPageC207.html。

265　轻量级无插件的广告图片切换显示

此实例主要使用animate()方法实现轻量级无插件的广告图片切换显示。当在浏览器中显示该页面时，使用鼠标单击数字按钮，将切换显示该数字所代表的图片，如图265-1所示。有关此实例的主要代码如下所示：

图　265-1

```
<!DOCTYPE html><html><head>
 <script type="text/javascript" src="Scripts/jquery-2.2.3.js"></script>
 <script type="text/javascript">
  function changeAd(index) {          //响应鼠标单击,根据参数自动切换
    $("#imageList").animate({ "margin-left": -(index * 500)
                           + "px"},4000);
  }
 </script>
 <style type="text/css">
  #desktop ul {padding: 0; border-bottom-style: none; width: 3000px;
          list-style: none;}
  #desktop li { padding: 0; float: left;}
  .imageStyle { width: 500px; height: 300px;}
  #desktop {width: 500px;height: 300px;overflow: hidden; }
  #controller ul {width: 250px;list-style: none;}
  #controller li {width: 40px;float: left;padding: 0;text-align: center;
          margin-left: 5px;}
  .controllerStyle {background: #00ffff; border: 1px solid black;
          cursor: pointer; text-align: center; }
 </style>
</head>
<body><center>
```

```
<div id="desktop"><ul id="imageList">
  <li><img src="MyImages/MyImage51.jpg" class="imageStyle" /></li>
  <li><img src="MyImages/MyImage52.jpg" class="imageStyle" /></li>
  <li><img src="MyImages/MyImage53.jpg" class="imageStyle" /></li>
  <li><img src="MyImages/MyImage54.jpg" class="imageStyle" /></li>
  <li><img src="MyImages/MyImage55.jpg" class="imageStyle" /></li>
  <li><img src="MyImages/MyImage56.jpg" class="imageStyle" /></li>
</ul></div>
<div id="controller"><ul>
 <li><div class="controllerStyle" onclick="changeAd(1)">1</div></li>
 <li><div class="controllerStyle" onclick="changeAd(2)">2</div></li>
 <li><div class="controllerStyle" onclick="changeAd(3)">3</div></li>
 <li><div class="controllerStyle" onclick="changeAd(4)">4</div></li>
 <li><div class="controllerStyle" onclick="changeAd(5)">5</div></li>
</ul></div></center>
</body></html>
```

上面有底纹的代码是此实例的核心代码。在这部分代码中，$("#imageList").animate({"margin-left": -(index * 500) + "px"},4000)用于在4秒内，$("#imageList")里面的图片按照从右至左的方向滑入当前可视窗口，注意：由于所有图片的宽度都被设置为500px，因此此动作完成后刚好显示一张图片。

此实例的源文件名是HtmlPageC224.html。

266 轻量级无插件的图片定时轮播显示

此实例主要使用animate()、setInterval()和clearInterval()等方法实现轻量级无插件的图片定时轮播显示。当在浏览器中显示该页面时，5张图片将自动循环显示，使用鼠标单击数字，将切换显示该数字所代表的图片，如图266-1所示。有关此实例的主要代码如下所示：

图 266-1

```
<!DOCTYPE html><html><head>
 <script type="text/javascript" src="Scripts/jquery-2.2.3.js"></script>
 <script language="javascript">
  $(document).ready(function () {
    var slideShow = $(".slideShow"),
    ul = slideShow.find("ul"),
    showNumber = slideShow.find(".showNav span"),
    //获取每个图片的宽度
    oneWidth = slideShow.find("ul li").eq(0).width();
```

```
    var timer = null;                       //定时器返回值,主要用于关闭定时器
    var iNow = 0;                           //iNow 为正在展示的图片索引值
    //手动单击按钮进行图片轮播
    showNumber.on("click", function () {
        $ (this).addClass("active").siblings().removeClass("active");
        //获取哪个按钮被单击,也就是找到被单击按钮的索引值
        var index = $ (this).index();
        iNow = index;
        //需要设置 position: relative; 左移 N 个图片大小的宽度
        ul.animate({ "left": - oneWidth * iNow })
     });
     //定时自动轮播图片代码
     timer = setInterval(function () { iNow++;
        if (iNow > showNumber.length - 1) {iNow = 0; }
        //模拟触发数字按钮的 click 事件
        showNumber.eq(iNow).trigger("click");
        }, 2000);                           //2000 毫秒为间隔时间
        slideShow.hover(function () {       //在鼠标悬浮时停止
           clearInterval(timer);
         }, function () {//在鼠标离开时继续
          timer = setInterval(function () {
            iNow++;
            if (iNow > showNumber.length - 1) { iNow = 0; }
            showNumber.eq(iNow).trigger("click");
           }, 2000);
     });})
  </script>
  <style>
     * { margin: 0; padding: 0;}
     ul {list-style: none;}
  .slideShow { width: 400px; height: 200px; border: 0px #eeeeee solid;
             margin: 20px auto; position: relative; overflow: hidden; }
    .slideShow ul { width: 20000px; position: relative; }
    .slideShow ul li { float: left; width: 400px;}
    .slideShow .showNav { position: absolute; right: 10px; bottom: 5px;
         text-align: center;font-size: 14px; line-height: 20px; }
    .slideShow .showNav span { cursor: pointer; display: block;float: left;
         width: 20px;height: 20px;background: #0026ff;margin-left: 2px;
         color: #fff; border-radius:5px; }
    .slideShow .showNav .active {background: #b63e1a;}
 </style>
</head>
<body><center>
 <div class="slideShow">
  <ul><li><a href="#"><img src="MyImages/MyImage45.jpg"  /></a></li>
       <li><a href="#"><img src="MyImages/MyImage46.jpg"  /></a></li>
       <li><a href="#"><img src="MyImages/MyImage47.jpg"
onclick="alert('书籍是智慧的源泉!')"/></a></li>
       <li><a href="#"><img src="MyImages/MyImage48.jpg"  /></a></li>
       <li><a href="#"><img src="MyImages/MyImage49.jpg" /></a></li></ul>
  <div class="showNav">
   <span class="active">1</span>
   <span>2</span>
   <span>3</span>
   <span>4</span>
   <span>5</span></div></div></center>
</body></html>
```

上面有底纹的代码是此实例的核心代码。在这部分代码中，由于显示图片的代码在 click 单击事件响应方法中，因此用 showNumber.eq(iNow).trigger("click")自动触发 click 单击事件即显示图片；因为 iNow 在 setInterval()方法中不断变化，所以就产生了轮播的效果。

此实例的源文件名是 HtmlPageC253.html。

267 大图片和缩略图片同时实现自动轮播

此实例主要使用定时器方法 setInterval()和 clearInterval()以及 animate()方法等同时实现大图片和缩略图片的自动轮播显示。当在浏览器中显示该页面时，将自动轮播大图片和缩略图片，单击缩略图片，将切换显示缩略图片对应的大图片，如图 267-1 所示。有关此实例的主要代码如下所示：

图 267-1

```
<!DOCTYPE html><html><head>
 <script type="text/javascript" src="Scripts/jquery-2.2.3.js"></script>
 <script type="text/javascript">
  $(function () {
   $(".myImage").each(function () {
    var timer;
    $(".myImage .mask img").click(function () {
     var index = $(".myImage .mask img").index($(this));          //获取当前图片索引值
     changeImg(index);
    }).eq(0).click();
    $(this).find(".mask").animate({"bottom": "0"}, 700);
    $(".myImage").hover(function () {                              //在鼠标悬浮图片时停止
     clearInterval(timer);
    }, function () {                                               //在鼠标离开图片时继续
    timer = setInterval(function () {
     var show = $(".myImage .mask img.show").index();
     if (show >= $(".myImage .mask img").length - 1)
        show = 0;
       else
        show++;
       changeImg(show); }, 3000);});
     function changeImg(index) {                                   //根据索引参数以淡入效果显示图片
      $(".myImage .mask img").removeClass("show").eq(index).addClass("show");
```

```
        $ (".myImage .bigImg").parents("a").attr("href",
                    $ (".myImage .mask img").eq(index).attr("link"));
        $ (".myImage .bigImg").hide().attr("src",
              $ (".myImage .mask img").eq(index).attr("uri")).fadeIn("slow");
      }
      timer = setInterval(function () {
        var show =  $ (".myImage .mask img.show").index();
        if (show >=  $ (".myImage .mask img").length - 1)
          show = 0;
        else
          show++;
        changeImg(show);
      }, 3000); });
    });
  </script>
  <style>
   .myImage {width: 382px;height: 326px;overflow: hidden;
            margin: 0 auto;position: relative;}
   .myImage .mask {height: 32px;line-height: 32px;
           background-color: #000;width: 100%;text-align: right;
           position: absolute;left: 0;overflow: hidden;}
   .myImage .mask img {vertical-align: middle;
                     margin-right: 10px;cursor: pointer;}
   .myImage .mask img.show {margin-bottom: 5px;}
  </style>
 </head>
 <body>
  <div class = "myImage">
  <a href = "/"><img class = "bigImg" width = "382" height = "326" /></a>
  <div class = "mask">
   <img src = "MyImages/MyImage90.jpg" uri = "MyImages/MyImage90.jpg"
       width = "40" height = "22" />
   <img src = "MyImages/MyImage91.jpg" uri = "MyImages/MyImage91.jpg"
       width = "40" height = "22" />
   <img src = "MyImages/MyImage92.jpg" uri = "MyImages/MyImage92.jpg"
       width = "40" height = "22" />
   <img src = "MyImages/MyImage93.jpg" uri = "MyImages/MyImage93.jpg"
       width = "40" height = "22" />
   <img src = "MyImages/MyImage94.jpg" uri = "MyImages/MyImage94.jpg"
       width = "40" height = "22" /></div></div>
 </body></html>
```

上面有底纹的代码是此实例的核心代码。在这部分代码中，setInterval()方法用于每间隔3秒调用changeImg(show)切换将要显示的图片。setInterval()方法会不停地调用changeImg(show)，直到clearInterval()被调用。animate({"bottom": "0"}, 700)用于在700毫秒内使bottom属性从当前值渐变到0。

此实例的源文件名是HtmlPageC392.html。

268　通过有序和无序列表控制图片轮播

此实例主要使用"my402Carousel.js"插件实现通过有序列表和无序列表控制图片自动轮播。当在浏览器中显示该页面时，将自动轮播在无序列表中的图片，有序列表数字将同步移动；如果将鼠标放在数字上，将显示数字对应的图片，如图268-1所示。有关此实例的主要代码如下所示：

图 268-1

```
<!DOCTYPE html><html><head>
 <script type="text/javascript" src="Scripts/jquery-2.2.3.js"></script>
 <script type="text/javascript" src="Scripts/my402Carousel.js"></script>
 <script type="text/javascript">
  $(document).ready(function () {
   $('#ppt').myPic({ vertical: true });        //由于是插件,直接按此模式调用即可
   //$('#ppt').myPic({effect: "in"});
   //$('#ppt').myPic({effect: "fade"});
   //$('#ppt').myPic({effect: "flip"});
   //$('#ppt').myPic();
  });
  </script>
  <style>
   * { margin: 0;padding: 0; border: none;}
   .myBox {width: 400px;height: 200px;overflow: hidden;
         position: relative;background: black;margin: 10px auto;}
   .myBox ul {width: 3000px;font-size: 0;}
   .myBox ul li {vertical-align: bottom;height: 100%;
              overflow: hidden; float: left;vertical-align: bottom;
              list-style: none;overflow: hidden;}
   .myBox ol {position: absolute;right: 0;bottom: 20px;z-index: 10;
            list-style: none;height: 21px;}
   .myBox ol li {width: 15px;background: white;
            border: 1px solid #74A8ED; border-radius: 10px;
            color: #74A8ED;cursor: pointer; float: left;font: 12px Arial;
            height: 15px; margin: 2px 3px;text-align: center;}
    .myBox ol li.on {height: 19px;width: 19px;background: #74A8ED;
            border: 1px solid #EEEEEE;color: #FFFFFF;font-size: 16px;
            font-weight: bold;line-height: 19px;margin: 0 3px;}
    img {width: 400px;height: 200px;}
 </style>
</head>
<body>
 <div id="ppt" class="myBox">
  <ul><li><a href="#"><img src="MyImages/my318big1.jpg"></a></li>
      <li><a href="#"><img src="MyImages/my318big2.jpg"></a></li>
      <li><a href="#"><img src="MyImages/my318big3.jpg"></a></li>
      <li><a href="#"><img src="MyImages/my318big4.jpg"></a></li></ul></div>
</body></html>
```

上面有底纹的代码是此实例的核心代码。在这部分代码中,注释的代码是“my402Carousel.js”插件实现图片自动轮播的几种情形,可以取消注释测试一下。

此实例的源文件名是 HtmlPageC402.html。

269　悬浮前后导航按钮的广告图片轮播

此实例主要使用 setInterval()和 animate()等方法实现悬浮前后导航按钮的广告图片轮播。当在浏览器中显示该页面时，5 张图片将自动循环显示，当鼠标悬停在图片上时，将浮出前后两个导航按钮进行图片导航，单击右边的按钮，将滑出下一张图片；单击左边的按钮，将滑出上一张图片，如图 269-1 所示。有关此实例的主要代码如下所示：

图　269-1

```
<!DOCTYPE html><html><head>
 <script type="text/javascript" src="Scripts/jquery-2.2.3.js"></script>
 <script type="text/javascript">
  function Scroll(obj, speed, interval) {
   $("." + obj).each(function () {
  var $box = $(this),
    $imgUl = $box.children(".imgList"),
    $imgLi = $imgUl.children("li"),
    $btnUl = $box.children(".btnList"),
    $btnLi = $btnUl.children("li"),
    $btnPreNex = $box.children(".pre-nex"),
    $btnPre = $box.children(".prev"),
    $btnNex = $box.children(".next"),
    n = $imgLi.length,
    width = $imgLi.width(),
    left = parseFloat($imgUl.css("left")),
    k = 0,
    Player;
    $imgUl.css("width", n * width);
  function scroll() {                              //轮播事件
    $imgUl.stop().animate({ left: -width }, speed, function () {
      k += 1;
      $imgUl.css("left", 0);
      $imgUl.children("li:first").appendTo($(this));
      $btnLi.removeClass('cur');
      if (k >= n) {
          k = 0;
      }
      $btnUl.children("li").eq(k).addClass('cur');
```

```
 }); }
 $btnLi.click(function () {                    //响应单击小圆点
  var index = $btnLi.index(this);
  $(this).addClass('cur').siblings("li").removeClass('cur');
  if (index >= k) {
    var dif = index - k;
    left = -dif * width;
    $imgUl.stop().animate({ left: left }, speed, function () {
      $imgUl.css("left", 0);
      $imgUl.children("li:lt(" + dif + ")").appendTo($imgUl);
   });}else {
    var j = n - (k - index);
    $imgUl.css("left", (index - k) * width);
    $imgUl.children("li:lt(" + j + ")").appendTo($imgUl);
    $imgUl.stop().animate({ left: 0 }, speed);
   }
   k = index;
});
  $btnPreNex.click(function () {               //响应左右按钮单击
   var index = $btnLi.index(this);
   if ($(this).hasClass('next')) {
    if (!$imgUl.is(":animated")) {
      k += 1;
      $imgUl.animate({ left: -width }, speed, function () {
      $imgUl.css("left", 0);
      $imgUl.children("li:first").appendTo($(this));
      if (k >= n) {
        k = 0;
      }
      $btnUl.children("li").removeClass('cur').eq(k).addClass('cur');
     });}
    } else {
     if (!$imgUl.is(":animated")) {
       k += -1;
       $imgUl.css("left", -width);
       $imgUl.children("li:last").prependTo($imgUl);
        $imgUl.stop().animate({ left: 0 }, speed);
        if (k < 0) {
           k = n - 1;
        }
        $btnUl.children("li").removeClass('cur').eq(k).addClass('cur');
     }  }  });
     $box.hover(function () {                  //在鼠标悬浮图片时响应
      clearInterval(Player);
      $btnPreNex.addClass('show');             //显示左右两个按钮
     },function () {                           //在鼠标离开图片时响应
       Player = setInterval(function () { scroll() }, interval);
       $btnPreNex.removeClass('show');
     } );
     Player = setInterval(function () { scroll() }, interval);
  }); }
  $(function () {
    Scroll("bannerCon", 600, 2000);
 });
</script>
<style type="text/css">
```

```
        body, p, ul, ol, li { margin: 0; padding: 0;}
        ul, ol {list-style: none;}
        img { border: none; }
        a, button {outline: none;}
        .clearfix:after {visibility: hidden; display: block;
                        font-size: 0;content: " ";clear: both;height: 0; }
        .banner { position: relative; height: 200px; overflow: hidden;}
        .banner .bannerCon { position: absolute; top: 0;
                            left: 45%;width: 450px; height: 200px;
                            margin-left: -200px;overflow: hidden;}
        .bannerCon .imgList {position: absolute; top: 0;left: 0;
                             width: 99999px;height: 200px;}
        .bannerCon .imgList li { float: left; width: 450px; height: 200px;}
        .bannerCon .imgList li a {position: relative;
                                  display: block; height: 100%; }
        .bannerCon .imgList li img {width: 450px;height: 200px;}
        .bannerCon .pre-nex {display: none; position: absolute;
                             top: 50%;width: 40px;height: 60px;
                             margin-top: -40px;font: bold 40px/60px Simsun;
                             color: #ccc;text-align: center;border: none;
                             background: rgba(0,0,0,.30);
                             cursor: pointer;z-index: 3;}
        .bannerCon .pre-nex.show {display: inline-block;}
        .bannerCon .prev {left: 13%;}
        .bannerCon .next {right: 13%;}
        .bannerCon .btnList { position: absolute;left: 0;
                         bottom: 20px; width: 100%; height: 12px;
                         text-align: center;z-index: 2;_overflow: hidden; }
        .bannerCon .btnList li {display: inline;}
        .bannerCon .btnList li span {display: inline-block; width: 12px;
                       height: 12px; margin: 0 5px; border-radius: 6px;
                       background-color: #14829e; cursor: pointer;}
        .bannerCon .btnList li.cur span { background-color: #f30;}
    </style>
</head>
<body><br><br>
 <div class="wrap"><div class="banner"><div class="bannerCon">
  <ul class="imgList clearfix">
   <li><a href="#"><img src="MyImages/MyImage85.jpg" alt="" /></a></li>
   <li><a href="#"><img src="MyImages/MyImage86.jpg" alt="" /></a></li>
   <li><a href="#"><img src="MyImages/MyImage87.jpg" alt="" /></a></li>
   <li><a href="#"><img src="MyImages/MyImage88.jpg" alt="" /></a></li>
   <li><a href="#"><img src="MyImages/MyImage89.jpg" alt="" /></a></li></ul>
  <ul class="btnList clearfix">
   <li class="cur"><span></span></li>
   <li><span></span></li>
   <li><span></span></li>
   <li><span></span></li>
   <li><span></span></li></ul>
   <span class="pre-nex prev"><</span>
   <span class="pre-nex next">></span>
</div></div></div>
</body></html>
```

上面有底纹的代码是此实例的核心代码。在该部分代码中,setInterval()方法用于间隔 2 秒反复执行 Scroll()方法轮播图片。animate()用于在切换图片时以动画的形式滑入图片。关于这些方法的语法声明请参考本书的其他部分。

此实例的源文件名是 HtmlPageC271.html。

270 同时实现自动轮播和纵向导航的图片显示

此实例主要使用定时器方法 setInterval()和 clearInterval()同时实现自动轮播和纵向导航的图片显示。当在浏览器中显示该页面时,将在左右两侧自动轮播 4 张图片及其关联的信息,如果将鼠标放在中间绿色的导航条上,将显示当前导航条的图片及其关联的信息,如图 270-1 所示。有关此实例的主要代码如下所示:

图 270-1

```
<!DOCTYPE html><html><head>
 <script type="text/javascript" src="Scripts/jquery-2.2.3.js"></script>
 <script type="text/javascript">
  $(function () {
    bannerRotate.bannerInit();
  });
  var bannerRotate = {mytime: 3000,myfade: 200,myi: 0,
        myinterval: null, mynavId: "#myNav",
      mynavBox: "#myImg",mynavTxt: "#myContent",
   bannerShow: function () {              //以淡入淡出的方式显示图片和文字
    $(this.mynavId).find("li a").removeClass("cur");
    $(this.mynavId).find("li:eq(" + this.myi + ")").find("a").addClass("cur");
    $(this.mynavBox).find("a").fadeOut(this.myfade);
    $(this.mynavBox).find("a:eq(" + this.myi + ")").fadeIn(this.myfade);
    $(this.mynavTxt).find("div").hide();
    $(this.mynavTxt).find("div:eq(" + this.myi + ")").fadeIn(this.myfade);
  },
  bannerStart: function () {              //开始轮播
    var mythis = this;
    mythis.myinterval = setInterval(function () {
    if (mythis.myi >= 3) {
      mythis.myi = 0;
    }else {
      mythis.myi++;
    }
    mythis.bannerShow();
    }, mythis.mytime); },
    bannerInit: function () {
     var mythis = this;
     mythis.bannerStart();
```

```
        //在鼠标悬浮时暂停轮播
        $(mythis.mynavId).find("li a").bind("mouseover", function () {
         clearInterval(mythis.myinterval);
         mythis.myi = $(this).parent().index();
         mythis.bannerShow();
         mythis.bannerStart();
     });} };
  </script>
  <style type="text/css">
    * {margin: 0; padding: 0;list-style-type: none;
         text-decoration: none; font: 12px "Helvetica Neue",
         Helvetica,STheiti,微软雅黑,黑体,Arial,Tahoma,sans-serif,
         serif; background: #f6f6f6;}
   .fl {float: left;}
   .m-banner {padding: 10px 10px 10px 0; border: 1px solid #dedede;
            width: 450px; height: 200px; margin: 20px auto;}
   .mb-news {width: 200px;padding: 0 15px;line-height: 1.8;}
   .mb-news h4 {word-break: break-all;word-wrap: break-word;}
   .mb-news h4 a {font-size: 18px;color: #8c3608;line-height: 1.6;
                  word-break: break-all;word-wrap: break-word;}
   .mb-news p {font-size: 14px;color: #444;
                         margin-top: 5px;overflow: hidden;}
   .mb-img {width: 220px;height: 200px;}
   .myNav {width: 15px;margin-right: 5px;}
   .myNav li {width: 10px;height: 49px;margin-bottom: 1px;}
   .myNav li a {display: block;width: 10px;
                         height: 49px;background: #bdbdbd;}
   .myNav li a.cur {background: green;}
   .myImg {width: 200px;height: 200px;
                    position: relative;overflow: hidden;}
   .myImg a {display: block;width: 200px;height: 200px;
           overflow: hidden; position: absolute;top: 0;
           left: 0;z-index: 10; display: none;}
   img {width:200px;height:200px;}
  </style>
</head>
<body>
  <div class="m-banner">
   <div id="myContent" class="mb-news fl">
    <div style="display:block;">
     <h4><a href="/">算法导论</a></h4>
     <p>《算法导论(原书第3版)/计算机科学丛书》将严谨性和全面性融为一体,深入讨论各类算法,并着力使这些算法的设计和分析能为各个层次的读者接受。</p></div>
    <div style="display:none;">
     <h4><a href="/">高级程序设计</a></h4>
     <p>图灵程序设计丛书</p></div>
     <div style="display:none;">
      <h4><a href="/">Java 编程思想</a></h4>
      <p>适合初学者与专业人员的经典的面向对象叙述方式</p></div>
     <div style="display:none;">
      <h4><a href="/">C# 入门经典</a></h4>
      <p>全面讲解 C# 2010 和.NET 架构编程知识</p></div></div>
    <div class="mb-img fl clearfix">
     <ul id="myNav" class="myNav fl">
      <li><a class="cur"></a></li>
      <li><a></a></li>
      <li><a></a></li>
```

```
    <li><a></a></li></ul>
    <div id = "myImg" class = "myImg fl">
     <a href = "/" style = "display:block;"><img src = "MyImages/MyImage40.jpg"/></a>
     <a href = "/"><img src = "MyImages/MyImage41.jpg" /></a>
     <a href = "/"><img src = "MyImages/MyImage42.jpg" /></a>
     <a href = "/"><img src = "MyImages/MyImage43.jpg" /></a></div></div></div>
</body></html>
```

上面有底纹的代码是此实例的核心代码。在这部分代码中，var bannerRotate = {mytime: 3000,myfade: 200, myi: 0, myinterval: null, mynavId: "#myNav", mynavBox: "#myImg", mynavTxt: "#myContent"}是 bannerRotate 对象的相关初始值，在创建好 HTML 和 CSS 后，直接按照此模式调用即可。

此实例的源文件名是 HtmlPageC390.html。

271 分组批量显示包含图片和文字的组合体

此实例主要使用 animate()等方法实现图片和文字周而复始地成组批量显示。当在浏览器中显示该页面时，单击右箭头将显示下一组图片和文字，单击左箭头将显示上一组图片和文字，如图 271-1 所示。有关此实例的主要代码如下所示：

图 271-1

```
<!DOCTYPE html><html><head>
 <script type = "text/javascript" src = "Scripts/jquery - 2.2.3.js"></script>
 <script type = "text/javascript">
   $(function () {
    var page = 1;
    var i = 4;                              //每个版面放 4 个图片
    $("span.next").click(function () {      //响应右箭头按钮单击
     var $parent = $(this).parents("div.v_show");
     var $v_show = $parent.find("div.v_content_list");
     var $v_content = $parent.find("div.v_content");
     var v_width = $v_content.width();
     var len = $v_show.find("li").length;
     //只要不是整数,就往大的方向取最小的整数
     var page_count = Math.ceil(len/i);
     //判断"内容展示区域"是否正在处于动画
     if (!$v_show.is(":animated")) {
      //已经到最后一个版面了,如果再向后,必须跳转到第一个版面
      if (page == page_count) {
```

```
        //通过改变 left 值,跳转到第一个版面
        $ v_show.animate({ left: '0px' }, "slow");
        page = 1;
      } else {
        //通过改变 left 值,达到每次换一个版面
        $ v_show.animate({ left: '-=' + v_width }, "slow");
          page++;
        }
        $ parent.find("span").eq((page -
              1)).addClass("current").siblings(). removeClass("current");
    } });
    $ ("span.prev").click(function () {       //响应左箭头按钮单击
     var $ parent = $ (this).parents("div.v_show");
     var $ v_show = $ parent.find("div.v_content_list");
     var $ v_content = $ parent.find("div.v_content");
     var v_width = $ v_content.width();
     var len = $ v_show.find("li").length;
     var page_count = Math.ceil(len / i);
      if (! $ v_show.is(":animated")) {
       //已经到第一个版面了,如果再向前,必须跳转到最后一个版面
       if (page == 1) {
        $ v_show.animate({ left: '-='
                               + v_width * (page_count - 1) }, "slow");
        page = page_count;
       } else {
        $ v_show.animate({ left: '+=' + v_width }, "slow");
         page--;
       }
       $ parent.find("span").eq((page
              - 1)).addClass("current").siblings(). removeClass("current");
  } });});
</script>
<style>
  * { margin: 0; padding: 0; word-break: break-all; font-size: 1em; }
 body { background: #f5f5f5; color: #333;
        font: 12px/1.5em Helvetica, Arial, sans-serif;}
 a {color: #2B93D2;text-decoration: none; }
 a:hover {color: #E31E1C;text-decoration: underline;}
 ul, li {list-style: none;}
 .v_show { width: 595px; margin: 10px 0 1px 10px;}
 .v_caption {height: 35px;overflow: hidden;
           background: url(MyImages/my394btn_cartoon.gif) no-repeat 0 0;}
 .v_caption h2 {float: left;width: 50px;height: 35px;overflow: hidden;
                margin-left: 15px;margin-top: 8px;}
 .highlight_tip {display: inline;float: left;margin: 14px 0 0 10px;}
 .highlight_tip span {display: inline;float: left;width: 7px;height: 7px;
       background: url(MyImages/my394btn_cartoon.gif) no-repeat 0 -320px;
       overflow: hidden;margin: 0 2px;text-indent: -9999px;}
 .highlight_tip .current {background-position: 0 -220px;}
 .change_btn {float: left;margin: 7px 0 0 10px;}
 .change_btn span {display: block;float: left;width: 30px;height: 23px;
               background: url(MyImages/my394btn_cartoon.gif) no-repeat;
               text-indent: -9999px;overflow: hidden;cursor: pointer;}
 .change_btn .prev {background-position: 0 -400px;}
 .change_btn .next {width: 31px;background-position: -30px -400px;}
 .v_caption em {display: inline; float: right; margin: 10px 12px 0 0;
          font-family: simsun;}
```

```
    .v_content {position: relative;width: 592px;height: 200px;
                overflow: hidden;border-right: 1px solid #E7E7E7;
                border-bottom: 1px solid #E7E7E7;
                border-left: 1px solid #E7E7E7;border-radius: 5px;}
    .v_content_list {position: absolute;width: 2500px;top: 0px;left: 0px;}
    .v_content ul {float: left;}
    .v_content ul li {display: inline;float: left;
                      margin: 3px 2px 0;padding: 8px;
                      background-color: #eae9e9;border-radius: 5px;}
    .v_content ul li a {display: block;width: 128px;
                        height: 128px;overflow: hidden;}
    .v_content ul li img {width: 128px; height: 128px;}
    .v_content ul li h4 {width: 128px;height: 18px;overflow: hidden;
                         margin-top: 12px;font-weight: normal;}
    .v_content ul li h4 a {display: inline !important;
                           height: auto !important;}
    .v_content ul li span {color: #666;}
    .v_content ul li em {color: #888;font-family: Verdana;font-size: 0.9em;}
   </style>
  </head>
  <body><center>
   <div class="v_show">
    <div class="v_caption">
     <h2 class="cartoon" title="世界风光">销售排行</h2>
      <div class="highlight_tip">
       <span class="current">1</span><span>2</span><span>3</span><span>4</span>
      </div>
      <div class="change_btn">
       <span class="prev">上一组</span>
       <span class="next">下一组</span></div>
      <em><a href="#">更多>></a></em></div>
     <div class="v_content">
      <div class="v_content_list">
       <ul><li><a href="#"><img src="MyImages/MyImage30.jpg" alt="" /></a>
                 <h4><a href="#">5月红酒销售收入冠军</a></h4>
                 <span>销量:<em>28,276</em></span></li>
           <li><a href="#"><img src="MyImages/MyImage31.jpg" alt="" /></a>
                 <h4><a href="#">6月红酒销售收入冠军</a></h4>
                 <span>销量:<em>33,326</em></span></li>
           <li><a href="#"><img src="MyImages/MyImage32.jpg" alt="" /></a>
                 <h4><a href="#">7月红酒销售收入冠军</a></h4>
                 <span>销量<em>57,865</em></span></li>
           <li><a href="#"><img src="MyImages/MyImage33.jpg" alt="" /></a>
                 <h4><a href="#">8月红酒销售收入冠军</a></h4>
                 <span>销量:<em>28,276</em></span></li>
           <li><a href="#"><img src="MyImages/MyImage40.jpg" alt="" /></a>
                 <h4><a href="#">5月图书销售收入冠军</a></h4>
                 <span>销量:<em>33,326</em></span></li>
           <li><a href="#"><img src="MyImages/MyImage41.jpg" alt="" /></a>
                 <h4><a href="#">6月图书销售收入冠军</a></h4>
                 <span>销量:<em>33,326</em></span></li>
           <li><a href="#"><img src="MyImages/MyImage42.jpg" alt="" /></a>
                 <h4><a href="#">7月图书销售收入冠军</a></h4>
                 <span>销量:<em>33,326</em></span></li>
           <li><a href="#"><img src="MyImages/MyImage43.jpg" alt="" /></a>
                 <h4><a href="#">8月图书销售收入冠军</a></h4>
                 <span>销量:<em>28,276</em></span></li>
           <li><a href="#"><img src="MyImages/MyImage50.jpg" alt="" /></a>
```

```
            <h4><a href="#">5 月旅游销售收入冠军</a></h4>
            <span>销量:<em>28,276</em></span></li>
        <li><a href="#"><img src="MyImages/MyImage51.jpg" alt="" /></a>
            <h4><a href="#">6 月旅游销售收入冠军</a></h4>
            <span>销量<em>57,865</em></span></li>
        <li><a href="#"><img src="MyImages/MyImage52.jpg" alt="" /></a>
            <h4><a href="#">7 月旅游销售收入冠军</a></h4>
            <span>销量:<em>28,276</em></span></li>
        <li><a href="#"><img src="MyImages/MyImage53.jpg" alt="" /></a>
            <h4><a href="#">8 月旅游销售收入冠军</a></h4>
            <span>销量:<em>28,276</em></span></li>
        <li><a href="#"><img src="MyImages/MyImage90.jpg" alt="" /></a>
            <h4><a href="#">5 月家私销售收入冠军</a></h4>
            <span>销量<em>57,865</em></span></li>
        <li><a href="#"><img src="MyImages/MyImage91.jpg" alt="" /></a>
            <h4><a href="#">6 月家私销售收入冠军</a></h4>
            <span>销量<em>57,865</em></span></li>
        <li><a href="#"><img src="MyImages/MyImage92.jpg" alt="" /></a>
            <h4><a href="#">7 月家私销售收入冠军</a></h4>
            <span>销量:<em>33,326</em></span></li>
        <li><a href="#"><img src="MyImages/MyImage93.jpg" alt="" /></a>
            <h4><a href="#">8 月家私销售收入冠军</a></h4>
            <span>销量:<em>28,276</em></span></li></ul></div></div></div>
</center></body></html>
```

上面有底纹的代码是此实例的核心代码。在这部分代码中，animate()方法用于实现在规定的时间内，每组图片移动指定的距离。Math.ceil()方法执行向上舍入，即它总是将数值向上舍入为最接近的整数；与 Math.ceil()方法类似的 Math.floor()方法执行向下舍入，即它总是将数值向下舍入为最接近的整数；Math.round()方法执行标准舍入，即它总是将数值四舍五入为最接近的整数。关于这些方法的语法声明请参考本书的其他部分。

此实例的源文件名是 HtmlPageC394.html。

272 实现选中的商品图片以抛物线飞入购物车

此实例主要使用"my352jquery.fly.min.js"插件实现选中的商品图片以抛物线形式飞入右侧的购物车中。当在浏览器中显示该页面时，如果使用鼠标单击"加入购物车"超链接，则对应的商品图片将以抛物线形式飞入右侧的购物车中，如图 272-1 所示。有关此实例的主要代码如下所示：

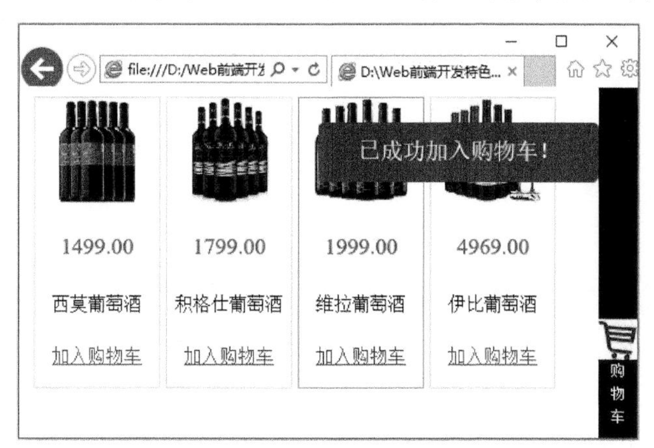

图 272-1

```
<!DOCTYPE html><html><head>
 <script type="text/javascript" src="Scripts/jquery-2.2.3.js"></script>
 <script src="Scripts/my352jquery.fly.min.js"></script>
 <script type="text/javascript">
  $(function () {
   var offset = $("#end").offset();
   $(".addcar").click(function (event) {      //响应超链接单击事件
    var addcar = $(this);
    var img = addcar.parent().find('img').attr('src');
    var flyer = $('<img class="u-flyer" src="' + img + '">');
    flyer.fly({                               //设置飞行参数
     start: {left: event.pageX,top: event.pageY},
      end: { left: offset.left + 10,top: offset.top + 10,
             width: 0,height: 0 },
      onEnd: function () {
       $("#msg").show().animate({ width: '250px' }, 200).fadeOut(1000);
       addcar.css("cursor", "default").removeClass('orange').unbind('click');
       this.destory(); }
  }); }); });
 </script>
 <style>
  .box {float: left;width: 110px;height: 250px; margin-left: 5px;
           border: 1px solid #e0e0e0;text-align: center;}
  .box p {line-height: 20px; padding: 4px 4px 10px 4px;}
  .box:hover {border: 1px solid #f90;}
  .box h4 {line-height: 32px;font-size: 14px;color: #f30;font-weight: 500;}
  .box h4 span {font-size: 20px;}
  .u-flyer {display: block;width: 50px;height: 50px; border-radius: 50px;
           position: fixed;z-index: 9999;}
  .m-sidebar {position: fixed;top: 0;right: 0;background: #000;
             z-index: 2000;width: 35px;height: 100%;
             font-size: 12px;color: #fff;}
  .cart {color: #fff;text-align: center;line-height: 20px;
        padding: 200px 0 0 0px;}
  .cart span {display: block;width: 20px;margin: 0 auto;}
  .cart i {width: 35px;height: 35px;display: block;
          background: url(MyImages/my352cart.jpg) no-repeat;}
  #msg {position: fixed;top: 30px;right: 35px;z-index: 10000;
       width: 1px;height: 52px;line-height: 52px;
       font-size: 20px; text-align: center;color: #fff;
       background: #360;border-radius: 5px;display: none;}
  img {width: 90px;height: 90px;}
 </style>
</head>
<body>
 <div class="box">
  <img src="MyImages/MyImage31.jpg">
  <h4><span>1499.00</span></h4>
  <p>西莫葡萄酒 </p>
  <a href="#" class="addcar">加入购物车</a></div>
 <div class="box">
  <img src="MyImages/MyImage32.jpg">
  <h4><span>1799.00</span></h4>
  <p>积格仕葡萄酒</p>
  <a href="#" class="addcar">加入购物车</a></div>
 <div class="box">
```

```
    <img src="MyImages/MyImage33.jpg">
    <h4><span>1999.00</span></h4>
    <p>维拉葡萄酒</p>
    <a href="#" class="addcar">加入购物车</a></div>
  <div class="box">
    <img src="MyImages/MyImage34.jpg">
    <h4><span>4969.00</span></h4>
    <p>伊比葡萄酒</p>
    <a href="#" class="addcar">加入购物车</a></div>
  <div class="m-sidebar">
    <div class="cart">
      <i id="end"></i>
      <span>购物车</span></div></div>
  <div id="msg">已成功加入购物车!</div>
</body></html>
```

上面有底纹的代码是此实例的核心代码。在这部分代码中，offset()方法获取或设置匹配元素相对于文档的偏移位置。$(selector).offset()形式用于获取匹配元素相对于文档的偏移位置，该方法返回的对象包含两个整型属性：top 和 left，以像素计，此方法只对可见元素有效。$(selector).offset(value)形式用于设置所有匹配元素的偏移坐标，其中参数 value 规定以像素计的 top 和 left 坐标。

此实例的源文件名是 HtmlPageC352.html。

273 创建适合书架阶梯展示的图片缩放特效

此实例主要通过 prototype 创建适合于书架阶梯展示的图片缩放特效。当在浏览器中显示该页面时，如果鼠标放在第一张图片上，则该图片将突出显示，并显示该图片的文字说明，其他图片则缩放成阶梯状态，如图 273-1 所示；如果将鼠标放在其他图片上，将实现类似的功能。有关此实例的主要代码如下所示：

图 273-1

```
<!DOCTYPE html><html><head>
 <script type="text/javascript" src="Scripts/jquery-2.2.3.js"></script>
 <script type="text/javascript">
   var Bookrack = function (a, b, c, e) { this.scale = e || 0.4; this.x = b || 120; this.y = c || 160;
 this.border = 2; this.init(a); this.exec(Math.ceil(Math.random() * this.imgs.length)) };
   Bookrack.prototype = {init: function (a) {
    this.width = a.clientWidth - 2 * this.x * this.scale;
    a.style.position = "relative";                    //设置位置模式
    a.style.height = this.y + "px";
    this.imgs = a.getElementsByTagName("a");
    var b = this, c = document.createElement("span"), e, d;
```

```
    this.each(function (a, g) {
    a.style.position = "absolute";
    a.style.bottom = "0";
    a.style.border = this.border + "px solid gray";
    a.style.left = this.width * (g / this.imgs.length) + 2 * this.border + "px";
    a.setAttribute("dir", g);
    d = a.getElementsByTagName("img")[0].getAttribute("alt").split("|");
    e = c.cloneNode(!0);
    e.innerHTML = a.getAttribute("title") + d[0] +
                                        "第" + d[1] + "章第<big>" + d[2] + "</big>节";
    a.appendChild(e); //添加将要显示的图片文字
    a.onmouseover = function () {
     b.exec(this.getAttribute("dir"))
     } }) }, each: function (a) {
       for (var b = 0, c; c = this.imgs[b++];)
         a.call(this, c, b, this.imgs.length) }, color: function (a) {
         a = (~~(255 * a)).toString(16); 2 > a.length && (a = "0" + a);
         a = a.substr(0, 2); return "#" + a + a + a }, exec: function (a) {
           this.each(function (b, c, e, d, f) {
            b.getElementsByTagName("span")[0].style.display = "none";
            c == a && (b.getElementsByTagName("span")[0].style.display = "block");
            d = Math.min(c / a, a / c);
            f = Math.sin(90 * (Math.PI / 180) * d) * (1 - this.scale);
            b.style.zIndex = Math.ceil(1E4 * f);
            b.style.borderColor = this.color(f + this.scale);
            b.style.width = this.x * (f + this.scale) - 2 * this.border + "px";
            b.style.height = this.y * (f + this.scale) - 2 * this.border +
                                            "px"; b.style.marginLeft = this.x * f / -2 + "px"
   }) } };
   $ (document).ready(function () {//实例化 Bookrack
    new Bookrack( $ ('#bookrack').get(0), 145, 175);
  });
 </script>
 <style type = "text/css">
   #bookrack {width: 450px;margin: 10px;}
   #bookrack a {text - align: center;text - decoration: none;font - size: 12px;}
   #bookrack span {display: none;position: absolute;color: #fff; padding: 5px;
      background: #000000;background: rgba(0, 0, 0, 0.5);top: 30px;left: 0;}
   #bookrack span big {color: red; font - size: 14px;}
   #bookrack img {width: 100 % ; height: 100 % ;display: block;
                    border: 1px solid black;}
 </style>
</head>
<body>
 <div id = "bookrack">
  <a href = "#" title = "《算法导论》">
    <img src = "MyImages/MyImage40.jpg" alt = "已经读到|121|12" /></a>
  <a href = "#" title = "《高级程序设计》">
    <img src = "MyImages/MyImage41.jpg" alt = "已经读到|11|22" /></a>
  <a href = "#" title = "《编程思想》">
    <img src = "MyImages/MyImage42.jpg" alt = "已经读到|23|12" /></a>
  <a href = "#" title = "《C#入门经典》">
    <img src = "MyImages/MyImage43.jpg" alt = "已经读到|11|22" /></a>
  <a href = "#" title = "《用户体验要素》">
    <img src = "MyImages/MyImage44.jpg" alt = "已经读到|2|8" /></a>
  <a href = "#" title = "《核心技术》">
    <img src = "MyImages/MyImage45.jpg" alt = "已经读到|23|12" /></a>
```

```
    <a href = "#" title = "《Spring 实战》">
      < img src = "MyImages/MyImage46.jpg" alt = "已经读到|2|8" /></a>
    <a href = "#" title = "《深入理解 Nginx》">
      < img src = "MyImages/MyImage47.jpg" alt = "已经读到|2|8" /></a>
    <a href = "#" title = "《C 语言从入门到精通》">
      < img src = "MyImages/MyImage48.jpg" alt = "已经读到|2|8" /></a></div>
</body></html>
```

上面有底纹的代码是此实例的核心代码。其中，new Bookrack($('#bookrack').get(0), 145, 175)用于构造实例，145 表示图片的宽度是 145px，175 表示图片的高度是 175px。Bookrack.prototype 中的 prototype 是 JavaScript 中的函数(function)的一个保留属性，并且它的值是一个对象，一个对象会自动拥有这个对象的构造函数的 prototype 的成员属性和方法。

此实例的源文件名是 HtmlPageC400.html。

274　在随机排列图片时显示图片的移动轨迹

此实例主要使用 Math.random()方法产生随机数从而实现在随机排列多张图片时显示图片的移动轨迹。当在浏览器中显示该页面时，单击"重新随机排列图片"按钮，将对所采用的 9 张图片进行随机排列，并显示图片从开始位置到目标位置的移动轨迹，如图 274-1 所示；由于是随机排列，因此每次单击"重新随机排列图片"按钮产生的结果都不相同。有关此实例的主要代码如下所示：

图　274-1

```
<!DOCTYPE html><html><head>
 <script type = "text/javascript" src = "Scripts/jquery-2.2.3.js"></script>
 <script type = "text/javascript">
jQuery(document).ready(function ( $ ) {
  var myArray = [];
  var mySet = [];
  var pic = [];                                    //分配数组来保存图片文件名
```

```
    pic[0] = "MyImages/MyImage30.jpg";
    pic[1] = "MyImages/MyImage31.jpg";
    pic[2] = "MyImages/MyImage32.jpg";
    pic[3] = "MyImages/MyImage33.jpg";
    pic[4] = "MyImages/MyImage34.jpg";
    pic[5] = "MyImages/MyImage35.jpg";
    pic[6] = "MyImages/MyImage36.jpg";
    pic[7] = "MyImages/MyImage37.jpg";
    pic[8] = "MyImages/MyImage38.jpg";
    var index = 9;
    function myRand() {
      for (var i = 0; i < index; i++) {
        myArray[i] = i;
      }
      var j = index;
      for (var i = 0; i < index; i++) {
        var t = Math.floor(Math.random() * j);       //产生随机数并取整
        j--;
        mySet[i] = myArray.splice(t, 1);
      } }
      function resetPic() {
        myRand();
        for (var i = 0; i < index; i++) {
         $("#c_u").append("<li class=\"li_" +
                        mySet[i] + "\" style= \"background:url(" +
                        pic[i] + ");background-size:100% 100%\"></li>")
       } }
       $("#myBtn").click(function () {               //重新随机排列图片
        myRand();
        for (var i = 0; i < index; i++) {
         $("#c_u li").eq(i).attr("class", "").addClass("li_" + mySet[i]);
        } });
        resetPic();
      });
    </script>
    <style type="text/css">
      #c_u {width: 450px;height: 450px; margin: 0 auto;
            position: relative;list-style: none;
            padding: 8px;border: 4px solid #FFFFFF;}
      #c_u li {margin: 8px;border: 2px solid red;width: 125px;
                height: 125px;position: absolute;padding: 0;
                transition: all .5s ease-out 0s;}
      #c_u .li_0 {top: 8px;left: 8px;}
      #c_u .li_1 {top: 8px;left: 158px;}
      #c_u .li_2 {top: 8px;left: 308px;}
      #c_u .li_3 {top: 158px;left: 8px;}
      #c_u .li_4 {top: 158px;left: 158px;}
      #c_u .li_5 {top: 158px;left: 308px;}
      #c_u .li_6 {top: 308px;left: 8px;}
      #c_u .li_7 {top: 308px;left: 158px;}
      #c_u .li_8 {top: 308px;left: 308px;}
    </style>
  </head>
  <body><center>
   <input class="input" type="button" value="重新随机排列图片"
                          id="myBtn" style="width:425px;margin-top:10px"/>
   <ul id="c_u"></ul>
  </center></body></html>
```

上面有底纹的代码是此实例的核心代码。在这部分代码中，random()方法是 0～1(不包括 1)的伪随机函数，floor 是取当前数值的整数部分，舍掉小数部分；两者常搭配使用取 0 到某个数值的随机数，如果想取 0～49 的随机数可用 Math. floor(Math. random() * 50)，产生的最大值再大也不到 50，后舍掉小数部分就是 0～49 的任意一个伪随机数。splice()方法用于从当前数组中移除一部分连续的元素，如有必要，还可以在所移除元素的位置上插入一个或多个新的元素，该方法以数组形式返回从当前数组中被移除的元素。splice()方法的语法声明如下：

```
array.splice( start, deleteCount [,items... ] )
```

其中，参数 start 表示数组中移除元素操作的起点索引，从 0 开始。参数 deleteCount 表示需要移除的元素个数。参数 items 是可选参数，表示要添加到数组中元素被移除位置的新元素，可以有多个。

splice()方法一直从索引 start 开始，移除 deleteCount 个元素，直到数组的结尾。如果 start 为负，则将其视为 length + start，此处 length 为数组的长度。如果 deleteCount 为 0 或负数，则不会移除任何元素，并返回一个空数组。如果 start >= length，则不会移除任何元素，返回一个空数组。如果参数 items 为数组类型(Array)，仍会被当作一个元素看待，插入到当前数组中。该方法的返回值为 Array 类型，返回从当前数组中被移除的元素所组成的新的数组。

此实例的源文件名是 HtmlPageC377. html。

275　在执行操作图片前确保图片加载完成

此实例主要实现通过 load()方法判断图片加载完成，并确保在此之后执行对图片的特效操作。当在浏览器中显示该页面时，显示的两张图片不是原始图片，而是在原始图片加载完成之后，按照预置的宽高比例进行缩放之后的图片，如图 275-1 所示。有关此实例的主要代码如下所示：

图　275-1

```
<!DOCTYPE html><html><head>
 <script type="text/javascript" src="Scripts/jquery-2.2.3.js"></script>
 <script language="javascript">
  $(document).ready(function () {
   $('img').load(function () {                    //以下是在图片加载完成之后执行的匹配缩放操作
    $('img').each(function () {                   //针对页面中的所有图片执行此缩放
     DrawImage(this, 120,180);
  });});});
  function DrawImage(myImage, FitWidth, FitHeight) { //缩放图片
   var image = new Image();
   image.src = myImage.src;                       //取得目标图片源
```

```
if (image.width > 0 && image.height > 0) {
 if (image.width / image.height >= FitWidth / FitHeight) {
  if (image.width > FitWidth) {
   myImage.width = FitWidth;
   myImage.height = (image.height * FitWidth) / image.width;
  } else {
   myImage.width = image.width;
   myImage.height = image.height;
 } } else {
   if (image.height > FitHeight) {
    myImage.height = FitHeight;
    myImage.width = (image.width * FitHeight) / image.height;
   } else {
      myImage.width = image.width;      //最终显示宽度
      myImage.height = image.height;    //最终显示高度
} } } }
```

```
  </script>
</head>
<body>
 <div>
<img src="MyImages/Myluoshuai5.jpg" />
<img src="MyImages/Myluoshuai6.jpg" /></div>
</body></html>
```

上面有底纹的代码是此实例的核心代码。在该部分代码中，load()方法是在当指定的元素(及子元素)已加载时，发生 load 事件所对应的方法。load 事件适用于任何带有 URL 的元素(比如图像、脚本、框架、内联框架)。

此实例的源文件名是 HtmlPageC067.html。

276 根据图片地址获取图片的高度和宽度

此实例主要实现根据提供的有效图片 URL 地址获取图片的高度和宽度。当在浏览器中显示该页面时，在"图片 URL："文本框中输入图片地址，单击"加载并显示图片"按钮，则将在下面显示该图片及图片的宽度和高度信息，如图 276-1 所示。有关此实例的主要代码如下所示：

图 276-1

```
<!DOCTYPE html><html><head>
 <script type="text/javascript" src="Scripts/jquery-2.2.3.js"></script>
 <script language="javascript">
   var imgReady = (function () {
    return function (url, ready, load, error) {
     var onready, width, height, newWidth, newHeight,
     img = new Image();
     img.src = url;
     //如果图片被缓存,则直接返回缓存数据
     if (img.complete) {
      ready.call(img);
      load && load.call(img);
      return;
     };
     width = img.width;
     height = img.height;
     onready = function () {                                //图片就绪
       newWidth = img.width;
       newHeight = img.height;
       if(newWidth !== width || newHeight !== height ||
                         newWidth * newHeight > 1024) {
        ready.call(img);
        onready.end = true;
       }; };
       onready();
       img.onload = function () {                           //完全加载完毕
        !onready.end && onready();
        load && load.call(img);
        img = img.onload = img.onerror = null;
     }; };})();
     $ (document).ready(function () {
      function ClearData() {
       var value = $ ("#path").val();
       var newval = (value.split('?')[1] ? value.split('?')[0] : value) + '?'
                   + new Date().getTime();
       $ ("#path").val(newval);
       $ ("#imgshow").html('');
      }
      $ (function () {
       $ ("#submit").click(function () {                    //加载并显示图片
         $ ("#statusReady").text("Loading…");               //显示加载状态
         $ ("#imgshow").html('');
         var imgurl = $ ("#path").val();                    //取得地址
         var startTime = (new Date()).getTime();
         imgReady(imgurl, function () {
           var ntime = (new Date()).getTime();
           $ ("#statusReady").text('宽度: ' +
                           this.width + ';高度: ' + this.height);
           $ ("#imgshow").html('<img src="' + imgurl + '">');     //显示图片
   }); }); });});
 </script>
</head>
<body>
 <div id="Con">
  <div id="ConShow">图片 URL:
    <input type="text" id="path" value="http://img12.360buyimg.com/n1/jfs/t2365/33/1126928978/
356068/2d3549de/56458b24Nf5b8d593.jpg" style="width:200px" />
    <input type="button" id="submit" value="加载并显示图片" />
```

```
    <p><strong>此图片的宽度和高度分别是：</strong>
        <span id="statusReady"></span><p></div>
    <div id="imgshow"></div></div>
</body></html>
```

上面有底纹的代码是此实例的核心代码。

此实例的源文件名是 HtmlPageC083. html。

277 在单击图片时自动切换到下一张图片

此实例主要实现当使用鼠标单击图片时会自动切换下一张图片。当在浏览器中显示该页面时，会显示图 277-1 左边的扑克牌 K；单击扑克牌 K，会显示扑克牌 8，如图 277-1 中间的部分所示；单击扑克牌 8，会显示扑克牌 10，如图 277-1 右边的部分所示。有关此实例的主要代码如下所示：

图 277-1

```
<!DOCTYPE html><html><head>
 <script type="text/javascript" src="Scripts/jquery-2.2.3.js"></script>
 <script language="javascript">
  var imageObject = {
   clickSwap: function (obj) {
    obj.click(function () {                //响应鼠标单击事件
      var activeImage = $(this).children('img.active');
      activeImage.removeClass('active');
      if (activeImage.next().length > 0) {
       activeImage.next().addClass('active');
      } else {
       $(this).children('img:first-child').addClass('active');
      }
      return false;
   });} };
  $(document).ready(function () {
   $(function () {
    imageObject.clickSwap($('#imageContainer'));
  }); });
 </script>
 <style type="text/css">
   #wrapper { width: 110px;margin: 0 auto;}
   #imageContainer {width: 110px;height: 150px;position: relative;
                    overflow: hidden;background: #eee;}
   #imageContainer img {width: 110px;height: 150px;position: absolute;
                        top: 0;left: 0;z-index: 1;}
   #imageContainer img.active {z-index: 3;}
```

```
  </style>
</head>
<body>
 <div id="wrapper">
  <div id="imageContainer">
   <img src="MyImages/MyImage02.jpg" class="active" alt="图片 01" />
   <img src="MyImages/MyImage03.jpg" alt="图片 02" />
   <img src="MyImages/MyImage04.jpg" alt="图片 03" /></div></div>
</body></html>
```

上面有底纹的代码是此实例的核心代码。在这部分代码中，addClass('active')用于设置图片的CSS样式为active，removeClass('active')用于移除图片的CSS样式active。图片能够实现自动切换的秘密就在于CSS样式为active的z-index属性中，z-index表示元素在z轴(垂直于屏幕)的位置；z-index值越大，显示的优先级就越高，z-index值越小，显示的优先级就越低。使用鼠标单击图片实现自动切换，核心就是改变每张图片的z-index值。

此实例的源文件名是HtmlPageC078.html。

278　检测键盘按键输入来更换显示的图片

此实例主要通过在keydown事件对应的方法中检测event.keyCode按键输入来切换显示不同的图片。当在浏览器中显示该页面时，将显示扑克牌K，如图278-1左端所示；如果按下回车键，则显示扑克牌8，如图278-1右端所示。有关此实例的主要代码如下所示：

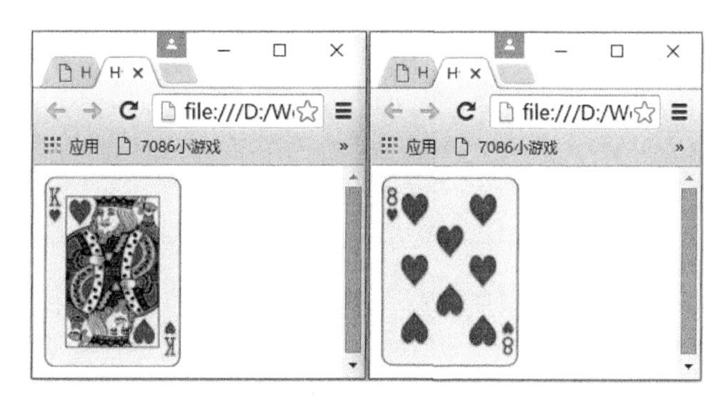

图　278-1

```
<!DOCTYPE html><html><head>
 <script type="text/javascript" src="Scripts/jquery-2.2.3.js"></script>
 <script language="javascript">
  $(document).ready(function () {
   $(function () {
    $(document).keydown(function (event) {                    //在键被按下时响应
     if (event.keyCode == "13") {                             //按下了 Enter 键
       $('#myimage').replaceWith('<img src="MyImages/MyImage03.jpg"
                                        width="110" height="150" />');
  } });});});
 </script>
</head>
<body>
 <img id="myimage" src="MyImages/MyImage02.jpg" width="110" height="150" />
</body></html>
```

上面有底纹的代码是此实例的核心代码。在该部分代码中，event.keyCode 表示当前按下的键盘按键取值。字母和数字键的键值(keyCode)如表 278-1 所示。

表 278-1

按键	键值	按键	键值	按键	键值	按键	键值
A	65	J	74	S	83	1	49
B	66	K	75	T	84	2	50
C	67	L	76	U	85	3	51
D	68	M	77	V	86	4	52
E	69	N	78	W	87	5	53
F	70	O	79	X	88	6	54
G	71	P	80	Y	89	7	55
H	72	Q	81	Z	90	8	56
I	73	R	82	0	48	9	57

功能键和数字键盘上的键值(keyCode)如表 278-2 所示。

表 278-2

按键	键值	按键	键值	按键	键值	按键	键值
0	96	8	104	F1	112	F7	118
1	97	9	105	F2	113	F8	119
2	98	*	106	F3	114	F9	120
3	99	+	107	F4	115	F10	121
4	100	Enter	108	F5	116	F11	122
5	101	—	109	F6	117	F12	123
6	102	.	110				
7	103	/	111				

控制键的键值(keyCode)如表 278-3 所示。

表 278-3

按键	键值	按键	键值	按键	键值
BackSpace	8	Esc	27	#NAME?	189
Tab	9	Spacebar	32	.>	190
Clear	12	Page Up	33	/?	191
Enter	13	Page Down	34	`~	192
Shift	16	End	35	[{	219
Control	17	Home	36	\\|	220
Alt	18	Left Arrow	37	]}	221
caps Lock	20	Up Arrow	38	'"	222
Right Arrow	39	Num Lock	144		
Dw Arrow	40	;:	186		
Insert	45	=+	187		
Delete	46	,<	188		

此实例的源文件名是 HtmlPageC073.html。

279　强制图片等元素位于页面的中心位置

此实例主要通过 css()方法来强制图片等元素位于页面的中心位置。当在浏览器中显示页面时，叠加的两张照片都位于页面的中心位置，如图 279-1 所示。有关此实例的主要代码如下所示：

图　279-1

```
<!DOCTYPE html><html><head>
 <script type="text/javascript" src="Scripts/jquery-2.2.3.js"></script>
 <script language="javascript">
  $(document).ready(function () {
   jQuery.fn.center = function () {
    this.css("position", "absolute");              //设置位置模式
    this.css("top", ($(window).height() -
                 this.height()) / 2 + $(window).scrollTop() + "px");
    this.css("left", ($(window).width() - this.width()) / 2 +
                 $(window).scrollLeft() + "px");
    return this;
   }
   //使两张图片显示在页面的中心位置
   $("#myimage1").center();
   $("#myimage2").center();
  });
 </script>
</head>
<body>
  <img id="myimage1" src="MyImages/Myluoshuai5.jpg" width="210" height="280" />
  <img id="myimage2" src="MyImages/Myluoshuai6.jpg" width="150" height="200" />
</body></html>
```

上面有底纹的代码是此实例的核心代码。其中，this.css("top",($(window).height() − this.height()) / 2 + $(window).scrollTop() + "px")根据当前浏览器的窗口高度和元素（图片）的高度来确定元素（图片）的 top 值，this.css("left",($(window).width() − this.width()) / 2 + $(window).scrollLeft() + "px")用于根据当前浏览器的窗口宽度和元素（图片）的宽度来确定元素（图片）的 left 值，即元素（图片）的左上角坐标。

此实例的源文件名是 HtmlPageC071.html。

280 在每隔一段时间后改变网页背景图片

此实例主要使用 setTimeout()方法实现动态定时切换页面的背景图片和背景颜色。当在浏览器中显示该页面时，页面背景如图 280-1 的左边所示，之后将定时切换背景，如图 280-1 的右边所示。有关此实例的主要代码如下所示：

图 280-1

```
<!DOCTYPE html><html><head>
 <script type="text/javascript" src="Scripts/jquery-2.2.3.js"></script>
 <script language="javascript">
  (function () {
   var myPos = 0,
   MyBackImages = ["MyImages/MyImage50.jpg",
                 "MyImages/MyImage51.jpg",
                 "MyImages/MyImage52.jpg",
                 "MyImages/MyImage53.jpg",
                 "MyImages/MyImage54.jpg"];               //候选的 5 张背景图片
   function changeBackground() {
    myPos = (myPos + 1) % MyBackImages.length;
    $('body').css('background', '#000 url(' +
                 MyBackImages[myPos] + ') no-repeat');  //设置页面背景
    setTimeout(changeBackground, 2000);                 //每隔 2 秒改变页面背景
  }
  changeBackground();
  })();
 </script>
</head><body></body></html>
```

上面有底纹的代码是此实例的核心代码。其中，setTimeout(changeBackground, 2000)表示在 2 秒后切换背景，$('body').css('background', '#000 url('+ MyBackImages[myPos] + ') no-repeat')用于设置页面背景，其中，#000 表示背景颜色是黑色，url 里面的内容是背景图片地址，no-repeat 用于设置背景图片的放置方式；如果该背景图片无效，则直接使用背景颜色设置背景。

此实例的源文件名是 HtmlPageC187.html。

281　以不同方式设置页面的背景图片样式

此实例主要通过使用 removeClass()和 addClass()方法以不同方式增加和移除元素的 CSS 样式从而实现以不同方式设置页面的背景图片显示样式。当在浏览器中显示该页面时，单击“采用 CSS 样式一平铺背景图片”按钮，页面背景图片将沿着 x、y 方向平铺，如图 281-1 所示；单击“采用 CSS 样式二平铺背景图片”按钮，页面背景图片将沿着 x 方向平铺，如图 281-2 所示；单击“采用 CSS 样式三平铺背景图片”按钮，页面背景图片将沿着 y 方向平铺，如图 281-3 所示。有关此实例的主要代码如下所示：

图　281-1

图　281-2

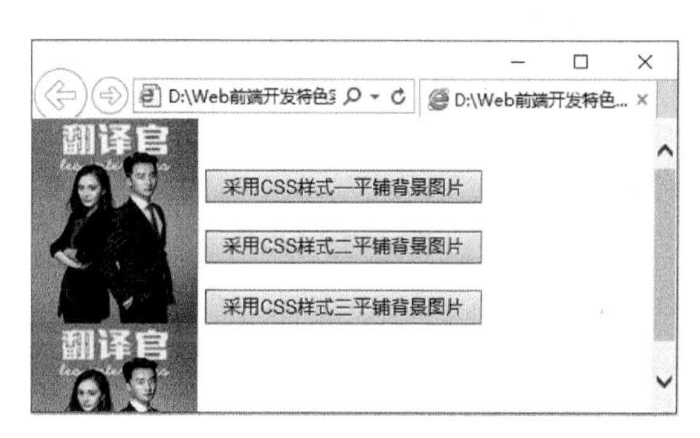

图　281-3

```
<!DOCTYPE html><html><head>
 <script type="text/javascript" src="Scripts/jquery-2.2.3.js"></script>
 <script language="javascript">
   $(document).ready(function () {
     //响应单击按钮"采用 CSS 样式一平铺背景图片"
    $("#mybutton1").click(function () {
     //获取 body,去除所有样式,然后添加样式 one
     $("body").removeClass().addClass("one");
    });
     //响应单击按钮"采用 CSS 样式二平铺背景图片"
    $("#mybutton2").click(function () {
      //获取 body,去除样式 one,添加样式 two
      $("body").removeClass("one").addClass("two");
    });
     //响应单击按钮"采用 CSS 样式三平铺背景图片"
    $("#mybutton3").click(function () {
      //获取所有含有样式 two 的元素,然后去除样式 two,添加样式 three
```

```
      $(".two").removeClass("two").addClass("three");
  });});
 </script>
 <style type="text/css">
  .one {background-image: url('MyImages/myimage01.jpg');
        background-repeat: repeat;}
  .two {background-image: url('MyImages/myimage01.jpg');
        background-repeat: repeat-x;}
  .three{background-image: url('MyImages/myimage01.jpg');
         background-repeat: repeat-y;}
 </style>
</head>
<body>
 <P style="text-align:center;margin-top:35px">
  <input class="input" type="button" value="采用CSS样式一平铺背景图片"
         id="mybutton1" style="width:200px" /><br /><br />
  <input class="input" type="button" value="采用CSS样式二平铺背景图片"
         id="mybutton2" style="width:200px" /><br /><br />
  <input class="input" type="button" value="采用CSS样式三平铺背景图片"
         id="mybutton3" style="width:200px" /><br /><br /></P>
</body></html>
```

上面有底纹的代码是此实例的核心代码。在这部分代码中，removeClass()方法从被选元素移除一个或多个CSS类，如果没有规定参数，则该方法将从被选元素中删除所有CSS类。addClass()方法用于向被选元素添加一个或多个CSS类，该方法不会移除已存在的类属性，仅仅添加一个或多个类属性。

此实例的源文件名是HtmlPageC039.html。

282 通过插件实现小图和大图联动的画廊

此实例主要实现使用“my318jquery.ad-gallery.js”插件实现小图和大图联动的画廊。当在浏览器中显示该页面时，既可以单击大图左右两边的方向箭头浏览图片，也可以单击小图左右两边的方向箭头浏览图片，还可以在下拉框中选择图片与图片过渡时的切换效果，如图282-1所示。有关此实例的主要代码如下所示：

```
<!DOCTYPE html><html><head>
 <script type="text/javascript" src="Scripts/jquery-2.2.3.js"></script>
 <script type="text/javascript"
           src="Scripts/my318jquery.ad-gallery.js" ></script>
 <link rel="stylesheet" type="text/css"
           href="Scripts/my318jquery.ad-gallery.css">
 <script type="text/javascript" >
  $(function () {//实例化 adGallery
     var galleries = $('.ad-gallery').adGallery();
   });
 </script>
 <style type="text/css">
   * { font-family:  Verdana, Arial, sans-serif; color: red;line-height: 140%;}
  body {padding: 30px;font-size: 70%;width: 1250px;}
 </style>
</head>
```

```
<body>
 <div id="container">
   <div id="gallery" class="ad-gallery">
   <div class="ad-image-wrapper"></div>
   <div class="ad-controls"></div>
   <div class="ad-nav">
   <div class="ad-thumbs">
   <ul class="ad-thumb-list">
  <li><a href="MyImages/my318big1.jpg">
    <img src="MyImages/my318t1.jpg" class="image0"></a></li>
  <li><a href="MyImages/my318big10.jpg">
    <img src="MyImages/my318t10.jpg"
         title="美图文件名称: my318big10.jpg"  ></a></li>
  <li><a href="MyImages/my318big11.jpg">
    <img src="MyImages/my318t11.jpg"
         title="美图文件名称: my318big11.jpg"></a></li>
  <li><a href="MyImages/my318big12.jpg">
    <img src="MyImages/my318t12.jpg"
         title="美图文件名称: my318big12.jpg" ></a></li>
  <li><a href="MyImages/my318big13.jpg">
    <img src="MyImages/my318t13.jpg"
         title="美图文件名称: my318big13.jpg"></a></li>
  <li><a href="MyImages/my318big14.jpg">
    <img src="MyImages/my318t14.jpg"
         title="美图文件名称: my318big14.jpg"></a></li>
  <li><a href="MyImages/my318big2.jpg">
    <img src="MyImages/my318t2.jpg"
         title="美图文件名称: my318big2.jpg"></a></li>
  <li><a href="MyImages/my318big3.jpg">
    <img src="MyImages/my318t3.jpg"
         title="美图文件名称: my318big3.jpg"></a></li>
  <li><a href="MyImages/my318big4.jpg">
    <img src="MyImages/my318t4.jpg"
         title="美图文件名称: my318big4.jpg"></a></li>
  <li><a href="MyImages/my318big5.jpg">
    <img src="MyImages/my318t5.jpg"
         title="美图文件名称: my318big5.jpg"></a></li>
  <li><a href="MyImages/my318big6.jpg">
    <img src="MyImages/my318t6.jpg"
         title="美图文件名称: my318big6.jpg"></a></li>
  <li><a href="MyImages/my318big7.jpg">
    <img src="MyImages/my318t7.jpg"
         title="美图文件名称: my318big7.jpg"></a></li>
  <li><a href="MyImages/my318big8.jpg">
    <img src="MyImages/my318t8.jpg"
          title="美图文件名称: my318big8.jpg"></a></li>
  <li><a href="MyImages/my318big9.jpg">
    <img src="MyImages/my318t9.jpg"
         title= "美图文件名称: my318big9.jpg" alt="九寨沟国家级自然保护区位于四川省阿坝藏族羌族自治
州九寨沟县境内,是中国第一个以保护自然风景为主要目的的自然保护区,也是中国著名风景名胜区和全国文明风
景旅游区示范点,被纳入《世界自然遗产名录》、"人与生物圈"保护网络。"></a></li></ul></div></div></div>
    <p>选择切换效果: <select id="switch-effect">
                          <option value="slide-hori">水平滑动</option>
                          <option value="slide-vert">垂直平滑</option>
                          <option value="resize">收缩/伸长</option>
                          <option value="fade">褪色效果</option>
                          <option value="">无效果</option></select><br></p></div>
</body></html>
```

图 282-1

上面有底纹的代码是此实例的核心代码。其中，$('.ad-gallery').adGallery()实质上就是插件实例化，然后就可以使用其默认功能。插件功能的代码分别放在“my318jquery.ad-gallery.js”和“my318jquery.ad-gallery.css”文件中。

此实例的源文件名是 HtmlPageC318.html。

第11章 动画实例

283　以动画效果从当前位置返回到指定位置

此实例主要实现在超长页面中以动画的方式从当前位置快速返回到距离顶部的指定位置。当在浏览器中显示该页面时，单击在图 283-1 中的“以动画效果从当前位置返回到指定位置”超链接，则将向上滚动直至返回到距离页面顶部的指定位置，如图 283-2 所示。有关此实例的主要代码如下所示：

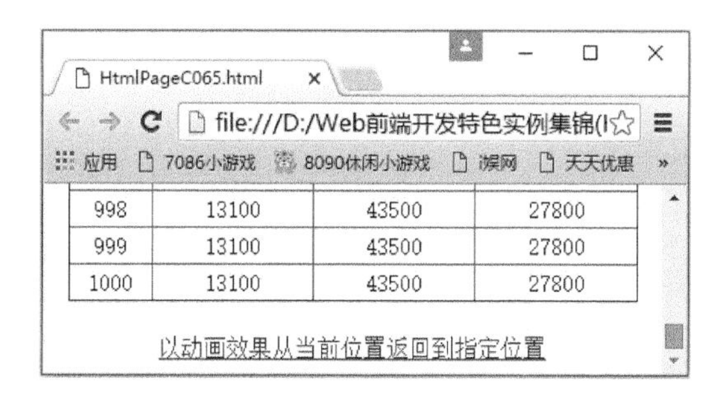

图　283-1

图　283-2

```
<!DOCTYPE html><html><head>
 <script type="text/javascript" src="Scripts/jquery-2.2.3.js"></script>
 <script language="javascript">
  $(document).ready(function () {
   $(function () {                          //插入表格数据
    for (var i = 1000; i >= 1 ; i--) {
     $("table tr").eq(0).after("<tr height=\"25\"><td>" +
         i + "</td><td>13100</td><td>43500</td><td>27800</td></tr>");
   }});
   $('.top').click(function () {           //以动画效果从当前位置返回到指定位置
     $(document.body).animate({ scrollTop: 1000 }, 800);
     return false;
  });});
 </script>
</head>
<body>
   <table id="mytable" width="400" border="1" align="center"
         style="margin:0 auto; border-collapse:collapse; text-align:center;">
     <tr height="25"><td>序号</td><td>华信股份</td>
                                       <td>泰达科技</td><td>明日网络</td></tr></table><br>
```

```
  <div style="text-align:center;margin-top:5px">
   <a href="#" class="top">以动画效果从当前位置返回到指定位置</a></div>
</body></html>
```

上面有底纹的代码是此实例的核心代码。在该部分代码中，animate()方法将会执行一个从当前样式到指定的CSS样式的一个过渡动画，此处的 animate({ scrollTop: 1000 },800)则用于实现在800毫秒内从当前位置移动到距离顶部1000px的地方。关于animate()方法的语法声明请参考本书的其他部分。

此实例的源文件名是 HtmlPageC065.html。

284 在返回页面顶部或底部时实现动画效果

此实例主要使用 animate()方法实现在返回页面顶部或底部时产生动画效果。当在浏览器中显示该页面时，单击向上箭头，则滚动条滚动到页面顶部，如图284-1所示；单击向下箭头，则滚动条滚动到页面底部，如图284-2所示。有关此实例的主要代码如下所示：

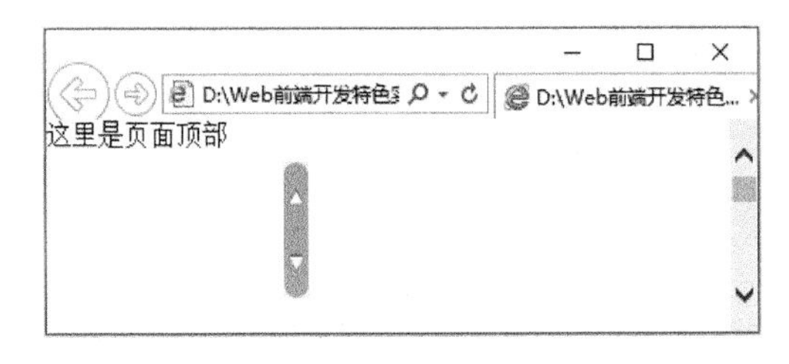

图 284-1

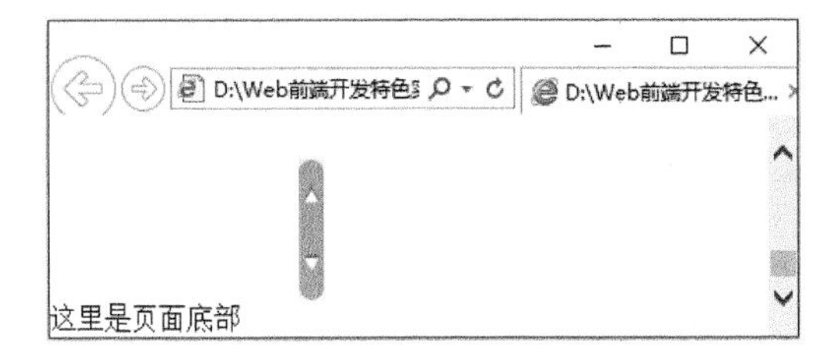

图 284-2

```
<!DOCTYPE html><html><head>
 <script type="text/javascript" src="Scripts/jquery-2.2.3.js"></script>
 <script type="text/javascript" language="javascript">
  jQuery(document).ready(function ($) {
   $('#top').click(function () {                    //响应单击向上箭头
    $('html,body').animate({ scrollTop: '0px' }, 800);
   });
   $('#bottom').click(function () {                 //响应单击向下箭头
    $('html,body').animate({ scrollTop:
              $('#myFooter').offset().top }, 800);
  }); });
 </script>
 <style type="text/css">
  body {padding: 0px; margin: 0px;}
  #top, #bottom {position: relative;cursor: pointer;
              height: 40px;width: 15px;}
  #top {background: url(MyImages/myRoll.png);}
  #bottom {background: url(MyImages/myRoll.png) 0 -80px;}
  #roll {display: block;width: 15px;margin-right: 50px;
        position: fixed;right: 50%;top: 20%;}
 </style>
</head>
<body>
 <div class="head">这里是页面顶部</div>
 <div id="roll">
  <div title="回到顶部" id="top"></div>
  <div title="转到底部" id="bottom"></div></div>
```

```
<div id="content" style="height:2000px;"></div>
<div id="myFooter">这里是页面底部</div>
</body></html>
```

上面有底纹的代码是jQuery实现此功能的核心代码。其中,animate({ scrollTop: '0px' }, 800)用于实现在800毫秒内从当前位置移动到页面顶部,animate({ scrollTop: $('#myFooter').offset().top }, 800)则用于实现在800毫秒内从当前位置移动到页面底部元素$('#myFooter')的top位置,在此处就是页面底部。关于animate()方法的语法声明请参考本书的其他部分。

此实例的源文件名是HtmlPageC276.html。

285 实现类似点赞飞出数字+1的动画效果

此实例主要使用animate()方法实现类似点赞飞出数字+1的动画效果。当在浏览器中显示该页面时,单击"单击飞出数字"文字块,则从小到大飞出一个递增的数字,如"+1、+2、…",如图285-1所示。有关此实例的主要代码如下所示:

图 285-1

```
<!DOCTYPE html><html><head>
 <script type="text/javascript" src="Scripts/jquery-2.2.3.js"></script>
 <script language="javascript">
(function ($) {
  $.extend({
   tipsBox: function (options) {
   options = $.extend({
    obj: null,                          //将在HTML标签上显示的对象
    str: "+1",                          //将动态显示的内容
    startSize: "12px",                  //动画开始的文字大小
    endSize: "50px",                    //动画结束的文字大小
    interval: 600,                      //动画时间间隔
    color: "red",                       //文字颜色
    callback: function () { }           //回调函数
}, options);
  $("body").append("<span class='num'>" + options.str + "</span>");
  var box = $(".num");
  var left = options.obj.offset().left + options.obj.width() / 2;
  var top = options.obj.offset().top - options.obj.height();
  box.css({ "position": "absolute",
            "left": left + "px",
            "top": top + "px",
            "z-index": 9999,
            "font-size": options.startSize,
            "line-height": options.endSize,
```

```
            "color": options.color });
box.animate({ "font - size": options.endSize,                          //增大字体
              "opacity": "0",                                          //改变透明度
              "top": top - parseInt(options.endSize) + "px"            //改变位置
}, options.interval, function () {
   box.remove();
   options.callback(); });  }
});})(jQuery);
function niceIn(prop) { prop.find('i').addClass('niceIn');
 setTimeout(function () {
  prop.find('i').removeClass('niceIn');
 }, 1000); }
$(function () {
 var i = 1;
 $("#btn").click(function () {
  $.tipsBox({
   obj: $(this),
   str: "+" + i++,
   callback: function () {} });
   niceIn( $(this)); });
});
</script>
</head>
<body><center>
 <div class="box"><div class="content">
  <img src="MyImages/MyImage44.jpg" alt="" /></div></div>
 <div class="opera" style="background-color:aqua;
      text-align:center;width:100px">
    <span id="btn">单击飞出数字</span></div>
</center></body></html>
```

上面有底纹的代码是此实例的核心代码。在该部分代码中，animate()方法在同一时间里实现了改变元素的字体大小、透明度、位置等多种特殊效果。关于 animate()方法的语法声明请参考本书的其他部分。$.extend()方法用于创建全局函数或选择器，该方法通常用于开发插件，开发插件常用的另一个方法是 jQuery.fn.extend()。

此实例的源文件名是 HtmlPageC249.html。

286 实现类似点赞的随机数字显示动画效果

此实例主要使用 animate()方法实现类似点赞的随机数字显示动画效果。当在浏览器中显示该页面时，单击页面任意位置，则从小到大飞出一个 10 以内的随机数字，如"＋3、＋4、…"，如图 286-1 所示。有关此实例的主要代码如下所示：

图 286-1

```
<!DOCTYPE html><html><head>
 <script type="text/javascript" src="Scripts/jquery-2.2.3.js"></script>
 <script language="javascript">
   $("html,body").on("click", function (e) {                    //响应页面的鼠标单击
     anp(e);
   })
   function anp(e) {
    var n = Math.round(Math.random() * 10);                     //产生 10 以内的随机数
    var $i = $("<b>").text("+" + n);
    var x = e.pageX, y = e.pageY;                               //获取鼠标单击位置
    $i.css({ top: y - 20, left: x, position: "absolute",  "font-size": "64px" });
    $("body").append($i);                                       //将生成的随机数字添加到页面中
    $i.animate({ top: y - 180, opacity: 0, "font-size": "1.4em" }, 1500,
            function () { $i.remove(); });
    e.stopPropagation();
 }
 </script>
 <style type="text/css">
   * {margin: 0; padding: 0; list-style-type: none; }
   html, body {background: #fff; font-family: "microsoft yahei";
             color:#4800ff}
   .tip {text-align: center; padding-top: 10%;font-size: 12px;}
 </style>
</head>
<body>
   <div class="tip">单击页面任意位置查看效果</div>
</body></html>
```

上面有底纹的代码是此实例的核心代码。在该部分代码中，animate({ top: y - 180, opacity: 0, "font-size": "1.4em" }, 1500, function () { $i.remove(); })能够实现在随机数字的透明度、字体大小，top 值在 1500 毫秒内达到规定值后，该随机数字马上消失。

此实例的源文件名是 HtmlPageC250.html。

287 实现星级评分控件动态显示等级及分数

此实例主要使用 animate()方法实现星级评分控件动态显示等级及分数。当在浏览器中显示该页面时，将从左至右显示星数及分数，如图 287-1 所示。有关此实例的主要代码如下所示：

图 287-1

```
<!DOCTYPE html><html><head>
 <script type="text/javascript" src="Scripts/jquery-2.2.3.js"></script>
 <script type="text/javascript">
   $(function () {
     get_rate(88);
   })
```

```
function get_rate(rate) {
  rate = rate.toString();
  var s;
  var g;
  $ ("#g").show();
  if (rate.length >= 3) {
   s = 10;
   g = 0;
   $ ("#g").hide();
  } else if (rate == "0") {
   s = 0;
   g = 0;
  } else {
   s = rate.substr(0, 1);                        //提取第 1 个字符
   g = rate.substr(1, 1);                        //提取第 2 个字符
  }
  $ ("#s").text(s);
  $ ("#g").text("." + g);
  $ (".big_rate_up").animate({ width: (parseInt(s)
                + parseInt(g) / 10) * 14, height: 26 }, 1000);
  $ (".big_rate_bak b").each(function () {
   $ (this).mouseover(function () {              //在鼠标悬浮时响应
    $ (".big_rate_up").width( $ (this).attr("rate") * 14);
    $ ("#s").text( $ (this).attr("rate"));
    $ ("#g").text("");
   }).click(function () {
    $ ("#f").text( $ (this).attr("rate"));
    $ ("#my_rate").show();
   }) })
   $ (".big_rate_bak").mouseout(function () {    //在鼠标离开时响应
     $ ("#s").text(s);
     $ ("#g").text("." + g);
     $ (".big_rate_up").width((parseInt(s) + parseInt(g) / 10) * 14);
   }) }
   function up_rate(rate) {
    $ (".big_rate_up").width("0");
    get_rate(rate);
   }
  </script>
  <style>
   .user_rate {font-size: 14px;position: relative;padding: 10px 0;}
   .user_rate p {margin: 0; padding: 0;display: inline;
         height: 40px; top: 0;overflow: hidden; position: absolute;
         left: 100px; margin-left: 140px;}
   .user_rate p span.s {font-size: 36px;line-height: 36px;float: left;
                 font-weight: bold; color: #DD5400; }
   .user_rate p span.g {font-size: 22px;display: block;float: left;
                   color: #DD5400;}
   .big_rate_bak {width: 140px;height: 28px;text-align: left;top: 3px;
           left: 85px;position: absolute;display: inline-block;
     background: url(MyImages/my342201586174000242.gif) left bottom repeat-x;}
   .big_rate_bak b {display: inline-block; width: 24px; height: 28px;
       position: relative; z-index: 1000; cursor: pointer;overflow: hidden;}
   .big_rate_up {width: 140px;height: 28px; position: absolute; top: 0;
      left: 0;background: url(MyImages/my342201586174000242.gif) left top;}
  </style>
</head>
```

```
<body>
 <div class="user_rate">
  <div class="big_rate_bak">
   <b rate="2" onclick="up_rate(20);"></b>
   <b rate="4" onclick="up_rate(40);"></b>
   <b rate="6" onclick="up_rate(60);"></b>
   <b rate="8" onclick="up_rate(80);"></b>
   <b rate="10" onclick="up_rate(100);"></b>
   <div style="width:45px;" class="big_rate_up"></div></div>
  <p><span id="s" class="s"></span><span id="g" class="g"></span></p></div>
</body></html>
```

上面有底纹的代码是此实例的核心代码。在这部分代码中，animate()方法用于在规定的时间内改变星数，由于是逐渐改变的，因此可以产生动画效果。mouseleave 和 mouseout 两者非常相同，但请注意以下两点：一是不论鼠标指针离开被选元素还是任何子元素，都会触发 mouseout 事件；二是只有在鼠标指针离开被选元素时，才会触发 mouseleave 事件。substr()方法用于从字符串中抽取指定位置开始的指定数目的字符，因此它可以替代 substring()和 slice()方法。substr()方法的语法声明如下：

```
stringObject.substr(start,length)
```

其中，参数 start 表示要抽取的子串的起始下标。如果是负数，那么该参数声明从字符串的尾部开始算起的位置；也就是说－1 指字符串中最后一个字符，－2 指倒数第二个字符，以此类推。参数 length 是可选参数，表示子串中的字符数，如果省略了该参数，那么返回从 stringObject 的开始位置到结尾的字串。该方法返回一个新的字符串，包含从 stringObject 的 start(包括 start 所指的字符)处开始的 length 个字符。如果没有指定 length，那么返回的字符串包含从 start 到 stringObject 的结尾的字符。

此实例的源文件名是 HtmlPageC342.html。

288 实现类似于扑克牌洗牌特效的翻页相册

此实例主要使用 animate()等方法实现类似于扑克牌洗牌特效的图片翻页相册。当在浏览器中显示该页面时，将自动播放在相册中的所有图片；单击“下一张”按钮，将翻页显示下一张图片；单击“上一张”按钮，将翻页显示上一张图片，如图 288-1 所示。有关此实例的主要代码如下所示：

图 288-1

```
<!DOCTYPE html><html><head>
 <script type="text/javascript" src="Scripts/jquery-2.2.3.js"></script>
 <script type="text/javascript">
  $(document).ready(function (e) {
   var ImgBox = $(".myImgbox"),
  ImgSpan = ImgBox.find("span"),
   ImgDiv = $(".myImgbox div"),
   BtnNext = $("#myBtnnext"),
   BtnPrve = $("#myBtnprev"),
   Btn = $(".btn"),
   speed = 600,                           //设置动画的运动时间
   Tick = 4000 + speed,                   //设置定时器的间隔时间
   n = 1,                                 //设置张数计数器
   whichCl,                               //设置判断鼠标单击了哪一个按钮
   z = 0;                                 //设置当前动画计数器
   ImgSpan.html("第 " + n + " 张/共 " + ImgDiv.length + " 张");
   function Slider() {
    if (whichCl == "nextCl") {
      n++; if (n > ImgDiv.length) { n = 1; }
      z--; if (z < 0) { z = ImgDiv.length - 1; }
     }
    if (whichCl == "prevCl") {
     n--; if (n < 1) { n = ImgDiv.length; }
    }
    ImgSpan.html("第 " + n + " 张/共 " + ImgDiv.length + " 张");
    ImgDiv.eq(z).stop().animate({
     right: -(1.1 * ImgDiv.width()) }, speed,function () {
     if (whichCl == "nextCl") { ImgSpan.after($(this)); }
     if (whichCl == "prevCl") { ImgBox.append($(this)); }
     $(this).stop().animate({ right: 0 }, speed);})
     if (whichCl == "prevCl") { z++; if (z > ImgDiv.length - 1) { z = 0; } }
     ImgBox.stop().animate({ right: 100 }, speed, function () {
      $(this).stop().animate({ right: 0 }, speed)
     })
     ImgSpan.stop().animate({ left: 395 }, speed, function () {
      $(this).stop().animate({ left: 145 }, speed)
    }) }
    BtnNext.click(next_cl = function () { whichCl = "nextCl"; Slider(); });
    BtnPrve.click(prev_cl = function () { whichCl = "prevCl"; Slider(); });
    Btn.hover(function () { clearTimeout(autoTime) }, function () {
      autoTime = setInterval(next_cl, Tick);
    })
    //模拟单击"下一张"按钮效果自动播放相册
    autoTime = setInterval(next_cl, Tick);
  });
 </script>
 <style>
  .myImgbox, .myImgbox div, .myImgbox div img {width: 500px;height: 250px;}
  .myImgbox {margin: auto;position: relative;}
  .myImgbox span {position: absolute;bottom: 0;left: 145px;width: 201px;
               font-size: 12px;line-height: 25px;color: #FFF;
               z-index: 100;background: #555;text-align: center;}
  .myImgbox div {position: absolute;cursor: all-scroll;}
  .myBtnbox {width: 500px;height: 40px;margin: auto;cursor: pointer;
           background: #222;}
  .myBtnmargin {width: 210px;height: 40px;margin: auto;}
  .btn {width: 100px;height: 38px;line-height: 38px;margin: 1px 1px 0 0;
       text-align: center;float: left;color: #FFF;background: #555;}
```

```
  </style>
</head>
<body>
  <div class="myImgbox">
    <span></span>
    <div><a href="#"><img src="MyImages/A1 斯里兰卡.jpg" /></a></div>
    <div><a href="#"><img src="MyImages/A2 多米尼加.jpg" /></a></div>
    <div><a href="#"><img src="MyImages/A3 老挝.jpg" /></a></div>
    <div><a href="#"><img src="MyImages/A4 阿根廷.jpg" /></a></div></div>
  <div class="myBtnbox">
    <div class="myBtnmargin">
      <div class="btn" id="myBtnprev">上一张</div>
      <div class="btn" id="myBtnnext">下一张</div></div></div>
</body></html>
```

上面有底纹的代码是此实例的核心代码。在这部分代码中，animate()方法主要用于在规定的时间里向左或向右将图片滑动指定的长度，关于该方法的语法声明请参考本书的其他部分。

此实例的源文件名是 HtmlPageC396.html。

289　实现新闻标题的逐条渐隐渐显滚动显示

此实例主要使用 animate()、setTimeout()和 css()等方法实现新闻标题的逐条自动渐隐渐显滚动显示。当在浏览器中显示该页面时，新闻标题将逐行向下滚动，如图 289-1 所示。有关此实例的主要代码如下所示：

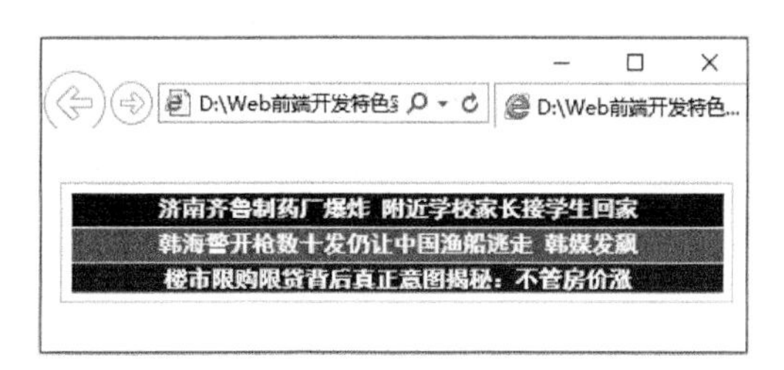

图　289-1

```
<!DOCTYPE html><html><head>
  <script type="text/javascript" src="scripts/jquery-2.2.3.js"></script>
  <script type="text/jscript">
    $(document).ready(function (e) {
     addli()                          //自动运行
     function addli() {
      $("#myList").css("top", 0);
      //复制最后一条并添加在开始位置
      $("#myList li:last").clone().prependTo("#myList");
      $("#myList li:first").css("opacity", 0);
      $("#myList li:first").animate({ opacity: 1 }, 800);
      setTimeout(delLi_last, 2000)
     }
     function delLi_last() {
      $("#myList li:last").detach();      //移除最后一条
      $("#myList").animate({ top: 20 }, 1000, addli)
  }  });
  </script>
  <style>
```

```
  * { margin: 0px; padding: 0px;list-style: none;}
  .centerBox {left: 50%;margin-left: -205px;top: 50%; margin-top: -35px;
          position: absolute;}
  .main {width: 410px; height: 70px; float: left; border: 1px solid #ccc;}
  .main strong {width: 400px;height: 60px;float: left; overflow: hidden;
              margin: 5px;display: inline; position: relative;}
  .main strong ul {width: 400px;position: absolute;}
  .main strong ul li {width: 400px;height: 20px;line-height: 20px;
                   color: #FFF;text-align: center;
                   font-family: "simhei";font-size: 14px;margin:1px;}
  .main strong ul .li_1 { background: #900;}
  .main strong ul .li_2 { background: #9C0;}
   .main strong ul .li_3 { background: #036;}
   .main strong ul .li_4 { background: #C60;}
   .main strong ul .li_5 { background: #636;}
   .main strong ul .li_6 { background: #999;}
  </style>
</head>
<body><div class="centerBox"><div class="main"><strong><ul id="myList">
  <li class="li_1">支付宝明天开始提现收费 银行"背锅"商家偷乐</li>
  <li class="li_2">中学教师放假时AA聚餐被纪委通报 引网友热议</li>
  <li class="li_3">济南齐鲁制药厂爆炸 附近学校家长接学生回家</li>
  <li class="li_4">韩海警开枪数十发仍让中国渔船逃走 韩媒发飙</li>
  <li class="li_5">楼市限购限贷背后真正意图揭秘: 不管房价涨</li>
  <li class="li_6">人民币再破六年新低 你手里的钱该怎么保值?</li>
</ul></strong></div></div></body></html>
```

上面有底纹的代码是此实例的核心代码。在该部分代码中，$("#myList li:first").css("opacity", 0)用于设置首条新闻的透明度为0，$("#myList li:first").animate({ opacity: 1 }, 800)用于设置首条新闻的透明度在800毫秒内从0逐渐改变为1，setTimeout(delLi_last, 2000)则间隔2000毫秒调用delLi_last()方法。detach()方法移除被选元素(最后一条新闻)，包括所有文本和子节点，detach()方法会保留所有绑定的事件、附加的数据，这一点与remove()方法不同。关于上述方法的语法声明请参考本书的其他部分。

此实例的源文件名是HtmlPageC421.html。

290 实现新闻标题的逐行(屏)自动滚动显示

此实例主要使用animate()、setInterval()和clearInterval()等方法实现新闻标题的逐行(屏)自动滚动显示。当在浏览器中显示该页面时，新闻标题将逐行向下滚动，单击“向上滚动”按钮，将向上滚动一行；单击“向下滚动”按钮，将向下滚动一行，如图290-1所示。有关此实例的主要代码如下所示：

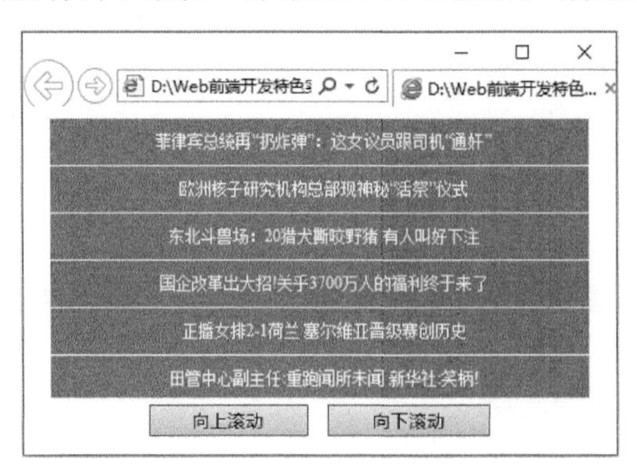

图 290-1

```
<!DOCTYPE html><html><head>
<script type="text/javascript" src="Scripts/jquery-2.2.3.js"></script>
<script type="text/javascript">
(function($){
 $.fn.extend({
  Scroll:function(opt,callback){
  if(!opt) var opt={};
    var myBtnUp = $("#"+ opt.up);                   //获取"向上滚动"按钮
    var myBtnDown = $("#"+ opt.down);               //获取"向下滚动"按钮
    var myThis=this.eq(0).find("ul:first");
    var lineH=myThis.find("li:first").height(),
      line=opt.line?parseInt(opt.line,10):parseInt(this.height()/lineH,10),
      speed=opt.speed?parseInt(opt.speed,10):500;
      timer=opt.timer
    if(line==0) line=1;
    var upHeight=0-line*lineH;
   var scrollUp=function(){
   myBtnUp.unbind("click",scrollUp);                //"向上滚动"按钮解绑 click 事件
   myThis.animate({marginTop:upHeight},speed,function(){
     for(i=1;i<=line;i++){
      myThis.find("li:first").appendTo(myThis);     //查找首条新闻并追加到末尾
     }
     myThis.css({marginTop:0});
     myBtnUp.bind("click",scrollUp);                //"向上滚动"按钮绑定 click 事件
    });}
    var scrollDown=function(){
    myBtnDown.unbind("click",scrollDown);           //"向下滚动"按钮解绑 click 事件
    for(i=1;i<=line;i++){
      myThis.find("li:last").show().prependTo(myThis);
    }
    myThis.css({marginTop:upHeight});
    myThis.animate({ marginTop:0
      },speed,function(){
      myBtnDown.bind("click",scrollDown); //"向下滚动"按钮绑定 click 事件
 });}
 var autoPlay = function(){
    if(timer)
      timerID = window.setInterval(scrollUp,timer);
  };
   var autoStop = function(){
    if(timer)
      window.clearInterval(timerID);
  };
  myThis.hover(autoStop,autoPlay).mouseout();
  myBtnUp.css("cursor",
               "pointer").click( scrollUp ).hover(autoStop,autoPlay);
  myBtnDown.css("cursor",
               "pointer").click( scrollDown ).hover(autoStop,autoPlay);
 }})})(jQuery);
  $(document).ready(function(){//调用 Scroll()方法
  $("#scrollDiv").Scroll({line:1,speed:500,timer:3000,up:"btn1",down:"btn2"});
});
 </script>
```

```
<style type="text/css">
  ul, li {margin: 0; padding: 0;}
  li {background-color:lightseagreen; margin-bottom:1px;
      font-size:12px;padding:1px;}
  a {text-decoration:none; color:white;}
  #scrollDiv { width: 400px; height: 200px; min-height: 30px;
              line-height: 30px;overflow: hidden;}
  #scrollDiv li {height: 31px; padding-left: 10px;}
  span {width:100px;height:50px;font-size:12px;
        background-color: #ffd800;text-align:center;}
  input { margin:5px;width:120px;}
</style>
</head>
<body><center>
 <div id="scrollDiv"><ul>
  <li><a href="#" onclick="alert('Hello')">
   国企改革出大招!关乎3700万人的福利终于来了</a></li>
  <li><a href="#" onclick="alert('Hello')">
   正播女排2-1荷兰 塞尔维亚晋级赛创历史</a></li>
  <li><a href="#" onclick="alert('Hello')">
   田管中心副主任:重跑闻所未闻 新华社:笑柄!</a></li>
  <li><a href="#" onclick="alert('Hello')">
   博尔特200米卫冕 张继科暗示或与马龙皆退役</a></li>
  <li><a href="#" onclick="alert('Hello')">
   "亚洲四小龙"已深度沦陷 只有它开始复苏</a></li>
  <li><a href="#" onclick="alert('Hello')">
   军方对东风导弹反舰有明确要求 坚守四条底线</a></li>
  <li><a href="#" onclick="alert('Hello')">
   女子遭多次拐卖 失踪22年后被"丈夫"送还</a></li>
  <li><a href="#" onclick="alert('Hello')">
   教师患癌被开除 校领导:别给我哭见多了</a></li>
  <li><a href="#" onclick="alert('Hello')">
   村支书被指全家领低保 盖豪宅比小学大两倍</a></li>
  <li><a href="#" onclick="alert('Hello')">
   菲律宾总统再"扔炸弹": 这女议员跟司机"通奸"</a></li>
  <li><a href="#" onclick="alert('Hello')">
   欧洲核子研究机构总部现神秘"活祭"仪式</a></li>
  <li><a href="#" onclick="alert('Hello')">
   东北斗兽场: 20猎犬撕咬野猪 有人叫好下注</a></li></ul></div>
 <input class="input" type="button" value="向上滚动" id="btn2" />
 <input class="input" type="button" value="向下滚动" id="btn1" />
</center></body></html>
```

上面有底纹的代码是此实例的核心代码。在该部分代码中,animate()方法主要用于在规定的时间内下滚或上滚到指定位置。setInterval()方法用于间隔一定时间反复执行某操作(scrollUp()方法),直到clearInterval()被调用或窗口被关闭。关于上述方法的语法声明请参考本书的其他部分。

此实例的源文件名是HtmlPageC312.html。

291 实现图文标题的逐条循环自动滚动显示

此实例主要使用animate()、setInterval()和clearInterval()等方法实现图文标题的逐条循环自动滚动显示。当在浏览器中显示该页面时,图文标题将逐条向下滚动,如图291-1所示。有关此实例的

主要代码如下所示：

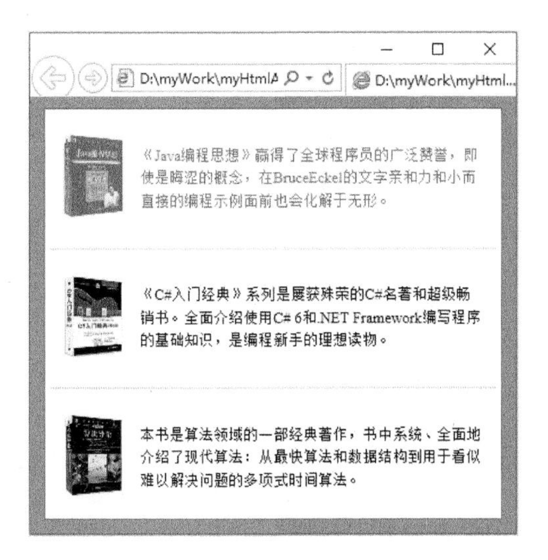

图　291-1

```
<!DOCTYPE html><html><head>
 <script type="text/javascript" src="Scripts/jquery-2.2.3.js"></script>
 <script language="javascript">
  $(function () {
   var myTime;
   $("#myBox").hover(function () {                   //在鼠标悬浮时响应
     clearInterval(myTime);
   }, function () {                                  //在鼠标离开时响应
     myTime = setInterval(function () {              //此处的代码将会反复执行
     var myItems = $("#myBox ul");
     var liHeight = myItems.find("li:last").height();
     myItems.animate({ marginTop: liHeight + 40 + "px" }, 1000, function () {
     myItems.find("li:last").prependTo(myItems)      //将末尾的内容添加到开始位置
     myItems.find("li:first").hide();
     myItems.css({ marginTop: 0 });
     myItems.find("li:first").fadeIn(1000);          //以淡入方式显示首条内容
     }); }, 3000); }).trigger("mouseleave");         //自动触发鼠标离开事件
  });
 </script>
 <style type="text/css">
   * {margin: 0; padding: 0; list-style-type: none; }
  body { font-size: 13px; background-color: #999999;}
  #myBox {width: 400px;height: 350px;margin: 10px auto;
           position: relative; border: 1px #666 solid;
           background-color: #FFFFFF;overflow: hidden;}
  #myBox ul {position: absolute; margin: 5px;top: 0;left: 0;padding: 0;}
  #myBox ul li {width: 100%;border-bottom: 1px #333333 dotted;padding: 20px 0;}
  #myBox ul li a {float: left;border: 0px #333333 solid;padding: 2px;}
  #myBox ul li p {margin-left: 68px;line-height: 1.5;padding: 10px;}
  img {width:70px;height:70px;}
 </style>
</head>
<body>
 <div id="myBox">
  <ul><li><a href="#"><img src="MyImages/MyImage40.jpg" /></a>
```

```
        <p class = "vright">本书是算法领域的一部经典著作,书中系统、全面地介绍了现代算法：从最快算法和数据结构到用于看似难以解决问题的多项式时间算法。</p></li>
      <li><a href = "#"><img src = "MyImages/MyImage41.jpg" /></a>
        <p class = "vright">该书详细讲解了 JavaScript 语言的核心,条分缕析地为读者展示了现有规范及实现为开发 Web 应用提供的各种支持和特性。</p></li>
      <li><a href = "#"><img src = "MyImages/MyImage42.jpg" /></a>
        <p class = "vright">«Java 编程思想»赢得了全球程序员的广泛赞誉,即使是晦涩的概念.在 BruceEckel 的文字亲和力和小而直接的编程示例面前也会化解于无形。</p></li>
      <li><a href = "#"><img src = "MyImages/MyImage43.jpg" /></a>
        <p class = "vright">«C# 入门经典»系列是屡获殊荣的 C# 名著和超级畅销书。全面介绍使用 C# 6 和.NET Framework 编写程序的基础知识,是编程新手的理想读物。
</p></li></ul></div>
</body></html>
```

上面有底纹的代码是此实例的核心代码。在该部分代码中,animate()方法主要用于在规定的时间内(1000 毫秒)滚动到指定位置。setInterval()方法用于间隔一定时间反复执行某操作,直到clearInterval()被调用或窗口被关闭。trigger("mouseleave")用于自动触发鼠标的 mouseleave 事件,因为自动滚动效果的实现代码在鼠标离开事件的响应方法中。关于上述方法的语法声明请参考本书的其他部分。

此实例的源文件名是 HtmlPageC430.html。

292 通过层叠实现 3D 样式的文字动画效果

此实例主要实现使用 animate()方法通过层叠实现 3D 样式的文字特殊效果。当在浏览器中显示该页面时,出现的 3D 样式的文字"奥运之光"的效果如图 292-1 所示。有关此实例的主要代码如下所示：

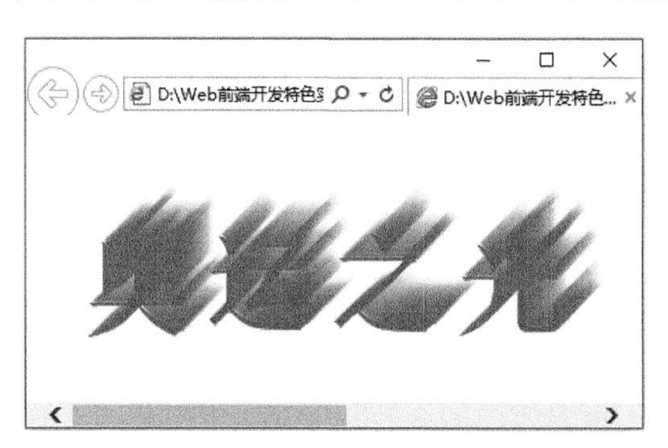

图 292-1

```
<!DOCTYPE html><html><head>
 <script type = "text/javascript" src = "Scripts/jquery-2.2.3.js"></script>
 <script type = "text/javascript">
  function move() {
   var a = 0;
   for (i = $(".myBox p").size() ; i > 0; i-- ) {
     a = a + 1;
     $(".myBox p").eq(i).css({ left: a * 1,
             top: a * (-1), opacity: i * 0.02 });                //设置左上角坐标和透明度
     $(".myBox p").eq(i).animate({ left: a * (-1),
             top: a * (-1), opacity: i * 0.02 }, 3000);
     $(".myBox").animate({ "margin-left": "-350px" }, 3000);
     $(".myBox p").eq(i).animate({ left: a * 1,
```

```
            top: a * (-1), opacity: i * 0.02 }, 3000);
      $(".myBox").animate({ "margin-left": "-290px" }, 3000);       //动态修改左边距
    }; };
    $(document).ready(function () {
     for (p = 0; p<5; p++) {                                        //叠加 5 次
       $(".myBox").append($(".myBox p").clone());
     };
     move();
     setInterval(move, 6100);
    });
  </script>
  <style type="text/css">
   .myBox {height: 80px;width: 800px;position: absolute;
           top: 40%;left: 80%;margin: -90px 0 0 -320px;}
   p {color: #7a9c07;font-size: 80px;position: absolute;top: 0px;
      left: 0px;letter-spacing: 10px;cursor: pointer;}
  </style>
</head>
<body>
    <div class="myBox"><p>奥运之光</p></div>
</body></html>
```

上面有底纹的代码是此实例的核心代码。在这部分代码中，animate()方法主要用于动态修改每层的左上角坐标和透明度。size()方法用于获取被 jQuery 选择器匹配的元素的数量，这个方法的返回值与 jQuery 对象的 length 属性大致相同。

此实例的源文件名是 HtmlPageC332.html。

293　实现类似于进度条的动态投票柱状效果图

此实例主要使用 animate()方法实现类似于进度条的动态投票柱状效果图。当在浏览器中显示该页面时，任意单击每个进度条上的"投票"按钮，则该进度条将向右扩展，票数自动增 1，如图 293-1 所示。有关此实例的主要代码如下所示：

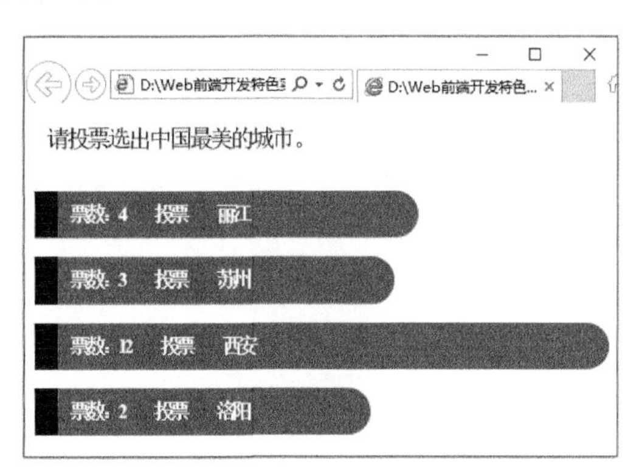

图　293-1

```
<!DOCTYPE html><html><head>
 <script type="text/javascript" src="Scripts/jquery-2.2.3.js"></script>
 <script type="text/javascript">
   $(document).ready(function () {
    $("#container div a").click(function () {      //响应鼠标单击投票按钮
```

```
    $(this).parent().animate({ width: '+=20px' }, 500);
                $(this).prev().html(parseInt( $(this).prev().html()) + 1);
                return false;
  }); });
</script>
<style type="text/css">
  #container{color: black;}
  #container #question {display: block;padding: 20px;
                        letter-spacing: -3px;margin-bottom: 20px;
                        padding: 10px;font-family: "宋体";font-size: 20px;}
  #container div {font-weight: bold;letter-spacing: -3px;
              background: #0099cc;margin-bottom: 15px;padding: 10px;
              font-size: 16px;color: #ffffff;border-left: 20px solid #333;
              width: 200px;border-radius: 0 1.5em 1.5em 0;}
  #container div a {border-radius: 0.3em; text-decoration: none;
       color: white;padding: 5px 15px;background:gray;margin: 0 10px;}
  #container div a:hover { color: yellow;}
 </style>
</head>
<body>
 <div id="container">
  <span id="question">请投票选出中国最美的城市。</span>
   <div>票数: <span>0</span><a href="">投票</a>丽江</div>
   <div>票数: <span>0</span><a href="">投票</a>苏州</div>
   <div>票数: <span>0</span><a href="">投票</a>西安</div>
   <div>票数: <span>0</span><a href="">投票</a>洛阳</div></div>
</body></html>
```

上面有底纹的代码是此实例的核心代码。其中，animate()方法主要用于扩展柱状图的长度，每次单击投票按钮，长度增加 20px。$(this).prev().html(parseInt($(this).prev().html()) + 1) 实现每单击一次投票按钮，则票数自动增 1。关于 animate()方法的语法声明请参考本书的其他部分。

此实例的源文件名是 HtmlPageC372.html。

294 创建与页面加载类似的简易动画进度条

此实例主要使用 animate()和 setTimeout()方法创建与页面加载类似的简易进度条。当在浏览器中显示该页面时，将在页面的顶部快速显示一个工作中的进度条，如图 294-1 所示，完成之后即消失。有关此实例的主要代码如下所示：

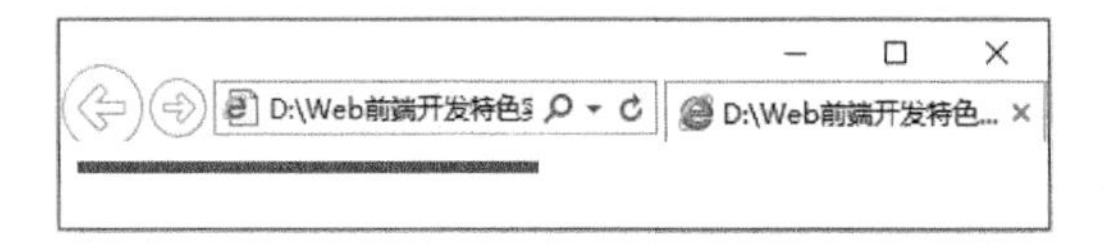

图 294-1

```
<!DOCTYPE html><html><head>
 <script type="text/javascript" src="Scripts/jquery-2.2.3.js"></script>
 <script language="javascript">
  jQuery(document).ready(function () {                    //显示页面即执行
    jQuery("#web_loading div").animate({ width: "100%" }, 4800, function () {
     setTimeout(function () {jQuery("#web_loading div").fadeOut(500); });
   });});
```

```
  </script>
  <style>
    #web_loading {z-index: 99999; width: 100%; }
    #web_loading div { width: 0; height: 5px; background: red;}
 </style>
</head>
<body>
 <div id="web_loading"><div></div></div>
</body></html>
```

上面有底纹的代码是此实例的核心代码。在该部分代码中，animate()方法用于在 4800 毫秒内全部完成显示进度条的操作。setTimeout()方法用于从载入后延迟指定的时间去执行一个表达式或者是函数，此处是执行 fadeOut()方法在 500 毫秒内淡出该进度条。关于这些方法的语法声明请参考本书的其他部分。

此实例的源文件名是 HtmlPageC255.html。

295 高仿 360 系统安全体检风格的动画进度条

此实例主要使用 animate()方法模拟实现类似于系统体检风格的进度条。当在浏览器中显示该页面时，单击“开始检测”按钮，进度条即开始工作，同时显示数字百分比，如图 295-1 所示；完成后将显示运行结果，如图 295-2 所示。有关此实例的主要代码如下所示：

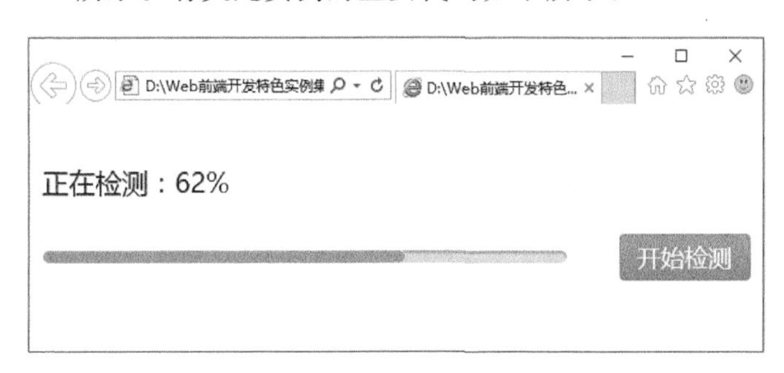

图 295-1

图 295-2

```
<!DOCTYPE html><html><head>
 <script type="text/javascript" src="Scripts/jquery-2.2.3.js"></script>
 <script type="text/javascript">
  var current = 0;
  $(document).ready(function () {
     $("#check-secure").html("开始检测");
     $("#check-secure").click(function () {                  //响应单击"开始检测"按钮
       current = 0;
       $(".score-state-right").attr("style", "width:0px");    //重置进度条
       $("#score_detail").html("");
       $("#myTitle").html("");
       var scoreline = 0;
       var score = 0;
       var line = 430;
       var scoredetail = '';                                  //创建 HTML 格式的检测报告
       scoredetail += '<li class="score-error-list clearfix"><span>您还没有实名认证!</span><a
href="#" data-click="app">查看信息</a></li>';
       scoredetail += '<li class="score-error-list clearfix"><span>绑定保密手机,账号安全一步到
位</span><a href="#" data-click="app">立即绑定</a></li>';
       scoredetail += '<li class="score-error-list clearfix"><span>您还没有绑定谷歌身份验证器
</span><a href="#" data-click="app">绑定谷歌</a></li>';
       scoredetail += '<li class="score-error-list clearfix"><span>您还没有设置备用邮箱</span>
<a href="#" data-click="app">设置邮箱</a></li>';
       scoredetail += '<li class="score-error-list clearfix"><span>交易密码安全度一般,建议修改
为大小写字母+数字+特殊符号。</span><a href="#" data-click="app" onclick=alert("生活真不容
易")>修改密码</a></li>';
       score = score + 100;
       scoreline = line * (score / 100);
       var speedline = score * 50;
       var snum = setInterval("increment()", 50);            //每隔 50 毫秒改变进度信息
       $(".score-state-right").animate({ width: scoreline + "px" },
        speedline, function () {
          $(".score-detail").show();                          //显示检测报告
          window.clearInterval(snum);                         //终止检测
          $("#myTitle").html("您的账号存在安全风险,
                      建议立即优化以下<b>5</b>项: ");
          $("#score_detail").html(scoredetail);
          $("#check-secure").html("重新检测");
          $("#scorenum").html("安全检测");
        }); }); });
      function increment() {
         current++;
         $("#scorenum").html("正在检测: " + current + "%");
     }
  </script>
  <style type="text/css">
    body { margin: 0px; padding: 0px; }
    ul, ol {list-style: none;}
    .mod-ucenter-cright {width: 590px; margin: 10px auto; }
    #mod-account-score {line-height: 52px; position: relative;}
    .ucenter-cright-title {font-size: 22px; color: #404040;
       font-family: \5fae\8f6f\96c5\9ed1,\9ed1\4f53;
       font-weight: normal;line-height: 40px; padding-top: 20px;}
    .score-step, .score-state-left, .score-state-right, .score-btn,
     .mod-account-avatar {
           background: url('MyImages/MyBackground.png') no-repeat 0 0;}
```

```
    .score-step {background-position: 0 -138px; width: 435px;
            height: 10px; margin: 14px 0 0 0; display: inline;}
    .score-state-left { float: left;width: 5px;height: 10px;}
    .score-level-2 .score-state-left {background-position: 0 -180px;}
    .score-state-right {float: left; height: 10px;}
    .score-level-2 .score-state-right { background-position: right -180px;}
    .left {float: left;}
    .score-num {font-size: 28px;font-family: \5fae\8f6f\96c5\9ed1,\9ed1\4f53;
            margin-left: 10px;line-height: 34px; }
    .score-btn { background-position: 0 -99px; width: 111px; height: 38px;
            line-height: 38px;float: right;cursor: pointer; color: #fff;
            font-size: 20px;font-family: \5fae\8f6f\96c5\9ed1,\9ed1\4f53;
            text-align: center;text-shadow: 0 0 2px #f57a16;}
    .score-tip, .warn-title {clear: both;font-size: 14px;font-weight: normal;
            height: 24px;line-height: 24px; color: #333;
            padding: 10px 0 10px 0;}
    .score-detail {padding-bottom: 20px; border-bottom: 1px dashed #dfdfdf;}
    .score-detail .score-error-list {height: 30px;color: #666;
              padding-left: 24px;font-size: 12px; margin-bottom: 10px;
              background: url(error.png) left no-repeat; margin-right: 180px;
              clear: both;}
    .score-detail .score-error-list span { float: left; display: block;
                    margin-top: 6px;}
    .score-detail .score-error-list a {text-align: center;
      line-height: 30px; color: #333;display: block;
      width: 77px; height: 30px; float: right;
      background:  url('MyImages/MyBackground.png') no-repeat -103px 0; }
  </style>
</head>
<body>
 <div class="mod-ucenter-cright">
  <div id="mod-account-score" class="clearfix score-level-2 ">
   <p class="ucenter-cright-title score-title" span id="scorenum">安全检测</p>
   <div class="score-btn" id="check-secure">重新检测</div>
   <div class="score-step left">
   <div class="score-state-left"></div>
   <div class="score-state-right" style="width:0px"></div>
  </div>
    <div class="score-tip" id="myTitle"></div>
   </div>
   <div class="score-detail" style="display:none;">
    <ul id="score_detail"></ul>
   </div>
 </div></body></html>
```

上面有底纹的代码是jQuery实现此功能的核心代码。在这部分代码中，animate()方法主要用于改变进度条的长度。$("#scorenum").html("正在检测：" + current + "%")用于实现在改变进度条长度的时候，以文字的方式显示完成百分比。

此实例的源文件名是HtmlPageC278.html。

296 使用gDialog插件制作超酷动画对话框

此实例主要实现使用gDialog插件制作超酷动画对话框。当在浏览器中显示该页面时，单击“信息提示框”按钮，则将以中心缩放的弹跳效果显示对话框；单击“信息输入框”按钮，则将以从左至右翻滚的效果显示对话框，如图296-1所示；单击“确认对话框”按钮，则将以上下振动的弹跳效果显示对话框。有关此实例的主要代码如下所示：

图 296-1

```
<!DOCTYPE html><html><head>
 <script type="text/javascript" src="Scripts/jquery-2.2.3.js"></script>
 <script src="Scripts/jquery.gDialog.js"></script>
 <script type="text/javascript">
  $(document).ready(function () {
   $('.demo-1').click(function () {              //响应单击"信息提示框"按钮
    $.gDialog.alert("这个 jQuery 对话框插件的最大特点是弹出和关闭都带有非常炫酷的动画特效",
{ title: "信息提示框", animateIn: "bounceIn",
    animateOut: "bounceOut"});});
   $('.demo-2').click(function () {              //响应单击"信息输入框"按钮
    $.gDialog.prompt("补充内容：", "参加的项目包括：", {title: "信息输入框",
      required: true, animateIn: "rollIn",animateOut: "rollOut"});});
   $('.demo-3').click(function () {              //响应单击"确认对话框"按钮
    $.gDialog.confirm("确认所有补充内容吗?", {title: "确认对话框",
      animateIn: "bounceInDown",animateOut: "bounceOutUp"});});
  });
  </script>
  <link rel="stylesheet" href="Scripts/animate.min.css">
  <link rel="stylesheet" href="Scripts/jquery.gDialog.css">
  <style>
   button {border: 0;}
   .container { margin: 10px auto; max-width: 550px;
            text-align: center;font-family: Arial;}
   .btn { background-color: #ED5565; color: #fff; padding: 20px;
       margin: 10px 30px;border-radius: 5px;border-bottom: 3px solid #DA4453;}
  </style>
 </head>
 <body>
  <div class="container"><h1>jQuery gDialog 插件特效例子</h1>
   <button class="btn demo-1">信息提示框</button>
   <button class="btn demo-2">信息输入框</button>
   <button class="btn demo-3">确认对话框</button></div>
 </body></html>
```

上面有底纹的代码是此实例的核心代码。在该部分代码中，alert()、prompt()和 confirm()三个方法是 gDialog 插件的三种显示对话框的方法，使用时只需要引用“jquery. gDialog. js”“animate. min. css”“jquery. gDialog. css”三个文件即可。需要注意的是：原始的这三个文件仅支持英文，此实例在引用时做了部分修改。

此实例的源文件名是 HtmlPageC222.html。

297　通过回调函数实现多个动画的不间断执行

此实例主要通过为动画方法设置回调函数从而实现多个动画的不间断执行。当在浏览器中显示该页面时，单击“启动动画”按钮，将连续完成下面的文字的向上折叠和向下展开操作，如图 297-1 所示；单击“停止动画”按钮，则将停止当前正在进行的动画操作。有关此实例的主要代码如下所示：

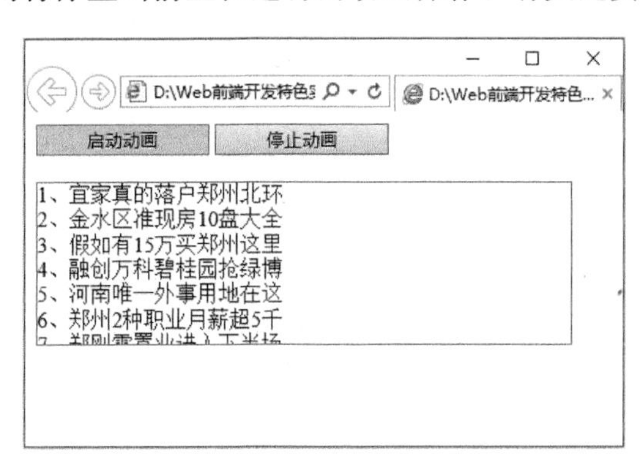

图　297-1

```
<!DOCTYPE html><html><head>
 <script type="text/javascript" src="Scripts/jquery-2.2.3.js"></script>
 <script language="javascript">
   $(document).ready(function () {
    $("#myStartBtn").click(function () {                     //响应单击按钮"启动动画"
     //通过回调函数$("#div1").slideDown(5000)实现多个动画的连续播放
     $("#div1").slideUp(5000, function () { $("#div1").slideDown(5000);});
    });
    $("#myStopBtn").click(function () {                      //响应单击按钮"停止动画"
     $("#div1").stop();
});});
 </script>
</head>
<body>
 <button id="myStartBtn" style="width:130px;">启动动画</button>
 <button id="myStopBtn" style="width:130px;">停止动画</button><br><br>
 <div id="div1" style="border:1px solid gray;width:400px">
        1、宜家真的落户郑州北环<br />
        2、金水区准现房 10 盘大全<br />
        3、假如有 15 万买郑州这里<br />
        4、融创万科碧桂园抢绿博<br />
        5、河南唯一外事用地在这<br />
        6、郑州 2 种职业月薪超 5 千<br />
        7、郑刚需置业进入下半场<br />
        8、郑州买公寓避三大误区<br />
        9、郑州惠济区六新盘入市<br />
        10、穷富买房差距竟这么大<br /></div>
</body></html>
```

上面有底纹的代码是此实例的核心代码。在该部分代码中，“$("#div1").slideUp(5000,

function () { $("#div1"). slideDown(5000);});"中的"function () { $("#div1"). slideDown(5000);}"即是一个回调函数。在 jQuery 中,大多数动画效果方法都有回调函数,通常表示在这些动画效果执行后,还可以激活回调函数来完成一些附加功能,是否使用回调函数则由具体的场景决定,因此回调函数参数通常是一个可选参数。

此实例的源文件名是 HtmlPageC099. html。

298 在多个动画队列中启动动画或停止动画

此实例主要采用了 stop()方法实现启动或停止在多个动画队列中正在执行的动画。当在浏览器中显示该页面时,单击"启动动画"按钮,将按照在动画队列中的顺序执行动画,如图 298-1 所示;单击"停止动画"按钮,则无论当前执行到动画队列的哪个动画,都将停止。有关此实例的主要代码如下所示:

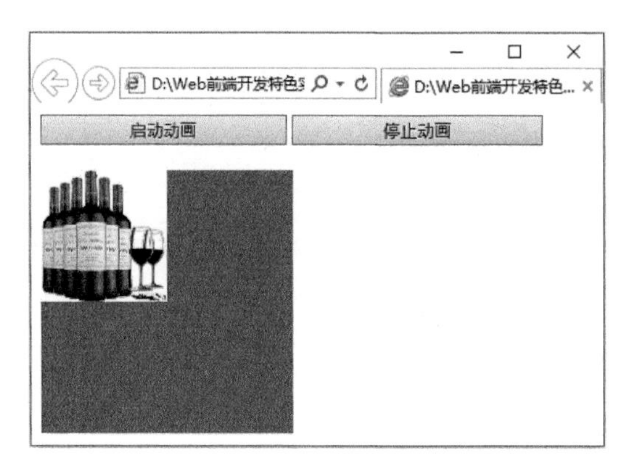

图 298-1

```
<!DOCTYPE html><html><head>
 <script type="text/javascript" src="Scripts/jquery-2.2.3.js"></script>
 <script language="javascript">
  $(document).ready(function () {
   $("#myStartBtn").click(function () {                    //响应单击按钮"启动动画"
    $("#div1").animate({ height: 400 }, "slow");
    $("#div1").animate({ width: 400 }, "slow");
    $("#div1").animate({ height: 200 }, "slow");
    $("#div1").animate({ width: 200 }, "slow");
   });
   $("#myStopBtn").click(function () {                     //响应单击按钮"停止动画"
    $("#div1").stop(true);
 });});
</script>
</head>
<body>
 <button id="myStartBtn" style="width:195px;">启动动画</button>
 <button id="myStopBtn" style="width:195px;">停止动画</button><br><br>
  <div id="div1"  style="background:#0094ff;height:10px;
          width:10px; position:relative">
    <img src="MyImages/MyImage39.jpg" width="100" height="100" /></div>
</body></html>
```

上面有底纹的代码是此实例的核心代码。在该部分代码中,stop()方法用于停止当前正在运行的动画，stop()方法的语法声明如下：

```
$(selector).stop(stopAll,goToEnd)
```

其中，参数 stopAll 是一个可选参数，该参数规定是否停止被选元素的所有加入队列的动画。参数 goToEnd 也是一个可选参数，该参数规定是否允许完成当前的动画，此参数只能在设置了 stopAll 参数时使用。

此实例的源文件名是 HtmlPageC097.html。

299　实现在队列中的任务按指定时间延迟执行

此实例主要使用 delay()方法实现在队列中的任务按照指定的时间延迟执行。当在浏览器中显示该页面时，在"动画效果："下拉框中选择任务队列，然后再单击"执行动画"按钮，则将按照该队列中的 delay()方法指定的时间延迟任务执行，如图 299-1 所示。有关此实例的主要代码如下所示：

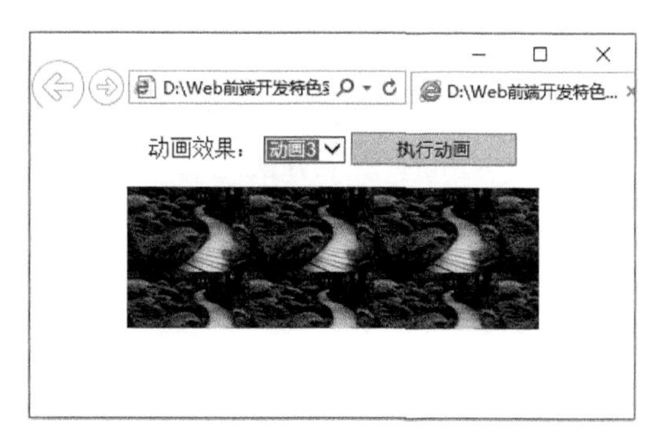

图　299-1

```
<!DOCTYPE html><html><head>
 <script type="text/javascript" src="Scripts/jquery-2.2.3.js"></script>
 <script language="javascript">
  $(document).ready(function () {
   $("#exec").click(function () {                    //响应单击按钮"执行动画"
    var v = $("#animation").val();
    var $myDiv = $("#myDiv");
    if (v == "1") {
      $myDiv.slideUp(1000).delay("slow").fadeIn(1500);
    } else if (v == "2") {
      $myDiv.fadeOut("slow").delay(6000).slideDown(1000)
                              .animate({ height: "+=300" });
    } else if (v == "3") {
      //注意：只有动画才会被加入效果队列中
      //以下代码实际上只有 slideUp()、slideDown()会加入效果队列
      //delay()的延迟只对 slideDown()起作用
      //show()在被调用时就立即执行了(此时 slideUp 的动画效果尚未执行结束)
      //以下代码的执行顺序：
      //1、slideUp()被加入队列、开始执行，
      //2、show()也开始执行，它立即执行完毕，此时 slideUp()的动画尚未执行结束
      //3、延迟 2 秒
      //4、执行 slideDown()
       $myDiv.slideUp("slow").delay(2000).show().slideDown();
      } else if (v == "4") {
        $myDiv.show().delay(10000)
```

```
                    //延迟 10 秒才执行下面的动画
                    .animate({ height: "+=130px" }, 2000)
                    .animate({ width: "50%" }, 1000)
                    .animate({ width: "200px", height: "100px" }, 1000);
 } });});
</script>
</head>
<body><center>
  <p>动画效果:
   <select id="animation">
    <option value="1">动画 1</option>
    <option value="2">动画 2</option>
    <option value="3">动画 3</option>
    <option value="4">动画 4</option></select>
   <input id="exec" type="button" value="执行动画" style="width:120px"></p>
   <div id="myDiv" style="width:300px; height: 100px;
        background-image:url(MyImages/my318t6.jpg)"></div>
 </center></body></html>
```

上面有底纹的代码是此实例的核心代码。在这部分代码中，delay()方法用于延迟在队列中下一项任务的执行，它常用在队列中的两个 jQuery 效果方法之间，从而在上一个动画效果执行后延迟下一个动画效果的执行时间。如果下一项任务不是效果动画，则它不会被加入效果队列中，因此该函数不会对它进行延迟调用。

此实例的源文件名是 HtmlPageC353.html。

300　以链式方式完成在动画队列中的多个动画

此实例主要实现以链式方式完成在动画队列中的多个动画。当在浏览器中显示该页面时，单击“启动动画”按钮，将连续完成下面的文字的向上折叠和向下展开操作，如图 300-1 所示；单击“停止动画”按钮，则将停止当前正在进行的动画操作，并将继续在动画链中的下一个动画。有关此实例的主要代码如下所示：

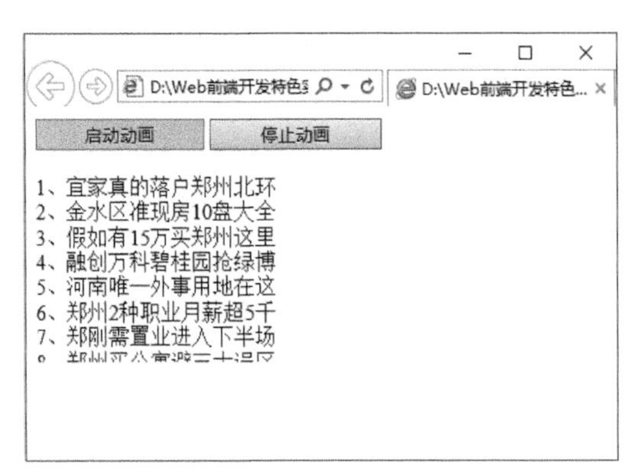

图　300-1

```
<!DOCTYPE html><html><head>
 <script type="text/javascript" src="Scripts/jquery-2.2.3.js"></script>
 <script language="javascript">
  $(document).ready(function () {
   $("#myStartBtn").click(function () {                    //响应单击按钮"启动动画"
```

```
    //以链式方式完成在动画队列中的多个动画
    $("#div1").slideUp(5000).slideDown(5000);
   });
   $("#myStopBtn").click(function () {                    //响应单击按钮"停止动画"
    $("#div1").stop();
  });});
 </script>
</head>
<body>
 <button id="myStartBtn" style="width:130px;">启动动画</button>
 <button id="myStopBtn" style="width:130px;">停止动画</button><br><br>
  <div id="div1">
   1、宜家真的落户郑州北环<br />
   2、金水区准现房10盘大全<br />
   3、假如有15万买郑州这里<br />
   4、融创万科碧桂园抢绿博<br />
   5、河南唯一外事用地在这<br />
   6、郑州2种职业月薪超5千<br />
   7、郑刚需置业进入下半场<br />
   8、郑州买公寓避三大误区<br />
   9、郑州惠济区六新盘入市<br />
   10、穷富买房差距竟这么大<br /></div>
</body></html>
```

上面有底纹的代码是此实例的核心代码。在该部分代码中,"$("#div1"). slideUp(5000). slideDown(5000);"是一条链式语句,包括"slideUp(5000)"和"slideDown(5000)"两个动作,按照从左至右的顺序执行。通过jQuery框架,设计人员可以把动作与方法像锁链一样链接起来,实现在相同的元素上使用一条语句操作多个jQuery方法的效果。

此实例的源文件名是HtmlPageC098.html。

第12章 特效实例

301　创建百分比和图形变化联动的进度条

此实例主要使用 setTimeout()方法创建数字百分比和图形变化联动的进度条。当在浏览器中显示该页面时,工作中的进度条效果如图 301-1 所示。有关此实例的主要代码如下所示:

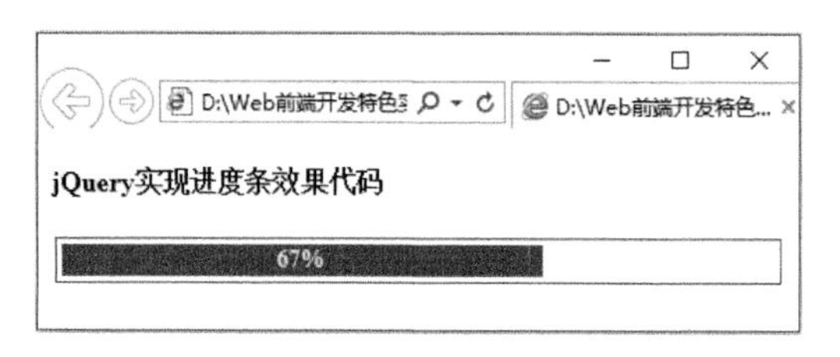

图　301-1

```
<!DOCTYPE html><html><head>
 <script type="text/javascript" src="Scripts/jquery-2.2.3.js"></script>
 <script language="javascript">
   var myID = "myShow";
   function SetProgress(i) {                    //设置数字百分比
    if (i) {
     $("#" + myID + " > span").css("width", String(i) + "%");
     $("#" + myID + " > span").html(String(i) + "%");
   }}
   var i = 0;
   function doProgress() {                      //递归调用,直到进度 100%完成
    if (i > 100) {
      alert("操作完成!");
      return; }
    if (i <= 100) {
      setTimeout("doProgress()", 100);        //间隔 100 毫秒更新进度
      SetProgress(i);
      i++; }
    }
   $(document).ready(function () {
     doProgress();                              //启动进度条
  });
 </script>
 <style>
```

```
  #myShow{background: white;height: 20px;padding: 2px;
          border: 1px solid green; margin: 2px;}
  #myShow span {background: green; height: 16px; text-align: center;
              padding: 1px; margin: 1px; display: block;color: yellow;
              font-weight: bold; font-size: 14px; width: 0%; }
 </style>
</head>
<body>
 <h4>jQuery 实现进度条效果代码</h4>
 <div id="myShow"><span></span></div>
</body></html>
```

上面有底纹的代码是此实例的核心代码。在这部分代码中，setTimeout()方法用于从载入后延迟指定的时间去执行一个表达式或者是函数，在此实例中即是每隔 100 毫秒递归调用自身通过 SetProgress()方法更新进度条，关于该方法的语法声明请参考本书的其他部分。

此实例的源文件名是 HtmlPageC252.html。

302　创建可暂停的数字和图形联动的进度条

此实例主要使用 setInterval()和 clearInterval()方法实现可暂停继续的数字和图形联动的进度条。当在浏览器中显示该页面时，进度条操作将自动执行，如果鼠标放在进度条上，将暂停；如果鼠标离开进度条，将继续，如图 302-1 所示。有关此实例的主要代码如下所示：

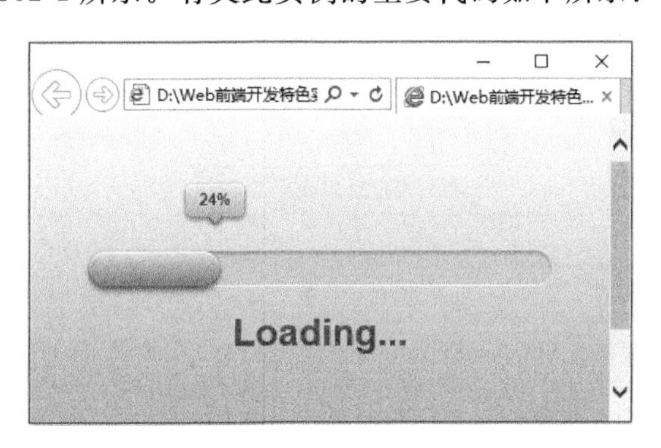

图　302-1

```
<!DOCTYPE html><html><head>
 <script type="text/javascript" src="Scripts/jquery-2.2.3.js"></script>
 <link rel="stylesheet" type="text/css" href="Scripts/my378.css" />
 <script type="text/javascript">
  $(function () {
   var interval = setInterval(increment, 100);              //启动进度条
   var current = 0;
   function increment() {
    current++;
    $('#counter').html(current + '%');                      //在悬浮框中显示进度完成百分比
    if (current == 100) { current = 0; }
   }
   $('.load-bar').mouseover(function () {                   //在鼠标悬浮进度条时暂停
    clearInterval(interval);
   }).mouseout(function () {                                //在鼠标离开进度条时继续
    interval = setInterval(increment, 100);
  }); });
```

```
 </script>
</head>
<body>
 <div class = "wrapper"><div class = "load - bar">
   <div class = "load - bar - inner" data - loading = "0"> <span id = "counter"></span>
 </div></div>
 <h1> Loading…</h1></div>
</body></html>
```

上面有底纹的代码是此实例的核心代码。在该部分代码中，setInterval()方法的作用是每隔一定时间调用函数、方法或对象实现某种特定的周期执行的动作，在此实例中即是每隔 100 毫秒调用 increment()方法更新数字和图形描述的进度。clearInterval()方法用来终止 setInterval()方法返回的对象。关于这两个方法的语法声明请参考本书的其他部分。此外需要说明的是，此实例的所有图形特效没有采用任何图片，全部用 CSS 绘制，详情请查看 CSS 文件“my378. css”。

此实例的源文件名是 HtmlPageC378. html。

303　在同一按钮上滚动实现多个按钮的功能

此实例主要使用 setTimeout()等方法实现在同一按钮上滚动切换多个标题和单击事件。当在浏览器中显示该页面时，按钮标题将按照“网易首页”“新浪首页”“雅虎首页”“搜狐首页”的顺序滚动切换，如果单击按钮，则将跳转到当前按钮标题所指向的网站首页，如图 303-1 所示。有关此实例的主要代码如下所示：

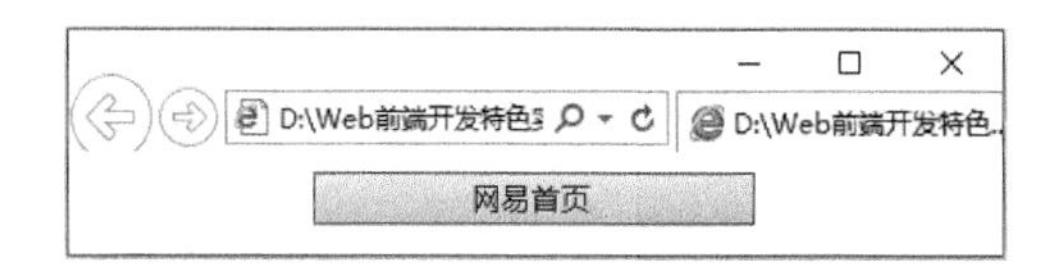

图　303-1

```
<! DOCTYPE html><html><head>
 <script type = "text/javascript" src = "Scripts/jquery - 2.2.3.js"></script>
 <SCRIPT LANGUAGE = "JavaScript">
  w = 0;
  myCount = 4;
  Sites = new Array(myCount);                    //存放滚动显示的信息
  Sites[0] = "http://www.163.com～网易首页|国内最大的综合站点";
  Sites[1] = "http://www.sina.com.cn～新浪首页|国内最好的新闻站点";
  Sites[2] = "http://www.yahoo.com.cn～雅虎首页|雅虎";
  Sites[3] = "http://www.sohu.com～搜狐首页|国内最大的新闻社区";
  function showSites() {
   if (w > myCount - 1) { w = 0; };
   var string = Sites[w] + "";
   var split1 = string.indexOf("～");            //分隔符,据此拆分字符串
   var split2 = string.indexOf("|");             //分隔符,据此拆分字符串
   var url = string.substring(0, split1);
   var name = string.substring(split1 + 1, split2);
   var word = string.substring(split2 + 1, string.length);
   $ ("#myButton").val(name);                   //按钮标题
   $ ("#myUrl").val(url);                       //目标网址
   $ ("#myTip").val(word);                      //提示信息
   w += 1;
```

```
  setTimeout('showSites()', 1000);
 }
 function visitSite() {                          //响应单击按钮
  window.location = $("#myUrl").val();           //跳转到网址
 }
 $(document).ready(function () {
  showSites();                                   //启动滚动显示
 });
</SCRIPT>
</head>
<body>
 <center><div>
  <input type = button id = "myButton" value = "Visit"
         onClick = "visitSite()" style = "width:200px">
  <input type = hidden id = "myUrl" value = "">
  <input type = hidden id = "myTip" value = ""></div></center>
</body></html>
```

上面有底纹的代码是此实例的核心代码。在该部分代码中，indexOf("|")用于获取分隔符在字符串中的索引位置。substring(0, split1)用于获取起始位置至结束位置之间的子字符串。setTimeout()方法用于根据是设定的时间间隔执行指定的方法，在此实例中即是每隔1000毫秒调用showSites()方法滚动显示按钮标题及其对应的网址。关于setTimeout()方法的语法声明请参考本书的其他部分。

此实例的源文件名是HtmlPageC444.html。

304　使用数学函数实现超炫超酷的鼠标轨迹

此实例主要使用Math对象的数学函数实现超炫超酷的鼠标轨迹。当在浏览器中显示该页面时，将随机绘制多种图形，当鼠标移动时，将根据鼠标轨迹重新绘制新的图形，如图304-1所示。有关此实例的主要代码如下所示：

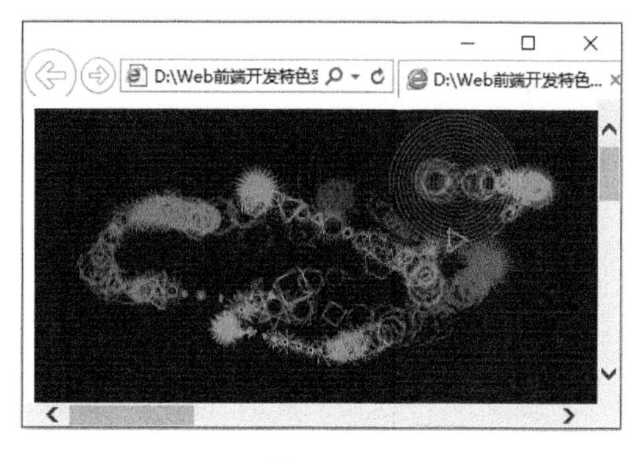

图　304-1

```
<!DOCTYPE><html><head>
 <script src = "Scripts/jquery-2.2.3.js" type = "text/javascript"></script>
 <script type = "text/javascript">
  window.onload = function () {
   C = Math.cos; S = Math.sin; U = 0; w = window; j = document;
   // d = j.getElementById("myCanvas");
```

```
    d = $("#myCanvas").get(0);                              //获取绘制画布
    c = d.getContext("2d"); W = d.width = w.innerWidth;
    H = d.height = w.innerHeight; c.fillRect(0, 0, W, H);
    c.globalCompositeOperation = "lighter"; c.lineWidth = 0.2;
    c.lineCap = "round"; var bool = 0, t = 0;
    d.onmousemove = function (e) {                          //在鼠标移动时响应
     if (window.T) {
      if (D == 9) { D = Math.random() * 15; f(1); }
       clearInterval(T);
      }
      X = e.pageX; Y = e.pageY; a = 0; b = 0; A = X, B = Y;
      R = (e.pageX / W * 999 >> 0) / 999;
      r = (e.pageY / H * 999 >> 0) / 999;
      U = e.pageX / H * 360 >> 0; D = 9; g = 360 * Math.PI / 180;
      T = setInterval(f = function (e) {
      c.save(); c.globalCompositeOperation = "source-over";
      if (e != 1) {
        c.fillStyle = "rgba(0,0,0,0.02)";
        c.fillRect(0, 0, W, H);
       }
       c.restore(); i = 25;
       while (i--) {
         c.beginPath();
         if (D > 450 || bool) {
          if (!bool) { bool = 1; }
          if (D < 0.1) { bool = 0; }
          t -= g; D -= 0.1;
       }
       if (!bool) { t += g; D += 0.1; }
       q = (R / r - 1) * t;
       x = (R - r) * C(t) + D * C(q) + (A + (X - A) * (i / 25)) + (r - R);
       y = (R - r) * S(t) - D * S(q) + (B + (Y - B) * (i / 25));
       if (a) { c.moveTo(a, b); c.lineTo(x, y) }
       c.strokeStyle = "hsla(" + (U % 360) + ",100%,50%,0.75)";
       c.stroke(); a = x; b = y;
     }
     U -= 0.5; A = X; B = Y;
    }, 16); }
    j.onkeydown = function (e) { a = b = 0; R += 0.05 }
    d.onmousemove({ pageX: 300, pageY: 290 })
  }
</script>
</head>
<body>
    <canvas id="myCanvas"></canvas>
</body></html>
```

上面有底纹的代码是此实例的核心代码。在上面的代码中，Math 对象用于执行数学函数任务，Math 对象并不像 Date 和 String 那样是对象的类，因此没有构造函数 Math()，像 Math. sin()这样的函数只是函数，不是某个对象的方法，直接把 Math 作为对象使用就可以调用其所有属性和方法。getContext()方法用于获取用于在画布上绘图的环境，getContext()方法的语法声明如下：

```
getContext(contextID)
```

其中，参数 contextID 指定了想要在画布上绘制的类型，当前唯一的合法值是 2d，它指定了二维绘图，并且导致这个方法返回一个环境对象，该对象导出一个二维绘图 API。该方法的返回值是一个 CanvasRenderingContext2D 对象，使用它可以绘制到 Canvas 元素中。

此实例的源文件名是 HtmlPageC357.html。

305　创建不随页面滚动的悬浮对联广告特效

此实例主要通过在窗口的 scroll 事件响应方法中使用 scrollTop()方法创建不随页面滚动的两侧悬浮的对联广告。当在浏览器中显示该页面时，两幅广告图片将悬停在页面的左右两侧，无论怎样改变浏览器窗口的滚动条，其位置都始终保持不变，单击“关闭”超链接，则关闭对应的广告，如图 305-1 所示。有关此实例的主要代码如下所示：

图　305-1

```
<!DOCTYPE html><html><head>
 <script type="text/javascript" src="Scripts/jquery-2.2.3.js"></script>
 <script language="javascript">
  $(document).ready(function () {
    var myWin =  $("div.myWin");
    var myWin_close =  $("a.myWin_close");
    var myWidth =  $(window).width();
    if(myWidth>400)
       myWin.show();
    $(window).scroll(function () {                  //在滚动条滚动时响应
       var scrollTop =  $(window).scrollTop();
      //确保在滚动条滚动时,将广告图片固定在距顶部 20px
       myWin.stop().animate({ top: scrollTop + 20 });
     });
     myWin_close.click(function () {                //响应单击关闭超链接
       $(this).parent().hide();
       return false;
     });
   });
 </script>
 <style>
  .myWin {top: 20px;position: absolute;width: auto;
                  overflow: hidden;display: none;}
  .myWin_left {left: 6px;}
  .myWin_right {right: 6px;}
  .myWin_con { border: red solid 0px; width: auto;
              height: auto; overflow: hidden;}
  .myWin_close { width: 100%; height: auto;text-align: center;
              display: block;font-size: 14px;color: #555555;
              text-decoration: none;background-color:aqua;}
 </style>
```

```
</head>
<body>
 <div class="myWin myWin_left">
  <div class="myWin_con"><a href="#" onclick="alert('多多支持')">
    <img src="MyImages/MyImage37.jpg" /></a></div>
    <a href="#" class="myWin_close">X 关闭</a></div>
 <div class="myWin myWin_right">
  <div class="myWin_con"><a href="#" onclick="alert('多多省钱')">
    <img src="MyImages/MyImage38.jpg" /></a></div>
    <a href="#" class="myWin_close">X 关闭</a></div>
  <p style="height:1000px;"></p>
</body></html>
```

上面有底纹的代码是此实例的核心代码。在这部分代码中，scrollTop()方法用于设置或返回当前匹配元素相对于垂直滚动条顶部的偏移量。当一个元素的实际高度超过其显示区域的高度时，在一定的设置下，浏览器会为该元素显示相应的垂直滚动条。此时，scrollTop()返回的就是该元素在可见区域之上被隐藏部分的高度。

此实例的源文件名是 HtmlPageC259.html。

306 高仿百度贴吧顶部不随滚动条滚动的特效

此实例主要使用 addClass()和 removeClass()方法实现仿百度贴吧头部固定不随滚动条滚动的效果。当在浏览器中显示该页面时，拖动浏览器的滚动条向下滚动，则图片将跟随滚动条滚动，但是“导航固定”块不动，效果如图 306-1 所示。有关此实例的主要代码如下所示：

图 306-1

```
<!DOCTYPE html><html><head>
 <script type="text/javascript" src="Scripts/jquery-2.2.3.js"></script>
 <script>
  $(function () {
   $(window).scroll(function () {                    //在滚动条滚动时响应
    if ($(window).scrollTop() >= 250) {
     $(".nav").addClass("fixedNav");                 //设置 CSS 样式 fixedNav
    } else {
     $(".nav").removeClass("fixedNav");              //移除 CSS 样式 fixedNav
  } });});
 </script>
 <style>
  * {margin: 0px;padding: 0px;}
```

```
    div.nav {background: #000000;height: 57px;line-height: 57px;
              color: #ffffff;text-align: center;
              font-family: "微软雅黑", "黑体";font-size: 30px;}
    div.fixedNav {position: fixed;top: 0px;left: 0px;
                  width: 100%;z-index: 100000;}
  </style>
</head>
<body>
  <div class="header" style="background:#CCCC00;height:250px;"></div>
  <div class="nav"><p>导航固定</p></div>
   <div class="content">
    <div id="text" style="width:200px">
     <img src="MyImages/MyImage40.jpg" />
     <img src="MyImages/MyImage41.jpg" />
     <img src="MyImages/MyImage42.jpg" />
     <img src="MyImages/MyImage43.jpg" />
     <img src="MyImages/MyImage44.jpg" />
     <img src="MyImages/MyImage45.jpg" />
     <img src="MyImages/MyImage46.jpg" />
     <img src="MyImages/MyImage47.jpg" /></div></div>
</body></html>
```

上面有底纹的代码是此实例的核心代码。在这部分代码中，addClass()方法用于在滚动条滚动时设置固定 DIV 块的 CSS 样式 fixedNav，removeClass()方法则用于在滚动条未滚动时移除固定 DIV 块的 CSS 样式 fixedNav。关于这两个方法的语法声明请参考本书的其他部分。

此实例的源文件名是 HtmlPageC383.html。

307 实现类似于九宫格大转盘的随机抽奖

此实例主要使用 random()方法实现类似于九宫格大转盘的随机抽奖。当在浏览器中显示该页面时，单击“开始抽奖”，红色方框即绕着由 12 位模特组成的转盘顺时针旋转，最后随机停留在某一位模特的位置上，如图 307-1 所示。有关此实例的主要代码如下所示：

图 307-1

```
<!DOCTYPE html><html><head>
 <script type="text/javascript" src="Scripts/jquery-2.2.3.js"></script>
 <script type="text/javascript">
var lottery={
    index:-1,              //当前转动到哪个位置
    count:0,               //总共有多少个位置
    timer:0,               //setTimeout 的 ID
    speed:20,              //初始转动速度
    times:0,               //转动次数
    cycle:50,              //转动基本次数,即至少需要转动多少次再进入抽奖环节
    prize:-1,              //中奖位置
    init:function(id){
      if ($("#"+id).find(".lottery-unit").length>0) {
        $lottery = $("#"+id);
        $units = $lottery.find(".lottery-unit");
        this.obj = $lottery;
        this.count = $units.length;
        $lottery.find(".lottery-unit-"+this.index).addClass("active");
      }; },
      roll:function(){
        var index = this.index;
        var count = this.count;
        var lottery = this.obj;
        $(lottery).find(".lottery-unit-"+index).removeClass("active");
        index += 1;
        if (index>count-1) {
            index = 0;
        };
        //用红色方框指示当前旋转到何处
        $(lottery).find(".lottery-unit-"+index).addClass("active");
        this.index = index;
                      //用数字指示当前旋转到何处
        $("#myNumber").html("<h3>" + index + "</h3>");
        return false;
      },
      stop:function(index){
        this.prize = index;
        return false;
    }};
     function roll(){
     lottery.times += 1;
     lottery.roll();
     if (lottery.times>lottery.cycle+10 && lottery.prize==lottery.index) {
        clearTimeout(lottery.timer);
        lottery.prize=-1;
        lottery.times=0;
        click=false;
     }else{
       if (lottery.times<lottery.cycle) {
        lottery.speed -= 10;
       }else if(lottery.times==lottery.cycle) {
        var index = Math.random()*(lottery.count)|0;
        lottery.prize = index;
       }else{
        if (lottery.times>lottery.cycle+10 && ((lottery.prize==0 &&
                    lottery.index==7) || lottery.prize==lottery.index+1)) {
```

```
            lottery.speed += 110;
          }else{
              lottery.speed += 20;
          } }
          if (lottery.speed<40) {
            lottery.speed=40;
          };
        lottery.timer = setTimeout(roll,lottery.speed);
    }
    return false;
  }
  var click=false;
  window.onload=function(){
    lottery.init('lottery');
    $("#lottery a").html("<h3>开始抽奖</h3><div id='myNumber'></div>");
    $("#lottery a").click(function(){
      if (click) {
       return false;
      }else{
       lottery.speed=100;
       roll();
       click=true;
       return false;
  } });};
</script>
<style type="text/css">
#lottery{width:374px;height:384px;margin:0px auto;padding:35px;}
#lottery table td{width:95px;height:95px;text-align:center;
                  vertical-align:middle;font-size:24px;color:#333}
#lottery table td a{width:190px;height:190px;line-height:105px;
                  display:block;text-decoration:none;}
#lottery table td.active{background-color:#ea0000;}
</style>
</head>
<body>
 <div id="lottery">
   <table border="0" cellpadding="0" cellspacing="0">
     <tr><td class="lottery-unit lottery-unit-0">
          <img src="MyImages/MyImage71.jpg" width="67" height="67"></td>
         <td class="lottery-unit lottery-unit-1">
          <img src="MyImages/MyImage72.jpg" width="67" height="67"></td>
         <td class="lottery-unit lottery-unit-2">
          <img src="MyImages/MyImage74.jpg" width="67" height="67"></td>
         <td class="lottery-unit lottery-unit-3">
          <img src="MyImages/MyImage73.jpg" width="67" height="67"></td></tr>
     <tr><td class="lottery-unit lottery-unit-11">
          <img src="MyImages/MyImage77.jpg" width="67" height="67"></td>
         <td colspan="2" rowspan="2"><a href="#"></a></td>
         <td class="lottery-unit lottery-unit-4">
          <img src="MyImages/MyImage75.jpg" width="67" height="67"></td></tr>
     <tr><td class="lottery-unit lottery-unit-10">
          <img src="MyImages/MyImage79.jpg" width="67" height="67"></td>
         <td class="lottery-unit lottery-unit-5">
        <img src="MyImages/MyImage76.jpg" width="67" height="67"></td></tr>
     <tr><td class="lottery-unit lottery-unit-9">
          <img src="MyImages/MyImage73.jpg" width="67" height="67"></td>
         <td class="lottery-unit lottery-unit-8">
```

```
    <img src = "MyImages/MyImage76.jpg" width = "67" height = "67"></td>
   <td class = "lottery - unit lottery - unit - 7">
    <img src = "MyImages/MyImage78.jpg" width = "67" height = "67"></td>
   <td class = "lottery - unit lottery - unit - 6">
    <img src = "MyImages/MyImage77.jpg" width = "67" height = "67"></td></tr>
</table></div></body></html>
```

上面有底纹的代码是此实例的核心代码。在这部分代码中，random()方法用于产生伪随机数，常用来取 0 到某个数值之间的随机数，此处主要是用来制造随机停止在某张图片上的效果。

此实例的源文件名是 HtmlPageC277.html。

308 使用插件高仿中心旋转指针的抽奖转盘

此实例主要使用“my335jquery.rotate.min.js”插件实现高仿中心旋转指针抽奖转盘的特效。当在浏览器中显示该页面时，单击“开始抽奖”，则旋转指针将围绕中心高速旋转，最后停留在一个随机位置上，如图 308-1 所示。有关此实例的主要代码如下所示：

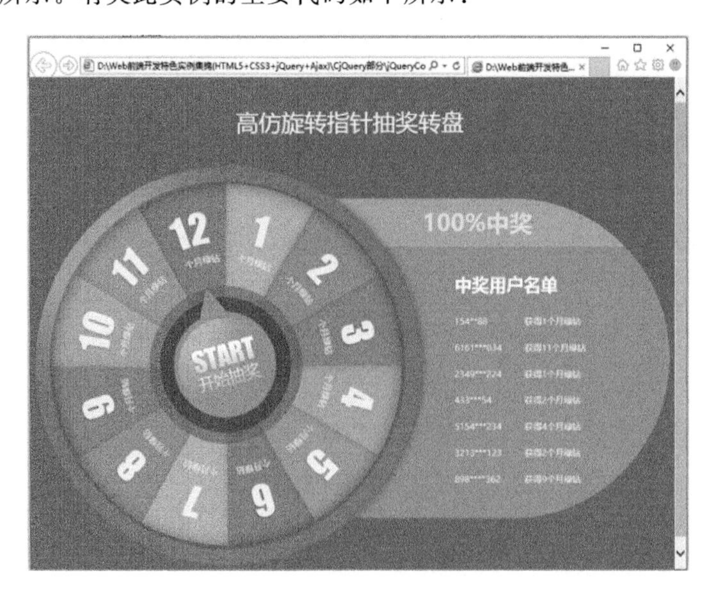

图 308-1

```
<!DOCTYPE html><html><head>
 <script src = "Scripts/jquery - 2.2.3.js" type = "text/javascript"></script>
 <script src = "Scripts/my335jquery.rotate.min.js"></script>
 <script type = "text/javascript">
   $(function () {
    var $myStart =  $('.myStart');
    $myStart.click(function () {                          //响应中心按钮单击事件
     var data = [1, 2, 3, 4, 5, 6, 7, 8, 9, 10, 11, 12];  //表示圆周有 12 个位置点
     data = data[Math.floor(Math.random() * data.length)]; //产生随机中奖点
     switch (data) {
       case 1:
              myFunc(1, 16, '恭喜抽中了 1 个月绿钻');
              break;
       case 2:
               myFunc(2, 47, '恭喜抽中了 2 个月绿钻');
               break;
```

```
        case 3:
                myFunc(3, 76, '恭喜抽中了 3 个月绿钻');
                break;
        case 4:
                myFunc(4, 106, '恭喜抽中了 4 个月绿钻');
                break;
        case 5:
                myFunc(5, 135, '恭喜抽中了 5 个月绿钻');
                break;
        case 6:
                myFunc(6, 164, '恭喜抽中了 6 个月绿钻');
                break;
        case 7:
                myFunc(7, 193, '恭喜抽中了 7 个月绿钻');
                break;
        case 8:
                myFunc(7, 223, '恭喜抽中了 8 个月绿钻');
                break;
        case 9:
                myFunc(7, 252, '恭喜抽中了 9 个月绿钻');
                break;
        case 10:
                myFunc(7, 284, '恭喜抽中了 10 个月绿钻');
                break;
        case 11:
                myFunc(7, 314, '恭喜抽中了 11 个月绿钻');
                break;
        case 12:
                myFunc(7, 345, '恭喜抽中了 12 个月绿钻');
                break;
        }
      });
      var myFunc = function (awards, angle, text) {
        $myStart.stopRotate();                    //停止旋转
        $myStart.rotate({                         //开始旋转
        angle: 0,
        duration: 5000,
        animateTo: angle + 1440,
        callback: function () {
         alert(text);
  } }); }; });
</script>
<style type="text/css">
  * {margin: 0;padding: 0;}
 body {font-family: "Microsoft Yahei"; background-color: #15734b;}
 h1 {width: 900px; margin: 40px auto; font: 32px "Microsoft Yahei";
     text-align: center;color: #fff;}
 .myArea { width: 894px; height: 563px; margin: 0 auto;
           background-image: url(MyImages/my335s3_bg.png);}
 .myRotary { position: relative;float: left; width: 504px;
             height: 504px; margin: 20px 0 0 20px;
             background-image: url(MyImages/my335g.png);}
 .myStart {position: absolute;left: 144px;top: 144px;width: 216px;
         height: 216px; cursor: pointer;}
 .list {float: right;width: 300px;padding-top: 44px;}
 .list strong {position: relative;left: -45px;display: block;
           height: 65px;line-height: 65px;font-size: 32px;color: #ffe63c;}
```

```
    .list h4 {height: 45px;margin: 30px 0 10px;line-height: 45px;
              font-size: 24px;color: #fff;}
    .list ul {line-height: 36px;list-style-type: none;
              font-size: 12px;color: #fff;}
    .list span {display: inline-block;width: 94px;}
  </style>
</head>
<body>
 <h1>高仿旋转指针抽奖转盘</h1>
  <div class="myArea">
   <div class="myRotary">
    <img class="myStart" src="MyImages/my335z.png" alt=""></div>
   <div class="list">
    <strong>100% 中奖</strong>
    <h4>中奖用户名单</h4>
    <ul><li><span>154**88</span><span>获得 1 个月绿钻</span></li>
        <li><span>6161***034</span><span>获得 11 个月绿钻</span></li>
        <li><span>2349***224</span><span>获得 1 个月绿钻</span></li>
        <li><span>433***54</span><span>获得 2 个月绿钻</span></li>
        <li><span>5154***234</span><span>获得 4 个月绿钻</span></li>
        <li><span>3213***123</span><span>获得 2 个月绿钻</span></li>
        <li><span>898****362</span><span>获得 9 个月绿钻</span></li>
    </ul></div></div>
</body></html>
```

上面有底纹的代码是此实例的核心代码。在这部分代码中，主要演示了如何直接调用插件的相关方法和如何设置参数，关于实现这些功能的代码则请参考“my335jquery.rotate.min.js”插件文档。

此实例的源文件名是 HtmlPageC335.html。

309 创建像飘浮的云一样的随机中奖特效

此实例主要使用“my406Cloud.js”插件创建像飘浮的云一样的随机单击中奖特效。当在浏览器中显示该页面时，各种选项像云一样在页面上随机游走，使用鼠标捕获之后，则在弹出的消息框中显示中奖结果，如图 309-1 所示。有关此实例的主要代码如下所示：

图 309-1

```
<!DOCTYPE html><html><head>
 <script type="text/javascript" src="Scripts/jquery-2.2.3.js"></script>
 <script type="text/javascript" src="Scripts/my406Cloud.js"></script>
 <script type="text/javascript">
```

```
    window.onload = function () {
     var i = 0;
     var myTag = null;
     oDiv = $('#myBox').get(0);
     aA = $('a');          //获取所有的超链接
     for (i = 0; i < aA.length; i++) {
      myTag = {};
      myTag.offsetWidth = aA[i].offsetWidth;
      myTag.offsetHeight = aA[i].offsetHeight;
      mcList.push(myTag);
     }
     sineCosine(0, 0, 0);
     positionAll();
     oDiv.onmouseover = function () { active = true;};
     oDiv.onmouseout = function () { active = false;};
     oDiv.onmousemove = function (ev) {
       var oEvent = window.event || ev;
       mouseX = oEvent.clientX - (oDiv.offsetLeft + oDiv.offsetWidth / 2);
       mouseY = oEvent.clientY - (oDiv.offsetTop + oDiv.offsetHeight / 2);
       mouseX /= 5;
       mouseY /= 5;
      };
      setInterval(update, 30);     //每隔 30 毫秒更新一次数据
    };
  </script>
  <style>
    body {background: #000;}
    #myBox { position: relative;width: 450px; height: 250px;
              margin: 20px auto 0;}
    #myBox a {position: absolute;top: 0px;left: 0px;
              font-family: Microsoft YaHei;color: #fff;
              font-weight: bold;text-decoration: none;padding: 3px 6px;}
    #myBox a:hover {border: 1px solid #eee;background: #000;}
    #myBox .blue {color: blue;}
    #myBox .red {color: red;}
    #myBox .yellow {color: yellow;}
  </style>
 </head>
 <body>
  <div id="myBox">
   <a onclick="alert('恭喜,你中奖了苹果手机!')">苹果手机</a>
   <a onclick="alert('恭喜,你中奖了联想电脑!')" class="red">联想电脑</a>
   <a onclick="alert('恭喜,你中奖了格力空调!')">格力空调</a>
   <a onclick="alert('恭喜,你中奖了海尔洗衣机!')">海尔洗衣机</a>
   <a onclick="alert('恭喜,你中奖了华东五日游!')" class="blue">华东五日游</a>
   <a onclick="alert('恭喜,你中奖了美的浴霸!')">美的浴霸</a>
   <a onclick="alert('恭喜,你中奖了东北大米!')" class="red">东北大米</a>
   <a onclick="alert('恭喜,你中奖了周大福项链!')">周大福项链</a>
   <a onclick="alert('恭喜,你中奖了泰国香米!')" class="red">泰国香米</a>
   <a onclick="alert('恭喜,你中奖了金龙鱼调和油!')" class="blue">金龙鱼调和油</a>
   <a onclick="alert('恭喜,你中奖了长安汽车!')">长安汽车</a>
   <a onclick="alert('恭喜,你中奖了骆驼登山鞋!')">骆驼登山鞋</a>
   <a onclick="alert('恭喜,你中奖了杉杉西服!')">杉杉西服</a>
   <a onclick="alert('恭喜,你中奖了乐视会员!')" class="yellow">乐视会员</a>
   <a onclick="alert('恭喜,你中奖了天霸手表!')">天霸手表</a></div>
 </body></html>
```

上面有底纹的代码是此实例的核心代码。在该部分代码中，window. onload 事件响应方法实际上是“my406Cloud. js”插件的一部分，只是该部分代码与 HTML 代码联系较为紧密，才单独提取出来，大部分的功能性代码则在“my406Cloud. js”插件中。实际使用时，则只需要按照上面的模式设置即可。

此实例的源文件名是 HtmlPageC406. html。

310　使用插件实现在输入框中弹出列表树

此实例主要使用“my324dtreeck. js”插件实现在输入框中弹出下拉列表树来选择目标选项。当在浏览器中显示该页面时，单击“城区：”输入框，则将弹出一个下拉列表树，展开列表树中的节点，选择需要的选项，则结果将显示在输入框中，如图 310-1 所示。有关此实例的主要代码如下所示：

图　310-1

```
<!DOCTYPE html><html><head>
 <link rel = "stylesheet" type = "text/css" href = "Scripts/my324dtreeck.css">
 <SCRIPT language = "Javascript" type = "text/javascript"
           src = "Scripts/my324dtreeck.js"></SCRIPT>
 <script type = "text/javascript" src = "Scripts/jquery-2.2.3.js"></script>
 <style type = "text/css">
  body, td, th {font-size: 12px;}
 </style>
</head>
<BODY>
 <table align = "center" cellpadding = "0" cellspacing = "0">
  <tr><td colspan = "1" bgcolor = "#FFFFFF" valign = "top"
          style = "padding-left: 30px;"></td>
      <td bgcolor = "#FFFFFF" valign = "top" height = "65%" align = "left">
       <form method = "post" id = "regform">
         <table cellpadding = "1" cellspacing = "0"
                border = "0" style = "margin-top: 10px;">
           <tr><td align = "right">邮编：</td>
               <td align = "left"><input type = "text" style = "width:80px;"></td>
               <td align = "right"> 城区：</td>
               <td align = "left">
                   <input type = "text" id = "menu_parent_name"
                       style = "width: 158px;">
                   <input type = "hidden" id = "menu_parent" name = "menu_parent">
                   <input type = "hidden" id = "oprate" name = "oprate">
                   <input type = "hidden" id = "menu_id" name = "menu_id">
  </td></tr></table></form></td></tr></table>
```

```
<div id = "treediv" style = "display: none;position:absolute;
    overflow:scroll;  width: 150px;height:200px;  padding: 5px;
    background: #fff;color: #fff;border: 1px solid #cccccc">
 <div align = "right"><a href = "##" id = "closed"
      style = "background - color:lightgray;
      padding:5px"><font color = "#000">关闭(X)</font></a></div>
  <script language = "JavaScript" type = "text/JavaScript">
    mydtree = new dTree('mydtree', 'MyImages/', 'no', 'no');
    mydtree.add(0, -1,"直辖市","javascript:setvalue('0','直辖市')",
                "直辖市","_self",false);
    mydtree.add(37,0,'北京市',"javascript:setvalue('37','北京市')",
                '北京市','_self',false);
    mydtree.add(40,0,'上海市',"javascript:setvalue('40','上海市')",
                '上海市','_self',false);
    mydtree.add(44,0,'重庆市',"javascript:setvalue('44','重庆市')",
              '重庆市','_self',false);
    mydtree.add(39, 37,'通州区',"javascript:setvalue('39','通州区')",
                '通州区','_self',false);
    mydtree.add(86,37,'海淀区',"javascript:setvalue('86','海淀区')",
                '海淀区', '_self',false);
    mydtree.add(88,37,'昌平区',"javascript:setvalue('88','昌平区')",
                '昌平区','_self',false);
    mydtree.add(41,40,'黄浦区',"javascript:setvalue('41','黄浦区')",
                '黄浦区','_self',false);
    mydtree.add(42,40,'徐汇区',"javascript:setvalue('42','徐汇区')",
                '徐汇区','_self',false);
    mydtree.add(45,44,'渝北区',"javascript:setvalue('45','渝北区')",
                '渝北区','_self',false);
    mydtree.add(49,44,'北碚区',"javascript:setvalue('49','北碚区')",
                '北碚区','_self',false);
    mydtree.add(62,44,'南岸区',"javascript:setvalue('62','南岸区')",
                '南岸区','_self',false);
    mydtree.add(63,44,'巴南区',"javascript:setvalue('63','巴南区')",
                '巴南区','_self',false);
    mydtree.add(64,44,'江北区',"javascript:setvalue('64','江北区')",
                '江北区', '_self',false);
    mydtree.add(65,44,'长寿区',"javascript:setvalue('65','长寿区')",
                '长寿区','_self',false);
    document.write(mydtree);
    //生成弹出层的代码
    xOffset = 0;                    //向右偏移量
    yOffset = 25;                   //向下偏移量
    var toshow = "treediv";         //显示层的 id
    //目标控件——也就是想要单击后弹出树形菜单的那个控件 id
    var target = "menu_parent_name";
    $("#" + target).click(function () {
      $("#" + toshow)
      .css("position", "absolute")
      .css("left", $("#" + target).position().left + xOffset + "px")
      .css("top", $("#" + target).position().top + yOffset + "px").show();
    });
    $("#closed").click(function () {     //关闭层
     $("#" + toshow).hide();
    });
    function checkIn(id) {          //判断鼠标在不在弹出层范围内
     var yy = 20;                   //偏移量
```

```
        var str = "";
        var x = window.event.clientX;
        var y = window.event.clientY;
        var obj = $("#" + id)[0];
        if (x > obj.offsetLeft && x < (obj.offsetLeft + obj.clientWidth) && y > (obj.offsetTop - yy) && y
    < (obj.offsetTop + obj.clientHeight)) {
          return true;
        } else {
          return false;
        } }
        $(document).click(function () {             //单击 body 关闭弹出层
          var is = checkIn("treediv");
          if (!is) {
           $("#" + toshow).hide();
        } });
        function setvalue(id, name) {               //单击菜单树给文本框赋值
         $("#menu_parent_name").val(name);
         $("#menu_parent").val(id);
         $("#treediv").hide();
       }
  </script></div>
</BODY></html>
```

上面有底纹的代码是此实例的核心代码。在这部分代码中,dTree ('mydtree', 'MyImages/', 'no', 'no')主要作用是实例化插件,'MyImages'指明列表树中的图标文件的存放目录,"my324dtreeck.js"需要这些图标文件。

此实例的源文件名是 HtmlPageC324.html。

311 实现动态显示图像和文字结合的星级评分

此实例主要使用 addClass()和 removeClass()方法实现动态显示图像和文字结合的星级评分。当在浏览器中显示该页面时,如果鼠标指向四星,则前面四星即出现深色,并浮出与四星相关的提示窗口,单击则弹出消息框显示评分结果,如图 311-1 所示。有关此实例的主要代码如下所示:

图 311-1

```
<!DOCTYPE html><html><head>
 <script type="text/javascript" src="Scripts/jquery-2.2.3.js"></script>
 <script type="text/javascript">
  $(function () {
   $('.star_ul a').hover(function () {                 //在鼠标悬浮时响应
```

```
      $ (this).addClass('active - star');              //设置深色星图
      $ ('.s_result').css('color', '#c00').html( $ (this).attr('title'))
    }, function () {                                   //在鼠标离开时响应
      $ (this).removeClass('active - star');           //移除深色星图
      $ ('.s_result').css('color', '#333').html('请打分')
    });
    $ ('.star_ul a').click(function () {
     alert( $ ('.s_result').html());                   //显示评分结果
    })  })
</script>
<style>
  * {margin: 0;padding: 0;border: 0;list - style: none;}
 body {font - size: 12px;font - family: Arial, Helvetica, sans - serif;
       margin: 0 auto;}
 .fl {float: left;display: inline;}
 .myBox {width: 300px; margin: 20px auto;height: 30px;
          position: relative;text - align:center;}
 .s_name {float: left;display: block;width: 60px;
          padding - top: 4px;text - align: right;}
 .star_ul {background: url(MyImages/my382star.png) no - repeat 0  - 150px;
          width: 132px;z - index: 10;position: relative;height: 25px;}
 .star_ul li {float: left;margin - right: 1px;width: 25px;height: 25px;}
 .star_ul li a {display: block;height: 25px;position: absolute;
                left: 0;top: 0;text - indent:  - 999em;}
 .star_ul li .active - star {
                background: url(MyImages/my382star.png) no - repeat;}
 .star_ul li .one - star { width: 25px; background - position: 0  - 120px;
                z - index: 50;}
 .star_ul li .two - star {width: 51px;background - position: 0  - 90px;
                z - index: 40;}
 .star_ul li .three - star {width: 79px;background - position: 0  - 60px;
                z - index: 30;}
 .star_ul li .four - star {width: 105px;background - position: 0  - 30px;
                z - index: 20;}
 .star_ul li .five - star {width: 129px;background - position: 0 0;
                z - index: 10; margin - right: 0;}
 .s_result {padding: 6px 0 0 5px;}
</style>
</head>
<BODY>
 <div class = "myBox">
  <span class = "s_name">总体评价：</span>
   <ul class = "star_ul fl">
    <li><a class = "one - star" title = "很差" href = "#"></a></li>
    <li><a class = "two - star" title = "差" href = "#"></a></li>
    <li><a class = "three - star" title = "还行" href = "#"></a></li>
    <li><a class = "four - star" title = "好" href = "#"></a></li>
    <li><a class = "five - star" title = "很好" href = "#"></a></li></ul>
   <span class = "s_result fl">请打分</span></div>
</BODY></html>
```

上面有底纹的代码是此实例的核心代码。在这部分代码中，addClass()方法用于显示选中的星数图，removeClass()方法则显示未选的五星图。关于这两个方法的语法声明请参考本书的其他部分。

此实例的源文件名是 HtmlPageC382.html。

312 高仿城市地铁线路指示灯的到站提示特效

此实例主要实现使用 setInterval()方法高仿城市地铁线路指示灯到站提示的特效。当在浏览器中显示该页面时，红色的指示灯将每间隔半秒沿着路线图跳向下一个站点，如图 312-1 所示。有关此实例的主要代码如下所示：

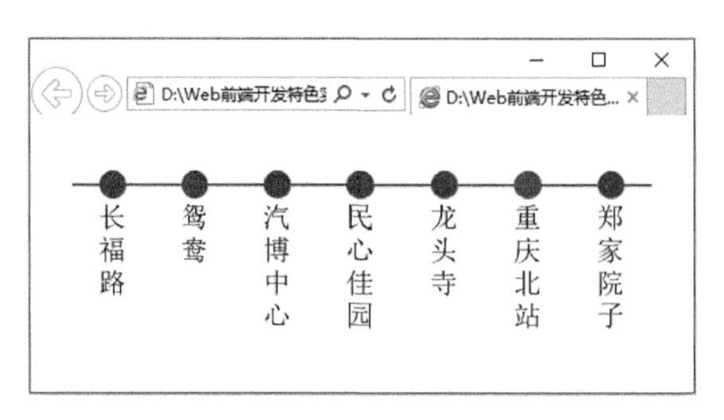

图 312-1

```
<!DOCTYPE><html><head>
 <script src="Scripts/jquery-2.2.3.js" type="text/javascript"></script>
 <script type="text/javascript">
  $(document).ready(function () {
   var index = 0;
   setInterval(function () {
   //将当前站点设为红色,其他站点设为绿色
    $("li").eq(++index).addClass("hover").siblings().removeClass("hover");
    if (index == 7) {                    //移到末尾,则重新开始
     index = -1
     $("li").eq(++index).addClass("hover").siblings().removeClass("hover");
  } }, 500)  })
 </script>
 <style type="text/css">
   * {font-size:20px;}
   .myBox {position: relative;height: 30px; padding-top: 50px;
           width: 420px;margin: 0 auto;}
   .bg {height: 2px; background: green; position: absolute; left: 0;
         top: 50%;margin-top: -1px; width: 420px;}
   .myBox ul {zoom: 1; margin: 0 auto; padding: 0; width: 420px;
              height: 20px;position: absolute;left: 0; top: 50%;
              margin-top: -10px;}
   .myBox ul:after {content: "";display: block;height: 0;clear: both;
                    visibility: hidden;}
   .myBox ul li {list-style-type: none;float: left; width: 20px;
                 height:20px;border-radius: 50%;background: green;
                 margin: 0 20px;}
   .myBox ul li.hover {background: red;}
 </style>
</head>
<body>
 <div class="myBox">
  <div class="bg"></div>
   <ul><li><br>长福路</li>
       <li><br>鸳鸯</li>
```

```
        <li><br>汽博中心</li>
        <li><br>民心佳园</li>
        <li><br>龙头寺</li>
        <li><br>重庆北站</li>
        <li><br>郑家院子</li></ul></div>
</body></html>
```

上面有底纹的代码是此实例的核心代码。在这部分代码中，setInterval()方法的作用是每隔 500 毫秒调用 addClass()方法设置当前站点为红色背景，并调用 removeClass()方法移除其他站点的红色背景，所有站点的默认颜色为绿色。

此实例的源文件名是 HtmlPageC355.html。

313 高仿电商平台的切换全部和部分品牌特效

此实例主要使用:gt 选择器筛选数据从而实现在全部品牌和部分品牌之间进行切换。当在浏览器中显示该页面时，将显示部分品牌，如图 313-1 所示；单击"显示全部品牌"按钮，则将显示全部品牌，如图 313-2 所示；在图 313-2 中单击"精简显示品牌"按钮，则将显示部分品牌，如图 313-1 所示。有关此实例的主要代码如下所示：

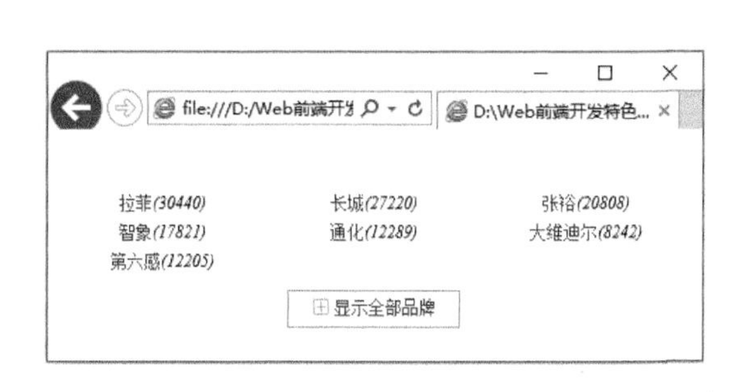

图 313-1

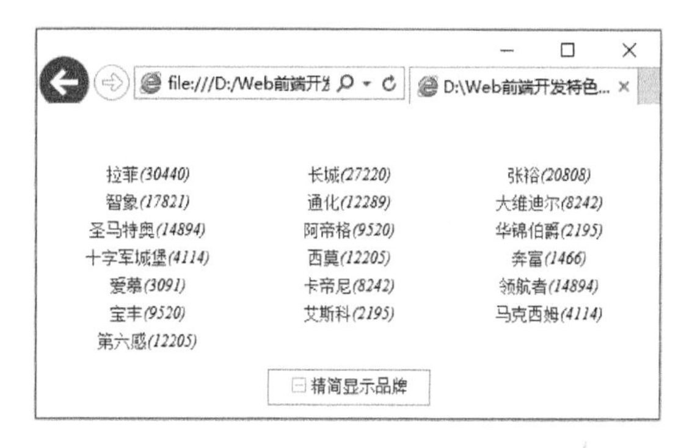

图 313-2

```
<!DOCTYPE html><html><head>
 <script type="text/javascript" src="Scripts/jquery-2.2.3.js"></script>
 <script type="text/javascript">
  $(function () {
   //获得索引值大于 5 的品牌集合对象(除最后一条)
   var $myCategory = $('ul li:gt(5):not(:last)');
   $myCategory.hide();
   var $toggleBtn = $('div.myMore > a');
   $toggleBtn.click(function () {                    //单击"显示全部品牌"按钮
    if ($myCategory.is(":visible")) {                //显示部分品牌
      $myCategory.hide();
      $(this).find('span').css("background",
                              "url(MyImages/my299bg_toggle_up.gif)
                              no-repeat 0 0").text("显示全部品牌");
      $('ul li').removeClass("promoted");
     } else {                                        //显示全部品牌
      $myCategory.show();
      $(this).find('span').css("background",
                              "url(MyImages/my299bg_toggle_down.gif)
                              no-repeat 0 0").text("精简显示品牌");
   }  }) })
```

```
</script>
<style>
  * {margin: 0;padding: 0;font-size: 12px;text-align: center; }
 a {color: #04D;text-decoration: none;}
 a:hover {color: #F50;text-decoration: underline;}
 .myBox {width: 450px;margin: 0 auto;text-align: center; margin-top: 40px;}
 .myBox ul {list-style: none;}
 .myBox ul li {display: block;float: left;width: 150px;line-height: 20px;}
 .myMore {clear: both; text-align: center;padding-top: 10px; }
 .myMore a {display: block; width: 120px; margin: 0 auto;line-height: 24px;
           border: 1px solid #AAA; }
 .myMore a span {padding-left: 15px;
           background: url(MyImages/my299bg_toggle_up.gif) no-repeat 0 0;}
 .promoted a {color: #F50;}
 </style>
</head>
<body>
 <div class="myBox">
  <ul><li><a href="http://www.ifeng.com/">拉菲</a><i>(30440) </i></li>
      <li><a href="#">长城</a><i>(27220) </i></li>
      <li><a href="#">张裕</a><i>(20808) </i></li>
      <li><a href="#">智象</a><i>(17821) </i></li>
      <li><a href="#">通化</a><i>(12289) </i></li>
      <li><a href="#">大维迪尔</a><i>(8242) </i></li>
      <li><a href="#">圣马特奥</a><i>(14894) </i></li>
      <li><a href="#">阿帝格</a><i>(9520) </i></li>
      <li><a href="#">华锦伯爵</a><i>(2195) </i></li>
      <li><a href="#">十字军城堡</a><i>(4114) </i></li>
      <li><a href="#">西莫</a><i>(12205) </i></li>
      <li><a href="#">奔富</a><i>(1466) </i></li>
      <li><a href="#">爱慕</a><i>(3091) </i></li>
      <li><a href="#">卡帝尼</a><i>(8242) </i></li>
      <li><a href="#">领航者</a><i>(14894) </i></li>
      <li><a href="#">宝丰</a><i>(9520) </i></li>
      <li><a href="#">艾斯科</a><i>(2195) </i></li>
      <li><a href="#">马克西姆</a><i>(4114) </i></li>
      <li><a href="#">第六感</a><i>(12205) </i></li></ul>
   <div class="myMore"><a href="#"><span>显示全部品牌</span></a></div></div>
</body></html>
```

上面有底纹的代码是此实例的核心代码。在这部分代码中，:gt 选择器用于选取 index 值高于指定参数的元素，index 值从 0 开始。该选择器经常与其他元素/选择器一起使用，来选择指定的组中特定序号之后的元素。:lt 选择器则用来选取 index 值小于指定参数的元素。关于:gt 选择器的语法声明请参考本书的其他部分。

此实例的源文件名是 HtmlPageC368.html。

314 实现类似于打字员打字的逐字输入效果

此实例主要使用 setTimeout()方法实现类似于打字员打字的逐字输入效果。当在浏览器中显示该页面时，文本框中的文字将逐字从左到右显示，如图 314-1 所示。有关此实例的主要代码如下所示：

图 314-1

```
<!DOCTYPE html><html><head>
 <script type="text/javascript" src="Scripts/jquery-2.2.3.js"></script>
 <SCRIPT LANGUAGE="JavaScript">
  var max = 0;
  //定义需要显示的条目
  tl = new msglist("环保部公布空气最差10城 河北6城上榜",
                   "为买房假离婚亏大了 离婚不到半年银行不给贷",
                   "俄官员被要求立刻召回海外亲属 因局势紧张",
                   "贵州现罕见'石生树'奇观 元宝石上长千年",
                   "美军驱逐舰在红海再遭导弹攻击 4天内第2起");
  function msglist() {
   max = msglist.arguments.length;
   for (i = 0; i < max; i++)
    this[i] = msglist.arguments[i];
  }
  var x = 0; pos = 0;
  var l = tl[0].length;
  function myTyper() {
   //显示第x条信息的前pos个字符,并在最后加类似光标的下画线
   $("#myBox").val(tl[x].substring(0, pos) + "_");
   //将需要显示结束部分后移一个字符
   if (pos++ == l) {
    pos = 0;
    if (++x == max) x = 0;
    //取得下一次需要显示那条信息的长度
    l = tl[x].length;
    //将信息保持2000毫秒后,显示下一条
    setTimeout("myTyper()", 2000);
   }
   else
    setTimeout("myTyper()", 100);
  }
  myTyper();
 </SCRIPT>
</head>
<body><center>
  <textarea id="myBox" rows=2 cols=40 style="background-color: #000000;
          color: #FFFFFF;overflow:auto;font-size:18px" ></textarea>
 </center></body></html>
```

上面有底纹的代码是此实例的核心代码。在这部分代码中,setTimeout()方法用于实现间隔指定时间去执行某个方法,setTimeout("myTyper()", 2000)用于指定显示每条信息的间隔时间是2000毫秒。setTimeout("myTyper()", 100)用于指定显示每字的间隔时间是100毫秒。关于setTimeout()方法的语法声明请参考本书的其他部分。

此实例的源文件名是HtmlPageC425.html。

315 通过2D转换创建连续旋转缩放的文字块

此实例主要通过2D转换创建连续旋转缩放的文字块。当在浏览器中显示该页面时,文字块将在水平方向上连续旋转,如图315-1所示。有关此实例的主要代码如下所示:

图 315-1

```
<!DOCTYPE html><html><head>
 <script type="text/javascript" src="Scripts/jquery-2.2.3.js"></script>
 <script type="text/javascript">
function scaleXBlock(blocker, scaleX){
  blocker.css({"-moz-transform": 'scaleX(' + scaleX + ')',
               "-webkit-transform": 'scaleX(' + scaleX + ')',
               "-o-transform": 'scaleX(' + scaleX + ')',
               "-ms-transform": 'scaleX(' + scaleX + ')',
               "transform": 'scaleX(' + scaleX + ')'});
 }
 function loopScaleXBlock(timeout, mode, blocker, scaleX){
    scaleXBlock(blocker, scaleX);
    setTimeout(function(){                //在水平方向上执行缩放以模拟旋转效果
     if(mode == "bigger") {
      if(scaleX < 1) {
       scaleX += 0.05;
      } else {
       mode = "smaller";
       scaleX = 1;
      }
     } else {
      if(scaleX > 0) {
       scaleX -= 0.05;
      } else {
       mode = "bigger";
       scaleX = 0.05;
      }
     }
     loopScaleXBlock(timeout, mode, blocker, scaleX);
    }, timeout);
   }
   function initScaleX(){
    var scaleXList = $(".scale");       //获取演示对象
    for(var i=0,length=scaleXList.length; i<length; i++) {
        loopScaleXBlock(10 * i + 20, "smaller", $(scaleXList[i]), 1);
    }
   }
   $(document).ready(function(){
    initScaleX();
   });
  </script>
  <style type="text/css">
   body { margin: 0;}
   .block {position: absolute; text-align: center;display: block;
           width: 400px;height: 150px;font-size: 80px;
           color: #fff;line-height: 150px;
```

```
            text-shadow: 2px 2px 2px #fff;box-shadow: 2px 2px 2px #fff;
            cursor: pointer;opacity: 0.6;filter: alpha(opacity=60);}
    .scale {left: 10px; top: 10px;background:green;color: black;}
  </style>
</head>
<body>
    <div class="block scale">旋转的文字</div>
</body></html>
```

上面有底纹的代码是此实例的核心代码。此实例的源文件名是 HtmlPageC227.html。

316　创建从中心向左右展开的动感立体文字特效

此实例主要使用 css()方法设置文字属性并通过 setTimeout()方法定时调用从而创建从中心向左右展开的动感立体文字特效。当在浏览器中显示该页面时，26 个字母将从中心向左右、从小到大展开并消失，如图 316-1 所示。有关此实例的主要代码如下所示：

图　316-1

```
<!DOCTYPE html><html><head>
 <script type="text/javascript" src="scripts/jquery-2.2.3.js"></script>
 <script type="text/javascript">
  $(document).ready(function () {
   var x = new Array();
   var y = new Array();
   var z = new Array();
   var items = $('li');
   function animate() {
    for (i = items.length - 1; i >= 0; i--) {
     var xVar = 10 + x[i]
     var yVar = 50 + y[i] * z[i]++;
     var zVar = 10 * z[i]++;
     if (!xVar | xVar < 0 | xVar > 90 |
      yVar < 0 | yVar > 90 |zVar < 0 | zVar > 1500) {
       x[i] = Math.random() * 2 - 1;                 //生成随机数
       y[i] = Math.random() * 2 - 1;
       z[i] = 2;
     } else {
       $(items[i]).css("position", "absolute");      //设置位置模式
       $(items[i]).css("top", xVar + "%");
       $(items[i]).css("left", yVar + "%");          //设置左上角坐标
```

```
        $(items[i]).css("fontSize", zVar + "%");          //设置字体大小
        $(items[i]).css("opacity", (zVar) / 3000);        //设置透明度
      } }
        setTimeout(animate, 9);
      }
    animate();
  });
  </script>
  <style type="text/css" media="screen">
   body {background: #000;margin: 0;overflow: hidden; padding: 0;}
   li {color: #fff;font: bold 13px Arial,sans-serif;list-style: none;}
   a {text-decoration: none;}
  </style>
</head>
<body>
 <ul><li><a href="#">A</a></li>
     <li><a href="#">B</a></li>
     <li><a href="#">C</a></li>
     <li><a href="#">D</a></li>
     <li><a href="#">E</a></li>
     <li><a href="#">F</a></li>
     <li><a href="#">G</a></li>
     <li><a href="#">H</a></li>
     <li><a href="#">I</a></li>
     <li><a href="#">J</a></li>
     <li><a href="#">K</a></li>
     <li><a href="#">L</a></li>
     <li><a href="#">M</a></li>
     <li><a href="#">N</a></li>
     <li><a href="#">O</a></li>
     <li><a href="#">P</a></li>
     <li><a href="#">Q</a></li>
     <li><a href="#">R</a></li>
     <li><a href="#">S</a></li>
     <li><a href="#">T</a></li>
     <li><a href="#">U</a></li>
     <li><a href="#">V</a></li>
     <li><a href="#">W</a></li>
     <li><a href="#">X</a></li>
     <li><a href="#">Y</a></li>
     <li><a href="#">Z</a></li></ul>
</body></html>
```

上面有底纹的代码是此实例的核心代码。在该部分代码中，css()方法用于设置文字的坐标位置、大小和透明度。setTimeout()方法则每隔 9 毫秒调用 css()方法改变文字属性。关于这两个方法的语法声明请参考本书的其他部分。

此实例的源文件名是 HtmlPageC419.html。

317　在鼠标滑过文章或新闻列表时突出显示条目

此实例主要通过在 hover 事件中使用 addClass()方法增加样式和 removeClass()方法移除样式从而实现在鼠标滑过文章或新闻列表时突出显示条目的特效。当在浏览器中显示该页面时，如果将鼠标放在第二个条目上，将突出显示该条目，如图 317-1 所示；如果将鼠标放在其他条目上，将实现类

似的效果。有关此实例的主要代码如下所示：

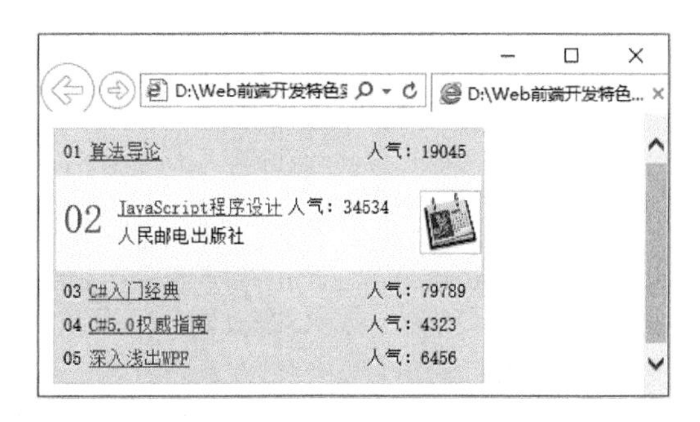

图 317-1

```
<! DOCTYPE html >< html >< head >
 < script type = "text/javascript" src = "Scripts/jquery - 2.2.3.js"></script >
 < script language = "javascript">
  $ (document).ready(function () {
   $ ("dl").hover(function () {            //在鼠标悬浮时响应
    $ (this).addClass("over");
   }, function () {                        //在鼠标离开时响应
    $ (this).removeClass("over");
  }) })
  </script >
  < style type = "text/css">
   * {margin: 0;padding: 0; font: normal 13px 宋体;}
   .wrapper {width: 300px;height: auto;overflow: hidden; background: #eaedaf;
              border: 1px solid #fdd78d;padding: 1px;margin:10px;}
   /* 正常的状态 */
   dl {width: 100 % ;height: auto;clear: both;overflow: hidden;
         margin: 8px 0px 8px 0px;}
   dl dt {display: none;}
   dl dd { }
   dl dd strong {float: left;margin - right: 5px;margin - left:5px;}
   dl dd div {float: left;width: 270px;list - style - type: none;}
   dl dd div h4 {clear: both;font - weight: normal;}
   dl dd div h4 span {float: right;width: 75px;}
   dl dd div p {display: none;}
   /* 鼠标滑过的状态 */
   dl.over {clear: both;height: 55px;padding - top: 10px;
              background - color: #FFFBF4;}
    dl.over dt {float: right;display: block;}
    dl.over dt img {border: 1px solid #ccc;padding: 1px;background: #fff;}
    dl.over dd {float: left;}
    dl.over dd strong {font - size: 28px;color: red;vertical - align: top;
                     margin - top:5px;margin - left:5px;}
    dl.over dd div {float: left;width: 195px; margin - top:5px; margin - left:5px;}
    dl.over dd div h4 {clear: both;font - weight: normal;}
    dl.over dd div p {clear: both;display: block;margin - top: 5px;}
    img {width:40px;height:40px;}
   </style >
  </head >
  < body >
```

```
<div class = "wrapper">
 <dl><dt><img src = "MyImages/my317work.png"></dt>
      <dd><strong>01</strong>
       <div><h4><span>人气: 19045</span><a href = "#">算法导论</a></h4>
           <p>机械工业出版社</p></div></dd></dl>
 <dl><dt><img src = "MyImages/my317work.png"></dt>
     <dd><strong>02</strong>
       <div><h4><span>人气: 34534</span>
                     <a href = "#">JavaScript 程序设计</a></h4>
            <p>人民邮电出版社</p></div></dd></dl>
 <dl><dt><img src = "MyImages/my317work.png"></dt>
     <dd><strong>03</strong>
       <div><h4><span>人气: 79789</span><a href = "#">C# 入门经典</a></h4>
           <p>清华大学出版社</p></div></dd></dl>
 <dl><dt><img src = "MyImages/my317work.png"></dt>
   <dd><strong>04</strong>
       <div><h4><span>人气: 4323</span><a href = "#">C# 5.0 权威指南</a></h4>
           <p>中国水利水电出版社</p></div></dd></dl>
 <dl><dt><img src = "MyImages/my317work.png"></dt>
     <dd><strong>05</strong>
        <div><h4><a href = "#">深入浅出 WPF</a><span>人气: 6456</span></h4>
            <p>中国水利水电出版社</p></div></dd></dl></div>
</body></html>
```

上面有底纹的代码是此实例的核心代码。在该部分代码中，addClass()方法用于实现当鼠标悬浮在列表条目上时设置突出显示条目的 CSS 样式 over，removeClass()方法用于实现当鼠标离开列表条目时移除突出显示条目的 CSS 样式 over，即恢复正常显示条目的样式。关于 addClass()方法和 removeClass()方法的语法声明请参考本书的其他部分。

此实例的源文件名是 HtmlPageC407.html。

318 实现多行公告文字从下到上逐行滚动显示

此实例主要使用 setInterval()等方法实现多行公告文字从下到上逐行滚动显示。当在浏览器中显示该页面时，文字将从下到上逐行滚动显示，如图 318-1 所示；如果将鼠标放在文字上，文字将暂停滚动；当鼠标离开文字后，将从暂停点继续滚动。有关此实例的主要代码如下所示：

图 318-1

```
<!DOCTYPE html><html><head>
 <script type = "text/javascript" src = "Scripts/jquery-2.2.3.js"></script>
 <script language = "javascript" type = "text/javascript">
   var s, sn = 0, timer, slen, timer2;
   function myScroll() {                          //以"|"为分隔符解析字符串
    s = $("#s1").get(0);
    s.scrollTop = 0;
    slen = s.innerHTML.split("|");
    s.innerHTML = "";
```

```
    for (var i = 0; i < slen.length; i++) {
     s.innerHTML += (slen[i] + "<br />");
    }
    s.innerHTML += slen[0];
    timer2 = setInterval(scrollstart, 3000);
    $ ("#s1").hover(function () {                    //在鼠标悬浮时响应
     clearInterval(timer2);
     clearInterval(timer);
     s.style.backgroundColor = "#ccc";
    }, function () {                                   //在鼠标离开时响应
     timer2 = setInterval(scrollstart, 3000);
     s.style.backgroundColor = "#fff";
   }); }
   function scrollstart() {
    if (s.scrollTop >= (slen.length * 20)) {          //如果滚动到头,则重新开始
     s.scrollTop = 0;
    }
    timer = setInterval(scrollexec, 30);
   }
   function scrollexec() {
    if (sn < 20) {
     sn++;
      s.scrollTop++;
     } else {
      sn = 0;
      clearInterval(timer);
    }  }
    $ (document).ready(function () {
      myScroll();
   });
</script>
 <style type="text/css" media="all">
  .scroll { height: 20px; overflow: hidden; font-size: 12px;
            width: 150px;line-height: 20px; border: #A5A5A5 1px dotted;
            margin: 0px auto; text-align: center; }
 </style>
</head>
<body>
<div id="s1" class="scroll">北京 小雨 20～17℃|哈尔滨 晴 12～7℃|长春 雨 15～7℃|沈阳 小雨 18～
12℃|天津 小雨 18～15℃</div>
</body></html>
```

上面有底纹的代码是此实例的核心代码。在这部分代码中,setInterval(scrollstart, 3000)用于每隔3秒显示一条信息,clearInterval()方法则用于终止setInterval()方法的执行。关于这两个方法的语法声明请参考本书的其他部分。

此实例的源文件名是HtmlPageC426.html。

319 实现图文标题淡入淡出地逐条循环显示

此实例主要使用fadeOut()、fadeIn()、appendTo()、remove()、setInterval()等方法实现图文标题的淡入淡出逐条循环显示。当在浏览器中显示该页面时,图文标题将逐条淡入淡出地循环滚动显示,

如图 319-1 所示。有关此实例的主要代码如下所示：

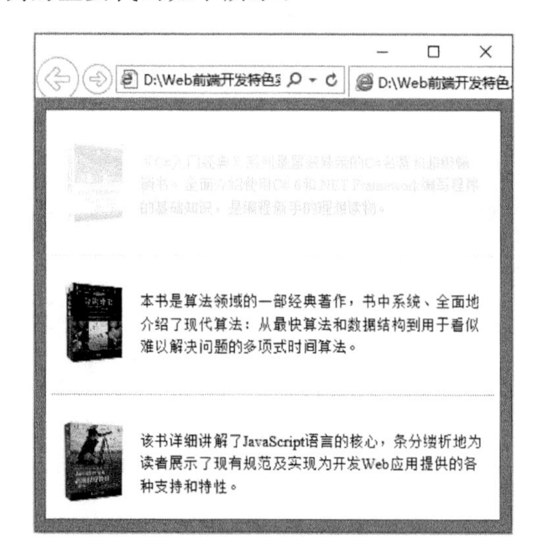

图 319-1

```
<!DOCTYPE html><html><head>
 <script type="text/javascript" src="Scripts/jquery-2.2.3.js"></script>
 <script>
  function myScroll() {
   //$(function () {
   //    $('#myBox li').eq(0).hide('fast', function () {
   //        $(this).clone().appendTo($(this).parent()).show('fast');
   //        $(this).remove();
   //    });
   //});
   $(function () {
     $('#myBox li').eq(0).fadeOut('slow', function () {
     $(this).clone().appendTo($(this).parent()).fadeIn('slow');
     $(this).remove();
   });}); }
   setInterval('myScroll()', 1000);    //每间隔 1 秒显示下一条
 </script>
  <style type="text/css">
   * {margin: 0;padding: 0;list-style-type: none;}
   body {font-size: 13px;background-color: #999999;}
   #myBox { width: 400px; height: 350px; margin: 10px auto;
            position: relative;border: 1px #666 solid;
            background-color: #FFFFFF;overflow: hidden;}
   #myBox ul {position: absolute; margin: 5px; top: 0;left: 0;padding: 0;}
   #myBox ul li {width: 100%; border-bottom: 1px #333333 dotted;
                 padding: 20px 0;}
   #myBox ul li a {float: left; border: 0px #333333 solid;padding: 2px;}
   #myBox ul li p {margin-left: 68px;line-height: 1.5;padding: 10px;}
   img {width: 70px;height: 70px;}
 </style>
</head>
<body>
 <div id="myBox" >
  <ul><li><a href="#"><img src="MyImages/MyImage40.jpg" /></a>
```

```
<p class = "vright">本书是算法领域的一部经典著作,书中系统、全面地介绍了现代算法:从最快算法和数据结构到用于看似难以解决问题的多项式时间算法。</p></li>
    <li><a href = "#"><img src = "MyImages/MyImage41.jpg" /></a>
      <p class = "vright">该书详细讲解了 JavaScript 语言的核心,条分缕析地为读者展示了现有规范及实现为开发 Web 应用提供的各种支持和特性。</p></li>
    <li><a href = "#"><img src = "MyImages/MyImage42.jpg" /></a>
      <p class = "vright">«Java 编程思想»赢得了全球程序员的广泛赞誉,即使是晦涩的概念.在 BruceEckel 的文字亲和力和小而直接的编程示例面前也会化解于无形。</p></li>
    <li><a href = "#"><img src = "MyImages/MyImage43.jpg" /></a>
      <p class = "vright">«C#入门经典»系列是屡获殊荣的 C#名著和超级畅销书。全面介绍使用 C# 6 和 .NET Framework 编写程序的基础知识,是编程新手的理想读物。</p></li>
 </ul></div></body></html>
```

上面有底纹的代码是此实例的核心代码。在该部分代码中,fadeOut()方法使用淡出效果来隐藏被选元素(此处是图文结合的当前 li);fadeIn()方法使用淡入效果来显示被选元素(此处是图文结合的当前 li);appendTo()方法用于在被选元素的结尾(仍然在内部)插入指定内容,包括所有文本和子节点,因此 $(this).clone().appendTo($(this).parent())即用于复制当前元素到列表的末尾;remove()方法用于移除被选元素(此处是图文结合的当前 li)。setInterval()方法则用于间隔 1 秒显示下一条 li。关于上述方法的语法声明请参考本书的其他部分。

此实例的源文件名是 HtmlPageC431.html。

320 实现新闻标题按照分组从上到下循环显示

此实例主要使用 setTimeout()和 setInterval()等方法实现新闻标题按照分组从上到下循环显示。当在浏览器中显示该页面时,新闻标题将按照两条一组逐屏循环滚动显示,如图 320-1 所示。有关此实例的主要代码如下所示:

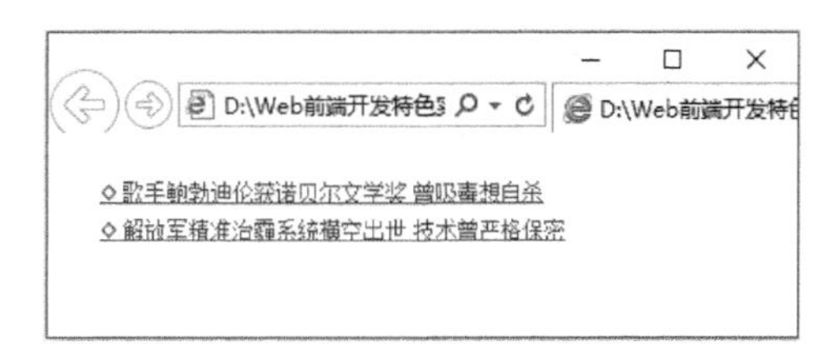

图 320-1

```
<!DOCTYPE html><html><head>
<script type = "text/javascript" src = "Scripts/jquery-2.2.3.js"></script>
 <script>
  $(document).ready(function () {
   var textDiv = $("#rollTitle").get(0);              //获取将要显示的所有新闻标题块
   var textList = $("a");
   if (textList.length > 2) {
    var myTitle = textDiv.innerHTML;
    var br = myTitle.toLowerCase().indexOf("<br",
                 myTitle.toLowerCase().indexOf("<br") + 3)
    textDiv.innerHTML = myTitle + myTitle + myTitle.substr(0, br);
    textDiv.style.cssText = "position:absolute; top:0";
    var myTitleH = textDiv.offsetHeight;
    MaxRoll();
  }
```

```
  var minTime, maxTime, divTop, newTop = 0;
  function MinRoll() {
   newTop++;
   if (newTop <= divTop + 40) {
     textDiv.style.top = "-" + newTop + "px";
   } else {
     clearInterval(minTime);
     maxTime = setTimeout(MaxRoll, 2000);                //每隔2秒显示一组
  } }
  function MaxRoll() {
   divTop = Math.abs(parseInt(textDiv.style.top));       //获取参数的绝对值
   if (divTop >= 0 && divTop < myTitleH - 40) {
     minTime = setInterval(MinRoll, 1);
   } else {                                              //显示全部完成,则重新开始
     textDiv.style.top = 0; divTop = 0; newTop = 0;
      MaxRoll();
 } } });
  </script>
  <style>
    #rollTitle {  font: 12px; }
    #myBox { height: 40px; position: relative; overflow: hidden;
            margin-left:20px; margin-top:20px;}
    #rollTitle {font-size: 12px;line-height: 20px;}
  </style>
 </head>
 <body><div id = "myBox"><div id = "rollTitle">
  <a href = "#">◇ 不满不公正待遇 马尔代夫发声明脱离英联邦</a><br />
  <a href = "#">◇ 歌手鲍勃迪伦获诺贝尔文学奖 曾吸毒想自杀</a><br />
  <a href = "#">◇ 解放军精准治霾系统横空出世 技术曾严格保密</a><br />
  <a href = "#">◇ 中国科学家证实：新疆曾发生世界最大陨石雨</a><br />
  <a href = "#">◇ 恒丰银行前行长来京 举报董事长带头私分亿元</a><br />
  <a href = "#">◇ 尴尬的公积金：缴存差异大带来不公 是存是废</a><br />
  <a href = "#">◇ 中甲冲超悬念或将揭晓 最后降级名额亦将确定</a><br /></div></div>
 </body></html>
```

上面有底纹的代码是此实例的核心代码。在该部分代码中，setTimeout(MaxRoll, 2000)用于间隔2秒调用MaxRoll()方法显示一组新闻标题。parseInt()方法用于解析字符串，并返回一个整数。parseInt()方法的语法声明如下：

```
parseInt(string, radix)
```

其中，参数string表示要被解析的字符串。参数radix是可选参数，表示要解析的数字的基数(几进制)，该值介于2～36之间；如果省略该参数或其值为0，则数字将以十进制来解析，如果它以“0x”或“0X”开头，将以十六进制来解析；如果该参数小于2或者大于36，则parseInt()方法将返回NaN。该方法的返回值即是解析后的数字。

此实例的源文件名是HtmlPageC428.html。

321 实现单行公告信息文字从右到左滚动显示

此实例主要使用setInterval()和css()等方法实现单行公告信息文字从右到左滚动显示。当在浏览器中显示该页面时，文字将从右到左滚动显示，如图321-1所示；如果将鼠标放在文字上，文字将暂

停滚动；当鼠标离开文字后，将从暂停点继续滚动。有关此实例的主要代码如下所示：

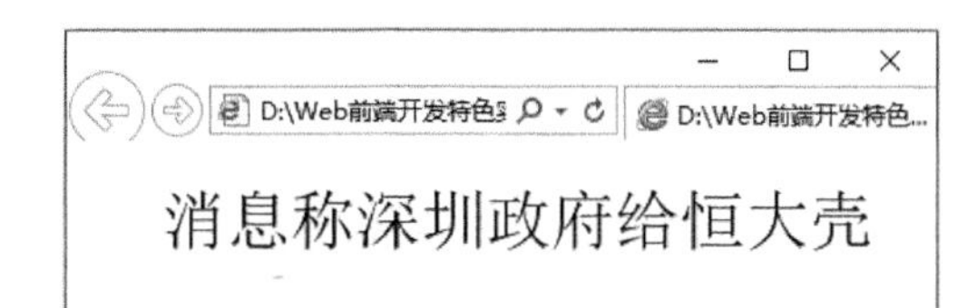

图　321-1

```
<!DOCTYPE html><html><head>
 <script type="text/javascript" src="scripts/jquery-2.2.3.js"></script>
 <script type="text/javascript">
    var ScrollTime;
    function ScrollAutoPlay(contID, scrolldir, mywidth, textwidth, steper) {
     var PosInit, currPos;
     with ($('#' + contID)) {                    //获取滚动对象
      currPos = parseInt(css('margin-left'));
      if (scrolldir == 'left') {                 //从右至左滚动文字
       if (currPos < 0 && Math.abs(currPos) > textwidth) {
         css('margin-left', mywidth);
       } else {
         css('margin-left', currPos - steper);
      }  } else {                                //从左至右滚动文字
       if (currPos > mywidth) {
         css('margin-left', (0 - textwidth));
       }else {
         css('margin-left', currPos - steper);
     } } } }
     function ScrollText(AppendToObj, myHeight, myWidth,
                         myText, ScrollDirection, Steper, Interval) {
      var TextWidth, PosInit, PosSteper;
      with (AppendToObj) {
        html('');
        css('overflow', 'hidden');
        css('height', myHeight + 'px');
        css('line-height', myHeight + 'px');
        css('width', myWidth);
      }
      if (ScrollDirection == 'left') {           //从右至左滚动文字
        PosInit = myWidth;
          PosSteper = Steper;
        } else {                                 //从左至右滚动文字
          PosSteper = 0 - Steper;
        }
        if (Steper < 1 || Steper > myWidth) { Steper = 1 }
        if (Interval < 1) { Interval = 10 }
        var Container = $('<div></div>');
        var ContainerID = 'ContainerTemp';
        var i = 0;
        while ($('#' + ContainerID).length > 0) {
         ContainerID = ContainerID + '_' + i;
         i++;
        }
        with (Container) {
         attr('id', ContainerID);
```

```
        css('float', 'left');
        css('cursor', 'default');
        appendTo(AppendToObj);
        html(myText);
        TextWidth = width();
        if (isNaN(PosInit)) { PosInit = 0 - TextWidth; }
        css('margin-left', PosInit);
        mouseover(function () {              //在鼠标悬浮时暂停
         clearInterval(ScrollTime);
        });
        mouseout(function () {               //在鼠标离开后继续
         ScrollTime = setInterval("ScrollAutoPlay('" +
             ContainerID + "','" + ScrollDirection + "'," +
             myWidth + ',' + TextWidth + "," + PosSteper + ")", Interval);
      }); }
      ScrollTime = setInterval("ScrollAutoPlay('" +
             ContainerID + "','" + ScrollDirection + "'," + myWidth + ','
             + TextWidth + "," + PosSteper + ")", Interval);
   }
   $(document).ready(function (e) {
     ScrollText($('#scrollText'), 40, 400,
     '消息称深圳政府给恒大壳资源 恒大帮其获万科控制权!', 'left', 1, 20);
  });
</script>
<style type="text/css">
   #scrollText {width: 400px; margin-right: auto; margin-left: auto;
             font-size:32px; margin-top:20px;}
</style>
</head>
<body>
    <div id="scrollText"></div>
</body></html>
```

上面有底纹的代码是此实例的核心代码。其中,ScrollText($('#scrollText'), 40, 400, '消息称深圳政府给恒大壳资源 恒大帮其获万科控制权!', 'left', 1, 20)实现了从右至左滚动文字的特效;如果修改为: ScrollText($('#scrollText'), 40, 400, '消息称深圳政府给恒大壳资源 恒大帮其获万科控制权!', 'right', 1, 20),则能够实现从左至右滚动文字的特效。

此实例的源文件名是 HtmlPageC422.html。

322 使用 DIV 块创建循环显示的跑马灯文字特效

此实例主要实现通过 setInterval()方法结合 DIV 块创建循环显示的跑马灯文字特效。当在浏览器中显示该页面时,文字将从右到左滚动显示,如图 322-1 所示。有关此实例的主要代码如下所示:

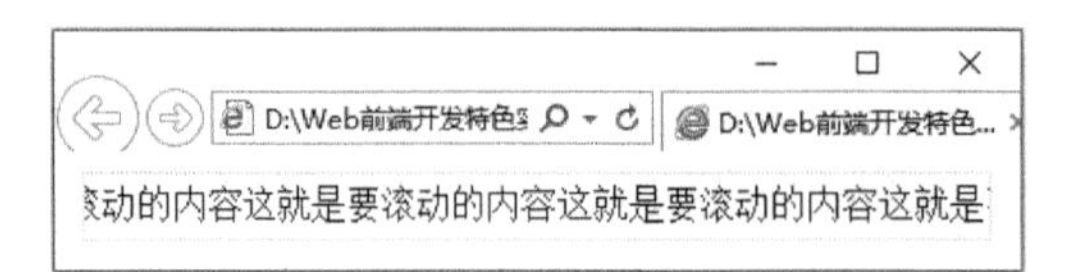

图 322-1

```
<!DOCTYPE html><html><head>
 <script type="text/javascript" src="Scripts/jquery-2.2.3.js"></script>
```

```
<script language="javascript" type="text/javascript">
 function scroll(obj) {                                    //开始向左滚动
  var tmp = (obj.scrollLeft)++;
  if (obj.scrollLeft == tmp)
   obj.innerHTML += obj.innerHTML;                          //组合将要滚动显示的文字
 }
 setInterval("scroll($('#myScroll').get(0))", 20);
</script>
<style>
 div {white-space:nowrap;overflow:hidden; width:400px;
    border: #A5A5A5 1px dotted; margin: 0px auto;padding:5px;}
</style>
</head>
<BODY>
<DIV id="myScroll"><span>这就是要滚动的内容</span></DIV>
</BODY></html>
```

上面有底纹的代码是此实例的核心代码。其中,setInterval("scroll($('#myScroll'). get(0))", 20)表示每隔 20 毫秒调用一次 scroll()方法,如果需要停止对 scroll()方法的调用,则可以通过 setInterval()方法的返回值作为参数传递给 clearInterval()方法实现。需要注意,此特效的显示效果与 DIV 块的宽度和字符串的长度有关。

此实例的源文件名是 HtmlPageC427. html。

323 通过 marquee 创建跑马灯文字的滚动特效

此实例主要实现通过 marquee 创建跑马灯文字的滚动特效。当在浏览器中显示该页面时,文字将从右到左滚动显示,如图 323-1 所示;如果将鼠标放在文字上,文字将暂停滚动;当鼠标离开文字后,将从暂停点继续滚动。有关此实例的主要代码如下所示:

图 323-1

```
<!DOCTYPE html><html><head>
 <script type="text/javascript" src="Scripts/jquery-2.2.3.js"></script>
 <script type="text/javascript">
  $(document).ready(function () {
   $("marquee").hover(function () {                 //在鼠标悬浮时暂停滚动
     this.stop();
   }, function () {                                 //在鼠标离开后继续滚动
     this.start()
  }); });
 </script>
 <style type="text/css">
  #pmp {font-family: "黑体"; font-size: 40px; color: white;height: 50px;
        width: 430px;text-decoration: none; border: 5px ridge #CCCCCC;
        background-color: blue; padding-top: 8px; padding-right: 5px;
```

```
        padding - left: 5px;}
  </style>
</head>
<body><div id="pmp">
<marquee scrollamount="3" scrolldelay="30" direction="left">检方认为,邱永权的行为构成了受贿罪和私分国有资产罪,应当数罪并罚。</marquee>
</div></body></html>
```

上面有底纹的代码是此实例的核心代码。在该部分代码中,hover 事件响应方法主要用于当鼠标放在文字上时,文字暂停滚动显示;当鼠标离开文字后,再从暂停点继续滚动显示。

此实例的源文件名是 HtmlPageC423.html。

324 实现左右来回跑马的荡秋千似的文字特效

此实例主要使用 setTimeout()方法实现左右来回跑马的荡秋千似的文字特效。当在浏览器中显示该页面时,在文本框中的文字将逐字从右到左显示,再从左到右显示,如此来回荡秋千,如图 324-1 所示。有关此实例的主要代码如下所示:

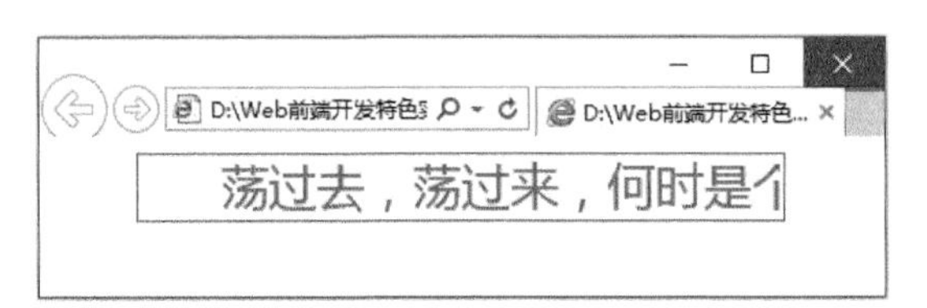

图 324-1

```
<!DOCTYPE html><html><head>
 <script type="text/javascript" src="Scripts/jquery-2.2.3.js"></script>
 <SCRIPT LANGUAGE=JAVASCRIPT>
  Size = 30;                                    //修改此值可以改变摆动幅度大小
  Pos = Size;
  Vel = 2;
  Dir = 2;
  Message = "荡过去,荡过来,何时是个头呀!";
  Size -= Message.length;
  function Bouncer() {
   Dir == 2 ? Pos -= Vel : Pos += Vel;
   if (Pos < 1) {
    Dir = 1;
    Pos = 1;
   }
   if (Pos > Size) {                            //重新开始
    Dir = 2;
    Pos = Size;
   }
   Space = "";                                  //存放空格字符
   for (count = 1; count < Pos; count++) {      //增加空格,使字符串产生动感
    Space += " ";
   }
   $("#myBox").val(Space + Message);            //显示文本框内容
   setTimeout('Bouncer();', 100);
  }
  Bouncer();
```

```
  </SCRIPT>
  <style>
   .box {font-size: 20pt;color: #ff66cc;}
  </style>
 </head>
 <BODY><CENTER>
  <INPUT Size = 25 Name = Bar class = box id = "myBox">
 </CENTER></BODY></html>
```

上面有底纹的代码是此实例的核心代码。在该部分代码中，setTimeout('Bouncer();', 100)用于每间隔 100 毫秒，调用 Bouncer()方法实现来回摆动显示字符串。如果需要终止 Bouncer()方法，可调用 clearTimeout()实现。关于 setTimeout()方法的语法声明请参考本书的其他部分。

此实例的源文件名是 HtmlPageC424.html。

超链接实例

325 使用属性过滤器筛选超链接的开始部分

此实例主要使用属性过滤器筛选超链接 href 开始部分的内容，并由此对不同的超链接进行分类。当在浏览器中显示此实例的页面时，5 种商品在未分类之前如图 325-1 所示，单击“筛选天猫在售商品”按钮，则将在所有商品中标示出天猫在售商品，如图 325-2 所示；单击“筛选京东在售商品”按钮，则将在所有商品中标示出京东在售商品。有关此实例的主要代码如下所示：

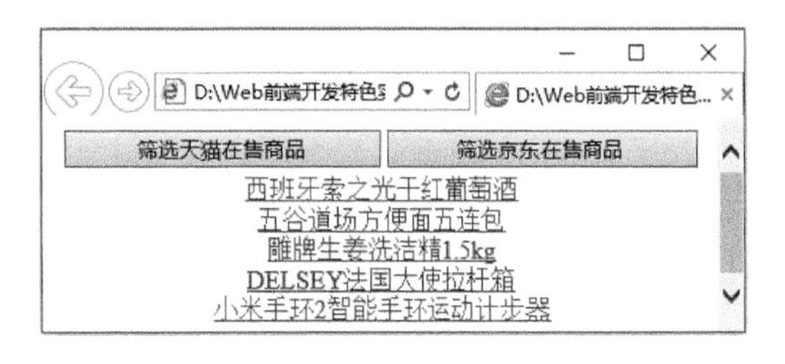

图 325-1

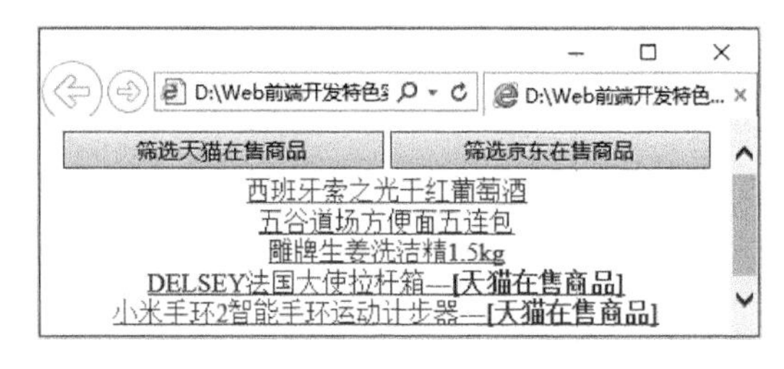

图 325-2

```
<!DOCTYPE html><html><head>
 <script type="text/javascript" src="Scripts/jquery-2.2.3.js"></script>
 <script language="javascript">
   $(document).ready(function () {
    $("#myBtnTmall").click(function () {                    //响应单击按钮"筛选天猫在售商品"
     //$("a").not("[href*='https://detail.tmall.com']")
     //.append("<b>---[非天猫在售商品]</b>");
     $("a[href^='https://detail.tmall.com']").append("<b>---[天猫在售商品]</b>");
     });
     $("#myBtnJd").click(function () {                      //响应单击按钮"筛选京东在售商品"
      // $("a").not("[href*='http://item.jd.com']")
     //.append("<b>---[非京东在售商品]</b>");
      $("a[href^='http://item.jd.com']").append("<b>---[京东在售商品]</b>");
  });});
 </script>
</head>
<body>
 <div style="text-align:center;margin-top:5px">
     <button id="myBtnTmall" style="width:200px;">筛选天猫在售商品</button>
     <button id="myBtnJd" style="width:200px;">筛选京东在售商品</button></div>
```

```
<div style = "text - align:center;margin - top:5px">
 <a href = "http://item.jd.com/2212217.html">西班牙索之光干红葡萄酒</a><br>
 <a href = "http://item.jd.com/822935.html">五谷道场方便面五连包</a><br>
 <a href = "http://item.jd.com/1521193.html">雕牌生姜洗洁精 1.5kg </a><br>
 <a href = "https://detail.tmall.com/item.htm?spm = a220m.1000858.1000725.8.51fwcH&id = 445388386
10&skuId = 98422660486&areaId = 500000&cat_id = 55750010&rn = ccaaf2a9cee13ac7e5256dc67874c62b&user_id =
1646318507&is_b = 1"> DELSEY 法国大使拉杆箱</a><br>
 <a href = "https://detail.tmall.com/item.htm?spm = a220m.1000858.1000725.13.nu63d4&id = 5330284
73699&skuId = 3184920257472&areaId = 500000&cat_id = 56148012&rn = 3293d2aa56dfe47b95ee67d28d50675d&user_
id = 1807289316&is_b = 1">小米手环 2 智能手环运动计步器</a><br></div>
</body></html>
```

上面有底纹的代码是此实例的核心代码。在这部分代码中，$("a[href ^= 'https://detail.tmall.com']")表示筛选 href 的开始部分为"https://detail.tmall.com"的所有超链接。

此实例的源文件名是 HtmlPageC136.html。

326 使用属性过滤器筛选超链接的结尾部分

此实例主要使用属性过滤器筛选超链接 href 结尾部分的内容，并由此对不同的超链接进行分类。当在浏览器中显示此实例的页面时，5 种商品在未分类之前如图 326-1 所示，单击"筛选京东在售商品"按钮，则将在所有商品中标示出京东在售商品，如图 326-2 所示；单击"筛选当当在售商品"按钮，则将在所有商品中标示出当当在售商品。有关此实例的主要代码如下所示：

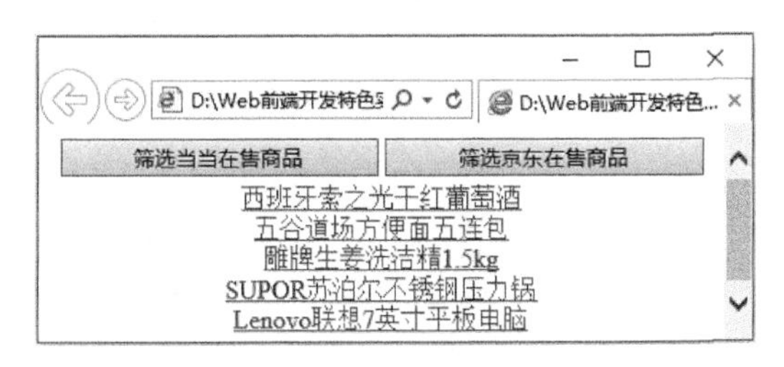

图 326-1

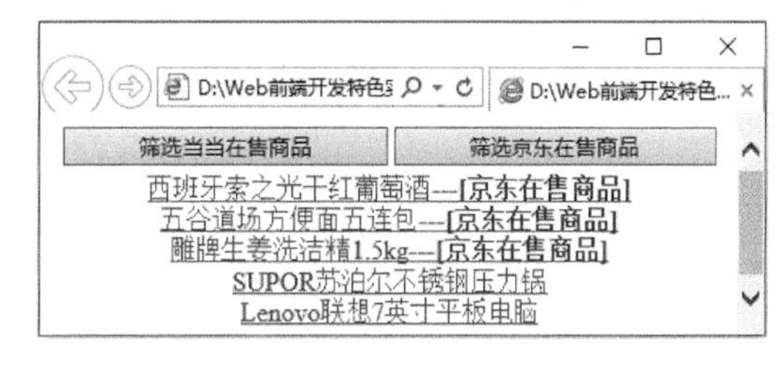

图 326-2

```
<!DOCTYPE html><html><head>
 <script type = "text/javascript" src = "Scripts/jquery - 2.2.3.js"></script>
 <script language = "javascript">
  $(document).ready(function () {
   $("#myBtnDangdang").click(function () {              //响应单击按钮"筛选当当在售商品"
    $("a[href $ = 'version = test_new']").append("<b>---[当当在售商品]</b>");
   });
   $("#myBtnJd").click(function () {                    //响应单击按钮"筛选京东在售商品"
    $("a[href $ = '.html']").append("<b>---[京东在售商品]</b>");
  });});
 </script>
</head>
<body>
 <div style = "text - align:center;margin - top:5px">
  <button id = "myBtnDangdang" style = "width:200px;">筛选当当在售商品</button>
  <button id = "myBtnJd" style = "width:200px;">筛选京东在售商品</button></div>
 <div style = "text - align:center;margin - top:5px">
  <a href = "http://item.jd.com/2212217.html">西班牙索之光干红葡萄酒</a><br>
```

```
<a href = "http://item.jd.com/822935.html">五谷道场方便面五连包</a><br>
<a href = "http://item.jd.com/1521193.html">雕牌生姜洗洁精 1.5kg</a><br>
<a href = "http://product.dangdang.com/20769557.html#ddclick?act = click&pos = 20769557_0_1_m&cat = 4001396&key = &qinfo = &pinfo = &minfo = 139_1_48&ninfo = &custid = &permid = 2016051511174482830590183267083222 9&ref = &rcount = &type = &t = 1467008994000&searchapi_version = test_new"> SUPOR 苏泊尔不锈钢压力锅</a><br>
<a href = "http://product.dangdang.com/60545404.html#ddclick?act = click&pos = 60545404_0_1_m&cat = 4003819&key = &qinfo = &pinfo = &minfo = 2617_1_48&ninfo = &custid = &permid = 20160515111744828305901832670832229&ref = &rcount = &type = &t = 1467009000000&searchapi_version = test_new"> Lenovo 联想 7 英寸平板电脑</a><br></div>
</body></html>
```

上面有底纹的代码是此实例的核心代码。在这部分代码中，$("a[href$='version= test_new']")表示筛选 href 的结尾部分为 version=test_new 的所有超链接。

此实例的源文件名是 HtmlPageC137.html。

327 使用属性过滤器筛选超链接的首尾部分

此实例主要使用属性过滤器筛选超链接 href 首尾部分的内容，并由此对不同的超链接进行分类。当在浏览器中显示此实例的页面时，5 种商品在未分类之前如图 327-1 所示，单击"筛选亚马逊在售商品"按钮，则将在所有商品中标示出亚马逊在售商品，单击"筛选当当在售商品"按钮，则将在所有商品中标示出当当在售商品，如图 327-2 所示。有关此实例的主要代码如下所示：

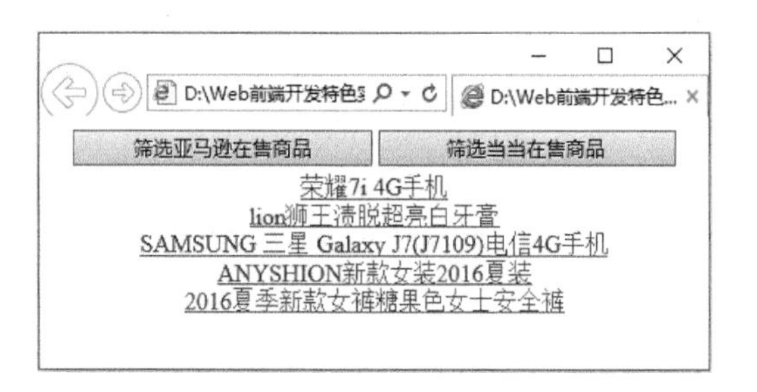

图 327-1

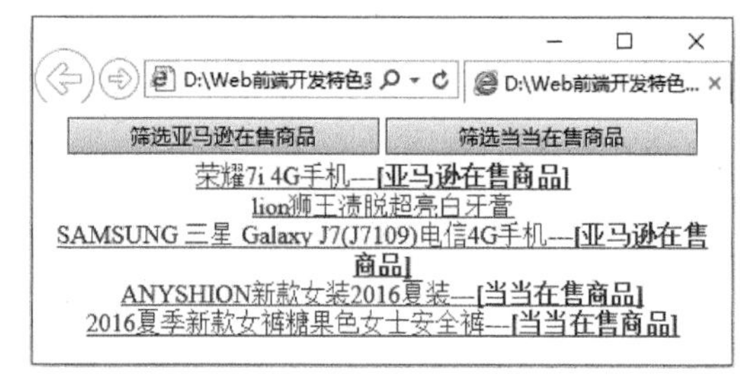

图 327-2

```
<!DOCTYPE html><html><head>
 <script type = "text/javascript" src = "Scripts/jquery-2.2.3.js"></script>
 <script language = "javascript">
   $(document).ready(function () {
    $("#myBtnAmazon").click(function () {                //响应单击按钮"筛选亚马逊在售商品"
     $("a[href^ = 'https://www.amazon.cn'][href$ = 'i= desktop']").append("<b>---[亚马逊在售商品]</b>");
    });
    $("#myBtnDangdang").click(function () {              //响应单击按钮"筛选当当在售商品"
     $("a[href^ = 'http://product.dangdang.com'][href$ = 'version= test_new']").append("<b>---[当当在售商品]</b>");
  });});
 </script>
</head>
<body>
    <div style = "text-align:center;margin-top:5px">
      <button id = "myBtnAmazon" style = "width:200px;">筛选亚马逊在售商品</button>
```

```
    <button id = "myBtnDangdang" style = "width:200px;">筛选当当在售商品</button>
  </div>
  <div style = "text - align:center;margin - top:5px">
   <a href = "https://www.amazon.cn/gp/product/B0157QB3IY/ref = s9_cngwdyfloorv2 - s9?pf_rd_m = A1AJ19PSB66TGU&pf_rd_s = desktop - 2&pf_rd_r = 453W4BKAGX14EE9CQ61N&pf_rd_t = 36701&pf_rd_p = 275064352&pf_rd_i = desktop">荣耀 7i 4G 手机</a><br>
    <a href = "https://www.amazon.cn/dp/B00HHOQ59W/ref = gb1h_img_d - 3_4312_b58c83a1? smid = A1AJ19PSB66TGU&pf_rd_m = A1AJ19PSB66TGU&pf_rd_t = 36701&pf_rd_s = desktop - 3&pf_rd_r = 453W4BKAGX14EE9CQ61N&pf_rd_i = desktop&pf_rd_p = 275064312"> lion 狮王渍脱超亮白牙膏</a><br>
   <a href = "https://www.amazon.cn/gp/product/B01DXRV700/ref = s9_cngwdyfloorv2 - s9? pf_rd_m = A1AJ19PSB66TGU&pf_rd_s = desktop - 2&pf_rd_r = 453W4BKAGX14EE9CQ61N&pf_rd_t = 36701&pf_rd_p = 275064352&pf_rd_i = desktop"> SAMSUNG 三星 Galaxy J7(J7109)电信 4G 手机</a><br>
   <a href = "http://product.dangdang.com/1282892735.html#ddclick?act = click&pos = 0_0_0_m&cat = 4010622&key = &qinfo = &pinfo = &minfo = 2658_1_60&ninfo = &custid = &permid = 20160515111744828305901832670832229&ref = &rcount = &type = &t = 1467019772000&searchapi_version = test_new"> ANYSHION 新款女装 2016 夏装</a><br>
   <a href = "http://product.dangdang.com/1143238430.html#ddclick?act = click&pos = 0_0_0_m&cat = 4010622&key = &qinfo = &pinfo = &minfo = 2658_1_60&ninfo = &custid = &permid = 20160515111744828305901832670832229&ref = &rcount = &type = &t = 1467019772000&searchapi_version = test_new"> 2016 夏季新款女裤糖果色女士安全裤</a><br></div>
</body></html>
```

上面有底纹的代码是此实例的核心代码。在这部分代码中，$("a[href^='https://www.amazon.cn'][href$='i=desktop']")表示筛选 href 的结尾部分为 i=desktop 并且开始部分为 https://www.amazon.cn 的所有超链接。

此实例的源文件名是 HtmlPageC140.html。

328 使用属性过滤器筛选超链接的指定属性

此实例主要使用属性过滤器筛选在超链接中的指定属性，并由此对不同的超链接进行分类。当在浏览器中显示此实例的页面时，5 种商品在未分类之前如图 328-1 所示，单击“筛选京东在售红酒”按钮，则将在所有商品中标示出京东在售红酒，单击“筛选京东在售计算机”按钮，则将在所有商品中标示出京东在售计算机，如图 328-2 所示。有关此实例的主要代码如下所示：

图 328-1

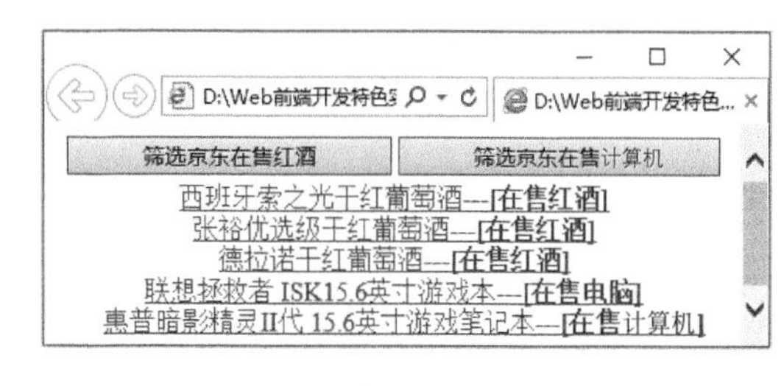

图 328-2

```
<!DOCTYPE html><html><head>
 <script type = "text/javascript" src = "Scripts/jquery - 2.2.3.js"></script>
 <script language = "javascript">
  $(document).ready(function () {
   $("#myBtnWine").click(function () {              //响应单击按钮"筛选京东在售红酒"
    $("a[wine]").append("<b>---[在售红酒]</b>");
   });
   $("#myBtnPc").click(function () {                //响应单击按钮"筛选京东在售计算机"
    $("a[pc]").append("<b>---[在售电脑]</b>");
 });});
```

```
 </script>
</head>
<body>
 <div style="text-align:center;margin-top:5px">
  <button id="myBtnWine" style="width:200px;">筛选京东在售红酒</button>
  <button id="myBtnPc" style="width:200px;">筛选京东在售计算机</button></div>
 <div style="text-align:center;margin-top:5px">
   <a href="http://item.jd.com/2212217.html"
      wine="">西班牙索之光干红葡萄酒</a><br>
   <a href=http://item.jd.com/1749273.html
      wine="">张裕优选级干红葡萄酒</a><br>
   <a href="http://item.jd.com/884814.html" wine="">德拉诺干红葡萄酒</a><br>
   <a href=http://item.jd.com/2123282.html
      pc="">联想拯救者 ISK15.6 英寸游戏本</a><br>
   <a href=http//item.jd.com/2927464.html
      pc="">惠普暗影精灵 II 代 15.6 英寸游戏笔记本</a><br></div>
</body></html>
```

上面有底纹的代码是此实例的核心代码。在这部分代码中,$("a[wine]")表示筛选在超链接中指定了 wine 属性的所有超链接。

此实例的源文件名是 HtmlPageC138.html。

329 使用属性过滤器筛选超链接的指定属性值

此实例主要使用属性过滤器筛选在超链接中的指定属性值,并由此对不同的超链接进行分类。当在浏览器中显示此实例的页面时,5 种商品在未分类之前如图 329-1 所示,单击“筛选京东在售护理类商品”按钮,则将在所有商品中标示出京东在售护理类商品,单击“筛选京东在售食品类商品”按钮,则将在所有商品中标示出京东在售食品类商品,如图 329-2 所示。有关此实例的主要代码如下所示:

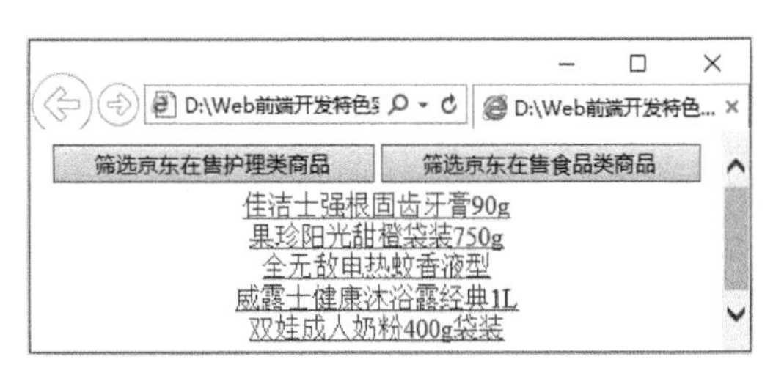

图 329-1

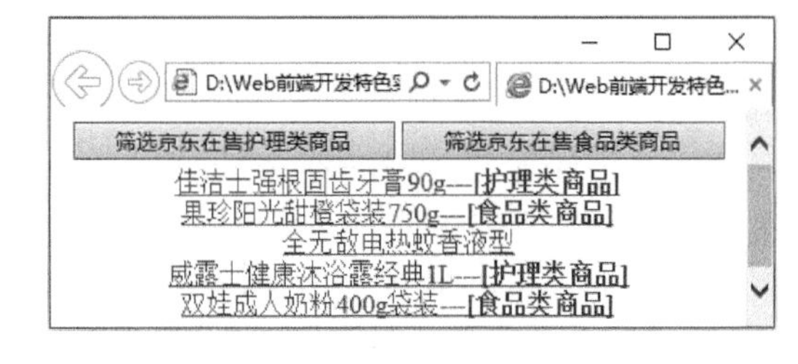

图 329-2

```
<!DOCTYPE html><html><head>
 <script type="text/javascript" src="Scripts/jquery-2.2.3.js"></script>
 <script language="javascript">
  $(document).ready(function () {
   $("#myBtnCare").click(function () {              //响应单击按钮"筛选京东在售护理类商品"
    $('a[type=护理]').append("<b>---[护理类商品]</b>");
   });
   $("#myBtnFood").click(function () {              //响应单击按钮"筛选京东在售食品类商品"
    $('a[type=食品]').append("<b>---[食品类商品]</b>");
  });});
 </script>
</head>
<body>
 <div style="text-align:center;margin-top:5px">
```

```
  <button id = "myBtnCare" style = "width:200px;">筛选京东在售护理类商品</button>
  <button id = "myBtnFood" style = "width:200px;">筛选京东在售食品类商品</button>
  </div>
  <div style = "text - align:center;margin - top:5px">
   <a href = "http://item.jd.com/844714.html"
      type = "护理">佳洁士强根固齿牙膏 90g</a><br>
   <a href = "http://item.jd.com/776845.html"
      type = "食品">果珍阳光甜橙袋装 750g</a><br>
   <a href = "http://item.jd.com/233507.html"
      type = "驱蚊">全无敌电热蚊香液型</a><br>
   <a href = "http://item.jd.com/2338480.html"
      type = "护理">威露士健康沐浴露经典 1L</a><br>
   <a href = "http://item.jd.com/2212646.html"
      type = "食品">双娃成人奶粉 400g 袋装</a><br></div>
</body></html>
```

上面有底纹的代码是此实例的核心代码。在这部分代码中，$('a[type=食品]')表示筛选在超链接中指定 type 属性值为“食品”的所有超链接。

此实例的源文件名是 HtmlPageC139.html。

330 使用属性过滤器筛选超链接的属性部分值

此实例主要使用属性过滤器筛选在超链接中符合条件的指定属性的部分属性值，并由此对不同的超链接进行分类。当在浏览器中显示此实例的页面时，5 种商品在未分类之前如图 330-1 所示，单击“筛选京东在售护理类商品”按钮，则将在所有商品中标示出京东在售护理类商品，单击“筛选京东在售食品类商品”按钮，则将在所有商品中标示出京东在售食品类商品，如图 330-2 所示。有关此实例的主要代码如下所示：

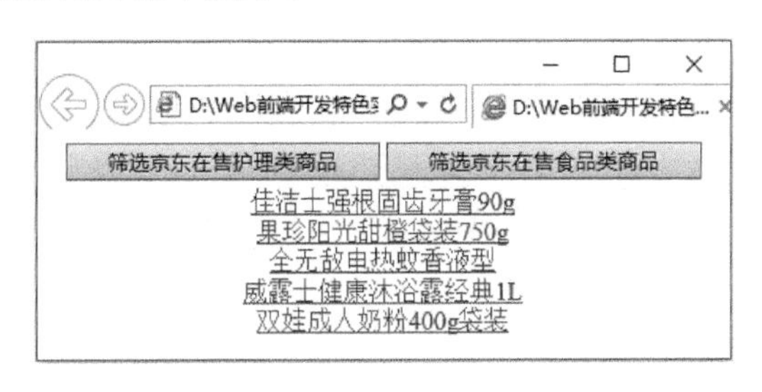

图 330-1

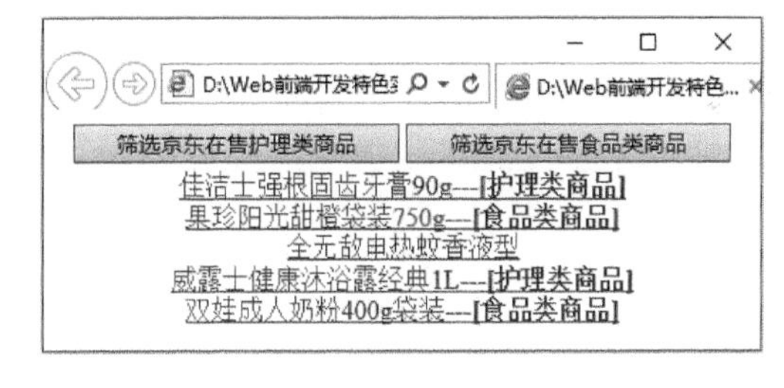

图 330-2

```
<!DOCTYPE html><html><head>
 <script type = "text/javascript" src = "Scripts/jquery - 2.2.3.js"></script>
 <script language = "javascript">
   $(document).ready(function () {
    $("#myBtnCare").click(function () {              //响应单击按钮"筛选京东在售护理类商品"
     $('a[type * = 护理]').append("<b>---[护理类商品]</b>");
    });
   $("#myBtnFood").click(function () {              //响应单击按钮"筛选京东在售食品类商品"
    $('a[type * = 食品]').append("<b>---[食品类商品]</b>");
   });});
    </script>
</head>
<body>
 <div style = "text - align:center;margin - top:5px">
```

```
  <button id = "myBtnCare" style = "width:200px;">筛选京东在售护理类商品</button>
  <button id = "myBtnFood" style = "width:200px;">筛选京东在售食品类商品</button>
 </div>
  <div style = "text - align:center;margin - top:5px">
   <a href = "http://item.jd.com/844714.html"
      type = "618 护理类 5 折商品">佳洁士强根固齿牙膏 90g</a><br>
   <a href = "http://item.jd.com/776845.html"
      type = "618 食品类 5 折商品">果珍阳光甜橙袋装 750g</a><br>
   <a href = http://item.jd.com/233507.html
      type = "618 驱蚊类 5 折商品">全无敌电热蚊香液型</a><br>
   <a href = "http://item.jd.com/2338480.html"
      type = "618 护理类 5 折商品">威露士健康沐浴露经典 1L</a><br>
   <a href = "http://item.jd.com/2212646.html"
      type = "618 食品类 5 折商品">双娃成人奶粉 400g 袋装</a><br></div>
</body></html>
```

上面有底纹的代码是此实例的核心代码。在这部分代码中，$('a[type *=食品]')表示筛选在超链接中指定 type 属性值包含有“食品”(如：618 食品类 5 折商品)的所有超链接。

此实例的源文件名是 HtmlPageC145.html。

331 使用过滤器筛选非指定属性值的超链接

此实例主要使用属性过滤器筛选在超链接中的非指定属性值，并由此对不同的超链接进行分类。当在浏览器中显示此实例的页面时，5 种商品在未分类之前如图 331-1 所示，单击“筛选京东在售非护理类商品”按钮，则将在所有商品中标示出京东在售非护理类商品，单击“筛选京东在售非食品类商品”按钮，则将在所有商品中标示出京东在售非食品类商品，如图 331-2 所示。有关此实例的主要代码如下所示：

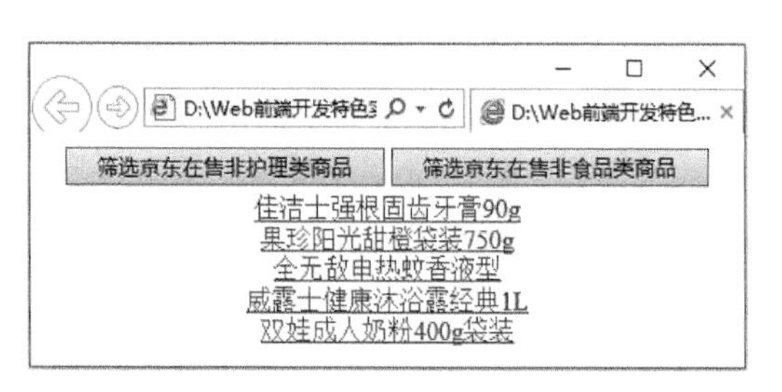

图 331-1

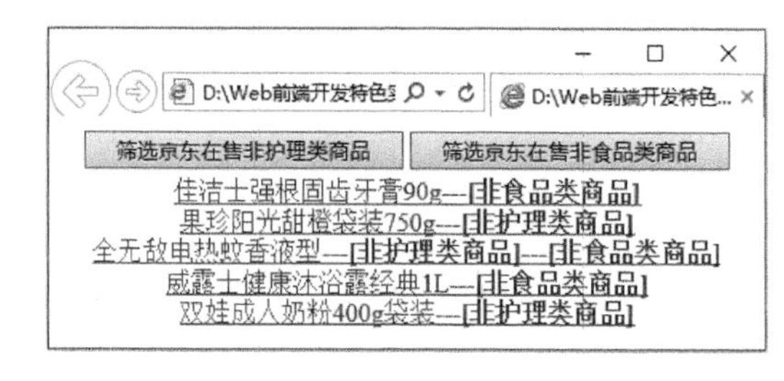

图 331-2

```
<!DOCTYPE html><html><head>
 <script type = "text/javascript" src = "Scripts/jquery - 2.2.3.js"></script>
 <script language = "javascript">
  $(document).ready(function () {
   $("#myBtnCare").click(function () {              //响应单击按钮"筛选京东在售非护理类商品"
    $('a[type!= 护理]').append("<b>---[非护理类商品]</b>");
   });
   $("#myBtnFood").click(function () {              //响应单击按钮"筛选京东在售非食品类商品"
    $('a[type!= 食品]').append("<b>---[非食品类商品]</b>");
 });});
 </script>
</head>
<body>
 <div style = "text - align:center;margin - top:5px">
```

```
  < button id = "myBtnCare" style = "width:200px;">筛选京东在售非护理类商品</button>
  < button id = "myBtnFood" style = "width:200px;">筛选京东在售非食品类商品</button>
 </div>
  < div style = "text - align:center;margin - top:5px">
   < a href = "http://item.jd.com/844714.html"
      type = "护理">佳洁士强根固齿牙膏 90g</a>< br>
   < a href = "http://item.jd.com/776845.html"
      type = "食品">果珍阳光甜橙袋装 750g</a>< br>
   < a href = http://item.jd.com/233507.html
      type = "驱蚊">全无敌电热蚊香液型</a>< br>
   < a href = "http://item.jd.com/2338480.html"
      type = "护理">威露士健康沐浴露经典 1L</a>< br>
   < a href = "http://item.jd.com/2212646.html"
      type = "食品">双娃成人奶粉 400g 袋装</a>< br></div>
</body></html>
```

上面有底纹的代码是此实例的核心代码。在这部分代码中，$('a[type!=护理]')表示筛选在超链接中指定 type 属性值不为“护理”的所有超链接。

此实例的源文件名是 HtmlPageC141.html。

332 单击超链接显示长文本的部分和全部内容

此实例主要使用 hide()和 show()方法实现通过单击超链接展开和收起长文本。当在浏览器中显示该页面时，单击“展开全文”超链接，则显示全部内容，如图 332-2 所示；单击“收起全文”超链接，则显示部分内容，如图 332-1 所示。有关此实例的主要代码如下所示：

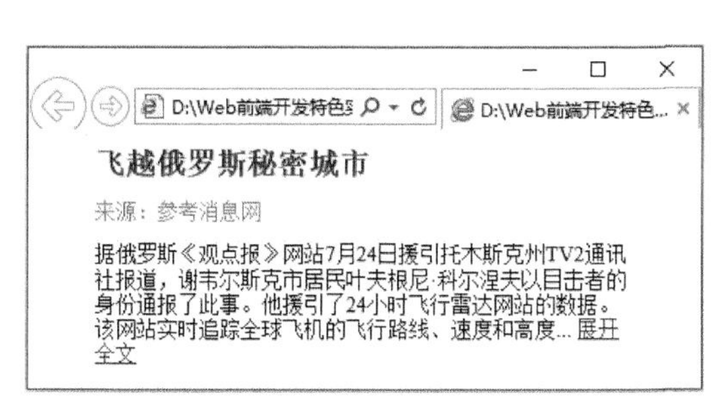

图 332-1

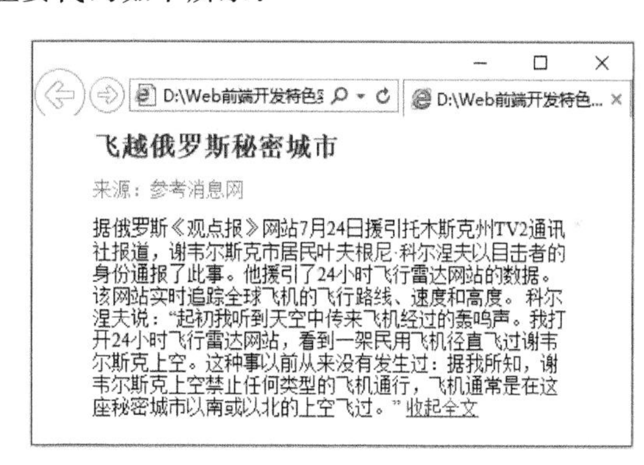

图 332-2

```
<!DOCTYPE html>< html>< head>
 < script type = "text/javascript" src = "Scripts/jquery - 2.2.3.js"></script>
 < script language = "javascript">
   $(document).ready(function () {
    $(".showContent").click(function () {                //当单击超链接"展开全文"的时候
     $(this).parent().hide();
     //$("#myBreif").hide();
     $(".content").show();
    });
    $(".hideContent").click(function () {                //当单击超链接"收起全文"的时候
     $(this).parent().hide();
     $(".showContent").parent().show();
     //$("#myBreif").show();
 });});
```

```
  </script>
  <style>
    * {padding: 0; margin: 0; }
    .showAll {width: 80% ; margin: 0 auto; padding: 10px;font-size: 14px;}
    .showAll .title {font-size: 20px; font-weight: bold;color: #af0015;}
    .showAll .author {color: #a1a1a1;margin: 12px 0;}
    .showAll .content {display: none;}
  </style>
</head>
<body>
  <div class="showAll">
   <p class="title">飞越俄罗斯秘密城市</p>
   <p class="author">来源: 参考消息网</p>
   <p id="myBreif">据俄罗斯«观点报»网站 7 月 24 日援引托木斯克州 TV2 通讯社报道,谢韦尔斯克市居民叶夫根尼·科尔涅夫以目击者的身份通报了此事。他援引了 24 小时飞行雷达网站的数据。该网站实时追踪全球飞机的飞行路线、速度和高度...
    <a class="showContent" href="javascript:void(0);">展开全文</a></p>
   <div class="content" id="myFull">据俄罗斯«观点报»网站 7 月 24 日援引托木斯克州 TV2 通讯社报道,谢韦尔斯克市居民叶夫根尼·科尔涅夫以目击者的身份通报了此事。他援引了 24 小时飞行雷达网站的数据。该网站实时追踪全球飞机的飞行路线、速度和高度。
     科尔涅夫说:"起初我听到天空中传来飞机经过的轰鸣声。我打开 24 小时飞行雷达网站,看到一架民用飞机径直飞过谢韦尔斯克上空。这种事以前从来没有发生过: 据我所知,谢韦尔斯克上空禁止任何类型的飞机通行,飞机通常是在这座秘密城市以南或以北的上空飞过。"
     <a class="hideContent" href="javascript:void(0);">收起全文</a></div></div>
</body></html>
```

上面有底纹的代码是此实例的核心代码。在这部分代码中,show()方法用于显示被选择的元素(即下半部分内容),hide()方法用于隐藏被选择的元素(即下半部分内容)。关于这两个方法的语法声明请参考本书的其他部分。

此实例的源文件名是 HtmlPageC254.html。

333 在打开超链接所指向的网页时开启新窗口

此实例主要使用 attr()方法通过设置属性来实现在打开超链接所指向的网页时开启新窗口。默认情况下,当用户使用鼠标单击超链接时,将在当前窗口中打开超链接所指向的网页。当在浏览器中显示此实例的页面时,如果使用鼠标单击超链接“在新窗口中打开网易”,将在浏览器中新开一个窗口来显示网易页面,如图 333-1 所示。有关此实例的主要代码如下所示:

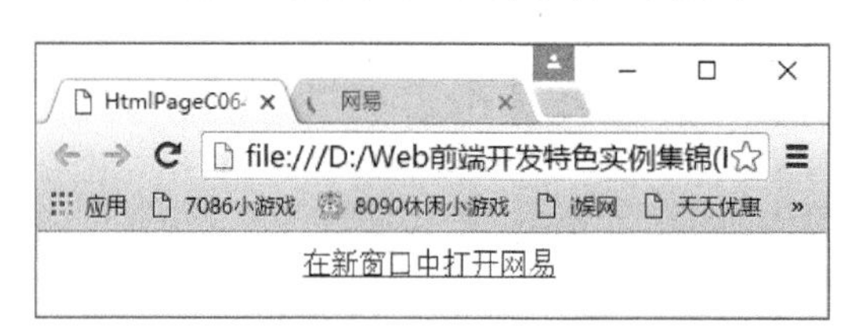

图 333-1

```
<!DOCTYPE html><html><head>
  <script type="text/javascript" src="Scripts/jquery-2.2.3.js"></script>
  <script language="javascript">
   $(document).ready(function () {
    //通过属性设置实现在新窗口中打开超链接所指向的网页
    $('a[href^="http://"]').attr("target", "_blank");
   });
```

```
 </script>
</head>
<body>
 <div style="text-align:center;margin-top:5px">
  <a href="http://www.163.com" rel=external>在新窗口中打开网易</a></div>
</body></html>
```

上面有底纹的代码是此实例的核心代码。在该部分代码中，attr()方法用于设置或返回被选元素的属性值，根据该方法不同的参数，其工作方式也有所差异。attr()方法的作用与 prop()方法的作用相当类似。关于 attr()方法的语法声明请参考本书的其他部分。

此实例的源文件名是 HtmlPageC064.html。

334 在单击超链接跳转主页面时弹出广告窗口

此实例主要通过配置超链接的 href 从而实现在单击超链接跳转主页面时再弹出一个独立的广告窗口。当在浏览器中显示此实例的页面时，单击"显示百度主窗口，同时显示网易广告窗口"超链接，则将跳转到百度主页面，同时弹出一个独立的窗口显示网易，如图 334-1 所示。有关此实例的主要代码如下所示：

图 334-1

```
<!DOCTYPE html><html><head>
 <script type="text/javascript" src="Scripts/jquery-2.2.3.js"></script>
 <script language="javascript">
  $(document).ready(function () {
   //主窗口打开 https://www.baidu.com,同时弹出小窗口 http://www.163.com
   $("#myBaidu").click(function () {
    window.open("http://www.163.com", "netease", "height=200, width=400, toolbar =no, menubar=
no, scrollbars=no, resizable=no, location=no, status=no,top=50,left=50");
  });});
 </script>
</head>
<body>
   <a href="http://www.163.com">跳转到网易</a><br>
   <a href="https://www.baidu.com"
       id="myBaidu">显示百度主窗口,同时显示网易广告窗口</a>
</body></html>
```

上面有底纹的代码是此实例的核心代码。在该部分代码中,open()方法用于打开一个新的窗体,它与 location 属性有点类似。open()方法的语法声明如下:

```
window.open(url, name, features, replace);
```

其中,url 表示载入窗体的 URL。参数 name 表示新建窗体的名称。参数 features 代表窗体特性的字符串,字符串中每个特性使用逗号分隔。参数 replace 是一个布尔值,说明新载入的页面是否替换当前载入的页面,此参数通常不用指定。features 参数的说明如表 334-1 所示。

表　334-1

参数名称	类　型	说　明
height	Number	设置窗体的高度,不能小于 100
left	Number	说明创建窗体的左坐标,不能为负值
location	Boolean	窗体是否显示地址栏,默认值为 no
resizable	Boolean	窗体是否允许通过拖动边线调整大小,默认值为 no
scrollable	Boolean	窗体中内部超出窗口可视范围时是否允许拖动,默认值为 no
toolbar	Boolean	窗体是否显示工具栏,默认值为 no
top	Number	说明创建窗体的上坐标,不能为负值
status	Boolean	窗体是否显示状态栏,默认值为 no
width	Number	创建窗体的宽度,不能小于 100

此实例的源文件名是 HtmlPageC103.html。

335　定时关闭在单击超链接时弹出的广告窗口

此实例主要通过使用 setTimeout()方法实现定时关闭在单击超链接时弹出的广告窗口。当在浏览器中显示此实例的页面时,单击"弹出一个定时关闭的广告窗口"超链接,则将弹出一个独立的广告窗口,如图 335-1 所示,该广告窗口将在显示 5 秒后自动关闭。有关此实例的主要代码如下所示:

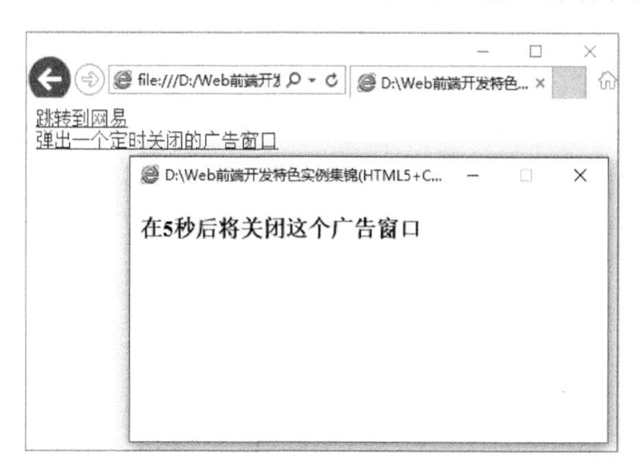

图　335-1

```
<!DOCTYPE html><html><head>
 <script type="text/javascript" src="Scripts/jquery-2.2.3.js"></script>
 <script>
  $(document).ready(function () {
   setTimeout("this.close()", 5000);          //在 5 秒后将关闭当前窗口
   //setTimeout("alert('对不起呀,我来迟了!')", 1000);
  });
```

```
  </script>
</head>
<body>
  <h3>在 5 秒后将关闭这个广告窗口</h3>
</body></html>
```

上面有底纹的代码是此实例的核心代码。在这部分代码中，setTimeout()方法本质是一个JavaScript方法，用于在经过指定的毫秒数后调用指定的函数或计算表达式。setTimeout("this.close()",5000)意指在经过5秒后调用this.close()方法关闭当前页面。关于setTimeout()方法的语法声明请参考本书的其他部分。在测试时，可以在主页面HtmlPageC104.html中测试，HtmlPageC104.html的内容如下：

```
<!DOCTYPE html><html><head>
  <script type="text/javascript" src="Scripts/jquery-2.2.3.js"></script>
  <script>
    function myWindow() {
      window.open("HtmlPageC1041.html", "ad", "height = 200, width = 400, toolbar = no, menubar = no,
scrollbars = no, resizable = no, location = no, status = no,top = 50,left = 50");
    }
  </script>
</head>
<body>
  <a href="http://www.163.com">跳转到网易</a><br>
  <a href="#" onclick="myWindow()">弹出一个定时关闭的广告窗口</a>
</body></html>
```

此实例的源文件名是HtmlPageC104.html和HtmlPageC1041.html。

336　在单击一个超链接时弹出多个广告窗口

此实例主要通过配置超链接的click事件响应方法从而实现在单击一个超链接时弹出多个广告窗口的效果。当在浏览器中显示此实例的页面时，单击“在独立的窗口中显示网易和新浪”超链接，则将在左上角先后弹出网易和新浪页面窗口，如图336-1所示。有关此实例的主要代码如下所示：

图　336-1

```
<!DOCTYPE html><html><head>
 <script type="text/javascript" src="Scripts/jquery-2.2.3.js"></script>
 <script>
   $(document).ready(function () {
   $("#myNetease").click(function () {       //在单击一个超链接时弹出多个独立的广告窗口
    window.open("http://www.163.com", "netease", "height=200, width=400, toolbar =no, menubar=no,
scrollbars=no, resizable=no, location=no, status=no,top=50,left=50");
    window.open("http://www.sina.com", "sina", "height=200, width=400, toolbar =no, menubar=no,
scrollbars=no, resizable=no, location=no, status=no,top=80,left=80");
 });});
 </script>
</head>
<body>
    <a href="http://www.163.com">跳转到网易</a><br>
    <a href="#" id="myNetease">在独立的窗口中显示网易和新浪</a>
</body></html>
```

上面有底纹的代码是此实例的核心代码。在该部分代码中，主要是通过 window.open()方法创建独立的页面窗口显示目标页面。关于 window.open()方法的语法声明请参考本书的其他部分。超链接中的"#"是虚链接，一般设置了 click 事件对应的方法，应该考虑设置 href="#"；为避免弹出的多个窗口覆盖，可以用 top 和 left 控制弹出窗口的位置不要相互覆盖；多个窗口的 name(如 netease、sina 等)不要相同，或者干脆全部为空。

此实例的源文件名是 HtmlPageC102.html。

337 实现鼠标悬停在超链接上时滑出下拉窗口

此实例主要使用 slideDown()和 slideUp()方法实现鼠标悬停在超链接上滑出下拉窗口的效果。当在浏览器中显示该页面时，如果把鼠标放在"新加坡风光"超链接上，则滑出的下拉窗口如图 337-1 所示；如果把鼠标放在"印尼风光"超链接上，则滑出的下拉窗口如图 337-2 所示。有关此实例的主要代码如下所示：

图 337-1

图 337-2

```
<!DOCTYPE html><html><head>
 <script type="text/javascript" src="Scripts/jquery-2.2.3.js"></script>
 <script type="text/javascript" language="javascript">
   $(function () {
    $(".list>li:has(div)").hover(function () {          //在鼠标悬浮时响应
     $(this).children('a').addClass('green').end().
find('div').slideDown("fast");
    }, function () {                                     //在鼠标离开时响应
```

```
    $(this).children('a').removeClass('green').end().find('div').slideUp("fast");
  }); });
 </script>
 <style>
   * { margin: 0;padding: 0;}
  body {background: #F8F3ED;}
  li {list-style: none;}
  .list { height: 30px;background: #fff;padding-left: 10px;}
  .list li {float: left; position: relative;}
  .list li a {float: left;width: 100px; height: 30px;line-height: 30px;
             text-align: center;color: black;text-decoration: none;
             font-family: "微软雅黑"; }
  .list li a:hover {background: green; color: #FFF; }
  .list .box {position: absolute;top: 30px;left: 0;display: none;
             width: 240px; height: 170px; background: green;color: #FFF;}
  .list .box img { width: 220px;height: 150px; margin: 10px;}
  .list li a:hover, .green {background: green !important;
                        color: #FFF !important;}
 </style>
</head>
<body>
 <ul class="list">
  <li><a href="javascript:;">新加坡风光</a>
      <div class="box"><img src="MyImages/MyImage80.jpg" /></div></li>
  <li><a href="javascript:;">印尼风光</a>
      <div class="box"><img src="MyImages/MyImage81.jpg" /></div></li>
  <li><a href="javascript:;">泰国风光</a>
      <div class="box"><img src="MyImages/MyImage82.jpg" /></div></li>
  <li><a href="javascript:;">马来西亚风光</a>
      <div class="box"><img src="MyImages/MyImage83.jpg" /></div></li></ul>
</body></html>
```

上面有底纹的代码是此实例的核心代码。在这部分代码中，$(this).children('a').addClass('green').end().find('div').slideDown("fast")用于实现当鼠标悬浮在标签的超链接上时，设置其CSS样式为green，然后找到DIV块，并以fast模式以卷帘下拉方式滑出窗口。$(this).children('a').removeClass('green').end().find('div').slideUp("fast")用于实现当鼠标离开在标签的超链接时，移除其CSS样式green，然后找到DIV块，并以fast模式以卷帘折叠隐藏窗口。关于slideDown()和slideUp()方法的语法声明请参考本书的其他部分。

此实例的源文件名是HtmlPageC286.html。

338　当鼠标悬停在超链接上时浮出图片文字框

此实例主要实现当使用鼠标悬停在超链接上时浮出一个包含图片和文字的浮动框。当在浏览器中显示该页面时，如果把鼠标悬停在“编者近照”超链接上，则会浮出一个包含图片和文字的浮动框，如图338-1所示。有关此实例的主要代码如下所示：

```
<!DOCTYPE html><html><head>
 <script type="text/javascript" src="Scripts/jquery-2.2.3.js"></script>
 <script language="javascript">
```

```
    this.tooltip = function () {
     xOffset = 10;
     yOffset = 20;
     $ ("a.tooltip").hover(function (e) {                //在鼠标悬浮"编者近照"时响应
      this.t = this.title;
      this.title = "";
      //动态创建悬浮框的 HTML 代码
      $ ("body").append("<p id='tooltip'>" + this.t + "</p>");
      $ ("#tooltip").css("top", (e.pageY - xOffset) + "px")
                 .css("left", (e.pageX + yOffset) + "px")
                 .fadeIn("fast");
      },function () {                                    //在鼠标离开"编者近照"时移除悬浮框
       this.title = this.t;
       $ ("#tooltip").remove();
      });
      //当鼠标在超链接"编者近照"上移动时重置悬浮框的位置
     $ ("a.tooltip").mousemove(function (e) {
      $ ("#tooltip").css("top", (e.pageY - xOffset) + "px")
                 .css("left", (e.pageX + yOffset) + "px");
    }); };
    $ (function () {
     tooltip();
    });
    </script>
    <style type="text/css">
     #tooltip { position: absolute; border: 1px solid #333;
             background: #f7f5d1;padding: 2px 5px;color: #333;display: none;}
   </style>
  </head>
  <body>
   <div id="Con" class="ConDiv">
    <p><a href="http://www.163.com" class="tooltip" title="<b>
       前端开发特色实例</b><br> 最快捷最高效的学习策略!<br>
       <img src='MyImages/Myluoshuai6.jpg'>">编者近照</a></p></div>
  </body></html>
```

图　338-1

上面有底纹的代码是此实例的核心代码。在这部分代码中,fadeIn("fast")用于以 fast 模式以淡入的方式滑出悬浮框。css("top",(e.pageY − xOffset) + "px")用于设置悬浮框左上角的 top 值。

$("#tooltip").remove()用于移除悬浮框。关于这些方法的语法声明请参考本书的其他部分。

此实例的源文件名是 HtmlPageC079.html。

339 通过自定义函数为超链接添加图文提示框

此实例主要通过自定义函数实现为超链接添加图片和文字相结合的提示框。当在浏览器中显示该页面时，如果把鼠标悬停在黄色的“《Linux 从入门到精通》”超链接上，则会浮出一个包含图片和文字相结合的提示框，如图 339-1 所示；如果把鼠标悬停在其他黄色的超链接上，将出现类似的效果。有关此实例的主要代码如下所示：

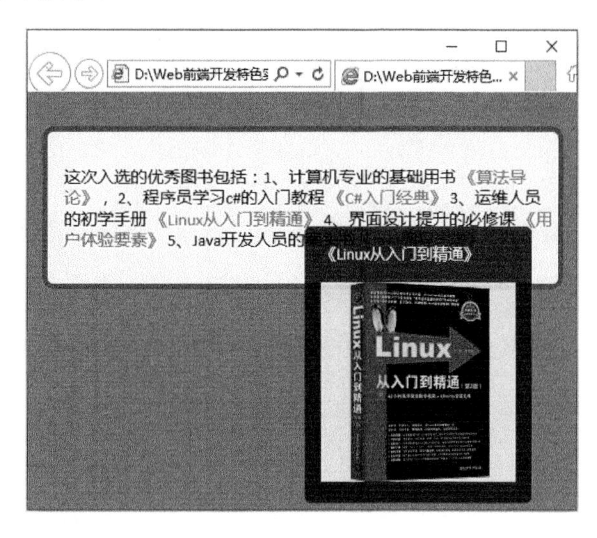

图 339-1

```
<!DOCTYPE html><html><head>
 <script type="text/javascript" src="Scripts/jquery-2.2.3.js"></script>
 <script type="text/javascript">
(function ($) {
   $.fn.luoTip = function (options) {
    //设置提示框相关属性的缺省值
    var defaults = {background: '#1e2227',color: '#fff',opacity: '0.8'},
    options = $.extend(defaults, options);
    return this.each(function () {
     var elem = $(this);
     var title = elem.attr('title');
     if (title != '') {
      //动态创建提示框并显示
      var luoTip = $('<div id="luoTip" />');
      elem.attr('title', '');
      elem.hover(function (e) {        //在鼠标悬浮书名时显示提示框
       luoTip.hide().appendTo('body').html(title).hide()
                              .css({'background-color': options.background,
                                  'color': options.color,
                                  'opacity': options.opacity,
                              }).fadeIn(500);
                        },function () {         //在鼠标离开书名时移除提示框
                    luoTip.remove();});
                   }
```

```
                elem.mousemove(function (e) {
                    luoTip.css({              //在鼠标移动时重置提示框的位置
                        top: e.pageY + 10,
                        left: e.pageX + 20
    }); }); }); } })(jQuery);
   $ (document).ready(function () {
    $ ('.luoTip').luoTip();
  });
 </script>
 <style>
  body {background: #999;color: #000;font: 15px Calibri, Arial, sans-serif;
        text-shadow: 1px 2px 1px #FFFFFF; }
   #main a, #main a:visited {text-decoration: none;outline: none;color: #f60;}
   #main {margin: 30px auto;width: 430px;overflow: auto;background: #f9f9f9;
          padding: 15px;border-radius: 10px;border: 5px solid #777;}
   #main p {float: left;width: 440px;}
   #main img {border: 5px solid #777;border-radius: 10px;float: left;}
   #luoTip {border: 1px solid #444;font-size: 14px;max-width: 205px;
            padding: 1em;position: absolute;z-index: 2000;
            text-shadow: none;border-radius: 6px;}
 </style>
</head>
<body>
 <section id="main"><p>这次入选的优秀图书包括：1、计算机专业的基础用书<a href="#" class=
"luoTip" title="机械工业出版社出版">《算法导论》</a>,2、程序员学习 c#的入门教程 <a href="#" class=
"luoTip" title="全面讲解 C# 2010 和.NET 架构编程知识，为您编写卓越 C# 2010 程序奠定坚实基础。">
《C#入门经典》</a> 3、运维人员的初学手册 <a href="#" class="luoTip" title="《Linux 从入门到精通》
<br><br><img src='MyImages/MyImage49.jpg' />">《Linux 从入门到精通》</a> 4、界面设计提升的必修课
<a href="#" class="luoTip" title="用户体验要素：以用户为中心的产品设计">《用户体验要素》</a> 5、
Java 开发人员的案头书<a href="#" class="luoTip" title="作者 Bruce Eckel,是 MindView 公司的总裁">
《Java 编程思想》</a></p></section>
</body></html>
```

上面有底纹的代码是此实例的核心代码。在这部分代码中，$.fn 是指 jQuery 的命名空间，加上 fn 上的方法（函数）及属性，将会对 jQuery 的每一个实例都有效。$('.luoTip').luoTip()表示所有包含“luoTip”类的元素都能够应用 luoTip()自定义函数。

此实例的源文件名是 HtmlPageC376.html。

340 为高仿按钮的超链接创建悬浮提示信息框

此实例主要实现使用 animate()方法创建鼠标悬浮即显示提示信息框的按钮。当在浏览器中显示该页面时，如果把鼠标放在“百度搜索”按钮上，将在上面显示一个提示信息框，如图 340-1 所示，单击该按钮将跳转按钮所指定的网页。单击其他两个按钮也具有类似的功能。有关此实例的主要代码如下所示：

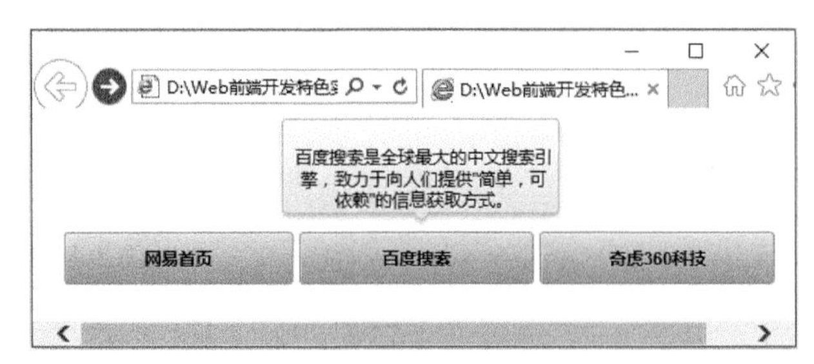

图 340-1

```
<!DOCTYPE html><html><head>
 <script type="text/javascript" src="Scripts/jquery-2.2.3.js"></script>
 <script type="text/javascript">
  $(document).ready(function () {
   $(".myButton a").hover(function () {                //当鼠标悬浮在按钮上时响应
    $(this).next("myBox").animate({ opacity: "show", top: "-75" },
                               "slow"); }, function () {    //在鼠标离开按钮时响应
    $(this).next("myBox").animate({ opacity: "hide", top: "-85" }, "fast");
  }); });
 </script>
 <style type="text/css">
  body {margin: 10px auto; width: 570px;
        font: 75%/120% Arial, Helvetica, sans-serif;}
  .myButton {margin: 80px 20px 0;padding: 0;list-style: none;}
  .myButton li {padding: 0; margin: 0 2px;float: left;
                position: relative; text-align: center;}
  .myButton a {padding: 14px 10px;display: block;color: #000000;
               width: 144px;text-decoration: none;font-weight: bold;
          background: url(MyImages/my310button.gif) no-repeat center center;}
  .myButton li myBox {background: url(MyImages/my310hover.png) no-repeat;
               width: 180px;height: 45px;position: absolute;top: -85px;
               left: -15px; text-align: center;padding: 20px 12px 10px;
               font-style: normal;z-index: 2;display: none;}
 </style>
</head>
<body>
 <ul class="myButton">
  <li><a href="http://www.163.com">网易首页</a>
     <myBox>网易为用户提供免费邮箱、游戏、搜索引擎服务,开设新闻、娱乐、体育等30多个内容频道。
</myBox></li>
  <li><a href="https://www.baidu.com/">百度搜索</a>
     <myBox>百度搜索是全球最大的中文搜索引擎,致力于向人们提供"简单,可依赖"的信息获取方式。
</myBox></li>
  <li><a href="http://shouji.360.cn/">奇虎360科技</a>
     <myBox>奇虎360科技有限公司创立于2005年9月,是中国互联网和手机安全产品及服务供应商</myBox>
</li></ul>
</body></html>
```

上面有底纹的代码是此实例的核心代码。在这部分代码中,animate()方法主要用于控制在鼠标进入或离开按钮时,逐渐显示或隐藏提示框。关于该方法的语法声明请参考本书的其他部分。

此实例的源文件名是HtmlPageC310.html。

341 为超链接创建带动画效果的自定义动画提示

此实例主要实现为超链接创建带动画效果的自定义动画提示。当在浏览器中显示该页面时,如果把鼠标悬停在“自定义超链接提示”超链接上,则将在鼠标位置附近滑出一个提示框,如图341-1所示。有关此实例的主要代码如下所示:

```
<!DOCTYPE html><html><head>
 <script type="text/javascript" src="Scripts/jquery-2.2.3.js"></script>
 <script type="text/javascript">
  $(function () {
   var x = 10;
```

```
    var y = 20;
    $ ("#myLink").mouseover(function (e) {
     this.myTitle = this.title;
     this.title = "";
     var tooltip = "<div id='tooltip'>" + this.myTitle + "<\/div>";   //创建提示框
     $ ("body").append(tooltip);                                    //把提示框追加到文档中
     $ ("#tooltip").css({                                           //设置提示框的 x 坐标和 y 坐标
      "top": (e.pageY + y) + "px","left": (e.pageX + x) + "px"
      }).show("fast");                                              //显示提示框
    }).mouseout(function () {
      this.title = this.myTitle;
      $ ("#tooltip").remove();                                      //移除提示框
    }).mousemove(function (e) {                                     //当鼠标在超链接上移动时改变提示框位置
      $ ("#tooltip").css({"top": (e.pageY + y) + "px",
                           "left": (e.pageX + x) + "px"
    }); }); })
  </script>
  <style type = "text/css">
   #tooltip {position: absolute;border: 1px solid #333;background: #f7f5d1;
            padding: 1px;color: #333;display: none;}
  </style>
 </head>
 <body>
  <p><a id = "myLink" href = "#" title = "自定义超链接提示内容">自定义超链接提示</a></p>
  <p><a href = "#" title = "这是 IE 默认的提示效果"> IE 默认提示</a></p>
 </body></html>
```

图 341-1

上面有底纹的代码是此实例的核心代码。在这部分代码中,append()方法用于在被选元素的结尾插入指定内容,在此实例中即是增加提示框。show()方法用于显示被选的隐藏元素,在此实例中即是显示提示框。remove()方法用于移除被选元素,包括所有文本和子节点,在此实例中即是移除提示框。css()方法用于获取或设置匹配元素的一个或多个 CSS 样式属性,在此实例中即是设置提示框的左上角坐标。有关这些方法的语法声明请参考本书的其他部分。

此实例的源文件名是 HtmlPageC451.html。

342 实现在鼠标悬停超链接时半透明显示图片

此实例主要实现在鼠标悬停超链接时以半透明方式显示图片并从左至右滑入新图片。当在浏览器中显示该页面时,将显示以 3 张扑克牌制作的超链接,如果把鼠标悬停到任意一张扑克牌上,则该张扑克牌将以半透明方式显示,并从左至右滑入新图片来遮盖这张半透明图片,如图 342-1 所示;单击该张扑克牌,则将跳转到该超链接所指向的网站。有关此实例的主要代码如下所示:

图 342-1

```
<!DOCTYPE html><html><head>
 <script type="text/javascript" src="Scripts/jquery-2.2.3.js"></script>
 <script language="javascript">
   $(document).ready(function () {
    //在鼠标悬停超链接时以半透明方式显示图片并从左至右滑入新图片
    $(".showimage li .myrsp").hide();                    //隐藏所有遮罩层
    $(".showimage li").hover(function () {               //在鼠标悬浮在图片上时响应
     //$(this).find(".myrsp").stop().fadeTo(500, 0.5)
     $(this).find(".myrsp").fadeTo(500, 0.5)             //滑入当前遮罩层
     //滑入扑克牌背面图片
     $(this).find(".mytopphoto").stop().animate({ left: '0' },
             { duration: 500 })}, function () {         //在鼠标离开图片时响应
       //$(this).find(".myrsp").stop().fadeTo(500, 0)
       $(this).find(".myrsp").fadeTo(500, 0)             //滑入当前遮罩层
       $(this).find(".mytopphoto").stop().animate({ left: '110' },
                               { duration: "fast" })  //滑出扑克牌背面图片
       $(this).find(".mytopphoto").animate({ left: '-110' }, { duration: 0 })
   });});
 </script>
 <style type="text/css">
   ul.showimage li { float: left; margin-right: 14px;
                     margin-bottom: 13px;display: inline; width: 110px;
                     height: 151px; overflow: hidden;position: relative;}
   .myrsp {width: 110px; height: 151px;overflow: hidden; position: absolute;
           background: #000; top: 0px;left: 0px;}
   .mytopphoto {position: absolute; width: 110px; height: 151px;
                left: -110px;top: 0px;overflow: hidden; }
  </style>
</head>
<body>
 <div id="Con" class="ConDiv">
  <ul class="showimage">
   <li><div class="myphoto">
      <img src="MyImages/MyImage02.jpg" width="110" height="151" /></div>
      <div class="myrsp"></div>
      <div class="mytopphoto"><a href="http://www.163.com">
      <img src="MyImages/MyImage05.jpg" width="110"
          height="151" /></a></div></li>
  <li><div class="myphoto"><img src="MyImages/MyImage03.jpg"
                             width="110" height="151" /></div>
      <div class="myrsp"></div>
      <div class="mytopphoto"><a href="http://www.sohu.com">
```

```
        <img src = "MyImages/MyImage05.jpg" width = "110"
             height = "151" />></a></div></li>
    <li><div class = "myphoto"><img src = "MyImages/MyImage04.jpg"
                              width = "110" height = "151" /></div>
          <div class = "myrsp"></div>
          <div class = "mytopphoto"><a href = "http://www.sina.com">
          <img src = "MyImages/MyImage05.jpg" width = "110"
              height = "151" /></a></div></li></ul></div>
</body></html>
```

上面有底纹的代码是此实例的核心代码。在这部分代码中，fadeTo()方法用于实现根据给定的不透明度值(值介于 0 与 1 之间)产生渐变效果，fadeTo()方法的语法声明如下：

```
$(selector).fadeTo(speed,opacity,callback);
```

其中，参数 speed 规定半透明效果的时长，它可以取 slow、fast 或毫秒值。opacity 参数表示将淡入淡出效果设置为给定的不透明度(值为 0～1)。callback 参数是一个可选参数，表示在该方法完成后所执行的函数名称。

此实例的源文件名是 HtmlPageC047.html。

343 在鼠标悬停超链接时以翻牌动画切换状态

此实例主要实现以翻牌动画方式切换超链接的不同状态。当在浏览器中显示该页面时，将显示以 3 张扑克牌制作的超链接，如图 343-1 所示；如果把鼠标移动到任意一张扑克牌上，则该张扑克牌将以动画方式翻转到该张扑克牌的背面，如图 343-2 所示；单击该张扑克牌，则将跳转到所指向的网站。有关此实例的主要代码如下所示：

图 343-1

图 343-2

```
<!DOCTYPE html><html><head>
 <script type = "text/javascript" src = "Scripts/jquery-2.2.3.js"></script>
 <script language = "javascript">
   $(document).ready(function () {
    //在鼠标悬停超链接时以翻牌动画切换状态
    $('.box a').mouseover(function () {                //在鼠标悬浮时响应
     $(this).stop().animate({ "top": "-153px" }, 153);
     //$(this).animate({ "top": "-153px" }, 153);
    })
    $('.box a').mouseout(function () {                 //在鼠标离开时响应
     $(this).stop().animate({ "top": "0" }, 150);
     //$(this).animate({ "top": "0" }, 150);
   }) });
```

```
  </script>
  <style type="text/css">
   .box li {width: 110px; height: 151px; margin-right: 10px; float: left;
            overflow: hidden; position: relative;}
   .box li a {position: absolute;top: 0; left: 0;}
  </style>
</head>
<body>
 <div id="Con" class="ConDiv">
  <ul class="box">
   <li><a href="http://www.163.com" target="_blank">
       <div><img src="MyImages/MyImage02.jpg" /></div>
       <div><img src="MyImages/MyImage05.jpg" /></div></a></li>
   <li><a href="http://www.sohu.com" target="_blank">
       <div><img src="MyImages/MyImage03.jpg" /></div>
       <div><img src="MyImages/MyImage05.jpg" /></div></a></li>
   <li><a href="http://www.sina.com" target="_blank">
       <div><img src="MyImages/MyImage04.jpg" /></div>
       <div><img src="MyImages/MyImage05.jpg" /></div></a></li></ul></div>
</body></html>
```

上面有底纹的代码是此实例的核心代码。在这部分代码中，$(this).stop(). animate({ "top": "－153px" }, 153)用于实现先停止此扑克牌图片先前的动画，然后在153毫秒内将扑克牌图片移到距离顶部－153px的位置，实际上刚好是此张扑克牌图片的高度，即隐藏图片。关于animate()方法的语法声明请参考本书的其他部分。

此实例的源文件名是HtmlPageC046.html。

344　弹出定制的浏览器新窗口显示超链接页面

此实例主要通过设置window.open()方法参数从而实现弹出定制的浏览器新窗口显示超链接所指向的页面。当在浏览器中显示此实例的页面时，单击"弹出定制的浏览器新窗口显示超链接页面"按钮，则将弹出一个新窗口显示网易，如图344-1所示。有关此实例的主要代码如下所示：

图　344-1

```
<!DOCTYPE html><html><head>
 <script type="text/javascript" src="Scripts/jquery-2.2.3.js"></script>
 <script>
  $(document).ready(function () {          //弹出定制的浏览器新窗口显示超链接页面
   $("#myButton").click(function () {
```

```
    window.open("http://www.163.com", "newwindow", "height = 200, width = 400, toolbar  = no, menubar =
no, scrollbars = no, resizable = no, location = no, status = no");
  }); });
</script>
</head>
<body>
 <input type = "button" id = "myButton"
        value = "弹出定制的浏览器新窗口显示超链接页面" />
</body></html>
```

上面有底纹的代码是此实例的核心代码。其中，window.open("http://www.163.com", "newwindow", "height=200, width=400, toolbar =no, menubar=no, scrollbars=no, resizable=no, location=no, status=no")相关参数用于定制目标页面的新窗口，相关参数的解释请参考本书的其他部分。

此实例的源文件名是 HtmlPageC100.html。

345 禁止页面内的所有超链接跳转到目标页面

此实例主要通过调用 preventDefault()方法实现禁止页面内的所有超链接在被用户单击时跳转到目标页面。当在浏览器中显示此实例的页面时，单击 4 个超链接，将不会跳转到目标页面，而是在下面给出超链接已经停用的提示，如图 345-1 所示。有关此实例的主要代码如下所示：

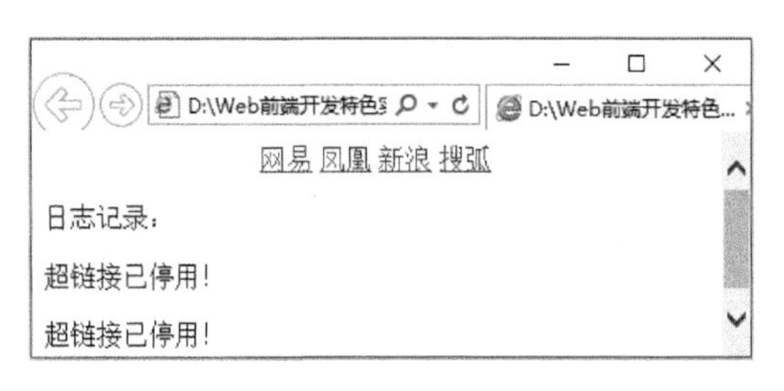

图 345-1

```
<!DOCTYPE html><html><head>
 <script type = "text/javascript" src = "Scripts/jquery - 2.2.3.js"></script>
 <script language = "javascript">
  $ (document).ready(function () {
   $ ("a").attr('href', '#');
   $ ("a").click(function (event) {        //响应单击超链接
     event.preventDefault();
    $ ("#div - log").html( $ ("#div - log").html()
                    + "<p>" + "超链接已停用!" + "</p>");
  });});
 </script>
</head>
<body>
 <div style = "text - align:center;margin - top:5px">
   <a href = "http://www.163.com">网易</a>
   <a href = "http://www.ifeng.com">凤凰</a>
   <a href = "http://www.sina.com.cn">新浪</a>
   <a href = "http://www.sohu.com">搜狐</a></div>
 <div id = "div - log"><p>日志记录: </p></div>
```

```
</body></html>
```

上面有底纹的代码是此实例的核心代码。在这部分代码中，preventDefault()方法用于阻止元素发生的默认行为。在 HTML 文档中，当触发某些 DOM 元素的特定事件时，通常执行该元素的默认行为。比如链接的 click 事件：当单击一个链接时，就会跳转到指定的 URL。再比如：<form>表单元素的 submit 事件，当触发表单的提交事件时，就可以提交当前表单。使用 preventDefault()方法则可以阻止该元素的默认行为。

此实例的源文件名是 HtmlPageC135.html。

346　高仿百度联盟广告的 metro 风格的主题链接

此实例主要实现高仿百度联盟广告的 metro 风格的主题链接。当在浏览器中显示该页面时，9 个广告标签将按照流式风格进行布局，如果将鼠标放在第一个广告标签上，则将从下向上浮出该广告标签的超链接，如图 346-1 所示；如果将鼠标离开第一个广告标签，则将从上向下隐藏该广告标签的超链接；鼠标放在其他广告标签上将实现类似的效果。有关此实例的主要代码如下所示：

图　346-1

```
<!DOCTYPE html><html><head>
 <script type="text/javascript" src="Scripts/jquery-2.2.3.js"></script>
 <script type="text/javascript">
  $(document).ready(function () {
   $('.caption').hover(function () {          //在鼠标悬浮时响应
    $(".cover", this).stop().animate({ top: '0px' },
                                    { queue: false, duration: 300 });
   }, function () {                           //在鼠标离开时响应
     $(".cover", this).stop().animate({ top: '50px' },
                                    { queue: false, duration: 300 });
   }); });
  </script>
  <style type="text/css">
   * {padding: 0px; margin: 0px;}
  body { background: #D5DEE7;}
  .da_div { width: 306px; margin: 20px auto; height: 165px;
           overflow: hidden;background: #fff;padding: 5px 5px 0px 5px;}
  .boxgrid {width: 120px;height: 40px;float: left;background: #125ccb;
       overflow: hidden;position: relative;color: #fff;font-size: 14px;
       font-family: "微软雅黑";text-align: center;padding: 5px;}
  .boxgrid2, .boxgrid3 {width: 72px;margin-left: 6px;background: #17a2b7;}
```

```
        .boxgrid3 {background: #125ccb;}
        .boxcaption {float: left;position: absolute;background: #000;
                height: 60px;top: 50px;left: 0;padding: 5px; width: 120px;}
         .boxcaption2 {width: 82px; padding: 0;}
         .boxcaption p {color: #fff;line-height: normal;font-size: 15px;
                    position: relative; z-index: 999; }
         .boxcaption p a {color: #fff;}
         .reci { margin-left: 0; margin-top: 5px;}
         .reci2 { margin-left: 6px; margin-top: 5px;}
      </style>
   </head>
   <body><div class = "da_div">
    <div class = "boxgrid caption">深入解析 ASP 核心技术
     <div class = "boxcaption cover"><p>
     <a href = "#">深入解析 ASP 核心技术</a></p></div></div>
    <div class = "boxgrid  boxgrid2 caption">你不知道的 JavaScript
     <div class = "boxcaption boxcaption2 cover"><p>
     <a href = "#">你不知道的 JavaScript </a></p></div></div>
    <div class = "boxgrid boxgrid3 caption">垃圾回收的算法与实现
     <div class = "boxcaption boxcaption2 cover"><p>
     <a href = "#">垃圾回收的算法与实现</a></p></div></div>
    <div class = "boxgrid  boxgrid2 reci caption">数据科学实战手册
     <div class = "boxcaption boxcaption2 cover"><p>
     <a href = "#">数据科学实战手册</a></p></div></div>
    <div class = "boxgrid reci2 caption">用 Python 写网络爬虫
     <div class = "boxcaption cover"><p>
     <a href = "#">用 Python 写网络爬虫</a></p></div></div>
    <div class = "boxgrid boxgrid2 reci2 caption"> Python 数据分析实战
     <div class = "boxcaption boxcaption2 cover"><p>
     <a href = "#"> Python 数据分析实战</a></p></div></div>
    <div class = "boxgrid reci caption"> Google 运维解密
     <div class = "boxcaption cover"><p>
     <a href = "#"> Google 运维解密</a></p></div></div>
    <div class = "boxgrid  boxgrid2  reci2 caption"> Java 编程思想
     <div class = "boxcaption boxcaption2 cover"><p>
     <a href = "#"> Java 编程思想</a></p></div></div>
    <div class = "boxgrid boxgrid3 reci2 caption"> JavaEE 开发的颠覆者
     <div class = "boxcaption boxcaption2 cover"><p>
     <a href = "#"> JavaEE 开发的颠覆者</a></p></div></div></div>
   </body></html>
```

上面有底纹的代码是此实例的核心代码。在该部分代码中，animate()方法用于执行一个基于CSS属性的自定义动画，在此实例中即是当鼠标指向广告标签时从下向上浮出超链接窗口，当鼠标离开广告标签时从上向下隐藏超链接窗口。关于该方法的语法声明请参考本书的其他部分。

此实例的源文件名是 HtmlPageC450.html。

347 实现把超链接变为3D风格的Windows按钮

此实例主要通过设置CSS样式从而实现把超链接变为3D风格的Windows按钮。当在浏览器中显示该页面时，如果鼠标未放在“生成本月现金流量表”超链接上，则超链接的显示风格如图347-1的左边所示；如果将鼠标放在“生成本月现金流量表”超链接上，则超链接的显示风格如图347-1的右边所示。有关此实例的主要代码如下所示：

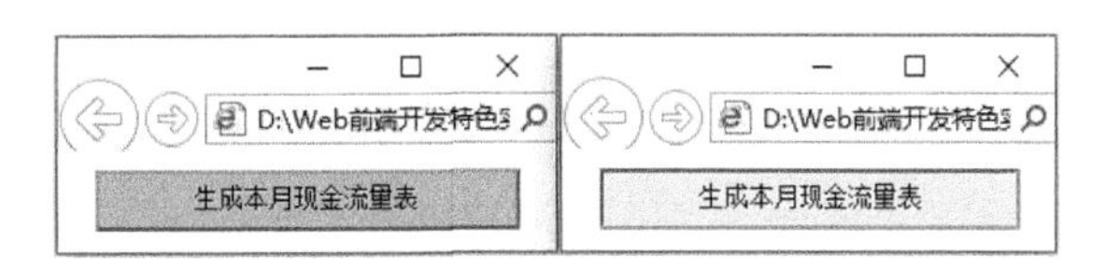

图 347-1

```
<!DOCTYPE html><html><head>
 <script type="text/javascript" src="Scripts/jquery-2.2.3.js"></script>
 <script type="text/javascript">
  $(document).ready(function () {
    $("a").hover(function () {            //在鼠标悬浮在按钮上时设置 CSS 样式 myEnter
      $(this).addClass("myEnter");
    }, function () {                      //在鼠标离开按钮时移除 CSS 样式 myEnter
      $(this).removeClass("myEnter");
  }); });
 </script>
 <style type="text/css">
  .myOut {display: block;width: 200px; height: 20px; border: 2px outset #eee;
          background: #ccc;text-align: center;font-size: 12px;color: #000;
          text-decoration: none;padding-top: 5px;margin: 5px;}
  .myEnter {border: 2px inset #eee;background: #eee;text-decoration: none;}
 </style>
</head>
<body><center>
 <a href="#" class="myOut">生成本月现金流量表</a>
</center></body></html>
```

上面有底纹的代码是此实例的核心代码。在这部分代码中，addClass()方法用于向被选元素(此处是超链接)添加一个或多个 CSS 类(如 myEnter)。removeClass()方法用于从被选元素(此处是超链接)移除一个或多个 CSS 类(如 myEnter)。有关这些方法的语法声明请参考本书的其他部分。

此实例的源文件名是 HtmlPageC452.html。

348 使用备用图片替换不正确的图片链接

此实例主要实现在链接所指向的图片不存在或者在图片加载过程中出现错误时，用备用的图片替代该错误图片。当在浏览器中显示该页面时，原本打算显示 3 张扑克牌图片，由于后两张扑克牌图片不存在，因此采用了备用的人物照片替换，如图 348-1 所示。有关此实例的主要代码如下所示：

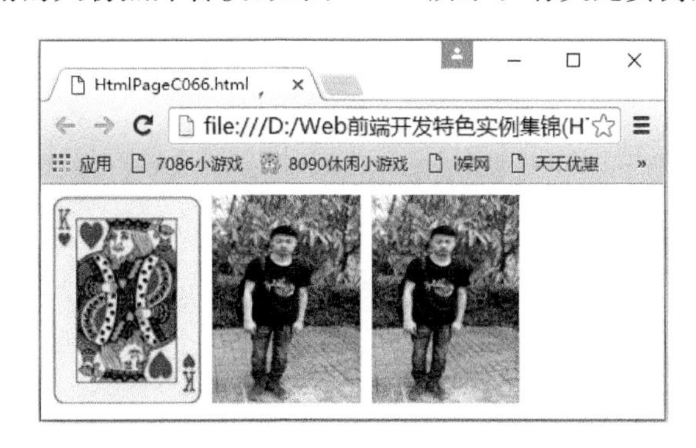

图 348-1

```
<!DOCTYPE html><html><head>
 <script type="text/javascript" src="Scripts/jquery-2.2.3.js"></script>
 <script language="javascript">
  $(document).ready(function () {
   //在发生错误时使用备用图片替换不正确的图片链接
   $('img').on('error', function () {
      $(this).prop('src', 'MyImages/Myluoshuai1.jpg');
  }); });
 </script>
</head>
<body>
 <div id="Con" class="ConDiv">
  <img src="MyImages/MyImage02.jpg" width="110" height="151" />
  <img src="MyImages/MyImage0a3.jpg" width="110" height="151" />
  <img src="MyImages/MyImage0a4.jpg" width="110" height="151" /></div>
</body></html>
```

上面有底纹的代码是此实例的核心代码。在该部分代码中,prop()方法用于设置或返回被选元素的属性和值,当该方法用于返回属性值时,则返回第一个匹配元素的值;当该方法用于设置属性值时,则为匹配元素集合设置一个或多个属性/值对。prop()方法的语法声明如下:

```
$(selector).prop(property,value)
```

其中,参数 property 规定属性的名称。参数 value 规定属性的值。

on()方法用于将事件名称与事件响应方法绑定在一起。error 事件表示元素发生错误。在此实例中,当 $('img')发生 error 事件时,就立即使用 prop()方法设置备用图片。需要注意的是,即使网页没有不正确的图像链接,添加这段代码也没有任何害处。

此实例的源文件名是 HtmlPageC066.html。

第14章 窗口实例

349 创建四周灰暗但中心高亮的遮罩层

此实例主要使用CSS定制DIV块从而实现创建具有弹出效果的半透明遮罩层。当在浏览器中显示该页面时，单击如图349-1的左边所示的"单击这里"文字，则将弹出一个半透明的遮罩层，如图349-1的右边所示；单击半透明遮罩层的任意位置，则返回初始状态。这种效果在网络上比较普遍，如QQ空间浏览相册等。其好处就是，可以让用户目光聚焦到中心部位。有关此实例的主要代码如下所示：

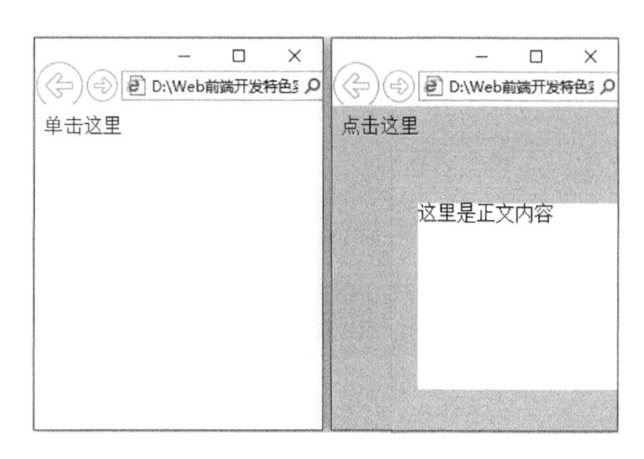

图 349-1

```
<!DOCTYPE html><html><head>
 <script type="text/javascript" src="Scripts/jquery-2.2.3.js"></script>
 <script type="text/javascript">
  $(function () {
   $(".click").click(function () {              //响应"单击这里"单击事件
    $(".bg").css({ "display": "block" });
    $(".content").css({ "display": "block" });
   });
   $(".bg").click(function () {                 //响应遮罩层单击事件
    $(".bg").css({ "display": "none" });
    $(".content").css({ "display": "none" });
  }); });
 </script>
 <style type="text/css">
```

```
    .bg {display: none;position: fixed;width: 100 % ;height: 100 % ;
       background: #000;z - index: 2;top: 0;left: 0; opacity: 0.7;}
    .content {display: none;width: 300px;height: 150px;position: fixed;
             top: 30 % ;background: #fff;z - index: 3;left: 30 % ;}
  </style>
</head>
<body>
    <div class = "click">单击这里</div>
    <div class = "bg"></div>
    <div class = "content">这里是正文内容</div>
</body></html>
```

上面有底纹的代码是此实例的核心代码。在这部分代码中，$(". bg"). css({ "display": "block" })用于显示灰色的遮罩层，$(". bg"). css({ "display": "none" })用于隐藏灰色的遮罩层。关于 css()方法的语法声明请参考本书的其他部分。

此实例的源文件名是 HtmlPageC190. html。

350 创建居中半透明效果显示的遮罩层

此实例主要使用 CSS 定制 DIV 块从而制作居中半透明效果显示的遮罩层。当在浏览器中显示该页面时，单击“测试遮罩层效果”按钮，则先将弹出一个半透明的遮罩层，然后再叠加一个中心高亮窗口，如图 350-1 所示；单击中心窗口中的“关闭”超链接，则将关闭中心窗口和遮罩层。有关此实例的主要代码如下所示：

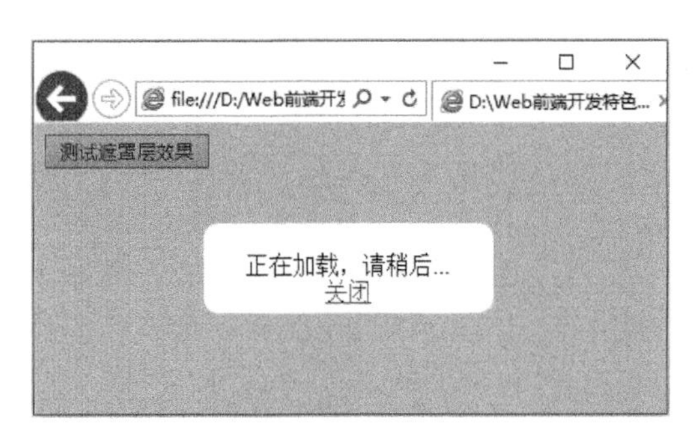

图 350-1

```
<!DOCTYPE html><html><head>
 <script type = "text/javascript" src = "Scripts/jquery - 2.2.3.js"></script>
 <script type = "text/javascript">
  $(document).ready(function () {
   $("#myClick").click(function () {              //响应单击"测试遮罩层效果"按钮
     var bH = $(window).height();
     var bW = $(window).width();
     $("#full_box").css({ width: bW, height: bH, display: "block" });
     var objWH = getObjWh('dialog');
     var tbT = objWH.split("|")[0] + "px";
     var tbL = objWH.split("|")[1] + "px";
     $("#dialog").css({ top: tbT, left: tbL, display: "block" });
     $("#dialog_content").html("<div style = 'text - align:center;
        text - align:center;margin - top:20px'>正在加载,请稍后...</div>");
     $(window).scroll(function () { resetBox(); });
     $(window).resize(function () { resetBox(); });
```

```
        });
        function resetBox() {
          var full_box = $ ("#full_box").css("display");
          if (full_box == 'block') {
            var bH = $ (window).height();
            var bW = $ (window).width();
            var objWH = getObjWh('dialog');
             var tbT = objWH.split("|")[0] + "px";
             var tbL = objWH.split("|")[1] + "px";
             $ ("#dialog").css({ top: tbT, left: tbL, display: "block" });
          }
        }
        function getObjWh(obj) {
         var st = $ (window).scrollTop();
         var sl = $ (window).scrollLeft();
         var ch = $ (window).height();
         var cw = $ (window).width();
         var objH = $ ("#" + obj).height();
         var objW = $ ("#" + obj).width();
         var objT = Number(st) + (Number(ch) - Number(objH)) / 2;
         var objL = Number(sl) + (Number(cw) - Number(objW)) / 2;
         return objT + "|" + objL;
        }
      });
      function closeBox() {                  //响应单击超链接"关闭"
       $ ("#dialog").css("display", "none");
       $ ("#full_box").css("display", "none");
      }
    </script>
    <style>
      #full_box {background-color: gray; display: none;
                 z-index: 3; position: absolute;left: 0px;top: 0px;
                 filter: Alpha(Opacity=30);opacity: 0.4;}
      #dialog {position: absolute;width: 200px;height: 60px;
               background: white; display: none;
               z-index: 5;border-radius: 10px;}
    </style>
  </head>
  <body>
    <button id="myClick">测试遮罩层效果</button>
    <div id="full_box"></div>
    <div id="dialog">
      <div id="dialog_content"></div>
        <div style="text-align:center;text-align:center;">
          <a href="#" mce_href="#" onclick="closeBox();">关闭</a></div></div>
  </body></html>
```

上面有底纹的代码是此实例的核心代码。在这部分代码中，$("#full_box")代表遮罩层，$("#dialog")代表中心窗口，遮罩层的 z-index 是 3，中心窗口的 z-index 是 5，因此中心窗口在遮罩层之上。其实遮罩层实现原理很简单：一个 DIV 遮住下面的内容，其中比较关键的一个 CSS 样式的 z-index 整数值，数值越大就在越上层，越小就在越下层，可以是负数。

此实例的源文件名是 HtmlPageC238.html。

351 创建在弹出时带遮罩层的自定义消息框

此实例主要通过自定义消息框样式从而实现在消息框弹出时主页面上的内容呈现灰色的效果。当在浏览器中显示此实例的页面时，单击“弹出自定义消息框”按钮，则将弹出一个自定义消息框，并且主页面内容呈现灰色，如图 351-1 所示。有关此实例的主要代码如下所示：

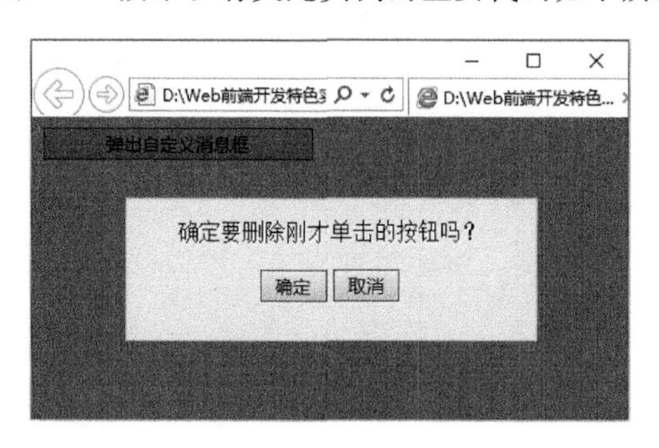

图 351-1

```
<!DOCTYPE html><html><head>
 <script type="text/javascript" src="Scripts/jquery-2.2.3.js"></script>
 <script type="text/javascript">
  $(document).ready(function () {
   $('.myBtn').click(function () {                //响应单击"弹出自定义消息框"按钮
    $('.myMask').css({ 'display': 'block' });
    center($('.myDlg'));
    check($(this).parent(), $('.myBtn1'), $('.myBtn2'));
   });
   function center(obj) {
    var screenWidth = $(window).width();          //当前浏览器窗口的宽度
    var screenHeight = $(window).height();        //当前浏览器窗口的高度
    //获取当前窗口距离页面顶部的高度
    var scrolltop = $(document).scrollTop();
    var objLeft = (screenWidth - obj.width()) / 2;
    var objTop = (screenHeight - obj.height()) / 2 + scrolltop;
    obj.css({ left: objLeft + 'px', top: objTop + 'px', 'display': 'block' });
    $(window).resize(function () {                //在浏览器窗口大小改变时
     screenWidth = $(window).width();
     screenHeight = $(window).height();
     scrolltop = $(document).scrollTop();
     objLeft = (screenWidth - obj.width()) / 2;
     objTop = (screenHeight - obj.height()) / 2 + scrolltop;
     obj.css({ left: objLeft + 'px', top: objTop + 'px', 'display': 'block' });
    });
     $(window).scroll(function () {               //在浏览器滚动条滚动时的操作
      screenWidth = $(window).width();
      screenHeight = $(widow).height();
      scrolltop = $(document).scrollTop();
      objLeft = (screenWidth - obj.width()) / 2;
      objTop = (screenHeight - obj.height()) / 2 + scrolltop;
      obj.css({ left: objLeft + 'px', top: objTop + 'px', 'display': 'block' });
   }); }
   //响应自定义对话框的单击"确定""取消"按钮的操作
```

```
    function check(obj, obj1, obj2) {
     obj1.click(function () {
       obj.remove();
       closed( $ ('.myMask'), $ ('.myDlg'));
     });
     obj2.click(function () {
      closed( $ ('.myMask'), $ ('.myDlg'));
    }); }
    function closed(obj1, obj2) {
      obj1.hide();
      obj2.hide();
  } });
  </script>
  <style type = "text/css">
   .myMask {position: fixed;top: 0;left: 0;width: 100 % ;height: 100 % ;
            background: #000; opacity: 0.5;filter: alpha(opacity = 50);
            display: none;z - index: 99;}
   .myDlg {position: absolute;display: none;width: 300px;height: 100px;
            border: 1px solid #ccc;background: #ececec;text - align: center;
            z - index: 101;}
 </style>
</head>
<body>
 <input type = "button" class = "myBtn" value = "弹出自定义消息框"
style = "width:200px"/>
  <div class = "myMask"></div>
   <div class = "myDlg">
    <p>确定要删除刚才单击的按钮吗?</p>
     <p><input type = "button" value = "确定" class = "myBtn1" />
        <input type = "button" value = "取消" class = "myBtn2" /></p></div>
</body></html>
```

上面有底纹的代码是此实例的核心代码。在这部分代码中，大量使用了 css()方法获取和设置自定义消息框的属性。css()方法用于获取或设置匹配的元素的一个或多个样式属性。当使用 css()方法获取属性值时，其语法声明如下：

```
$ (selector).css(name)
```

其中，参数 name 规定 CSS 属性的名称，该参数可包含任何 CSS 属性，比如 color。

当使用 css()方法设置属性值时，则应该采用下列形式：

```
$ (selector).css(name,value)
```

其中，参数 name 规定 CSS 属性的名称，该参数可包含任何 CSS 属性，比如 color。参数 value 是可选参数，规定 CSS 属性的值，该参数可包含任何 CSS 属性值，比如 red；如果设置了空字符串值，则从元素中删除指定属性。

此实例的源文件名是 HtmlPageC111.html。

352 创建影院在线订票订座的可视购票窗口

此实例主要实现使用"my330jquery.seat-charts.min.js"插件创建影院在线订票订座的可视购票窗口。当在浏览器中显示该页面时，如图 352-1 所示，左边的绿色方框表示可售座位，黑色方框表示已售座位，单击绿色方框会变为紫色方框，即表示用户在选座购票，右侧显示的是用户的购票信息。有关此实例的主要代码如下所示：

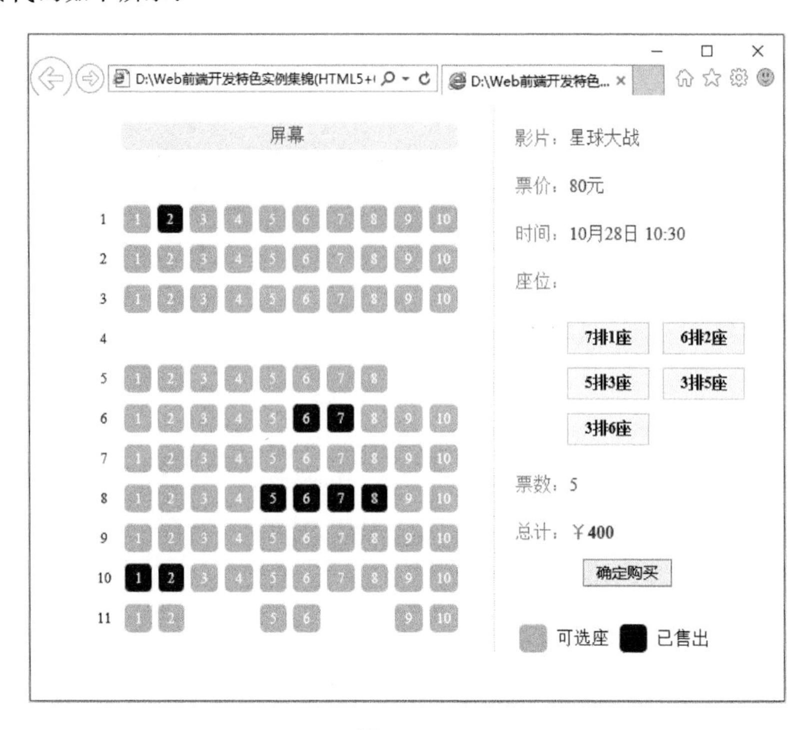

图 352-1

```
<!DOCTYPE html><html><head>
 <script type="text/javascript" src="Scripts/jquery-2.2.3.js"></script>
 <script type="text/javascript"
                  src="Scripts/my330jquery.seat-charts.min.js"></script>
 <script type="text/javascript">
  var price = 80;                                   //票价
  $(document).ready(function () {
   var $cart = $('#selected-seats'),                //座位区
   $counter = $('#counter'),                        //票数
   $total = $('#total');                            //总计金额
   var sc = $('#seat-map').seatCharts({
     map: [                                         //座位图
          'aaaaaaaaaa',
          'aaaaaaaaaa',
          'aaaaaaaaaa',
           '__________',
           'aaaaaaaa__',
           'aaaaaaaaaa',
           'aaaaaaaaaa',
           'aaaaaaaaaa',
           'aaaaaaaaaa',
           'aaaaaaaaaa',
           'aa__aa__aa'],
           naming: {top: false,
                  getLabel: function (character, row, column) {
                   return column;
              } },legend: {                         //定义图例
                 node: $('#legend'),
                 items: [['a', 'available', '可选座'],
```

```
                    ['a', 'unavailable', '已售出']]
            },click: function () {
              if (this.status() == 'available') {
               $('<li>' + (this.settings.row + 1)
                         + '排' + this.settings.label + '座</li>')
                .attr('id', 'cart-item-' + this.settings.id)
                .data('seatId', this.settings.id)
                .appendTo($cart);
              $counter.text(sc.find('selected').length + 1);
              $total.text(recalculateTotal(sc) + price);
                return 'selected';
              } else if (this.status() == 'selected') {
                $counter.text(sc.find('selected').length - 1);
                $total.text(recalculateTotal(sc) - price);
                $('#cart-item-' + this.settings.id).remove();
                return 'available';
              } else if (this.status() == 'unavailable') {
                return 'unavailable';
              } else {
                return this.style();
          }   }  });
        //已售出的座位
        sc.get(['1_2', '4_4', '4_5', '6_6', '6_7', '8_5', '8_6',
                '8_7', '8_8', '10_1', '10_2']).status('unavailable');
      });
      function recalculateTotal(sc) {                //计算总金额
        var total = 0;
        sc.find('selected').each(function () {
          total += price;
      });
    return total;
  }
</script>
<style type="text/css">
 * {list-style:none;}
 .demo {width:600px; margin: 4px auto 0 auto; min-height: 480px; }
 @media screen and (max-width: 360px) {.demo {width: 340px;}}
 .front {width: 300px; margin: 5px 32px 45px 32px;
        background-color: #f0f0f0; color: #666;
        text-align: center;padding: 3px;border-radius: 5px;}
 .booking-details {float: right; position: relative;
                   width: 200px; height: 500px;}
 .booking-details h3 {margin: 5px 5px 0 0;font-size: 16px;}
 .booking-details p {line-height: 26px;font-size: 16px;color: #999;}
 .booking-details p span {color: #666;}
 div.seatCharts-cell {color: #182C4E;height: 25px; width: 25px;
                      line-height: 25px; margin: 3px;float: left;
                      text-align: center;outline: none;font-size: 13px;}
 div.seatCharts-seat {color: #fff; cursor: pointer;border-radius: 5px;
          -webkit-border-radius: 5px; -moz-border-radius: 5px;}
 div.seatCharts-row {height: 35px;}
 div.seatCharts-seat.available {background-color: #B9DEA0;}
 div.seatCharts-seat.focused {background-color: #76B474; border: none;}
 div.seatCharts-seat.selected {background-color: #E6CAC4;}
 div.seatCharts-seat.unavailable { background-color: #472B34;
                                  cursor: not-allowed;}
 div.seatCharts-container { border-right: 1px dotted #adadad;
                           width: 360px; padding: 10px; float: left;}
```

```
    div.seatCharts-legend {padding-left: 0px;position: absolute;
                          bottom: 16px;}
    ul.seatCharts-legendList { padding-left: 0px;}
    .seatCharts-legendItem {float: left; width: 90px;margin-top: 10px;
                          line-height: 2;}
    span.seatCharts-legendDescription {margin-left: 5px;line-height: 30px;}
    .checkout-button {display: block;width: 80px;height: 24px;
             line-height: 20px; margin: 10px auto;border: 1px solid #999;
             font-size: 14px;cursor: pointer;}
    #selected-seats {max-height: 150px; overflow-y: auto;
                                  overflow-x: none;width: 200px;}
    #selected-seats li {float: left;width: 72px;height: 26px;
        line-height: 26px;border: 1px solid #d3d3d3;
        background: #f7f7f7; margin: 6px;font-size: 14px;
        font-weight: bold;text-align: center;}
  </style>
 </head>
 <body>
  <div id="main">
   <div class="demo">
    <div id="seat-map"><div class="front">屏幕</div></div>
    <div class="booking-details">
     <p>影片: <span>星球大战</span></p>
     <p>票价: <span>80 元</span></p>
     <p>时间: <span>10 月 28 日 10:30</span></p>
     <p>座位: </p>
      <ul id="selected-seats"></ul>
     <p>票数: <span id="counter">0</span></p>
     <p>总计: <b>¥<span id="total">0</span></b>
     <button class="checkout-button">确定购买</button></p>
     <div id="legend"></div></div></div></div>
 </body></html>
```

上面有底纹的代码是此实例的核心代码。

此实例的源文件名是 HtmlPageC330.html。

353 创建热气球穿透飞行效果的登录窗口

此实例主要实现使用 animate()方法创建热气球穿透飞行效果的登录窗口。当在浏览器中显示该页面时，两个热气球将在登录窗口的背后穿透飞行，效果如图 353-1 所示。有关此实例的主要代码如下所示：

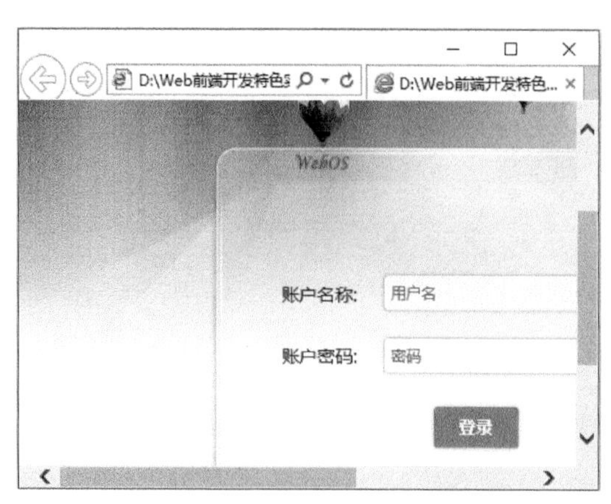

图 353-1

```
<!DOCTYPE html><html><head>
 <script type="text/javascript" src="Scripts/jquery-2.2.3.js"></script>
 <script type="text/javascript">
   ; function rand(mi, ma) {                        //产生随机数
     var range = ma - mi;
     var out = mi + Math.round(Math.random() * range);
     return parseInt(out);
   };
   function getViewSize() {                        //获取窗口尺寸
    var de = document.documentElement;
    var db = document.body;
    var viewW = de.clientWidth == 0 ? db.clientWidth : de.clientWidth;
    var viewH = de.clientHeight == 0 ? db.clientHeight : de.clientHeight;
    return Array(viewW, viewH);
   }
   $(function () {
    myBalloon('div.air-balloon');
   });
   function myBalloon(balloon) {
     var viewSize = [], viewWidth = 0, viewHeight = 0;
     resize();
     $(balloon).each(function () {
      $(this).css({ top: rand(40,
         viewHeight * 0.5), left: rand(10, viewWidth - $(this).width()) });
      fly(this);
     });
     $(window).resize(function () {              //重置窗口大小
      resize()
      $(balloon).each(function () {              //使用随机数设置动画参数
      $(this).stop().animate({ top: rand(40, viewHeight * 0.5),
         left: rand(10, viewWidth - $(this).width()) }, 1000, function () {
       fly(this);
      }); }); });
     function resize() {
      viewSize = getViewSize();
      viewWidth = $(document).width();
      viewHeight = viewSize[1];
     }
     function fly(obj) {
      var $obj = $(obj);
      var currentTop = parseInt($obj.css('top'));
      var currentLeft = parseInt($obj.css('left'));
      var targetLeft = rand(10, viewWidth - $obj.width());
      var targetTop = rand(40, viewHeight / 2);
      var removing = Math.sqrt(Math.pow(targetLeft - currentLeft, 2) +
                         Math.pow(targetTop - currentTop, 2));
      var moveTime = removing / 24;
      $obj.animate({ top: targetTop, left: targetLeft },
                             moveTime * 1000, function () {
        setTimeout(function () {fly(obj);}, rand(1000, 3000));
    }); } };
   </script>
 <style type="text/css">
  html,body{margin:0;padding:0;width:100%;}
  body{font-size:12px;font-family: "微软雅黑";color:#333;line-height:160%; background: url
(images/login-bg.jpg) center top repeat-x #FFF;height:100%;}
```

```
p,ul,.name,.pwd,dd,h1,h2,h3,form,input,select,textarea{margin:0;
            padding:0; border:0;font-family:"微软雅黑";line-height:150%;}
div,p{word-wrap: break-word;}
img{border: none;}
input,button,select,textarea{outline:none}
.login{padding:1px 0 0 0;background:url(MyImages/my321login-bg.jpg) center top no-repeat #FFF;
padding:150px 0 0 0;}
.login input.submit{border:none;font-weight:bold;color:#FFF;margin:25px 0 0 150px;-webkit-
border-radius:3px;-moz-border-radius:3px;border-radius:3px;-webkit-box-shadow:#CCC 0px 0px
5px;-moz-box-shadow:#CCC 0px 0px 5px;box-shadow:#CCC 0px 0px 5px;background:#31b6e7;cursor:
pointer;}
.login input.submit:hover{background:#ff9229;}
.login input.submit{padding:6px 20px;}
.login .box{position:relative;z-index:100;margin:0 auto;width:700px; height:320px;background:url
(MyImages/my321login.png) center top no-repeat;}
.login .log{position:relative;width:370px;height:260px;margin:0 auto; padding:90px 0 0 20px;}
.login .logo{height:85px;position:absolute;top:15px;left:180px;background:url(MyImages/my321logo-
login.png) no-repeat;width:350px;height:50px;}
.login label{display:inline-block;width:70px;text-align:right;
padding-right:20px;vertical-align:middle;}
.login .name{padding:10px 5px;font-size:14px;}
.login .pwd{padding:10px 5px;font-size:14px;}
.login .alt{position:absolute;top:43px;left:260px;font-size:20px;}
.login .text{filter:alpha(opacity=80);opacity:0.8;}
.login .copyright{position:absolute;left:0;width:100%;bottom:-40px;
text-align:center;color:#AAA;}
.login .air-balloon{position:absolute;top:-100px;left:-100px;z-index:50;}
.login .air-balloon.ab-1{width:43px;height:78px;
background:url(MyImages/my321air-balloon-1.png) no-repeat;}
.login .air-balloon.ab-2{width:24px;height:31px;
background:url(MyImages/my321air-balloon-2.png) no-repeat;}
.login .footer{position: fixed;left:0;bottom:0;
              z-index:-1;width:100%;height:198px;
        background:url(MyImages/my321login-foot.jpg) center bottom repeat-x;}
.text{border:1px solid #CCC;padding:5px;background-color:#FCFCFC;
  line-height:14px;width:220px;font-size:12px;-webkit-border-radius:4px;
  -moz-border-radius:4px;border-radius:4px;
  -webkit-box-shadow: #CCC 0px 0px 5px;-moz-box-shadow: #CCC 0px 0px 5px;
  box-shadow: #CCC 0px 0px 5px;border:1px solid #CCC;font-size:12px;}
.text:focus{border:1px solid #31b6e7;background-color:#FFF;
  -webkit-box-shadow: #CCC 0px 0px 5px;-moz-box-shadow: #CCC 0px 0px 5px;
  box-shadow: #0178a4 0px 0px 5px;}
.text:hover{background-color:#FFF;}
label { margin-left:20px;}
</style>
</head>
<body>
 <div class="login">
   <div class="box png">
    <div class="logo png"></div>
     <div class="input">
      <div class="log">
       <div class="name">
        <label>账户名称:</label><input type="text" class="text" id="value_1"
                  placeholder="用户名" name="value_1" tabindex="1"></div>
       <div class="pwd">
        <label>账户密码:</label><input type="password" class="text"
            id="value_2" placeholder="密码" name="value_2" tabindex="2">
```

```
        <input type="button" class="submit" tabindex="3" value="登录">
      <div class="check"></div></div>
      <div class="tip"></div>
    </div></div></div>
    <div class="air-balloon ab-1 png"></div>
    <div class="air-balloon ab-2 png"></div>
    <div class="footer"></div>
</div></body></html>
```

上面有底纹的代码是此实例的核心代码。在这部分代码中，animate()方法主要用于以动画的方式在登录窗口的背后穿透飞行，并且由于此方法在参数中采用了随机数，因此热气球的飞行总是漂浮不定的。关于此方法的语法声明请参考本书的其他部分。

此实例的源文件名是 HtmlPageC321.html。

354　当鼠标悬停在元素上时浮出关联窗口

此实例主要使用 toggle()方法实现在鼠标悬停在元素上时浮出关联的窗口。当在浏览器中显示该页面时，如果将鼠标悬停在第一张图片上，则在该图片的右侧出现好评、中评、差评的窗口，如图 354-1 的左边所示；如果将鼠标悬停在第二张图片上，则在该图片的右侧也出现好评、中评、差评的窗口，如图 354-1 的右边所示。有关此实例的主要代码如下所示：

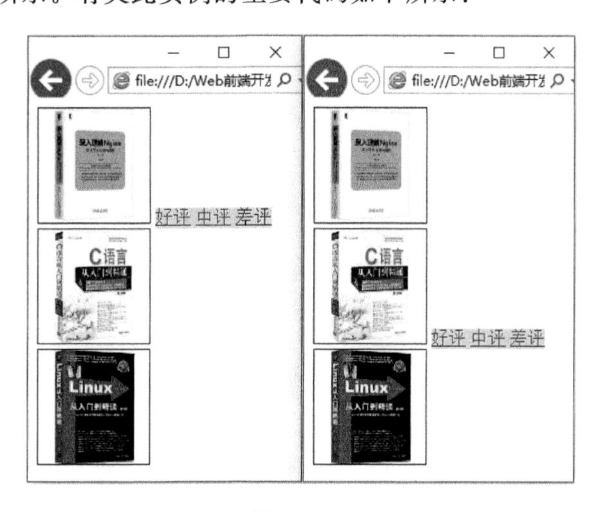

图　354-1

```
<!DOCTYPE html><html><head>
 <script type="text/javascript" src="Scripts/jquery-2.2.3.js"></script>
 <script type="text/javascript">
   $(function () {
     $(".list li").hover(function () {          //在鼠标悬浮时响应
       $(this).find("span").toggle();           //根据当前状态确定是否显示好评中评差评窗口
   }); });
  </script>
  <style>
   span {display: none;background-color: #00ffff}
   ul {list-style: none; margin: 0; padding: 0;}
   img {width:100px; height:100px;border:1px solid black;}
 </style>
</head>
```

```
<body>
 <ul class="list">
  <li><img src="MyImages/MyImage47.jpg" /><span><a href="#">好评</a>
      <a href="#">中评</a><a href="#"
                            onclick=alert("太差了")>差评</a></span></li>
  <li><img src="MyImages/MyImage48.jpg" /><span><a href="#">好评</a>
      <a href="#">中评</a><a href="#">差评</a></span></li>
  <li><img src="MyImages/MyImage49.jpg" /><span><a href="#">好评</a>
      <a href="#">中评</a><a href="#">差评</a></span></li></ul>
</body></html>
```

上面有底纹的代码是此实例的核心代码。在这部分代码中，toggle()方法用于切换元素（好评中评差评窗口）的可见状态，如果被选元素可见，则隐藏这些元素，如果被选元素隐藏，则显示这些元素。关于 toggle()方法的语法声明请参考本书的其他部分。

此实例的源文件名是 HtmlPageC281.html。

355 创建不随滚动条滚动而改变的客服窗口

此实例主要通过在 window 的 scroll 事件中重置悬浮的在线客服窗口的左上角位置，从而实现该在线客服窗口在页面滚动条发生滚动时始终显示在页面的中间位置上。当在浏览器中显示该页面时，任意拖动滚动条，在线客服窗口将始终在页面的中间位置上，如图 355-1 所示。当鼠标悬浮在在线客服窗口上时，则将向左滑出交流方式，如图 355-2 所示。有关此实例的主要代码如下所示：

图 355-1

图 355-2

```
<!DOCTYPE html><html><head>
 <script type="text/javascript" src="Scripts/jquery-2.2.3.js"></script>
 <script type="text/javascript">
   window.onload = window.onresize = window.onscroll = function () {
    var myBox = $("#myQQbox").get(0);          //获取客服窗口
    var iScrollTop = document.documentElement.scrollTop
                                             || document.body.scrollTop;
    setTimeout(function () {
    clearInterval(myBox.timer);
    var iTop = parseInt((document.documentElement.clientHeight -
                            myBox.offsetHeight) / 2) + iScrollTop;
     myBox.timer = setInterval(function () {     //重置客服窗口居中显示
      var iSpeed = (iTop - myBox.offsetTop) / 8;
      iSpeed = iSpeed > 0 ? Math.ceil(iSpeed) : Math.floor(iSpeed);
      myBox.offsetTop == iTop ? clearInterval(myBox.timer) : (myBox.style.top =
```

```
                                    myBox.offsetTop + iSpeed + "px");
    }, 3)    }, 100)
  };
  $(document).ready(function () {
   $("#myQQbox").hover(function (event) {          //在鼠标悬浮时滑出交流方式
    $(this).css("width", "131px");
     $("#myOnline").css("display", "block");
     $("#myMenu").css("display", "none");
    }, function (event) {                           //在鼠标离开时隐藏交流方式
     $(this).css("width", "0px");
     $("#myOnline").css("display", "none");
     $("#myMenu").css("display", "block");
  }); });
 </script>
 <style type = "text/css">
   body { height:10000px; }
   img {border: 0;}
   ul, li {padding: 0; margin: 0;}
   .QQbox { z-index: 99;right: 0px; width: 128px; height: 128px;
          position: absolute;}
   .QQbox .press {right: 0; width: 36px;cursor: pointer;
                  position: absolute;height: 128px; }
   .QQbox .Qlist {left: 0; width: 131px; position: absolute;height: 128px;
     background: url(MyImages/my413floatServiceBj.gif) no-repeat left center;}
   .QQbox .Qlist ul {padding: 43px 0 0 21px; }
   .QQbox .Qlist li { height: 26px; margin-bottom: 11px; _margin-bottom: 7px;
                    list-style-type: none; }
 </style>
</head>
<body>
 <div class = "QQbox" id = "myQQbox">
  <div class = "Qlist" id = "myOnline" style = "display:none;">
   <ul><li><a href = "http://www.163.com">
        <img src = "MyImages/my413floatServiceWeb.gif" alt = "网页方式"></a></li>
        <li><a href = "#"><img src = "MyImages/my413floatServiceQq.gif"
                                  alt = "QQ方式"></a></li></ul></div>
   <div id = "myMenu"><img src = "MyImages/my413floatService.gif"
                               class = "press" alt = "在线客服"></div></div>
</body></html>
```

上面有底纹的代码是此实例的核心代码。在这部分代码中，在线客服窗口的左上角位置由myBox.offsetTop根据滚动条的状态决定，使其始终处于中间位置。

此实例的源文件名是HtmlPageC413.html。

356　创建不随滚动条滚动而改变的在线窗口

此实例主要使用css()方法创建不随滚动条滚动而改变的在线客服窗口。当在浏览器中显示该页面时，任意滑动右侧的滚动条，则左侧的在线客服窗口将不随滚动条滚动而改变，始终位于屏幕的

左上角位置,如图 356-1 所示。有关此实例的主要代码如下所示:

图 356-1

```
<!DOCTYPE html><html><head>
 <script type="text/javascript" src="Scripts/jquery-2.2.3.js"></script>
 <script type="text/javascript">
   $().ready(function () {
    $(window).scroll(function () {                //响应滚动条滚动
      window.setTimeout(function () {
       var myTop = 0;
       if (typeof window.pageYOffset != 'undefined') {
           myTop = window.pageYOffset;
          } else if (typeof document.compatMode != 'undefined'
                           && document.compatMode != 'BackCompat') {
                myTop = document.documentElement.scrollTop;
      }else if (typeof document.body != 'undefined') {
         myTop = document.body.scrollTop;
       }
       $("#myWin").css("top", 10 + myTop)      //设置在线窗口左上角的 top 值
       $("#myWin").text(myTop); }, 30)
   }); });
 </script>
 <style>
   #myWin {background-image: url("MyImages/MyImage280.jpg");
          border: 1px solid #fcc; position: absolute; top: 10px;
          left: 8px; width: 312px; height: 135px;}
 </style>
</head>
<body style="height:1800px;background-color:antiquewhite">
 <div id="myWin"></div>
</body></html>
```

上面有底纹的代码是此实例的核心代码。在这部分代码中,css()方法用于获取或设置匹配元素的一个或多个样式属性,在此实例中主要用于设置在线窗口的 top 值。关于 css()方法的语法声明请参考本书的其他部分。

此实例的源文件名是 HtmlPageC280.html。

357 在页面左右两侧悬浮两个对称广告窗口

此实例主要实现在页面的左右两侧悬浮两个对称的对联广告。当在浏览器中显示该页面时,两幅广告图片将悬停在页面的左右两侧,无论怎样改变浏览器窗口的大小,其位置都始终保持不变,单击广告图片或文字,将通过超链接跳转到指定的网站,如图 357-1 所示。有关此实例的主要代码如下所示:

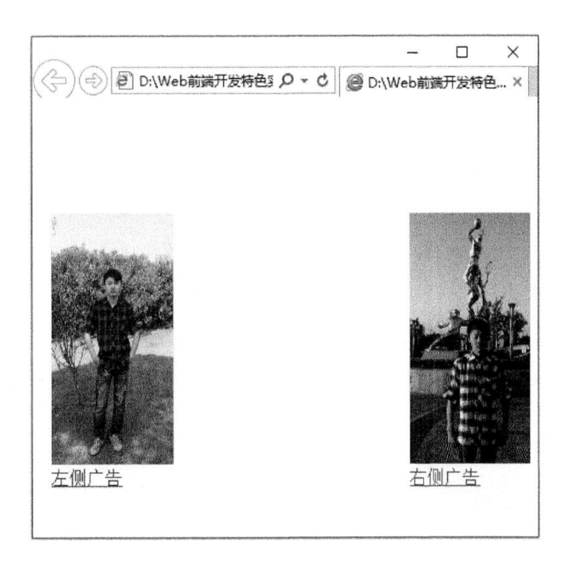

图 357-1

```
<!DOCTYPE html><html><head>
 <script type="text/javascript" src="Scripts/jquery-2.2.3.js"></script>
 <script language="javascript">
  $(document).ready(function () {           //在页面的左右两侧悬浮两个对称的对联广告
   $(window).scroll(function () {           //响应滚动条滚动
    var bodyTop = 0;
    if (typeof window.pageYOffset != 'undefined') {
     bodyTop = window.pageYOffset;
     } else if (typeof document.compatMode != 'undefined'
                           && document.compatMode != 'BackCompat') {
      bodyTop = document.documentElement.scrollTop;
    } else if (typeof document.body != 'undefined') {
      bodyTop = document.body.scrollTop;
   }
  //重置两个窗口的左上角的 top 值
   $("#Couplets_L,#Couplets_R").css("top", 100 + bodyTop);
});});
  </script>
  <style type="text/css">
    #Couplets_L{border: 1px solid #ffffff; position: absolute;
                 top: 100px;left: 16px;width: 100px; height: 120px;}
     #Couplets_R{border: 1px solid #ffffff;position: absolute;
                 top: 100px;right: 16px;width: 100px;height: 120px;}
  </style>
</head>
<body>
 <div id="Couplets_L">
  <a href="http://www.163.com"><img src="MyImages/Myluoshuai2.jpg"
    width="110" height="220" />左侧广告</a></div>
 <div id="Couplets_R">
  <a href="http://www.sina.com"><img src="MyImages/Myluoshuai4.jpg"
    width="110" height="220" />右侧广告</a></div>
</body></html>
```

上面有底纹的代码是此实例的核心代码。其中,$("#Couplets_L,#Couplets_R").css("top", 100 + bodyTop)用于设置两个窗口左上角的 top 值,由于两个窗口的 top 值相同,因此它们始终是等高的；并且由于左窗口的 left 值、右窗口的 right 值始终不变，因此它们看起来始终是对称的。

此实例的源文件名是 HtmlPageC091.html。

358 创建感应鼠标变化的抽屉式滑动窗口

此实例主要通过在窗口的 hover 事件响应方法中使用 animate()方法，实现创建感应鼠标变化的抽屉式滑动窗口。当在浏览器中显示该页面时，4 个未滑动的窗口如图 358-1 的左边所示；当鼠标放在第二个窗口上时，该窗口将按照从右至左的方向滑出，如图 358-1 的右边所示。当鼠标放在其他 3 个窗口上时，将实现类似的功能。有关此实例的主要代码如下所示：

图 358-1

```
<!DOCTYPE html><html><head>
 <script type="text/javascript" src="Scripts/jquery-2.2.3.js"></script>
 <script type="text/javascript">
  $().ready(function () {
    $('.box').each(function () {                    //对所有 4 个窗口实现以下相同的特效
      $(this).hover(function () {                   //在鼠标悬浮时滑出抽屉
       $(this).stop().animate({ width: '330' }, 1000);
      }, function () {                              //在鼠标离开时关闭抽屉
       $(this).stop().animate({ width: '100' }, 1000);
    }); }); });
  </script>
  <style type="text/css">
   .box { width: 100px; height: 100px; position: absolute;
         right: 0; color: #fff;}
   .box1 {top: 20px; background: url(MyImages/MyImage80.jpg);}
   .box2 {top: 140px;background: url(MyImages/MyImage84.jpg);}
   .box3 {top: 260px;background: url(MyImages/MyImage89.jpg);}
   .box4 {top: 380px;background: url(MyImages/MyImage85.jpg);}
  </style>
</head>
<body style="background-color: #0f1a0a">
```

```
  <div class = "box box1">台北</div>
  <div class = "box box2">马尼拉</div>
  <div class = "box box3">新加坡</div>
  <div class = "box box4">万隆</div>
</body></html>
```

上面有底纹的代码是此实例的核心代码。其中，$(this).stop().animate({ width: '330' }, 1000)先停止当前窗口正在实施的动画，然后在1秒内将窗口的宽度从当前值渐变到330px，即滑出抽屉；$(this).stop().animate({ width: '100' }, 1000)先停止当前窗口正在实施的动画，然后在1秒内将窗口的宽度从当前值渐变到100px，即关闭抽屉。关于stop()方法和animate()方法的语法声明请参考本书的其他部分。

此实例的源文件名是HtmlPageC283.html。

359 在页面左侧创建抽屉式的在线客服窗口

此实例主要使用animate()方法和stop()方法在页面的左侧实现抽屉式的在线客服窗口。当在浏览器中显示该页面时，将鼠标放在左下角的图片上，如图359-1的左边所示；则将从左至右滑出一个服务窗口，如图359-1的右边所示；当鼠标离开该服务窗口时，该服务窗口从右至左滑出消失。有关此实例的主要代码如下所示：

图 359-1

```
<!DOCTYPE html><html><head>
 <script type = "text/javascript" src = "Scripts/jquery-2.2.3.js"></script>
 <script type = "text/javascript">
  $(document).ready(function () {
   $(function () {
     $("#divQQbox").hover(function () {             //在鼠标悬浮时滑出在线客服窗口
         $(this).stop(true, false);
         $(this).animate({ left: 0 }, 300);
       }, function () {                             //在鼠标离开时隐藏在线客服窗口
         $(this).animate({ left: -276 }, 149);
   }); }); });
```

```
    </script>
    <style>
      * { margin: 0px; padding: 0px; outline: none; list-style-type: none;
         border: none;}
     .QQbox {z-index: 1000; width: 410px;left: -276px;top: 0;
          margin: 149px 0 0 0;position: fixed;}
     .QQbox .Qlist { float: left; width: 410px;
                   background: url(MyImages/MyImage279bj01.png) no-repeat;
                   background-position: 1px 0px; height: 436px;
                   display: block; overflow: hidden; zoom: 1; }
       .QQbox .Qlist .con { margin-top: 266px; margin-left: 50px;
                      color: #32567e; font-size: 14px; }
       .QQbox .Qlist .con ul li {height: 31px;list-style: none;
                          margin-left: 35px; }
       .QQbox .Qlist .con ul li img {margin-bottom: -5px;}
       .QQbox .Qlist .con ul li a {font-size: 13px;
                    margin-left: 18px; text-decoration: none;}
       .OnlineLeft {float: left;display: inline; width: 262px;
              height: 439px;overflow: hidden; zoom: 1; }
       .OnlineBtn { float: right; display: inline; width: 127px; height: 36px;
              background: url(MyImages/MyImage279bj02.png) no-repeat;
              margin-top: -45px; margin-left: 220px;}
    </style>
  </head>
  <body style="height:1200px;">
   <div id="divQQbox" class="QQbox">
    <div id="divOnline" class="Qlist">
     <div class="OnlineLeft">
      <div class="con">
       <ul>
        <li>客房预订<a target="_blank" href="#" onclick="alert('仅用于测试')">
         <img border="0" src="MyImages/MyImage279Button.gif"></a></li>
        <li>商务合作<a target="_blank" href="#" onclick="alert('仅用于测试')">
         <img border="0" src="MyImages/MyImage279Button.gif"></a></li>
        <li>服务投诉<a target="_blank" href="#" onclick="alert('仅用于测试')">
         <img border="0" src="MyImages/MyImage279Button.gif"></a></li>
        <li>整合营销<a target="_blank" href="#" onclick="alert('仅用于测试')">
         <img border="0" src="MyImages/MyImage279Button.gif"></a></li>
        <li>招贤纳士<a target="_blank" href="#" onclick="alert('仅用于测试')">
         <img border="0" src="MyImages/MyImage279Button.gif" ></a></li>
    </ul></div></div>
    <div class="OnlineBtn"></div></div></div>
  </body></html>
```

上面有底纹的代码是此实例的核心代码。在这部分代码中，$(this).animate({ left: 0 }, 300)表示在300毫秒内将在线客服窗口的left属性值从－276px渐变到0，即从左边拉出在线客服窗口。$(this).animate({ left: -276 }, 149)表示在149毫秒内将在线客服窗口的left属性值从0渐变到－276px，即从右到左推出在线客服窗口(隐藏)。关于animate()方法的语法声明请参考本书的其他部分。

此实例的源文件名是HtmlPageC279.html。

360 当鼠标经过地图热点时显示信息窗口

此实例主要通过制作地图热点实现当鼠标经过时，弹出窗口显示该热点区域的相应信息。当在浏览器中显示该页面时，鼠标悬停在地图上的任何一个省份，都将浮出一个消息框，显示当前所在位置，有关此实例的主要代码如下所示：

```
<!DOCTYPE html><html><head>
 <script type="text/javascript" src="Scripts/jquery-2.2.3.js"></script>
 <script language="javascript">
  $(function () {
   $("area").each(function () {
    var $x = -70;
    var $y = -80;
    var name = $(this).attr("alt");
    $(this).mouseover(function (e) {           //当鼠标悬浮时创建并显示信息窗口
     var index_num = $(this).index();
     var dom = "<div class='mapDiv'><p>当前位置:
        <span class='name'></span><span class='num'></span></p></div>";
     $("body").append(dom);
     $(".name").text(name);
     $(".num").text(index_num)
     $(".mapDiv").css({ top: (e.pageY + $y) + "px",
                     left: (e.pageX + $x) + "px"
                 }).show("fast");
      }).mouseout(function () {                //当鼠标离开时移除信息窗口
        $(".mapDiv").remove();
      }).mousemove(function (e) {              //当鼠标移动时重置信息窗口位置
        $(".mapDiv").css({top: (e.pageY + $y) + "px",
                       left: (e.pageX + $x) + "px"
  }) });});});
  </script>
  <style type="text/css">
   #Con {text-align: center;}
   .mapDiv {width: 140px;height: 51px;padding: 5px;color: #369;
      background: url('MyImages/mytipbg.png') no-repeat;position: absolute;
      display: none;word-break: break-all;}
  </style>
</head>
<body>
 <div id="Con">
 <img border="0" usemap="#Map" src="MyImages/chinamap.png" />
 <map name="Map" id="Map">
  <area id="beijing" alt="北京" href="" coords="354,140,380,153" shape="rect">
  <area id="shanghai" alt="上海" href="" coords="434,246,462,259" shape="rect">
  <area id="tianjin" alt="天津" href="" coords="382,168,408,180" shape="rect">
  <area id="chongqing" alt="重庆" href=""coords="294,264,320,276" shape="rect">
  <area id="hebei" alt="河北" href="" coords="347,174,374,186" shape="rect">
  <area id="shanxi" alt="山西" href="" coords="322,186,348,198" shape="rect">
  <area id="neimenggu" alt="内蒙古" href="" coords="349,110,388,124" shape="rect">
  <area id="liaoning" alt="辽宁" href="" coords="406,128,432,140" shape="rect">
  <area id="jilin" alt="吉林" href="" coords="427,101,454,115" shape="rect">
  <area id="heilongjiang" alt="黑龙江" href="" coords="424,58,464,73" shape="rect">
  <area id="jiangsu" alt="江苏" href="" coords="404,224,417,250" shape="rect">
  <area id="zhejiang" alt="浙江" href="" coords="413,265,427,291" shape="rect">
  <area id="anhui" alt="安徽" href="" coords="382,236,395,263" shape="rect">
  <area id="fujian" alt="福建" href="" coords="399,300,413,327" shape="rect">
  <area id="jiangxi" alt="江西" href="" coords="371,286,385,313" shape="rect">
  <area id="shandong" alt="山东" href="" coords="373,196,399,208" shape="rect">
  <area id="henan" alt="河南" href="" coords="337,228,364,239" shape="rect">
  <area id="hubei" alt="湖北" href="" coords="329,258,356,271" shape="rect">
```

```
    <area id = "hunan" alt = "湖南" href = "" coords = "325,294,352,306" shape = "rect">
    <area id = "guangdong" alt = "广东" href = "" coords = "356,343,382,355" shape = "rect">
    <area id = "guangxi" alt = "广西" href = "" coords = "302,343,328,355" shape = "rect">
    <area id = "hainan" alt = "海南" href = "" coords = "313,398,340,411" shape = "rect">
    <area id = "sichuan" alt = "四川" href = "" coords = "239,265,265,277" shape = "rect">
    <area id = "guizhou" alt = "贵州" href = "" coords = "283,311,308,324" shape = "rect">
    <area id = "yunnan" alt = "云南" href = "" coords = "225,337,251,349" shape = "rect">
    <area id = "shaanxi" alt = "陕西" href = "" coords = "303,224,316,251" shape = "rect">
    <area id = "gansu" alt = "甘肃" href = "" coords = "179,156,205,168" shape = "rect">
    <area id = "qinghai" alt = "青海" href = "" coords = "174,206,200,218" shape = "rect">
    <area id = "ningxia" alt = "宁夏" href = "" coords = "277,188,290,212" shape = "rect">
    <area id = "xinjiang" alt = "新疆" href = "" coords = "85,140,111,152" shape = "rect">
    <area id = "xizang" alt = "西藏" href = "" coords = "87,249,113,261" shape = "rect">
    <area id = "xianggang" alt = "香港" href = "" coords = "379,358,406,370" shape = "rect">
    <area id = "aomen" alt = "澳门" href = "" coords = "349,371,375,383" shape = "rect">
    <area id = "taiwan" alt = "台湾" href = "" coords = "434,322,448,348" shape = "rect">
  </map></div></body></html>
```

上面有底纹的代码是此实例的核心代码。在这部分代码中，$("body").append(dom)用于添加动态创建信息窗口的 HTML 代码，$(".mapDiv").css({ top: (e.pageY + $y) + "px",left: (e.pageX + $x) + "px"}).show("fast")用于设置信息窗口的左上角坐标然后显示，相关方法的语法声明请参考本书的其他部分。

此实例的源文件名是 HtmlPageC084.html。

361 在显示或关闭页面时弹出广告窗口

此实例主要通过配置 body 的 onload 和 onunload 事件响应方法，从而实现在显示页面时和关闭页面时分别弹出一个独立的广告窗口。当在浏览器中显示此实例的页面时，将自动弹出一个广告窗口(网易页面)，如图 361-1 所示；如果关闭当前页面，则还将弹出一个独立的广告窗口。有关此实例的主要代码如下所示：

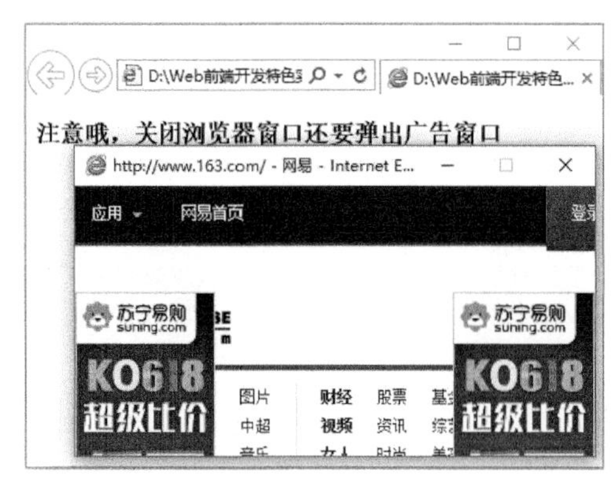

图 361-1

```
<!DOCTYPE html><html><head>
 <script type = "text/javascript" src = "Scripts/jquery - 2.2.3.js"></script>
 <script>
   function myWindow() {                    //定制的广告窗口
     window.open("http://www.163.com", "newwindow", "height = 200, width = 400, toolbar = no, menubar = no, scrollbars = no, resizable = no, location = no, status = no");
   }
```

```
  </script>
</head>
<body onload="myWindow()" onunload="myWindow()">
  <h3>注意哦,关闭浏览器窗口还要弹出广告窗口</h3>
</body></html>
```

上面有底纹的代码是此实例的核心代码。在这部分代码中，myWindow()方法主要用于响应body的onload和onunload事件，即在这两个事件发生时，弹出广告窗口。弹出广告窗口则由open()方法实现，可以通过定制open()方法的参数实现广告窗口外观，比如设置宽度、高度，隐藏工具栏、标题栏、状态栏等。关于open()方法的语法声明及相关参数解释请参考本书的其他部分。

此实例的源文件名是HtmlPageC101.html。

362　为页面上的元素创建一个悬浮提示框

此实例主要通过为元素的hover事件添加响应方法从而实现为页面的元素创建一个悬浮风格的提示框。当在浏览器中显示该页面时，如果鼠标悬停在第一行文字上，悬浮提示框将显示“武汉”，如图362-1的左边所示；如果鼠标悬停在第三行文字上，悬浮提示框将显示“昆明”，如图362-1的右边所示。有关此实例的主要代码如下所示：

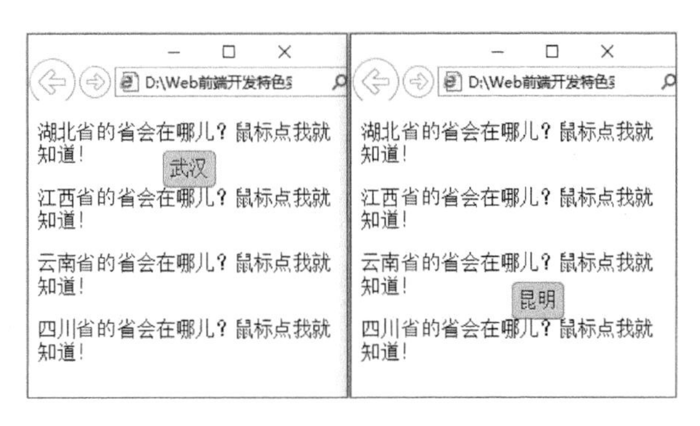

图　362-1

```
<!DOCTYPE html><html><head>
  <script type="text/javascript" src="Scripts/jquery-2.2.3.js"></script>
  <script type="text/javascript">
    $(function () {
     x = 5;
     y = 15;
     $("p").hover(function (e) {                //在鼠标悬浮时创建提示框并显示
      myTitle = this.title;
      this.title = "";
      //动态创建提示框的HTML代码
      var ndiv = "<div id='myBox'>" + myTitle + "</div>";
      $("body").append(ndiv);
      $("#myBox").css({ "top": (e.pageY + y) + "px",
                  "left": (e.pageX + x) + "px" }).show(2000);
      $(this).mousemove(function (e) {          //在鼠标移动时重置提示框的位置
       $("#myBox").css({"top": (e.pageY + y) + "px",
                   "left": (e.pageX + x) + "px" }).show(1000); });
      }, function () { this.title = myTitle;
                  $("#myBox").remove();});
    });
```

```
 </script>
 <style type="text/css">
     #myBox {position: absolute;border: 1px solid grey; opacity: 0.8;
             background: #ffd800; border-radius: 5px; padding: 5px; }
 </style>
</head>
<body>
    <p title="武汉">湖北省的省会在哪儿?鼠标点我就知道!</p>
    <p title="南昌">江西省的省会在哪儿?鼠标点我就知道!</p>
    <p title="昆明">云南省的省会在哪儿?鼠标点我就知道!</p>
    <p title="成都">四川省的省会在哪儿?鼠标点我就知道!</p>
</body></html>
```

上面有底纹的代码是此实例的核心代码。在这部分代码中,append()方法用于将动态创建提示框的 HTML 代码添加到 body 中,然后用 css()方法设置提示框的左上角坐标,再用 show()方法将其显示出来。e.pageY 和 e.pageX 是当前鼠标悬浮点的坐标位置,提示框就在该位置附近显示。关于这些方法的语法声明请参考本书的其他部分。

此实例的源文件名是 HtmlPageC240.html。

363 在单个文件中创建主窗口和弹出窗口

此实例主要通过使用 document.write()方法实现在单个页面文件中同时创建主窗口和弹出窗口。当在浏览器中显示此实例的页面时,单击"显示弹出窗口"超链接或按钮,则将弹出一个独立的广告窗口,如图 363-1 所示。有关此实例的主要代码如下所示:

图 363-1

```
<!DOCTYPE html><html><head>
 <script type="text/javascript" src="Scripts/jquery-2.2.3.js"></script>
 <script>
  function newWindow() {
   OpenWindow = window.open("", "newwin", "height=250, width=320,toolbar=no ,scrollbars=" +
scroll + ",menubar=no");
   OpenWindow.document.write("<TITLE>弹出窗口</TITLE>")
   OpenWindow.document.write("<BODY BGCOLOR=#ffffff>")
   OpenWindow.document.write("<h3>生活不容易,且行且珍惜</h3>")
   OpenWindow.document.write("<img src=\"MyImages/MyImage58.jpg\"
                              width=\"300\" height=\"200\" />")
```

```
    OpenWindow.document.write("</BODY>")
    OpenWindow.document.write("</HTML>")
    OpenWindow.document.close()
  }
  $(document).ready(function () {
    $("#myLink").click(function () {        //单击超链接显示弹出窗口
      newWindow();
    });
    $("#myBtn").click(function () {         //单击按钮显示弹出窗口
      newWindow();
  });});
 </script>
</head>
<body>
 <a href="#"  id="myLink">显示弹出窗口</a>
 <input type="button"  id="myBtn" value="显示弹出窗口">
</body></html>
```

上面有底纹的代码是此实例的核心代码。在这部分代码中，document.write()方法是一个完全的JS方法，只需要在里面添加HTML代码即可，千万注意引号的使用，完成后记得用document.close()结束。

此实例的源文件名是HtmlPageC105.html。

364 创建从右上角向左下角滑出的消息框

此实例主要实现使用animate()方法创建从右上角向左下角滑出的自定义消息框。当在浏览器中显示该页面时，单击“两江新区简介”超链接，则将从右上角向左下角滑出一个消息框，如图364-1所示。有关此实例的主要代码如下所示：

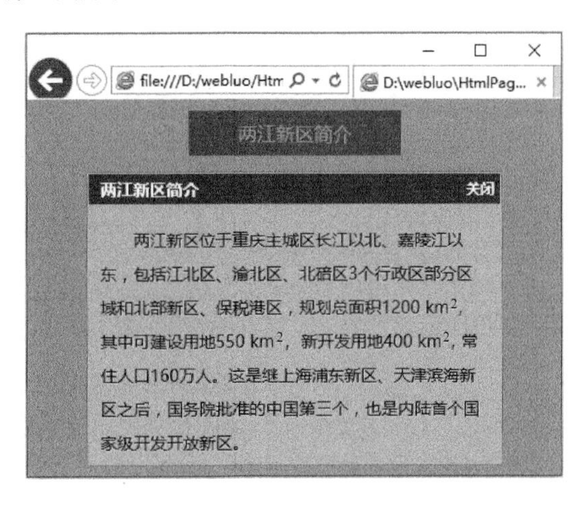

图 364-1

```
<!DOCTYPE html><html><head>
 <script type="text/javascript" src="Scripts/jquery-2.2.3.js"></script>
 <script type="text/javascript">
  $(document).ready(function () {
   $(".showdiv").click(function () {          //响应单击两江新区简介
```

```
        var th =60;
        var rw = 50;
        $ (".showbox").animate({ top: th, opacity: 'show',
                        width: 350, height: 240, right: rw }, 500);
        $ ("#myMask").css({display: "block", height: $ (document).height()});
        return false;
      });
      $ (".showbox .close").click(function () {          //响应单击消息框的关闭按钮
        $ (this).parents(".showbox").animate({ top: 0,
                opacity: 'hide', width: 0, height: 0, right: 0 }, 500);
        $ ("#myMask").css("display", "none");
    }); });
  </script>
  <style type = "text/css">
   * {margin: 0; padding: 0;list - style - type: none;}
   body {font - family: 'microsoft yahei';}
   a {text - decoration: none;}
   .showdiv {color: #fff; padding: 8px 15px;background: #09F;text - align: center;
            display: block;width: 150px; margin: 10px auto;}
   .showbox {width: 0px;height: 0px;display: none; position: absolute;
            right: 0;top: 0; z - index: 100; border: 1px #8FA4F5 solid;
            padding: 1px;background:lightblue;}
   .showbox h2 {height: 25px;font - size: 14px; background - color: #3366cc;
              position: relative; padding - left: 10px;line - height: 25px;
              color: #fff; }
   .showbox h2 a {position: absolute;right: 5px;top: 0; font - size: 12px;
               color: #fff;}
   .showbox .myMessageBox {padding: 10px;}
   .showbox .myMessageBox p { font: normal 14px/2 'microsoft yahei';
                      text - indent: 2em;color: #333;padding - top: 5px;}
   #myMask {background - color: #666;position: absolute; z - index: 99;
            left: 0;top: 0;display: none;width: 100% ;height: 100% ;
            opacity: 0.5; filter: alpha(opacity = 50); }
  </style>
 </head>
 <body>
  <a class = "showdiv" href = "#">两江新区简介</a>
  <div class = "showbox">
   <h2>两江新区简介<a class = "close" href = "#">关闭</a></h2>
   <div class = "myMessageBox">
   <p>两江新区位于重庆主城区长江以北、嘉陵江以东,包括江北区、渝北区、北碚区 3 个行政区部分区域和北部
新区、保税港区,规划总面积 1200km²,其中可建设用地 550km²,新开发用地 400km²,常住人口 160 万人。这是继
上海浦东新区、天津滨海新区之后,国务院批准的中国第三个,也是内陆首个国家级开发开放新区。</p></div>
 </div>
  <div id = "myMask"></div>
 </body></html>
```

上面有底纹的代码是此实例的核心代码。在这部分代码中,animate()方法主要用于从右上角向左下角滑出消息框。css()方法主要通过设置显示属性来实现隐藏或显示灰色的遮罩层。关于这些方法的语法声明请参考本书的其他部分。

此实例的源文件名是 HtmlPageC291.html。

365　创建从左上角向右下角滑出的消息框

此实例主要实现使用 animate()方法创建从左上角向右下角滑出的自定义消息框。当在浏览器中显示该页面时，单击“两江新区简介”超链接，则将从左上角向右下角滑出一个消息框，如图 365-1 所示。有关此实例的主要代码如下所示：

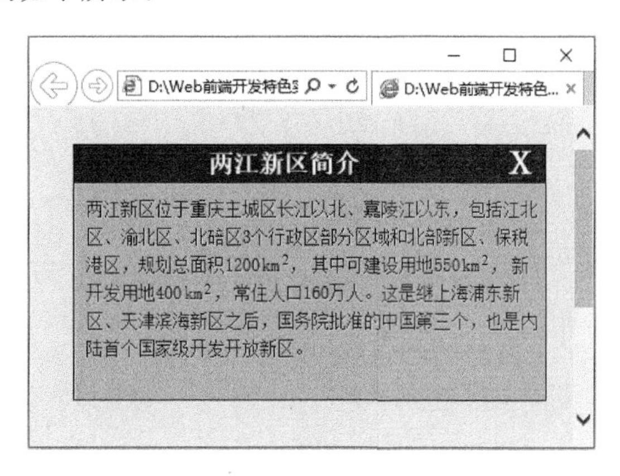

图　365-1

```
<!DOCTYPE html><html><head>
 <script type="text/javascript" src="Scripts/jquery-2.2.3.js"></script>
 <script language="javascript">
  $(function () {
   $("#myLink").click(function () {                //响应单击两江新区超链接
    var offsettop = $("#myLink").offset().top + 20;
    var offsetleft = $("#myLink").offset().left + 30;
    $("#myLink").hide();
    $("#page").animate({ width: "400px", height: "400px",
                     left: offsetleft + "px", top: offsettop + "px",
                     opacity: 'toggle' }, 300);
    return false;
   })
   $("#closepage").click(function () {        //响应单击消息框的关闭按钮
    $("#page").animate({ width: "0px", height: "0px",left: "0px",
                     top: "0px",opacity: 'toggle'}, 300);
    $("#myLink").show();
    return false;
   }) })
 </script>
 <style type="text/css">
   * {border: 0;margin: 0;padding: 0;text-decoration: none;}
  body {text-align: center; font-size: 12px; color: #333;
        font-family: "宋体";background: #fff; margin: 0 auto;padding: 0;}
  a:hover {color: yellow;}
  .ask {overflow: hidden;position: fixed;left: 0px;top: 5px; z-index: 2;}
  .leftLink { background: green; width: 25px; height: 125px;
           text-align: center;line-height: 20px;display: block;
           color: white;font-size: 14px;margin:5px;}
  .page {width: 0px; position: absolute; height: 0px;left: 0; top: 0px;
           z-index: 1;overflow: hidden;display: none;}
```

```
    .page div {border: 1px solid #000; overflow: hidden; width: 380px;
              height: 200px;}
    .page h1 {height: 30px;text-align: center;font-size: 20px;
               color: white;background: blue;line-height: 30px;}
    .page h1 a {float: right;color: white;margin-top: -15px;font-size: 40px;
              text-align: center;padding: 10px;text-decoration: none;}
    .page p {padding: 10px;line-height: 22px;font-size: 14px;text-align: left;
           background: lightblue;height: 150px;width: 370px;}
  </style>
</head>
<body style="background-color:antiquewhite">
 <div class="ask">
  <a class="leftLink" href="#" id="myLink">两江新区简介</a></div>
 <div class="page" id="page">
  <div><h1><a href="#" id="closepage">x</a>两江新区简介</h1>
   <p>两江新区位于重庆主城区长江以北、嘉陵江以东,包括江北区、渝北区、北碚区3个行政区部分区域和北部新区、保税港区,规划总面积1200km²,其中可建设用地550km²,新开发用地400km²,常住人口160万人。这是继上海浦东新区、天津滨海新区之后,国务院批准的中国第三个,也是内陆首个国家级开发开放新区。</p>
</div></div>
</body></html>
```

上面有底纹的代码是此实例的核心代码。在这部分代码中,animate()方法主要用于从左上角向右下角滑出消息框,$("#page").animate({ width: "400px", height: "400px",left: offsetleft + "px", top: offsettop + "px",opacity: 'toggle' }, 300)在实现这一过程时,同时伴有位移、放大以及改变透明度等动画效果。关于animate()方法的语法声明请参考本书的其他部分。

此实例的源文件名是HtmlPageC293.html。

366 创建带阴影效果的三角形指示符的提示框

此实例主要实现通过定制CSS样式从而创建带阴影效果的三角形指示符的提示框。当在浏览器中显示该页面时,如果将鼠标放在图片上,则将从该图片的下方显示一个带有阴影的三角形指示符的提示框,如图366-1所示。有关此实例的主要代码如下所示:

图 366-1

```
<!DOCTYPE html><html><head>
 <script type="text/javascript" src="Scripts/jquery-2.2.3.js"></script>
 <script type="text/javascript">
  $(document).ready(function () {
   $("a").hover(function () {                  //在鼠标悬浮时显示提示框
    $("#myTip").show();
   }, function () {                            //在鼠标离开时隐藏提示框
    $("#myTip").hide();
  }); });
 </script>
 <style>
  .wrap {width: 400px;margin: 0px auto;}
  /*模拟灰色阴影背景层*/
  .myGray {width: 400px;position: absolute;background: #808080;
           font-size: 12px;text-align: left;display:none;}
  /*提示框*/
  .myBox {width: 396px; position: relative;background: #ff9;
          border: 1px solid #F96; padding: 1px; left: -4px; top: -4px;}
  /*模拟小三角*/
   .y, .z {position: absolute; left: 130px;}
   .y {color: #ff9; top: -6px; }
   .z {color: #f96; top: -7px; }
   img {width: 400px;height: 250px; margin-bottom: 8px;border-radius: 5px;}
 </style>
</head>
<body>
 <div class="wrap"><br>
  <a href="http://www.163.com"><img src="MyImages/my326 呼伦贝尔.jpg" /></a>
 <div class="myGray" id="myTip" >
 <div class="myBox"><p>呼伦贝尔市 2012 年 7 月 9 日入选国家森林城市,境内的呼伦贝尔草原是世界四大草原之一,被称为世界上最好的草原。有 8 个国家级一、二类通商口岸,其中满洲里口岸是中国最大的陆路口岸。
</p>
 <div class="z">◆</div>
 <div class="y">◆</div></div></div></div>
</body></html>
```

上面有底纹的代码是此实例的核心代码。在这部分代码中,show()方法主要用于在鼠标悬浮在图片上时显示提示框,hide()方法主要用于在鼠标离开图片时隐藏提示框,关于这两个方法的语法声明请参考本书的其他部分。使用◆(菱形字符)为提示框制作三角形指示符和阴影背景是在 CSS 样式 myGray 等类中完成的。

此实例的源文件名是 HtmlPageC412.html。

367 使用菱形字符创建三角形指示符的消息框

此实例主要实现通过定制 CSS 样式实现使用◆(菱形字符)为提示框制作三角形指示符。当在浏览器中显示该页面时,如果将鼠标放在图片上,则将从该图片的下方显示一个带有三角形指示符的提示框,如图 367-1 所示。有关此实例的主要代码如下所示:

```
<!DOCTYPE html><html><head>
 <script type="text/javascript" src="Scripts/jquery-2.2.3.js"></script>
 <script type="text/javascript">
```

```
$(document).ready(function () {
 $("a").hover(function () {          //在鼠标悬浮时显示提示框
   $("#myTip").show();
 }, function () {                    //在鼠标离开时隐藏提示框
   $("#myTip").hide();
});});
</script>
<style type = "text/css">
 .wrap {width: 400px;margin: 0px auto;}
 .comment {position: relative; padding: 1px; background: white;
          border-radius: 3px;border: 1px solid #e1e4e5;display:none;}
 .arrow {display: block;_display: none;position: absolute;overflow: hidden;}
 .arrow .out, .arrow .inside {font-family:黑体;font-weight: bold;
              font-size: 18px;}
 .arrow .out {display: inline-block;overflow: hidden;color: #e1e4e5;}
 .arrow .inside {position: absolute;color: white;}
   /* 坐标位置 */
 .arXYt {top: -10px;left: 20px;}
 .aiXYt {top: 1px;left: 0px;}
 h6 {padding-left: 5px;padding-right: 5px;}
 img {width: 400px;height: 250px; margin-bottom: 8px;border-radius: 5px;}
</style>
</head>
<body>
<div class = "wrap"><br>
 <a href = "http://www.163.com"><img src = "MyImages/my318big3.jpg" /></a>
 <div class = "comment" id = "myTip">
  <div class = "arrow arXYt">
  <span class = "out">◆</span>
  <span class = "inside aiXYt">◆</span></div>
  <h6>阿尔山市位于内蒙古自治区兴安盟西北部,横跨大兴安岭西南山麓,是兴安盟林区的政治、经济、文化中心。</h6></div></div>
</body></html>
```

图 367-1

上面有底纹的代码是此实例的核心代码。在这部分代码中,show()方法主要用于在鼠标悬浮在图片上时显示提示框,hide()方法主要用于在鼠标离开图片时隐藏提示框,关于这两个方法的语法声明请参考本书的其他部分。使用◆(菱形字符)为提示框制作三角形指示符是在 CSS 样式 comment

完成的。此实例实现的功能与上一例类似，关键是 CSS 样式有点差别。

此实例的源文件名是 HtmlPageC408.html。

368　在访客关闭网页前弹出确认离开的消息框

此实例主要通过重写 beforeunload 事件响应方法从而实现在访客关闭网页前弹出确认离开的消息框。当在浏览器中显示该页面时，如果关闭页面，则将弹出一个确认消息框，如图 368-1 所示。有关此实例的主要代码如下所示：

图　368-1

```
<!DOCTYPE html><html><head>
 <script type="text/javascript" src="Scripts/jquery-2.2.3.js"></script>
 <script type="text/javascript">
   $(window).on('beforeunload', function () { return ''; });
 </script>
</head>
<body>
 <center>在关闭浏览器时就可以看到消息提示框</center>
</body></html>
```

上面有底纹的代码是此实例的核心代码。在该部分代码中，on()方法用于为指定事件 beforeunload 添加事件响应方法，beforeunload 事件一般在关闭页面前发生。关于 on()方法的语法声明请参考本书的其他部分。

此实例的源文件名是 HtmlPageC411.html。

369　创建类似于折叠展开菜单的折叠面板

此实例主要使用 toggleClass()方法和 slideToggle()方法创建类似于折叠展开菜单的折叠面板。当在浏览器中显示该页面时，如果单击"积格仕干红葡萄酒"，则展开该选项对应的图片，其他选项的图片隐藏，如图 369-1 的左边所示；如果单击"维拉慕斯红葡萄酒"，则展开该选项对应的图片，其他选项的图片隐藏，如图 369-1 的右边所示；单击其他选项将实现类似的功能。有关此实例的主要代码如下所示：

```
<!DOCTYPE html><html><head>
 <script type="text/javascript" src="Scripts/jquery-2.2.3.js"></script>
 <script type="text/javascript">
```

```
$ (function () {
 $ (".toggle dl dd").hide();                 //隐藏所有图片
 $ (".toggle dl dt").click(function () {     //响应单击商品文字
  $ (".toggle dl dd").not( $ (this).next()).hide();
  $ (".toggle dl dt").not( $ (this).next()).removeClass("current");
  $ (this).next().slideToggle(500);
  $ (this).toggleClass("current");
 }); });
</script>
<style type = "text/css">
  * {margin: 0px;padding: 0px;}
  .toggle dl dt {background: # F4FFF4 url('MyImages/my299bg_toggle_up.gif') no - repeat scroll 8px 14px;
height: 40px;width: 200px;line - height: 40px; font - size: 14px; font - weight: bold;color: # 006600;
cursor: pointer;
margin: 8px 0;  padding - left: 25px;display: block;}
  .toggle dl dt.current {background: # F4FFF4 url('MyImages/my299bg_toggle_down.gif') no - repeat
scroll 8px 14px;}
  img {width: 200px;height: 200px;}
 </style>
</head>
<body>
 <div class = "content">
  <div class = "toggle">
   <dl>
    <dt>积格仕干红葡萄酒</dt>
    <dd><img src = "MyImages/MyImage32.jpg" /></dd>
    <dt>西莫 san simon 干红葡萄酒</dt>
    <dd><img src = "MyImages/MyImage31.jpg" /></dd>
    <dt>维拉慕斯红葡萄酒</dt>
    <dd><img src = "MyImages/MyImage33.jpg" /></dd>
    <dt>玛丁娜庄园红葡萄酒</dt>
    <dd><img src = "MyImages/MyImage39.jpg" /></dd>
    <dt>宜兰树油画系列干红葡萄酒</dt>
    <dd><img src = "MyImages/MyImage38.jpg" /></dd></dl></div></div>
</body></html>
```

图 369-1

上面有底纹的代码是此实例的核心代码。在这部分代码中，slideToggle()方法通过使用滑动效果来切换元素(图片)的可见状态，如果被选元素(图片)是可见的，则隐藏这些元素，如果被选元素是隐藏的，则显示这些元素，关于该方法的语法声明请参考本书的其他部分。toggleClass()方法用于对设置或移除被选元素(图片)的一个或多个类(current)进行切换，该方法检查每个元素中指定的CSS类；如果不存在则添加类，否则删除之，即所谓的切换效果。toggleClass()方法的语法声明如下：

```
$(selector).toggleClass(class,switch)
```

其中，参数class规定添加或移除的类，如需规定若干class，应使用空格来分隔类名。参数switch是可选参数，规定是否添加或移除class。

此实例的源文件名是HtmlPageC299.html。

370　创建与卷帘风格类似的折叠展开面板

此实例主要使用slideUp()和slideDown()方法创建与卷帘风格类似的折叠展开面板。当在浏览器中显示该页面时，如果将鼠标放在“宜兰树油画系列干红葡萄酒”上，则展开该选项对应的图片，其他选项的图片隐藏，如图370-1的左边所示；如果将鼠标放在“玛丁娜庄园红葡萄酒”上，则展开该选项对应的图片，其他选项的图片隐藏，如图370-1的右边所示；其他选项将实现类似的功能。有关此实例的主要代码如下所示：

```
<!DOCTYPE html><html><head>
 <script type="text/javascript" src="Scripts/jquery-2.2.3.js"></script>
 <script type="text/javascript">
  $(document).ready(function () {
  //隐藏所有图片
   $('#myWine').find('dd').hide();
   //在鼠标悬浮时响应
   $('#myWine').find('dt').hover(function () {
    var myPicture = $(this).next();
    //如果图片可见,则以卷帘方式隐藏
    if (myPicture.is(':visible')) {
      myPicture.slideUp();
    } else {
    //如果图片不可见,则以下拉方式显示
      myPicture.slideDown();
  }  }); });
  </script>
 <style type="text/css">
   * {margin:5px; padding: 0px;}
  dt {background: #ffd800;height: 40px;width: 200px;line-height: 40px;
      font-size: 14px;font-weight: bold;color: #006600;cursor: pointer;
      margin: 8px 0;padding-left: 25px; display: block;}
 </style>
</head>
<body>
 <dl id="myWine">
  <dt>积格仕干红葡萄酒</dt>
  <dd><img src="MyImages/MyImage32.jpg" /></dd>
  <dt>西莫 san simon 干红葡萄酒</dt>
  <dd><img src="MyImages/MyImage31.jpg" /></dd>
  <dt>维拉慕斯红葡萄酒</dt>
```

```
    <dd><img src="MyImages/MyImage33.jpg" /></dd>
    <dt>玛丁娜庄园红葡萄酒</dt>
    <dd><img src="MyImages/MyImage39.jpg" /></dd>
    <dt>宜兰树油画系列干红葡萄酒</dt>
    <dd><img src="MyImages/MyImage38.jpg" /></dd></dl>
</body></html>
```

图 370-1

上面有底纹的代码是此实例的核心代码。在这部分代码中，myPicture. is(':visible')用于判断当前选项对应的图片是否可见，myPicture. slideUp()用于以卷帘方式折叠图片，myPicture. slideDown()用于以下拉方式展开图片。关于这些方法的语法声明请参考本书的其他部分。

此实例的源文件名是 HtmlPageC303. html。

371 创建类似于手风琴伸缩效果的折叠面板

此实例主要实现使用 slideUp()和 slideDown()方法创建类似于手风琴伸缩效果的折叠面板。当在浏览器中显示该页面时，如果将鼠标放在“C 语言从入门到精通”上，则展开该选项对应的面板，如图 371-1 所示；如果将鼠标放在“Linux 从入门到精通”上，则展开该选项对应的面板，如图 371-2 所示，其他选项具有类似的功能。有关此实例的主要代码如下所示：

```
<!DOCTYPE html><html><head>
 <script type="text/javascript" src="Scripts/jquery-2.2.3.js"></script>
 <script type="text/javascript">
  $(document).ready(function () {
   $('.acc_container').hide();                                  //隐藏所有图片
   $('.acc_trigger:first').addClass('active').next().show();    //显示第一张图片
   $('.acc_trigger').hover(function () {                        //在鼠标悬浮时响应
    if ($(this).next().is(':hidden')) {
      $('.acc_trigger').removeClass('active').next().slideUp();
      $(this).toggleClass('active').next().slideDown();         //以下拉方式展开图片
    }
```

```
        return false;
      }); });
    </script>
    <style type="text/css">
     body {font: 10px normal Arial, Helvetica, sans-serif;
           margin: 0; padding: 0; line-height: 1.7em; }
     .container {width: 500px;margin: 10px;}
     h2.acc_trigger {padding: 0; margin: 0 0 5px 0;line-height: 46px;
                background: url(MyImages/my313h2_trigger_a.gif) no-repeat;
                height: 46px;width: 500px;font-size: 2em;font-weight: normal;
                float: left;}
     h2.acc_trigger a {color: #fff;text-decoration: none;display: block;
                    padding: 0 0 0 50px;}
     h2.acc_trigger a:hover {color: #ccc;}
     h2.active {background-position: left bottom;}
     .acc_container {margin: 0 0 5px;padding: 0;overflow: hidden;
                    font-size: 1.2em; width: 500px;clear: both;
                    background: #f0f0f0;border-radius: 5px;
                    border: 1px solid #d6d6d6; }
     .acc_container img {float: left;margin: 10px;padding: 5px;
                          background: #ddd;border: 1px solid #ccc;}
    </style>
   </head>
   <body>
    <div class="container">
     <h2 class="acc_trigger"><a href="#">Spring 实战</a></h2>
      <div class="acc_container"><img src="MyImages/MyImage46.jpg" /></div>
     <h2 class="acc_trigger"><a href="#">深入理解 Nginx</a></h2>
      <div class="acc_container"><img src="MyImages/MyImage47.jpg" /></div>
     <h2 class="acc_trigger"><a href="#">C 语言从入门到精通</a></h2>
      <div class="acc_container"><img src="MyImages/MyImage48.jpg" /></div>
     <h2 class="acc_trigger"><a href="#">Linux 从入门到精通</a></h2>
      <div class="acc_container"><img src="MyImages/MyImage49.jpg" /></div>
    </div></body></html>
```

图 371-1

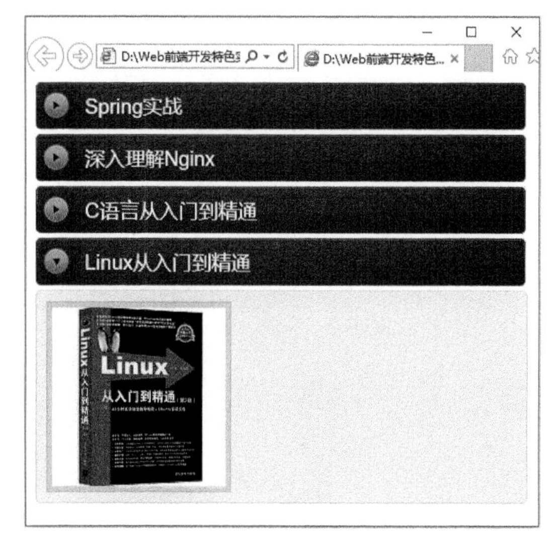

图 371-2

上面有底纹的代码是此实例的核心代码。在这部分代码中，slideUp()方法通过使用滑动效果，隐藏被选择的元素；slideDown()方法通过使用滑动效果，显示被选择的元素，这两个方法在此实例中即是实现折叠和展开面板的功能。toggleClass()方法用于设置或移除被选元素的一个或多个类进行切换，在此实例中即是设置或移除面板的当前(active)状态。关于这些方法的语法声明请参考本书的其他部分。

此实例的源文件名是 HtmlPageC313. html。

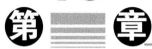

数据管理实例

372 使用正则表达式去掉日期的首位0字符

此实例主要使用正则表达式的 replace()方法实现去掉日期时间的首位 0 字符。当在浏览器中显示该页面时，第一行显示的日期时间包含首位 0 字符，第二行显示的日期时间则不包含首位 0 字符，如图 372-1 所示。有关此实例的主要代码如下所示：

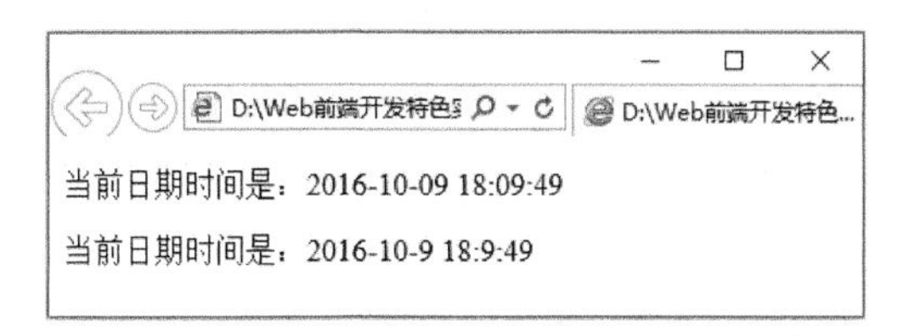

图 372-1

```
<!DOCTYPE html><html><head>
 <script type="text/javascript" src="scripts/jquery-2.2.3.js"></script>
 <script>
  function date2str(x, y) {
   var z = { M: x.getMonth() + 1, d: x.getDate(), h: x.getHours(),
                     m: x.getMinutes(), s: x.getSeconds() };
   y = y.replace(/(M+|d+|h+|m+|s+)/g, function (v) {
    return ((v.length > 1 ? "0" : "") +
                     eval('z.' + v.slice(-1))).slice(-2) });
   return y.replace(/(y+)/g,
    function (v) { return x.getFullYear().toString().slice(-v.length) });
   }
   $(document).ready(function () {
    //显示首位包含 0 的日期信息
    $("#myMMDD").text("当前日期时间是：" +
                 date2str(new Date(), "yyyy-MM-dd hh:mm:ss"));
    //显示首位不含 0 的日期信息
    $("#myMD").text("当前日期时间是：" +
                 date2str(new Date(), "yyyy-M-d h:m:s"));
  });
 </script>
</head>
<body>
```

```
 <p id="myMMDD"></p>
 <p id="myMD"></p>
</body></html>
```

上面有底纹的代码是此实例的核心代码。在该部分代码中，replace()方法用于在字符串中用一些字符替换另一些字符，或替换一个与正则表达式匹配的子串。replace()方法的语法声明如下：

```
stringObject.replace(regexp/substr,replacement)
```

其中，参数 regexp/substr 规定子字符串或要替换的模式的 RegExp 对象，如果该值是一个字符串，则将它作为要检索的文本模式，而不是首先被转换为 RegExp 对象。参数 replacement 规定了替换文本或生成替换文本的函数。返回值是用 replacement 替换了 regexp 的第一次匹配或所有匹配之后得到的新字符串。

注意：字符串 stringObject 的 replace()方法执行的是查找并替换的操作。它将在 stringObject 中查找与 regexp 相匹配的子字符串，然后用 replacement 来替换这些子串。如果 regexp 具有全局标志 g，那么 replace()方法将替换所有匹配的子串。否则，它只替换第一个匹配子串。

此实例的源文件名是 HtmlPageC417.html。

373　使用正则表达式校验日期格式的字符串

此实例主要实现使用正则表达式校验用户在文本框中输入的日期是否是一个有效的日期。当在浏览器中显示该页面时，在“出版日期：”文本框中输入一个字符串，如“2016-04-25”，单击“校验出版日期”按钮，则将在弹出的消息框中显示“日期格式正确!”，如图 373-1 所示。如果在“出版日期：”文本框中输入一个字符串，如“2016-04-35”，单击“校验出版日期”按钮，则将在弹出的消息框中显示“输入日期有误!”。有关此实例的主要代码如下所示：

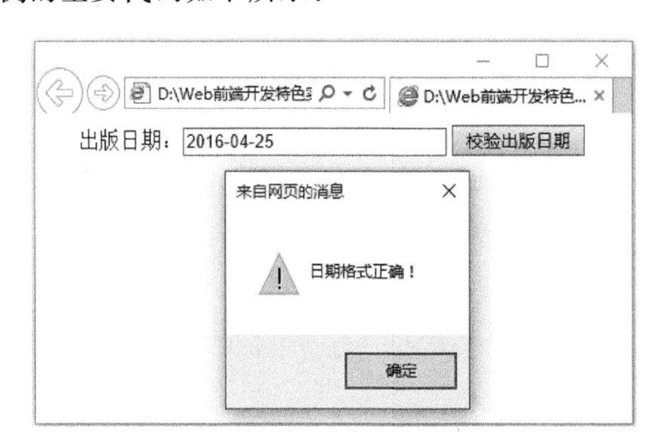

图　373-1

```
<!DOCTYPE html><html><head>
 <script type="text/javascript" src="Scripts/jquery-2.2.3.js"></script>
 <script language="javascript">
  $(document).ready(function() {
   $("#myparse").click(function() {        //响应单击"校验出版日期"按钮
    var myval = $("#mytext").val();
    var regex = new RegExp("^(?:(?:([0-9]{4}(-|\/)(?:(?:0?[1,3-9]
    |1[0-2])(-|\/)(?:29|30)|((?:0?[13578]|1[02])(-|\/)31)))|([0-9]
    {4}(-|\/)(?:0?[1-9]|1[0-2])(-|\/)(?:0?[1-9]|1\\d|2[0-8]))
    |(((?:(\\d\\d(?:0[48]|[2468][048]|[13579][26]))|
    (?:0[48]00|[2468][048]00|[13579][26]00))(-|\/)0?2(-|\/)29))))$");
```

```
    if (!regex.test(myval)) {
      alert("输入日期有误!");
      $("#mytext").select();
      return;
    } else {
      alert("日期格式正确!");
  } }); });
</script>
</head>
<body>
 <P style="text-align:center;margin-top:5px">出版日期:
  <input type="text" id="mytext" class="input" style="width:200px">
  <input class="input" type="button" value="校验出版日期" id="myparse" /></P>
</body></html>
```

上面有底纹的代码是此实例的核心代码。在这部分代码中，var regex = new RegExp()是实例化一个正则表达式对象，regex.test(myval)则用于检测 myval 是否符合正则表达式的要求。test()方法会返回一个布尔值，指示在所搜索的字符串中是否存在正则表达式模式对应的匹配。test()方法的语法声明如下：

```
regExpObject.test( str )
```

其中，参数 str 表示将在该字符串中执行搜索。如果字符串中存在该正则表达式模式的匹配，该方法的返回值是 true，否则是 false。每次执行 test()方法都只查找最多一个匹配，如果找到就立即返回 true，否则返回 false。如果为正则表达式设置了全局标志(g)，test()方法仍然只查找最多一个匹配，不过再次调用该对象的 test()方法就可以查找下一个匹配。其原因是：如果 regExpObject 带有全局标志 g，test()方法不是从字符串的开头开始查找，而是从属性 regExpObject.lastIndex 所指定的索引处开始查找。该属性值默认为 0，所以第一次仍然是从字符串的开头查找。当找到一个匹配时，test()方法会将 regExpObject.lastIndex 的值改为字符串中本次匹配内容的最后一个字符的下一个索引位置。当再次执行 test()方法时，将会从该索引位置处开始查找，从而找到下一个匹配。因此，当使用 test()方法执行了一次匹配之后，如果想要重新使用 test()方法从头开始查找，则需要手动将 regExpObject.lastIndex 的值重置为 0。如果 test()方法再也找不到可以匹配的文本时，该函数会自动把 regExpObject.lastIndex 属性重置为 0。

此实例的源文件名是 HtmlPageC034.html。

374 使用正则表达式校验字符串是否是数字

此实例主要实现使用正则表达式校验用户在文本框中输入的数字。当在浏览器中显示该页面时，如果用户在“最新报价：”文本中输入的数据不是正确的数字格式，单击“提交信息”按钮之后将显示一个消息提示框，如图 374-1 所示。有关此实例的主要代码如下所示：

```
<!DOCTYPE html><html><head>
 <script type="text/javascript" src="Scripts/jquery-2.2.3.js"></script>
 <script language="javascript">
  $(document).ready(function () {
   $("#submit").click(function () {          //响应单击"提交信息"按钮
    var myprice = $("#price").val();
    var reg = /^[0-9]+(.[0-9]+)?$/;       //用来验证数字,包括小数的正则表达式
```

```
    if (!reg.test(myprice)) {
     alert(myprice + "不是正确的数字格式!");
 } });});
</script>
</head>
<body>
 <P style="text-align:center;margin-top:5px">
最新报价: <input type="text" id="price" class="input">
  <input class="input" type="button" value="提交信息" id="submit" /></P>
</body></html>
```

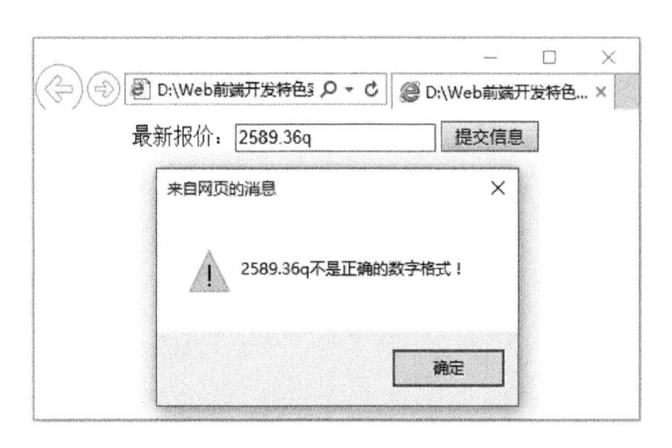

图 374-1

上面有底纹的代码是此实例的核心代码。在该部分代码中,“/^[0-9]+(.[0-9]+)? $/”是一个正则表达式。“^[0-9]”表示必须以0~9数字开头,“.[0-9]+”表示“.”后必须有一个数字。/^和$/成对使用表示整个字符串完全匹配定义的规则,而不是只匹配字符串中的一个子串。test()方法用于指示在所搜索的字符串中是否存在正则表达式模式对应的匹配,关于该方法的语法声明请参考本书的其他部分。

此实例的源文件名是HtmlPageC005.html。

375 使用正则表达式提取在字符串中的数字

此实例主要实现在各种字符均存在的混合文本中使用正则表达式提取包含的数字。当在浏览器中显示该页面时,在“出生日期:”文本框中输入包含数字的字符串,如“1997年8月16日”,单击“提取数字”按钮,则将在弹出的消息框中显示该字符串中的所有数字,如“1997,8,16”,如图375-1所示。有关此实例的主要代码如下所示:

图 375-1

```
<!DOCTYPE html><html><head>
 <script type="text/javascript" src="Scripts/jquery-2.2.3.js"></script>
 <script language="javascript">
  $(document).ready(function () {
   $("#myparse").click(function () {        //响应单击"提取数字"按钮
    var myval = $("#mytext").val();
   //注意 g 将全文匹配,不加将永远只返回第一个匹配
    var myreg = /[0-9]+/g;
    var myinfo = myval.match(myreg);
    alert(myinfo);
 });});
 </script>
</head>
<body>
 <P style="text-align:center;margin-top:5px">
出生日期: <input type="text" id="mytext" class="input">
  <input class="input" type="button" value="提取数字" id="myparse" /></P>
</body></html>
```

上面有底纹的代码是此实例的核心代码。在这部分代码中,“/[0-9]+/g”是一个用于匹配数字的正则表达式,g 将全文匹配,不加将只返回第一个匹配的数字。match()方法则实现使用正则表达式对字符串执行查找,并将包含查找的结果作为数组返回。match()方法的语法声明如下:

```
stringObj.match(rgExp)
```

其中,stringObj 表示对其进行查找的 String 对象或字符串文字。参数 rgExp 是包含正则表达式模式和可用标志的正则表达式对象,也可以是包含正则表达式模式和可用标志的变量名或字符串文字。如果 match 的表达式匹配了全局标记 g 将出现所有匹配项,而不用循环,但所有匹配中不会包含子匹配项。

此实例的源文件名是 HtmlPageC029.html。

376　使用正则表达式清除字符串的首尾空格

此实例主要实现使用正则表达式清除在字符串首尾的空格。当在浏览器中显示该页面时,在“测试内容:”文本框中输入一个字符串,在首尾添加一些空格,单击“清除首尾空格”按钮,则将清除该字符串的首尾空格,如图 376-1 所示。有关此实例的主要代码如下所示:

图　376-1

```
<!DOCTYPE html><html><head>
 <script type="text/javascript" src="Scripts/jquery-2.2.3.js"></script>
 <script language="javascript">
   $(document).ready(function () {
   $("#myparse").click(function () {       //响应单击"清除首尾空格"按钮
     mytext = $("#mytext").val();          //获取文本框的内容
     var myinfo = mytext.replace(/^( |[\s  ])+|( |[\s  ])+$/g, "");
     alert("清除前的长度是: " + mytext.length +
                     ",清除后的长度是: " + myinfo.length);
  });});
 </script>
</head>
<body>
 <P style="text-align:center;margin-top:5px">测试内容:
  <input type="text" id="mytext" class="input" style="width:200px">
  <input class="input" type="button" value="清除首尾空格" id="myparse"/></P>
</body></html>
```

上面有底纹的代码是此实例的核心代码。在这部分代码中,replace()方法用于在字符串中用一些字符替换另一些字符,或替换一个与正则表达式匹配的子串。mytext. replace(/^(|[\s])+|(|[\s])+$/g, "")即可清空包含空格的字符串,注意第二个参数是什么都没有。关于replace()方法的语法声明请参考本书的其他部分。

此实例的源文件名是 HtmlPageC041. html。

377 使用正则表达式清除字符串的标点符号

此实例主要实现在字符串对象的 replace()方法中使用正则表达式清除在字符串中的标点符号。当在浏览器中显示该页面时,在"测试内容:"文本框中输入一个字符串,如【"罗帅王彬",如图 C032-2 所示。】,如图 377-1 所示,单击"清除标点符号"按钮,则将清除在该字符串中的标点符号,结果是"罗帅王彬如图 C0322 所示",如图 377-2 所示。有关此实例的主要代码如下所示:

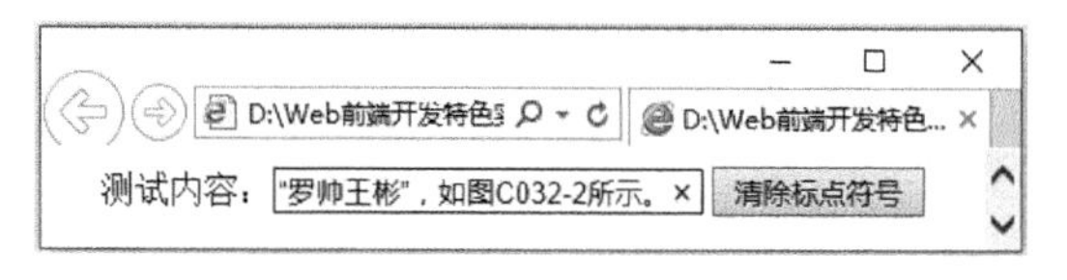

图 377-1

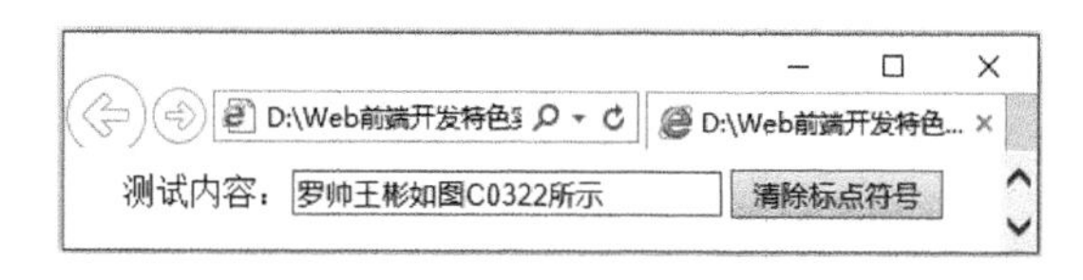

图 377-2

```
<!DOCTYPE html><html><head>
 <script type="text/javascript" src="Scripts/jquery-2.2.3.js"></script>
 <script language="javascript">
  $(document).ready(function () {
   $("#myparse").click(function () {  //响应单击"清除标点符号"按钮
    var myval = $("#mytext").val();
    //var reg = /[^a-zA-Z\d\u4e00-\u9fa5,.!?(),。;;?"";]/g;
    var reg = /[^a-zA-Z\d\u4e00-\u9fa5,.!]/g;
    var myinfo = myval.replace(reg, "");
    $("#mytext").val(myinfo);           //用清除标点符号后的字符串重新设置文本框内容
 });});
```

```
  </script>
 </head>
 <body>
  <P style="text-align:center;margin-top:5px">测试内容:
   <input type="text" id="mytext" class="input" style="width:200px">
   <input class="input" type="button" value="清除标点符号" id="myparse"/></P>
 </body></html>
```

上面有底纹的代码是此实例的核心代码。在这部分代码中，正则表达式“/[^a-zA-Z\d\u4e00-\u9fa5,.!]/g”表示需要在字符串中保留的字母数字和汉字及标点符号，例如，如果需要在字符串中保留句号“。”，则该正则表达式需要修改为“/[^a-zA-Z\d\u4e00-\u9fa5,.!。]/g”，除此之外的内容全部清除。replace()方法用于替换一个与正则表达式匹配的子串。关于replace()方法的语法声明请参考本书的其他部分。

此实例的源文件名是HtmlPageC035.html。

378 使用正则表达式清除字符串的重复内容

此实例主要实现在字符串对象的replace()方法中使用正则表达式清除在字符串中的重复内容。当在浏览器中显示该页面时，在“测试内容：”文本框中输入一个字符串，如“罗帅王彬陈宁罗帅汪明云王彬”，如图378-1所示，单击“清除重复的内容”按钮，则将清除重复的内容“罗帅王彬”，如图378-2所示。有关此实例的主要代码如下所示：

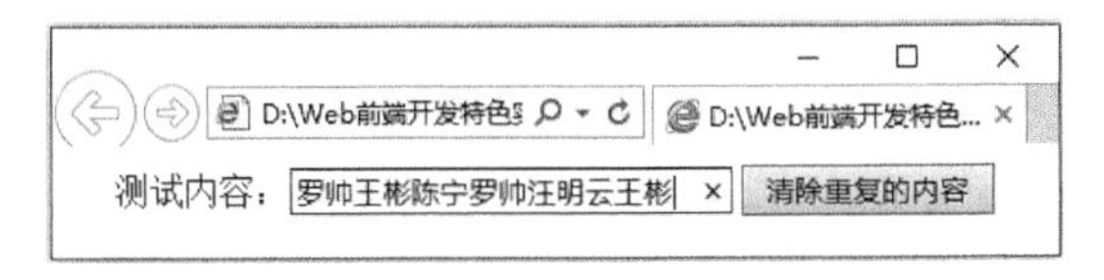

图 378-1

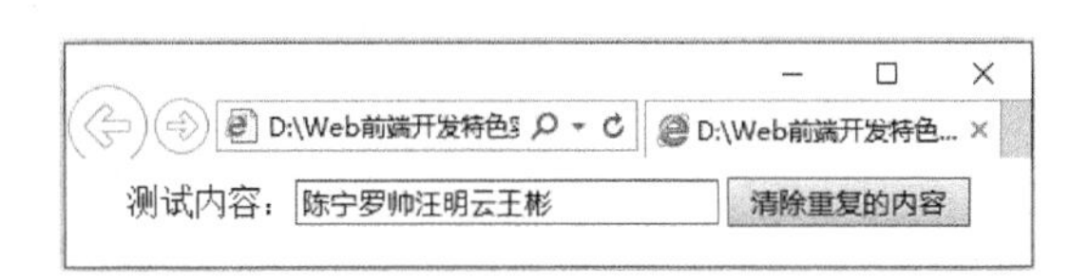

图 378-2

```
<!DOCTYPE html><html><head>
 <script type="text/javascript" src="Scripts/jquery-2.2.3.js"></script>
 <script language="javascript">
  $(document).ready(function () {
   $("#myparse").click(function () {     //响应单击"清除重复的内容"按钮
    var myinfo = $("#mytext").val();
    var myreg = /(.)(?=.*\1)/g;
    var myresult = myinfo.replace(myreg, "");
    $("#mytext").val(myresult);          //将清除重复内容后的字符串重置文本框内容
 });});
 </script>
 </head>
 <body>
  <P style="text-align:center;margin-top:5px">测试内容:
   <input type="text" id="mytext" class="input" style="width:200px">
   <input class="input" type="button" value="清除重复的内容" id="myparse"/></P>
 </body></html>
```

上面有底纹的代码是此实例的核心代码。在这部分代码中，正则表达式“/(.)(?=.*\1)/g”中“.”表示匹配一个任意字符，“(.)”用小括号括起来表示引用，调用时候的方法是\1等；“(?=)”是正则表达式里的一种预搜索方式，表示某个字符的右侧内容，但是却只取某个字符，并不取右侧的内容；“*”表示匹配前面的子表达式零次或多次，意思就是匹配任意次数；“\1”调用前面匹配到的第一个内容。(? =. * \1)这个\1 就是指的前面(.)的这个字符,它被加上小括号就是被存储起来了,现在\1就是取存储的第一个(共一个)。(.)(? =. * \1)指第一个匹配字符,如果在右侧出现的内容中包含该字符时就匹配上该字符。g 指全局匹配模式,匹配所有字符串。replace()方法用于替换一个与正则表达式匹配的子串。关于 replace()方法的说明请参考本书的其他部分。

此实例的源文件名是 HtmlPageC032.html。

379 使用正则表达式清除字符串的非数字字符

此实例主要实现在各种字符均存在的混合文本中使用正则表达式清除其中的非数字字符。当在浏览器中显示该页面时,在"出生日期:"文本框中输入包含数字的字符串,如"1997 年 8 月 16 日",单击"清除非数字字符"按钮,则将在弹出的消息框中显示该混合字符串在清除之后的纯数字,如"1997816",如图 379-1 所示。有关此实例的主要代码如下所示:

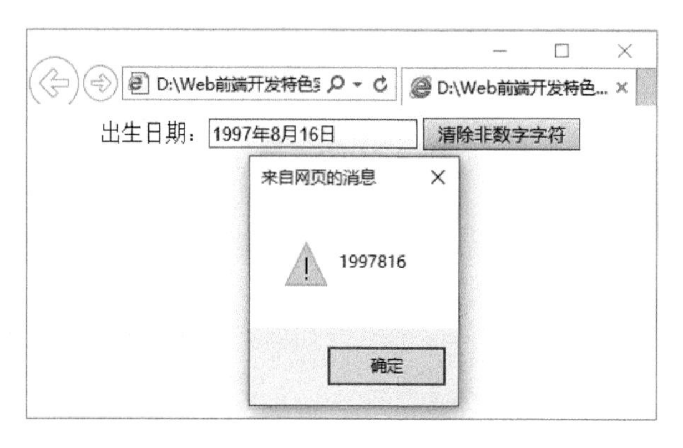

图 379-1

```
<!DOCTYPE html><html><head>
 <script type="text/javascript" src="Scripts/jquery-2.2.3.js"></script>
 <script language="javascript">
   $(document).ready(function () {
    $("#myparse").click(function () {       //响应单击"清除非数字字符"按钮
     var myval = $("#mytext").val();
     var reg = /[^\w]+/g;
     var myinfo = myval.replace(reg, "");    //根据正则表达式执行替换操作
     alert(myinfo);
 }); });
 </script>
</head>
<body>
 <P style="text-align:center;margin-top:5px">出生日期:
  <input type="text" id="mytext" class="input">
  <input class="input" type="button" value="清除非数字字符" id="myparse" />
 </P></body></html>
```

上面有底纹的代码是此实例的核心代码。在这部分代码中,"/[^\w]+/g"是一个用于匹配数字的正则表达式。replace()方法用于在字符串中用一些字符替换另一些字符,或替换一个与正则表达式匹配的子串。关于 replace()方法的语法声明请参考本书的其他部分。

此实例的源文件名是 HtmlPageC030.html。

380　使用正则表达式统计中文字符的数量

此实例主要实现在字符串对象的 replace()方法中使用正则表达式统计在字符串中的字符数量。当在浏览器中显示该页面时，在“测试内容：”文本框中输入一个字符串，如“date:1997 年 8 月 15 日”，单击“统计中文字符的数量”按钮，则将在弹出的消息框中显示“中文字符有 3 个　其他字符有 12 个。”，如图 380-1 所示。有关此实例的主要代码如下所示：

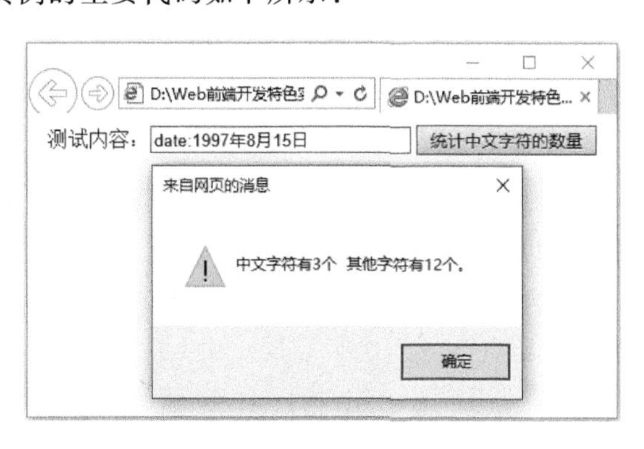

图　380-1

```
<!DOCTYPE html><html><head>
 <script type="text/javascript" src="Scripts/jquery-2.2.3.js"></script>
 <script language="javascript">
  $(document).ready(function () {
   $("#myparse").click(function () {        //响应单击"统计中文字符的数量"按钮
    var str = $("#mytext").val();
    var s = str.replace(/\*/g, "");
    var b = s.replace(/[^\x00-\xff]/g, "**").length;
    var cn = b - s.length;
    var nocn = s.length - cn + str.length - s.length;
    alert("中文字符有" + cn + "个　其他字符有" + nocn + "个。");
  });});
 </script>
</head>
<body>
 <P style="text-align:center;margin-top:5px">测试内容:
  <input type="text" id="mytext" class="input" style="width:200px">
  <input class="input" type="button" value="统计中文字符的数量" id="myparse" />
</P></body></html>
```

上面有底纹的代码是此实例的核心代码。在这部分代码中，s.replace(/[^\x00-\xff]/g, "**").length 用于获取在字符串中的字符个数。

此实例的源文件名是 HtmlPageC033.html。

381　使用正则表达式获取颜色的十六进制值

此实例主要实现通过正则表达式获取颜色的十六进制值。当在浏览器中显示该页面时，单击“获取当前按钮背景颜色的十六进制值”按钮，则将在弹出的消息框中显示该按钮背景颜色(红色)的十六进制值，如图 381-1 所示。有关此实例的主要代码如下所示：

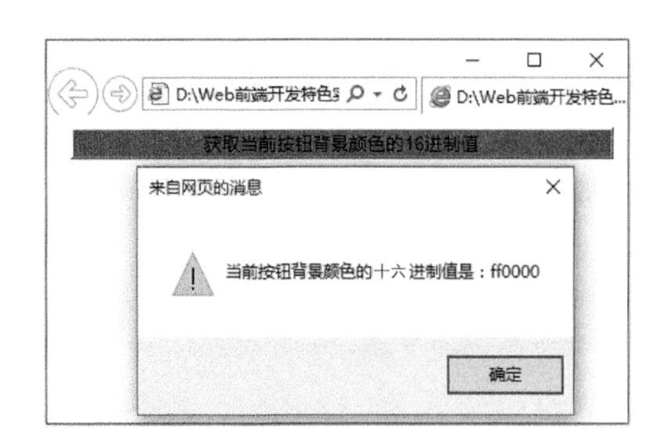

图 381-1

```
<!DOCTYPE html><html><head>
 <script type="text/javascript" src="Scripts/jquery-2.2.3.js"></script>
 <script type="text/javascript">
   $(document).ready(function () {
     //响应单击"获取当前按钮背景颜色的十六进制值"按钮
     $("#myBtn").click(function () {
       //$(this).css("background-color", "#008000");
       //$(this).css("background-color", "green");
       var i =  $(this).css('background-color');
       //alert(i);//rgb(255,0,0)
       var o = i.match(/^rgb\((\d+),\s*(\d+),\s*(\d+)\)$/);
       delete (o[0]);
       for (var n = 1; n <= 3; ++n) {
         o[n] = parseInt(o[n]).toString(16);
         if (o[n].length == 1)
             o[n] = '0' + o[n];
       }
       var s = o.join('');
       alert("当前按钮背景颜色的十六进制值是: " + s);
  });});
 </script>
</head>
<body>
 <input type="button" value="获取当前按钮背景颜色的十六进制值" id="myBtn" style="margin-left:
10px ;width:400px;background-color:red" />
</body></html>
```

上面有底纹的代码是此实例的核心代码。在这部分代码中，match()方法使用正则表达式对字符串执行查找，并将包含查找的结果作为数组返回，此例主要是在获取的颜色值中查找数字。关于该方法的语法声明请参考本书的其他部分。

此实例的源文件名是 HtmlPageC217.html。

382 使用正则表达式把单词首字母转换为大写

此实例主要实现在字符串对象的 replace()方法中使用正则表达式把单词首字母转换为大写。当在浏览器中显示该页面时，在“参编人员：”文本框中输入首字母为小写的多个人名，如“colby，cliff，dana，elton，dylan”，如图 382-1 所示，单击“把单词的首字母转换为大写”按钮，则“参编人员：”文本框中所有单词的首字母将呈现大写，如“Colby，Cliff，Dana，Elton，Dylan”，如图 382-2 所示。有关此实例的主要代码如下所示：

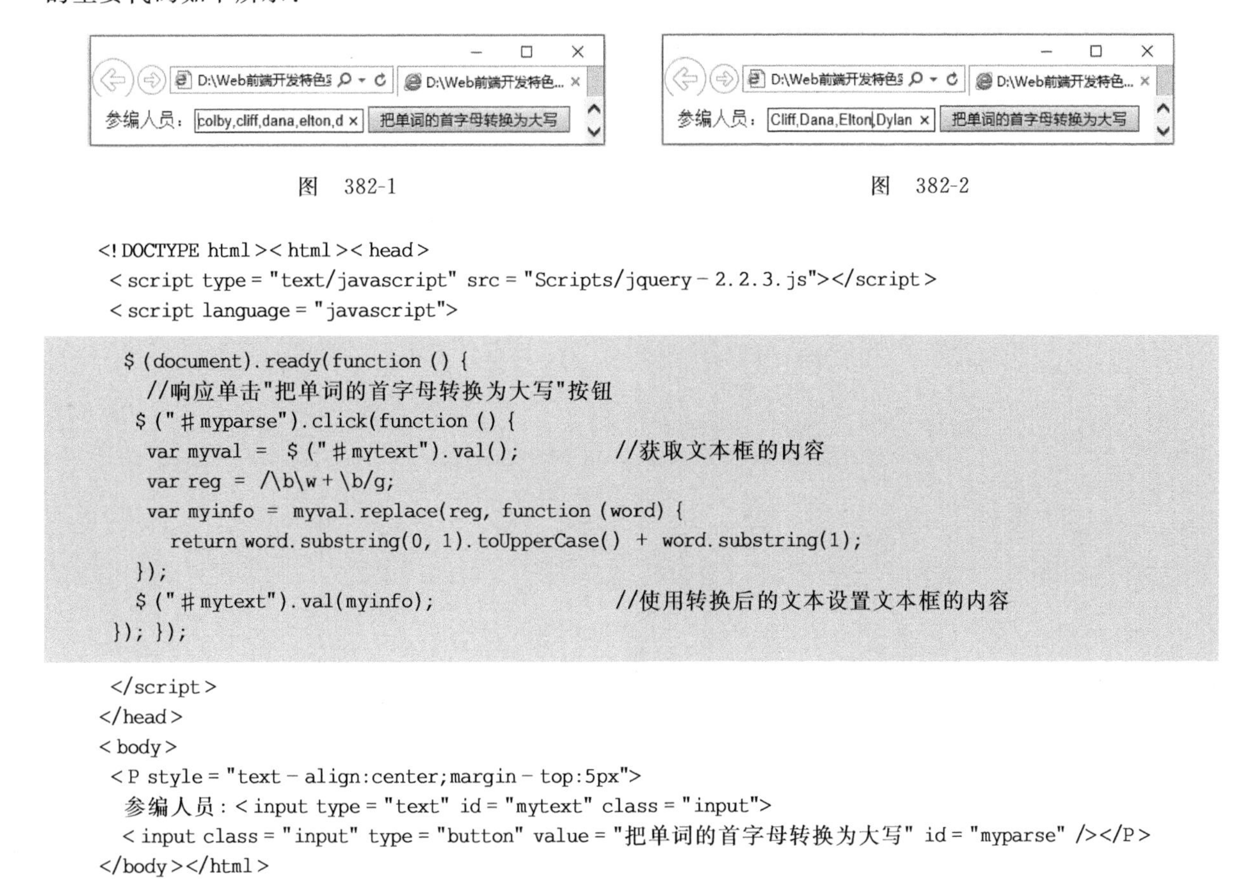

图　382-1　　　　图　382-2

```
<!DOCTYPE html><html><head>
 <script type="text/javascript" src="Scripts/jquery-2.2.3.js"></script>
 <script language="javascript">
  $(document).ready(function () {
    //响应单击"把单词的首字母转换为大写"按钮
   $("#myparse").click(function () {
    var myval = $("#mytext").val();          //获取文本框的内容
    var reg = /\b\w+\b/g;
    var myinfo = myval.replace(reg, function (word) {
      return word.substring(0, 1).toUpperCase() + word.substring(1);
   });
   $("#mytext").val(myinfo);                //使用转换后的文本设置文本框的内容
 }); });
 </script>
</head>
<body>
 <P style="text-align:center;margin-top:5px">
  参编人员：<input type="text" id="mytext" class="input">
  <input class="input" type="button" value="把单词的首字母转换为大写" id="myparse" /></P>
</body></html>
```

上面有底纹的代码是此实例的核心代码。在这部分代码中，/\b\w+\b/g 是 replace()方法中规定要替换模式的 RegExp 正则表达式，replace()方法则用于替换一个与正则表达式匹配的子串。word.substring(0, 1).toUpperCase()则用于将该单词的首字母转换成大写。关于 replace()方法的语法声明请参考本书的其他部分。

此实例的源文件名是 HtmlPageC031.html。

383　解析在 XML 中的每个对象及其子对象

此实例主要使用 find()方法解析在 XML 文档中的每个对象的每个属性及其子对象。当在浏览器中显示该页面时，将逐一解析在示例 XML 格式的字符串中的每个对象的每个属性及其子对象，结果如图 383-1 所示，图中显示的街道即是城区对象的子对象。有关此实例的主要代码如下所示：

```
<!DOCTYPE html><html><head>
 <script type="text/javascript" src="Scripts/jquery-2.2.3.js"></script>
 <script language="javascript">
  $(function () {
   var xml = '<?xml version="1.0" encoding="UTF-8"?><ChongQing>';
   xml += '<District Name="渝北区" Population="180万" Area="1000平方公里"><Subdistrict Name=
"回兴街道"/><Subdistrict Name="龙溪街道"/><Subdistrict Name="龙山街道"/></District>';
   xml += '<District Name="南岸区" Population="100万" Area="400平方公里" />';
   xml += '<District Name="北碚区" Population="80万" Area="300平方公里" />';
   xml += '<District Name="巴南区" Population="120万" Area="1500平方公里" />';
```

```
    xml += '<District Name="渝中区" Population="100 万" Area="20 平方公里"><Subdistrict Name="解放碑街道"/><Subdistrict Name="七星岗街道"/><Subdistrict Name="大坪街道"/></District>';
    xml += '<District Name="九龙坡区" Population="110 万" Area="250 平方公里" />';
    xml += '</ChongQing>';
    //上面的 xml 变量保存 XML 格式的文档内容
    var xmlDoc = $.parseXML(xml);
    var result = "重庆主城区概况: ";
    $(xmlDoc).find("ChongQing District").each(function () {
                result += "<br>城区: " + $(this).attr("Name")
                  + ",人口: " + $(this).attr("Population")
                  + ",面积" + $(this).attr("Area") + "。";
                result += "<br>该区所辖街道: ";
                var mySubdistrict = $(this).children();
                mySubdistrict.each(function () {
                    result += "【" + $(this).attr("Name") + "】、" ;
            });});
            $('p').html(result);
    });
 </script>
</head>
<body>
    <p></p><br>
</body></html>
```

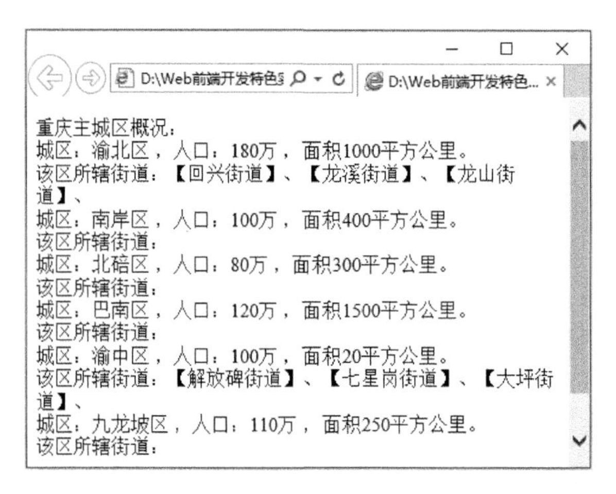

图 383-1

上面有底纹的代码是此实例的核心代码。在这部分代码中,find()方法用于选取每个匹配元素的符合指定表达式的后代元素,并以 jQuery 对象的形式返回。find()方法的语法如下:

```
jQueryObject.find( expr )
```

其中,参数 expr 可以是 String/Element/jQuery 类型指定的表达式。find()方法将在当前 jQuery 对象每个匹配元素的所有后代元素中筛选符合指定表达式的元素。如果 expr 参数为字符串,则将其视作 jQuery 选择器,用以表示该选择器所匹配的元素。find()方法的返回值为 jQuery 类型,返回一个新的 jQuery 对象,该对象封装了当前 jQuery 对象匹配元素的所有符合指定选择器的后代元素。如果没有匹配的元素,则返回空的 jQuery 对象。

此实例的源文件名是 HtmlPageC186.html。

384　解析在 XML 中的每个对象的每个属性

此实例主要使用 jQuery 的 parseXML()方法解析在 XML 文档中的每个对象的每个属性。当在浏览器中显示该页面时，将逐一解析在示例 XML 格式的字符串中的每个对象的每个属性，结果如图 384-1 所示。有关此实例的主要代码如下所示：

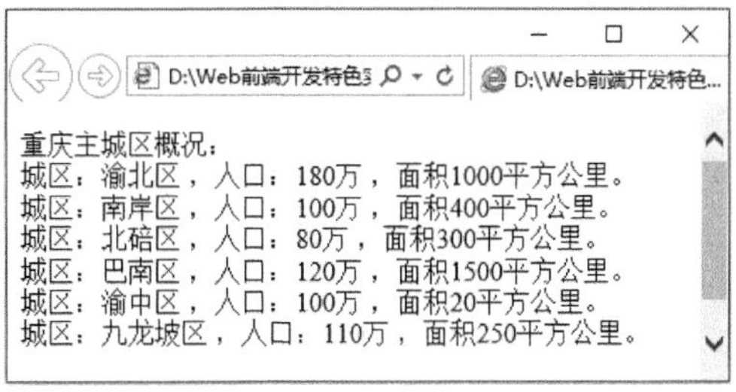

图　384-1

```
<!DOCTYPE html><html><head>
 <script type="text/javascript" src="Scripts/jquery-2.2.3.js"></script>
 <script language="javascript">
   $(function () {
    var xml = '<?xml version="1.0" encoding="UTF-8"?><ChongQing>';
    xml += '<District Name="渝北区" Population="180 万" Area="1000 平方公里"/>';
    xml += '<District Name="南岸区" Population="100 万" Area="400 平方公里" />';
    xml += '<District Name="北碚区" Population="80 万" Area="300 平方公里" />';
    xml += '<District Name="巴南区" Population="120 万" Area="1500 平方公里" />';
    xml += '<District Name="渝中区" Population="100 万" Area="20 平方公里" />';
    xml += '<District Name="九龙坡区" Population="110 万" Area="250 平方公里" />';
    xml += '</ChongQing>';
     //xmlDoc 变量保存 XML 格式的文档数据
    var xmlDoc = $.parseXML(xml);
    var result = "重庆主城区概况:<br>";
    $(xmlDoc).find("ChongQing District").each(function () {
            result += "城区:" + $(this).attr("Name")
                    + ",人口:" + $(this).attr("Population")
                    + ",面积" + $(this).attr("Area") + "。<br>";
          });
    $('p').html(result);
   });
 </script>
</head>
<body>
   <p></p><br>
</body></html>
```

上面有底纹的代码是此实例的核心代码。在这部分代码中，parseXML()方法用于将 XML 格式的字符串解析为对象模式。parseXML()函数的语法声明如下：

```
parseXML( xmlString )
```

其中，参数 xmlString 表示用于解析的 XML 文档。该方法的返回值为 XMLDocument。

此实例的源文件名是 HtmlPageC185.html。

385 使用 ajax()方法解析 XML 文件及节点名称

此实例主要使用 jQuery 底层的 ajax()方法实现解析在 XML 文件中的数据和节点名称。当在浏览器中显示该页面时，将逐一解析在示例文件“HtmlPageC205XML.xml”中的 XML 格式的数据和数据所在的节点名称，结果如图 385-1 所示。有关此实例的主要代码如下所示：

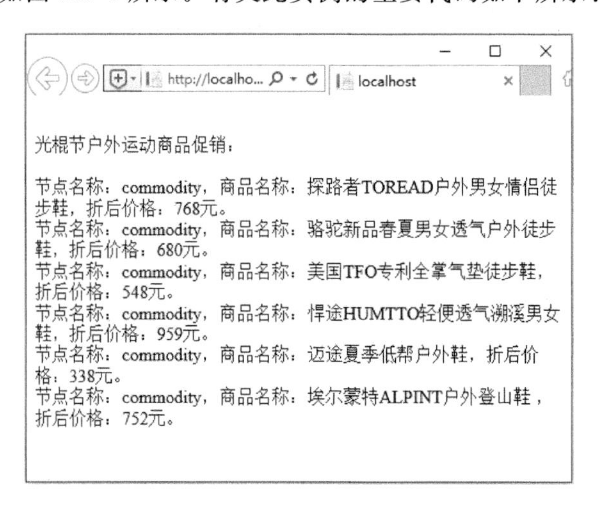

图 385-1

```
<!DOCTYPE html><html><head>
 <script type="text/javascript" src="Scripts/jquery-2.2.3.js"></script>
 <script language="javascript">
  $(function () {
   var result = "<br>光棍节户外运动商品促销：<br><br>";
   $.ajax({ url: 'HtmlPageC205XML.xml',type: 'GET',dataType: 'xml',
       timeout: 1000, error: function (myData) {
                    alert('Error loading XML document');},
       success: function (myData) {
           $(myData).children().children().each(function (index, ele) {
    //$(myData).find('discount').find('commodity').each(function (index, ele) {
            //result += "节点名称：" + $(this).context.nodeName
            result += "节点名称：" + $(this)[0].tagName
            result += ",商品名称：" + $(this).attr("name")
            result += ",折后价格：" + $(this).attr("price") + "元。<br>"; });
           $('p').html(result); }  }); });        //显示解析结果
  </script>
</head>
<body>
 <p></p><br>
</body></html>
```

上面有底纹的代码是此的核心代码。在这部分代码中，ajax()方法通过 HTTP 请求加载远程数据，该方法是 jQuery 底层的 Ajax 实现。$(this).context.nodeName 用于获取节点名称。注意：请在服务器环境下测试此实例。

“HtmlPageC205XML.xml”文件的内容如下：

```
<?xml version="1.0" encoding="UTF-8"?>
<discount>
```

```
<commodity name="探路者 TOREAD 户外男女情侣徒步鞋" price="768"/>
<commodity name="骆驼新品春夏男女透气户外徒步鞋" price="680"/>
<commodity name="美国 TFO 专利全掌气垫徒步鞋" price="548"/>
<commodity name="悍途 HUMTTO 轻便透气溯溪男女鞋" price="959"/>
<commodity name="迈途夏季低帮户外鞋" price="338"/>
<commodity name="埃尔蒙特 ALPINT 户外登山鞋 " price="752"/>
</discount>
```

此实例的源文件名是 HtmlPageC205.html。

386　使用 jQuery 底层 ajax()方法读取 XML 文件

此实例主要使用 jQuery 底层的 ajax()方法实现直接读取并输出在 XML 文件中的数据内容。当在浏览器中显示该页面时，将逐一解析在示例文件“HtmlPageC203XML.xml”中的 XML 格式的数据，结果如图 386-1 所示。有关此实例的主要代码如下所示：

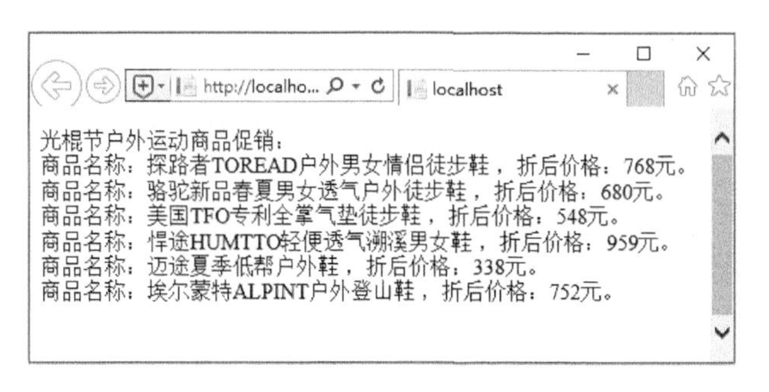

图　386-1

```
<!DOCTYPE html><html><head>
 <script type="text/javascript" src="Scripts/jquery-2.2.3.js"></script>
 <script language="javascript">
   $(function () {
    var result = "光棍节户外运动商品促销:<br>";
    $.ajax({url: 'HtmlPageC203XML.xml',dataType: 'xml',
      success: function (data) {
        $(data).find('discount').find('commodity').each(function (index, ele) {
           result += "商品名称:" + $(this).attr("name")
                  + ",折后价格:" + $(this).attr("price") + "元。<br>"; });
        $('p').html(result);          //输出对 XML 文件的解析结果
    } }); });
 </script>
</head>
<body>
 <p></p><br>
</body></html>
```

上面有底纹的代码是此实例的核心代码。在这部分代码中，ajax()方法通过 HTTP 请求加载远程数据，该方法是 jQuery 底层的 Ajax 实现。简单易用的高层实现见 \$.get()，\$.post()等方法。\$.ajax()方法主要是返回其创建的 XMLHttpRequest 对象。大多数情况下无须直接操作该方法，除非需要操作不常用的选项，以获得更多的灵活性。在最简单的情况下，\$.ajax()方法可以不带任何参数直接使用。

“HtmlPageC203XML. xml”文件的内容如下：

```
<?xml version = "1.0" encoding = "UTF - 8"?>
<discount>
<commodity name = "探路者 TOREAD 户外男女情侣徒步鞋" price = "768"/>
<commodity name = "骆驼新品春夏男女透气户外徒步鞋" price = "680"/>
<commodity name = "美国 TFO 专利全掌气垫徒步鞋" price = "548"/>
<commodity name = "悍途 HUMTTO 轻便透气溯溪男女鞋" price = "959"/>
<commodity name = "迈途夏季低帮户外鞋" price = "338"/>
<commodity name = "埃尔蒙特 ALPINT 户外登山鞋 " price = "752"/>
</discount>
```

此实例的源文件名是 HtmlPageC203. html。

387 直接读取并输出在 XML 中的数据内容

此实例主要使用 jQuery 的 get()方法实现直接读取并输出在 XML 文件中的数据内容。当在浏览器中显示该页面时，将逐一解析在示例文件“HtmlPageC201Test. xml”中的 XML 格式的数据，结果如图 387-1 所示。有关此实例的主要代码如下所示：

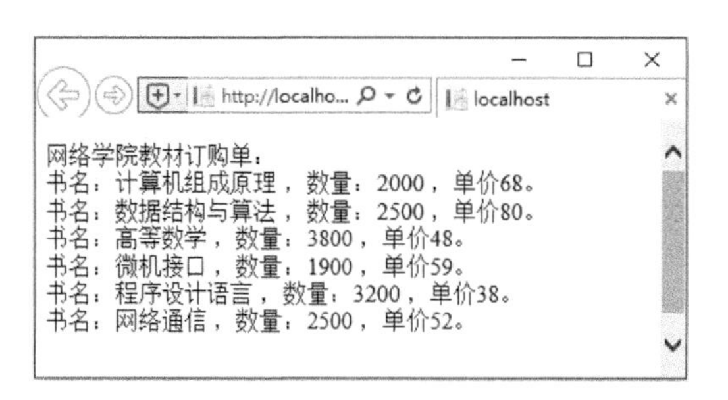

图 387-1

```
<!DOCTYPE html><html><head>
 <script type = "text/javascript" src = "Scripts/jquery - 2.2.3.js"></script>
 <script language = "javascript">
  $(function () {
    var result = "网络学院教材订购单:<br>";
    $.get("HtmlPageC201Test.xml", function (data) {
      $(data).find('department book').each(function (index, ele) {
                      result += "书名:" + $(this).attr("name")
                             + ",数量:" + $(this).attr("amount")
                             + ",单价" + $(this).attr("price") + "。<br>";
       });
       $('p').html(result);            //显示解析的 XML 文件内容
  }); });
 </script>
</head>
<body>
 <p></p><br>
</body></html>
```

上面有底纹的代码是此实例的核心代码。在这部分代码中，$. get()方法使用 HTTP GET 请求从服务器加载数据，因此在测试此实例时需要在服务器环境中。get()方法的语法声明如下：

```
$.get(URL,data,function(data,status,xhr),dataType)
```

其中，参数 URL 规定需要请求的 URL。参数 data 是可选参数，规定连同请求发送到服务器的数据。参数 function(data, status, xhr)是可选参数，规定当请求成功时运行的函数：子参数 data 包含来自请求的结果数据，子参数 status 包含请求的状态(success、notmodified、error、timeout、parsererror)，子参数 xhr 包含 XMLHttpRequest 对象。参数 dataType 是可选参数，规定预期的服务器响应的数据类型，默认情况下，jQuery 会智能判断，可能的类型：xml，XML 文档；html，HTML 作为纯文本；text，纯文本字符串；script，以 JavaScript 运行响应，并以纯文本返回；json，以 JSON 运行响应，并以 JavaScript 对象返回；jsonp，使用 JSONP 加载一个 JSON 块，将添加一个 ?callback=? 到 URL 来规定回调。

"HtmlPageC201Test. xml"文件的内容如下：

```
<?xml version = "1.0" encoding = "UTF - 8"?>
< department >
< book name = "计算机组成原理" amount = "2000" price = "68"/>
< book name = "数据结构与算法" amount = "2500" price = "80"/>
< book name = "高等数学" amount = "3800" price = "48"/>
< book name = "微机接口" amount = "1900" price = "59"/>
< book name = "程序设计语言" amount = "3200" price = "38"/>
< book name = "网络通信" amount = "2500" price = "52"/>
</department >
```

此实例的源文件名是 HtmlPageC201. html。

388 实现从 XML 中将数据加载到列表视图

此实例主要实现把 XML 格式的数据逐条逐行地加载到列表视图的 Item 并使用 animate()方法从右至左飘移式地动态显示出来。当在浏览器中显示该页面时，单击"刷新数据"超链接，则列表视图的 Item 数据将从右至左逐行显示出来，效果如图 388-1 所示。有关此实例的主要代码如下所示：

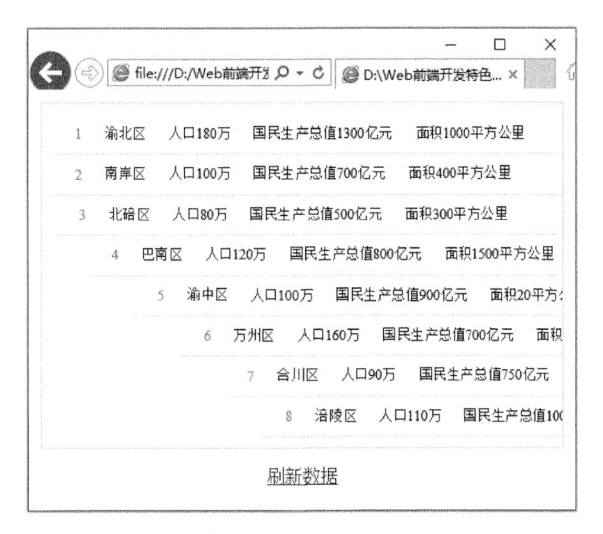

图 388-1

```
<! DOCTYPE html >< html >< head >
 < script src = "Scripts/jquery - 2.2.3. js" type = "text/javascript"></script >
 < script type = "text/javascript">
```

```
var ListView = {
 Update: function () {
  var xml = '<?xml version = "1.0" encoding = "UTF - 8"?><ChongQing>';
  xml += '<District Name = "渝北区" Population = "人口 180 万" GDP = "国民生产总值 1300 亿元" Area =
"面积 1000 平方公里"/>';
  xml += '<District Name = "南岸区" Population = "人口 100 万" GDP = "国民生产总值 700 亿元" Area = "面
积 400 平方公里" />';
  xml += '<District Name = "北碚区" Population = "人口 80 万" GDP = "国民生产总值 500 亿元" Area = "面
积 300 平方公里" />';
  xml += '<District Name = "巴南区" Population = "人口 120 万" GDP = "国民生产总值 800 亿元" Area = "面
积 1500 平方公里" />';
  xml += '<District Name = "渝中区" Population = "人口 100 万" GDP = "国民生产总值 900 亿元" Area = "面
积 20 平方公里"/>';
  xml += '<District Name = "万州区" Population = "人口 160 万" GDP = "国民生产总值 700 亿元" Area = "面
积 1500 平方公里" />';
  xml += '<District Name = "合川区" Population = "人口 90 万" GDP = "国民生产总值 750 亿元" Area = "面
积 2000 平方公里"/>';
  xml += '<District Name = "涪陵区" Population = "人口 110 万" GDP = "国民生产总值 1000 亿元" Area =
"面积 850 平方公里" />';
  xml += '</ChongQing>';
  var xmlDoc = $.parseXML(xml);                    //解析 XML 文档数据
  $(".ListView .c .Item").remove();               //清空列表项
  var i = 1;
  $(xmlDoc).find("ChongQing District").each(function () {
    var newItem = $("<div class = \"Item\"><span>" + i++
          + "</span><span>" + $(this).attr("Name") + "</span><span>"
          + $(this).attr("Population") + "</span><span>"
          + $(this).attr("GDP") + "</span><span>"
          + $(this).attr("Area") + "</span></div>");
    $(".ListView .c").append(newItem);             //添加列表项
    //动态显示列表视图
    $(newItem).animate({ marginLeft: "0px" }, 300 + i * 100);
}); } }
$(document).ready(function () {
 ListView.Update();
});
</script>
<style type = "text/css">
 .main {width: 100%;margin - top: 10px;text - align: center;font - size: 12.5px;}
 .ListView {width: 450px;overflow: hidden;margin: 0 auto;padding: 10px;
          height: 282px;border: 1px solid #dddddd;}
 .ListView .c {width:1200px;margin: 0 auto;border - collapse: collapse;}
 .Item {border - bottom: 1px dashed #dddddd;padding: 10px 0 10px 0;
        overflow: hidden;margin - left: 450px;}
 .Item span {float: left;text - align: left;padding - left:20px;}
 .Item span:first - child {color: #6AA8E8;}
 .Item span:last - child {text - align: center;}
</style>
</head>
<body>
 <div class = "main"><div class = "ListView"><div class = "c"></div></div></div>
 <p style = "text - align:center;"><a href = "#"
                                    onClick = "ListView.Update();">刷新数据</a></p>
</body></html>
```

上面有底纹的代码是此实例的核心代码。在这部分代码中，animate()方法用于在规定的时间(根据 item 位置不同，其时间间隔也不同，因此有极强的动感效果)内将 Item 的数据从右移动到左边。

关于 animate()方法的语法声明请参考本书的其他部分。

此实例的源文件名是 HtmlPageC339. html。

389 解析在 JSON 字符串中的多个对象

此实例主要通过调用 jQuery 自带的方法 eval()实现解析在 JSON 字符串中的多个对象。当在浏览器中显示该页面时，单击“解析在 JSON 字符串中的多个对象”按钮，则指定的 JSON 字符串将被解析为如图 389-1 所示的效果。有关此实例的主要代码如下所示：

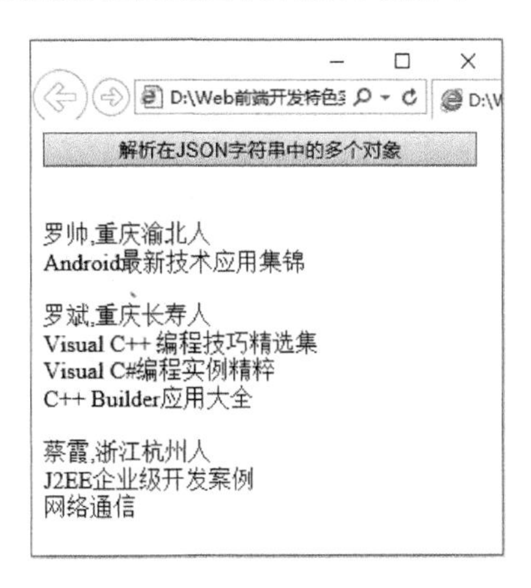

图 389-1

```
<!DOCTYPE html><html><head>
 <script type="text/javascript" src="Scripts/jquery-2.2.3.js"></script>
 <script type="text/javascript">
   $(document).ready(function () {
    //响应单击"解析在 JSON 字符串中的多个对象"按钮
    $("#myBtnJson").click(function () {
      var myJson = "[{Title:'罗帅',Content:'重庆渝北人',summary:'Android 最新技术应用集锦'},{Title:'罗斌',Content:'重庆长寿人',summary:[{works:'Visual C++编程技巧精选集'},{works:'Visual C# 编程实例精粹'},{works:'C++Builder 应用大全'}]},{Title:'蔡霞',Content:'浙江杭州人',summary:[{works:'J2EE 企业级开发案例'},{works:'网络通信'}]}]";
      var myObj = eval(myJson);
      var myHtml = ""
      $(myObj).each(function (index) {
        var val = myObj[index];
        var myTitle = val.Title;
        var myContent = val.Content;
        if (typeof (val.summary) == "object") {
            myHtml += "<br>" + myTitle + "," + myContent + "<br>";
            $(val.summary).each(function (ind) {
              myHtml += val.summary[ind].works + "<br>";
             }); }
         else {
           myHtml += "<br>" + myTitle + "," + myContent + "<br>";
           myHtml += val.summary + "<br>";
        }});
        $('#msg').html(myHtml);     //显示解析结果
    });});
  </script>
</head>
```

```
<body>
 <button id="myBtnJson" style="width:300px;">解析在 JSON 字符串中的多个对象</button><br><br>
 <div id="msg"></div>
</body></html>
```

上面有底纹的代码是此实例的核心代码。在这部分代码中，eval()方法用来解析 JSON 对象，该方法的语法声明如下：

```
eval(codes);
```

其中，参数 codes 是字符串形式的表达式或语句。如果没有参数，该方法返回 undefined。如果有返回值将返回此值，否则返回 undefined。如果为表达式，则返回表达式的值。如果是语句，则返回语句的值。如果是多条语句或表达式，则返回最后一条语句的值。

此实例的源文件名是 HtmlPageC180.html。

390 解析在 JSON 字符串中的每个元素

此实例主要实现使用 each()方法解析在 JSON 字符串中的每个元素。当在浏览器中显示该页面时，单击“解析在 JSON 字符串中的每个元素”按钮，则将把字符串“{ "luoshuai": { "chinese": 110, "math": "120" }, "luobin": { "chinese": 135, "math": "105" }, "caixia": { "chinese": 119, "math": "132" } }”解析为数组元素，如图 390-1 所示。有关此实例的主要代码如下所示：

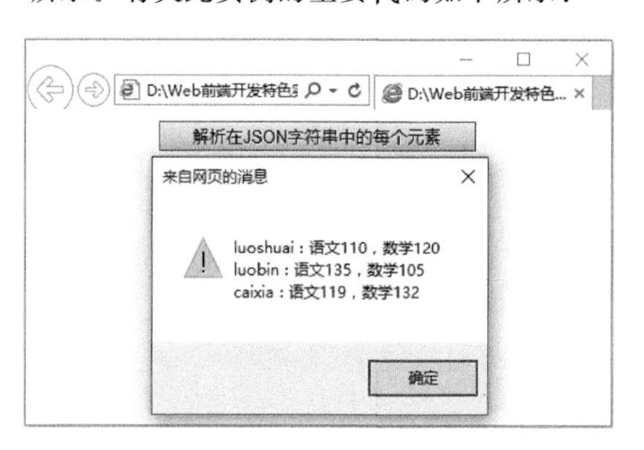

图 390-1

```
<!DOCTYPE html><html><head>
 <script type="text/javascript" src="Scripts/jquery-2.2.3.js"></script>
 <script language="javascript">
  $(document).ready(function () {
   //响应单击"解析在 JSON 字符串中的每个元素"按钮
   $("#myjson").click(function () {
    var myarray = { "luoshuai": { "chinese": 110, "math": "120" },
        "luobin": { "chinese": 135, "math": "105" },
        "caixia": { "chinese": 119, "math": "132" } };     //被测试的数组元素内容
    var myinfo = "";
    $.each(myarray, function (idx, item) {
     myinfo += idx + ": 语文" + item.chinese + ",数学" + item.math + "\n";
    })
    alert(myinfo);                                        //显示解析结果
  });});
 </script>
</head>
```

```
<body>
 <P style="text-align:center;margin-top:5px">
  <input class="input" type="button" value="解析在 JSON 字符串中的每个元素" id="myjson" style=
"width:250px" /><br></P>
</body></html>
```

上面有底纹的代码是此实例的核心代码。在这部分代码中,each()方法用于为每个匹配元素规定运行的方法,需要注意的是,each()方法根据参数的类型实现的效果不完全一致。该方法是 jQuery 使用频率超高的方法之一。JSON 全称是 JavaScript Object Notation,它是基于 JavaScript 编程语言 ECMA-262 3rd Edition-December 1999 标准的一种轻量级的数据交换格式,主要用于客户端与服务器进行交换数据。与 XML 相类似,它独立于具体开发语言,在跨平台数据传输上有很大的优势。JSON 建构有两种结构:①"名称/值"对的集合,在不同的语言中,它被理解为对象(object)、记录(record)、结构(struct)、字典(dictionary)、哈希表(hash table)、键列表(keyed list)或者联合数组(associative array)。②值的有序列表,在大部分语言中,它被理解为数组(array)。

此实例的源文件名是 HtmlPageC045.html。

391 解析在 JSON 字符串中的部分数据

此实例主要实现解析在 JSON 字符串中的部分数据。当在浏览器中显示该页面时,单击"解析在 JSON 字符串中的部分数据"按钮,则指定的 JSON 字符串将被分为"重庆市"和"成都市"两部分分别解析,如图 391-1 所示。有关此实例的主要代码如下所示:

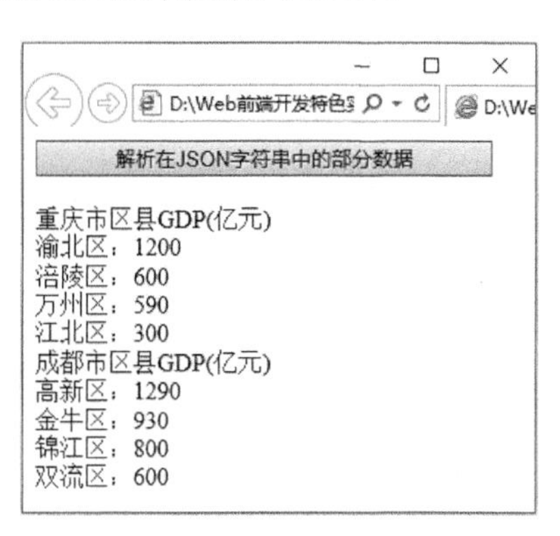

图 391-1

```
<!DOCTYPE html><html><head>
 <script type="text/javascript" src="Scripts/jquery-2.2.3.js"></script>
 <script type="text/javascript">
   $(document).ready(function () {
    //响应单击"解析在 JSON 字符串中的部分数据"按钮
    $("#myBtnJson").click(function () {
    //JSON 格式的数据内容
     var myJson = { "重庆市": [
                { "城区": "渝北区", "GDP": "1200" },
                { "城区": "涪陵区", "GDP": "600" },
                { "城区": "万州区", "GDP": "590" },
                { "城区": "江北区", "GDP": "300" }
                    ],
                    "成都市": [
                { "城区": "高新区", "GDP": "1290" },
```

```
                { "城区": "金牛区", "GDP": "930" },
                { "城区": "锦江区", "GDP": "800" },
                { "城区": "双流区", "GDP": "600" }],};
    var myHtml = "重庆市区县 GDP(亿元)" + "<br>";
    $.each(myJson.重庆市, function (i, myCity) {
        myHtml += myCity.城区 + ": " + myCity.GDP + "<br>"; })
    myHtml += "成都市区县 GDP(亿元)" + "<br>";
    $.each(myJson.成都市, function (i, myCity) {
      myHtml += myCity.城区 + ": " + myCity.GDP + "<br>"; })
    $('#msg').html(myHtml);     //显示解析结果
  }); });
 </script>
</head>
<body>
  <button id="myBtnJson" style="width:300px;">解析在 JSON 字符串中的部分数据</button><br><br>
  <div id="msg"></div>
</body></html>
```

上面有底纹的代码是此实例的核心代码。在这部分代码中，each()方法规定为每个匹配元素规定运行的函数。关于该方法的语法声明请参考本书的其他部分。

此实例的源文件名是 HtmlPageC262.html。

392 解析在 JSON 字符串中的数组数据

此实例主要实现解析在 JSON 字符串中的数组数据。当在浏览器中显示该页面时，单击“解析在 JSON 字符串中的数组数据”按钮，则指定的 JSON 字符串将被按照数组形式解析出来，如图 392-1 所示。有关此实例的主要代码如下所示：

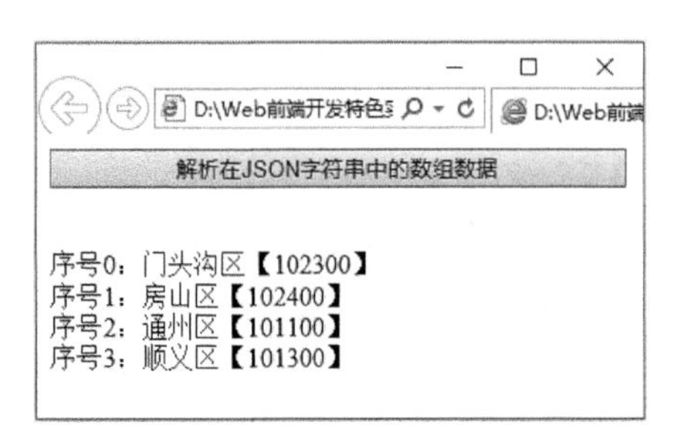

图 392-1

```
<!DOCTYPE html><html><head>
 <script type="text/javascript" src="Scripts/jquery-2.2.3.js"></script>
 <script type="text/javascript">
  $(document).ready(function () {
    //响应单击"解析在 JSON 字符串中的数组数据"按钮
    $("#myBtnJson").click(function () {
    var myJson = [{ "城区": "门头沟区", "post": "102300" },
                  { "城区": "房山区", "post": "102400" },
                  { "城区": "通州区", "post": "101100" },
                  { "城区": "顺义区", "post": "101300" }];
    var myHtml = "<br>";
    $.each(myJson, function (i, myArray) {
     myHtml += "序号" + i + ": " +
```

```
            myJson[i].城区 + "【" + myJson[i].post + "】<br>"; })
    $('#msg').html(myHtml); })          //显示解析结果
  });
</script>
</head>
<body>
 <button id="myBtnJson" style="width:350px;">解析在 JSON 字符串中的数组数据</button><br><br>
 <div id="msg"></div>
</body></html>
```

上面有底纹的代码是此实例的核心代码。在这部分代码中，each()方法规定为每个匹配元素规定运行的函数。关于该方法的语法声明请参考本书的其他部分。需要注意的是，JSON 文档内容必须规范，否则可能会引发异常。

此实例的源文件名是 HtmlPageC263.html。

393　解析在 JSON 格式文件中的每个元素

此实例主要使用 jQuery 的 getJSON()方法实现直接读取并输出在 JSON 数据格式的文件中的内容。当在浏览器中显示该页面时，单击"解析在 JSON 文件中的每个元素"按钮，则将在弹出的消息框中显示示例文件"HtmlPageC202JSON.json"中的数据，结果如图 393-1 所示。有关此实例的主要代码如下所示：

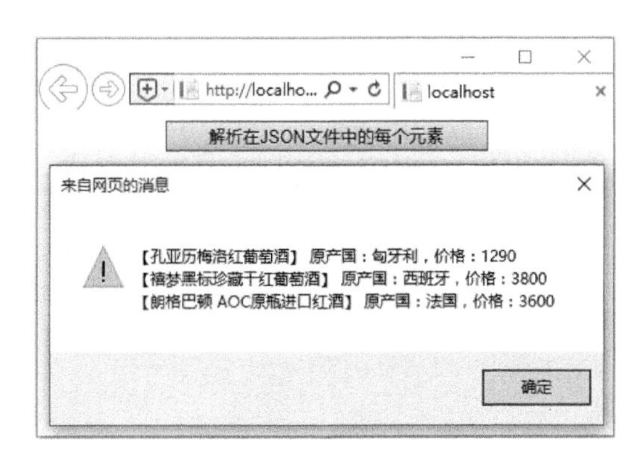

图　393-1

```
<!DOCTYPE html><html><head>
 <script type="text/javascript" src="Scripts/jquery-2.2.3.js"></script>
 <script language="javascript">
  $(document).ready(function () {
   //响应单击"解析在 JSON 文件中的每个元素"按钮
   $("#myjson").click(function () {
    $.getJSON("HtmlPageC202JSON.json", function (result) {
     var myinfo = "";
     $.each(result, function (idx, item) {
       myinfo += "【" + idx + "】原产国: " +
                  item.origin + ",价格: " + item.price + "\n"; })
     alert(myinfo);          //显示解析结果
  });});});
 </script>
</head>
```

```
<body>
 <P style="text-align:center;margin-top:5px">
 <input class="input" type="button" value="解析在 JSON 文件中的每个元素" id="myjson" style=
"width:250px" /><br></P>
</body></html>
```

上面有底纹的代码是此实例的核心代码。在这部分代码中，getJSON()方法使用 Ajax 的 HTTP GET 请求获取 JSON 数据。getJSON()方法的语法声明如下：

```
$(selector).getJSON(url,data,success(data,status,xhr))
```

其中，参数 url 规定将请求发送到哪个 URL。参数 data 是可选参数，规定发送到服务器的数据。参数 success(data，status，xhr)是可选参数，规定当请求成功时运行的函数，子参数 data 包含从服务器返回的数据，子参数 status 包含请求的状态(success、notmodified、error、timeout、parsererror)，子参数 xhr 包含 XMLHttpRequest 对象。

“HtmlPageC202JSON.json”文件的内容如下：

```
{ "孔亚历梅洛红葡萄酒": { "origin": "匈牙利", "price": "1290" }, "禧梦黑标珍藏干红葡萄酒": { "origin":
"西班牙", "price": "3800" }, "朗格巴顿 AOC 原瓶进口红酒": { "origin": "法国", "price": "3600" } }
```

此实例的源文件名是 HtmlPageC202.html。

394 解析在 JSON 字符串中的二维数组

此实例主要通过调用 jQuery 自带的 parseJSON()方法实现解析在 JSON 字符串中的二维数组元素。当在浏览器中显示该页面时，单击“解析在 JSON 字符串中的二维数组”按钮，则指定的 JSON 字符串将被解析为如图 394-1 所示的效果。有关此实例的主要代码如下所示：

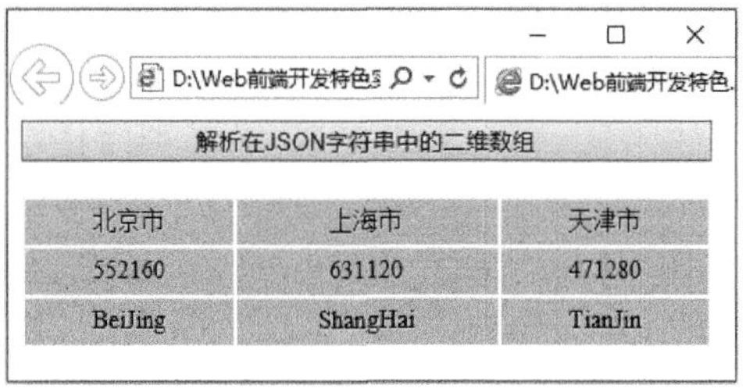

解析在JSON字符串中的二维数组

北京市	上海市	天津市
552160	631120	471280
BeiJing	ShangHai	TianJin

图 394-1

```
<!DOCTYPE html><html><head>
 <script type="text/javascript" src="Scripts/jquery-2.2.3.js"></script>
 <script language="javascript">
   $(document).ready(function () {
     //响应单击"解析在 JSON 字符串中的二维数组"按钮
    $("#myBtnJson").click(function () {
    //定义 JSON 文档内容
    var myJson = '[["北京市","上海市","天津市"],[552160,631120, 471280],["BeiJing","ShangHai",
"TianJin"]]';
    myArray = jQuery.parseJSON(myJson);
    var myOut = "<table>";
    for (i = 0; i < myArray.length; i++) {
      myOut += "<tr align='center'>";
      for (j = 0; j < myArray[i].length; j++) {
```

```
        myOut += "<td>" + myArray[i][j] + "</td>";}
      myOut += "</tr>";
    }
    myOut += "</table>";
    $("div").html(myOut);          //显示解析结果
  });});
</script>
<style type="text/css">
  td {background-color: lightblue;padding: 5px;}
  table { width: 400px; font-size: 14px; }
</style>
</head>
<body>
 <button id="myBtnJson" style="width:400px;">解析在 JSON 字符串中的二维数组</button><br><br>
  <div></div>
</body></html>
```

上面有底纹的代码是此实例的核心代码。在这部分代码中，jQuery.parseJSON()方法用于将格式完好的JSON字符串转为与之对应的JavaScript对象。所谓格式完好，就是要求指定的字符串必须符合严格的JSON格式，例如：属性名称必须加双引号、字符串值也必须用双引号。如果传入一个格式不完好的JSON字符串将抛出一个JavaScript异常。parseJSON()方法的语法声明如下：

```
jQuery.parseJSON( jsonString )
```

其中，参数jsonString表示需要解析并转为JavaScript对象的JSON格式的字符串。

此实例的源文件名是HtmlPageC233.html。

395　以二维数组的方式直接访问JSON字符串

此实例主要实现以myJson[myColor][mySize]二维数组的方式直接访问JSON字符串的内容。当在浏览器中显示该页面时，选择red和S两个DIV块，则将在下面显示这两个DIV块所代表的维度所指定的myJson数组值，即该颜色和尺寸所代表的商品库存是10件，如图395-1的左边所示，选择blue和L两个DIV块，则将在下面显示这两个DIV块所代表的维度所指定的myJson数组值，即该颜色和尺寸所代表的商品库存是9件，如图395-1的右边所示。有关此实例的主要代码如下所示：

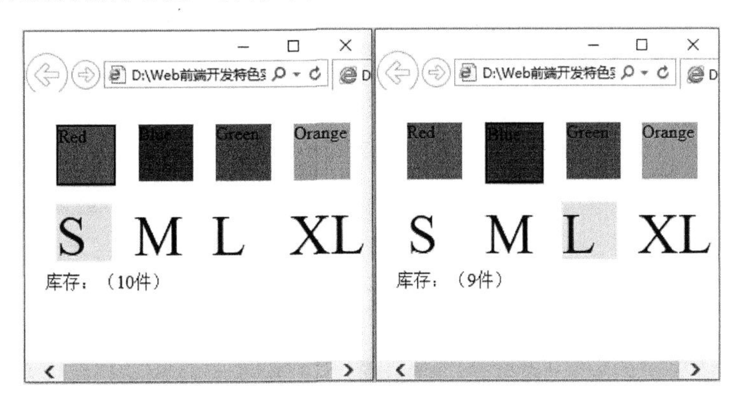

图　395-1

```
<!DOCTYPE html><html><head>
 <script type="text/javascript" src="Scripts/jquery-2.2.3.js"></script>
 <script type="text/javascript">
```

```
$(function () {
  //定义 JSON 文档内容
  var myJson = {"red":{"small":"10","middle":"15","large":"20","max_large": "25"},"blue":
{"small":"33","middle":"35","large":"9","max_large":"30"},"green":{"small":"34","middle":"30",
"large":"19","max_large":"3"},"orange":{"small":"9","middle":"15","large":"29","max_large":"18"}};
  var myColor;
  var mySize;
  $("#select_color div").click(function () {                 //在单击颜色块时响应
    $("#select_color div").attr("class","");
    $(this).attr("class","border");
    myColor = $(this).attr("myPara");
    ShowAmount(); });
  $("#select_size div").click(function () {                  //在单击尺寸块时响应
    $("#select_size div").attr("class","a");
    $(this).attr("class","b");
    mySize = $(this).attr("myPara");
    ShowAmount();});
  function ShowAmount() {
    if (myColor == undefined)
      return false;
    var myAmount = myJson[myColor][mySize];
    if (myAmount != undefined) {
      $("#span_store").text(myAmount + "件");
   } } });
  </script>
  <style>
   div {width: 50px;height: 50px;float: left; margin: 10px;}
   .a {font-size: 50px;float: left; cursor: pointer;}
   .b {font-size: 50px; background-color: yellow;
        float: left; cursor: pointer;}
   .border {border: 2px solid;}
 </style>
</head>
<body>
 <div style="width:100%;margin:10px;" id="select_color">
  <div style="background-color:red;cursor:pointer;"
    mce_style="background-color:red;cursor:pointer;" myPara="red">Red</div>
  <div style="background-color:blue;cursor:pointer;"
    mce_style="background-color:blue;cursor:pointer;" myPara="blue">Blue</div>
  <div style="background-color:green;cursor:pointer;"
    mce_style="background-color:green;cursor:pointer;"
    myPara="green">Green</div>
  <div style="background-color:orange;cursor:pointer;"
    mce_style="background-color:orange;cursor:pointer;"
    myPara="orange">Orange</div></div>
 <div style="width:100%;margin:10px;" id="select_size">
  <div class="a" myPara="small">S</div>
  <div class="b" myPara="middle">M</div>
  <div class="a" myPara="large">L</div>
  <div class="a" myPara="max_large">XL</div></div>
 <div style="width:100%;margin:10px;text-align:left;" id="select_store">
库存:(<span id="span_store">请选择颜色和尺寸</span>)</div>
</body></html>
```

上面有底纹的代码是此实例的核心代码。在这部分代码中，myJson[myColor][mySize]中的myColor和mySize分别表示myJson数组中的两个维度，即在myJson字符串中的“:”左边表示名称，“:”右边表示数组值。

此实例的源文件名是HtmlPageC237.html。

396　使用jQuery底层ajax()方法读取JSON文件

此实例主要使用jQuery底层的ajax()方法实现直接读取并输出在JSON文件中的数据内容。当在浏览器中显示该页面时，将逐一解析在示例文件“HtmlPageC204JSON.json”中的JSON格式的数据，结果如图396-1所示。有关此实例的主要代码如下所示：

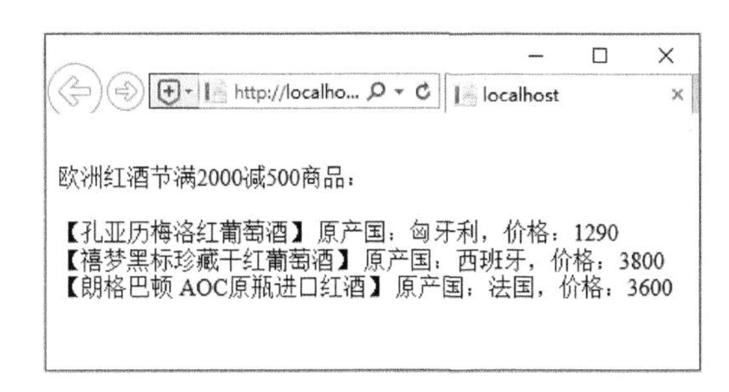

图　396-1

```
<!DOCTYPE html><html><head>
 <script type="text/javascript" src="Scripts/jquery-2.2.3.js"></script>
 <script language="javascript">
  $(function () {
   var myinfo = "<br>欧洲红酒节满2000减500商品:<br><br>";
   $.ajax({ url: 'HtmlPageC204JSON.json',dataType: 'json',
     success: function (result) {
     $.each(result, function (idx, item) {
      myinfo += "【" + idx + "】原产国: " +
               item.origin + ",价格: " + item.price + "<br>";
     })
     $('p').html(myinfo);    //输出解析结果
  } });});
  </script>
</head>
<body>
    <p></p><br>
</body></html>
```

上面有底纹的代码是此实例的核心代码。在这部分代码中，ajax()方法通过HTTP请求加载远程数据，该方法是jQuery底层的Ajax实现。简单易用的高层实现见$.getJSON()等方法。因此，大多数情况下应该考虑使用$.getJSON()方法加载数据。

“HtmlPageC204JSON.json”文件的内容如下：

```
{ "孔亚历梅洛红葡萄酒": { "origin": "匈牙利", "price": "1290" }, "禧梦黑标珍藏干红葡萄酒": { "origin":
"西班牙", "price": "3800" }, "朗格巴顿 AOC 原瓶进口红酒": { "origin": "法国", "price": "3600" } }
```

此实例的源文件名是HtmlPageC204.html。

397　使用 ajax()方法读取文本文件的内容

此实例主要使用 jQuery 底层的 ajax()方法实现直接读取文本文件的内容。当在浏览器中显示该页面时，单击“使用 ajax()方法读取文本文件的内容”按钮，则将从示例文件“HtmlPageC257Text.txt”中读取该文本文件的内容，并在下面的 DIV 块中显示出来，如图 397-1 所示。有关此实例的主要代码如下所示：

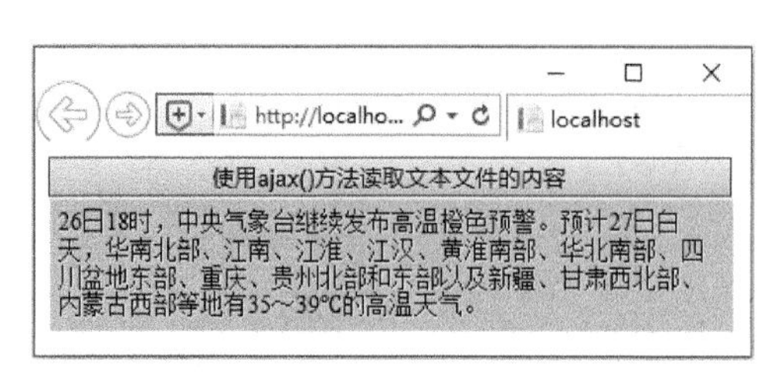

图　397-1

```
<!DOCTYPE html><html><head>
 <script type="text/javascript" src="Scripts/jquery-2.2.3.js"></script>
 <script language="javascript">
  $(document).ready(function () {
    //响应单击"使用 ajax()方法读取文本文件的内容"按钮
   $("#myBtn").click(function () {
     htmlobj = $.ajax({ url: "HtmlPageC257Text.txt", async: false });
     var myDiv = $("<div style='width:390px;background:lightgray;
        font-size:14px;padding:5px;margin:1px'></div>").insertAfter("#myBtn");
     myDiv.html(htmlobj.responseText);       //设置 DIV 块的内容
   }); });
  </script>
</head>
<body>
 <input type="button" id="myBtn"
         value="使用 ajax()方法读取文本文件的内容" style='width:400px' />
</body></html>
```

上面有底纹的代码是此实例的核心代码。在这部分代码中，ajax()方法通过 HTTP 请求加载远程数据，因此在测试此实例时，需要服务器环境；本书如无特别说明，只要使用了 ajax()方法，或者相关的高级方法，都需要在服务器环境中进行测试。关于 ajax()方法的语法声明请参考本书的其他部分。

“HtmlPageC257Text.txt”文件的内容如下：

```
26 日 18 时，中央气象台继续发布高温橙色预警。预计 27 日白天，华南北部、江南、江淮、江汉、黄淮南部、华北南部、四川盆地东部、重庆、贵州北部和东部以及新疆、甘肃西北部、内蒙古西部等地有 35～39℃ 的高温天气。
```

此实例的源文件名是 HtmlPageC257.html。

398　根据元素值查找元素在数组中的索引值

此实例主要实现根据元素值使用 inArray()方法查找该元素在数组中的索引位置。当在浏览器中显示该页面时，单击“使用 inArray()方法查找元素在数组中的索引位置”按钮，则将在弹出的消息框中显示“77 在数组 12，58，3，77，34，89，3，10，69，7，91 中的索引位置是：3”，如图 398-1 所示。有关此实例的主要代码如下所示：

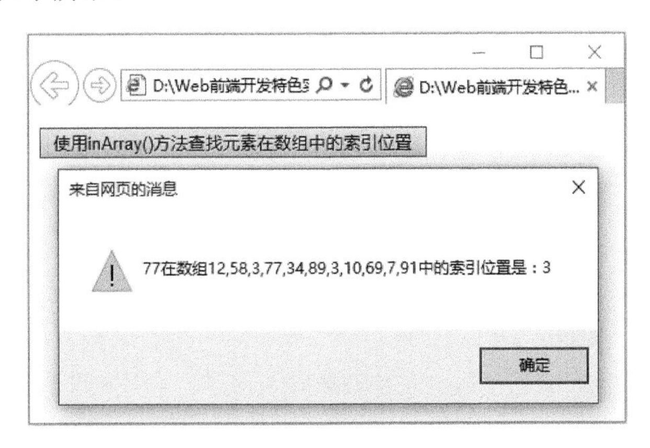

图　398-1

```
<!DOCTYPE html><html><head>
 <script type="text/javascript" src="Scripts/jquery-2.2.3.js"></script>
 <script language="javascript">
  $(document).ready(function () {
   //响应单击"使用 inArray()方法查找元素在数组中的索引位置"按钮
   $("#mybutton").click(function () {
    var myArray = [12, 58, 3, 77, 34, 89, 3, 10, 69, 7, 91];
    var myPos = $.inArray(77, myArray);
    alert("77 在数组" + myArray.toString() + "中的索引位置是: " + myPos);
  }); });
 </script>
</head>
<body>
 <P><button id="mybutton">使用 inArray()方法查找元素在数组中的索引位置</button></P>
</body></html>
```

上面有底纹的代码是此实例的核心代码。在这部分代码中，inArray()方法用于根据指定的元素值搜索数组并返回该元素值的索引，如果没有找到该元素则返回－1。inArray()方法的语法声明如下：

```
inArray( value, array )
```

其中，参数 value 表示要搜索的元素值。参数 array 表示将要搜索的数组。$.inArray()方法类似于 JavaScript 的原生 indexOf()方法，在没有找到匹配元素时它返回－1。如果数组第一个元素匹配 value，$.inArray()返回 0。因为 JavaScript 将 0 视为 false(即 0== false，但是 0 !== false)，如果我们检查在 array 中是否存在 value，则只需要检查它是否不等于(或大于)－1。

此实例的源文件名是 HtmlPageC052.html。

399　根据元素索引和元素值筛选数组元素

此实例主要实现使用 grep()方法根据元素索引位置和元素值筛选数组中符合条件的元素。当在浏览器中显示该页面时，单击“根据索引位置和元素值筛选数组元素”按钮，则将把数组“[12，58，3，77，34，89，3，10，69，7，91]”中符合条件“元素值大于 50 且索引位置小于 7 的元素”的元素筛选出来，如图 399-1 所示。有关此实例的主要代码如下所示：

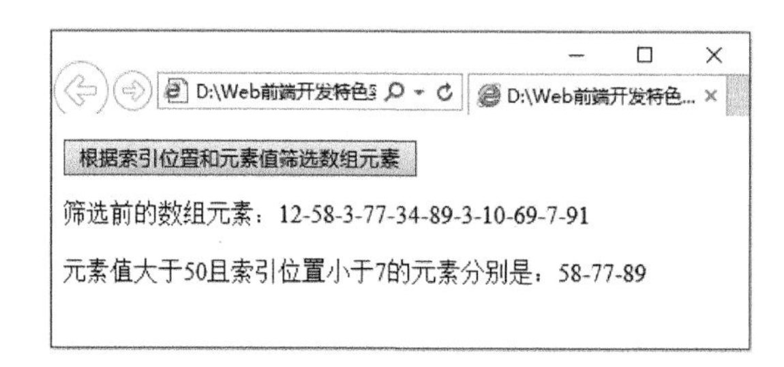

图 399-1

```
<!DOCTYPE html><html><head>
 <script type="text/javascript" src="Scripts/jquery-2.2.3.js"></script>
 <script language="javascript">
   $(document).ready(function () {
     //响应单击"根据索引位置和元素值筛选数组元素"按钮
    $("#mybutton").click(function () {
     var myinfo = "筛选前的数组元素：";
     var myarray = [12, 58, 3, 77, 34, 89, 3, 10, 69, 7, 91];
     var myresult = $.grep(myarray, function (item, index) {
       //筛选元素值大于 50 且索引位置小于 7 的元素
       return item > 50 && index < 7
     }, false);
     myinfo += myarray.join("-");
     myinfo += "<br/><br>元素值大于 50 且索引位置小于 7 的元素分别是：";
     myinfo += myresult.join("-");
     $("DIV").append(myinfo);
   });});
 </script>
</head>
<body>
 <P><button id="mybutton">根据索引位置和元素值筛选数组元素</button>
    <DIV><ul></ul></DIV></P>
</body></html>
```

上面有底纹的代码是此实例的核心代码。在这部分代码中，grep()方法用于数组元素过滤筛选，该方法的语法声明如下：

```
grep(array,callback,invert)
```

其中，参数 array 表示一个数组。参数 callback 是一个回调函数，用于过滤数组的元素，该函数中包含两个参数，第一个是当前数组元素的元素值，第二个是数组元素的索引，该回调函数返回一个布尔值。参数 invert 是一个布尔型可选项，默认值为 false；如果参数 invert 为 false 或未设置，则该方法返回数组由过滤函数返回 true 的元素，如果参数 invert 为 true，则返回过滤函数返回 false 的元素。

此实例的源文件名是 HtmlPageC050.html。

400 根据索引和值筛选并批量修改数组元素

此实例主要实现使用 map()方法根据元素索引位置和元素值筛选数组中符合条件的元素并批量修改这些元素。当在浏览器中显示该页面时，单击“根据索引位置和元素值筛选并批量修改数组元素”

按钮，则将把数组“[12，58，3，77，34，89，3，10，69，7，91]”中符合条件“元素值大于 50 且索引位置小于 7 的元素”的元素筛选出来，然后增加 1，如图 400-1 所示。有关此实例的主要代码如下所示：

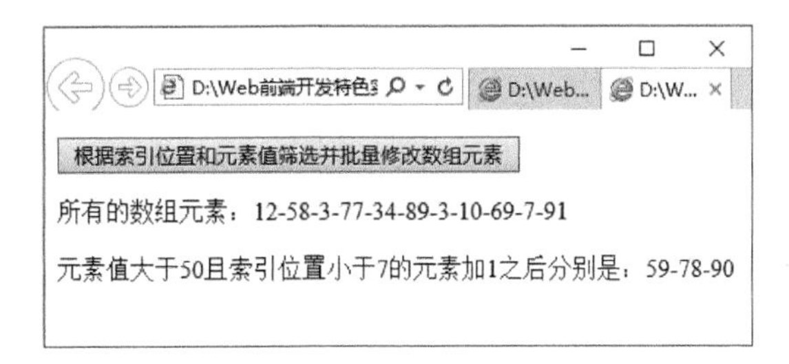

图　400-1

```
<!DOCTYPE html><html><head>
 <script type="text/javascript" src="Scripts/jquery-2.2.3.js"></script>
 <script language="javascript">
  $(document).ready(function () {
   //响应单击"根据索引位置和元素值筛选并批量修改数组元素"按钮
   $("#mybutton").click(function () {
    var myinfo = "所有的数组元素：";
    var myarray = [12, 58, 3, 77, 34, 89, 3, 10, 69, 7, 91];
    var myresult = $.map(myarray, function (item, index) {
      //筛选元素值大于 50 且索引位置小于 7 的元素
      if (item > 50 && index < 7) {
        return item + 1;          //元素值增加 1
    } });
    myinfo += myarray.join("-");
    myinfo += "<br/><br>元素值大于 50 且索引位置小于 7 的元素加 1 之后分别是：";
    myinfo += myresult.join("-");
    $("DIV").append(myinfo);
 });});
 </script>
</head>
<body>
 <P><button id="mybutton">根据索引位置和元素值筛选并批量修改数组元素</button>
    <DIV><ul></ul></DIV></P>
</body></html>
```

上面有底纹的代码是此实例的核心代码。其中，$.map(array, function(item,index) {return XXX})方法用于根据筛选条件遍历 array 数组的每个元素，并按照 return 中的计算方式形成一个新的元素，放入返回的数组中。其中，参数 array 表示要筛选的数组，参数 item 表示在数组中的元素，index 表示元素在数组中的索引。

此实例的源文件名是 HtmlPageC051.html。

401　使用 each()方法遍历对象的每个属性

此实例主要实现使用 each()方法遍历包含多个对象的属性值。当在浏览器中显示该页面时，单击“使用 each()方法遍历对象的每个属性”按钮，则将把在多个对象“[{ "Name"："罗帅"，"Phone"："15223328653" }，{ "Name"："罗斌"，"Phone"："13996060872" }，{ "Name"："汪明云"，"Phone"："13983818718" }]”中的每个属性值解析出来，如图 401-1 所示。有关此实例的主要代码如下所示：

图 401-1

```
<!DOCTYPE html><html><head>
 <script type="text/javascript" src="Scripts/jquery-2.2.3.js"></script>
 <script language="javascript">
  $(document).ready(function () {
    //响应单击"使用each()方法遍历对象的每个属性"按钮
   $("#mybutton").click(function () {
    var tbody = "";
    var obj = [{ "Name": "罗帅", "Phone": "15223328653" }, { "Name": "罗斌", "Phone": "13996060872" },
{ "Name": "汪明云", "Phone": "13983818718" }];
    var strContent = "<li class='title'>联系人姓名 手机号码</li>";
    $.each(obj, function (n, value) {
     strContent += "<li>" + value.Name + value.Phone + "</li>";
    });
    $("ul").append(strContent);
  }); });
  </script>
</head>
<body>
 <P><button id="mybutton">使用 each()方法遍历对象的每个属性</button>
   <DIV><ul></ul></DIV></P>
</body></html>
```

上面有底纹的代码是此实例的核心代码。在这部分代码中，each()方法用于为每个匹配元素规定运行的函数，需要注意的是，each()方法根据参数的类型实现的效果不完全一致，在此实例中，each()方法的语法声明如下：

```
$.each(obj,function(param1,param2))
```

在遍历对象时，参数 obj 是对象名称，param1 是元素属性名，param2 是元素属性值。

此实例的源文件名是 HtmlPageC049.html。

402　使用 each()方法遍历数组的每个元素

此实例主要实现使用 each()方法遍历数组的每个元素。当在浏览器中显示该页面时，单击“使用 each()方法遍历数组的每个元素”按钮，则将把在数组字符串“{ "罗帅：":"15223328653","罗斌：":"13996060872","汪明云：":"13983818718" }”中的每个元素解析出来，如图 402-1 所示。有关此实例的主要代码如下所示：

```
<!DOCTYPE html><html><head>
 <script type="text/javascript" src="Scripts/jquery-2.2.3.js"></script>
 <script language="javascript">
```

图　402-1

```
$(document).ready(function () {
  //响应单击"使用 each()方法遍历数组的每个元素"按钮
  $("#mybutton").click(function () {
   var myArray = { "罗帅：": "15223328653", "罗斌：": "13996060872",
                "汪明云：": "13983818718" }
   var strContent = "<li class='title'>联系人姓名：手机号码</li>";
   $.each(myArray, function (Name, Phone) {
     strContent += "<li>" + Name + Phone + "</li>";
   })
   $("ul").append(strContent);
});});
 </script>
</head>
<body>
  <p><button id="mybutton">使用 each()方法遍历数组的每个元素</button>
     <div><ul></ul></div></p>
</body></html>
```

上面有底纹的代码是此实例的核心代码。在这部分代码中，each()方法用于为每个匹配元素规定运行的函数，需要注意的是，each()方法根据参数的类型实现的效果不完全一致。在此实例中，each()方法的语法声明如下：

```
$.each(obj,function(param1,param2))
```

在遍历数组时，obj 是数组名称，param1 是元素序号，param2 是元素内容。此实例与上一实例相当类似，主要不同是数组字符串的内容。

此实例的源文件名是 HtmlPageC048.html。

403　使用 map()方法获取选中 checkbox 选项

此实例主要通过使用 map()方法获取对复选框 checkbox 的选择结果。当在浏览器中显示该页面时，任意选择几个选项，如“游戏”“书法”“摄影”等，单击“获取选择的多个 checkbox”按钮，则将在弹出的消息框中显示选择结果，如图 403-1 所示。有关此实例的主要代码如下所示：

图　403-1

```
<!DOCTYPE html><html><head>
 <script type="text/javascript" src="Scripts/jquery-2.2.3.js"></script>
 <script language="javascript">
  $(document).ready(function () {
    //响应单击"获取选择的多个 checkbox"按钮
    $("#myBtn").click(function () {
      $("div").html("你选择了: " + $(':checkbox:checked').map(function () {
        return this.name;}).get().join(','));
 });});
 </script>
</head>
<body>
 <p><input type="checkbox" name="计算机" value="1" />电脑
    <input type="checkbox" name="电影" value="2" />电影
    <input type="checkbox" name="游戏" value="3" />游戏<br />
    <input type="checkbox" name="绘画" value="4" />绘画
    <input type="checkbox" name="书法" value="5" />书法
    <input type="checkbox" name="阅读" value="6" />阅读<br />
    <input type="checkbox" name="旅游" value="7" />旅游
    <input type="checkbox" name="逛街" value="8" />逛街
    <input type="checkbox" name="摄影" value="9" />摄影<br /></p>
 <button id="myBtn"style="width:180px;">
                              获取选择的多个 checkbox</button><br/><br/> <div></div>
</body></html>
```

上面有底纹的代码是此实例的核心代码。在这部分代码中，map()方法用于把每个元素通过函数传递到当前匹配集合中，生成包含返回值的新的jQuery对象。由于返回值是jQuery封装的数组，通常使用get()方法来处理返回的对象以得到数组。map()方法的语法声明如下：

```
map(callback(index,domElement))
```

其中，参数callback(index,domElement)表示对当前集合中的每个元素调用的函数对象。在callback函数内部，this引用每次迭代的当前DOM元素。该函数可返回单独的数据项，或者是要被插入结果集中的数据项的数组。如果返回的是数组，数组内的元素会被插入集合中。如果函数返回null或undefined，则不会插入任何元素。

此实例的源文件名是HtmlPageC164.html。

404 把阿拉伯数字金额转换成大写金额汉字

此实例主要实现把小写金额数字转换成大写金额汉字。当在浏览器中显示该页面时，在"小写金额："文本框中输入数字，单击"生成大写金额"按钮，则将在弹出的消息框中显示该小写金额对应的大写金额，如图404-1所示。有关此实例的主要代码如下所示：

```
<!DOCTYPE html><html><head>
 <script type="text/javascript" src="Scripts/jquery-2.2.3.js"></script>
 <script language="javascript">
  $(document).ready(function () {
    //响应单击"生成大写金额"按钮
   $("#myparse").click(function () {
    var myprice = $("#myprice").val();
```

```
    if (isNaN(myprice)) {                //不是数字,则终止操作
      alert(myprice + "不是数字!");
      return false;
    }
    var mytext = ConvertMoney(myprice);
    alert(myprice + "元,大写是: " + mytext);
  });});
  function ConvertMoney(n) {
    var fraction = ['角', '分'];
    var digit = ['零', '壹', '贰', '叁', '肆', '伍', '陆', '柒', '捌', '玖'];
    var unit = [['元', '万', '亿'], ['', '拾', '佰', '仟']];
    var head = n < 0 ? '欠' : '';
    n = Math.abs(n);
    var s = '';
    for (var i = 0; i < fraction.length; i++) {
     s += (digit[Math.floor(n * 10 * Math.pow(10, i)) % 10]
                              + fraction[i]).replace(/零./, '');
    }
    s = s || '整';
    n = Math.floor(n);
    for (var i = 0; i < unit[0].length && n > 0; i++) {
      var p = '';
      for (var j = 0; j < unit[1].length && n > 0; j++) {
       p = digit[n % 10] + unit[1][j] + p;
       n = Math.floor(n / 10);
      }
      s = p.replace(/(零.)*零$/, '').replace(/^$/, '零') + unit[0][i] + s;
    }
    return head + s.replace(/(零.)*零元/,
             '元').replace(/(零.)+/g, '零'). replace(/^整$/, '零元整');
  }
  </script>
</head>
<body>
 <P style="text-align:center;margin-top:5px">
  小写金额: <input type="text" id="myprice" class="input">
  <input class="input" type="button" value="生成大写金额" id="myparse" /></P>
</body></html>
```

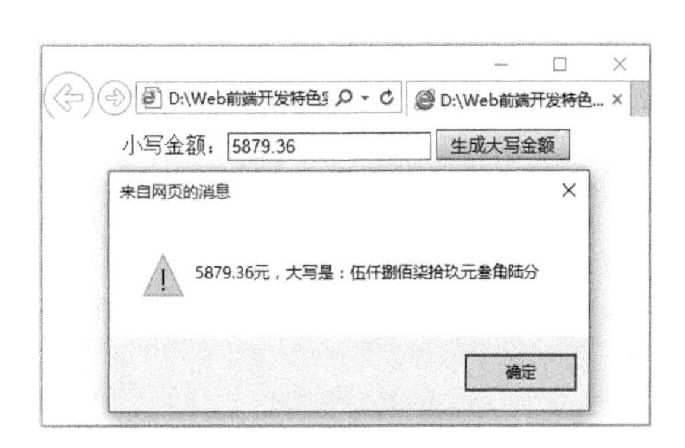

图 404-1

上面有底纹的代码是此实例的核心代码。在这部分代码中，Math. floor()方法用于获取小于等于参数的最大整数，对数字进行下舍。Math. floor()方法的语法声明如下：

```
Math.floor(x);
```

其中，参数 x 是 number 类型的数字，该方法返回小于等于 x 的最大整数。

Math.pow()方法用于获取底数的指定次幂。Math.pow()方法的语法声明如下：

```
Math.pow(x,y);
```

其中，参数 x 是 number 类型的数字，表示底数，y 是 number 类型的数字，表示指数。该方法的返回值是 x 的 y 次幂。

此实例的源文件名是 HtmlPageC040.html。

405 根据身份证号码解析性别和出生日期

此实例主要使用 jQuery 的全局方法 trim()等实现根据身份证号码解析其中的性别和出生日期。当在浏览器中显示该页面时，在文本框中输入身份证号码，再单击“解析号码”按钮，则将在下面显示该号码所包含的性别和出生日期，如图 405-1 所示。有关此实例的主要代码如下所示：

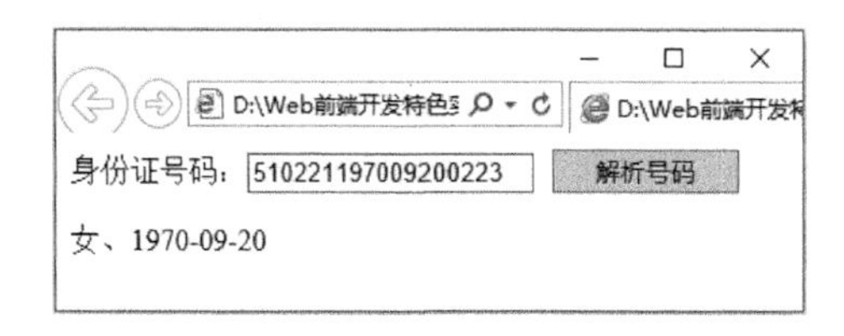

图 405-1

```
<!DOCTYPE html><html><head>
 <script type="text/javascript" src="Scripts/jquery-2.2.3.js"></script>
 <script language="javascript">
  $(function () {
    function GetBirthdatByIdNo(myID) {
     var myTemp = "";
     var myInfo = $("#myShowInfo");                 //用于显示解析结果
     myID = $.trim(myID);
     if (myID.length == 15) {
       myTemp = myID.substring(6, 12);
       myTemp = "19" + myTemp;
       myTemp = myTemp.substring(0, 4) + "-"
              + myTemp.substring(4, 6) + "-" + myTemp.substring(6);
       mySex = parseInt(myID.substring(14, 1)) % 2 ? "男" : "女";
       myInfo.text(mySex + "、" + myTemp);
     } else if (myID.length == 18) {
       myTemp = myID.substring(6, 14);
       myTemp = myTemp.substring(0, 4) + "-"
              + myTemp.substring(4, 6) + "-" + myTemp.substring(6);
       mySex = parseInt(myID.substring(17, 1)) % 2 ? "男" : "女";
       myInfo.text(mySex + "、" + myTemp);          //显示解析结果
     }
     else {
       myInfo.text( "非普通的中国大陆居民身份证号码!");
     }
    }     //响应单击"解析号码"按钮
    $("#myGetInfo").click(function () {
```

```
        GetBirthdatByIdNo( $ ("#myIDCard").val());
    });});
```

```
 </script>
</head>
<body>
  身份证号码: <input type="tel" id="myIDCard">
      <input type="button" value="解析号码" id="myGetInfo"
            style="margin-left:10px ;width:100px" />
 <p><span id="myShowInfo"></span><p>
</body></html>
```

上面有底纹的代码是此实例的核心代码。在这部分代码中，$.trim()方法用于去除字符串两端的空白字符，该方法可以去除字符串开始和末尾两端的空白字符(直到遇到第一个非空白字符串为止)，它会清除包括换行符、空格、制表符等常见的空白字符。parseInt(string)方法用于从string参数的开头开始进行解析，结果返回一个整数。

此实例的源文件名是HtmlPageC214.html。

406 实现密码输入框三级强度的安全验证

此实例主要实现使用正则表达式对密码输入框的内容进行三级强度的安全验证。当在浏览器中显示该页面时，如果在"设置密码："文本框输入"123456"，则验证结果如图406-1所示；如果在"设置密码："文本框输入"123456Abc"，则验证结果如图406-2所示；如果在"设置密码："文本框输入"123456Abc@#$"，则验证结果如图406-3所示。有关此实例的主要代码如下所示：

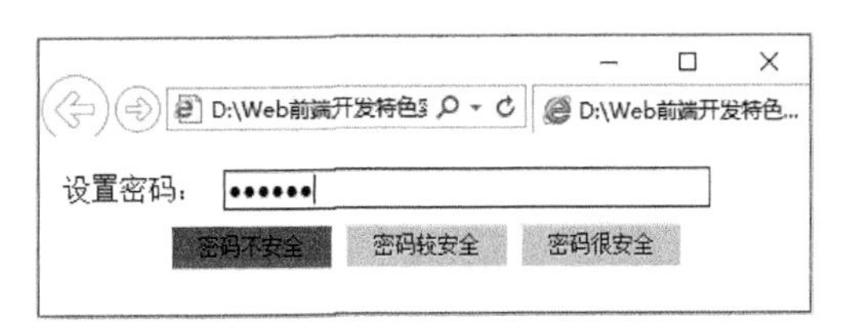

图 406-1

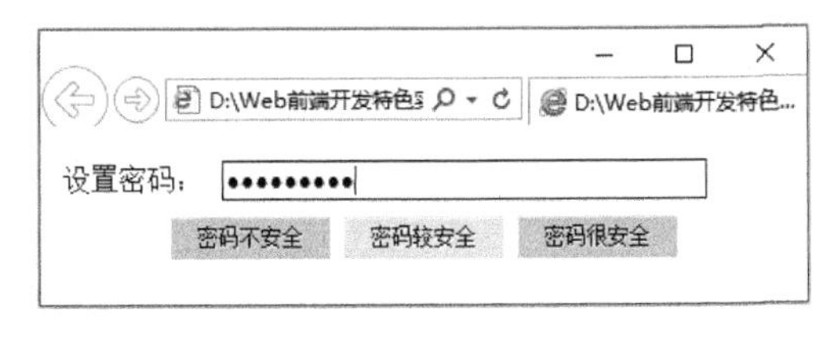

图 406-2

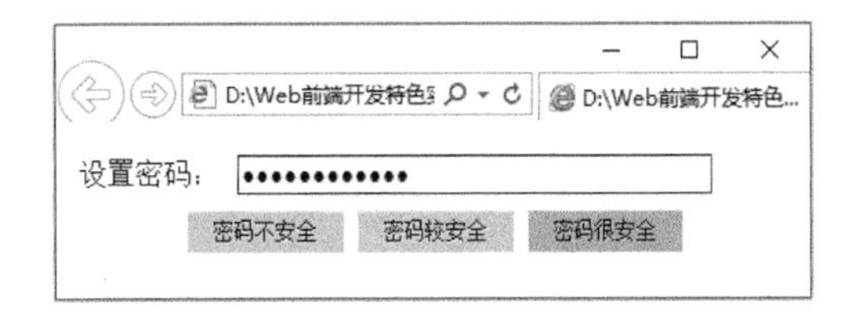

图 406-3

```
<!DOCTYPE html><html><head>
  <script type="text/javascript" src="Scripts/jquery-2.2.3.js"></script>
  <script type="text/javascript">
```

```
    $(document).ready(function () {
     $('#myText').keyup(function (e) {                //响应在文本框中的按键抬起事件
      var strongRegex = new RegExp("^(?=.{8,})(?=.*[A-Z])(?=.*[a-z])(?=.*[0-9])(?=.*\\
W).*$", "g");
      var mediumRegex = new RegExp("^(?=.{7,})(((?=.*[A-Z])(?=.*[a-z]))|
((?=.*[A-Z])(?=.*[0-9]))|((?=.*[a-z])(?=.*[0-9]))).*$", "g");
```

```
        var enoughRegex = new RegExp("(?=.{6,}).*", "g");
        if (false == enoughRegex.test($(this).val())) {
         $('#myLevel').html("");
         $('#myLength').html('最少 6 个字符');
        } else if (strongRegex.test($(this).val())) {
          $('#myLength').html('');
          $('#myLevel').html("");
          $('#myLevel').append('<span>密码不安全</span>');
          $('#myLevel').append('<span>密码较安全</span>');
          $('#myLevel').append('<span style="background-color:lightgreen">密码很安全</span>');
        } else if (mediumRegex.test($(this).val())) {
          $('#myLength').html('');
          $('#myLevel').html("");
          $('#myLevel').append('<span>密码不安全</span>');
          $('#myLevel').append('<span style="background-color:yellow">密码较安全</span>');
          $('#myLevel').append('<span>密码很安全</span>');
        } else {
          $('#myLength').html('');
          $('#myLevel').html("");
          $('#myLevel').append('<span style="background-color:red">密码不安全</span>');
          $('#myLevel').append('<span>密码较安全</span>');
          $('#myLevel').append('<span>密码很安全</span>');
        }
        return true;
    });});
  </script>
  <style type="text/css">
   span {margin:2px; padding-top:5px;padding-bottom:5px; padding-left:15px;
         padding-right:15px;background-color:lightgray; font-size:12px; }
   input { width:270px; margin:10px; }
  </style>
</head>
<body><center>
  设置密码: <input type="password" id="myText" />
  <span id="myLength" style="background-color:white"></span>
  <div id="myLevel">
    <span>密码不安全</span>
    <span>密码较安全</span>
    <span>密码很安全</span> </div></center>
</body></html>
```

上面有底纹的代码是此实例的核心代码。在这部分代码中,test()方法是正则表达式 RegExp 的验证方法,用于验证参数是否符合自定义的正则表达式的要求。关于此方法的说明请参考本书的其他部分。

此实例的源文件名是 HtmlPageC272.html。

第16章 其他实例

407 在主页面为子框架 IFrame 动态新增控件

此实例主要实现在主页面中为子框架 IFrame 动态新增控件。当在浏览器中显示该页面时，会自动加载子框架文件“HtmlPageC0041.html”，如图 407-1 中所示的“毕业院校：”控件即是子框架文件“HtmlPageC0041.html”的原始控件，单击“在主页面中为 IFrame 子框架新增控件”按钮，则将在“毕业院校：”控件的下方新增“家庭地址：”控件，如图 407-2 所示。有关此实例的主要代码(即页面文件“HtmlPageC004.html”的内容)如下所示：

图 407-1

图 407-2

```
<!DOCTYPE html><html><head>
 <script type="text/javascript" src="Scripts/jquery-2.2.3.js"></script>
 <script language="javascript">
  $(document).ready(function () {
    //响应单击"在主页面中为 IFrame 子框架新增控件"按钮
   $("#AddIFrameControl").click(function () {
     $("#IFrame").contents().find("body").append('<br><br>家庭地址: <input type="text" class=
"input">');
    });});
 </script>
</head>
<body>
 <p style="text-align:center;padding-top:20px">
    <iframe id="IFrame" src="HtmlPageC0041.html" width="350"
           height="150" style="border:0px solid blue"></iframe></p>
   <P style="text-align:center;margin-top:5px">
    <input class="input" type="button"
      value="在主页面中为 IFrame 子框架新增控件" id="AddIFrameControl" /></P>
</body></html>
```

上面有底纹的代码是此实例的核心代码。在该部分代码中,contents()方法用于获取子框架页面的主体内容,find("body")方法用于查找子框架页面中的 body,append()方法则用于在 body 中新增控件。

此实例的源文件名是 HtmlPageC004.html。

此实例的子框架源文件 HtmlPageC0041.html 的主要内容如下:

```
<!DOCTYPE html>
<html><body>
  <h3>这是 IFrame 子框架页面的注册模块</h3>
  毕业院校: <input type="text" id="sc" class="input">
</body></html>
```

408 在主页面模拟单击 IFrame 子框架的按钮

此实例主要实现在主页面中模拟单击 IFrame 子框架的按钮的功能。当在浏览器中显示该页面时,会自动加载子框架文件 HtmlPageC0031.html,图 408-1 中边框线围住的部分即是子框架文件 HtmlPageC0031.html 的内容。因此,"显示测试内容"按钮在 HtmlPageC0031.html 子框架页面中,"实现与单击子框架的【显示测试内容】按钮相同的功能"按钮在 HtmlPageC003.html 主页面中,单击两个按钮将实现相同的功能,即弹出消息框"你刚才单击了 IFrame 子框架的【显示测试内容】按钮",如图 408-1 所示。有关此实例的主要代码(即页面文件 HtmlPageC003.html 的内容)如下所示:

```
<!DOCTYPE html><html><head>
 <script type="text/javascript" src="Scripts/jquery-2.2.3.js"></script>
 <script language="javascript">
  $(document).ready(function () {
    //响应单击"实现与单击子框架的【显示测试内容】按钮相同的功能"按钮
  $("#GetIFrameButtonClick").click(function () {
    $("#IFrame").contents().find("#mybutton").click();
  });});
 </script>
```

```
</head>
<body>
 <p style="text-align:center;padding-top:20px">
  <iframe id="IFrame" src="HtmlPageC0031.html" width="350"
          height="100" style="border:2px solid blue"></iframe></p>
 <p style="text-align:center;margin-top:5px">
  <input class="input" type="button"
          value="实现与单击子框架的【显示测试内容】按钮相同的功能"
          id="GetIFrameButtonClick" /></p>
</body></html>
```

图　408-1

上面有底纹的代码是此实例的核心代码。在该部分代码中，contents()方法用于获取子框架页面的主体内容，find("#mybutton")方法用于查找子框架页面中ID为mybutton的按钮，click()方法则实现直接单击该按钮的操作。

此实例的源文件名是HtmlPageC003.html。

此实例的子框架源文件HtmlPageC0031.html的主要内容如下：

```
<!DOCTYPE html><html><head>
 <script type="text/javascript" src="Scripts/jquery-2.2.3.js"></script>
 <script language="javascript">
  $(document).ready(function () {
   $("#mybutton").click(function () {//响应单击"显示测试内容"按钮
     alert("你刚才单击了 IFrame 子框架的【显示测试内容】按钮");
});});
 </script>
</head>
<body>
 <h3>这是 IFrame 子框架页面</h3>
 <input type="button" value="显示测试内容" id="mybutton">
</body></html>
```

409　在主页面获取子框架IFrame的文本框内容

此实例主要实现获取IFrame子框架的文本框的输入内容。当在浏览器中显示该页面时，会自动加载子框架文件HtmlPageC0021.html，图409-1中框线围住的部分即是子框架文件HtmlPageC0021.html，

“获取子框架文本框的输入内容”按钮则在 HtmlPageC002.html 主页面中。当在“毕业院校：”文本框中输入内容，如“中国政法大学”，单击“获取子框架文本框的输入内容”按钮，将在弹出的消息框中显示该子框架文本框的输入内容，如图 409-1 所示。有关此实例的主要代码（即页面文件 HtmlPageC002.html 的内容）如下所示：

图 409-1

```
<!DOCTYPE html><html><head>
  <script type="text/javascript" src="Scripts/jquery-2.2.3.js"></script>
  <script language="javascript">
  $(document).ready(function () {
    //响应单击"获取子框架文本框的输入内容"按钮
   $("#GetIFrameText").click(function () {
    var mytext =  $("#IFrame").contents().find("#sc").val();
    alert("在子框架的文本框里的内容为(即毕业院校): " + mytext);
  });});
 </script>
</head>
<body>
 <p style="text-align:center;padding-top:20px">
  <iframe id="IFrame" src="HtmlPageC0021.html" width="350" height="100" style="border:2px solid blue"></iframe></p>
 <P style="text-align:center;margin-top:5px">
  <input class="input" type="button" value="获取子框架文本框的输入内容" id="GetIFrameText" />
</P>
</body></html>
```

上面有底纹的代码是此实例的核心代码。在该部分代码中，contents()方法用于获取子框架页面的主体内容，find("#sc")方法用于查找子框架页面中 ID 为 sc 的文本框，val()方法则用于获取该文本框的内容。

此实例的源文件名是 HtmlPageC002.html。

此实例的子框架源文件 HtmlPageC0021.html 的主要内容如下：

```
<!DOCTYPE html>
<html><body>
 <h3>这是 IFrame 子框架页面的注册模块</h3>
```

```
 毕业院校:< input type = "text" id = "sc" class = "input">
</body></html>
```

410　操控在二级子框架 IFrame 中的 checkbox

此实例主要实现在主页面中操控嵌套在二级子框架 IFrame 中的复选框 checkbox。当在浏览器中显示主页面时，将加载一级子框架文件 HtmlPageC235A. html，一级子框架文件 HtmlPageC235A. html 也将在此时加载二级子框架文件 HtmlPageC235AA. html；图 410-1 中边框线围住的部分即是嵌套的两个子框架。单击“选中一级子框架的 checkbox”按钮，则将选中在一级子框架文件 HtmlPageC235A. html 中的“北京市”和“上海市”checkbox；单击“选中二级子框架的 checkbox”按钮，则将选中在二级子框架文件 HtmlPageC235AA. html 中的“南昌市”和“长沙市”checkbox，如图 410-1 所示。有关此实例的主要代码如下所示：

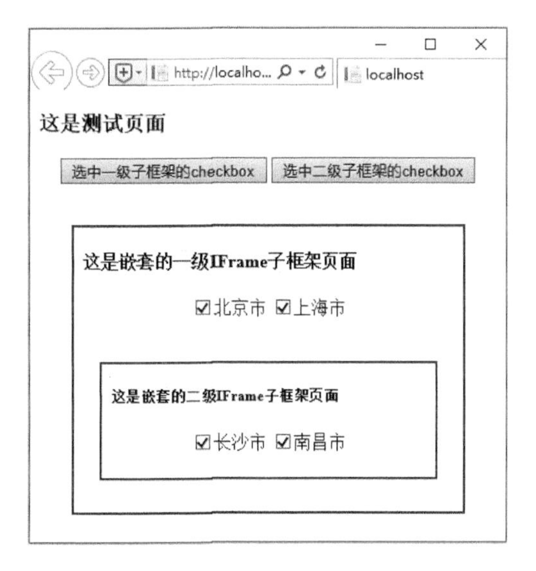

图　410-1

```
<!DOCTYPE html><html><head>
 <script type = "text/javascript" src = "Scripts/jquery - 2.2.3.js"></script>
 <script language = "javascript">
   $ (document).ready(function () {
    $ ("#btnA").click(function () {  //响应单击"选中一级子框架的 checkbox"按钮
     $ (window.frames["myAIFrame"].document).find("input:checkbox"). prop("checked", "true");
    });
    $ ("#btnAA").click(function () { //响应单击"选中二级子框架的 checkbox"按钮
     $ (window. frames [ " myAIFrame"]. frames [ " myAAIFrame"]. document). find ( " input: checkbox"). prop
("checked", "true");
   }); });
 </script>
</head>
<body>
 <h3>这是测试页面</h3>
 <P style = "text - align:center;margin - top:5px">
   < input class = "input" type = "button"
          value = "选中一级子框架的 checkbox" id = "btnA" />
   < input class = "input" type = "button"
```

```
        value = "选中二级子框架的 checkbox" id = "btnAA" /></P>
  <p style = "text - align:center;padding - top:20px">
   <iframe id = "myAIFrame" src = "HtmlPageC235A.html" width = "350"
        height = "250" style = "border:2px solid blue"></iframe></p>
</body></html>
```

上面有底纹的代码是此实例的核心代码。在这部分代码中，$(window. frames["myAIFrame"]. document)用于访问在当前页面中的一级框架 myAIFrame；$(window. frames["myAIFrame"]. frames["myAAIFrame"]. document)用于访问在当前页面中的一级框架 myAIFrame 下的二级框架 myAAIFrame。

$(window. frames["myAIFrame"]. document). find("input:checkbox"). prop("checked","true")可以用$("input:checkbox",document. frames["myAIFrame"]. document). prop("checked", "true")代替。

$(window. frames["myAIFrame"]. frames["myAAIFrame"]. document). find("input:checkbox"). prop("checked", "true")也可以用$("input:checkbox", document. frames ["myAIFrame"]. frames ["myAAIFrame"]. document). prop("checked", "true")代替。

一级子框架文件 HtmlPageC235A. html 的主要内容如下：

```
<!DOCTYPE html><html>
<body>
 <h4>这是嵌套的一级 IFrame 子框架页面</h4>
 <p style = "text - align:center;margin - top:5px">
  <input type = "checkbox" name = "北京市" value = "0" />北京市
  <input type = "checkbox" name = "上海市" value = "1" />上海市</p>
 <p style = "text - align:center;padding - top:20px">
  <iframe id = "myAAIFrame" src = "HtmlPageC235AA.html" width = "300"
       height = "100" style = "border:2px solid blue"></iframe> </p>
</body></html>
```

二级子框架文件 HtmlPageC235AA. html 的主要内容如下：

```
<!DOCTYPE html><html>
<body>
 <h5>这是嵌套的二级 IFrame 子框架页面</h5>
 <p style = "text - align:center;margin - top:5px">
  <input type = "checkbox" name = "长沙市" value = "0" />长沙市
  <input type = "checkbox" name = "南昌市" value = "1" />南昌市</p>
</body></html>
```

此实例的源文件名是 HtmlPageC235. html。

411　从子框架 IFrame 操控主页面的 checkbox

此实例主要实现从子框架 IFrame 中操控主页面的 checkbox。当在浏览器中显示主页面时，将加载子框架文件 HtmlPageC236A. html，在图 411-1 中边框线围住的部分即是嵌套的子框架。在子框架中单击“选中在父页面中的 checkbox”按钮，则将选中在主页面文件 HtmlPageC236. html 中的“北京市”和“上海市”checkbox，如图 411-1 所示。子框架文件 HtmlPageC236A. html 的主要内容如下：

```
<!DOCTYPE html><html><head>
 <script type = "text/javascript" src = "Scripts/jquery - 2.2.3.js"></script>
 <script language = "javascript">
```

```
$(document).ready(function() {
 $("#btnA").click(function() {      //响应选中在父页面中的 checkbox 按钮
  $(window.parent.document).find("input:checkbox").prop("checked", "true");
 }); });
</script>
</head>
<body>
 <h4>这是嵌套的一级 IFrame 子框架页面</h4>
 <p style="text-align:center;margin-top:5px">
  <input class="input" type="button" value="选中在父页面中的 checkbox"
        id="btnA"  style="width:250px"/></p>
</body></html>
```

图　411-1

上面有底纹的代码是此实例的核心代码。其中，$(window. parent. document)用于从子框架访问其父级元素。$('input:checkbox',parent. document). prop("checked", "true")也能实现与代码$(window. parent. document). find("input:checkbox"). prop("checked", "true")相同的功能。

测试(主)页面文件 HtmlPageC236. html 的主要内容如下：

```
<!DOCTYPE html><html>
<body>
 <h3>这是测试页面</h3>
 <p style="text-align:center;margin-top:5px">
  <input type="checkbox" name="北京市" value="0" />北京市
  <input type="checkbox" name="上海市" value="1" />上海市</p>
 <p style="text-align:center;padding-top:20px">
   <iframe id="myAIFrame" src="HtmlPageC236A.html" width="350"
        height="100" style="border:2px solid blue"></iframe></p>
</body></html>
```

此实例的源文件名是 HtmlPageC236. html。

412　使用 cookie 保存和读取非长期性的数据

此实例主要通过调用 jquery. cookie. js 插件中的 cookie()方法，从而实现使用 cookie 保存和读取非长期性的数据。当在浏览器中显示该页面时，在“用户名称：”文本框中输入信息，单击“保存用户名称”按钮，则该信息将被保存到 cookie；单击“读取用户名称”按钮，则刚才保存的信息将显示在弹出的消息框中，如图 412-1 所示。此后，只要在浏览器中显示该页面，就可以单击“读取用户名称”按钮，获取“用户名称：”信息。有关此实例的主要代码如下所示：

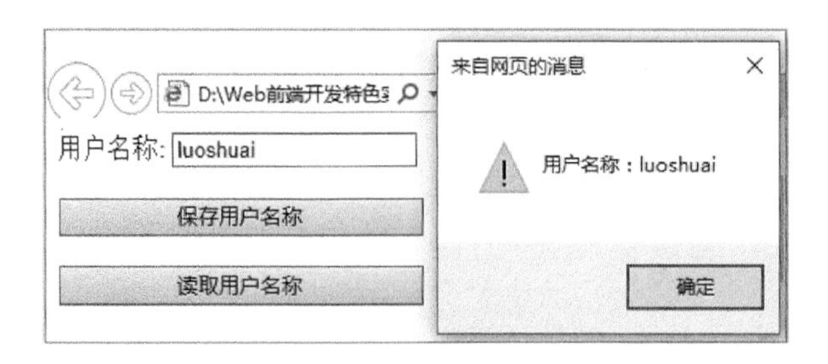

图 412-1

```
<!DOCTYPE html><html><head>
 <script type="text/javascript" src="Scripts/jquery-2.2.3.js"></script>
 <script type="text/javascript" src="Scripts/jquery.cookie.js"></script>
 <script type="text/javascript">
  $(document).ready(function () {
   $("#myBtnSet").click(function () {                  //响应单击"保存用户名称"按钮
    $.cookie('luoUsername', $("#myUser").val());       //设置 cookie
   });
   $("#myBtnGet").click(function () {                  //响应单击"读取用户名称"按钮
    alert("用户名称: " + $.cookie('luoUsername'));     //读取 cookie
  });});
 </script>
</head>
<body>
 用户名称: <input id="myUser" value="请输入用户名称" /><br /><br />
 <button id="myBtnSet" style="width:230px;">保存用户名称</button><br><br>
 <button id="myBtnGet" style="width:230px;">读取用户名称</button><br><br>
</body></html>
```

上面有底纹的代码是此实例的核心代码。在这部分代码中，$.cookie('luoUsername', $("#myUser").val())表示将指定的值保存到 cookie 中的自定义成员'luoUsername'，$.cookie('luoUsername')表示从 cookie 中的自定义成员'luoUsername'中读取信息。当然，此实例的主要功能代码在 jquery.cookie.js 插件中，如果对此感兴趣，可以仔细阅读该插件文件的内容；在实际应用时，只需要按照上面的模式调用即可。

此实例的源文件名是 HtmlPageC181.html。

413　设置有效期的 cookie 和强制 cookie 失效

此实例主要通过设置 jquery.cookie.js 插件的 cookie()方法的参数，从而控制 cookie 的有效期。当在浏览器中显示该页面时，在"用户名称："文本框中输入信息，单击"设置 7 天有效的 cookie"按钮，则该信息将被保存到 cookie 并且 7 天有效，单击"读取在 cookie 中的数据"按钮，则刚才保存的信息将显示在弹出的消息框中；单击"强制 cookie 马上失效"按钮，则刚才保存在 cookie 中的信息将马上失效，此时单击"读取在 cookie 中的数据"按钮，则将在弹出的消息框中显示"undefined"，如图 413-1 所示。单击其他按钮将实现按钮标题所示的功能。有关此实例的主要代码如下所示：

```
<!DOCTYPE html><html><head>
 <script type="text/javascript" src="Scripts/jquery-2.2.3.js"></script>
 <script type="text/javascript" src="Scripts/jquery.cookie.js"></script>
 <script type="text/javascript">
```

```
$(document).ready(function () {
 $("#myBtnSet").click(function () {          //响应单击"设置 7 天有效的 cookie"按钮
  $.cookie('luoUsername', $("#myUser").val(), { expires: 7 });
 });
 $("#myBtnGet").click(function () {          //响应单击"读取在 cookie 中的数据"按钮
  alert("用户名称: " + $.cookie('luoUsername'));
 });
 $("#myBtnFailure").click(function () {      //响应单击"强制 cookie 马上失效"按钮
  $.cookie('luoUsername', '', { expires: -1 });
 });
 $("#myBtnDel").click(function () {          //响应单击"删除在 cookie 中的数据"按钮
  $.cookie('luoUsername', '');
});});
 </script>
</head>
<body>
用户名称: <input id="myUser" value="请输入用户名称" /><br /><br />
 <button id="myBtnSet" style="width:230px;">设置 7 天有效的 cookie</button><br><br>
  <button id="myBtnGet" style="width:230px;">
          读取在 cookie 中的数据</button><br><br>
  <button id="myBtnFailure" style="width:230px;">
          强制 cookie 马上失效</button><br><br>
  <button id="myBtnDel" style="width:230px;">
          删除在 cookie 中的数据</button><br><br>
</body></html>
```

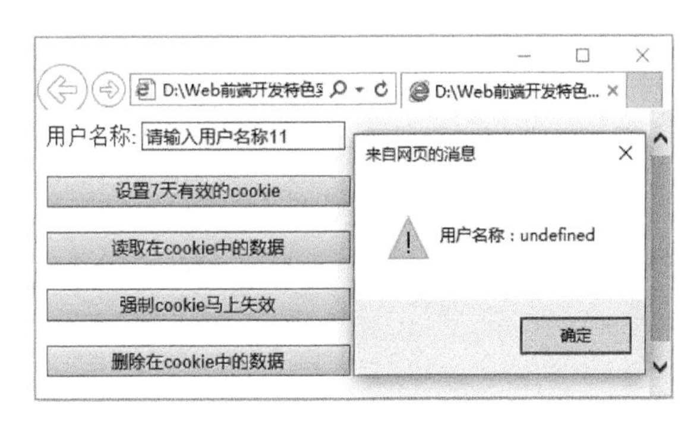

图　413-1

上面有底纹的代码是此实例的核心代码。在这部分代码中，$.cookie('luoUsername', $("#myUser").val(), { expires: 7 })表示'luoUsername'的内容在 cookie 中将保存 7 天。$.cookie('luoUsername','',{ expires: -1 })表示'luoUsername'在 cookie 中马上失效。

此实例的主要功能代码在 jquery.cookie.js 插件中，如果需要了解整个实现过程，可以仔细阅读该插件文件的内容；在实际应用时，只需要按照上面的模式调用即可。

此实例的源文件名是 HtmlPageC182.html。

414　在页面上即时显示当前日期和时间信息

此实例主要使用定时器 setTimeout()方法实现在网页上即时显示当前的日期和时间。当在浏览器中显示该页面时，右上角显示的日期和时间每秒都在不停地刷新，如图 414-1 所示。有关此实例的主要代码如下所示：

图 414-1

```
<!DOCTYPE html><html><head>
 <script type="text/javascript" src="Scripts/jquery-2.2.3.js"></script>
 <script language=JavaScript>
  function tick() {
   var years, months, days, hours, minutes, seconds;
   var myYears, myMonths, myDays, myHours, myMinutes, mySeconds;
   var today;
   today = new Date();                          //系统当前日期时间
   myYears = today.getFullYear();               //得到年份
   myMonths = today.getMonth() + 1;             //得到月份,要加1
   myDays = today.getDate();                    //得到日期
   myHours = today.getHours();                  //得到小时
   myMinutes = today.getMinutes();              //得到分钟
   mySeconds = today.getSeconds();              //得到秒钟
   years = myYears + "-";
   if (myMonths < 10) {
    months = "0" + myMonths + "-";
   } else {
    months = myMonths + "-";
   }
   if (myDays < 10) {
    days = "0" + myDays + " ";
   } else {
    days = myDays + " ";
   }
   if (myHours == 0) {
    hours = "00:";
   } else if (myHours < 10) {
    hours = "0" + myHours + ":";
   } else {
    hours = myHours + ":";
   }
   if (myMinutes < 10) {
    minutes = "0" + myMinutes + ":";
   } else {
    minutes = myMinutes + ":";
   }
   if (mySeconds < 10) {
    seconds = "0" + mySeconds + " ";
   } else {
    seconds = mySeconds + " ";
  }
  timeString = years + months + days + hours + minutes + seconds;
   //$("#myClock").html(new Date());
  $("#myClock").html(timeString);          //显示日期时间信息
```

```
    window.setTimeout("tick();", 1000);
  }
  window.onload = tick;
</script>
<style>
  p{FONT-SIZE: 14px;COLOR: white;
    FONT-FAMILY: Verdana, Arial, Helvetica, sans-serif;
    text-align: right;padding-top:10px;padding-right:10px;
    height: 35px;width: auto;
    background-color:darkgreen;border-radius:5px;}
</style>
</head>
<body>
 <p id="myClock"></p>
</body></html>
```

上面有底纹的代码是此实例的核心代码。在这部分代码中，setTimeout()方法能够实现一段代码每过指定时间就运行一次，在此实例中，setTimeout()方法即是每隔1000毫秒调用一次tick()方法，tick()方法则用于获取系统的当前时间和日期。

此实例的源文件名是HtmlPageC415.html。

415　在页面上即时显示当前日期及星期信息

此实例主要使用setTimeout()方法实现在网页上即时显示当前的日期和星期信息。当在浏览器中显示该页面时，显示的日期和星期信息每秒都在不停地刷新，如图415-1所示。有关此实例的主要代码如下所示：

图　415-1

```
<!DOCTYPE html><html><head>
 <script type="text/javascript" src="Scripts/jquery-2.2.3.js"></script>
 <script language="JavaScript">
   var timerID = null
   var myTimer = false
   function stopclock() {
    if (myTimer)
     clearTimeout(timerID);            //终止更新日期信息
    myTimer = false
   }
  function showtime() {
   var now = new Date();
   var year = now.getFullYear();
   var month = now.getMonth() + 1;
   var date = now.getDate();
   var hours = now.getHours();
   var minutes = now.getMinutes();
   var seconds = now.getSeconds();
   //返回表示星期的某一天的数字
   var day = now.getDay();
```

```
        Day = new Array(7);
        Day[0] = "星期天";
        Day[1] = "星期一";
        Day[2] = "星期二";
        Day[3] = "星期三";
        Day[4] = "星期四";
        Day[5] = "星期五";
        Day[6] = "星期六";
        var myValue = "";
        myValue += year + "年";
        myValue += ((month < 10) ? "0" : "") + month + "月";
        myValue += date + "日  ";
        myValue += (Day[day]) + "  ";
        myValue += (hours < 12) ? "上午" : "下午";
         myValue += ((hours <= 12) ? hours : hours - 12);
         myValue += ((minutes < 10) ? ":0" : ":") + minutes;
         myValue += ((seconds < 10) ? ":0" : ":") + seconds;
         $("#myDate").html(myValue);
         timerID = setTimeout("showtime()", 1000);
         myTimer = true
       }
       stopclock();
       showtime();
  </script>
 </head>
 <body><center>
   当前日期时间是: <label id = "myDate"></label>
 </center></body></html>
```

上面有底纹的代码是此实例的核心代码。在这部分代码中，setTimeout()方法用于每隔 1000 毫秒调用一次 showtime()方法，showtime()方法则用于获取系统的当前日期及星期信息。

此实例的源文件名是 HtmlPageC447.html。

416 使用插件实现下拉式的日期时间选择

此实例主要使用 my325jquery-ui-timepicker-addon.js 和 my325jquery-ui-1.10.4.custom.min.js 等插件实现下拉式的日期和时间选择。当在浏览器中显示该页面时，单击“开始时间：”文本框，将弹出一个下拉式的日期和时间选择器，单击其中的日期，则该日期将显示在文本框中，单击“当前时间”按钮，则当前时间的“小时”和“分钟”值将显示在进度条中和文本框中，可以通过拖动进度条调整小时和分钟值，如图 416-1 所示。有关此实例的主要代码如下所示：

```
<!DOCTYPE html><html><head>
 <script type = "text/javascript" src = "Scripts/jquery-2.2.3.js"></script>
 <link rel = "stylesheet" type = "text/css" href = "Scripts/my325jquery-ui.css" />
 <script type = "text/javascript"
                src = "Scripts/my325jquery-ui-1.10.4.custom.min.js"></script>
 <script type = "text/javascript"
                src = "Scripts/my325jquery-ui-timepicker-addon.js"></script>
 <script type = "text/javascript">
   jQuery(function ($) {
     //汉化插件日期界面文字
     $.datepicker.regional['zh-CN'] = {
       closeText: '关闭',
```

```
    prevText: '&#x3C;上月',
    nextText: '下月&#x3E;',
    currentText: '今天',
    monthNames: ['一月', '二月', '三月', '四月', '五月', '六月',
        '七月', '八月', '九月', '十月', '十一月', '十二月'],
    monthNamesShort: ['一月', '二月', '三月', '四月', '五月', '六月',
               '七月', '八月', '九月', '十月', '十一月', '十二月'],
    dayNames: ['星期日',
            '星期一', '星期二', '星期三', '星期四', '星期五', '星期六'],
    dayNamesShort: ['周日', '周一', '周二', '周三', '周四', '周五', '周六'],
    dayNamesMin: ['日', '一', '二', '三', '四', '五', '六'],
               weekHeader: '周',
               dateFormat: 'yy-mm-dd',
               firstDay: 1,
               isRTL: false,
               showMonthAfterYear: true,
               yearSuffix: '年'
   };
   $.datepicker.setDefaults($.datepicker.regional['zh-CN']);
  });
 (function ($) {
   //汉化插件时间界面文字
   $.timepicker.regional['zh-CN'] = {
              timeOnlyTitle: '选择时间',
              timeText: '时间',
               hourText: '小时',
               minuteText: '分钟',
               secondText: '秒钟',
               millisecText: '微秒',
               microsecText: '毫秒',
               timezoneText: '时区',
               currentText: '当前时间',
               closeText: '确定',
               timeFormat: 'HH:mm',
               amNames: ['AM', 'A'],
               pmNames: ['PM', 'P'],
               isRTL: false
     };
     //设置默认时区
     $.timepicker.setDefaults($.timepicker.regional['zh-CN']);
  })(jQuery);
  $(document).ready(function () {
   $("input[name='act_start_time'],
                              input[name='act_stop_time']").datetimepicker();
  })
</script>
</head>
<body style="font: 12px/21px 'microsoft yahei';">
 <center>开始时间:<input name="act_start_time" type="text"
                          value="" placeholder="开始时间≥当前时间"
                          title="开始时间≥当前时间" readonly="readonly"
                          style="cursor:pointer; width:223px;" /><br><br>
        结束时间:<input name="act_stop_time" type="text" value=""
               placeholder="结束时间>开始时间" title="结束时间>开始时间"
               readonly="readonly" style="cursor:pointer;width:223px;" />
</center></body></html>
```

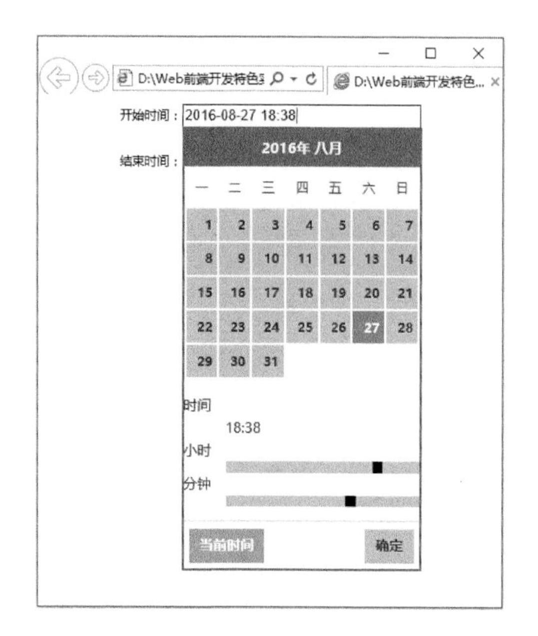

图 416-1

上面有底纹的代码是此实例的核心代码。在这部分代码中，$.datepicker.regional['zh-CN']用于汉化该插件与日期相关的文本，$.timepicker.regional['zh-CN']用于汉化该插件与时间相关的文本，$("input[name='act_start_time'],input[name ='act_stop_time']").datetimepicker()用于实例化插件。

此实例的源文件名是 HtmlPageC325.html。

417 使用鼠标在非插件万年历中选择日期

此实例主要通过处理 mouseover 事件响应方法从而实现使用鼠标在非插件万年历中选择日期。当在浏览器中显示该页面时，只要鼠标停留在万年历的任一日期上，则该日期将显示在文本框中，如图 417-1 所示。有关此实例的主要代码如下所示：

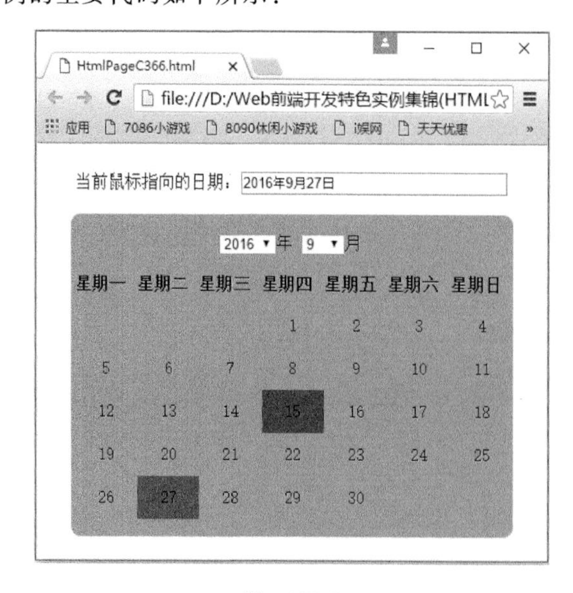

图 417-1

```
<!DOCTYPE html><html><head>
 <script type="text/javascript" src="Scripts/jquery-2.2.3.js"></script>
 <script>
   function getTime(year, month, day) {
    y = year
    m = month
    d = day
    var myDate = new Date(year, month - 1, day);
    return myDate;
   }
   function days_in_month(year, month) {
    y = year;
    m = month;
    return 32 - new Date(y, m - 1, 32).getDate();
   }
   function view(year, month) {                //根据参数显示指定年份和月份的日期及星期信息
    var w = getTime(year, month, 1).getDay() - 1;
    var num = days_in_month(year, month);
    var index = 1;
    var data = new Array();
    for (var d = 0; d < num + w; d++) {
     if (d < w) {
       data[d] = '';
     } else {
       data[d] = index;
       index++;
    } }
    $("#content").html('');
    for (var k = 0; k < data.length; k++) {
     if (k % 7 == 0) {
      $("#content").append("<div id='t" +
              k + "' class='dateDay'>" + data[k] + "</div><br>");
     } else {
      $("#content").append("<div id='t" + k +
                       "' class='dateDay'>" + data[k] + "</div>");
     } }
     $("#content > div").mouseover(function () {     //在鼠标悬浮时响应
      if ($(this).text() != '') {
       $(this).css('background', 'red');             //设置选中日期的背景颜色
       var myDate = year + "年" + month + "月" + $(this).text() + "日";
       $("#myDate").val(myDate);                     //在文本框显示选中的日期
      } });
     $("#content > div").mouseout(function () {      //在鼠标离开时响应
      if ($(this).text() != '') {
       $(this).css('background', '#00ffff');         //恢复未选中日期的背景颜色
       $("#myDate").val("");                         //清空文本框的内容
     } }); }
     $(document).ready(function () {
      for (var t = 1970; t < 2999; t++) {
       $("#yearsel").append("<option value ='" + t + "'>" + t + "</option>");
      }
      for (var y = 1; y < 13; y++) {
       $("#monthsel").append("<option value ='" + y + "'>" + y + "</option>");
      }
      var year = new Date().getFullYear();
      var month = new Date().getMonth() + 1;
```

```
        var day = new Date().getDate();
        var w = getTime(year, month, 1).getDay() - 1;
        var num = day + w - 1;
        $("#yearsel").change(function () {        //在年份下拉框选项改变时响应
         year = $("#yearsel option:selected").text();
         month = $("#monthsel option:selected").text();
         view(year, month);
        });
        $("#monthsel").change(function () {       //在月份下拉框选项改变时响应
          year = $("#yearsel option:selected").text();
          month = $("#monthsel option:selected").text();
          view(year, month);
        });
        var oDate = ['星期一', '星期二',
                '星期三', '星期四', '星期五', '星期六', '星期日', ];
        for (var i = 0; i < 7; i++) {
         $("#title").append("<div class = 'date'><b>" + oDate[i] + "</b></div>");
        }
        $("#yearsel option[value = '" + year + "']").attr("selected", true);
        view(year, month);
        $("#t" + num).css('background', 'green');
        $("#monthsel option[value = '" + month + "']").attr("selected", true);
      });
  </script>
  <style>
   .main {width: 425px;height: 300px;background: #00ffff;
         margin-left: auto;margin-right: auto;overflow: hidden;
          -webkit-border-radius: 10px; -moz-border-radius: 10px;}
   .title {text-align: center;}
   .date {float: left;width: 60px;text-align: center;margin-bottom: 10px;}
   .dateDay {float: left;width: 60px;height: 30px;
            text-align: center;padding-top: 10px;}
   .content {margin-left: 5px;}
  </style>
 </head>
 <body>
  <center><br>当前鼠标指向的日期: <input type = "text" id = "myDate" style = "width:250px"><br><br>
 </center>
  <div id = "main" class = "main">
   <center><br><select id = "yearsel"></select>年
          <select id = "monthsel"></select>月<br><br></center>
   <div id = "title" class = "title"></div>
   <div id = "content" class = "content"></div></div>
 </body></html>
```

上面有底纹的代码是此实例的核心代码。在这部分代码中，$("#yearsel option:selected").text()用于获取下拉框当前选择的年份，$("#monthsel option: selected").text()用于获取下拉框当前选择的月份，$(this).css('background', 'red')用于设置当前鼠标指向日期的背景颜色。

此实例的源文件名是 HtmlPageC366.html。

418 在带有节气的农历中使用鼠标选择日期

此实例主要使用 my416Calendar.js 插件创建带有节气的农历并通过 hover 事件选择日期。当在浏览器中显示该页面时，只要将鼠标停留在日历的任一日期上，则该日期将显示在文本框中，如

图 418-1 所示。有关此实例的主要代码如下所示：

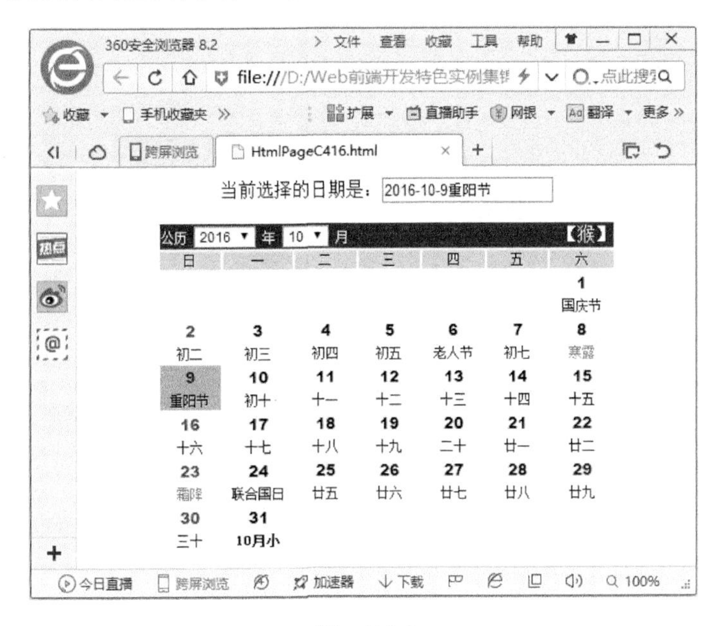

图　418-1

```
<!DOCTYPE html><html><head>
 <script type="text/javascript" src="scripts/jquery-2.2.3.js"></script>
 <script type="text/javascript" src="scripts/my416Calendar.js"></script>
 <script language="Javascript">
   $(document).ready(function () {
    $("table tr td").hover(function () {          //在鼠标悬浮日期时响应
     $(this).addClass("newstyle");
     var mytext = $('#myYear option:selected').val() + "-"
           + $('#myMonth option:selected').val() + "-" + $(this).text();
     $("#myDate").val(mytext.toString());         //在文本框中显示选择的日期信息
    }, function () {                              //在鼠标离开日期时响应
     $(this).removeClass("newstyle");
   }); });
 </script>
 <style type="text/css">
  .newstyle { background-color: lightblue;}
 </style>
</head>
<BODY onload=initial()><CENTER>
 <P style="text-align:center;margin-top:5px">当前选择的日期是:
  <input type="text" id="myDate" class="input" style="width:150px;"></P>
  <FORM name=CLD>
    <TABLE>
     <TR bgcolor="#006600">
      <TD colSpan=7><FONT color=#ffffff style="font-size: 9pt">公历
      <SELECT id="myYear" name=SY onchange=changeCld() style="font-size: 9pt">
       <script language="Javascript"> for (i = 1900; i < 2050; i++) document.write('<option>' + i);
</script></SELECT>年
      <SELECT id="myMonth" name=SM onchange=changeCld() style="font-size: 9pt">
       <script language="Javascript"> for (i = 1; i < 13; i++) document.write('<option>' + i);
</script></SELECT>月 </FONT>
      <FONT color=#ffffff face=宋体 id=GZ style="font-size: 12pt"></FONT><BR>
      </TD></TR>
      <TR align=middle bgColor=#e0e0e0>
```

```
        <TD style = "width:35px;font - size:9pt">日</TD>
        <TD style = "width:35px;font - size:9pt ">一</TD>
        <TD style = "width:35px;font - size:9pt ">二</TD>
        <TD style = "width:35px;font - size:9pt ">三</TD>
        <TD style = "width:35px;font - size:9pt ">四</TD>
        <TD style = "width:35px;font - size:9pt ">五</TD>
        <TD style = "width:35px;font - size:9pt ">六</TD>
      </TR>
      <script language = "Javascript">
        var gNum;
        for (i = 0; i < 6; i++) {
         document.write('<tr align = center>');
         for (j = 0; j < 7; j++) {
          gNum = i * 7 + j;
          document.write('<td id = "GD' + gNum + '"><font id = "SD'
                                             + gNum + '" size = 2 face = "Arial Black"');
          if (j == 0) document.write(' color = red');
           if (j == 6) document.write(' color = #000080');
            document.write(' TITLE = ""> </font><br><font id = "LD'
                       + gNum + '" size = 2 style = "font - size:9pt"> </font></td>');
          }
          document.write('</tr>');
        }
    </script></TABLE></FORM></CENTER>
  </BODY></html>
```

上面有底纹的代码是此实例的核心代码。在这部分代码中，$("table tr td")表示 table 的单元格，$('#myYear option:selected').val()表示年份下拉框的选择值，$('#myMonth option:selected').val()表示月份下拉框的选择值，$(this).text()表示 table 的单元格的文本内容。

此实例的源文件名是 HtmlPageC416.html。

419 自动汇总在购物车中的所有商品金额

此实例主要实现汇总计算在购物车中所有商品的金额。当在浏览器中显示该页面时，如果在"数量"文本框中输入商品数量，则将自动根据单价和数量计算该商品的总计金额，并自动累加所有商品的金额和运费，效果如图 419-1 所示。有关此实例的主要代码如下所示：

图 419-1

```
<!DOCTYPE html><html><head>
 <script src="Scripts/jquery-2.2.3.js" type="text/javascript"></script>
 <script type="text/javascript">
    function IsNumeric(sText) {
     var ValidChars = "0123456789.";
     var IsNumber = true;
     var Char;
     for (i = 0; i< sText.length && IsNumber == true; i++) {
       Char = sText.charAt(i);
       if (ValidChars.indexOf(Char) == -1) {              //判断是否是数字
        IsNumber = false;
       } }
       return IsNumber;
     };
     function calcProdSubTotal() {                        //计算商品总额
       var prodSubTotal = 0;
       $(".row-total-input").each(function () {
        var valString = $(this).val() || 0;
           prodSubTotal += parseInt(valString);
       });
       $("#product-subtotal").val(prodSubTotal);          //显示产品小计
     };
     function calcTotalPallets() {
       var totalPallets = 0;
       $(".num-pallets-input").each(function () {
         var thisValue = $(this).val();
         if ((IsNumeric(thisValue)) && (thisValue != '')) {
           totalPallets += parseInt(thisValue);
         }; });
       $("#total-pallets-input").val(totalPallets);      //显示总数量
      };
     function calcShippingTotal() {
       var totalPallets = $("#total-pallets-input").val() || 0;
       var shippingRate = $("#shipping-rate").text() || 0;
       var shippingTotal = totalPallets * shippingRate;
       $("#shipping-subtotal").val(shippingTotal);       //显示总运费
     };
     function calcOrderTotal() {
       var orderTotal = 0;
       var productSubtotal = $("#product-subtotal").val() || 0;
       var shippingSubtotal = $("#shipping-subtotal").val() || 0;
       var orderTotal = parseInt(productSubtotal) + parseInt(shippingSubtotal);
       var orderTotalNice = "" + orderTotal;
       $("#order-total").val(orderTotalNice);            //显示订单总额
     };
     $(function () {
        //在文本框失去焦点时响应
       $('.num-pallets-input').blur(function () {
        var $this = $(this);
        var numPallets = $this.val();
        var multiplier = $this.parent().parent()
                             .find("td.price-per-pallet span")
                             .text();
        if ((IsNumeric(numPallets)) && (numPallets != '')) {
          var rowTotal = numPallets * multiplier;
          $this.css("background-color", "white")
```

```
            .parent().parent()
            .find("td.row-total input")
            .val(rowTotal);
      } else {
          $this.css("background-color", "#ffdcdc");
      };
      calcProdSubTotal();
      calcTotalPallets();
      calcShippingTotal();
      calcOrderTotal();
  }); });
</script>
<style type="text/css">
 * {margin: 0;padding: 0;}
 body {font: 12px "Lucida Grande", Helvetica, Sans-Serif; padding: 5px;}
 table {border-collapse: collapse;}
 #order-table { width: 100%; }
 #order-table td {padding: 5px;}
 #order-table th {padding: 5px;background: black;color: white;
                text-align: left;}
 #order-table td.row-total {text-align: right;}
 #order-table td input {width: 75px;text-align: center;}
 #order-table tr.even td {background: #eee;}
 #order-table td .total-box, .total-box {border: 3px solid green;
                width: 70px;padding: 3px;margin: 5px 0 5px 0;
                text-align: center;font-size: 14px;}
 #shipping-subtotal {margin: 0;}
 #total-table {width:300px;float: right;}
 #total-table td {padding: 5px;}
 #total-table th {padding: 5px;background: black;color: white;
                text-align: left;}
 #total-table td input {width: 69px;text-align: center;}
 .times {display:none;}
 .equals {display:none;}
</style>
</head>
<body>
 <table id="order-table">
  <tr><th>商品名称</th>
     <th>         数量</th>
     <th class="times">X</th>
     <th>单价</th>
     <th class="equals">=</th>
     <th style="text-align: right;">总计
                  </th></tr>
  <tr class="odd">
      <td>男士皮带</td>
      <td class="num-pallets"><input type="text" class="num-pallets-input"
                id="turface-pro-league-num-pallets"></input></td>
      <td class="times">X</td>
      <td class="price-per-pallet"><span>340</span></td>
      <td class="equals">=</td>
      <td class="row-total"><input type="text" class="row-total-input"
      id="turface-pro-league-row-total" disabled="disabled"></input></td></tr>
    <tr class="even">
      <td>袜子</td>
      <td class="num-pallets"><input type="text" class="num-pallets-input"
                id="turface-pro-league-red-num-pallets"></input></td>
      <td class="times">X</td>
```

```
      <td class = "price - per - pallet">< span> 455 </span></td>
      <td class = "equals"> = </td>
      <td class = "row - total">< input type = "text" class = "row - total - input"
                                            id = "turface - pro - league - red - row - total"
                                            disabled = "disabled"></input></td></tr>
    <tr class = "odd">
      <td>男士钱包</td>
      <td class = "num - pallets">< input type = "text" class = "num - pallets - input"
                                    id = "turface - quick - dry - num - pallets"></input></td>
      <td class = "times"> X </td>
      <td class = "price - per - pallet">< span> 300 </span></td>
      <td class = "equals"> = </td>
      <td class = "row - total">< input type = "text" class = "row - total - input"
                  id = "turface - quick - dry - row - total" disabled = "disabled"></input></td></tr>
    <tr class = "even">
      <td>干香肠</td>
      <td class = "num - pallets">< input type = "text" class = "num - pallets - input"
                                       id = "turface - mound - clay - red - num - pallets"></input></td>
      <td class = "times"> X </td>
      <td class = "price - per - pallet">< span> 410 </span></td>
      <td class = "equals"> = </td>
      <td class = "row - total">< input type = "text" class = "row - total - input"
            id = "turface - mound - clay - red - row - total" disabled = "disabled"></input></td></tr>
    <tr class = "odd">
      <td>洗发露 </td>
      <td class = "num - pallets">< input type = "text" class = "num - pallets - input"
                   id = "diamond - pro - red - num - pallets"></input></td>
      <td class = "times"> X </td>
      <td class = "price - per - pallet">< span> 365 </span></td>
      <td class = "equals"> = </td>
      <td class = "row - total">< input type = "text" class = "row - total - input"
                     id = "diamond - pro - red - row - total" disabled = "disabled"></input></td></tr>
    <tr class = "even">
       <td>里奥庄园干红葡萄酒 </td>
       <td class = "num - pallets">< input type = "text" class = "num - pallets - input"
                                     id = "diamond - pro - drying - agent - num - pallets"></input></td>
      <td class = "times"> X </td>
      <td class = "price - per - pallet">< span> 340 </span></td>
      <td class = "equals"> = </td>
      <td class = "row - total">< input type = "text" class = "row - total - input"
                                    id = "diamond - pro - drying - agent - row - total"
                                    disabled = "disabled"></input></td></tr>
   <tr>< td colspan = "6" style = "text - align: right;">产品小计:
         < input type = "text" class = "total - box" id = "product - subtotal"
              disabled = "disabled"></input></td></tr>
</table>
<table id = "total - table">
 <tr>< th>       总数量</th>
      <th></th>
      <th>运费</th>
      <th></th>
      <th style = "text - align: right;">总运费
                                          </th></tr>
  <tr>< td id = "total - pallets">< input id = "total - pallets - input"
                                         type = "text" disabled = "disabled"></input></td>
       <td></td>
       <td id = "shipping - rate"> 10.00 </td>
       <td></td>
```

```
        <td style = "text - align: right;"><input type = "text" class = "total - box"
               id = "shipping - subtotal" disabled = "disabled" ></input></td></tr>
     <tr><td></td><td></td><td></td><td></td>
         <td style = "text - align: right;"><span>订单总额: </span>
         <input type = "text" class = "total - box"
               id = "order - total" disabled = "disabled"></input></td></tr>
       <tr><td></td><td></td><td></td><td></td>
         <td style = "text - align: right;"><input type = "submit"
            value = "提交结账" class = "submit"
            style = "width:135px;height:25px"/></td></tr></table>
</body></html>
```

上面有底纹的代码是此实例的核心代码。在这部分代码中，val()方法用于获取或设置被选元素的值。parseInt(string)方法用于从参数 string 的开头开始解析，获取该字符串表示的整数。关于这些方法的语法声明请参考本书的其他部分。

此实例的源文件名是 HtmlPageC338. html。

420 获取 document 和 body 的高度和宽度

此实例主要实现通过操作 document 和 body 对象从而获取这两个对象的高度和宽度。当在浏览器中显示该页面时，单击“获取 document 对象宽度和高度”按钮，则将在弹出的消息框中显示该 document 对象的宽度和高度，如图 420-1 所示；单击“获取 body 对象宽度和高度”按钮，则将在弹出的消息框中显示该 document. body 对象的宽度和高度。有关此实例的主要代码如下所示：

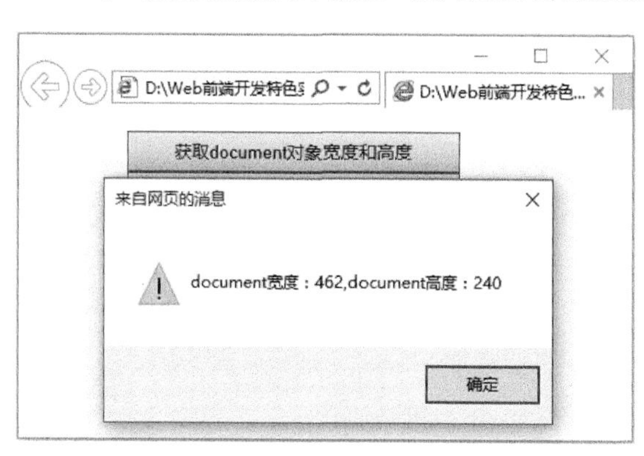

图 420-1

```
<!DOCTYPE html><html><head>
 <script type = "text/javascript" src = "Scripts/jquery - 2.2.3.js"></script>
 <script language = "javascript">
   $ (document).ready(function () {
     //响应单击"获取当前 document 对象的宽度和高度"按钮
    $ ("#mydocument").click(function () {
      alert("document 宽度: " + $ (document).width() +
                          ",document 高度: " + $ (document).height());
    });
     //响应单击"获取当前 body 对象的宽度和高度"按钮
    $ ("#mybody").click(function () {
      alert("body 宽度: " + $ (document.body).width() +
                          ",body 高度: " + $ (document.body).height());
   });});
```

```
 </script>
</head>
<body style="text-align:center;margin-top:15px;width:400px">
 <P><input class="input" type="button" value="获取 document 对象宽度和高度"
           id="mydocument" style="width:250px;height:30px" /><br>
   <input class="input" type="button" value="获取 body 对象宽度和高度"
            id="mybody" style="width:250px;height:30px" /></P>
</body></html>
```

上面有底纹的代码是此实例的核心代码。其中，$(document).width()用于获取 document 对象的宽度，$(document).height()用于获取 document 对象的高度；$(document.body).width()用于获取 document.body 对象的宽度，$(document.body).height()用于获取 document.body 对象的高度。document.body 指定文档主体的开始和结束等价于<body></body>。

此实例的源文件名是 HtmlPageC040.html。

421　自动滑动滚动条到某个指定的元素位置

此实例主要通过使用 scrollTop()方法实现自动滑动页面滚动条到某个指定的元素位置。当在浏览器中显示该页面时，将显示相关的超链接和首个红酒位置，如图 421-1 的左边所示；单击“滑动到积格仕红酒”超链接，则右侧的滚动条将自动平滑到积格仕红酒位置，如图 421-1 的右边所示。有关此实例的主要代码如下所示：

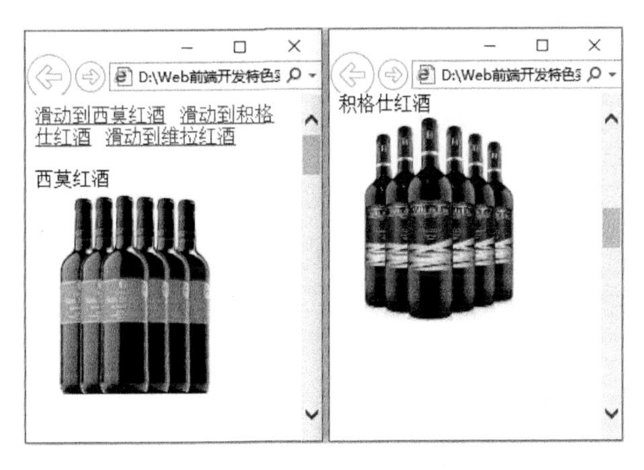

图　421-1

```
<!DOCTYPE html><html><head>
 <script type="text/javascript" src="Scripts/jquery-2.2.3.js"></script>
 <script type="text/javascript">
  $(document).ready(function () {
   $.scrollTo = function (scrolldom, scrolltime) {
    $(scrolldom).click(function () {        //响应超链接的鼠标单击事件
     var scrollToDom = $(this).attr("page-scroll");
     $('html,body').animate({scrollTop: $(scrollToDom).offset().top},
                        scrolltime);
     return false;
    });};
    $.scrollTo("#scrollnav a", 5000);
  });
 </script>
```

```
</head>
<body>
 <div class="scrollnav" id="scrollnav">
  <a href="#" page-scroll="#mySimo">滑动到西莫红酒</a>  
  <a href="#" page-scroll="#myValle">滑动到积格仕红酒</a>  
  <a href="#" page-scroll="#myVana">滑动到维拉红酒</a>  </div>
 <p id="mySimo">西莫红酒<br><img src="MyImages/MyImage31.jpg"
    width="170" height="170" /></p>
    <br><br><br><br><br><br><br><br><br><br><br><br>
 <p id="myValle">积格仕红酒<br><img src="MyImages/MyImage32.jpg"
     width="170" height="170" /></p>
    <br><br><br><br><br><br><br><br><br><br><br><br>
 <p id="myVana">维拉红酒<br><img src="MyImages/MyImage33.jpg"
    width="170" height="170" /></p><br><br><br><br><br><br><br><br>
    <br><br><br><br><br><br><br><br><br><br><br><br><br><br>
    <br><br><br><br><br><br><br><br><br><br><br><br><br><br>
</body></html>
```

上面有底纹的代码是此实例的核心代码。在这部分代码中，scrollTop()方法用于返回或设置匹配元素的滚动条的垂直位置，scrollTop()方法的语法声明如下：

```
$(selector).scrollTop(offset)
```

其中，参数 offset 是一个可选参数，该参数规定相对滚动条顶部的偏移，以像素计算。需要说明的是：该方法对于可见元素和不可见元素均有效；当用于获取值时，该方法只返回第一个匹配元素的 offset；当用于设置值时，该方法设置所有匹配元素的 offset。

此实例的源文件名是 HtmlPageC106.html。

422 在超长页面中快速从底部返回到顶部

此实例主要通过使用 scrollTop()方法实现在超长页面中快速从底部返回到顶部。当在浏览器中显示该页面时，单击图 422-1 中的"返回到顶部"超链接，则将返回到该超长页面的顶部，如图 422-2 所示。有关此实例的主要代码如下所示：

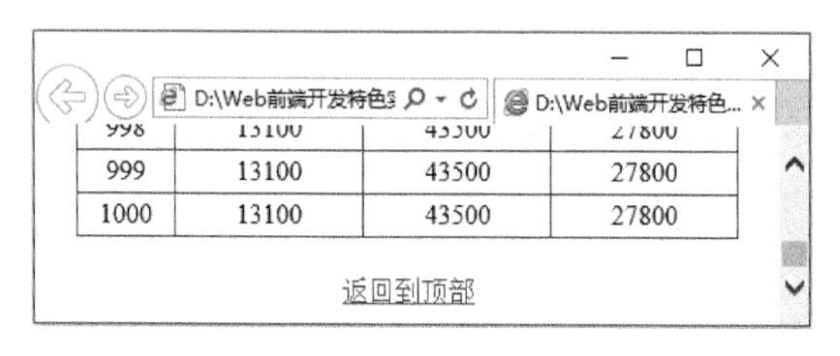

图 422-1

序号	华信股份	泰达科技	明日网络
1	13100	43500	27800
2	13100	43500	27800
3	13100	43500	27800

图 422-2

```
<!DOCTYPE html><html><head>
 <script type="text/javascript" src="Scripts/jquery-2.2.3.js"></script>
 <script language="javascript">
  $(document).ready(function () {
   $(function () {                //插入 1000 条表格数据
    for (var i = 1000; i>=1 ; i--) {
     $("table tr").eq(0).after("<tr height=\"25\"><td>" + i
              + "</td><td>13100</td><td>43500</td><td>27800</td></tr>");
   }});
   $('.top').click(function () { //返回到顶部
    $(document).scrollTop();
  }); });
```

```
  </script>
</head>
<body>
 <table id="mytable" width="400" border="1" align="center"
      style="margin:0 auto; border-collapse:collapse; text-align:center;">
  <tr height="25">
   <td>序号</td><td>华信股份</td><td>泰达科技</td><td>明日网络</td></tr>
 </table><br>
 <div style="text-align:center;margin-top:5px">
  <a href="#" class="top">返回到顶部</a></div>
</body></html>
```

上面有底纹的代码是此实例的核心代码。在该部分代码中，scrollTop()方法在无参数或参数值为 0 的情况下，将会从当前位置移动到顶部，scrollTop()方法的语法声明请参考本书的其他部分。

此实例的源文件名是 HtmlPageC062.html。

423　禁止浏览器的滚动条滚动指定的文字块

此实例主要通过在 $(window).scroll()方法中设置 marginTop 属性从而实现禁止浏览器的滚动条滚动指定的文字块。当在浏览器中显示该页面时，拖动浏览器的滚动条向下滚动，则图片将跟随滚动条滚动，但是文字块固定不动，效果如图 423-1 所示。有关此实例的主要代码如下所示：

图　423-1

```
<!DOCTYPE html><html><head>
 <script type="text/javascript" src="Scripts/jquery-2.2.3.js"></script>
 <script type="text/javascript">
  $(document).ready(function () {
   var obj = $('#sticky');
   var offset = obj.offset();
   var topOffset = offset.top;
   var marginTop = obj.css("marginTop");
   $(window).scroll(function () {          //在窗口的 scroll 事件发生时响应
    var scrollTop = $(window).scrollTop();
    if (scrollTop >= topOffset) {
     obj.css({                             //固定文字块距离顶部的位置
      marginTop:10,position: 'fixed',
     });} });
  });
  </script>
```

```
  <style>
   *{ margin: 0; padding: 0; border: 0;}
   #sticky {margin-top: 10px; margin-left: 10px; padding: 5px;
     background: lightgray;height:50px;width: 150px;border-radius: 7px;}
  </style>
</head>
<body>
 <div id="sticky">
  <h2 style="font-size:20px;">这几个字是不随滚动条滚动的!</h2></div>
 <div id="text" style="position:absolute;top: 10px;left:200px;width:200px">
  <img src="MyImages/MyImage40.jpg" />
  <img src="MyImages/MyImage41.jpg" />
  <img src="MyImages/MyImage42.jpg" />
  <img src="MyImages/MyImage43.jpg" />
  <img src="MyImages/MyImage44.jpg" />
  <img src="MyImages/MyImage45.jpg" />
  <img src="MyImages/MyImage46.jpg" />
  <img src="MyImages/MyImage47.jpg" /></div>
</body></html>
```

上面有底纹的代码是此实例的核心代码。在这部分代码中，$(window).scroll()方法用于响应浏览器的滚动条执行滚动操作，css()方法用于获取或设置匹配的元素的一个或多个样式属性，在此实例中，css()方法主要用于设置文字块的 marginTop 属性。

此实例的源文件名是 HtmlPageC381.html。

424 在限定范围内禁止滚轮滑动引发页面滚动

此实例主要通过调用 preventDefault()方法实现在页面中滑动滚轮时，禁止页面的内容跟随滚动。当在浏览器中显示该页面时，如果在灰色块中滑动滚轮，则页面的内容不滚动，只显示滚轮滑动的次数；如果在灰色块外滑动滚轮，则恢复正常，页面的内容跟着滚动，如图 424-1 所示。有关此实例的主要代码如下所示：

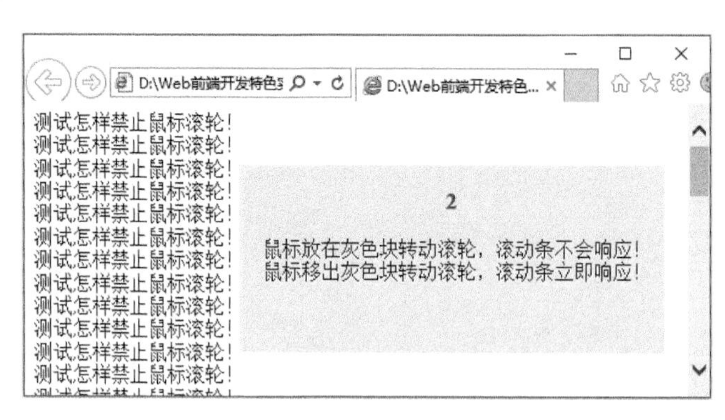

图 424-1

```
<!DOCTYPE html><html><head>
 <script type="text/javascript" src="Scripts/jquery-2.2.3.js"></script>
 <script type="text/javascript">
   window.onload = function () {
    for (i = 0; i<50; i++) {
     var x = document.createElement('div');
     x.innerHTML = "测试怎样禁止鼠标滚轮!<br/>";
```

```
document.body.appendChild(x);
}
function $ (x) {
 return document.getElementById(x);
};
$ ("myField").onmousewheel = function scrollWheel(e) {
 var sl;
 e = e || window.event;
 if (navigator.userAgent.toLowerCase().indexOf('msie') >= 0) {
  event.returnValue = false;
 } else {          //取消滚动事件的默认功能
  e.preventDefault();
};
if (e.wheelDelta) {
 sl = e.wheelDelta;
} else if (e.detail) {
 sl = -e.detail;
};
if (sl < 0) {
 var x = parseInt( $ ("myText").innerHTML);
 x++;
 $ ("myText").innerHTML = x;
} else {
 var x = parseInt( $ ("myText").innerHTML);
 x--;
 $ ("myText").innerHTML = x;
};};}
</script>
</head>
<body>
 <div id = "myField" style = "position:absolute; left:100px; top:50px; background: #eee; width:350px;
height:150px;margin-left:80px">
 <h3 id = "myText" style = "text-align:center;width:100%;color:#f00;"> 0 </h3>
 <p style = "margin-left:20px">鼠标放在灰色块转动滚轮,滚动条不会响应!<br>鼠标移出灰色块转动滚轮,
滚动条立即响应!<br></p></div>
</body></html>
```

上面有底纹的代码是此实例的核心代码。在这部分代码中，鼠标滚动事件参数所带的preventDefault()方法用于取消事件的默认动作，该方法通知浏览器不要执行与事件关联的默认动作(如果存在这样的默认动作)。例如，如果type属性是submit，在事件传播的任意阶段可以调用任意的事件句柄，通过调用该方法，可以阻止提交表单。需要注意的是，如果event对象的cancelable属性是false，那么就表示没有默认动作，或者不能阻止默认动作，无论哪种情况，调用该方法都没有作用。

此实例的源文件名是HtmlPageC110.html。

425　在指定的时间内自动关闭当前显示页面

此实例主要通过在setTimeout()方法中设置self.close()参数从而实现在指定的时间内自动关闭当前显示页面。当在谷歌浏览器中显示该页面时，将在2秒之后自动关闭页面；当在IE浏览器中显示该页面时，将在2秒之后弹出如图425-1所示的确认消息框，单击“是”按钮也将关闭当前页面。

有关此实例的主要代码如下所示：

图 425-1

```
<!DOCTYPE html><html><head>
 <script type="text/javascript" src="Scripts/jquery-2.2.3.js"></script>
 <script type="text/javascript">
  $(window).on('load', function () {          //为窗口绑定 load 事件响应方法
    setTimeout("self.close()", 2000)
  });
 </script>
</head>
<body>
  <center>2 秒之后自动关闭页面</center>
</body></html>
```

上面有底纹的代码是此实例的核心代码。在这部分代码中，setTimeout()方法用于指定在 2000 毫秒里执行 self.close()方法关闭当前页面。关于 setTimeout()方法的语法声明请参考本书的其他部分。

此实例的源文件名是 HtmlPageC414.html。

426 在每隔一段时间之后改变页面的背景颜色

此实例主要使用 setTimeout()方法实现在间隔一段时间之后改变页面的背景颜色。当在浏览器中显示该页面时，每隔 1 秒页面的背景颜色将自动改变，效果如图 426-1 所示。有关此实例的主要代码如下所示：

图 426-1

```
<!DOCTYPE html><html><head>
 <script type="text/javascript" src="Scripts/jquery-2.2.3.js"></script>
 <script language="javascript">
```

```
//保存候选的背景颜色
var myColors = new Array("#00FF66", "#FFFF99", "#99CCFF", "#FFCCFF", "#FFCC99", "#00FFFF",
"#FFFF00", "#FFCC00", "#FF00FF");
var n = 0;
function changeColor() {
 n++;
 if (n == (myColors.length - 1)) n = 0;
  $("body").css("background-color", myColors[n]);
  setTimeout("changeColor()", 1000);          //每隔1秒改变一次页面背景颜色
 }
 $(document).ready(function () {
  changeColor();
 });
</script>
</head>
<body>
  间隔一段时间改变背景颜色
</body></html>
```

上面有底纹的代码是此实例的核心代码。在这部分代码中，setTimeout()方法用于在每隔1秒后执行改变页面背景颜色，css()方法用于设置页面的背景颜色。关于这两个方法的语法声明请参考本书的其他部分。

此实例的源文件名是HtmlPageC388.html。

427 动态增加或减小在页面中的字体尺寸大小

此实例主要使用css()方法实现动态增加或减少页面字体的尺寸大小。当在浏览器中显示该页面时，单击“增加尺寸”按钮，则页面上的字体尺寸增大；单击“减少尺寸”按钮，则页面上的字体尺寸减小；单击“重置尺寸”按钮，则页面上的字体尺寸恢复初始状态，如图427-1所示。有关此实例的主要代码如下所示：

图 427-1

```
<!DOCTYPE html><html><head>
 <script type="text/javascript" src="Scripts/jquery-2.2.3.js"></script>
 <script type="text/javascript">
  $(document).ready(function () {
   var originalFontSize = $('html').css('font-size');
   $("#resetFont").click(function () {          //响应单击"重置尺寸"按钮
     $('html').css('font-size', originalFontSize);
   });
   $("#increaseFont").click(function () {       //响应单击"增加尺寸"按钮
```

```
        var currentFontSize = $('html').css('font-size');
        var currentFontSizeNum = parseFloat(currentFontSize, 10);
        var newFontSize = currentFontSizeNum * 1.2;
        $('html').css('font-size', newFontSize);
        return false;
    });
    $("#decreaseFont").click(function () {          //响应单击"减少尺寸"按钮
        var currentFontSize = $('html').css('font-size');
        var currentFontSizeNum = parseFloat(currentFontSize, 10);
        var newFontSize = currentFontSizeNum * 0.8;
        $('html').css('font-size', newFontSize);
        return false;
    });});
</script>
</head>
<body>
<h3>动态控制页面字体大小</h3>
<input type="button" id="increaseFont" value="增加尺寸" style='width:130px' />
<input type="button" id="decreaseFont" value="减少尺寸" style='width:130px' />
<input type="button" id="resetFont" value="重置尺寸" style='width:130px' />
</body></html>
```

上面有底纹的代码是此实例的核心代码。在这部分代码中，css()方法用于获取或设置匹配元素的一个或多个样式属性，$('html').css('font-size')即是获取字体尺寸的大小，css('font-size', newFontSize)则是设置字体的尺寸大小，关于css()方法的语法声明请参考本书的其他部分。

此实例的源文件名是HtmlPageC275.html。

428　过滤HTML标签并高亮显示指定的关键字

此实例主要实现使用replace()方法过滤HTML标签并高亮显示指定的关键字。当在浏览器中显示该页面时，所有的"州"字将以高亮显示，如图428-1所示。有关此实例的主要代码如下所示：

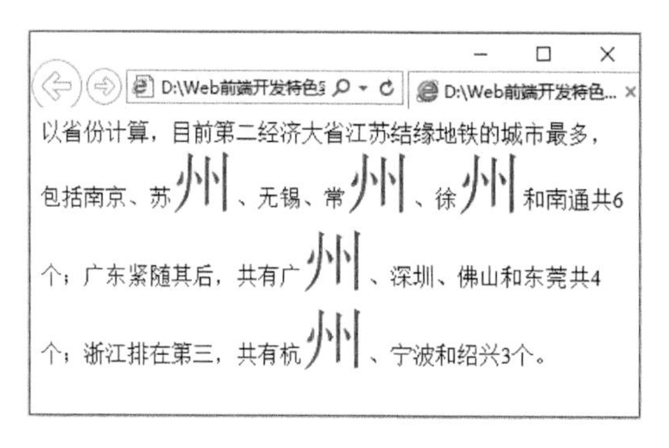

图　428-1

```
<!DOCTYPE html><html><head>
<script type="text/javascript" src="Scripts/jquery-2.2.3.js"></script>
<script type="text/javascript">
    $(document).ready(function () {
        //使用正则表达式过滤字符串，并指定字体尺寸和颜色重新设置
        $("#myText").html(function () {
            return $(this).text().replace(/州/g,
```

```
                    "<font size = 20 color = \"red\">州</font>");
    }); });
  </script>
</head>
<body>
    <div id = "myText">以省份计算,目前第二经济大省江苏结缘地铁的城市最多,包括南京、苏州、无锡、常州、
徐州和南通共 6 个; 广东紧随其后,共有广州、深圳、佛山和东莞 4 个; 浙江排在第三,共有杭州、宁波和绍兴 3
个。</div>
</body></html>
```

上面有底纹的代码是此实例的核心代码。在这部分代码中,$(this).text().replace(/州/g,"<font size=20 color=\"red\">州</font>")实际上是使用了正则表达式"/g"的全部替换的功能,如果将这行代码改为$(this).text().replace("州","<font size=20 color=\"red\">州</font>"),则只有"苏州"的"州"字以高亮显示,其他"州"字将不响应。关于replace()方法的语法声明请参考本书的其他部分。

此实例的源文件名是HtmlPageC341.html。

429 禁止访客选择网页文本内容进行复制粘贴

此实例主要通过设置selectstart事件响应方法的返回值,从而实现禁止访客选择网页文本内容进行复制粘贴。当在浏览器中显示该页面时,访客将无法选择网页的文本内容进行复制粘贴,如图429-1所示。有关此实例的主要代码如下所示:

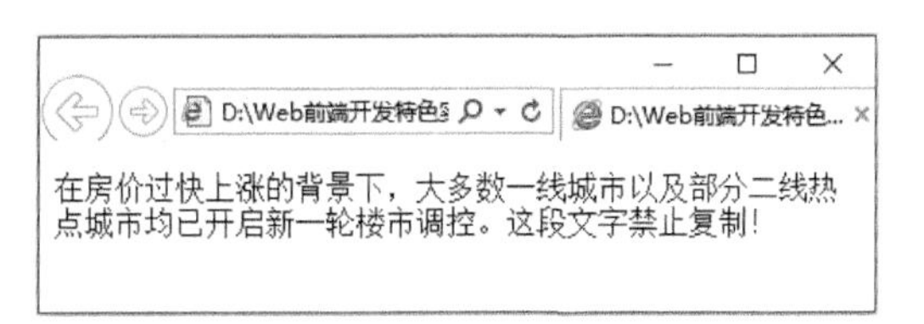

图 429-1

```
<!DOCTYPE html><html><head>
 <script type = "text/javascript" src = "Scripts/jquery - 2.2.3.js"></script>
 <script type = "text/javascript">
  $(document).ready(function () {
    //为 selectstart 事件添加响应方法并设置其返回值为 false
   $('body').on('selectstart', function () { return false; });
  });
 </script>
</head>
<body>
  <p>在房价过快上涨的背景下,大多数一线城市以及部分二线热点城市均已开启新一轮楼市调控。这段文字
禁止复制!</p>
</body></html>
```

上面有底纹的代码是此实例的核心代码。在这部分代码中,return false虽然能够禁止访客直接选择文本内容进行复制粘贴,但访客可通过网页另存为或查看源代码来实现复制功能,在应用时需要注意这个问题。

此实例的源文件名是HtmlPageC404.html。

430 允许鼠标把文字块拖曳到页面的任意位置

此实例主要通过处理鼠标事件 mousedown、mousemove、mouseup 等实现使用鼠标把文字块拖曳到页面的任意位置。当在浏览器中显示该页面时，即可以使用鼠标把文字块拖曳到页面的任意位置，如图 430-1 所示。有关此实例的主要代码如下所示：

图 430-1

```
<!DOCTYPE html><html><head>
 <script type="text/javascript" src="Scripts/jquery-2.2.3.js"></script>
 <script type="text/javascript">
   function getPosition(event){           //获取当前鼠标单击位置
    return { x: parseInt(event.pageX || event.X),
     y: parseInt(event.pageY || event.Y)}
   }
   function cancelEvent(event){           //取消默认操作
    if(event.preventDefault ) {
     event.preventDefault();
    } else {
     event.returnValue = false;}
    return false;
   }
   function stopDrag(blocker){            //停止拖曳
    blocker.data('draginfo', {isDrag: false});
    blocker.css('cursor', "arrow");
   }
   function drag(blocker){                //开始拖曳
    blocker.data('draginfo', {isDrag: false});
    blocker.css("position", "absolute");
    blocker.mousedown(function(event){
     event = event || window.event;
     var position = getPosition(event),
      offset = blocker.offset(),
      offsetX = position.x - parseInt(offset.left),
      offsetY = position.y - parseInt(offset.top);
     blocker.css('cursor', "move");
     blocker.data('draginfo', {isDrag: true,
      offsetX: offsetX, offsetY: offsetY });
     cancelEvent(event);
    });
    blocker.mouseup(function(){            //在鼠标松开时停止拖曳
      stopDrag( $(this));
    });
    //在鼠标移动时重置文字块
```

```
            $ (document).mousemove(function(event){
             var dragInfo = blocker.data('draginfo');
             if(!dragInfo.isDrag) {return;}
             event = event || window.event;
             var position = getPosition(event),
              x = position.x - dragInfo.offsetX,
              y = position.y - dragInfo.offsetY;
             blocker.css({"left": x + "px","top": y + "px"});
             cancelEvent(event);
            }).mouseup(function(){
             stopDrag(blocker);
            });
           }
           function initDrag(){
            var dragList = $(".drag");          //获取当前鼠标单击位置
            for(var i=0,length=dragList.length; i<length; i++) {
             drag( $(dragList[i]));}
           }
           $(document).ready(function(){
            initDrag();
           });
         </script>
         <style type="text/css">
          body { margin: 0;}
          .block { position: absolute; text-align: center; display: block;
                  width: 200px;height: 100px; background: #494949;font-size: 30px;
                  color: #fff;line-height: 100px;text-shadow: 2px 2px 2px #fff;
                  box-shadow: 2px 2px 2px #fff;cursor: pointer;opacity: 0.6;
                  filter: alpha(opacity=60);}
          .scale {left: 10px;top: 10px; background: green; color: white;}
         </style>
     </head>
     <body>
       <div class="block drag scale" >拖动试试啊</div>
     </body></html>
```

上面有底纹的代码是此实例的核心代码。在这部分代码中，css()方法主要用于设置文字块各种属性值，如光标、左上角坐标以及位置模式等，关于该方法的语法声明请参考本书的其他部分。data()方法向被选元素附加数据，或者从被选元素获取数据，此处主要是在鼠标移动时传递数据。当 data()方法用于获取附加的数据时，其语法声明如下：

```
$(selector).data(name)
```

其中，参数 name 是可选参数，规定要获取的数据名称。如果没有规定名称，则该方法将以对象的形式从元素中返回所有存储的数据。

当 data()方法用于设置附加的数据时，其语法声明如下：

```
$(selector).data(name,value)
```

其中，参数 name 规定要设置的数据名称，参数 value 规定要设置的数据值。

此实例的源文件名是 HtmlPageC228.html。

431 在执行特定操作前禁止提交操作按钮

此实例主要通过操作元素的 disabled 属性来实现禁止或允许提交按钮。在某些情况下，网页可能需要禁用表单的 submit 按钮或者某个 input 字段，直到用户执行了某些操作(例如，检查“已阅读条款”复选框)；此时就可以为该 submit 按钮添加 disabled 属性，直到想启用它时。在此实例中，当在浏览器中显示该页面时，如果没有选择“已经阅读了相关条款”复选框，则“提交报价”按钮处于禁用状态，如图 431-1 所示；如果选择了“已经阅读了相关条款”复选框，则“提交报价”按钮处于启用状态，如图 431-2 所示，单击此按钮则将弹出登记的报价信息。有关此实例的主要代码如下所示：

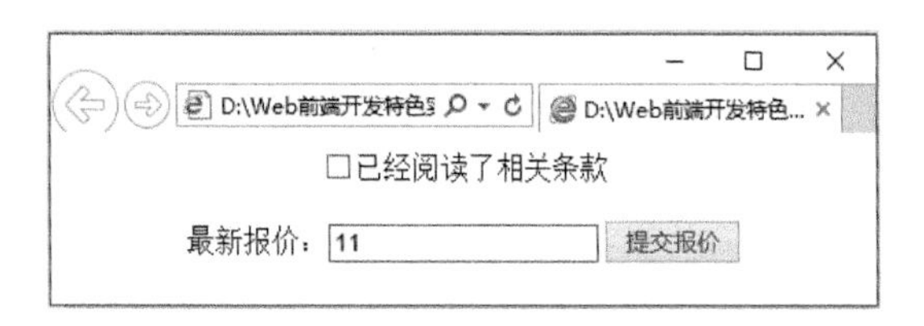

图 431-1

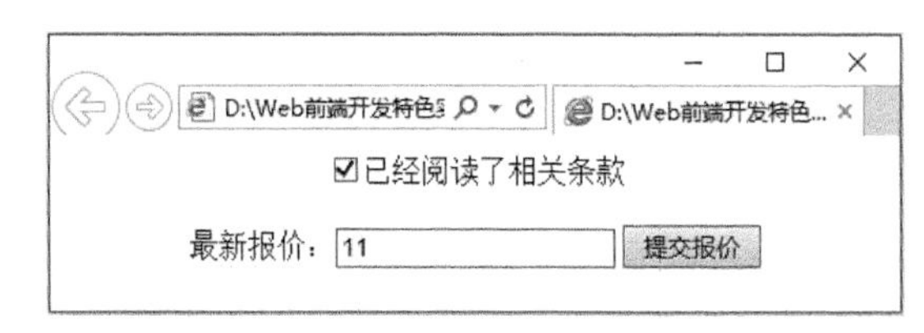

图 431-2

```
<!DOCTYPE html><html><head>
 <script type="text/javascript" src="Scripts/jquery-2.2.3.js"></script>
 <script language="javascript">
  $(document).ready(function () {
   $('input[type="submit"]').prop('disabled', true);
   $("#mycheckbox").click(function () {
    //如果选择【已经阅读了相关条款】复选框，则启用【提交报价】按钮
    if ($(":checkbox[type='checkbox']:checked").length > 0) {
      $('input[type="submit"]').removeAttr('disabled');
    }else {                    //如果没有选择【已经阅读了相关条款】复选框，则禁用【提交报价】按钮
      $('input[type="submit"]').prop('disabled', true);
   } });
   $("#mysubmit").click(function () {          //响应单击"提交报价"按钮
     var myprice = $("#price").val();
     alert("你的报价是: " + myprice);
  }); });
 </script>
</head>
<body>
 <P style="text-align:center;margin-top:5px">
  <input type="checkbox" id="mycheckbox" />已经阅读了相关条款<br><br>
  最新报价: <input type="text" id="price" class="input">
  <input type="submit" value="提交报价" id="mysubmit" /></P>
</body></html>
```

上面有底纹的代码是此实例的核心代码。在这部分代码中，“$('input[type="submit"]').prop('disabled', true)”用于禁用所有的 submit 按钮，即设置提交按钮的 disabled 属性为 true。“$('input[type="submit"]').removeAttr('disabled')”用于启用所有的 submit 按钮，即移除提交按钮的 disabled 属性。关于 prop()方法的语法声明请参考本书的其他部分。removeAttr()方法的语法声明如下：

```
$(selector).removeAttr(attribute)
```

其中,参数 attribute 规定从指定元素中移除的属性。

此实例的源文件名是 HtmlPageC068.html。

432 禁用表单默认的单击回车键即提交的功能

此实例主要通过处理文本框默认的 keypress 事件从而实现禁用表单 form 默认的单击回车键即提交数据的功能。当在浏览器中显示该页面时,在"姓名:"文本框输入内容,然后按回车键,则在"日志记录:"中显示刚才用户已经按下了回车键,但是并不执行提交数据操作,默认情况下会提交数据,如图 432-1 所示。换句话说,如果把下面有底纹的代码删除,然后测试一下,就会发现按下回车键会提交数据,此处是报错,因为没有为 form 设置 action 响应文件。有关此实例的主要代码如下所示:

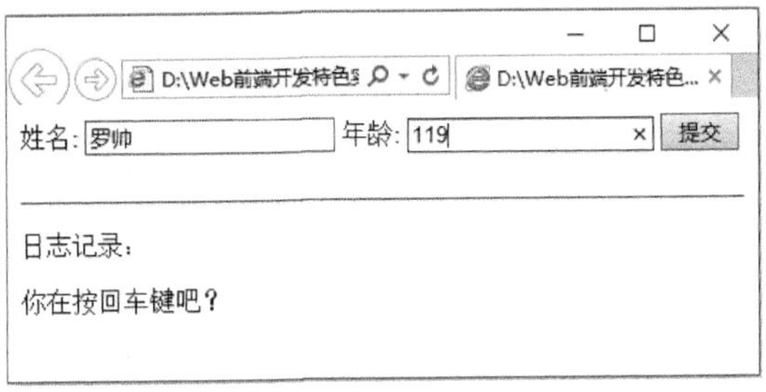

图 432-1

```
<!DOCTYPE html><html><head>
 <script type="text/javascript" src="Scripts/jquery-2.2.3.js"></script>
 <script language="javascript">
  $(function () {
   $("input").keypress(function (e) {          //在文本框按下按键时响应
    var keyCode = e.keyCode ? e.keyCode : e.which ? e.which : e.charCode;
    if (keyCode == 13) {                       //按下了回车键
     for (var i = 0; i < this.form.elements.length; i++) {
       if (this == this.form.elements[i])
          break;
     }
     i = (i + 1) % this.form.elements.length;
     this.form.elements[i].focus();            //设置焦点
     $("#myLog").html($("#myLog").html() +
                                "<p>" + "你在按回车键吧?" + "</p>");
      return false;
    } else {
      return true;
  }});});
 </script>
</head>
<body>
 <form method="post">
姓名:<input type="text" name="name" />
年龄:<input type="text" name="age" />
        <input type="submit" value="提交" /></form>
 <br><hr>
 <div id="myLog"><p>日志记录:</p></div>
</body></html>
```

上面有底纹的代码是此实例的核心代码。在这部分代码中,keypress 事件表示当按键被按下时触发，其发生在当前获得焦点的元素上。通过解析 keypress 事件响应方法的 e 参数，可以判断用户是否按下了回车键，据此作进一步的处理。

此实例的源文件名是 HtmlPageC124. html。

433 禁用或启用默认的使用鼠标选择文本功能

此实例主要使用 bind()方法为 selectstart 事件添加响应方法，从而实现禁用或启用默认的使用鼠标选择文本功能。当在浏览器中显示该页面时，如果没有选择“禁用鼠标选择文本功能”checkbox，则可以使用鼠标选择文本，蓝色背景显示的即是被选择的文本，如图 433-1 的左边所示；如果选择了“禁用鼠标选择文本功能”checkbox，则使用鼠标选择文本，将会失败，仅在“日志记录：”中输出提示，如图 433-1 的右边所示。有关此实例的主要代码如下所示：

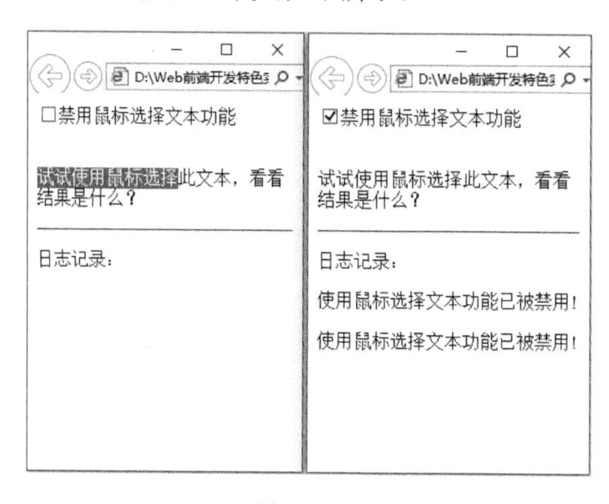

图 433-1

```
<!DOCTYPE html><html><head>
 <script type="text/javascript" src="Scripts/jquery-2.2.3.js"></script>
 <script language="javascript">
   $(function () {
    $(document).bind("selectstart", function (e) {
     if ( $(":checkbox:checked").length > 0) {
      $("#myLog").html( $("#myLog").html() +
                    "<p>" + "使用鼠标选择文本功能已被禁用!" + "</p>");
      return false;                         //关键就是这个 false 返回值
     } else {
      $("#myLog").html("");
      return true;
   } }); });
 </script>
</head>
<body>
  <input type="checkbox" id="mycheckbox" />禁用鼠标选择文本功能<br><br>
  <p>试试使用鼠标选择此文本,看看结果是什么?</p>
  <hr>
  <p>日志记录: </p>
  <div id="myLog"></div>
</body></html>
```

上面有底纹的代码是此实例的核心代码。在这部分代码中,bind()方法用于为被选元素添加一个或多个事件处理程序,并规定事件发生时运行的函数。如果在使用 bind()方法为 selectstart 事件绑定的响应方法中指定返回值为 false,则默认的文本选择功能失效。

此实例的源文件名是 HtmlPageC126.html。

434 禁用或启用 F5 键默认的网页重新加载功能

此实例主要使用 bind()方法和 unbind()方法实现禁用或启用 F5 键默认的网页重新加载功能。当在浏览器中显示该页面时,单击“禁用 F5 键”按钮,则按 F5 键刷新网页无效,如图 434-1 所示;单击“启用 F5 键”按钮,则按 F5 键将刷新网页,显示最新的日期时间。有关此实例的主要代码如下所示:

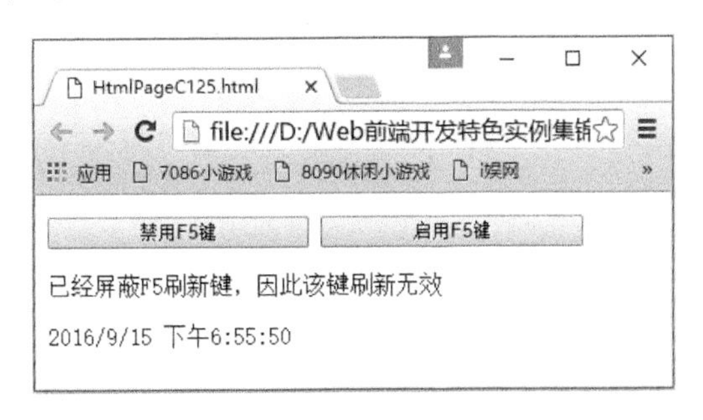

图 434-1

```
<!DOCTYPE html><html><head>
 <script type="text/javascript" src="Scripts/jquery-2.2.3.js"></script>
 <script language="javascript">
  $(document).ready(function () {
   $(function () {
    var mydate = new Date();
    var t = mydate.toLocaleString();
    $("#myDate").text(t);                    //显示当前的日期时间
   });
   $("#myBtnDisable").click(function () {    //响应单击"禁用 F5 键"按钮
    $("#myTip").text("已经屏蔽 F5 刷新键,因此该键刷新无效");
    $("body").bind("keydown", function (e) {
     e = window.event || e;
     if (event.keyCode == 116) {
      e.keyCode = 0;                          //IE 下没有测试成功
      return false;
   } }); });
   $("#myBtnEnable").click(function () {     //响应单击"启用 F5 键"按钮
    $("#myTip").text("已经启用 F5 刷新键");
    $("body").unbind("keydown");
  }); });
 </script>
</head>
<body>
 <P style="text-align:left;margin-top:15px">
  <input class="input" type="button" value="禁用 F5 键"
                   id="myBtnDisable" style="width:180px" />
  <input class="input" type="button" value="启用 F5 键"
                   id="myBtnEnable" style="width:180px" /></P>
 <p id="myTip"></p>
```

```
 <p id="myDate"></p>
</body></html>
```

上面有底纹的代码是此实例的核心代码。在这部分代码中，bind()方法用于为被选元素添加一个或多个事件处理程序，并规定事件发生时运行的函数。如果在此方法中绑定 keydown 事件的响应方法，则可以通过参数控制相关按键的功能，例如功能键、方向键等。unbind()方法则用于移除被选元素的事件处理程序，该方法能够移除所有的或被选的事件处理程序，或者当事件发生时终止指定方法的运行。关于这两个方法的语法声明请参考本书的其他部分。

此实例的源文件名是 HtmlPageC125.html。

435　在有新消息时自动闪烁浏览器的标题栏

此实例主要通过设置 document 的 title 属性实现在新消息到来时闪烁浏览器的标题栏内容。当在浏览器中显示该页面时，单击"开始闪烁标题"按钮，则标题栏的文字将不断闪烁，如图 435-1 所示。有关此实例的主要代码如下所示：

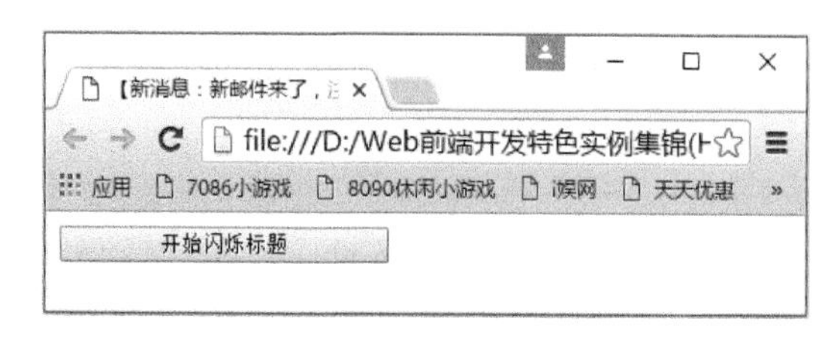

图　435-1

```
<!DOCTYPE html><html><head>
 <script type="text/javascript" src="Scripts/jquery-2.2.3.js"></script>
 <script language="javascript">
  $.extend({
   blinkTitle: {
    //有新消息时在 title 处闪烁提示
   show: function () {
    var step = 0, myTitle = document.title;
    var timer = setInterval(function () {
      step++;
      if (step == 3) {
       step = 1
      };
      if (step == 1) {
        document.title = '【　　　】' + myTitle
      };
      if (step == 2) {
         document.title = '【新消息：新邮件来了,注意查收啊!】' + myTitle
    }; }, 500);
    return [timer, myTitle];
    },
      /* @param timerArr[0], timer 标记
       * @param timerArr[1],初始 title 内容 */
    clear: function (timerArr) {
      if (timerArr) {
       clearInterval(timerArr[0]);
       document.title = timerArr[1];
```

```
};} } });
$ (document).ready(function () {
  $ ("#myStart").click(function () {          //响应单击"开始闪烁标题"按钮
   var timerArr = $.blinkTitle.show();
   //10 秒后停止闪烁提示,恢复初始 title 文本
   setTimeout(function () {
    $.blinkTitle.clear(timerArr);
     }, 10000);
  }); });
</script>
</head>
<body>
 <button id="myStart" style="width:200px">开始闪烁标题</button>
</body></html>
```

上面有底纹的代码是此实例的核心代码。在这部分代码中,extend()函数是 jQuery 的基础函数之一,作用是扩展现有的对象的功能。setInterval()方法用于设定每隔指定的时间就执行对应的方法或代码,此例是每隔 500 毫秒设置一次标题栏内容,从而使标题栏产生闪烁的效果。关于 setInterval()方法的语法声明请参考本书的其他部分。

此实例的源文件名是 HtmlPageC350.html。

436　实现在线人数等即时数据的动态刷新

此实例主要使用 setInterval()方法实现在线人数等即时数据的动态刷新。当在浏览器中显示该页面时,"当前在线人数:"的数字将每隔 3 秒刷新一次,效果如图 436-1 所示。有关此实例的主要代码如下所示:

图　436-1

```
<!DOCTYPE html><html><head>
 <script src="Scripts/jquery-2.2.3.js" type="text/javascript"></script>
 <script type="text/javascript">
  $ (document).ready(function () {
   function magic_number(value) {
    var myNum = $ ("#number");
    //显示的数字以动画方式显示
    myNum.animate({ count: value }, {
      duration: 500,
      step: function () {
         myNum.text(String(parseInt(this.count)));
     } });   };
   function update() {
     var myDate = new Date();
```

```
      var myHours = myDate.getHours();
      var myMinutes = myDate.getMinutes();
      var mySeconds = myDate.getSeconds();
      var myData = myHours + myMinutes + mySeconds;
       //x上限,y下限
      var x = myData * 1000;
      var y = 0;
      var myRand = parseInt(Math.random() * (x - y + 1) + y);
      magic_number(myRand);            //产生随机数据
     };
     setInterval(update, 3000);        //每隔3秒更新一次数据
     update();
   });
  </script>
  <style type="text/css">
   .count {margin-top: 50px;font-size: 32px;}
   #number{ font-size: 42px;text-shadow: 0 -1px 0 #72a441; color: #360;
          font-weight: 700;}
 </style>
</head>
<body><center>
  <div class="count">当前在线人数: <span id="number"></span></div>
</center></body></html>
```

上面有底纹的代码是此实例的核心代码。在这部分代码中,animate()方法实现数字以动画方式显示。setinterval()方法则是间隔一定时间更新数据,并根据设定的时间刷新页面。关于这些方法的语法声明请参考本书的其他部分。

此实例的源文件名是 HtmlPageC337.html。

437 显示倒计时剩余时间并在为0时关闭广告

此实例主要使用 setTimeout()方法实现显示倒计时剩余时间并在为0时关闭广告图片的效果。当在浏览器中显示该页面时,单击"单击测试效果"按钮,则将弹出一张广告图片,并显示剩余关闭时间,如"时间还剩4秒",当时间还剩0秒时,将自动关闭该广告图片,或者直接单击右上角的"关闭"按钮关闭广告图片,如图437-1所示。有关此实例的主要代码如下所示:

图 437-1

```
<!DOCTYPE html><html><head>
 <script type="text/javascript" src="Scripts/jquery-2.2.3.js"></script>
 <script type="text/javascript" language="javascript">
   function myEndtime() {
    $t = $('#t').html();
     if ($t != 0) {
      $('#t').html($t - 1);
      $i = setTimeout("myEndtime()", 1000);            //每隔1秒刷新一次剩余时间
     } else {
      $('.box').hide();
      $('.btn').show();
      $('#t').html(6);
      $('.ad_time').css({ 'width': '354px', 'height': '251px' });
      clearTimeout($i);
     } };
     $(document).ready(function () {
      $('.btn').on('click', function () {                //响应单击"单击测试效果"按钮
       $('.box').show();
       $(this).hide();
       $('.ad_time').animate({ width: 80, height: 18 }, 'slow');
       myEndtime();
      })
      $('.close').click(function () {                    //响应单击广告图片窗口的"关闭"按钮
       $('.box').hide();
       $('.btn').show();
       $('#t').html(6);
       $('.ad_time').css({ 'width': '354px', 'height': '251px' });
       clearTimeout($i);
   }) });
 </script>
 <style>
   * {padding: 0;margin: 0;font-size: 12px;}
   .box {width: 364px;height: 261px;margin: 20px auto;position: relative;
         display: none;}
   .ad_time {width: 354px;height: 251px;background: #000;
             filter: alpha(opacity=50);opacity: 0.5;padding: 5px;
             position: absolute;top: 0;left: 0;color: #fff;}
   .ad_time span {font-weight: bold;color: #cc0;padding: 0 5px;}
   .close {width: 50px;height: 20px;position: absolute;top: 0;right: 0;
       cursor: pointer;background: url(MyImages/my389close.png) no-repeat;}
   .btn {width: 150px;height: 25px;background: #eee;border: 1px solid #ddd;
      text-align: center;margin: 20px auto;cursor: pointer;padding-top:10px;}
   img {width:364px;height:251px;}
 </style>
</head>
<body>
 <div class="box">
  <div class="ad"><a href="/" target="_blank">
    <img src="MyImages/MyImage95.jpg" /></a></div>
  <div class="ad_time">时间还剩<span id="t">10</span>秒</div>
  <div class="close"></div>
 </div>
 <div class="btn">单击测试效果</div>
</body></html>
```

上面有底纹的代码是此实例的核心代码。在这部分代码中，setTimeout()方法用于实现每隔1

秒刷新一次剩余时间。关于此方法的语法声明请参考本书的其他部分。

此实例的源文件名是 HtmlPageC389.html。

438　使用省略号截断新闻标题的超长字符串

此实例主要通过调用 substring()方法实现使用省略号截断显示在无序列表中超长的 li 元素。当在浏览器中显示该页面时，如果新闻标题超过 20 个字符，超过的部分将被截断并用省略号显示，如图 438-1 所示。有关此实例的主要代码如下所示：

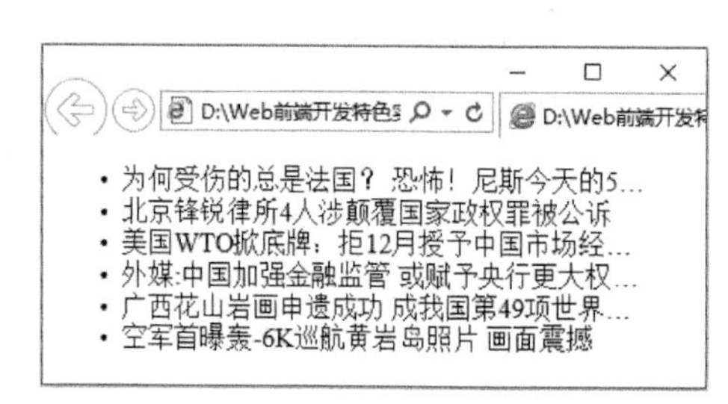

图　438-1

```
<!DOCTYPE html><html><head>
 <script type="text/javascript" src="Scripts/jquery-2.2.3.js"></script>
 <script language="javascript">
  $(function () {
   $("ul li").each(function () {                    //检查每一条新闻标题
    var maxwidth = 20;
    if ($(this).text().length > maxwidth) {        //如果超长
     $(this).text($(this).text().substring(0, maxwidth));
     $(this).html($(this).html() + '…');
  }});});
 </script>
</head>
<body>
 <ul><li>为何受伤的总是法国? 恐怖!尼斯今天的 5 段现场视频</li>
     <li>北京锋锐律所 4 人涉颠覆国家政权罪被公诉</li>
     <li>美国 WTO 掀底牌: 拒 12 月授予中国市场经济地位</li>
     <li>外媒:中国加强金融监管 或赋予央行更大权力</li>
     <li>广西花山岩画申遗成功 成我国第 49 项世界遗产</li>
     <li>空军首曝轰-6K 巡航黄岩岛照片 画面震撼</li></ul>
</body></html>
```

上面有底纹的代码是此实例的核心代码。在这部分代码中，substring()方法用于提取字符串中介于两个指定下标之间的字符，此例是提取限制范围内的子字符串。substring()方法的语法声明如下：

```
substring(start, end)
```

其中，参数 start 指明子字符串的起始位置，该索引从 0 开始起算。参数 end 指明子字符串的结束位置，该索引从 0 开始起算。

此实例的源文件名是 HtmlPageC213.html。

439　在上传前检测用户选择的上传文件类型

此实例主要通过检测用户选择的上传文件的后缀名从而判断上传文件类型。当在浏览器中显示该页面时，如果单击“浏览”按钮，在“选择要加载的文件”窗口中选择的不是“.gif”或“.jpg”格式的文件，在单击“提交”按钮时将弹出提示消息框，如图 439-1 所示。有关此实例的主要代码如下所示：

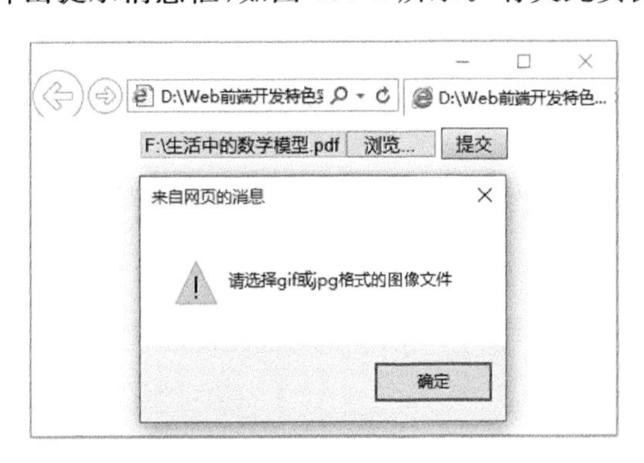

图　439-1

```
<!DOCTYPE html><html><head>
 <script type="text/javascript" src="Scripts/jquery-2.2.3.js"></script>
 <SCRIPT language=javascript>
   function checkFile() {
     //检测文件名中是否包含".gif"或".jpg"
    if (($("#myImg").val().indexOf(".gif") == -1) &&
     ($("#myImg").val().indexOf(".jpg") == -1)) {
     alert("请选择 gif 或 jpg 格式的图像文件");
    } else {
     alert("已经成功上传选择的文件");
    }
    event.returnValue = false;
   }
 </SCRIPT>
</head>
<BODY><CENTER>
 <FORM onSubmit="checkFile()">
  <INPUT id="myImg" type=file>
  <INPUT type=submit value="提交">
 </FORM>
</CENTER></BODY></html>
```

上面有底纹的代码是此实例的核心代码。在该部分代码中，$("#myImg").val()用于获取选择文件的完整路径名，indexOf(".gif")则是判断在该完整路径名中是否包含“.gif”。

此实例的源文件名是 HtmlPageC442.html。

440　实现将用户选择的文本发送到新浪微博

此实例主要实现获取在页面中使用鼠标选择的文本并发送到新浪微博。当在浏览器中显示该页面时，使用鼠标选择在页面中的部分文本，则会弹出一个超链接，如图 440-1 所示；单击该超链接，则将把选择的文本发送到新浪微博，如图 440-2 所示。有关此实例的主要代码如下所示：

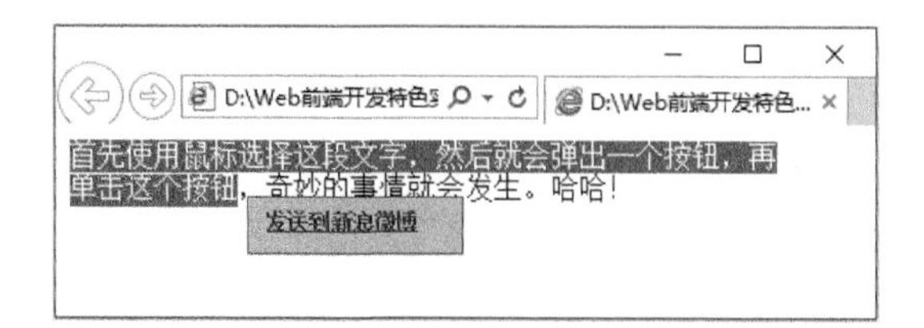

图 440-1

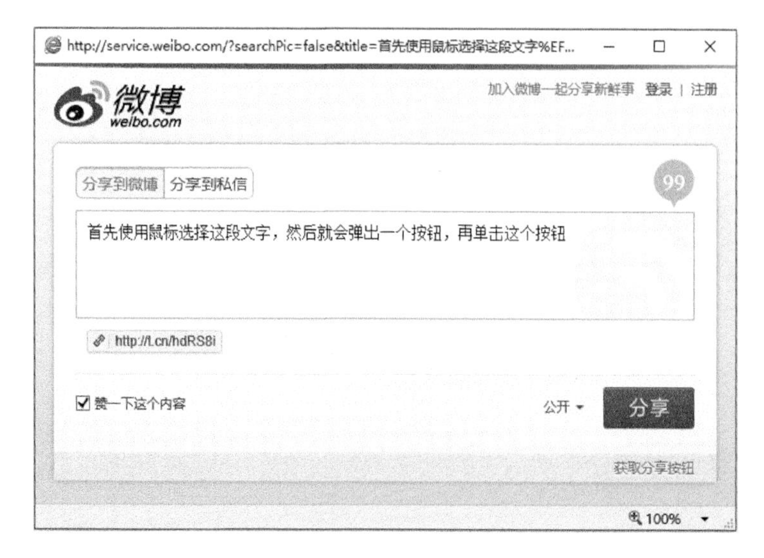

图 440-2

```
<!DOCTYPE html><html><head>
 <script type="text/javascript" src="Scripts/jquery-2.2.3.js"></script>
```

```
<script type="text/javascript">
  $(function () {
   $("#blogContent").mouseup(function (e) {          //在文字块中松开鼠标时响应
     var x = 10;
     var y = 10;
     var myBlog = "";                                //存放选择的文本
     if (document.selection) {
        myBlog = document.selection.createRange().text;
     }else if (window.getSelection()) {
        myBlog = window.getSelection();
     }
     if (myBlog != "") {
       var myBtnText = "发送到新浪微博";
       //动态创建发送窗口并显示
       var tooltip =
          "<div id='tooltip' class='tooltip'><a  href='#' onclick=ask('"
            + myBlog + "')>" + myBtnText + "</a></div>";
       $("body").append(tooltip);
       $("#tooltip").css({ "top": (e.pageY + y) + "px",
                           "left": (e.pageX + x) + "px",
                           "position": "absolute"
                    }).show("fast");
    } }).mousedown(function () { $("#tooltip").remove();});
  })
  function ask(myBlog) {
    if (myBlog != ""){
```

```
    window.open('http://v.t.sina.com.cn/share/share.php?searchPic = false&title = ' + myBlog + '&url =
http://www.nowwamagic.net&sourceUrl = http%3A%2F%2Fblog.sina.com.cn&content = utf - 8&appkey =
1617465124', '_blank', 'height = 515, width = 598, toolbar = no, menubar = no, scrollbars = auto, resizable =
yes, location = no, status = yes'); }
}
 </script>
<style type = "text/css">
  .tooltip { width: 120px;height: 30px;line - height: 23px;
            background - color: #d1cece; border: 1px solid green; }
  .tooltip a { font - size: 12px; font - weight: bold; padding: 10px; }
 </style>
</head>
<body>
  <div id = "blogContent" style = "width:400px">首先使用鼠标选择这段文字,然后就会弹出一个按钮,再单击
这个按钮,奇妙的事情就会发生。哈哈!</div>
</body></html>
```

上面有底纹的代码是此实例的核心代码。在该部分代码中,$("body").append(tooltip)用于将创建发送窗口添加到文档中,ask(myBlog)用于响应超链接单击事件,即把选择的文本内容发送到新浪微博。

此实例的源文件名是 HtmlPageC200.html。

441 基于新浪 API 等获取来访者所在省份和城市

此实例主要基于新浪 API 与 QQ 查询接口等获取来访者 IP 的相关参数。当在浏览器中显示该页面时,将显示来访者的相关信息,如省份、城市等,如图 441-1 所示。有关此实例的主要代码如下所示:

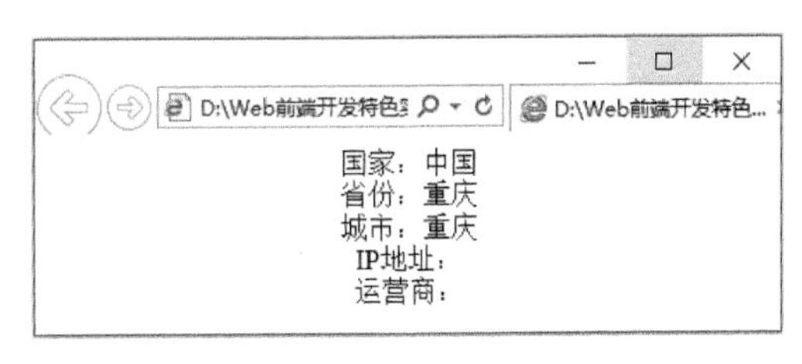

图 441-1

```
<!DOCTYPE html><html><head>
 <script type = "text/javascript" src = "Scripts/jquery - 2.2.3.js"></script>
 <script language = "javascript">
   $(document).ready(function () {
    //通过调用新浪 IP 地址库接口查询用户当前所在国家、省份、城市、运营商信息
    $.getScript('http://int.dpool.sina.com.cn/iplookup/iplookup.php?format = js', function () {
      $(".country").html(remote_ip_info.country);
      $(".province").html(remote_ip_info.province);
      $(".city").html(remote_ip_info.city);
      $(".isp").html(remote_ip_info.isp);
    });
    //通过调用 QQ IP 地址库接口查询本机当前的 IP 地址
    $.getScript('http://fw.qq.com/ipaddress', function () {
      $(".ip").html(IPData[0]);
   }); });
```

```
  </script>
</head>
<body><center>
  <div>国家：<span class="country"></span></div>
  <div>省份：<span class="province"></span></div>
  <div>城市：<span class="city"></span></div>
  <div>IP 地址：<span class="ip"></span></div>
  <div>运营商：<span class="isp"></span></div>
 </center></body>
</html>
```

上面有底纹的代码是此实例的核心代码。在这部分代码中，getScript()方法用于通过 HTTP GET 形式加载 JavaScript 文件并运行它。该方法用于动态加载 JS 文件，并在全局作用域下执行文件中的 JS 代码。请注意，该方法是通过异步方式加载数据的。getScript()方法的语法声明如下：

```
jQuery.getScript( url [, success] )
```

其中，参数 url 指定请求的目标 URL。参数 success 是可选参数，是在请求成功时执行的回调函数。该回调函数有三个参数：其一是请求返回的数据，其二是请求状态文本（例如 success、notmodified），其三是当前 jqXHR 对象（jQuery 1.4 及以前版本，该参数为原生的 XMLHttpRequest 对象）。参数 success 指定的回调函数只有在请求成功时才会执行，如果请求失败（例如找不到页面、服务器错误等）则不作任何处理。jQuery.getScript()方法的返回值为 jqXHR 类型，返回发送该请求的 jqXHR 对象（jQuery 1.4 及以前版本，返回的是原生的 XMLHttpRequest 对象）。

此实例的源文件名是 HtmlPageC173.html。

442 在 jQuery 中新增自定义的扩展方法

此实例主要使用 jQuery 的 extend()方法实现在 jQuery 中新增自定义的扩展方法。当在浏览器中显示该页面时，单击“测试新增的 jQuery 扩展方法 min()和 max()”按钮，则将在弹出的消息框中显示两个扩展方法的测试结果，如图 442-1 所示。有关此实例的主要代码如下所示：

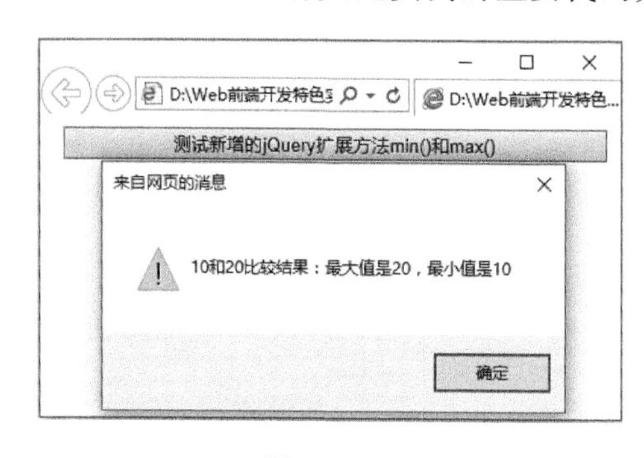

图 442-1

```
<!DOCTYPE html><html><head>
 <script type="text/javascript" src="Scripts/jquery-2.2.3.js"></script>
 <script language="javascript">
  $(function () {
    $.extend({             //自定义 min 和 max 两个扩展方法
       min: function (a, b) { return a < b ? a : b; },
       max: function (a, b) { return a > b ? a : b; }
    });
```

```
    //响应单击"测试新增的 jQuery 扩展方法 min()和 max()"按钮
    $("#testMyExtend").click(function () {
     alert("10 和 20 比较结果: 最大值是" +
                  $.max(10, 20) + ",最小值是" + $.min(10, 20));
});});
</script>
</head>
<body>
<input type="button" value="测试新增的 jQuery 扩展方法 min()和 max()"
id="testMyExtend" style="margin-left:10px;width:400px" />
</body></html>
```

上面有底纹的代码是此实例的核心代码。在这部分代码中,jQuery.extend(object)用于为jQuery类添加全局性的方法,可以理解为添加静态方法。

此实例的源文件名是HtmlPageC215.html。

图书资源支持

感谢您一直以来对清华版图书的支持和爱护。为了配合本书的使用，本书提供配套的资源，有需求的读者请扫描下方的“书圈”微信公众号二维码，在图书专区下载，也可以拨打电话或发送电子邮件咨询。

如果您在使用本书的过程中遇到了什么问题，或者有相关图书出版计划，也请您发邮件告诉我们，以便我们更好地为您服务。

我们的联系方式：

地　　址：北京海淀区双清路学研大厦 A 座 707

邮　　编：100084

电　　话：010－62770175－4604

资源下载：http://www.tup.com.cn

电子邮件：weijj@tup.tsinghua.edu.cn

QQ：883604（请写明您的单位和姓名）

资源下载、样书申请

书圈

用微信扫一扫右边的二维码，即可关注清华大学出版社公众号“书圈”。